# Sistemas de control en ingeniería

# Sistemas de control en ingeniería

**Paul H. Lewis**
**Chang Yang**

**Traducción:**

Sebastián Dormido Bencomo
Raquel Dormido Canto

*Departamento de Informática y Automática*
*Universidad Nacional de Educación a Distancia*

PRENTICE HALL

Madrid • Upper Saddle River • Londres • México • Nueva Delhi • Río de Janeiro
Santafé de Bogotá • Singapur • Sydney • Tokio • Toronto

datos de catalogación bibliográfica

**Paul H. Lewis**
**Chang Yang**
**Sistemas de control en ingeniería**

PRENTICE HALL IBERIA, Madrid, 1999

ISBN: 84-8322-124-1
Materia: Ingeniería en general. 62

Formato 195 × 250 Páginas: 480

**Paul H. Lewis**
**Chang Yang**
**Sistemas de control en ingeniería**


PRENTICE HALL IBERIA S.R.L.
Núñez de Balboa, 120
28006 MADRID

**ISBN: 84-8322-124-1**
Depósito legal: M. 18.070-1999

*Traducido de:*
**BASIC CONTROL SYSTEMS ENGINEERING**
PRENTICE HALL
© MCMXCVII
ISBN: 0-13-597436-4

*Edición en español:*
Editora: Isabel Capella
Editor de producción: Pedro Aguado
Diseño de cubierta: DIGRAF, S. A.
Composición: COPIBOOK, S. L.
Impreso por: FARESO, S. A.

IMPRESO EN ESPAÑA - PRINTED IN SPAIN

Este libro ha sido impreso con papel y tintas ecológicos

# Contenido

# Prólogo

Las notas para este texto se desarrollaron y verificaron con la ayuda de algunos colegas y de muchos estudiantes de ingeniería. Aunque la formación académica de los autores está en los campos de las ingenierías eléctrica y aeroespacial, los contenidos reflejan un interés intenso en la naturaleza interdisciplinaria del diseño de sistemas, con una fusión de temas que se asocian típicamente con las ingenierías eléctrica, mecánica y otras ramas de la ingeniería. Este texto está diseñado para un curso básico en ingeniería de sistemas de control, con una presentación que es aplicable a programas en ingeniería eléctrica, mecánica, aeroespacial, industrial y química. El nivel es apropiado para estudiantes de ingenierías técnica y superior.

Con los conceptos teóricos entremezclados con ejemplos realistas, el material se presenta al estudiante de una forma comprensible pero rigurosa. Una introducción gradual de las técnicas asistidas por computador permite la consideración de importantes áreas de estudio que se evitan a menudo debido a las dificultades computacionales que se perciben. Los cambios, en parte, reflejan las capacidades notables de los computadores modernos y de las técnicas de programación. El contenido también refleja las necesidades especiales de los ingenieros prácticos de incluir temas, tales como la simulación de fenómenos no lineales observados comúnmente y el diseño de sistemas de control de eventos discretos.

Algunas características sobresalientes del texto son las siguientes:

- El análisis y diseño asistido por computador se describe utilizando MATLAB y SIMULINK en puntos apropiados a lo largo del texto. Como MATLAB tiene muchas características (distintas del toolbox de sistemas de control), el estudiante trabaja en un entorno de programación genérico que ha ganado una amplia aceptación como una herramienta de ingeniería. SIMULINK es una extensión de MATLAB que permite al usuario simular sistemas dinámicos utilizando una representación gráfica. El valor extraordinario de estas herramientas de análisis y diseño asistido por computador es particularmente evidente cuando se aplica a situaciones realistas con modelos no lineales y otras fuentes de complejidad computacional. Los autores creen que es muy importante mantener un equilibrio apropiado entre el análisis de lápiz y papel, el trabajo de laboratorio y la simulación por computador; sin embargo, MATLAB y SIMULINK se utilizan para reducir las barreras computacionales y mejorar la comprensión en muchas áreas de estudio importantes.

- Hay una consideración consistente de cuestiones prácticas (tales como limitaciones de dispositivos, saturación del término integral, ancho de banda del ruido, funciones de control prácticas de reguladores PI y PID, etc.), que se traen a la atención del lector en puntos apropiados a lo largo del texto.

- Como los fenómenos no lineales son a menudo una preocupación importante con los sistemas de control prácticos, a lo largo del texto se consideran de forma intermitente modelos no lineales y los Capítulos 12 y 13 se dedican específicamente a este tema. Debido a dificultades analíticas, esta es un área de estudio que se facilita mucho con la presentación de técnicas de simulación utilizando MATLAB o SIMULINK. Por tanto, los fenómenos no lineales que ocurren comúnmente (tales como rozamiento estático y de coulomb) se incorporan en los estudios de simulación.
- El Capítulo 14 presenta el análisis y diseño de sistemas de control de eventos discretos, un tema que no aparece normalmente en los textos de ingeniería de control. Esta es un área de estudio que es pertinente a la automatización de fábricas y el control de procesos y es a menudo un área de importancia especial para los empresarios e ingenieros aplicados. El control de eventos discretos se presenta colocando el énfasis sobre las técnicas altamente estructuradas que incluyen el uso de redes de Petri y de las tablas de lenguaje de estado.
- El Capítulo 15 presenta tres estudios de diseño de sistemas que utilizan técnicas presentadas a lo largo del libro. Los sistemas incluyen un sistema de control de un automóvil, un sistema de control de velocidad de un motor de fase sincronizada y un sistema para controlar la órbita de un satélite. Otros ejemplos que se tratan en diferentes puntos del libro incluyen el análisis y diseño de un sistema de control de posición para una antena, el diseño de un sistema de suspensión activa de un automóvil, el diseño de un sistema de control de altitud para un satélite y el diseño de un sistema de eventos discretos para controlar las tareas de dos robots móviles en un sistema de fabricación automatizada.

Los conocimientos matemáticos que se suponen incluye la capacidad de aplicar álgebra matricial y desarrollar ecuaciones diferenciales. Alguna experiencia con la aplicación de la transformada de Laplace es útil, pero este requisito no es absolutamente necesario. El libro resulta apropiado para cursos de uno o dos semestres. Para cursos de un semestre (o un cuatrimestre) se puede organizar estudiando los primeros seis capítulos y, a continuación, seleccionando los temas que se deseen de los capítulos restantes. Los temas de control moderno se pueden evitar al principio saltándose temporalmente el Capítulo 4 y una gran parte del Capítulo 5 (y continuando en el Capítulo 9).

El material de eventos discretos del Capítulo 14 se puede insertar en cualquier punto de la secuencia. Alguna experiencia con el diseño lógico es útil pero no esencial. La intención de esta presentación es desarrollar una comprensión fundamental de enfoques eficientes y sistemáticos para el diseño de eventos discretos (incluyendo la consideración del control concurrente y jerárquico). Los autores normalmente emplean unas seis horas de clase para este tema, con el reforzamiento de los conceptos de diseño que proporcionan dos experimentos de laboratorio. Los estudiantes son generalmente conscientes de que la capacidad de trabajar en esta área es una habilidad valiosa y están ávidos de participar. Obtener la solución de los problemas que hay al final de cada capítulo es un método excelente de disipar cualquier duda sobre los conceptos de eventos discretos.

Los revisores del texto ampliaron el abanico de experiencias y los autores agradecen particularmente las muchas sugerencias y comentarios hechos por Joey K. Parker de la Universidad de Alabama y Eric T. Baumgartner del Jet Propulsion Laboratory. Ambos revisores inyectaron una perspectiva de ingeniería mecánica.

Los autores están en deuda con algunos colegas, entre los que se incluyen Jeffrey B. Burl, Fahmida N. Chowdhury, Robert H. Wieber y Richard B. Brown por su participación y sugerencias. Los autores también recibieron los consejos de John R. Clark, profesor emérito.

Una serie de sugerencias se recibieron también en diferentes etapas de la preparación del texto y son dignos de mención los comentarios de Joey K. Parker de la Universidad de Alabama en Tuscaloosa; Ric T. Baumgartner de la Universidad técnica de Michigan; D. Subbaram Naidu, de la Universidad del estado de Idaho; y Bahran Shafai, de la Universidad de Northeastern.

Para más información acerca de MATLAB y SIMULINK, póngase en contacto con The MathWorks, Inc., en The MathWorks, Inc., 24 Prime Park Way, Natick, MA 01760. Tel: (508) 647-7000. E-mail@mathworks.com. WWW: http://www.mathworks.com.

# CAPÍTULO 1

# Ingeniería de sistemas de control

## 1.1. INTRODUCCIÓN

La esencia de la ingeniería de los sistemas de control es un esfuerzo investigador para avanzar de forma continua nuestra comprensión de las metodologías que proporcionan la capacidad de controlar sistemas. Es una rama de la ciencia y de la ingeniería que se puede caracterizar también utilizando ciertos términos generales, tales como *automatización* o *control automático* o puede describirse en un contexto ligeramente más restrictivo como el estudio del *control por realimentación.*

## 1.2. SISTEMAS, MODELOS DE SISTEMAS Y TÉCNICAS DE CONTROL

¿Qué es un sistema? Como la teoría de sistemas es potencialmente aplicable a un conjunto diverso de fenómenos, la definición de un sistema tiende a ser correspondientemente equívoca. Un sistema podría considerarse como un *ensamblaje de componentes que proporcionan acciones interrelacionadas.* Aunque considerada normalmente en el contexto de los sistemas físicos, una consideración universal de fenómenos interactivos incluiría muchas áreas diversas, tales como sistemas con un componente social (p. ej., sistemas económicos o ecológicos). Sin embargo, la preponderancia de aplicaciones satisfactorias de técnicas de control ha ocurrido con la aplicación a sistemas para los que las interacciones se describen completamente por las leyes de las ciencias físicas.

Las técnicas que proporcionan análisis de mecánica de fluidos, flujo de calor, conducta de circuitos eléctricos o mecanismos dinámicos son ejemplos familiares de la aplicación de leyes físicas al análisis de sistemas. Si un sistema se describe matemáticamente por una aplicación directa de leyes establecidas, el proceso se conoce como *modelado.* Sin embargo, si un sistema se caracteriza por una combinación compleja de interacciones, se puede requerir un estudio de datos experimentales para proporcionar una *identificación del sistema.* En uno y en otro caso el objetivo es obtener una comprensión de las interacciones del sistema como parte del proceso de desarrollo de una estrategia satisfactoria de control. Cuando se consideran sistemas para los cuales el control requiere acciones que se consideran cuidadosamente, la determinación de un modelo preciso a menudo proporciona la base para desarrollar una estrategia de control satisfactoria y robusta. El tipo de esfuerzo es una componente fundamental de muchas técnicas de control.

En algunas situaciones, no es necesaria la aplicación continua de señales de control que pueden revisarse de forma intermitente en respuesta a la observación de niveles o sucesos específicos de las señales. El comportamiento se conoce entonces como *control de eventos discretos*. Las acciones discretas pueden estar actuando solas o pueden proporcionar un control supervisor a otros sistemas de control en un conjunto jerárquico de sistemas. Un controlador de eventos discretos típicamente responde sólo a información con dos niveles con las decisiones de control dependientes de consideraciones de lógica combinacional y secuencial.

Si se consideran ambos sistemas de control continuos y de acción discreta, los diseñadores a menudo obtienen un control satisfactorio empleando *realimentación*. Cuando se utiliza realimentación, las variables del sistema que representan medidas de comportamiento se monitorizan y se devuelven a la parte del sistema que está llevando a cabo la estrategia de control y generando las señales de control. Cuando pasa las páginas de este libro está utilizando su sentido táctil y visual para proporcionar realimentación en un proceso que es continuo mientras pasa las páginas. Es un proceso que probablemente fallaría sin la realimentación. Si continúa pasando páginas también está inmerso en un proceso discreto con una decisión lógica sobre si pasar o no una página. La decisión puede basarse en que ha completado una página o puede ocurrir como resultado de su evaluación del deseo de leer otra página en comparación con otras opciones. Aunque para tomar esta decisión se pueden considerar algunas opciones, esta es una acción con dos niveles que requiere una decisión binaria (sí o no). Muchas aplicaciones de control automático requieren algunas combinaciones similares de acciones continuas y discretas.

## 1.3. UNA BREVE HISTORIA

Es posible retroceder un periodo de unos cientos de años y recuperar algunas de las piezas separadas del desarrollo científico que evolucionaron en esta importante rama de la ciencia y la ingeniería. La motivación generalmente entrañaba un deseo emergente de crear y controlar máquinas. La historia del desarrollo de sistemas de control es una intrigante maraña de logros humanos interactivos que ha resultado en el control de máquinas, barcos, aviones, vehículos espaciales y muchos otros sistemas físicos.

### Algunos ejemplos primitivos de las ideas del control automático

Un ejemplo que se cita a menudo ocurrió en la última parte del siglo XVIII cuando James Watt desarrolló una máquina de vapor con un regulador de bolas. Controlando de forma automática la válvula del vapor de entrada en función de la velocidad angular, el controlador proporcionaba una velocidad casi constante a pesar de las variaciones en la carga o de la presión de vapor. Al introducir el control por realimentación continuo, esta simple invención transformó la máquina de vapor de Watt en un método práctico de conversión de energía.

Los primeros ejemplos de control de eventos discretos se presentaron en diferentes campos, con variaciones intrigantes del control programado. Ilustraciones interesantes del ingenio humano incluían el diseño de imaginativos relojes con carrillones y figuras animadas automatizadas. Se desarrollaron cajas de música que controlaban automáticamente la excitación de tubos resonantes, dulzainas, instrumentos de cuerda, silbatos, carrillones y una variedad de dispositivos de percusión. El organillo fue un ejemplo temprano en el cual se proporcionaba programación en tiempo real al disponer una serie de varillas sobre un cilindro. Cuando el cilindro giraba, las varillas abrían válvulas que suministraban aire a los diferentes tubos. Variaciones de este concepto proporcionaba programación flexible utilizando discos intercambiables o cintas de papel con agujeros perforados. Basile Bouchon, el hijo de un constructor de órganos, diseñó un telar que facilitaba la tarea de producir dibujos en seda. Su mecanismo utilizaba un rollo de papel y un cilindro para levantar de forma automática el conjunto correcto de hilos sobre la lanzadera. Este mecanismo fue más tarde revisado por Jacques de Vauncason y un refinamiento del mismo a comienzos del siglo XIX por Joseph Marie Jacquard, que introdujo una cadena de tarjetas perforadas para generar automáticamente la figura deseada. Más de un siglo después, las cintas de papel perforado fueron utilizadas para programar las primeras versiones de máquina de herramienta automatizadas y las tarjetas perforadas se emplearon para programar los modelos iniciales de computadores electrónicos.

## Pilotos automáticos, amplificadores telefónicos y problemas marítimos

Aunque los primeros desarrollos fueron precursores intrigantes de sucesos futuros, el siglo veinte presenció la emergencia del control automático como una ciencia distinta e importante. Muchos de los incentivos para el trabajo que comenzaron en los años veinte y treinta se derivaron de un interés en la capacidad para controlar automáticamente barcos y aviones. Un interés relacionado involucraba el uso de señales eléctricas para proporcionar control de mecanismos localizados remotamente. Nicolás Minorsky [1] propuso un modelo matemático para describir el control de barcos y H. L. Hazen [4] bautizó estos sistemas como *servomecanismos* utilizando la palabra latina *servo*, que significa «esclavo» o «sirviente» y términos tales como *servomotor* y *servosistema* se utilizan aún cuando se describen componentes modernos que proporcionan una función similar.

Otra fuente que contribuyó al desarrollo de la teoría de control fue el trabajo de los teóricos en teoría de circuitos tales como H. S. Black [3, 7], Harry Nyquist [2] y Hendrik Bode [5]. Un tema de interés mutuo fue el análisis y diseño de amplificadores realimentados. El desarrollo de sistemas de control continuos de complejidad creciente se aceleró rápidamente en este periodo y los resultados fueron a menudo notables. Un elemento que instigó el trabajo en los años cuarenta fue el deseo de describir el comportamiento de sistemas complejos tales como radares de seguimiento y sistemas de control de armas usando modelos matemáticos. La motivación se originó por las preocupaciones de la guerra y muchos de los primeros trabajos se realizaron en un entorno restrictivo impuesto por las medidas de seguridad de la guerra. James, Nichols y Philips [6] dan a los lectores un sentido de la calidad notable de este primer trabajo.

Las primitivas formas de control de acción discreta proporcionaban secuencias programables de eventos discretos; sin embargo, las primeras indicaciones del potencial completo para la fábrica automatizada ocurrió con el empleo de relés electromecánicos. Sistemas de relés interconectados facilitaban el empleo de ambos realimentación y programación. Los sensores monitorizaban la progresión de sucesos y combinaciones específicas y/o secuencias de entradas y señales de realimentación binarias iniciaban nuevas acciones de control. Estos sistemas a menudo se hacen muy complejos, exhibiendo de ese modo un alto nivel de automatización con la programación implementada como lógica cableada.

## Un desplazamiento significativo a las técnicas digitales de estado sólido

El rápido desarrollo de la tecnología digital de estado sólido en los años cincuenta y sesenta introdujo cambios profundos en ambas técnicas de control continuas y discretas. Se desarrollaron controladores digitales que eran capaces de generar una combinación de control cuasicontinuo y de evento discreto. Un logro de gran significación fue el desarrollo de sistemas que proporcionaban control automatizado de máquinas de herramienta. Estos sistemas, conocidos como máquinas de herramienta controladas numéricamente (o máquinas NC) tenían la capacidad de producir automáticamente un gran número de piezas mecanizadas con características virtualmente idénticas. Con sensores automáticos y control de posición se podían mecanizar piezas de forma irregular en grandes cantidades. La correspondiente operación manual requeriría medidas que consumen mucho tiempo.

Las ventajas de la nueva tecnología digital de estado sólido eran también evidentes en otras formas. En la industria del automóvil, los grandes bancos de relés estaban desapareciendo en favor de pequeños sistemas de estado sólido denominados *controladores lógicos programables*. Para obtener mecanizado automatizado utilizando una secuencia de diferentes máquinas de herramienta, se desarrollaron *máquinas de transferencia* que de forma automática desplazaban grandes piezas de estación a estación. La capacidad de escribir y de leer en memoria daba una flexibilidad que no se tenía disponible con la lógica cableada. Utilizando la tecnología de los microcomputadores, pequeñas unidades de control podían almacenar grandes programas y los diseñadores del sistema revisar los programas existentes o crear nuevos programas.

Las operaciones de control de proceso (tales como papeleras, acerías, refinerías y plantas de procesamiento de minerales) fueron a menudo diseñadas inicialmente como sistemas en lazo abierto. Así, la realimentación existía solamente cuando la proporcionaban los operadores, quienes observaban las salidas de los sensores, tales como medidores de temperatura y presión y a continuación ajustaban los parámetros de control de proceso, tales como controles de temperatura y ajustes de las válvulas. La conversión en control automático entrañó la adición de dispositivos de potencia controlados eléctricamente, controladores electrónicos y sensores para proporcionar realimentación. Con la operación en lazo cerrado los beneficios normalmente incluían mejoras en el rendimiento y en el control de calidad. La automatización de los sistemas de control de procesos produjo demandas para nuevos y mejorados sensores y dispositivos de potencia y los avances tecnológicos introdujeron la oportunidad de mejorar las operaciones y desarrollar nuevos productos.

## El crecimiento de las aplicaciones aeroespaciales

La utilización de técnicas de control automático en la industria aeroespacial aumentó en muchas áreas que sólo pueden ser descritas brevemente. Se desarrollaron sistemas de control para misiles que eran dirigidos hacia sus objetivos utilizando guiado por haz, búsqueda de infrarrojos o sistemas de control de radar. Los primeros radares de seguimiento que dependen completamente del movimiento mecánico de la antena fueron sustituidos por unidades con antenas del tipo *phased array*, que añadían control electrónico a la orientación del haz.

El desarrollo de aviones de elevadas prestaciones puso una demanda extraordinaria sobre el diseño de los sistemas de control de vuelo. Los nuevos aviones que se diseñaron eran a menudo puestos en peligro por los problemas de control aerodinámicos asociados con la demanda continua de velocidades más altas y mayor maniobrabilidad. Mantener estable el control en lazo cerrado estable requería controladores sofisticados que podían operar satisfactoriamente a pesar de las variaciones significativas de la respuesta para controlar acciones originadas por grandes cambios en altitud y velocidad. Así, se desarrollaron controladores con circuitos de computador que continuamente ajustaban los parámetros del controlador de acuerdo con los cambios en velocidad y en la presión del aire. Cuando el mantenimiento de un enlace mecánico operativo como un sistema de respaldo no era factible, los sistemas de control de vuelo electrónico se conocían como sistemas de «vuelo por cable».

Quizás el logro más significativo en los sistemas de control de vuelo fue el desarrollo de los sistemas controlados por computador para la lanzadera espacial. Los requisitos de diseño de la lanzadera planteaban consideraciones de variación de velocidad desde cero hasta 25 Mach aproximadamente y variaciones en altitud desde el nivel de tierra hasta órbitas situadas a 125 millas o más. En consecuencia, el diseño del vehículo y del sistema de control de vuelo requería consideraciones de tareas altamente incongruentes, utilizando una combinación de técnicas que involucraban a los sistemas de impulsión y las superficies aerodinámicas.

Un problema encontrado en los primeros experimentos con el control del vuelo de cohetes fue tener la capacidad de mantener la posición angular requerida en los momentos iniciales del vuelo. Para un gran cohete en una trayectoria de ascensión vertical, el control aerodinámico no es efectivo hasta que se alcanza una velocidad significativa. La orientación inicial de un desplazamiento vertical debe mantenerse mediante el control de la componente horizontal del impulso en la base del cohete. Esto es algo análogo a equilibrar una escoba con sus dedos. Consideración de problemas similares inspiraron muchos experimentos académicos, como el equilibrio automático de un péndulo invertido y diferentes experimentos se llevaron a cabo con péndulos invertidos montados en carros móviles. El control satisfactorio de estos sistemas proporcionó un test que era a menudo utilizado para evaluar o demostrar la efectividad de nuevas técnicas de control desarrolladas para sistemas multivariables.

## Robots y fábricas automatizadas

Los desarrollos en tecnologías de estado sólido que permitieron el diseño de máquinas de herramienta automatizadas también proporcionó la tecnología básica para diseñar y construir robots industriales. En los años setenta y comienzos de los ochenta se desarrollaron muchos diseños experimentales y hubo fallos iniciales, así como éxitos. Los robots fueron gradualmente asimilados en las operaciones de manufacturación que proporcionaban una diversidad de tareas útiles y eran particularmente deseados en aplicaciones peligrosas o tediosas cuando se realizaban de forma manual. Algunas aplicaciones satisfactorias incluían soldadura, pintura, medida y ensamblaje de piezas pequeñas. Se diseñaron diferentes sistemas en los que los robots se utilizaban para operaciones que requerían el movimiento y colocación de piezas.

La libertad extrema de movimiento, que es una característica y rasgo definidor de un robot, se mostró con el desarrollo de una variedad de configuraciones mecánicas. Algunas de las configuraciones planteaban estudios cinemáticos intrigantes y todas se diseñaban para proporcionar al menos 5 ó 6 grados de libertad y a menudo la configuración imitaba los brazos y muñecas humanas con la utilización de miembros en cascada conectados por articulaciones. El control preciso y enérgico estaba limitado por la flexión de los miembros estructurales en cascada y la acumulación de errores con los sistemas de control también dispuestos en cascada.

La posición del *efector final* podía describirse como un conjunto de coordenadas de máquina que definían los ángulos de las diferentes articulaciones y que podían relacionarse con un conjunto de coordenadas en el espacio de trabajo (normalmente coordenadas cartesianas). Sin embargo, los programas que utilizaban la repetibilidad de conjuntos de coordenadas de máquina prefijadas generalmente producían errores de posición *más pequeños* que los programas fuera de línea que dependen de las transformaciones de las coordenadas calculadas. Así, la mayoría de los robots se diseñaban para utilizar un modo de programar/enseñar, en el cual los programas se construían utilizando señales de orden controladas manualmente. Estas señales dirigían el movimiento a puntos seleccionados a lo largo de las trayectorias de movimiento deseado. En los puntos seleccionados se registraban los datos que describían las coordenadas de la máquina. La operación se podía entonces cambiar a un modo de reproducción y los movimientos deseados ocurrirían de forma automática con la incorporación de las coordenadas grabadas y de las velocidades específicas y de los perfiles de posición.

Aunque el control de robots era suficientemente preciso para muchas aplicaciones era aparente que se podían mejorar las prestaciones si se proporcionaban sensores de realimentación directamente desde el punto de operación. Los sensores táctiles o los sistemas de visión eran desarrollos que podían proporcionar esta capacidad. Aunque la visión precisaba del desarrollo de complejos sistemas y una extensiva programación, la adición de visión a un robot le permitía corregir pequeños errores del sistema y responder de una forma limitada a variaciones de la tarea no previstas.

Los sistemas conocidos como células de fabricación flexible fueron implementados con una configuración que típicamente incluía el uso de algunas máquinas de herramienta y un robot bajo el control supervisor de un único computador de supervisión. El sistema era flexible en el sentido que se podían cambiar los programas para proporcionar variaciones en la descripción de la pieza fabricada. También se diseñaron sistemas con robots móviles para transferir piezas entre estaciones de trabajo. Para lograr la coordinación a lo largo de la fábrica, se diseñaron controladores que supervisaban a otros controladores y la automatización de la fábrica requería la consideración de la comunicación de múltiples señales de control con el desarrollo de una jerarquía en el sistema de control.

### Diversas áreas de aplicación

Además de las fábricas automatizadas y las aplicaciones aeroespaciales, los conceptos de la teoría de control se desarrollaron en muchas áreas. Una historia completa del control automático requeriría la consideración de los sistemas de potencia, sistemas biomédicos, sistemas ópticos y muchas otras áreas de investigación y desarrollo.

## 1.4. LA CLASIFICACIÓN DE LAS TÉCNICAS DE CONTROL

En la Figura 1.1 se muestra un diagrama de bloques básico de un sistema de control con realimentación. Aunque el control se puede aplicar a tareas tan diversas como controlar la posición de un vehículo espacial o controlar la posición de una cabeza de lectura/escritura en un disco de memoria digital, el término *planta* o *proceso* se utiliza normalmente para describir la parte del sistema que se controla. La parte de la planta generalmente muestra las propiedades inhe-

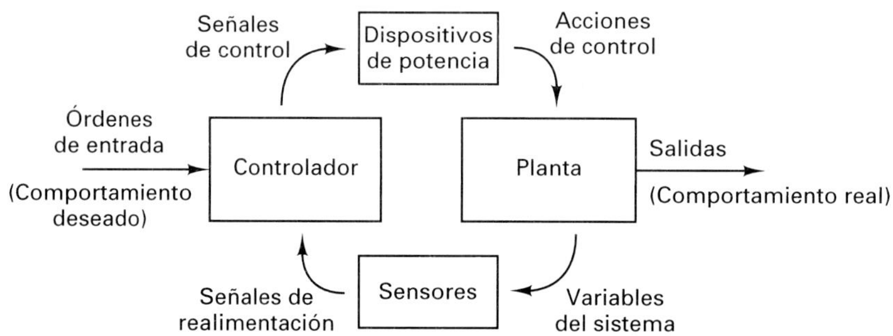


**Figura 1.1.** Un diagrama de bloque básico.

rentes que no se pueden alterar por el diseñador y se caracteriza típicamente como *dinámica* y *continua*. Las acciones de la planta son dinámicas en el sentido que existe almacenamiento de energía dentro de la planta y el comportamiento (tal como se observa en un instante de tiempo) es dependiente de las excitaciones pasadas y presentes. Aunque las variables de la planta se pueden muestrear a intervalos de tiempo discretos, las variables de la planta son típicamente observables como señales continuas.

Las complicaciones con el análisis de la planta se reducen usualmente si el modelo de la planta se identifica como *lineal*[1], *concentrado*[2] e *invariante en el tiempo*[3]. Sin embargo, no hay garantía que todas estas características del sistema serán aplicables en una situación realística. Como la presencia de fenómenos no lineales es una preocupación general, se consideran de manera intermitente a lo largo del texto modelos de plantas no lineales (los Capítulos 12 y 13 se dedican a este tema). Los otros atributos son menos problemáticos y los modelos de planta se suponen generalmente que son concentrados e invariantes en el tiempo. Aunque la técnica del lugar de las raíces (Capítulo 8) se diseña para evaluar las consecuencias de los cambios en un parámetro del sistema, que se interpretan solamente como afectarían a un nuevo cálculo con un modelo modificado. En otras palabras, las variaciones se visualizan como un cambio fijo (en lugar de estudiar la evolución del cambio como un proceso dependiente del tiempo).

El diseñador del sistema puede seleccionar la estrategia empleada en el diseño del controlador y los dispositivos de potencia y el carácter básico del controlador tiende a categorizar los sistemas. Con tecnologías que cambian rápidamente puede resultar arriesgado intentar clasificar las técnicas de control, pero se puede realizar una gran división de cómo se perciben generalmente:

1. Sistemas con *control continuo* (algunas veces denominado *control analógico*).
2. Sistemas con *control digital* utilizando *datos muestreados*.
3. Sistemas que utilizan acciones discretas que dependen de sucesos discretos (*control de eventos discretos*). Estos sistemas son algunas veces conocidos como *sistemas dinámicos de eventos discretos*.

Aunque el comportamiento de un controlador digital bajo algunas circunstancias puede imitar al control continuo, las categorías reflejan las diferencias básicas con respecto a las características inherentes del controlador. No obstante, es práctica común para un controlador digital que proporcione ambas acciones de datos muestreados y de control de eventos discretos.

## Control continuo

Estudios de carácter introductorio de control usualmente comienzan con la consideración de los sistemas que operan con señales continuas. El diseño del controlador está típicamente confinado al uso de técnicas bien conocidas y fácilmente comprendidas y las modificaciones o ajustes de parámetros se realizan normalmente de manera fácil y rápida. Los dispositivos de potencia pueden utilizar componentes electromecánicos, neumáticos o hidraúlicos, pero la función de control es la mayoría de las veces implementada utilizando circuitos electrónicos. Una técnica común es obtener las funciones de control deseadas con realizaciones de circuitos que em-

[1] La planta es lineal si se puede describir de forma precisa utilizando un conjunto de ecuaciones diferenciales lineales. El atributo indica que los parámetros del sistema no varían como una función del nivel de señal.

[2] La planta es un sistema de parámetros concentrados (en lugar de parámetros distribuidos) si se puede describir utilizando ecuaciones diferenciales ordinarias (en lugar de parciales). Esta condición se satisface generalmente si el tamaño físico del sistema es muy pequeño, en comparación con la longitud de onda de la frecuencia de interés más elevada.

[3] La planta es invariante en el tiempo si el parámetro no varía como una función del tiempo. Un sistema lineal e invariante en el tiempo se describe por ecuaciones diferenciales lineales con coeficientes constantes.

plean amplificadores operacionales para proporcionar funciones de suma, integración y otros circuitos lineales. Así, las funciones de control se describen utilizando ecuaciones diferenciales lineales con coeficientes constantes (o la correspondiente función de transferencia). Como los controladores analógicos inherentemente operan en un modo en tiempo real con cálculo paralelo, un cambio en el orden de una función de control requiere un cambio en el número de elementos computacionales. Así, si los elementos activos no están sujetos a ninguna limitación significativa en el ancho de banda, un aumento en la complejidad computacional no añade retardos de tiempos indeseables.

Los controladores analógicos, sin embargo, muestran una tendencia al menos de permitir pequeños componentes de fenómenos extraños (tales como variaciones térmicas, envejecimiento de los componentes o la presencia de diversas fuentes de ruido) que se observan como variaciones en la información de control. A menos que el rango espectral de una señal de control se transfiere a un rango de frecuencias más altas (empleando una técnica de modulación), la señal de control incluirá una componente que es muy lentamente variable (o constante). Esta parte de una señal es particularmente vulnerable a pequeñas desviaciones en el nivel. Estas variaciones, algunas veces conocidas como deriva, se producen por variaciones térmicas o por envejecimiento no compensadas de los niveles de operación estática de los dispositivos activos. Dependiendo de la aplicación y de la circuitería, estas desviaciones pueden ser despreciables. Sin embargo, cualquier variación en la desviación o en la ganancia en lazo cerrado exhibida por un amplificador operacional (sin tomar en consideración su severidad) se observa como una variación correspondiente en la información de la señal de control.

### Control digital con datos muestreados

La utilización de tecnología digital en el diseño de controladores introduce una flexibilidad notable de la capacidad de diseño. Aunque los controladores digitales se pueden diseñar de forma que imiten la operación de los controladores analógicos, las técnicas digitales ofrecen una mayor diversidad de potenciales tipos de comportamiento. Muchas técnicas de control modernas requieren variaciones matemáticas que explotan las capacidades potenciales de la tecnología digital.

Como los controladores digitales típicamente controlan plantas continuas, se requiere una conversión digital-analógica entre el controlador y la planta y alguna forma de conversión analógica-digital en relación con la medida de las variables de la planta. Con esta combinación de acciones discretas y continuas, las componentes digitales contribuirán a algunos retardos no deseados asociados con los tiempos de conversión, el manejo de los datos y el empleo de cálculo estructurado de forma secuencial. El tiempo de ejecución digital produce un retardo y el tiempo de cálculo impone un límite inferior sobre el tiempo entre muestras. Si es suficientemente grande, el retardo y el periodo entre muestras son factores que pueden contribuir a una deterioración de la estabilidad dinámica. La conversión de datos continuos a datos digitales también introduce una pequeña variación en la amplitud (o nivel predecible) que se impone al utilizar una longitud de palabra finita.

Por otra parte, las dificultades relacionadas con la longitud de palabra y la velocidad disminuyen rápidamente con mejoras en la tecnología digital y el empleo de datos digitales proporciona un alto nivel de inmunidad al ruido y a la variación de los componentes. No se observan señales extrañas como componentes de la señal de control a menos que sean bastante grandes para alterar la diferencia significativa entre la interpretación de ceros y unos digitales. Como las técnicas digitales permiten operaciones que son estrictamente repetibles, los controladores digitales muestran una consistencia de comportamiento a corto y largo plazo que es altamente deseada en sistemas con requisitos particularmente exigentes.

Con una capacidad mejorada para retener y manipular datos, el uso de la tecnología digital ofrece una mayor flexibilidad en el empleo de operaciones matemáticas. La aplicación de tecnología digital también introduce la posibilidad de incorporar lógica digital e incluir conocimiento en la estructura de control. Esta combinación de capacidades permite la *inclusión de procesos de aprendizaje*, *control adaptativo*, *control óptimo*, *conocimiento experto* y otros diversos conceptos avanzados. Estas técnicas pueden aplicarse a situaciones específicas. Por ejemplo, la utilización de un proceso de aprendizaje se asocia con frecuencia con la implementación de una *red neuronal*; y un control *lógico borroso* se puede aplicar a sistemas en los que el modelo de la planta no se conoce, con criterios lingüísticos aplicados al desarrollo de una estrategia de control.

### Control de eventos discretos

El control de eventos discretos es algunas veces denominado control *secuencial* o control *lógico programable* y como al menos parte de la aplicación es dinámica, se conoce también como control dinámico de eventos discretos. La aplicación a menudo incorpora estrategias complejas que se utilizan para el control de máquinas, procesos y diversas operaciones de manufacturación. La implementación contiene la formulación de acciones de control determinadas como respuesta a las características secuenciales y combinacionales observadas de un conjunto de órdenes y condiciones sensoriales. Las condiciones de entrada y de realimentación se reciben generalmente en el controlador como señales binarias y las acciones de control devueltas a la planta son también señales binarias. Este tipo de control (Capítulo 14) se asocia la mayoría de las veces con diversas formas de fábricas automatizadas.

Una variación del control de eventos discretos se tiene con un sistema que incorpora una señal de control ternaria con un nivel *positivo*, un nivel *negativo* y un nivel *cero*. Las condiciones de conmutación ocurren como resultado de observar las señales de realimentación en relación con los niveles de referencia deseados. La estrategia de control se implementa rápidamente con actuadores on/off que emplean conmutadores de estado sólido o relés controlados por circuitos analógicos o digitales que determinan las condiciones de conmutación. Un ejemplo (Capítulo 12) es el control on/off de los impulsores que liberan un gas presurizado para controlar la orientación angular de un vehículo espacial. La dirección de la fuerza de un impulsor específico se determina mediante un ángulo de montaje fijo y la magnitud de la fuerza es constante durante el tiempo que está activo el impulsor. Aunque se suministra potencia a la planta en solamente tres niveles discretos, la energía suministrada en cualquier periodo de tiempo es, por supuesto, dependiente de la temporización de las acciones de conmutación.

## 1.5. EL PROCESO DE DISEÑO

Tener la capacidad de planificar e idear diestramente una estrategia de control satisfactoria requiere creatividad e imaginación, pero la destreza es también dependiente de la adquisición de conocimiento y de experiencia. Así, los logros económicos de los diversos aspectos de la teoría de control son una parte importante del desarrollo de las habilidades de diseño. Aunque algunos tópicos de estudio se presentan inicialmente como análisis de sistemas de control, el estudio del control automático gradualmente evoluciona para enfatizar los temas orientados al diseño.

## Diseño de sistemas de eventos discretos

Si los requisitos de comportamiento plantean control de eventos discretos o una combinación de acciones continuas y discretas, el diseñador debería considerar el desarrollo de un diagrama o tabla de *transición de estados*. Las técnicas de transición de estados son un método sistemático y cuidadosamente estructurado para el desarrollo de programas. Cuando las tareas contienen una extensiva automatización, el desarrollo de programas eficientes y comprensibles es a menudo importante. El controlador de acción discreta puede iniciar tareas y sensar la finalización de las que se ejecutan por máquinas con controladores separados. Esto proporciona una jerarquía de sistemas de control en el que el controlador de eventos discretos está supervisando las operaciones de diferentes tareas colocadas en un nivel inferior de la jerarquía. Las tareas supervisadas pueden incorporar control continuo y de este modo se tiene una combinación de control de eventos discretos y control continuo.

## Diseño de sistemas continuos o cuasicontinuos

Aunque un diseño concreto requerirá estudios específicos, el procedimiento general de diseño ilustrado en la Figura 1.2 es aplicable al desarrollo de sistemas continuos o cuasicontinuos. La metodología tal como se muestra supone el empleo de un modelo matemático. El desarrollo de un modelo da la oportunidad de estudiar variaciones de la estrategia de control propuesta y el correspondiente comportamiento antes de implementar el sistema. Observe que el procedimiento de diseño se describe como un proceso de realimentación.

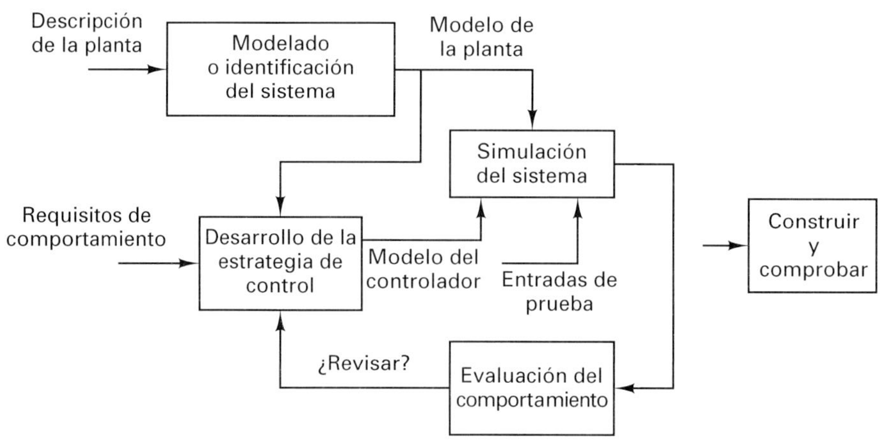


**Figura 1.2.** Un procedimiento de diseño.

El desarrollo de un modelo matemático para la planta se continúa con la determinación de un conjunto de ecuaciones diferenciales que describen de forma precisa a la planta. En algunas situaciones, la percepción de relaciones teóricas puede ser complicada y la determinación de un modelo puede requerir tests experimentales utilizando técnicas de identificación de sistemas. Dependiendo de la situación, puede precisarse un modelo muy preciso o puede ser suficiente un modelo aproximado. Aunque puede ser posible desarrollar una estrategia de control que se base en el conocimiento experto en lugar del empleo de un modelo específico del sistema. El conocimiento experto se obtiene de la experiencia de trabajo con diferentes modelos matemáticos. Las técnicas analíticas proporcionan una comprensión valiosa de la relación causa-efecto.

### Los elementos de una experiencia de diseño satisfactorio

Es, por supuesto, satisfactorio desarrollar una solución ingeniosa o un diseño creativo que evoluciona desde la experiencia personal y la educación. Sin embargo, una tarea de diseño puede requerir un nivel de comprensión para el cual un diseñador puede buscar recursos adicionales. Además del esfuerzo personal, el desarrollo de trabajo en equipo, consultas con expertos en diversas áreas y una búsqueda amplia en la literatura pueden convertirse en elementos importantes del proceso de diseño.

La comunicación de ideas a través de la literatura técnica puede parecer inicialmente menos que óptima —los trabajos científicos no siempre presentan una modesta narrativa de la experiencia real del autor—. Sin embargo, una búsqueda diligente (asistida por computador) de revistas científicas normalmente proporciona una serie de referencias que son colectivamente valiosas como información que se asimila gradualmente. Aunque puede haber aspectos específicos de un diseño que conducen a un diseñador de sistema a través de un proceso algo tortuoso, con comienzos tentativos y cambios en dirección. Una comprensión ganada gradualmente a menudo conduce a un resultado altamente estimable.

## REFERENCIAS

1. N. Minorsky: «Directional Stability of Automatically Steered Bodies», *J. Am. Soc. Naval Eng.*, 34, 1922.
2. H. Nyquist: «Regeneration Theory», *Bell Systems Tech. J.*, XI, 1932.
3. H. S. Black: «Stabilized Feed-Back Amplifiers», *Electrical Engineering*, 53, enero 1934.
4. H. L. Hazen: «Theory of Servomechanims», *J. Franklin Inst.*, 218, 1934.
5. H. W. Bode: *Network Analysis and Feedback Amplifier Design*, Van Nostrand, Nueva York, 1945.
6. H. James, N. Nichols y R. Philips, *Theory of Servomechanisms*, Boston Technical Lithographers, Boston: MIT Rad. Lab. Series, 1963.
7. H. S. Black: «Inventing the Negative Feedback Amplifier», *IEEE Spectrum*, diciembre 1977.
8. J. Burke: *Connections* (*Thecnology History*), Little, Brown and Co., Boston, Toronto, 1978.

◆

CAPÍTULO 2

# Modelado de sistemas físicos: Modelos de ecuaciones diferenciales

## 2.1. INTRODUCCIÓN

Un prerrequisito básico en el desarrollo de casi todas las estrategias de control es la obtención de un modelo matemático para la *planta* (la parte del sistema que se va a controlar). El proceso de diseño se continúa entonces normalmente con el desarrollo de un modelo del sistema completo que también incluye los dispositivos del controlador y de potencia. Aunque el controlador puede implementarse como un sistema continuo o discreto (utilizando técnicas analógicas o digitales), la planta es con frecuencia un sistema continuo. Así, todo el sistema o una parte crítica del mismo requiere la aplicación de un modelo continuo. Como la parte continua de un sistema típicamente incluye elementos que almacenan energía, el modelo debe reflejar de forma precisa las características de comportamiento estático y dinámico de un sistema dinámico continuo. El modelo requerido se formula como un conjunto de ecuaciones diferenciales.

Una gran parte de este capítulo se dedica a la consideración de modelos que se generan como un conjunto de ecuaciones diferenciales *lineales*.

## 2.2. CRITERIOS DE ESTABILIDAD APLICADOS A MODELOS DE FUNCIÓN DE TRANSFERENCIA

Cuando se observa la respuesta de un sistema lineal, el carácter de la respuesta no se ve afectado por cambios en el nivel de excitación. Para obtener este atributo, cada elemento del sistema debe exhibir propiedades lineales. Por ejemplo, una resistencia en un circuito eléctrico debe verificar una relación entre la corriente y la tensión que es independiente del nivel de tensión aplicada. Análogamente un resorte en un sistema mecánico debe cumplir una relación entre la deflexión y la fuerza que es independiente del nivel de la fuerza aplicada. Sin embargo, la relación lineal de variables que se define para un elemento puede contener la integral o la derivada de una variable que se emplea para definir la relación lineal para otro elemento. Así el modelo compuesto debe considerar relaciones diferenciales y el sistema se describe utilizando un conjunto de ecuaciones diferenciales lineales.

Como las dificultades analíticas pueden aumentar significativamente si un modelo del sistema es no lineal, la conclusión de que un modelo se puede formular usando un conjunto de ecuaciones diferenciales lineales puede ser un factor importante en la facilidad de análisis y diseño. Si se considera un sistema que es lineal (o casi lineal), las relaciones de causa-efecto se estudian de forma relativamente fácil utilizando una diversidad de herramientas analíticas y los problemas de diseño sucumben frente a los procedimientos metódicos.

### Algunas propiedades fundamentales

El modelo matemático de un sistema lineal puede incluir cualquier orden de derivada de la excitación o respuesta (incluyendo términos de orden cero), pero los términos deben aparecer como una combinación lineal de las derivadas de la excitación y de la respuesta. Si una ecuación diferencial lineal se expresa en términos de una única variable dependiente $x(t)$ con una única excitación $r(t)$, entonces

$$a_0 x(t) + a_1 \frac{d}{dt} x(t) + a_2 \frac{d^2}{dt^2} x(t) + \cdots = b_0 r(t) + b_1 \frac{d}{dt} r(t) + \cdots. \tag{2.1}$$

Los parámetros del sistema aparecen en el modelo matemático como coeficientes y la linealidad se mantiene si los parámetros no varían como función de las derivadas de la excitación o respuesta.

Una alternativa a una descripción precisa del modelo matemático es expresar la linealidad en términos de relaciones de entrada/salida. Una característica de respuesta lineal se puede describir tal como sigue:

i. Si la entrada $r(t)$ produce la salida $y(t)$,
entonces la entrada $Kr(t)$ produce la salida $Ky(t)$.

Un fenómeno coincidente que se expresa algunas veces en combinación con la sentencia precedente es la propiedad de *superposición*. Superposición se puede expresar como sigue:

ii. Si la entrada $r_1(t)$ produce la salida $y_1(t)$
y la entrada $r_2(t)$ produce la salida $y_2(t)$,
entonces $r_1(t) + r_2(t)$ produce $y_1(t) + y_2(t)$.

Un sistema lineal (continuo o discreto) se puede definir como un sistema que satisface la propiedad de superposición. Si se presentan como entradas adicionales condiciones iniciales no nulas, un sistema lineal exhibe superposición con cualquier combinación de entradas y condiciones iniciales.

Otra característica de entrada/salida que se observa rápidamente con los sistemas lineales es la preservación de las formas de onda sinusoidales. Si la excitación a un sistema lineal continuo es una función sinusoidal continua, la respuesta en estado estacionario es también una función sinusoidal continua de la misma frecuencia.

Considerando los modelos de los sistemas lineales tal como se presentan para el estudio de los sistemas de control, el carácter dinámico de un sistema se estudia generalmente como una función del tiempo; por lo tanto, el tiempo es la variable independiente. Si los coeficientes varían como función de la variable independiente, el resultado es una variación especial de un modelo lineal descrito como un modelo lineal variable en el tiempo. Sin embargo, los modelos lineales tal como se presentan se suponen que son invariantes en el tiempo, y los modelos lineales invariantes en el tiempo (modelos LTI) se componen de ecuaciones diferenciales o en diferencias con coeficientes constantes. Con un modelo LTI continuo, las técnicas de sistemas lineales tales como el *álgebra de fasores* y la *transformada de Laplace* son directamente aplicables y un *modelo de estado* (Capítulo 4) también asume un formato matemático particularmente conveniente.

### Acotaciones sobre los modelos lineales

Volviendo otra vez a la resistencia y al resorte como ejemplos de elementos de sistemas eléctrico y mecánico, la conducta del sistema lineal sólo existe dentro de ciertas acotaciones sobre la magnitud de las variables dependientes. La temperatura de una resistencia puede aumentar hasta un punto que haga que la resistencia cambie significativamente o que incluso llegue a fundirse. Si un resorte responde a movimientos traslacionales, se puede comprimir o expandir totalmente más allá del límite elástico. Cuando algunos elementos se conectan para formar un sistema, un modelo lineal es válido solamente dentro de acotaciones específicas sobre las variables dependientes.

Un método de visualizar las acotaciones sobre la operación lineal es considerar un espacio $n$-dimensional, donde cada dimensión determina a una variable dependiente. Con tres variables dependientes, el espacio $n$-dimensional se puede representar utilizando un sistema de coordenadas cartesianas tridimensionales. Si el modelo del sistema es *globalmente* lineal, las propiedades de un sistema lineal se observan a través de todo el espacio. En la realidad, sin embargo, ningún sistema es perfectamente lineal en un sentido global. Un sistema puede ser global (o casi lineal) en una región especificada pero no globalmente. Así, la aplicación de una técnica de solución lineal (tal como la transformada de Laplace) debería aplicarse comprendiendo que la validez de la respuesta predicha está limitada por las acotaciones de los valores de las variables dependientes.

Si un sistema no es lineal en la región de interés, el desarrollo y utilización de un modelo matemático se hace generalmente más difícil y el empleo de la simulación digital toma un papel particularmente importante. Las amplias consecuencias del modelado lineal frente al no lineal se tratan a lo largo de todo este texto.

## 2.3. MODELADO CON ELEMENTOS LINEALES DE PARÁMETROS CONCENTRADOS

Cuando se describe un elemento simple de dos terminales, la magnitud de una variable dependiente se determina como la diferencia del valor entre los terminales, y una variable relacionada se supone que pasa a través del elemento. Con un elemento *concentrado*, la variable que pasa a través de él (tal como la corriente en una resistencia o la fuerza en un resorte) se supone que tiene el mismo valor en ambos terminales. En un sentido estricto, esta conducta no es posible con un dispositivo de tamaño no nulo. Debido a que la velocidad de propagación es finita, una señal variable en el tiempo producirá una variación del nivel de la señal que ocurre como una función del desplazamiento a través del dispositivo.

La implementación de una resistencia práctica requiere un tamaño finito y la resistencia presentará una pequeña inductancia distribuida a lo largo del camino de corriente y una pequeña capacitancia en paralelo distribuida para los circuitos adyacentes. Un resorte práctico se construye también con un tamaño finito y mostrará una masa distribuida a lo largo del camino de la deflexión. La presencia de los parámetros distribuidos actúa para extender el tiempo requerido para que una corriente recorra la resistencia o una fuerza pase por el resorte. El tiempo de propagación, sin embargo, es normalmente mucho menor que el tiempo de respuesta del sistema, tal como viene determinado por la dinámica natural del sistema. Por lo tanto, este efecto no es usualmente un factor significativo en la evaluación del comportamiento y el empleo de un modelo de parámetro concentrado es una aproximación razonable. Como la necesidad de un modelo de parámetros distribuido es un requisito poco común, los modelos se componen típicamente de ecuaciones diferenciales ordinarias (no en derivadas parciales) y el tiempo es la única variable independiente.

### Elementos eléctricos y mecánicos

La Tabla 2.1a presenta las relaciones de ecuaciones diferenciales lineales para elementos eléctricos pasivos que se supone que son concentrados y lineales. Los elementos son resistencia,

**TABLA 2.1a** ELEMENTOS ELÉCTRICOS LINEALES

| Elemento | Circuito | Relaciones |
|---|---|---|
| $R$<br>Resistencia<br>(ohmios) | 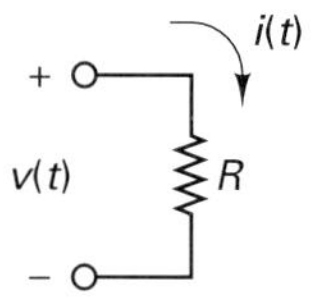 | $v(t) = Ri(t)$ o $i(t) = Gv(t)$ donde $G = \frac{1}{R}$ |
| $L$<br>Inductancia<br>(henrios) | 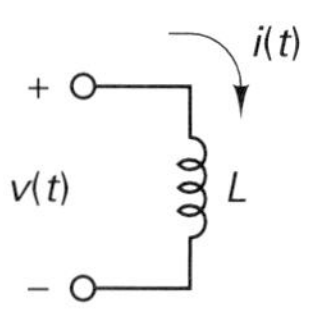 | $v(t) = L\frac{d}{dt}i(t)$ o $i(t) = \frac{1}{L}\int_0^t v(t)dt + i(0)$ |
| $C$<br>Capacitancia<br>(faradios) | 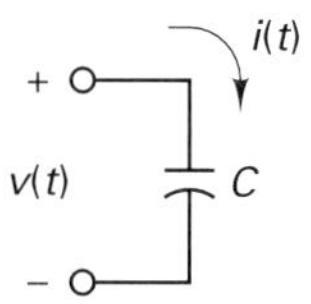 | $v(t) = \frac{1}{C}\int_0^t i(t)dt + v(0)$ o $i(t) = C\frac{d}{dt}v(t)$ |

autoinducción y condensador, con la hipótesis que $R$, $L$ y $C$ son constantes. Las unidades[1] son ohmios, henrios y faradios, respectivamente. Los elementos se describen como pasivos porque pueden disipar o almacenar energía, pero no pueden introducirla en el sistema. La resistencia disipa energía y la autoinducción y el condensador almacenan energía en un campo eléctrico o magnético, respectivamente.

En las Tablas 2.1b y 2.1c se muestran un conjunto de elementos mecánicos pasivos, suponiendo movimiento traslacional (Tabla 2.1b) y movimiento rotacional (Tabla 2.1c). El primer elemento que se describe en ambas tablas es un amortiguador viscoso. El amortiguador viscoso traslacional se compone de un cilindro con un pistón móvil. El cilindro está lleno con un fluido y un camino con restricción permite que el fluido retorne al lado opuesto del pistón. El amortiguador rotacional es un concepto similar, excepto que la operación es rotacional y la resistencia al movimiento se presenta como un par de carga. Los amortiguadores viscosos producen una fuerza o par que varían con la velocidad traslacional o angular. Idealmente, la fuerza resistente (o par) varía en proporción directa con la velocidad traslacional (o angular). Estos dispositivos disipan energía y no la almacenan. Aunque se utiliza el símbolo $B$ para describir ambas acciones traslacional y rotacional, las unidades por supuesto deben ser diferentes. El coeficiente de rozamiento viscoso con movimiento traslacional se expresa en términos de fuerza por unidad de velocidad (la fuerza en newtons y la velocidad en metros/segundos) y el coeficiente de rozamiento viscoso con movimiento rotacional se expresa en términos de par por unidad de velocidad angular (el par en newton-metros y la velocidad angular en radianes/segundos)[2].

Los otros fenómenos que se muestran son relaciones para masas (o momentos de inercia) y resortes lineales. La masa (o el momento de inercia) y los resortes almacenan energía como

[1] Las unidades utilizadas a lo largo de este texto son unidades métricas que se adaptan al estándar SI (SI es una abreviatura de *Sistema Internacional de Unidades*).

[2] Aunque un radián se define como una relación adimensional, para mayor claridad se incluye una unidad (abreviado, rad).

**TABLA 2.1b** ELEMENTOS MECÁNICOS LINEALES (TRASLACIONAL)

*B*
Amortiguamiento viscoso
(N · s/m)

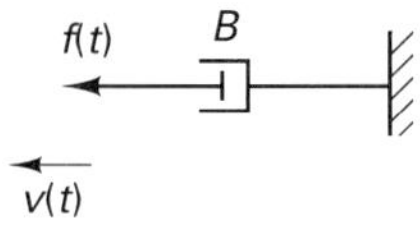


$$f(t) = Bv(t) = B\frac{d}{dt}x(t)$$

---

*M*
Masa
(kg)

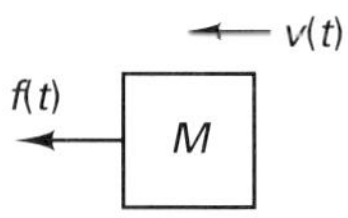


$$f(t) = M\frac{d}{dt}v(t) = M\frac{d^2}{dt^2}x(t)$$

---

*K*
Resorte lineal
(N/m)

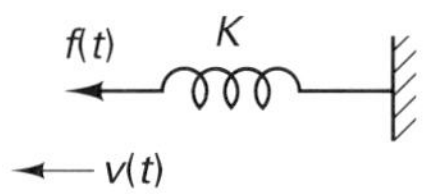


$$f(t) = K\int_0^t v(t)dt + f(0) = Kx(t)$$

---

**TABLA 2.1c** ELEMENTOS MECÁNICOS LINEALES (ROTACIONAL)

*B*
Amortiguamiento viscoso
(N · m · s/rad)

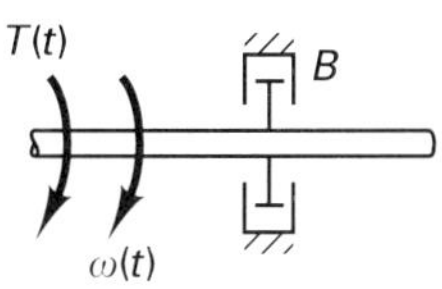


$$T(t) = B\omega(t) = B\frac{d}{dt}\theta(t)$$

---

*J*
Momento de inercia
(kg · m²)

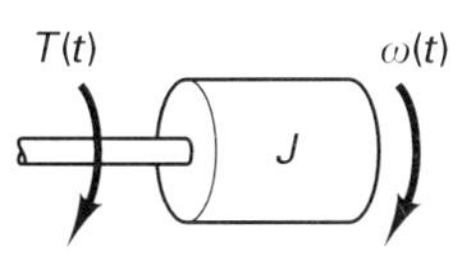


$$T(t) = J\frac{d}{dt}\omega(t) = J\frac{d^2}{dt^2}\theta(t)$$

---

*K*
Resorte torsional
(N · m/rad)

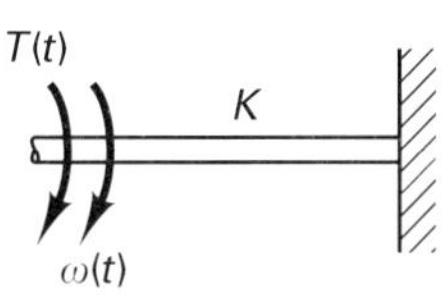


$$T(t) = K\int_0^t \omega(t)dt + T(0) = K\theta(t)$$

---

energía cinética o energía potencial, respectivamente. Los modelos de los resortes en las Tablas 2.1b y 2.1c se expresan en términos de desplazamientos ($x$ o $\theta$) con la hipótesis que la referencia del desplazamiento es la posición que corresponde a fuerza o par cero. Los resortes de torsión se implementan normalmente utilizando nada más que un eje de acero extendido y su símbolo es simplemente un eje extendido. Si se muestra un eje sin un símbolo, se debería suponer que es rígido. El símbolo para la dureza del resorte $K$ se emplea con ambos tipos traslacional y rotacional, pero las unidades deben ser diferentes, tal como se describen en las Tablas 2.1b y 2.1c.

Como cualquier eje presentará algún grado de elasticidad torsional, esta propiedad no es siempre un fenómeno deseado. Si se diseña un sistema de control con un eje para transmitir par desde un actuador a una carga, una constante del resorte insuficientemente alta puede influir adversamente en la conducta dinámica. La elasticidad torsional puede introducir una resonancia discernible creada por una interacción del resorte de torsión con el momento de inercia de la carga.

Si un modelo del sistema incluye un resorte, una simplificación deseada en notación se obtiene normalmente eligiendo la referencia del desplazamiento ($x = 0$) para que coincida con la posición relajada del resorte. Sin embargo, si el movimiento de un resorte y masa lineal es vertical, una fuerza constante debida a la gravedad, $Mg$, producirá una componente de desplazamiento constante del resorte. En este caso, la ecuación se puede simplificar colocando la referencia del desplazamiento ($y = 0$) para marcar la posición estática (en reposo) con la masa incluida. Con el sistema en reposo, hay una deflexión inicial del resorte igual a $Mg/K$. Por lo tanto, la fuerza gravitacional hacia abajo ($Mg$) y la fuerza hacia arriba producida por la deflexión correspondiente del resorte ($Kx$) son iguales y opuestas y ambas componentes se eliminan de la ecuación.

## Modelos simples y analogías

Si se comparan las relaciones lineales de las Tablas 2.1a-2.1c, las similitudes son aparentes en los modelos eléctricos y mecánicos. Si se consideran las relaciones mecánicas en términos de fuerza y velocidad (o par y velocidad angular) hay analogías obvias que pueden ser útiles cuando se comparan modelos o características de comportamiento de sistemas eléctricos y mecánicos. Si se considera el circuito serie *RLC* de la Figura 2.1, la aplicación de la ley de tensión de Kirchhoff requiere que la suma de tensiones en el lazo sea cero. Sin embargo, el resultado se puede expresar con todos los signos positivos igualando las subidas de tensión con las caídas de tensión tal que

$$v(t) = L\frac{di(t)}{dt} + Ri(t) + \frac{1}{C}\int_0^t i(t)\,dt + v_c(0), \tag{2.2}$$

donde $i(t)$ es la variable dependiente y $v(t)$ es una señal de entrada que no ha sido aún especificada.

Considerando el sistema mecánico traslacional de la Figura 2.2, se supone que la superficie está libre de rozamientos. Si se construye un diagrama de cuerpo libre, las fuerzas se dirigen tal como se muestra en la Figura 2.3. Observe que la dirección supuesta de las fuerzas producidas por los elementos pasivos se muestran en una dirección opuesta a la velocidad positiva que se ha asumido. La ecuación correspondiente se puede escribir para igualar la fuerza inercial a todas las otras fuerzas o puede ser más simple aplicar un esquema menos rígido. La aplicación

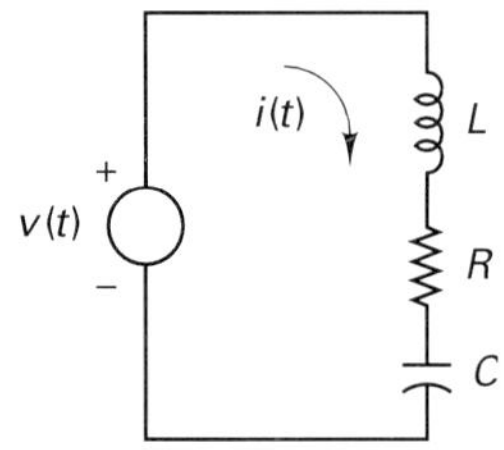


**Figura 2.1.** Circuito serie *RLC*.

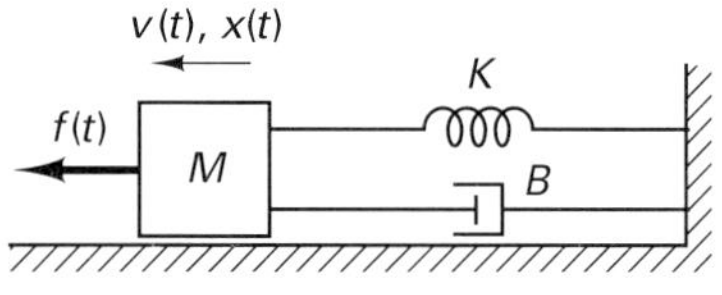


**Figura 2.2.** Sistema mecánico traslacional.

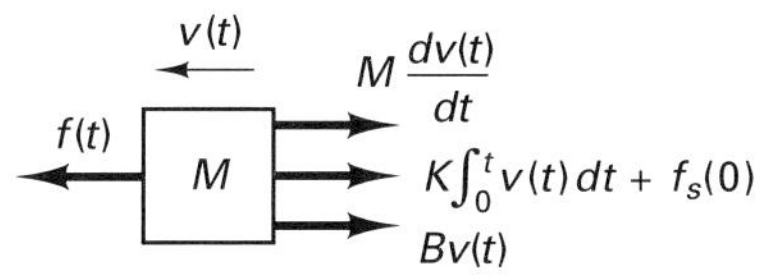


**Figura 2.3.** Diagrama de cuerpo libre para el sistema de la Fig. 2.2.

del principio de d'Alembert[3] requiere que una suma de todas las fuerzas debe añadirse a cero, y este concepto se modifica fácilmente para decir que la suma de las fuerzas dirigidas a la izquierda debe igualar a la suma de las fuerzas dirigidas a la derecha. Este enfoque produce una expresión con todos los signos positivos tal que

$$f(t) = M\,\frac{dv(t)}{dt} + Bv(t) + K\int_0^t v(t)\,dt + f_s(0), \tag{2.3}$$

donde la velocidad $v(t)$ es la variable dependiente y $f(t)$ es una fuerza de entrada no especificada.

Cuando se escriben ecuaciones, un sumatorio de fuerzas que incluya la fuerza inercial se puede interpretar como que representa un equilibrio que es válido para ambas condiciones estática y dinámica. La fuerza inercial es algunas veces descrita como una fuerza de rozamiento o fuerza imaginaria. Sin embargo, si ha experimentado alguna vez el resultado de intentar cambiar la velocidad de una masa rápidamente (tal como lo hace un jugador de baseball cuando golpea la pelota) tiene conocimiento de que es una fuerza real. Así pues, la fuerza inercial es una fuerza real y medible que se puede sumar de la misma manera que cualquier otra fuerza. Debe aparecer, sin embargo, en sus ecuaciones con un signo que sea consistente con la oposición a la velocidad supuesta como positiva.

Observe que las Ecuaciones 2.2 y 2.3 tienen la misma forma matemática y el circuito eléctrico de la Figura 2.1 se puede considerar que es una analogía eléctrica del circuito mecánico de la Figura 2.2. Esto es una analogía *fuerza-tensión*, con la fuerza análoga a la tensión, la velocidad análoga a la corriente, la masa análoga a la autoinducción, el coeficiente de rozamiento viscoso análogo a la resistencia y la constante del resorte lineal análoga a la inversa de la capacidad.

La analogía, sin embargo, no es la única posible. Como el circuito eléctrico tiene un circuito *dual* con una forma matemática idéntica, existe también una analogía fuerza- corriente. Considere el circuito RLC en paralelo de la Figura 2.4. Si las corrientes se suman en el nodo etiquetado $v(t)$, el resultado es

$$i(t) = C\,\frac{dv(t)}{dt} + Gv(t) + \frac{1}{L}\int_0^t v(t)dt + i_L(0) \tag{2.4}$$

y la nueva analogía es evidente. La fuerza es análoga a la corriente, la velocidad es análoga a la tensión, la masa es análoga al condensador, el coeficiente de rozamiento viscoso es análogo a la conductancia y la constante del resorte lineal es análoga a la inversa de la autoinducción. Así, el circuito de la Figura 2.4 produce otra analogía del circuito mecánico de la Figura 2.2. Las fuerzas podrían haberse expresado en términos de desplazamiento en lugar de velocidad con

$$f(t) = M\,\frac{d^2x(t)}{dt^2} + B\,\frac{dx(t)}{dt} + Kx(t), \tag{2.5}$$

[3] En 1742, d'Alembert sugirió que los cuerpos que están libres para moverse podrían incluirse en una ley que requiere un equilibrio de fuerzas. Esto es una simple reformulación de diferentes elementos de las leyes de movimiento de Newton.

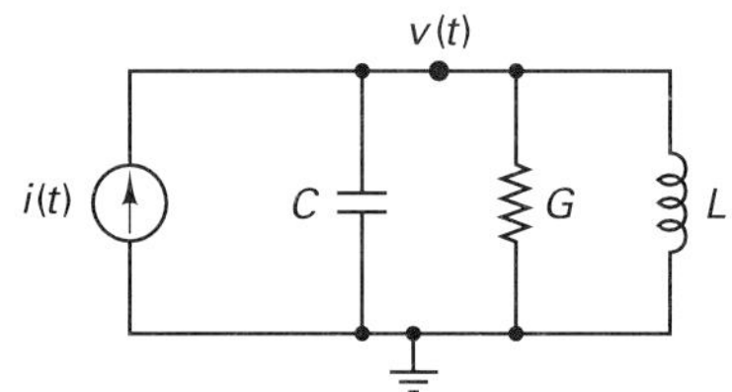


**Figura 2.4.** Un circuito RLC paralelo.

pero la correspondiente analogía fuerza-tensión requeriría un circuito eléctrico descrito en términos de carga $q(t)$.

Si se comparan las ecuaciones de los elementos de las Tablas 2.1a hasta 2.1c es aparente que la relación matemática lineal para los elementos mecánicos y eléctricos son idénticas. Las analogías, tal como se han presentado, pueden proporcionar perspectivas adicionales cuando se escriben las ecuaciones y se pueden extender analogías similares a otros fenómenos, tales como los sistemas térmicos e hidráulicos, como se ilustran en los apartados siguientes.

## Modelos que requieren múltiples sumas

Para un circuito eléctrico, la suma de las tensiones en un lazo debe ser cero y también la de las corrientes. Es práctica usual utilizar una u otra de estas leyes para escribir las ecuaciones con una decisión que se basa en la inspección de la configuración. Para un sistema mecánico, la suma de cambios en velocidad en los elementos de un lazo debe ser nula y también la suma de las fuerzas en una unión de elementos. Sin embargo, no es un procedimiento habitual sumar velocidades. Lo normal es sumar fuerzas en una unión de dos o más elementos o sumar las fuerzas que actúan sobre una masa. La suma de las fuerzas es un procedimiento directo, y las variables dependientes son velocidades o desplazamientos.

Cuando se suman fuerzas, es importante observar que éstas se transmiten sin cambios a través de los resortes y amortiguadores viscosos. Si estira un extremo de un resorte o amortiguador viscoso se observa una fuerza igual en el otro extremo. El desplazamiento relativo de los extremos del resorte proporciona una medida de la fuerza que actúa sobre él y la velocidad relativa de los extremos del amortiguador viscoso proporciona una medida de la fuerza sobre el amortiguador. Aunque pueden existir velocidades no nulas sobre ambos extremos de un resorte o de un amortiguador, existe solamente una velocidad asociada con un elemento inercial. La velocidad de un elemento inercial se especifica siempre con respecto a la referencia de velocidad-cero. Una masa transmite la misma velocidad a dos puntos conectados, pero la diferencia entre una fuerza aplicada a la masa y una fuerza ejercida por la masa (sobre otro elemento) proporcionará una medida de la aceleración.

En la Figura 2.5 se muestra un sistema de elementos mecánicos, con dos masas y un resorte y un amortiguador viscoso conectándolas. Se supone que no hay rozamiento asociado con las superficies. La suma de fuerzas en ambas masas proporciona dos ecuaciones en términos

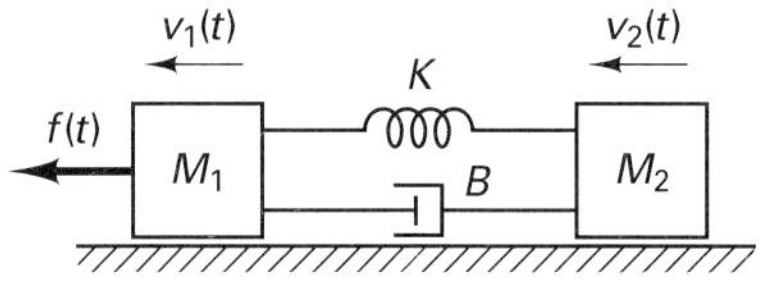


**Figura 2.5.** Un sistema mecánico acoplado.

de dos variables dependientes. Si el resorte produce una fuerza de carga sobre $M_1$, entonces una fuerza igual y opuesta se aplica por $M_1$ al resorte. La fuerza aplicada al resorte se transmite a través del mismo para aparecer como una fuerza aplicada sobre $M_2$ y la amplitud de la deflexión del resorte es proporcional a la fuerza transmitida. La fuerza aplicada al amortiguador viscoso se transmite también a la segunda masa como una fuerza aplicada y la velocidad relativa de las dos masas es proporcional a la fuerza transmitida. En la Figura 2.6 se muestra el diagrama de cuerpo-libre y las ecuaciones son

$$f(t) = M_1 \frac{d}{dt} v_1(t) + B[v_1(t) - v_2(t)] + K \int_0^t [v_1(t) - v_2(t)]dt + f_s(0) \tag{2.6}$$

y

$$B[v_1(t) - v_2(t)] + K \int_0^t [v_1(t) - v_2(t)]dt + f_s(0) = M_2 \frac{d}{dt} v_2(t). \tag{2.7}$$

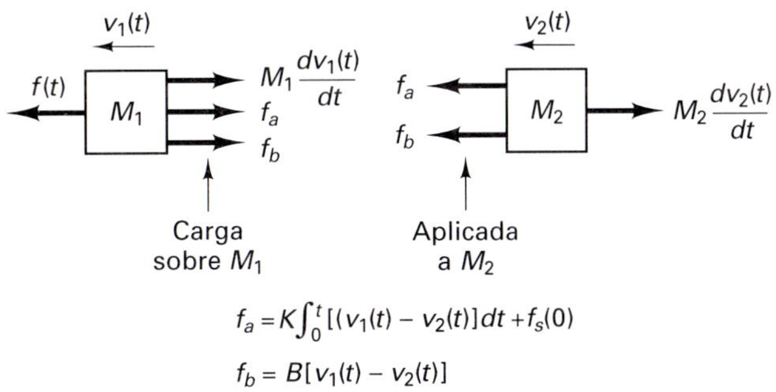


**Figura 2.6.** Diagramas de cuerpo libre que muestran las fuerzas que actúan sobre $M_1$ y $M_2$.

Una metodología alternativa para sumar fuerzas se obtiene suponiendo que todos los elementos pasivos proporcionan fuerzas de carga. Esta técnica no cambia la representación de fuerzas sobre el diagrama de cuerpo libre para $M_1$, pero cambia la representación sobre el diagrama para $M_2$, tal como se muestra en la Figura 2.7. Todas las fuerzas de carga se muestran oponiéndose a la dirección de velocidad supuesta positiva $v_2$ y todas tienen un signo positivo en los factores $v_2$ o $(v_2 - v_1)$. La segunda ecuación es entonces

$$0 = M_2 \frac{d}{dt} v_2(t) + B[v_2(t) - v_1(t)] + K \int_0^t [v_2(t) - v_1(t)]dt - f_s(0), \tag{2.8}$$

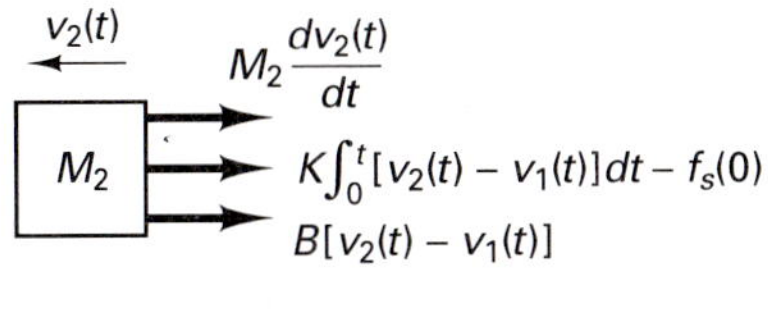


**Figura 2.7.** Diagrama de cuerpo libre revisado que muestra a todos los elementos pasivos que producen fuerzas de carga.

Que, por supuesto, proporciona la misma relación que la Ecuación 2.7. El método, sin embargo, puede proporcionar una técnica que se recuerda con facilidad, que es similar a las usuales para escribir las ecuaciones de malla o nodo con sistemas eléctricos. El signo asociado con el valor inicial de la fuerza del resorte $f_s(0)$ es negativo para evitar una inconsistencia con respecto al signo supuesto en la Ecuación 2.7. En la Figura 2.8 se muestra un circuito eléctrico análogo utilizando una analogía fuerza-tensión. Ambos muestran notación mecánica equivalente para elementos y variables. La analogía de la Figura 2.9 puede parecer preferible a algunos usuarios porque la referencia para un circuito es una tensión (tensión de tierra o cero voltios) y el marco de referencia para un sistema mecánico es una velocidad (velocidad cero establecida por el observador). Esta analogía proporciona una correspondencia tensión-velocidad. La analogía eléctrica de un elemento inercial es un condensador y el circuito análogo siempre mostrará un condensador con un terminal en la tensión de referencia cero. Cuando se visualiza esta analogía, se puede observar que la escritura de las ecuaciones de malla para este circuito es análoga a la suma de velocidades. Las ecuaciones de nodo se formulan fácilmente con esta topología y este procedimiento es, por supuesto, análogo a la suma de fuerzas.

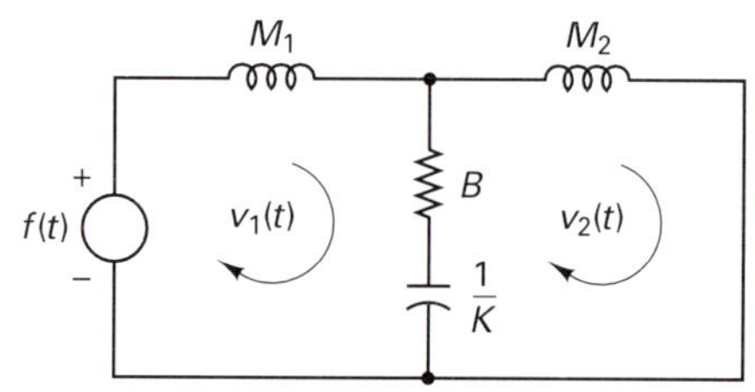


**Figura 2.8.** Una analogía fuerza-tensión.

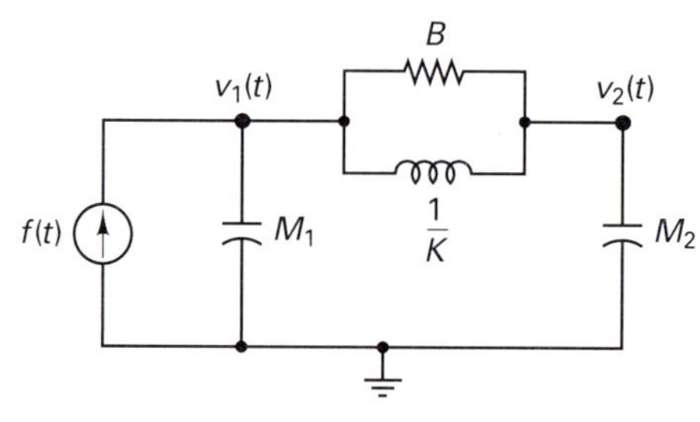


**Figura 2.9.** Una analogía fuerza-corriente (*B* análogo a *G*).

Si el sistema se describe utilizando variables de posición $x_1$ y $x_2$, el modelo es

$$f(t) = M_1 \frac{d^2}{dt^2} x_1(t) + B \frac{d}{dt} [x_1(t) - x_2(t)] + K[x_1(t) - x_2(t)] \tag{2.9}$$

y

$$0 = M_2 \frac{d^2}{dt^2} x_2(t) + B \frac{d}{dt} [x_2(t) - x_1(t)] + K[x_2(t) - x_1(t)]. \tag{2.10}$$

**EJEMPLO 2.1**

*Se desea obtener un modelo dinámico para un sistema rotacional desarrollando un diagrama que muestre la dirección de la velocidad angular supuesta y la correspondiente expresión para todos los pares.*

Considerando el sistema rotacional tal como se describe en la Figura 2.10, escribir un conjunto de ecuaciones diferenciales (en términos de velocidades angulares) que proporcionará un modelo válido del sistema.

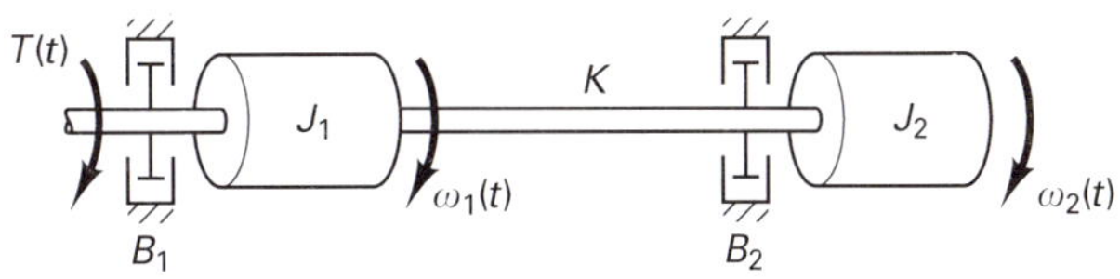


**Figura 2.10.** Un sistema rotacional.

**Solución.** Utilizando la metodología que se ha descrito con el sistema traslacional, la suma de pares produce

$$T(t) = J_1 \frac{d}{dt} \omega_1(t) + B_1\omega_1(t) + K \int_0^t [\omega_1(t) - \omega_2(t)]dt + T_s(0) \tag{2.11}$$

y

$$0 = J_2 \frac{d}{dt} \omega_2(t) + B_2\omega_2(t) + K \int_0^t [\omega_2(t) - \omega_1(t)]dt - T_s(0). \tag{2.12}$$

El valor inicial del par del resorte en la Ecuación 2.12 se muestra con un signo menos para ser consistente con el uso del mismo símbolo en la Ecuación 2.11.

**EJEMPLO 2.2**

*Una suma de fuerzas traslacionales en la dirección vertical se puede simplificar algo seleccionando la referencia de posición para eliminar la fuerza gravitacional constante Mg.*

Considerando el sistema de la Figura 2.11, escribir un conjunto de ecuaciones diferenciales para describir el sistema en términos de los desplazamientos $y_1$ e $y_2$. Suponer que $y_1$ e $y_2$ son ceros en la posición de reposo con todos los resortes y masas incluidos, pero $f = 0$.

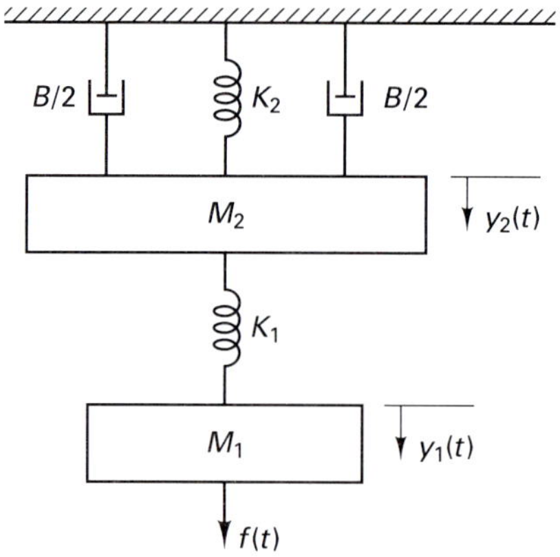


**Figura 2.11.** Un sistema con movimiento vertical.

**Solución.** Con las posiciones de referencia determinadas tal como se ha especificado, un desplazamiento inicial del resorte superior produce una fuerza que es igual y opuesta a $M_1g + M_2g$ y un desplazamiento inicial del resorte inferior produce una fuerza que compensa a $M_1g$. Así, la ecuación se expresa como sigue:

$$f(t) = M_1 \frac{d^2}{dt^2} y_1(t) + K_1[y_1(t) - y_2(t)]$$

$$0 = M_2 \frac{d^2}{dt^2} y_2(t) + K_1[y_2(t) - y_1(t)] + K_2y_2(t) + B \frac{d}{dt} y_2(t). \tag{2.13}$$

Observe que las fuerzas pasivas se dirigen para oponerse a la dirección del desplazamiento supuesto positivo.

## Modelos con componentes térmicos e hidráulicos

Aunque modelos que utilizan elementos análogos eléctricos y mecánicos se consideran cuidadosamente a lo largo de este texto, las analogías a las resistencias y condensadores eléctricos se pueden extender a sistemas térmicos e hidráulicos. Como ejemplo, en la Figura 2.12 se muestra

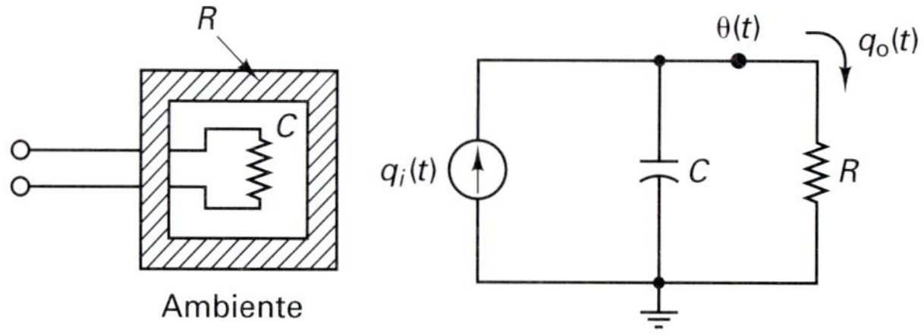


**Figura 2.12.** Un sistema térmico y una analogía eléctrica.

un sistema térmico y su correspondiente analogía eléctrica. Si se supone que la temperatura es uniforme dentro del contenedor, entonces el flujo de calor que entra al contenedor, $q_i$ (en julios por segundo), se divide en un componente almacenado y en un componente de pérdida de calor tal que

$$q_i(t) = C \frac{d}{dt} \theta(t) + \frac{1}{R} \theta(t), \tag{2.14}$$

donde $\theta$ es la temperatura relativa (kelvin o grados $C$) con respecto a la temperatura ambiente fuera del contenedor. La capacitancia térmica $C$ se especifica en julios por segundo y la resistencia térmica $R$ se especifica en grados por vatio. En la Figura 2.13 se muestra una situación análoga que relaciona el flujo de fluido que entra en el tanque que se divide entre flujo de almacenamiento y el que sale del tanque. Así, el flujo de entrada $w_i$ (en $m^3/s$), es

$$w_i(t) = C \frac{d}{dt} p(t) + \frac{1}{R} p(t), \tag{2.15}$$

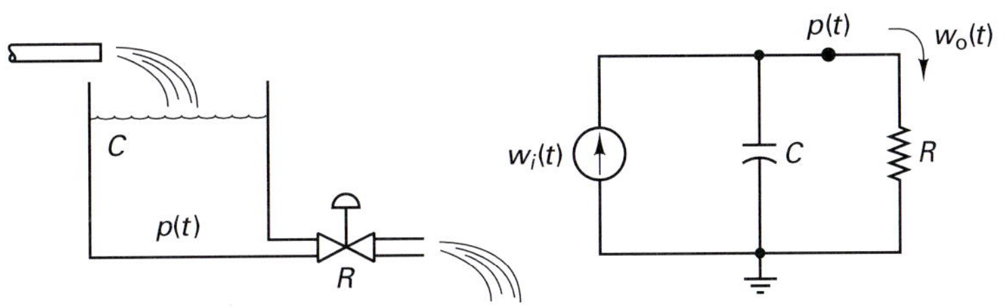


**Figura 2.13.** Un sistema hidráulico y una analogía eléctrica.

donde $p(t)$ es la presión relativa en el fondo del tanque con respecto a la presión en el lado de salida de la válvula. La capacitancia hidráulica define la inversa de la relación entre el cambio de presión y el cambio en volumen ($m^3$ por $N/m^2$), tal como queda determinado por la densidad del líquido y las dimensiones del tanque y la resistencia hidráulica define la relación entre presión y flujo ($N/m^2$ por $m^3/s$) producida por la restricción en la salida: La resistencia hidráulica es una función no lineal de la diferencia de presión; así, el modelo lineal que se muestra es una aproximación válida sólo para pequeñas variaciones de presión. La capacitancia es constante si el área de la sección recta del tanque es independiente de la profundidad.

Sólo dos elementos análogos (capacitancia y resistencia) se asocian con el modelo térmico. Para sistemas hidráulicos, se puede introducir un tercer elemento para considerar la inercia asociada con el flujo de fluido. Por ejemplo, una componente inercial de diferencia de presión (proporcional a la velocidad de cambio de flujo) se añadirá teóricamente a la componente resistiva de la diferencia de presión en el ejemplo de la Figura 2.13. Sin embargo, la componente de presión introducida por la componente inercial será relativamente insignificante a menos que exista una rápida variación transitoria en la velocidad del flujo de salida. Considerando el modelo descrito, la capacitancia del tanque tiende a mantener una presión uniforme y contrarresta cualquier cambio rápido en un flujo de salida.

## 2.4. UNA APLICACIÓN DE AUTOMOCIÓN

Se describe un sistema de suspensión activa para un automóvil y se desarrolla un modelo para las partes pasivas de la suspensión más un actuador ideal. Para simplificar el análisis, la descripción utiliza un modelo de «cuarto de coche» con la consideración de una rueda (y la mitad de un eje) y la suspensión de un cuarto de la masa del cuerpo. El sistema que se ilustra en la Figura 2.14 introduce un actuador que se conecta directamente entre el cuerpo y el eje. Esta es una configuración posible que se puede utilizar para insertar una fuerza controlada en el sistema de suspensión. La introducción de una fuerza controlada permite un aumento de flexibilidad en el desarrollo de una estrategia de control. Más aún, las características del sistema activo son ajustables.

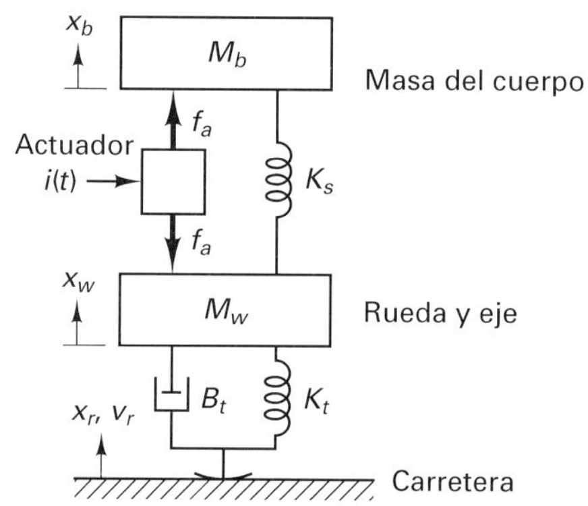


**Figura 2.14.** La suspensión de un cuarto de coche con un actuador ideal.

La rueda se modela como una combinación de un resorte y un amortiguador viscoso y se conecta un resorte en paralelo con el actuador entre el eje y el cuerpo. Aunque la acción dinámica del resorte no es necesariamente una característica deseable, se incluye el resorte para soportar el peso del cuerpo. Para minimizar los requisitos de energía, la fuerza media del actuador se mantiene idealmente en cero. El actuador se supone que produce una conversión ideal corriente a fuerza con la generación de una fuerza aplicada que es proporcional a la corriente de control $i(t)$. Sin embargo, la velocidad y el desplazamiento relativo de cada extremo del mecanismo actuador son dependientes de la interacción de la fuerza aplicada con las otras fuerzas del sistema. La fuerza aplicada al actuador se muestra en la dirección que corresponde a un valor positivo del control actual.

En la Figura 2.15 se muestran las fuerzas que actúan sobre la masa del cuerpo y la rueda y el eje. Una suma de fuerzas produce un modelo matemático para la suspensión como sigue:

$$f_a = M_b \frac{d^2}{dt^2} x_b + K_s(x_b - x_w)$$

$$0 = f_a + M_w \frac{d^2}{dt^2} x_w + K_s(x_w - x_b) + K_t(x_w - x_r) + B_t\left(\frac{d}{dt} x_w - \frac{d}{dt} x_r\right). \tag{2.16}$$

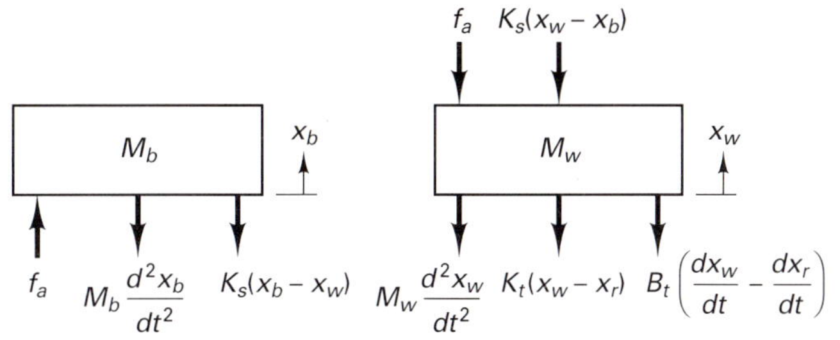


**Figura 2.15.** Las fuerzas que actúan sobre el cuerpo y rueda/eje.

El desplazamiento de la rueda y el eje $x_w(t)$ y el desplazamiento del cuerpo $x_b(t)$ son variables dependientes. Como el vehículo está en movimiento, el desplazamiento de la carretera $x_r(t)$ y la velocidad de cambio de desplazamiento de la carretera $dx_r(t)/dt$ son funciones de excitación determinadas por el perfil de la carretera y la velocidad del vehículo. La fuerza del actuador $f_a$ es dependiente sobre una parte del sistema que no está completa en este punto (en el Capítulo 3 se considera el diseño del controlador).

En el Capítulo 3 se desarrollan modelos electromecánicos adicionales para dispositivos tales como motores, generadores y engranajes. Los ejemplos de ciertos sistemas se posponen a capítulos subsiguientes debido a que las dificultades de comprensión disminuyen con el empleo de funciones de transferencia y diagramas de bloque.

## 2.5. CONSIDERACIONES DE ENERGÍA Y POTENCIA

Los modelos de sistemas se describen generalmente en términos de variables que están relacionadas solamente de forma indirecta con la potencia y la energía. Sin embargo, las características de comportamiento se comprenden mejor con la capacidad de visualizar el comportamiento en términos de requisitos de potencia y energía. La potencia instantánea suministrada a un elemento mecánico es igual al producto de la fuerza y de la velocidad en ese instante y la potencia instantánea suministrada a un elemento eléctrico es igual al producto de la tensión y de la corriente. La potencia es también la velocidad de cambio de la energía; así, la integral de la potencia proporciona la energía suministrada a un elemento.

Considerando la solución al Ejemplo 2.3, es aparente que el perfil de velocidad de la Figura 2.17a no es factible en un sentido práctico porque requiere la aplicación de una fuerza infinita (y potencia infinita) para iniciar y parar el movimiento. Aunque la magnitud de las funciones impulso es infinita, la fuerza de los impulsos se puede calcular. Como la energía es la integral de la potencia, la fuerza (o área) del impulso de potencia debe ser igual al cambio en energía cinética. El tamaño del impulso de fuerza se puede determinar también observando que como $F = Mdv/dt$, el producto $f \cdot \Delta t$ debe igualar a $M \cdot \Delta v$, cuando $\Delta t$ tiende a cero. Esto significa que una fuerza de 200 N aplicada durante un periodo de 0,01 s proporcionaría una aproximación del cambio deseado y el impulso podría ser simulado utilizando un potente impacto. Sin embargo, no es necesario una aproximación del impulso si se cambia el perfil de velocidad. El requisito de una potencia extraordinariamente elevada se origina por un intento de obtener un cambio instantáneo en energía cinética. El diseño de una técnica de control aceptable debería obviamente atemperarse por el conocimiento de que la energía almacenada tiende a resistir cambios rápidos. Los perfiles de movimiento de las órdenes de entrada de referencia que se aplican a las diferentes partes de un robot se diseñan normalmente para producir variaciones suaves bajo condiciones transitorias. Una orden de perfil de movimiento típico presentará dos derivadas continuas de posición (perfiles de velocidad y aceleración continuos).

**EJEMPLO 2.3**

*El efecto de suponer un perfil de velocidad particular se puede calcular rápidamente, tal como se muestra en el ejemplo siguiente.*

Consideremos el problema específico de mover una masa de 2 kg una distancia de 3 m en un periodo de 3 s (Figura 2.16). Suponer que las velocidades inicial y final deben ser cero y que la superficie no tiene rozamiento. En la Figuras 2.17a y 2.17b se muestran dos posibles perfiles de velocidad. Represente los perfiles correspondientes de fuerza, potencia y energía respecto del tiempo.

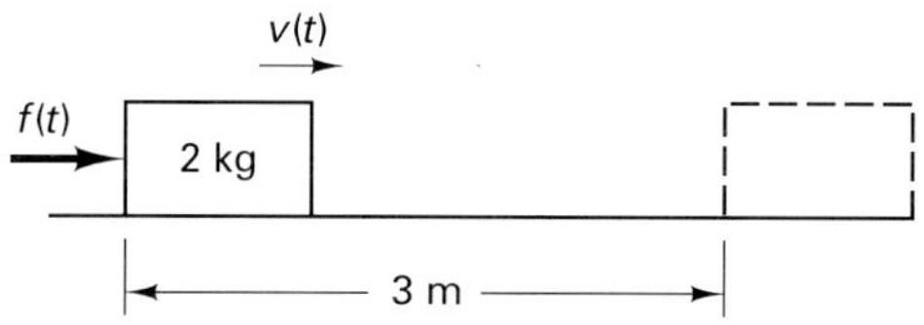


**Figura 2.16.** Posiciones de comienzo y parada de la masa.

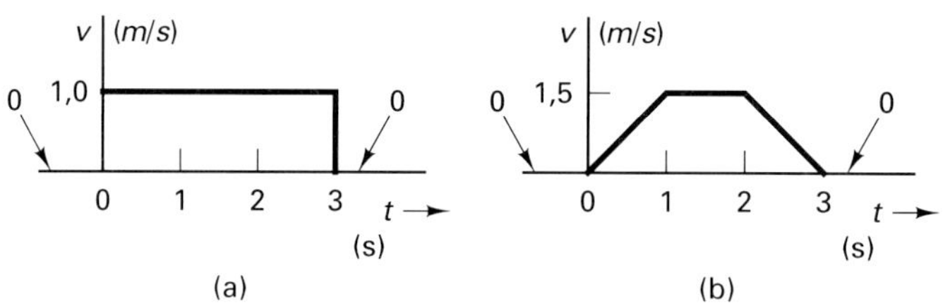


**Figura 2.17.** Dos perfiles de velocidad.

**Solución.** Ambos perfiles generan un desplazamiento de 3 m, la integral de cada función velocidad desde cero a 3 s es igual a 3 m. La fuerza aplicada, por supuesto, se opone a la fuerza inercial y las correspondientes funciones de potencia y energía se determinan rápidamente. Suponiendo el perfil de velocidad de la Figura 2.17a, en la Figura 2.18 se representan los correspondientes requisitos de fuerza, potencia y energía. En la Figura 2.19 se muestran los requerimientos de fuerza, potencia y energía, suponiendo el perfil de velocidad de la Figura 2.17b.

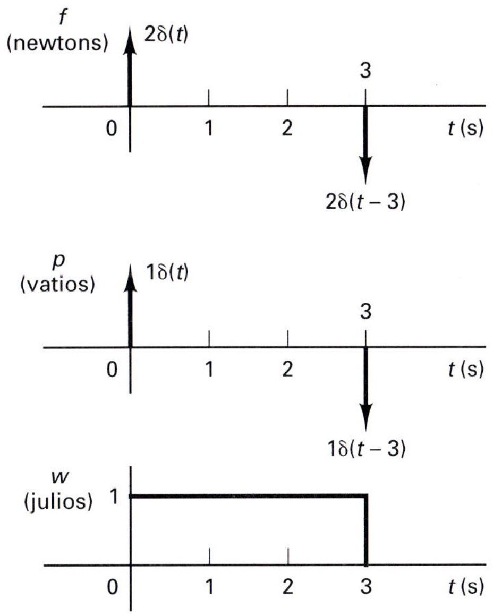


**Figura 2.18.** Fuerza, potencia y energía con el perfil de velocidad de la Figura 2.17a.

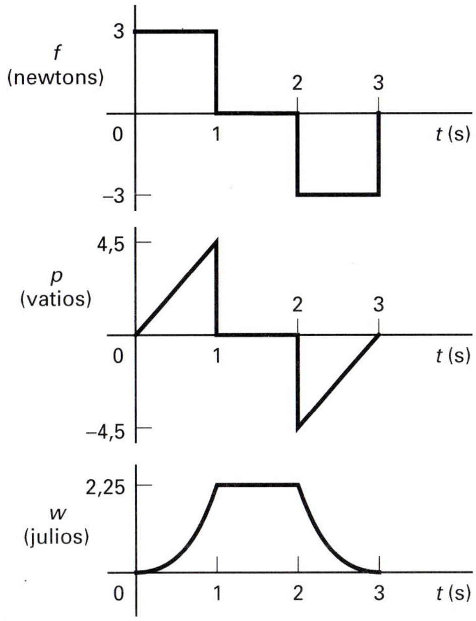


**Figura 2.19.** Fuerza, potencia y energía con el perfil de velocidad de la Figura 2.17b.

El perfil de velocidad de la Figura 2.17b es una función realizable y no es difícil determinar funciones revisadas para la fuerza, energía y potencia con la inclusión de rozamiento viscoso. Si se añade rozamiento viscoso se modifican los resultados para aumentar el requisito de potencia positiva y disminuir la potencia negativa (potencia devuelta a la fuente) de forma tal que no hay un consumo positivo neto de energía.

## 2.6. MODELOS NO LINEALES

Los elementos descritos en las Tablas 2.1a a 2.1c son todos elementos que pueden diseñarse para presentar conducta lineal cuando operan dentro de un rango limitado de niveles de señal. Hay, por supuesto, limitaciones. Por ejemplo, una resistencia experimentará un cambio notable en su valor (o se fundirá) si la corriente excede un valor razonable, un condensador se romperá si la tensión es demasiado alta; un resorte estará totalmente comprimido o alcanzará su límite elástico si se estira más allá de lo permitido y una autoinducción con un núcleo magnético alcanzará la saturación si la densidad de flujo es suficientemente alta. Todos estos fenómenos se consideran son susceptibles en un sentido práctico de alguna forma de limitación física en niveles finitos de señal que limitan su región lineal de operación.

Si un elemento se desvía gradualmente de la operación lineal cuando el nivel de excitación aumenta o la temperatura asociada gradualmente se eleva, esta ocurrencia se puede describir como una no linealidad blanda. Hay también no linealidades duras que se observan cuando los elementos abruptamente cambian en un nivel específico de excitación. Un ejemplo de este tipo de fenómeno es la limitación que ocurre cuando el nivel de salida de un amplificador operacional se aproxima a la magnitud de la tensión de suministro de continua. La elevada ganancia en el camino directo y la acción de realimentación negativa del circuito tienden a proporcionar una operación casi lineal dentro de un rango limitado de niveles de señal, pero hay un nivel en el que los transistores de salida se fuerzan para trabajar en saturación y aparece abruptamente una limitación.

Volviendo al concepto de un espacio $n$-dimensional, pueden existir dos o más modelos lineales en varias regiones del espacio, y las regiones lineales (con diferentes modelos lineales) pueden estar inmediatamente adyacentes. Bajo estas circunstancias, una solución puede seguir una trayectoria de un modelo lineal a otro, con las variables dependientes en las uniones, proporcionando las condiciones iniciales para la nueva región. Por lo tanto, el modelo proporciona una solución que es *lineal a tramos.*

### Componentes no lineales de rozamiento

Un fenómeno que es de particular interés es la fricción *seca* que ocurre cuando dos superficies están en contacto con un movimiento deslizante. Aunque puede existir una pequeña componente de rozamiento viscoso, la mayor componente es no lineal. El rozamiento no lineal se puede describir como una combinación de rozamiento *estático* y de *coulomb*, con unas magnitudes de $f_s$ y $f_c$, respectivamente. El rozamiento estático existe solamente si la velocidad es cero y la fuerza neta aplicada no excede al valor de ruptura especificado por $F_s$. Si se aplica una fuerza $f_a$ a un objeto que no está en movimiento entonces la fricción estática proporciona una fuerza igual y opuesta $f_s$. Sin embargo, si la magnitud de la fuerza aplicada excede este valor de ruptura, entonces desaparece la fuerza estática y ocurre el movimiento. Por lo tanto:

$$\begin{aligned} &f_s = f_a \quad \text{si} \quad v = 0 \quad \text{y} \quad |f_a| \leqslant F_s; \\ &f_s = 0 \quad \text{si} \quad v \neq 0. \end{aligned} \tag{2.17}$$

La magnitud de la componente del rozamiento de coulomb $f_c$ es más pequeña que $F_s$ y proporciona una fuerza de valor fijo $F_c$ que se ejerce en una dirección que se opone al movimiento. Así,

$$f_c = +F_c \quad \text{si} \quad v > 0 \quad \text{y} \quad f_c = -F_c \text{ si } v < 0. \tag{2.18}$$

En la Figura 2.20 se presenta un diagrama que muestra la velocidad respecto de la fuerza. La característica se muestra sólo con rozamiento viscoso y luego con la adición del rozamiento estático y de coulomb. Estas son *características estáticas*, lo que significa que cada valor de velocidad es un valor en estado estacionario que se observa después que se ha aplicado, durante un tiempo infinito, la correspondiente fuerza. Hay también las características aproximadas que se observan si la fuerza se varía muy lentamente. En otras palabras, si $dv/dt$ es muy pequeña, la fuerza inercial no es una componente significativa y la característica dinámica no diferirá mucho de la estática.

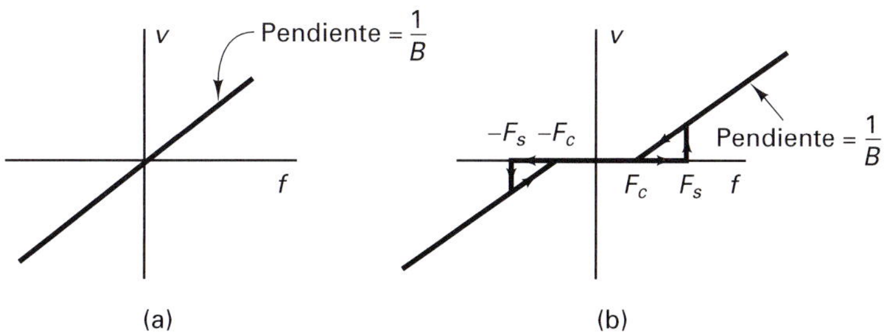


**Figura 2.20.** Una característica estática que muestra: a) sólo rozamiento viscoso y b) rozamiento viscoso, estático y de coulomb.

Si se consideran componentes con rozamiento estático y de coulomb en combinación con una componente significativa de fuerza inercial (Figura 2.21), los efectos de la fricción seca se combinan de forma muy compleja con los efectos del almacenamiento de energía cinética. Como las componentes de fricción no lineal proporcionan cambios abruptos, el sistema se puede considerar lineal a tramos y se puede modelar utilizando una combinación de tres modelos lineales con cambios entre ellos que ocurren en función de los niveles y polaridades de las señales.

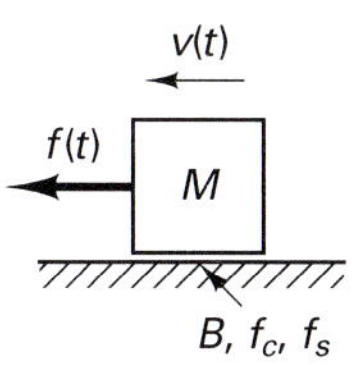


**Figura 2.21.** Un sistema con fricción seca y de coulomb.

Las tres regiones que presentan modelos lineales diferentes son $v = 0$, $v > 0$ y $v < 0$. Los modelos correspondientes son

$$v(t) = 0, \qquad v = 0 \quad \text{y} \quad |f(t)| \leqslant F_s; \tag{2.19}$$

$$f(t) = M \frac{d}{dt} v(t) + Bv(t) + F_c, \qquad v > 0; \tag{2.20}$$

y

$$f(t) = M \frac{d}{dt} v(t) + Bv(t) - F_c, \qquad v < 0. \tag{2.21}$$

Si el sistema está inicialmente en reposo y la magnitud de la fuerza aplicada aumenta hasta exceder el valor de ruptura, el modelo cambiará de la Ecuación 2.19 a la Ecuación 2.20 ó 2.21, dependiendo de si la fuerza es positiva o negativa. Si la velocidad en algún instante de tiempo disminuye en magnitud y tiende a cero[4], el modelo revertirá a la ecuación 2.19 con $dv/dt$ instantáneamente forzada a cero. La velocidad puede entonces permanecer en cero durante algún tiempo o la transición al modelo de velocidad cero puede precipitar otra transición si la magnitud de $f(t)$ excede la ruptura en la dirección opuesta. La velocidad $v$ no cambiará instantáneamente porque $dv/dt$ debe ser finita. Sin embargo, cambios instantáneos en $dv/dt$ serán observados cuando las componentes de rozamiento no lineal cambian instantáneamente.

Dada una función de entrada específica, el cálculo de una función respuesta es obviamente mucho más simple si se desprecian las componentes de rozamiento estático y de coulomb. Sin embargo, las consecuencias de despreciar componentes no lineales de rozamiento puede ser significativa, particularmente si existe la necesidad de determinar de forma precisa la respuesta en niveles bajos de señal. Un experimento simple demostrará el carácter no lineal del rozamiento deslizante. Una banda de goma elástica se fija al asa de una cafetera pesada y se aplica una fuerza muy lentamente creciente sobre la banda elástica, el movimiento de la cafetera exhibirá las características del rozamiento no lineal. El estiramiento de la banda elástica es una medida de la fuerza aplicada. Si el rozamiento fuera viscoso, la fuerza más ligera produciría movimiento y el estiramiento de la banda elástica bajo condiciones de estado estacionario sería proporcional a la velocidad. La acción observada es sustancialmente diferente. El modelado y simulación de un sistema de control considerando los efectos de la fricción seca se presenta en el Capítulo 12.

### Huelgo

El huelgo es un fenómeno no lineal que puede ocurrir con varios enlaces, pero normalmente está asociado con el comportamiento de sistemas que emplean engranajes entre el motor y la carga. Si el par que un engranaje de excitación imparte a un engranaje de carga cambia de signo, el contacto entre los engranajes se pierde momentáneamente hasta que ocurre un pequeño movimiento angular relativo que desplaza el contacto al lado opuesto del diente de contacto. Así, hay una pérdida temporal de coherencia entre el movimiento de la excitación y la carga que ocurre cada vez que el par transmitido a través de los engranajes cambia de signo. Volviendo al experimento de la cafetera, si se inserta un lápiz en el asa y a continuación se utiliza para moverla a izquierda y a derecha se observa el huelgo. El desplazamiento puede ocurrir con un cambio en dirección o puede ocurrir durante un periodo de desaceleración rápida con la energía cinética de la cafetera produciendo un par que tiende a mantener el movimiento. En la Figura 2.22 se muestra una característica de huelgo estático. Una característica dinámica variará ligeramente con respecto a la característica estática porque la energía cinética de la carga puede producir un cambio en la posición de salida cuando no hay contacto entre los engranajes.

El huelgo se observa en muchos sistemas de engranajes comunes y la magnitud del ángulo de huelgo es dependiente del par nominal y de otros factores. Algunas aplicaciones (tales como máquinas de herramientas y robots) requieren unidades con pares relativamente eleva-

---

[4] Si se utiliza una simulación digital, el retorno de $v$ a cero debe interpretarse como la detección de $v$ en una proximidad definida de cero. La velocidad retorna con un valor de $dv/dt$ distinto de cero y la probabilidad de observar un valor discreto de exactamente cero es muy pequeña.

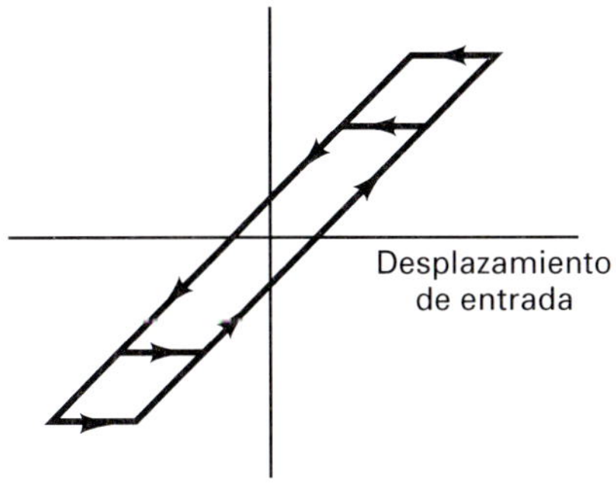


**Figura 2.22.** Una característica de huelgo estático.

dos con especificaciones muy precisas y se emplean configuraciones especiales de engranajes que proporcionan muchas características deseables, incluyendo la eliminación aparente del huelgo.

## Otros fenómenos no lineales

Otro fenómeno no lineal es la característica de autoenclavamiento que presentan algunos accionamientos con husillos. Si el husillo se diseña con un paso mínimo y sin el empleo de cojinetes de bolas, el rendimiento es muy bajo y se puede observar que sólo transmite potencia en la dirección hacia delante. Si se gira el husillo, la tuerca de avance se moverá con un movimiento traslacional, pero si se aplica una fuerza en esa dirección a la tuerca, el husillo no girará. El fenómeno ocurre porque la fuerza que actúa para proporcionar movimiento también actúa para aumentar el rozamiento en seco. Si la componente de la fuerza que tiende a proporcionar movimiento es relativamente pequeña, se excede por el nivel de ruptura estático del rozamiento asociado.

Algunos dispositivos proporcionan una característica que es casi lineal, considerando un rango limitado de niveles de señal, pero significativamente no lineal más allá de niveles específicos. Los sincros y los resolvers (utilizados para medir ángulos de rotación) son ejemplos de este fenómeno. Los circuitos electrónicos para detectar diferencia de fase proporcionan una característica similar y la amplificación de pequeña señal de señales utilizando un amplificador con transistores es otro ejemplo.

En el diseño del controlador, la función de control no es necesariamente lineal. La operación de un controlador que se diseña para proporcionar una función de control lineal puede permanecer lineal sólo dentro de un rango limitado de la amplitud de la señal y la saturación ocurrirá si señales transitorias exceden este nivel. Es también posible que la función de control dentro de estos límites pueda distorsionarse a propósito para compensar a una planta no lineal. En otras palabras, se puede introducir adecuadamente una característica no lineal (como una técnica de compensación) si la variable dependiente debe recorrer una región de operación de la planta fuertemente no lineal. Un controlador tipo relé (bang.bang) se diseña para proporcionar una señal de control que existe sólo en dos o tres niveles. Aunque la operación parece simple, el modelo es no lineal y un estudio de las características de comportamiento requiere la conmutación entre múltiples modelos lineales de una forma análoga a la consideración de rozamiento no lineal.

## 2.7. RESUMEN

Una herramienta fundamental para el análisis y diseño de sistemas de control es la capacidad de describir la planta, dispositivos de potencia y controlador utilizando un modelo matemático. Si las componentes son continuas, el modelo deseado se obtiene como un conjunto de ecuaciones diferenciales.

Es una preocupación importante si la formulación del modelo requiere ecuaciones diferenciales lineales o no lineales. Si el modelo es lineal (o cuasilineal) están disponibles numerosas técnicas para estudiar las relaciones de causa y efecto y las soluciones analíticas se obtienen rápidamente. Técnicas que requieren un modelo lineal incluyen la transformación de Laplace y el álgebra de fasores.

Suponiendo que los elementos eléctricos y mecánicos son lineales y concentrados, se pueden determinar rápidamente ecuaciones diferenciales lineales que describan la conducta de sistemas de elementos interconectados. Hay analogías obvias entre sistemas de elementos eléctricos y mecánicos y las analogías pueden proporcionar perspectivas adicionales considerando la formulación de modelos de ecuaciones diferenciales.

Debido a que todos los sistemas prácticos se hacen no lineales cuando los niveles de las variables dependientes son suficientemente altos, los sistemas no son globalmente lineales. Así, los modelos lineales deberían describirse con la comprensión de que hay límites sobre la magnitud de las variables dependientes. La presencia de fenómenos no lineales en la región de interés generalmente produce complejidad no deseada con respecto a determinar modelos y evaluar comportamientos. El rozamiento estático y de coulomb son ejemplos de fenómenos no lineales observados normalmente.

Considerando el significado de los modelos con respecto a los requisitos de potencia y energía, las relaciones proporcionan una comprensión de las limitaciones básicas del control de movimiento. Si un perfil de velocidad requiere un cambio instantáneo en energía, la fuerza de control (y la potencia) deben presentar una amplitud infinita. El control de movimiento, sin embargo, se modifica fácilmente para dar una transición suave con un requisito de potencia finita.

## 2.8. CONEXIONES PARA PROSEGUIR EL ESTUDIO

Los modelos de las ecuaciones diferenciales se pueden transformar utilizando la transformada de Laplace o el álgebra de fasores para obtener funciones algebraicas en término de variables complejas. Las transformaciones proporcionan modelos de función de transferencia y existen muchas técnicas de análisis y diseño que emplean los modelos algebraicos. El desarrollo y manipulación de modelos de función de transferencia se consideran en el Capítulo 3 y estas técnicas se usan en muchos capítulos a lo largo de este texto. La compilación de técnicas generada utilizando modelos de la función de transferencia se describe algunas veces como teoría de control *clásica*.

Un formato alternativo para modelos de sistemas de control es el modelo de estado que se introduce en el Capítulo 4. El modelo de estado es un modelo en el dominio temporal con una formulación que es particularmente conveniente para simulación digital. Este modelo proporciona un formato generalizado que es independiente del orden del sistema y es la base para una serie de técnicas de análisis y diseño que algunas veces se describen como teoría de control *moderna*. La capacidad de aplicar ambas técnicas clásica y moderna es generalmente ventajosa y los capítulos siguientes se estructuran para considerar ambos conceptos como técnicas complementarias.

Los procedimientos de modelado descritos en los Capítulos 2 y 3 comienzan con el desarrollo de ecuaciones diferenciales, pero una posible variación en el procedimiento de modelado es utilizar datos experimentales de entrada/salida como base para la determinación de un modelo del sistema. Este proceso de describe como *identificación de sistemas.* Aunque la implementación considera conceptos que dependen de un mayor estudio, alguna comprensión fundamental de la identificación de sistemas se desarrollará con la aplicación de las técnicas de función de transferencia. Una característica altamente deseable de modelos de función de transferencia es la capacidad de identificar relaciones entre datos experimentales y parámetros de la función de transferencia. Sin embargo, una función de transferencia es un modelo de sistema lineal. La posibilidad de determinar modelos experimentalmente para fenómenos no lineales puede ser muy difícil —no hay técnicas generales que conviertan datos experimentales a modelos matemáticos no lineales. El desarrollo y simulación de sistemas con modelos no lineales se desarrolla en los Capítulos 12 y 13.

Con control digital, parte del sistema utiliza señales temporales discretas y una representación cuidadosa del comportamiento bajo todas las condiciones requiere un modelo discreto. Sin embargo, el controlador se diseña a menudo para proporcionar una función operacional que imita la acción de señal lineal y continua. Por lo tanto, si el periodo de muestreo es pequeño (en comparación con la respuesta transitoria del sistema), un modelo continuo proporcionará una predicción satisfactoria de todo el comportamiento. Si se requiere un cambio de modelo lineal continuo a un modelo discreto, hay algunas fuertes similitudes. Un conjunto de ecuaciones diferenciales lineales se sustituye por un conjunto de ecuaciones en diferencias lineales y el modelo de estado de nuevo toma un formato particularmente conveniente que es extraordinariamente análogo. La conversión a un modelo de función de transferencia se obtiene sustituyendo la transformada de Laplace por la transformada-$z$.

## REFERENCIAS


1. K. Ogata: *System Dynamics*, Prentice Hall, Englewood Cliffs, N. J., 1992,
2. C. M. Close y D. K. Frederick: *Modeling and Analyses of Dynamic Systems*, Houghton Mifflin, Boston, 1993.
3. C. N. Dorny: *Understanding Dynamic Systems: Approaches to Modeling Analysis and Design*, Prentice Hall, Englewood Cliffs, N. J., 1993.


## Problemas

**2.1.** Si $r(t)$ es una función de excitación y $x(t)$ es una variable dependiente, identificar las ecuaciones diferenciales en la lista siguiente:

**a.** $$\frac{d}{dt} x(t) + 4x^2(t) = 2r(t)$$

**b.** $$\frac{d^2}{dt^2} x(t) + 4\frac{d}{dt} x(t) + 10x(t) = 4r(t) + 2\frac{d}{dt} r(t)$$

**c.** $$\frac{d}{dt} x(t) + 4tx(t) = 2r(t)$$

**d.** $4 \frac{d}{dt} x(t) + 10 \text{ sen } [x(t) - r(t)] + 5x(t) = 0$

**e.** $\frac{d^4}{dt^4} x(t) = r(t)$

**2.2.** Determinar una ecuación diferencial para modelar el sistema que se muestra en la Figura P2.2.

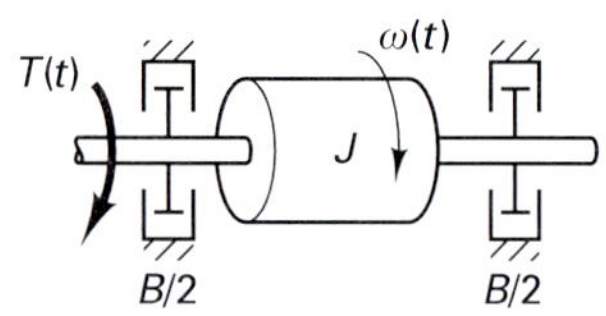


**Figura P2.2**

**2.3.** Determinar una ecuación íntegro-diferencial para modelar el sistema que se muestra en la Figura P2.3

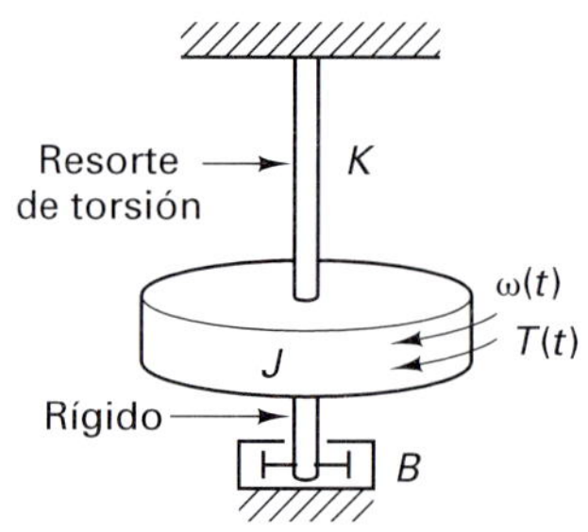


**Figura P2.3**

**2.4.** Determinar una analogía eléctrica para el sistema del Problema 2.3 y etiquetar los elementos $L$, $C$ y $R$ (o $G$) utilizando los elementos mecánicos análogos:

**a.** Utilizar una analogía par-tensión.
**b.** Utilizar una analogía par-corriente.

**2.5.** Repetir el Problema 2.3 utilizando $\theta(t)$ como la variable dependiente. Suponer que la referencia angular es el ángulo del sistema relajado ($\theta = 0$ corresponde al equilibrio con par aplicado nulo).

**2.6.** Determinar una ecuación íntegro-diferencial para modelar el sistema de la Figura P2.6 utilizando $v(t)$ como la variable dependiente. Suponer que el rozamiento por deslizamiento es viscoso.

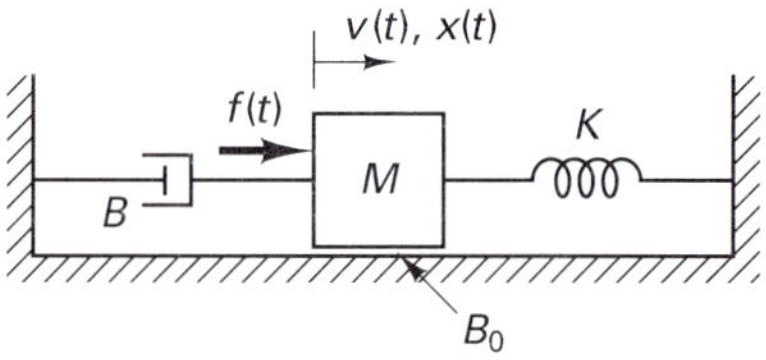


**Figura P2.6**

**2.7.** Repetir el Problema 2.6 utilizando $x(t)$ como la variable dependiente. Suponer que $x = 0$ es la posición relajada con fuerza aplicada nula.

**2.8.** Un vehículo espacial con forma cilíndrica está girando alrededor del eje de balanceo tal como se muestra en la Figura P2.8 con los propulsores, proporcionando un par en el sentido de las agujas de un reloj ($T_1$ activado); un par en el sentido contrario a las agujas de un reloj ($T_2$ activado) o par cero. Suponiendo que no existe rozamiento ni fuerza gravitacional, determinar un modelo de ecuación diferencial para el sistema que considera cada una de las tres situaciones.

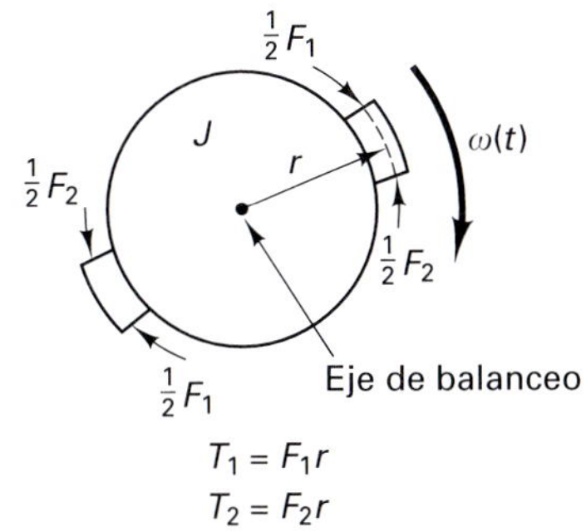


**Figura P2.8**

**2.9.** Considerando el sistema de la Figura P2.9, determinar las ecuaciones diferenciales para describir el sistema, suponiendo lo siguiente:

**a.** La referencia $y = 0$ se establece en el equilibrio con la masa temporalmente desconectada. El modelo se determina entonces con la masa reconectada.
**b.** La referencia $y = 0$ se establece en el equilibrio con la masa conectada, pero $f(t) = 0$.

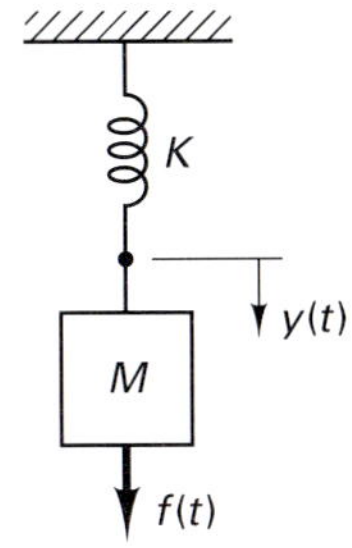


**Figura P2.9**

**2.10.** Suponer que el sistema de la Figura P2.10 está flotando en el espacio (no hay rozamiento ni gravedad) y determinar un conjunto de ecuaciones íntegro-diferenciales para modelar el sistema.

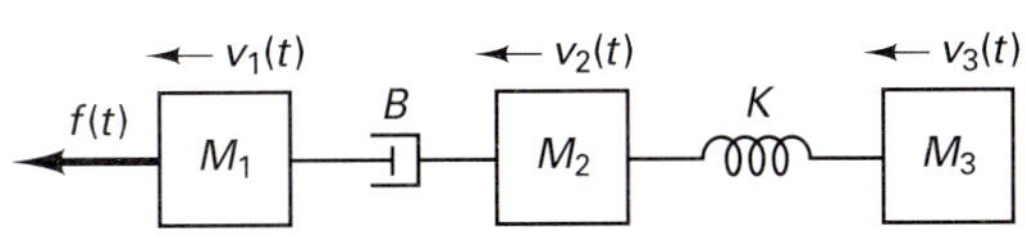


**Figura P2.10**

**2.11.** Determinar una analogía eléctrica para el sistema del Problema 2.10 utilizando una analogía fuerza-tensión. Etiquetar los elementos eléctricos en términos de los elementos mecánicos correspondientes.

**2.12.** Repetir el Problema 2.11 utilizando una analogía fuerza-corriente.

**2.13.** Determinar un modelo matemático para el sistema que se muestra en la Figura P2.13. Suponer que las posiciones de referencia cero para $y_1$ e $y_2$ se establecen en el equilibrio con $f = 0$.

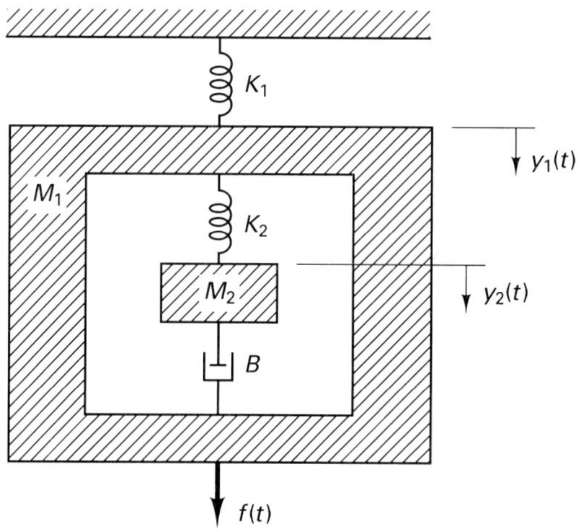


**Figura P2.13**

**2.14.** Determinar un modelo para el péndulo rígido tal como se muestra en la Figura P2.14. Utilizar el ángulo vertical (hacia abajo) como una referencia. Suponer que el vástago no tiene masa y que el ángulo de la fuerza $f(t)$ está en alineamiento con el ángulo de movimiento de la masa. Observe que hay una componente de fuerza gravitacional actuando en alineamiento con el movimiento y hay una fuerza interna actuando en oposición a la dirección supuesta de velocidad positiva. Expresar el resultado de forma tal que $\theta(t)$ es la única variable dependiente.

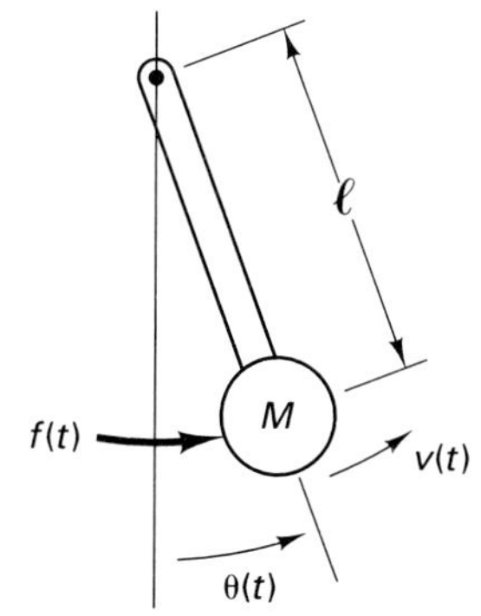


**Figura P2.14**

**2.15.** Determinar un modelo matemático para el sistema electromecánico interactivo descrito en la Figura P2.15.

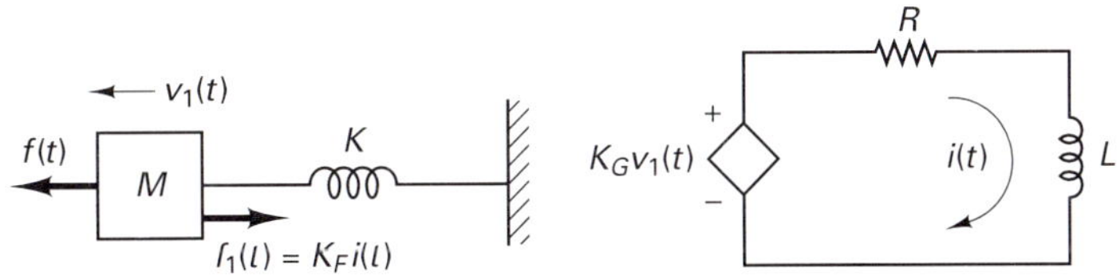


**Figura P2.15**

**2.16.** Suponer que el cohete que se muestra en la Figura 2.16 está justamente comenzando a volar con un desplazamiento vertical desde su plataforma. El ángulo del cohete se supone que se desvía ligeramente de la vertical, pero el impulso en su base se produce por un motor que está montado sobre una junta cardan de forma tal que se puede controlar el ángulo de impulsión. Como la velocidad es casi cero, puede suponer que no hay fuerzas aerodinámicas significativas.

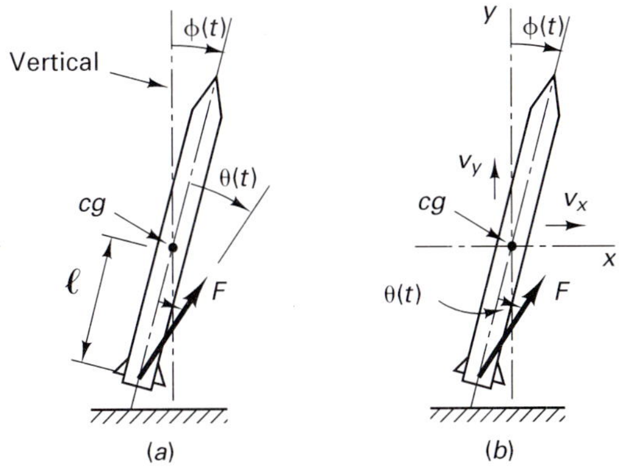


**Figura P2.16**

**a.** Si el ángulo del cohete se desvía de la vertical en $\phi(t)$ y el ángulo de impulsión se aparta del eje longitudinal del cohete en $\theta(T)$, determinar una ecuación diferencial que describa la suma de pares que produce un movimiento rotacional acerca del centro de gravedad. El momento de inercia se puede expresar como $Mk^2$, donde $M$ es la masa y $k$ el radio de giro.

**b.** Determinar las ecuaciones diferenciales que describen la suma de fuerzas que actúan vertical y horizontalmente a través del centro de gravedad. Expresar las fuerzas inerciales en términos de las componentes de velocidad $v_y$ y $v_x$. La fuerza en la base se puede trasladar al centro de gravedad para determinar las componentes $x$ e $y$ de la fuerza.

**2.17.** Como las ecuaciones obtenidas en el Problema 2.16 son no lineales, ¿qué aproximaciones puede hacer que cambien el modelo a un modelo lineal? Suponer que la amplitud máxima de $\theta(t)$ o $\phi(t)$ y la combinación de $\theta(t)$ más $\phi(t)$ es menor que 0,1 rad.

**2.18.** El sistema hidráulico que se muestra en la Figura P2.18 consiste en dos tanques con un caudal de entrada al primer tanque de $w_1$ metros cúbicos por segundo. Cada tanque introduce una capacitancia hidráulica y cada válvula una resistencia hidráulica. La presión (en newtons por metro cuadrado) en el fondo de cada tanque se expresa con respecto a la presión atmosférica que se observa en la salida de cada tanque. Determinar un conjunto de ecuaciones diferenciales para describir este sistema.

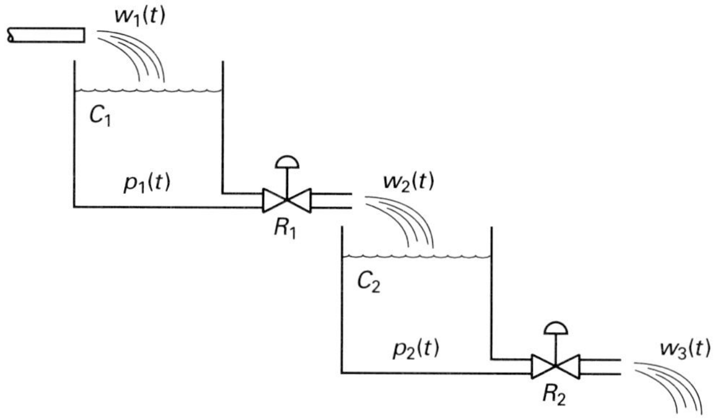


**Figura P2.18**

**2.19.** Determinar una analogía eléctrica para el sistema del Problema 2.18. Utilizar una analogía caudal-corriente.

**2.20.** El sistema térmico que se muestra en la Figura P2.20 consiste en un horno con una cámara interior y exterior. Se suministra calor a la cámara interior a la velocidad de $q_1$ julios por segundo. Cada cámara proporciona una capacitancia térmica y existe una resistencia térmica entre las cámaras y entre la cámara exterior y el aire de fuera. La temperatura de la cámara interior $\theta_1$ y de la cámara exterior $\theta_2$ (en diferencia en grados centígrados) se expresa relativa a la temperatura ambiente fuera de la cámara exterior y el almacenamiento de energía debería expresarse con respecto al almacenamiento de energía a la temperatura ambiente. Determinar un conjunto de ecuaciones diferenciales para describir este sistema.

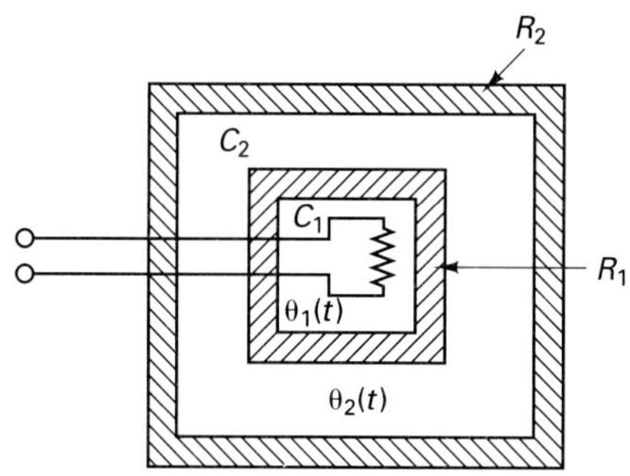


**Figura P2.20**

**2.21.** Determinar una analogía eléctrica para el sistema del Problema 2.20. Utilizar una analogía caudal-corriente.

**2.22.** Volver al sistema del Ejemplo 2.3 (Figura 2.16), representar $f(t)$ si el problema se modifica para incluir una fuerza de rozamiento viscoso oponiéndose al movimiento de la masa. Suponer que $B = 0{,}50$ N/(m/s) y emplear el segundo perfil de velocidad b).

**2.23.** Suponer que el movimiento traslacional de una masa de 1,0 kg se describe por el perfil de velocidad de la Figura P2.23. Representar la $f(t)$ que se precisa para obtener este perfil. Suponer que el rozamiento es nulo.

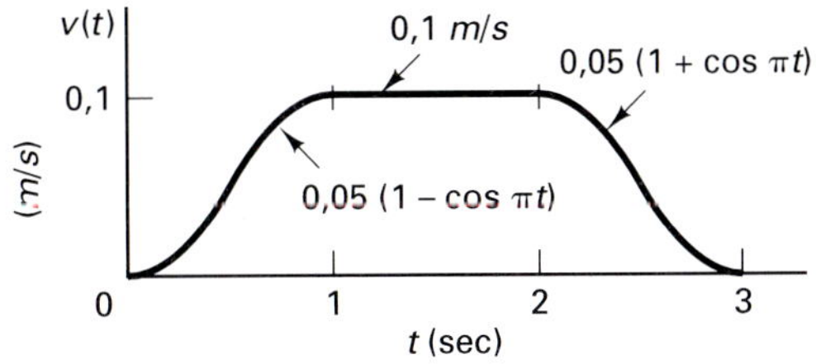


**Figura P2.23**

**2.24.** Para el Problema 2.23 determinar la distancia recorrida por la masa.

**2.25.** Para el Problema 2.23 determinar si la aceleración y su velocidad de cambio son funciones continuas. Representar ambas respecto del tiempo.

**2.26.** Escribir un conjunto de ecuaciones para describir al sistema de la Figura P2.26. Suponer que las posiciones de referencia para $y_1$, $y_2$, $y_3$ e $y_4$ se establecen en el equilibrio con $f = 0$.

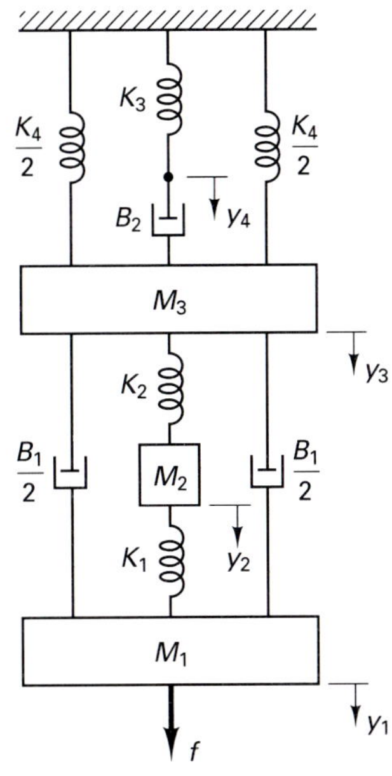


**Figura P2.26**

◆

# CAPÍTULO 3

# Modelos de función de transferencia

## 3.1. INTRODUCCIÓN

En vista de la gran variedad de técnicas de análisis y diseño que utilizan modelos algebraicos, la capacidad de desarrollar y aplicar modelos de función de transferencia es una habilidad fundamental e importante. Aunque la metodología se restringe a sistemas lineales (o sistemas que son cuasilineales dentro de un rango limitado de niveles de señal), la amplitud de las aplicaciones es extensiva y se puede conseguir una comprensión de las relaciones causa-efecto al estudiar estas técnicas. Si un sistema físico lineal es continuo, los modelos de función de transferencia se obtienen utilizando la *transformada de Laplace*, la *transformada de Fourier* o la metodología del *álgebra de fasores*.

Debido a las similitudes en las propiedades matemáticas puede intercambiar fácilmente funciones de transferencia entre algunas técnicas. La transformada de Laplace, la transformada de Fourier y el álgebra de fasores son todas técnicas de transformación —proporcionan una transformación de variables y todas convierten modelos de ecuaciones diferenciales lineales a modelos algebraicos. Las funciones de transferencia tal como se derivan, utilizando la transformada de Laplace o el álgebra de fasores, aparecen a lo largo de los capítulos siguientes con aplicaciones a una diversidad de técnicas.

La transformada de Laplace se puede utilizar para obtener una solución general (la respuesta forzada más la respuesta natural) con una gran clase de funciones de entrada. Por otra parte, el álgebra de fasores es aplicable solamente con entradas sinusoidales y da sólo la respuesta forzada o en estado estacionario. Aunque hay una disparidad obvia en aplicación y notación (incluyendo la descripción de las señales sinusoidales) hay rasgos comunes muy importantes. Una y otra técnica se pueden utilizar para obtener una función de transferencia y con la excepción de la variable de transformación, la función de transferencia es idéntica. Esto es un fenómeno útil porque una función de transferencia que se obtiene utilizando una técnica se convierte rápidamente para emplearse con la otra técnica simplemente sustituyendo la variable de Laplace $s$ por la variable del álgebra de fasores $j\omega$, o viceversa.

Las relaciones básicas de una u otra metodología proporcionan funciones operacionales similares. Después que un modelo de un sistema se transforma (utilizando una u otra técnica), se observa que la diferenciación ha sido sustituida por la multiplicación por la variable transformada y la integración por la división por la variable transformada.

El empleo de una técnica transformada se puede ver como una estratagema matemática que puede utilizar para obtener una solución de lápiz y papel o una solución simbólica. Con este objetivo en mente, no es necesario aplicar ningún significado físico al modelo del sistema transformado. Sin embargo, ocurre un fenómeno útil cuando se utilizan las técnicas transformadas, se observa que en general las relaciones de causa-efecto son más fáciles de entender cuando se considera el modelo del sistema transformado (en lugar de trabajar con el modelo de ecuación diferencial). Así, es un procedimiento común considerar conceptos de análisis y diseño en términos de los parámetros del sistema cuando aparecen en una función de transferencia. Los parámetros de una función de transferencia se relacionan rápidamente con las funciones operacionales de partes específicas de un sistema físico y también de datos experimentales.

Con respecto a la complejidad de los cálculos, las técnicas de transformación proporcionan un interesante intercambio de pistas computacionales. La transformación convierte modelos de ecuación diferencial a modelos algebraicos, pero también reemplazan funciones de una variable real en funciones de una variable compleja.

## 3.2. UTILIZACIÓN DE LA TRANSFORMADA DE LAPLACE

Suponiendo que el modelo matemático se tiene que aplicar a sistemas con señales de entrada definidas para $t \geqslant 0$ y condiciones iniciales especificadas para $t = 0$, entonces la forma deseada de la transformada de Laplace directa es la transformada unilateral con

$$F(s) = \mathscr{L} f(t) = \int_{0-}^{\infty} f(t) e^{-st}\, dt, \tag{3.1}$$

donde $f(t)$ es la función a transformar. $\mathscr{L}$ denota la operación transformada de Laplace y $F(s)$ es la correspondiente función transformada. La variable transformada $s$ es compleja y la notación convencional para coordenadas rectangulares es $s = \sigma + j\omega$. Por lo tanto, los valores de $s$ se pueden visualizar en un plano complejo conocido como *plano* $s$ con las componentes $x$ e $y$ determinadas por las partes real e imaginaria.

La transformada existe solamente si la integral es convergente, pero la existencia de una transformada unilateral se establece rápidamente para una gran clase de funciones, incluyendo funciones tales como $t^n$ y $e^t$. Además, $f(t)$ puede presentar un número finito de discontinuidades infinitas si el área en cada intervalo finito es finita. El límite inferior de la integración se especifica como $0-$ para permitir la inclusión de una función delta que ocurre en $t = 0$. Si la función es integrable en cada intervalo finito desde cero a infinito, y si

$$\lim_{t \to \infty} e^{-bt} |f(t)| \tag{3.2}$$

existe para algún valor de $b$, entonces la integral de la Ecuación 3.1 converge absolutamente y uniformemente para cualquier $s$ que satisfaga $Re(s) > b$.

La correspondiente transformada inversa es

$$f(t) = \frac{1}{2\pi j} \int_{b-j\infty}^{b+j\infty} F(s) e^{st}\, ds, \tag{3.3}$$

donde $b$ proporciona un camino aceptable para la evaluación. En lugar de evaluar la integral, sin embargo, es un procedimiento común obtener la transformada inversa al reconocer pares de transformadas ya evaluadas utilizando la transformación directa. Como $F(s)$ aparece como una razón de polinomios, la aplicación de un desarrollo parcial se emplea a menudo para separar el polinomio en una suma de términos para los que se reconocen fácilmente los pares de transformada.

### Algunos pares de transformadas y teoremas útiles

En la Tabla 3.1 se presenta una breve lista de algunos pares de transformadas utilizadas normalmente, donde $\delta(t)$ y $u_s(t)$ son las funciones impulso y salto unitario, respectivamente. Considerando las funciones que se dan en la lista, casi todas las transformaciones directas se verifican rápidamente y se pueden ampliar con facilidad con la consideración de algunos teoremas.

**Teorema 1:** Si $\mathscr{L}f_1(t) = F_1(s)$ y $\mathscr{L}f_2(t) = F_2(s)$,
entonces $\mathscr{L}[af_1(t) + bf_2(t)] = aF_1(s) + bF_2(s)$.

Esta propiedad de la transformada de Laplace presenta una expresión de linealidad que se extiende a las funciones transformadas. Las propiedades básicas de la integral confirman que la transformada de una suma es igual a la suma de las transformadas y se preserva la multiplicación por una constante en la transformación.

**Teorema 2:** Si $\mathscr{L}f(t) = F(s)$,
entonces $\mathscr{L}\{e^{-at}f(t)\} = F(s + a)$.

Si se conoce la transformada de $f(t)$, la transformada de $e^{-at}f(t)$ se puede obtener simplemente sustituyendo $s$ por $s + a$ en la función transformada. La aplicación de la transformación integral produce

$$\mathscr{L}[e^{-at}f(t)] = \int_0^\infty f(t)e^{-(s+a)t}\,dt = F(s + a).$$

**TABLA 3.1.** UNA LISTA INICIAL DE PARES DE TRANSFORMADAS

| | $f(t)$ | $F(s)$ |
|---|---|---|
| 1 | $\delta(t)$ | $1$ |
| 2 | $u_s(t)$ | $\frac{1}{s}$ |
| 3 | $e^{-at}u_s(t)$ | $\frac{1}{s+a}$ |
| 4 | $tu_s(t)$ | $\frac{1}{s^2}$ |
| 5 | $t^n u_s(t)$ | $\frac{n!}{s^{n+1}}$ |
| 6 | $(\operatorname{sen}\omega t)u_s(t)$ | $\frac{\omega}{s^2+\omega^2}$ |
| 7 | $(\cos\omega t)u_s(t)$ | $\frac{s}{s^2+\omega^2}$ |

**Teorema 3:** Si $\mathscr{L}\{f(t)u_s(t)\} = F(s)$,
entonces $\mathscr{L}\{f(t-a)u_s(t-a)\} = e^{-as}F(s)$.

Así, si se retarda una función (por $a$ segundos), el retardo aparece en la transformada como una multiplicación por la función trascendente $e^{-as}$. La integración da

$$\mathscr{L}\{f(t-a)u_s(t-a)\} = \int_a^{\infty} f(t-a)e^{-st}\,dt,$$

y si $t - a$ se sustituye por $\tau$ de forma tal que $f(\tau)u_s(\tau)$ es la función no retardada, entonces

$$\int_0^{\infty} f(\tau)e^{-s(\tau+a)}\,d\tau = e^{-as}F(s).$$

**Teorema 4:** Si $\mathscr{L}f(t) = F(s)$,
entonces $\mathscr{L}f(t/a) = aF(as)$, $a > 0$.

Un resultado de la relación expresada en el Teorema 4 es la relación inversa que aparece gráficamente cuando se describen funciones de transferencia. Un cambio de escala en el tiempo que se observa en un diagrama de una variable de salida respecto del tiempo se refleja inversamente en una visualización gráfica de la correspondiente función de Laplace en el plano complejo $s$.

Los siguientes dos teoremas son particularmente importantes porque proporcionan un mecanismo para transformar modelos de sistema que incluyen diferenciación o integración, como las operaciones indicadas aplicadas a las señales en el dominio temporal.

**Teorema 5:** Si $\mathscr{L}f(t) = F(s)$,

entonces $\mathscr{L}\left\{\frac{d}{dt} f(t)\right\} = sF(s) - f(0)$.

**Teorema 6:** Si $\mathscr{L}f(t) = F(s)$,

entonces $\mathscr{L}\left\{\int_0^t f(t)\,dt\right\} = \frac{1}{s}\,F(s)$.

La transformada de una derivada se puede desarrollar utilizando integración por partes con

$$\int_0^{\infty} \frac{df(t)}{dt}\,e^{-st}\,dt = f(t)e^{-st}\big|_0^{\infty} + s\int_0^{\infty} f(t)e^{-st}\,dt = -f(0) + sF(s),$$

y un proceso similar (con las partes intercambiadas) se puede utilizar para establecer la validez de la expresión para la transformada de una integral.

Si los modelos de ecuación diferencial se transforman en su forma original, tal como se obtienen utilizando el principio de d'Alembert o las leyes de Kirchhoff, las transformadas de derivadas e integrales tal como se han expresado pueden ser suficientes. Si se necesita la transformada de una derivada de segundo orden

$$\mathscr{L}\left\{\frac{d^2}{dt^2} f(t)\right\} = s[sF(s) - f(0)] - \frac{df}{dt}(0),$$

y la progresión puede continuarse para derivadas de orden superior al multiplicar el resultado anterior por $s$ y restar el valor inicial de la derivada previa.

Considerando la terminología que es aplicable a los teoremas siguientes, los *ceros* de $F(s)$ son los valores de $s$ para los que la magnitud de $F(s)$ es cero y los *polos* de $F(s)$ son los valores de $s$ para los que la magnitud de $F(s)$ es infinita. Así, las raíces del polinomio numerador son ceros de $F(s)$ y las raíces del polinomio denominador son polos de $F(s)$.

Los teoremas del *valor inicial* y del *valor final* proporcionan una relación condicional entre los valores límites de $f(t)$ y $sF(s)$.

**Teorema 7:** Si $\mathcal{L}f(t) = F(s)$ y $f(0)$ existe,
entonces $\lim\limits_{t\to 0} f(t) = \lim\limits_{s\to\infty} sF(s)$.

**Teorema 8:** Si $\mathcal{L}f(t) = F(s)$ y todos los polos de $sF(s)$ están en el semiplano izquierdo del plano-$s$, entonces $\lim\limits_{t\to\infty} f(t) = \lim\limits_{s\to 0} sF(s)$.

Ambos teoremas son contingentes sobre la existencia del límite de $f(t)$. La aplicabilidad del teorema del valor final debe ser considerada particularmente con cuidado porque la evaluación de $sF(s)$ con $s = 0$ ciertas circunstancias proporcionan un valor finito a pesar de la no existencia de un límite de $f(t)$ cuando $t$ tiende a infinito. Este fenómeno ocurre con un grupo significativo de funciones, incluyendo funciones sinusoidales y funciones exponenciales no acotadas.

Consideraciones subsiguientes de las propiedades de la transformación inversa revelará que un límite (cuando $t \to \infty$) de $f(t)$ existe solamente si todos los polos de $sF(s)$ se encuentran en el semiplano izquierdo del plano $s$. Esta condición permite un único polo de $F(s)$ en el origen, pero todos los otros polos deben aparecer en el semiplano izquierdo.

Aunque el listado de los teoremas no es una compilación completa de propiedades de la transformada de Laplace, estas relaciones son particularmente útiles en los comentarios siguientes. El Teorema 2 es inmediatamente útil para la determinación de pares de transformadas adicionales, tal como se presentan en la Tabla 3.2. La aplicación del Teorema 2 a las trans-

**TABLA 3.2.** PARES DE TRANSFORMADAS ADICIONALES

| | $f(t)$ | $F(s)$ |
|---|---|---|
| 8 | $te^{-at}u_s(t)$ | $\dfrac{1}{(s+a)^2}$ |
| 9 | $(e^{-at}\,\mathrm{sen}\,\omega t)u_s(t)$ | $\dfrac{\omega}{(s+a)^2+\omega^2}$ |
| 10 | $(e^{-at}\cos\omega t)u_s(t)$ | $\dfrac{(s+a)}{(s+a)^2+\omega^2}$ |
| 11 | $[(B-Aa)te^{-at}+Ae^{-at}]u_s(t)$ | $\dfrac{As+B}{(s+a)^2}$ |
| 12 | $e^{-at}\left[A\cos\omega t+\dfrac{(B-Aa)}{\omega}\,\mathrm{sen}\,\omega t\right]u_s(t)$ | $\dfrac{(As+B)}{(s+a)^2+\omega^2}$ |

formadas 4, 6 y 7 produce el grupo adicional de transformadas numeradas 8, 9 y 10 y la sustitución de $s$ por $s + a$ es aparente cuando se observan las funciones transformadas. Los pares de transformadas numerados 11 y 12 se presentan en un formato que es útil cuando se consideran las transformaciones inversas.

## La evaluación de las transformadas inversas

Las funciones transformadas tal como se obtienen en la solución de problemas que emplean la transformada directa y modelos de sistemas transformados son típicamente funciones racionales (las funciones se pueden describir como la razón de dos polinomios). Así, la transformación inversa se puede obtener aplicando un desarrollo en fracciones simples a una razón de polinomios. El desarrollo proporciona una suma de expresiones de orden reducido y la transformación inversa se completa al identificar las expresiones más simples como miembros de un conjunto limitado de pares de transformadas.

Cuando se determinan soluciones para sistemas físicos, la potencia más elevada de $s$ en el polinomio del denominador es normalmente más alta que la potencia más elevada en el polinomio del numerador; así, uno o más ceros se localizan en el infinito. Funciones de esta forma son *estrictamente propias* y es directamente aplicable un desarrollo en fracciones simples. Si la potencia más elevada del numerador es igual a la potencia más elevada del denominador, el polinomio del numerador se puede dividir por el polinomio del denominador para obtener una constante más una función estrictamente propia. La transformada inversa de una constante es una función impulso y al resto le es aplicable un desarrollo en funciones simples.

La evaluación de la transformada inversa utilizando un desarrollo en fracciones simples para obtener pares de transformadas reconocibles se describen con algunos ejemplos. Estos problemas proporcionan una revisión de técnicas tradicionales y la consideración de algunos procedimientos alternativos.

**EJEMPLO 3.1**

*Sea una función en la cual las raíces del polinomio del denominador son reales y distintas.*

Encontrar $f(t)$ si

$$F(s) = \frac{16s + 16}{s^3 + 6s^2 + 8s} = \frac{16s + 16}{s(s + 2)(s + 4)}. \tag{3.4}$$

**Solución.** El desarrollo en fracciones simples es

$$\frac{16s + 16}{s(s + 2)(s + 4)} = \frac{A}{s} + \frac{B}{s + 2} + \frac{C}{s + 4}, \tag{3.5}$$

y deben determinarse los valores numéricos para los residuos $A$, $B$ y $C$. Si se considera la evaluación de $B$, la Ecuación 3.5 se multiplica por $(s + 2)$ y a continuación se evalúa con $s = -2$. Una descripción del procedimiento completo proporciona

$$\left.\frac{16s + 16}{s(s + 4)}\right|_{s=-2} = \left.\frac{A(s + 2)}{s}\right|_{s=-2} + B + \left.\frac{C(s + 2)}{s + 4}\right|_{s=-2}. \tag{3.6}$$

Los otros términos distintos de $B$ en el lado derecho desaparecen y la solución se obtiene evaluando el lado izquierdo de la ecuación que produce $B = 4$. Un procedimiento idéntico aplicado al cálculo de $A$ y $C$ da

$$A = \left.\frac{16s + 16}{(s + 2)(s + 4)}\right|_{s=0} = 2 \quad \text{y} \quad C = \left.\frac{16s + 16}{s(s + 2)}\right|_{s=-4} = -6. \tag{3.7}$$

Entonces

$$f(t) = (2 + 4e^{-2t} - 6e^{-4t})u_s(t). \tag{3.8}$$

**EJEMPLO 3.2**

*Sea una función en la que el polinomio del denominador incluye raíces repetidas.*

Encontrar $f(t)$ si

$$F(s) = \frac{8s + 8}{s^3 + 4s^2 + 4s} = \frac{8s + 8}{s(s + 2)^2}. \tag{3.9}$$

**Solución.** Para obtener un desarrollo en fracciones simples completo (con los numeradores de todos los términos del desarrollo reducidos a una constante, el desarrollo debe incluir todas las potencias de la raíz repetida; así,

$$\frac{8s + 8}{s(s + 2)^2} = \frac{A}{s} + \frac{B}{(s + 2)^2} + \frac{C}{(s + 2)}. \tag{3.10}$$

El valor de $A$ se determina tal como se describió en el ejemplo previo, obteniéndose $A = 2$. El valor de $B$ se determina de una forma similar. Multiplicando la Ecuación 3.10 por $(s + 2)^2$ y sustituyendo $s = -2$ se obtiene $B = 4$. Sin embargo, si la ecuación se multiplica $(s + 2)$ y a continuación se evalúa con $s = -2$, permanece un factor de $(s + 2)$ en el denominador de las expresiones a ambos lados de la ecuación dando $(\infty) = (\infty) + C$. La finalización del desarrollo requiere la consideración de cualquiera de estas técnicas si se obtiene una derivada con respecto a $s$ después de multiplicar por $(s + 2)^2$,

$$\left[\frac{d}{ds}\left(\frac{8s + 8}{s}\right)\right]_{s=-2} = \left[\frac{d}{ds}\left(\frac{A(s - 2)^2}{s}\right)\right]_{s=-2} + C. \tag{3.11}$$

La derivada del lado derecho es cero cuando se evalúa con $s = -2$ y el cálculo del lado izquierdo produce $C = -2$.

Una alternativa a esta técnica se obtiene comparando las funciones del denominador. Si los términos desarrollados se recombinan, los coeficientes del numerador de la función recombinada deben ser idénticos a los coeficientes del numerador de la función original. Una comparación de los numeradores genera

$$8s + 8 \equiv (A + C)s^2 + (4A + B + 2C)s + 4A. \tag{3.12}$$

Igualando los coeficientes se obtienen tres ecuaciones con tres incógnitas que proporcionan una solución para $A$, $B$ y $C$. Sin embargo, como $A$ y $B$ se conocen es rápidamente aparente que $C$ debe ser igual a $-2$. El resultado final es

$$f(t) = (2 + 4te^{-2t} - 2e^{-2t})u_s(t). \tag{3.13}$$

**EJEMPLO 3.3**

*Sea una función en la cual algunas raíces del polinomio del denominador son complejas.*

Determinar $f(t)$ si

$$F(s) = \frac{16s + 26}{s(s^2 + 4s + 13)}. \tag{3.14}$$

**Solución.** Reconociendo que dos de los polos son complejos, la técnica del desarrollo en fracciones se puede modificar para utilizar un desarrollo parcialmente completo tal que

$$F(s) = \frac{A}{s} + \frac{Bs + C}{s^2 + 4s + 13}. \tag{3.15}$$

El factor de segundo orden que genera las raíces complejas no se desarrolla. El valor de $A$ se puede evaluar multiplicando $F(s)$ por $s$ y haciendo $s = 0$. Aunque $B$ y $C$ no se pueden calcular de esta forma, los valores se pueden determinar utilizando una comparación de los coeficientes del numerador. Una comparación de los numeradores da

$$16s + 26 \equiv (A + B)s^2 + (4A + C)s + 13A \tag{3.16}$$

con el resultado de $A = 2$, $B = -2$ y $C = 8$. El desarrollo es entonces

$$F(s) = \frac{2}{s} + \frac{-2s + 8}{s^2 + 4s + 13}. \tag{3.17}$$

Se necesita alguna manipulación algebraica para obtener expresiones para las cuales se reconocen fácilmente las transformadas inversas (ver transformadas 9 y 10 de la Tabla 3.2). Entonces

$$F(s) = \frac{2}{s} + \frac{-2(s + 2)}{(s + 2)^2 + 9} + \frac{4(3)}{(s + 2)^2 + 9} \tag{3.18}$$

y

$$f(t) = (2 - 2e^{-2t}\cos 3t + 4e^{-2t}\,\mathrm{sen}\,3t)u_s(t). \tag{3.19}$$

Los dos pares de transformadas finales (11 y 12) de la Tabla 3.2 se pueden utilizar para obtener directamente las transformadas inversas cuando se trabaja con factores cuadráticos que no se desarrollan. Las relaciones proporcionadas por estos pares de transformadas se verifican fácilmente al demostrar que la composición de funciones transformadas es una combinación lineal de las funciones dadas previamente en la tabla.

## 3.3. FUNCIONES DE TRANSFERENCIA Y DIAGRAMAS DE BLOQUES

Los modelos matemáticos descritos en el Capítulo 2 constituyen ecuaciones diferenciales, y la aplicación de la transformación de Laplace convierte estos modelos en relaciones algebraicas equivalentes. Las relaciones algebraicas podrían considerarse simplemente como un paso en un procedimiento de solución que considera una transformación directa e inversa. Sin embargo, el modelo algebraico puede dar una comprensión mejorada de la relación causa-efecto y el empleo del modelo transformado proporciona la base de una serie de técnicas de análisis y diseño importantes.

Considerando el modelo de un sistema lineal e invariante en el tiempo, se puede utilizar la transformación de Laplace para obtener una razón que relaciona la transformada de una variable de salida con la transformada de una variable de entrada. La Figura 3.1 presenta un diagrama de bloques para un sistema (o un subsistema) con el bloque identificado por la función de transferencia $G(s)$. La función de transferencia se define como $Y(s)/X(s)$. Si se tiene en cuenta que una relación entre una salida y una entrada representa una *ganancia*, una función de transferencia que se defina de esta forma se identifica algunas veces como una función ganancia.

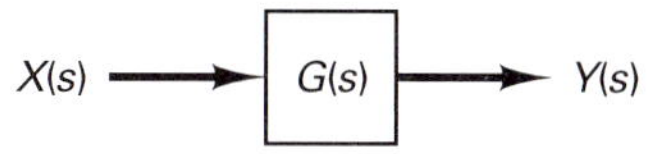


**Figura 3.1.** Un modelo de sistema lineal.

Suponiendo que la referencia cero se establece para todas las variables de forma tal que el sistema está «en reposo» con las condiciones iniciales y las entradas fijadas a cero, entonces la capacidad de expresar $G(s)$ como una razón de $Y(s)/X(s)$ depende de la hipótesis de que todas las condiciones iniciales son iguales a cero. En otras palabras, la entrada debe ser la única excitación que perturba al sistema con respecto a la condición de reposo.

## Desarrollo de funciones de transferencia

Para un ejemplo específico (*véase* Figura 3.2), el modelo de ecuación diferencial es

$$T(t) = J \frac{d}{dt} \omega(t) + B\omega(t), \tag{3.20}$$

donde $T(t)$ es una función de par de entrada no especificado y $\omega(t)$ es una función respuesta. Transformando la ecuación

$$T(s) = sJ\Omega(s) - J\omega(0) + B\Omega(s). \tag{3.21}$$

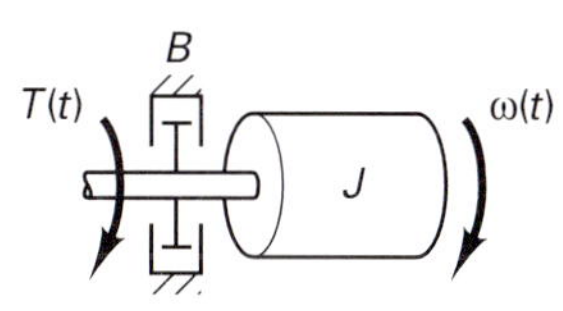


**Figura 3.2.** Un sistema mecánico.

Sin embargo, formar la razón de $\Omega(s)/T(s)$ no es obviamente posible a menos que $\omega(0)$ sea cero. Si se supone que la velocidad inicial es cero (energía cinética nula), la función de transferencia es

$$\frac{\Omega(s)}{T(s)} = \frac{1}{sJ + B} = \frac{1/J}{s + B/J}. \tag{3.22}$$

La función de respuesta se puede determinar entonces si se especifica una función de excitación. Si el par de entrada es una función escalón igual a $1{,}0u_s(t)$ N-m y si los valores de $J$ y $B$ son 0,5 kg-m$^2$ y 1,0 N-m para rad/s, entonces

$$\Omega(s) = \left(\frac{1/J}{s + B/J}\right)T(s) = \frac{2}{s(s+2)} = \frac{1}{s} - \frac{1}{s+2} \tag{3.23}$$

y la función correspondiente del tiempo es

$$\omega(t) = (1 - e^{-2t})u_s(t). \tag{3.24}$$

La premisa que las condiciones iniciales son todas iguales a cero no es normalmente una restricción no deseable. Sin embargo, si es necesario la inclusión de una condición inicial distinta de cero, se puede añadir como una excitación adicional. Reagrupando la Ecuación 3.21 se obtiene

$$\Omega(s) = \frac{T(s)}{sJ + B} + \frac{J\omega(0)}{sJ + B}, \tag{3.25}$$

y el resultado se muestra en la Figura 3.3. El diagrama, tal como se presenta en la Figura 3.3, utiliza símbolos de diagramas de bloques convencionales. Las variables se muestran como líneas (con flechas que indican la dirección de transmisión de la señal) y las funciones de transferencia se representan como bloques rectangulares. La suma algebraica de señales se representa utilizando un círculo con signos sobre las flechas de entrada.

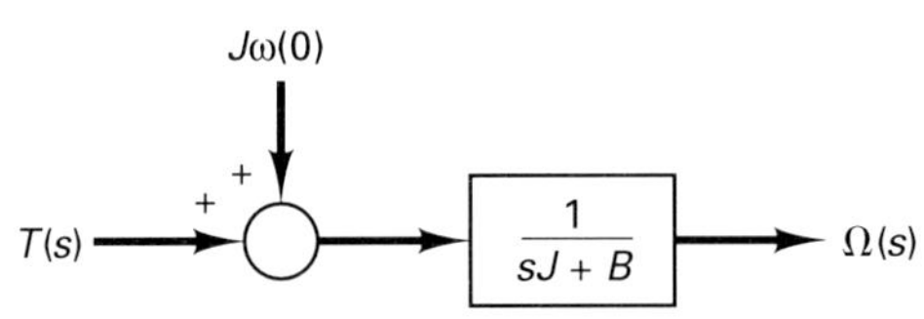


**Figura 3.3.** Un modelo de función de transferencia con energía inicial.

Un modelo de función de transferencia puede devolverse para el correspondiente modelo de ecuación diferencial sin ninguna dificultad particular. Suponga, por ejemplo, que la función de transferencia para el ejemplo anterior se conoce pero el modelo de ecuación diferencial es desconocido. La función de transferencia con coeficientes numéricos es

$$\frac{\Omega(s)}{T(s)} = \frac{2}{s+2}, \tag{3.26}$$

y efectuando la multiplicación en cruz para reagrupar la ecuación produce

$$2T(s) = (s + 2)\Omega(s). \tag{3.27}$$

Con el conocimiento de que la función de transferencia describe un sistema inicialmente relajado, una expresión equivalente en el dominio temporal es

$$2T(t) = \frac{d}{dt}\,\omega(t) + 2\omega(t) \quad \text{o} \quad T(t) = 0{,}5\,\frac{d}{dt}\,\omega(t) + 1{,}0\omega(t), \tag{3.28}$$

y este resultado (con valores numéricos sustituidos para $J$ y $B$) es idéntico al modelo de la ecuación diferencial original (Ecuación 3.20). Esta técnica se extiende rápidamente a funciones de orden superior.

**EJEMPLO 3.4**

*Considere el circuito eléctrico que se muestra en la Figura 3.4, se puede determinar una función de transferencia para* $I(s)/V(s)$, $V_L(s)/V(s)$, $V_R(s)/V(s)$, o $V_C(s)/V(s)$.

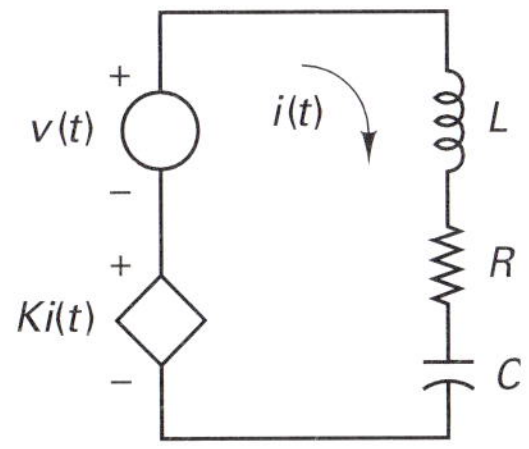


**Figura 3.4.** Un modelo eléctrico.

Determinar la función de transferencia $I(s)/V(s)$.

**Solución.** El modelo de ecuación diferencial es

$$v(t) + Ki(t) = L\frac{d}{dt}i(t) + Ri(t) + \frac{1}{C}\int_0^t i(t)\,dt + v_c(0), \tag{3.29}$$

y la transformada de este modelo es

$$V(s) + KI(s) = sLI(s) - Li(0) + RI(s) + \frac{1}{sC}I(s) + \frac{v_c(0)}{s}. \tag{3.30}$$

Si el circuito está inicialmente relajado, entonces

$$\frac{I(s)}{V(s)} = \frac{\frac{1}{L}s}{s^2 + \frac{(R-K)}{L}s + \frac{1}{LC}}. \tag{3.31}$$

La función de la Ecuación 3.31 puede entonces convertirse para considerar otra variable dependiente como la salida al transformar la relación diferencial entre $i(t)$ y la nueva salida y sustituyendo el resultado en la ecuación 3.31. Observe cómo, sin embargo, $v(t)$ es la única entrada.

## Utilización de diagramas de bloques

El modelo función de transferencia es un modelo algebraico y un diagrama de bloques es una representación gráfica de relaciones algebraicas. Dos vistas diferentes de la operación del circuito *RLC* del Ejemplo 3.4 se representan utilizando dos diagramas de bloques tal como se muestran en la Figura 3.5. El primer modelo se sugiere utilizando la Ecuación 3.30 (con condiciones iniciales fijadas a cero) y el segundo modelo es una representación de la Ecuación 3.31. Aunque la formación de los dos diagramas sugiere conceptos diferentes, los dos modelos son, por supuesto, representaciones equivalentes del modelo algebraico.

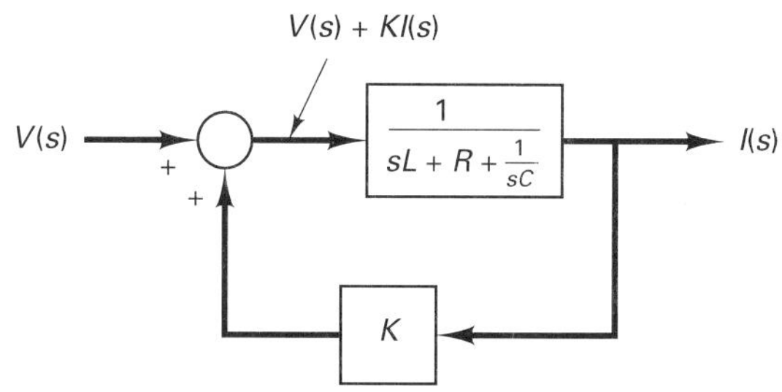


(a)

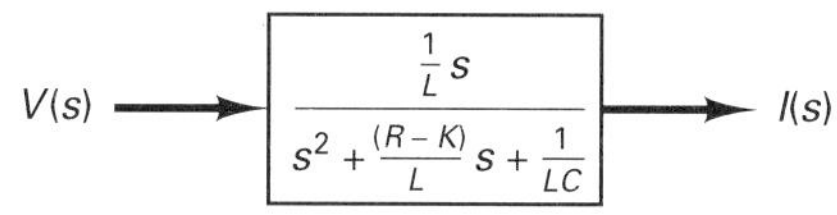


(b)

**Figura 3.5.** *a*) Un diagrama de bloque mostrando realimentación positiva. *b*) La función total mostrando resistencia negativa.

El diagrama de bloques de un sistema de control típicamente muestra los diferentes modelos de subsistema con los caminos de señal claramente visibles. Hay mucha información en un diagrama de bloques que puede proporcionar un conocimiento rápido de las características operacionales. La interacción de polos, ceros y factores de ganancia de los diferentes subsistemas se pueden evaluar y las características de comportamiento del sistema global se pueden estudiar con respecto a la contribución de los diversos componentes del sistema.

Si se consideran las relaciones algebraicas básicas, las configuraciones de la Figura 3.6 muestran bloques en cascada y bloques en paralelo con el resultado fácilmente verificable de que la ganancia total $Y(s)/X(s)$, es $G_1(s)G_2(s)$ y $G_1(s) + G_2(s)$, respectivamente. Las funciones de transferencia $G_1(s)$ y $G_2(s)$ representan relaciones de polinomios.

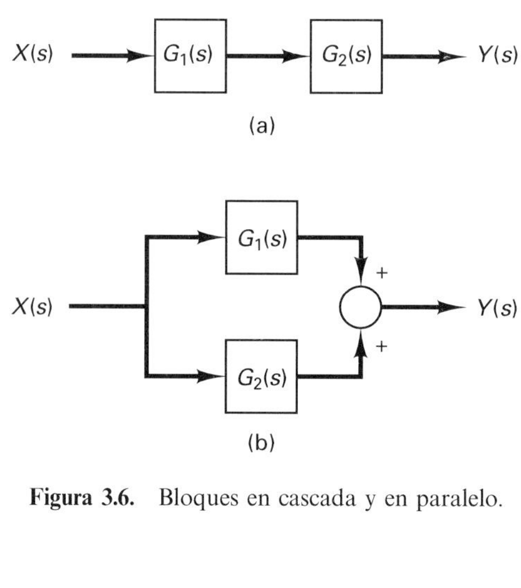


**Figura 3.6.** Bloques en cascada y en paralelo.

En la Figura 3.7a se muestra un diagrama de bloques en la configuración de un sistema de realimentación con un único lazo con ganancia unidad en el camino de realimentación. La variable de entrada, $R(s)$, representa la respuesta deseada del sistema (algunas veces denominada la entrada de referencia) y la variable de salida $Y(s)$ representa la respuesta actual. Aquí hay una comparación directa de las variables de entrada y de salida y la diferencia se conoce como la señal de error del sistema $E(s)$. Hay también situaciones en las que un único lazo de realimentación presenta un formato modificado en el que la ganancia de la característica de realimentación no es necesariamente la unidad (tal como se muestra en la Figura 3.7b). En este caso, la señal de error del lazo se designa como $E_L(s)$, porque no es necesariamente igual al error del sistema. En esta situación la entrada al lazo se designa como $R_L(s)$; aunque la entrada al lazo puede relacionarse con la salida deseada mediante una relación específica, no es necesariamente idéntica a la salida deseada.

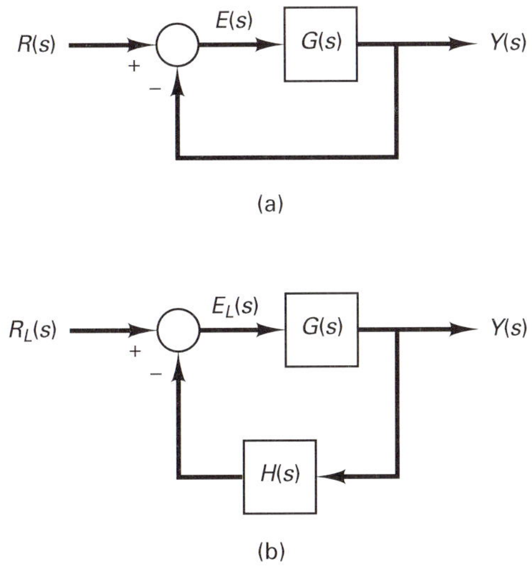


**Figura 3.7.** Un único lazo de realimentación con: *a*) realimentación unitaria y *b*) una función de realimentación de $H(s)$.

Para la función de lazo de la Figura 3.7b, el sistema se puede describir en términos de la entrada y de dos variables dependientes —no es necesario incluir una variable en la salida de $H(s)$ a menos que exista un interés particular en describir la señal en este punto—. La escritura de dos ecuaciones en términos de las dos variables dependientes proporciona

$$Y(s) = G(s)E_L(s)$$

y

$$E_L(s) = R_L(s) - H(s)Y(s).$$

Una solución simultánea entonces da

$$\frac{E_L(s)}{R_L(s)} = \frac{1}{1 + G(s)H(s)} \tag{3.32}$$

y

$$\frac{Y(s)}{R_L(s)} = \frac{G(s)}{1 + G(s)H(s)}. \tag{3.33}$$

Como esta configuración de realimentación se utiliza normalmente, las relaciones de las Ecuaciones 3.32 y 3.33 se necesitarán con frecuencia cuando se apliquen diferentes técnicas de función de transferencia.

En la Figura 3.8 se muestra una configuración con un lazo de realimentación incorporado. Se pueden escribir tres ecuaciones algebraicas en términos de las tres variables tal como se muestra en el diagrama,

$$Y = G_2 X_1,$$

$$X_1 = G_1 E_L - H_2 Y,$$

y

$$E_L = R_L - H_1 Y.$$

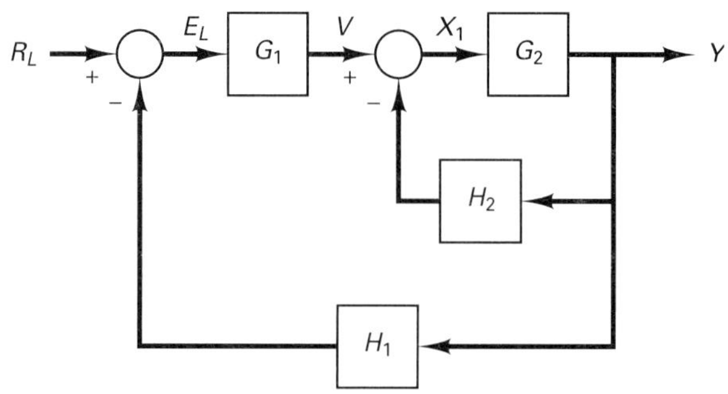


**Figura 3.8.** Un diagrama de bloques con un lazo incorporado

Resolviendo para $E_L$ e $Y$ en función de $R_L$ da

$$\frac{E_L}{R_L} = \frac{1 + G_2 H_2}{1 + G_2 H_2 + G_1 G_2 H_1} \tag{3.34}$$

y

$$\frac{Y}{R_L} + \frac{G_1 G_2}{1 + G_2 H_2 + G_1 G_2 H_1}. \tag{3.35}$$

Aunque esta técnica se puede extender para considerar configuraciones de mayor complejidad, la solución de las ecuaciones simultáneas se hace más difícil cuando aumenta el número de variables dependientes. La utilización de la *fórmula de ganancia de Mason* (*véase* Sección 3.4) facilitará este problema.

Es obvio que la determinación de una función de transferencia para el sistema con el lazo de realimentación incorporado (Figura 3.8) se podría efectuar de otra manera. Si se sustituye el lazo incorporado por un único bloque con una función de transferencia igual a $\frac{G_2}{1 + G_2 H_2}$, entonces el sistema se reduce a un lazo simple y la solución para $E_L$ se obtiene fácilmente. Si estuvieran presentes caminos paralelos, podrían también combinarse. El proceso de obtener una solución utilizando una serie de sustituciones equivalentes se conoce como *reducción del diagrama de bloques*. Sin embargo, si se aumenta gradualmente la complejidad para incluir muchas variables con funciones de transferencia que conectan casi todas las variables (considerando ambas direcciones de transmisión de señal), se alcanza un punto en el cual la reducción no es un concepto viable. Si se considera una solución matricial equivalente una analogía a la reducción del diagrama de bloques es una técnica de solución que sólo es aplicable a una matriz dispersa. Una técnica generalmente preferida se describe en la siguiente sección.

## 3.4. UTILIZACIÓN DE LOS GRAFOS DE FLUJO DE SEÑAL

En términos matemáticos, un diagrama de bloques proporciona una representación gráfica de un conjunto de ecuaciones algebraicas simultáneas. Dado un diagrama de bloques específico, se puede representar fácilmente un grafo de flujo de señal para mostrar una estructura gráfica idéntica. El grafo de flujo de señal es algo más fácil de dibujar porque los símbolos son más simples. Sin embargo, la importancia de la técnica está relacionada con el desarrollo de una técnica de solución que parte del propio grafo. La aplicación de la fórmula de ganancia de Mason [1,2] al modelo de grafo de flujo de señal proporciona una solución para las variables dependiente. Aunque no se utiliza tan ampliamente como las técnicas matriciales, el empleo del grafo de flujo de señal y la fórmula de ganancia de Mason es aplicable a la solución de cualquier problema que requiera la solución de un conjunto de ecuaciones algebraicas simultáneas. En otras palabras, el grafo de flujo de señal sustituye al modelo matricial y la aplicación de la fórmula de ganancia de Mason reemplaza una inversión matricial.

Si se considera un típico análisis de circuito, el modelo inicial se desarrolla como un conjunto de ecuaciones y la utilización de una solución matricial es una técnica directa. Con un modelo de diagrama de bloques, sin embargo, es directamente aplicable un modelo de grafo de flujo de señal y la solución empleando la fórmula de ganancia de Mason es una alternativa muy efectiva y fascinante con respecto a otras técnicas de solución.

### Álgebra de grafos de flujo de señal

Los símbolos que constituyen un grafo de flujos de señal son *nodos* (mostrado como pequeños círculos) y conectan *ramas* (una línea con una flecha). Los nodos representan variables y las ramas representan relaciones de transferencia. El valor de un nodo es igual a la suma de todas las señales de entrada; así, se supone que ocurre una suma que se deduce de la adición de señales de todas las ramas de entrada al nodo. El valor de un nodo se aplica a todas las ramas de salida. Una rama multiplica una señal por la característica de transferencia especificada, con la transmisión ocurriendo solamente en la dirección de la flecha.

La Figura 3.9 muestra grafos de flujo de señal que son equivalentes a los diagramas de bloques que se presentaron previamente en las Figuras 3.6 a 3.8. Observe que no es necesario mostrar un símbolo de sumatorio —el valor de un nodo se supone que es igual a la suma algebraica de las señales de entrada. La resta se realiza introduciendo un signo menos en la función de transferencia de la rama de entrada apropiada.

### Fórmula de ganancia de Mason

Si hay un camino (en la dirección de las flechas) desde un nodo de entrada a todas las variables dependientes, la fórmula de ganancia de Mason proporcionará una función de transferencia que relaciona cualquiera de las variables dependientes (o una combinación lineal de variables dependientes) con la entrada. La función de ganancia se expresa como la razón $X/R_I$, donde $R_I$ debe ser un nodo de entrada y $X$ es cualquier nodo de interés (distinto de un nodo de entrada).

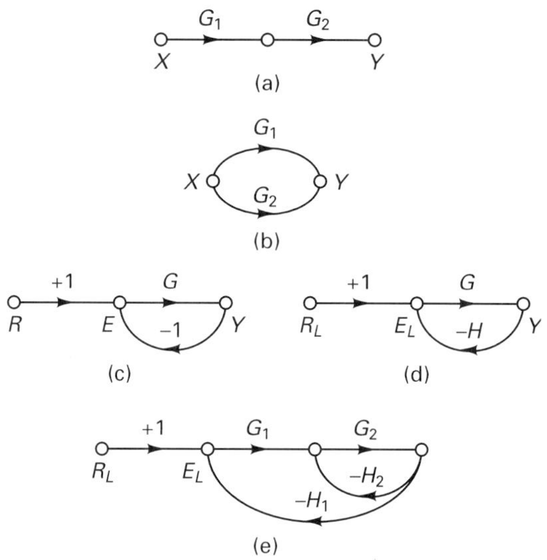


**Figura 3.9.** Grafos de flujo de señal que son equivalentes a los diagramas de bloques que se muestran en: *a*) Figura 3.6a, *b*) Figura 3.6b, *c*) Figura 3.7a, *d*) Figura 3.7b y *e*) Figura 3.8

Un nodo de entrada se define como un nodo con sólo ramas de salida. Un nodo de salida es un nodo con sólo ramas de entrada, pero $X$ no está restringido a nodos de salida.

La aplicación de la fórmula de ganancia de Mason requiere algunas otras definiciones. Un *lazo* es un camino que empieza y finaliza en el mismo nodo sin introducir ningún nodo más que una vez, y la ganancia del lazo es el producto de todas las funciones ramas en el lazo. *Lazos que no se tocan* son lazos que no tienen nodos en común. Un *camino directo* es un camino desde $R_I$ a $X$ que no entra en ningún nodo más que una vez y la ganancia del camino se determina por el producto de las funciones rama del camino.

El grafo puede revelar más de un camino directo y el numerador de la fórmula de ganancia de Mason se compone de términos que consideran todos los caminos directos desde $R_I$ a $X$. El denominador se compone de términos que contienen todos los lazos en el grafo. Con las definiciones precedentes, la fórmula de ganancia de Mason se expresa como

$$\frac{X}{R_I} = \frac{\Sigma P_k \Delta_k}{\Delta} \tag{3.36}$$

donde

$\Delta = 1 -$ (la suma de todas las ganancias de lazo)
$+$ (la suma de los productos de ganancias de todos los pares de lazos que no se tocan)
$-$ (la suma de los productos de ganancias de todas las combinaciones de tres lazos que no se tocan)
$+$ (la suma de los productos de ganancias de todas las combinaciones de cuatro lazos que no se tocan
$-$ etcétera.

$P_k$ = la ganancia del camino directo $k$-ésimo

$\Delta_k = \Delta$ evaluado considerando sólo lazos que no tocan al camino directo $k$-ésimo

$\Sigma P_k \Delta_k$ = El sumatorio de $P_k \Delta_k$ para todos los caminos desde $R_I$ a $X$.

**EJEMPLO 3.5**

*La aplicación de la fórmula de ganancia de Mason requiere una comprensión cuidadosa de la evaluación de las ganancias del lazo, ganancias del camino directo, etc.*

Aplicar la fórmula de ganancia de Mason para determinar la razón de transferencia de $Y/R_L$ y $E_L/R_L$ para el sistema de la Figura 3.10.

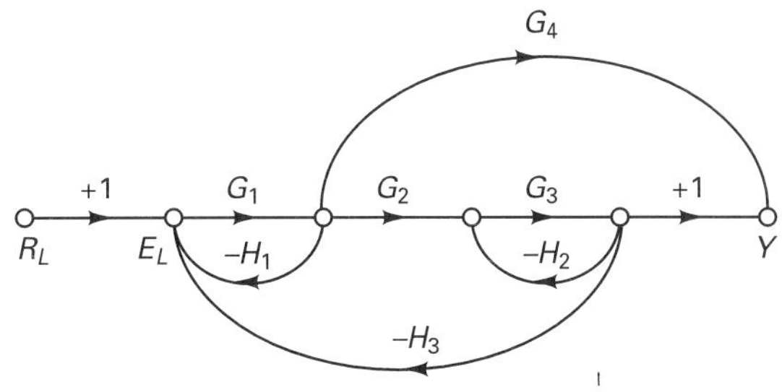


**Figura 3.10.** Un sistema con tres lazos.

**Solución.** El sistema tiene tres lazos, un par de lazos que no se tocan y dos caminos directos. comenzando con el denominador,

$$\Delta = 1 - (-G_1H_1 - G_3H_2 - G_1G_2G_3H_3) + (-G_1H_1)(-G_3H_2).$$

El numerador se obtiene al considerar la ganancia del camino directo con

$$P_1\Delta_1 = G_1G_4(1 + G_3H_2) \quad \text{y} \quad P_2\Delta_2 = G_1G_2G_3(1).$$

Observe que $\Delta_k$ en cada caso es una versión reducida de la función del denominador y si el lazo directo toca a todos los lazos, el valor de $\Delta_k$ se reduce a la unidad. El resultado final es

$$\frac{Y}{R_L} = \frac{G_1G_4(1 + G_3H_2) + (G_1G_2G_3)(1)}{1 + G_1H_1 + G_3H_2 + G_1G_2G_3H_3 + G_1H_1G_3H_2}. \tag{3.37}$$

La evaluación de $E_L/R_L$ es un ejercicio interesante. A primera vista puede parecer que la razón de transferencia es la unidad, pero el valor de un nodo es igual a la suma de todas las señales de entrada y hay tres que llegan al nodo de la señal de error. La función del denominador queda inalterada con respecto al resultado previo y la función de transferencia es

$$\frac{E_L}{R_L} = \frac{1(1 + G_3H_2)}{1 + G_1H_1 + G_3H_2 + G_1G_2G_3H_3 + G_1H_1G_3H_2}. \tag{3.38}$$

Un estudio de la estabilidad del sistema (Capítulo 6) mostrará que una condición necesaria (pero no suficiente) para una respuesta estable es la presencia del mismo signo en todos los coeficientes del polinomio del denominador. Por lo tanto, si aparece un cambio de signo en el denominador, esta situación no es típica y los cálculos deberían revisarse cuidadosamente. Por otra parte, si la notación es simbólica, no se sabe si el signo se invertirá cuando los símbolos se sustituyan por valores numéricos.

**EJEMPLO 3.6**

*El ejemplo siguiente se complica por la presencia de algunos pares de bucles que no se tocan.*

Determinar $Y/R$ para el sistema que se describe en la Figura 3.11.

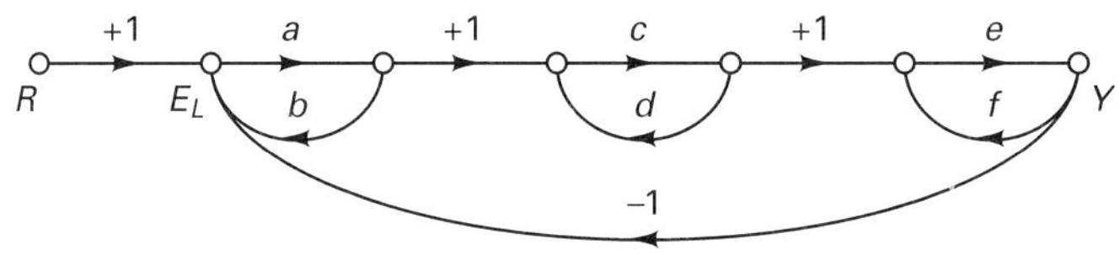


**Figura 3.11.** Un sistema con tres pares de lazos que no se tocan.

**Solución.** Este resultado se obtiene con la consideración de tres pares de lazos que no se tocan y una combinación de los mismos. La aplicación de la fórmula de Mason da

$$\frac{Y}{R} = \frac{ace(1)}{1 - ab - cd - ef + ace + (ab)(cd) + (ab)(ef) + (cd)(ef) - (ab)(cd)(ef)}. \tag{3.39}$$

Si hay más de una entrada a un sistema, la función de transferencia deseada se puede determinar utilizando superposición.

**EJEMPLO 3.7**

*En el siguiente ejemplo se introducen dos entradas con una entrada deseada R y una entrada de perturbación D.*

Sea el sistema de la Figura 3.12, determinar una expresión para la salida $Y$.

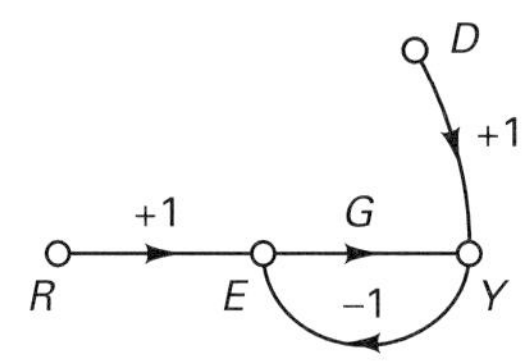


**Figura 3.12.** Un sistema con dos entradas.

**Solución.** La salida (o cualquier otra variable del sistema) se puede determinar encontrando la función de transferencia con respecto a cada entrada con la hipótesis de que la otra entrada es cero. A continuación se suman los resultados para obtener la función total. Considerando la entrada como una función de las dos entradas,

$$Y = \left(\frac{G}{1 + G}\right)R + \left(\frac{1}{1 + G}\right)D \tag{3.40}$$

y suponiendo que $G = \dfrac{10}{s + 2}$, entonces

$$Y(s) = \frac{10}{s + 12)}R(s) + \left(\frac{s + 2}{s + 12}\right)D(s). \tag{3.41}$$

Aunque los grafos de flujo de señal se utilizarán en diversas situaciones, la fórmula de Mason se puede aplicar directamente a un diagrama de bloques. Por lo tanto, cuando un modelo del sistema se presenta como un diagrama de bloques, su conversión a un grafo de flujo de señal equivalente no es un paso esencial.

## 3.5. ALGUNOS MODELOS DE SUBSISTEMAS

La presentación que sigue incluye la descripción de dispositivos que se utilizan normalmente como actuadores o sensores en sistemas de control electromecánicos. Como algunos de estos dispositivos exhiben características no lineales, se describen detenidamente las aproximaciones que se pueden usar para obtener un modelo lineal. Las funciones de transferencia son, por supuesto, sólo aplicables a modelos lineales.

### Motores CC

Un motor que se emplea normalmente para aplicaciones en los sistemas de control es el motor de CC de imán permanente controlado por inducido. La operación de un motor CC con control por inducido proporciona una relación casi lineal de la velocidad en estado estacionario con respecto a la tensión de entrada en un rango de velocidad que va desde cero hasta la velocidad angular nominal máxima. La dirección de rotación (bajo condiciones de estado estacionario) es dependiente de la polaridad de la tensión de entrada.

La utilización de imanes permanentes para proporcionar el campo magnético es usual en los motores de potencia fraccionaria (de una fracción de caballo de fuerza) y es también viable en motores de mayor tamaño. El uso extendido de diferentes configuraciones de imán permanente se debe al menos parcialmente al desarrollo de los materiales magnéticos permanentes que producen un nivel muy alto de intensidad del campo magnético sin aumentar excesivamente el peso y el tamaño del motor.

Tal como se muestra en la Figura 3.13, la tensión de control $v_a$ se aplica al circuito del inducido que tiene una resistencia $R_a$, una autoinducción $L_a$ y una fuente de tensión dependiente. Como por los conductores del inducido está circulando corriente en la presencia de un campo magnético (en dirección perpendicular) se desarrolla un par $T_d$ que es proporcional a la magnitud de la corriente en el inducido y a la intensidad del campo magnético. Si el inducido gira, el par se mantiene en la dirección deseada por la acción de conmutación de las delgas y las escobillas (o mediante conmutación electrónica). La intensidad del campo magnético es constante; así, el par desarrollado se puede describir como variando en proporción con la corriente del inducido con $T_d(t) = K_t i_a(t)$.

Si el par desarrollado produce movimiento de los conductores del inducido, se observa otro fenómeno físico básico con la generación de una tensión en el circuito del inducido que es proporcional a la velocidad angular del inducido y a la intensidad del campo magnético.

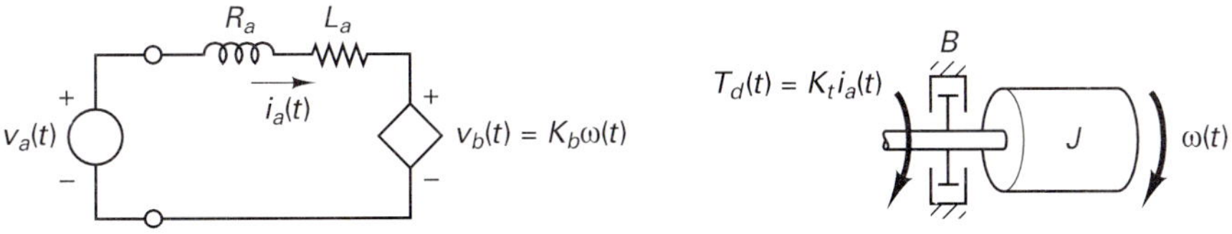


**Figura 3.13.** Un modelo para un motor *CC* de imán permanente.

La polaridad de la tensión generada $v_b$ actúa oponiéndose a la corriente que tiende a producir el movimiento. Así, la polaridad de la tensión generada debe indicarse que se opone a la dirección supuesta como positiva para la corriente del inducido. La tensión generada tal como se observa en un motor se conoce a menudo como fuerza *contraelectromotriz EMF*. Como la intensidad del campo magnético es constante, la fuerza contraelectromotriz se puede expresar como que varía en proporción con la velocidad angular de forma que $v_b(t) = K_b\omega(t)$. La potencia instantánea convertida de eléctrica a mecánica es $v_b(t)i_a(t)$ y la potencia mecánica desarrollada es $T(t)\omega(t)$. Por tanto, $K_b\omega(t)i_a(t)$ debe ser igual a $K_t\omega(t)i_a(t)$ o $K_b = K_t$. Si se utilizan unidades del SI, el valor constante de la fuerza contraelectromotriz en volt-seg/rad será idéntico al valor numérico del par constante en Nw-m/Amp.

El control de la tensión de un motor CC controlado por inducido proporciona un sistema de realimentación innato, tal como se muestra en la Figura 3.14. Si la carga sobre el motor aumenta debido a un incremento en el rozamiento, la velocidad angular del motor en estado estacionario disminuirá. Sin embargo, si la velocidad angular se reduce, la fuerza contraelectromotriz también se reduce. Con el control de la tensión, este cambio produce un aumento en la corriente del inducido, aumentando así por lo tanto el par desarrollado. De esta forma, el motor exhibe una compensación por realimentación automática que tiende a mantener una velocidad angular constante. La función de transferencia total que relaciona la velocidad angular con la tensión de entrada es

$$\frac{\Omega(s)}{V_a(s)} = \frac{K_t}{L_aJs^2 + (R_aJ + L_aB)s + (R_aB + K_tK_b)}. \tag{3.42}$$

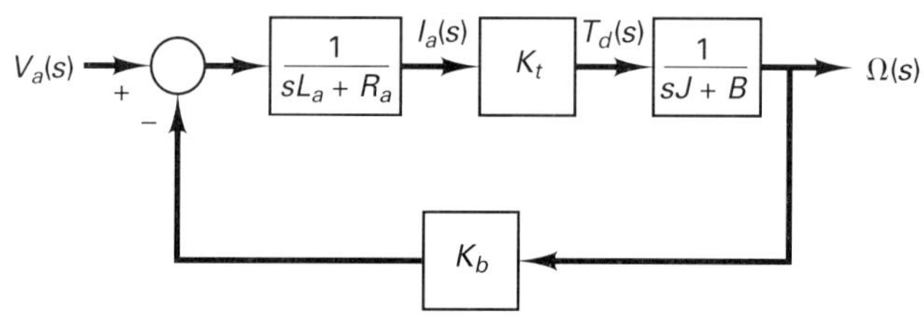


**Figura 3.14.** Un diagrama de bloques que muestra la acción de realimentación de un motor CC.

La capacidad del motor para responder rápidamente a un cambio en la tensión de entrada está restringida fundamentalmente por el cambio requerido en la energía cinética del rotor y la carga. Un cambio en la corriente del inducido puede ocurrir mucho más rápidamente que un cambio en velocidad. Por tanto, la inductancia del inducido juega un papel relativamente menor en la determinación de la dinámica del motor y se puede obtener una función de transferencia simplificada despreciando $L_a$. Esta aproximación reduce la función de transferencia a una función de primer orden.

Si se consideran los elementos mecánicos, los valores de $J$ y $B$ representan el momento de inercia y el rozamiento viscoso del rotor y cualquier carga que esté acoplada mecánicamente al rotor. Los rozamientos estático y de coulomb se despreciaron en el modelo linealizado. La inclusión de componentes de rozamientos no lineales mejoraría la precisión del modelo (particularmente cuando se relacionan con la respuesta con niveles de excitación muy bajos), pero también produciría un aumento significativo en la dificultad computacional. Las técnicas de función de transferencia no son aplicables a la consideración de rozamientos no lineales a menos que se determine un modelo de función de transferencia separado para cada modo del modelo lineal a tramos tal como se describe en el Capítulo 2 (Sección 2.6).

Una opción aparente a utilizar un motor CC controlado por inducido es emplear un motor CC controlado por campo con un arrollamiento eléctrico que produce la excitación. En vista de la facilidad de control, esto podría parecer una opción deseable. Como el inducido es la fuente de la potencia convertida, el inductor opera a un nivel de potencia relativamente bajo cuando se compara con el inducido. Sin embargo, la intensidad del campo en el inductor afecta ahora a ambos, al par desarrollado y a la fuerza contraelectromotriz, produciendo por tanto una característica de velocidad-tensión en estado estacionario fuertemente no lineal que cambia mucho a lo largo de todo el rango de operación. La característica se corrige si al inducido se le excita utilizando una fuente de intensidad constante, pero la implementación de la misma requiere circuitería electrónica con suficiente capacidad de potencia. Así, la operación con control por inductor requiere circuitería electrónica de baja potencia relativamente para controlar la tensión de campo, pero se precisa de una circuitería electrónica de alta potencia adicional para controlar la corriente del inducido.

## Motores de inducción y motores síncronos

Aunque los motores de corriente alterna (CA) no se controlan fácilmente en un amplio rango de velocidades, el motor de inducción es un fuerte competidor de los motores CC en algunas aplicaciones de control. Como no hay necesidad de un conmutador o de las escobillas existen ciertas ventajas en términos de fiabilidad y coste. Aunque los motores de inducción bifásicos controlados por inductor se utilizaron ampliamente, el control se obtenía con suministros de frecuencia constante (60 Hz o 400 Hz). La operación como un servomotor depende de la capacidad de controlar el deslizamiento entre el 0 y el 100 % y la operación resultante era muy ineficiente y algo no lineal. La aceptación de estos motores declinó cuando los avances en materiales magnéticos y en la circuitería de control de estado sólido proporcionaron opciones mejores.

Para obtener una característica de control aceptablemente lineal con una operación eficiente es necesario emplear un rotor de alta eficiencia operando con pequeños deslizamientos. Con la utilización de circuitería electrónica de estado sólido, se puede conseguir el control usando señales conmutadas electrónicamente para generar una excitación polifásica de frecuencia variable. Sin embargo, con el control de la frecuencia, la situación se complica aún más por la necesidad de mantener la intensidad de campo en un nivel razonable cuando se modifica la frecuencia. Para obtener las características deseadas, es necesario controlar ambas, la frecuencia y la amplitud de la excitación. Así, el motor de inducción es relativamente poco complicado, pero la circuitería de control electrónica es compleja.

Aunque modelos precisos de los motores de inducción y síncronos no se obtienen fácilmente, estos motores son similares a los motores CC en el sentido que presentan una operación de realimentación inherente. Considerando ambos, los motores de inducción y los síncronos, un conjunto de tensiones polifásicas aplicadas a los arrollamientos del estator producen un campo magnético que gira con una velocidad que es proporcional a la frecuencia de entrada. Si la carga aplicada a un motor de inducción aumenta, la velocidad del rotor tiende a retrasarse más aún con respecto a la velocidad del campo magnético del estátor. Dentro de un rango limitado de deslizamiento, el par desarrollado aumenta en proporción al error en velocidad. Si la carga sobre un motor síncrono aumenta, la orientación angular del vector campo magnético del rotor tiende a retrasarse más aún con respecto al ángulo del vector del campo magnético giratorio del estator. Dentro de un rango limitado de variación angular, el par aumenta en proporción al aumento en el error angular. La Figura 3.15 presenta modelos linealizados que están muy simplificados y que son conceptualmente válidos solamente dentro de rangos limitados de operación; sin embargo, ilustran la acción fundamental de realimentación.

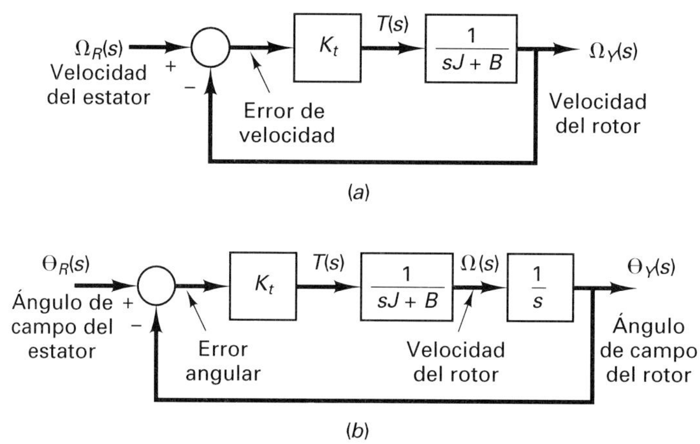


**Figura 3.15.** Modelos simplificados que muestran la acción de realimentación de: *a*) un motor de inducción y *b*) un motor síncrono.

## Motores paso a paso

Los motores paso a paso se diseñan para moverse una pequeña fracción precisa de una revolución cada vez que se aplica un pulso al circuito traductor. Un *circuito traductor* acepta los pulsos de control y la dirección de la información y a continuación los aplica (con un nivel de potencia mayor) secuencialmente a los arrollamientos seleccionados del estator. El rotor es un imán permanente y las superficies de los polos del estator y el rotor que se encaran unas con otras a través del entrehierro presentan una serie de pequeñas ranuras. Las ranuras, sin embargo, no pueden estar en alineamiento perfecto sobre todas las caras de los polos porque el espaciado de las ranuras es ligeramente diferente en el rotor que en el estator.

Si se suministra energía a un par específico de polos, el rotor se moverá a la posición que alinea las ranuras para producir reluctancia mínima en el camino del circuito magnético que se excita externamente. Si se cambia la excitación a un par de polos diferentes, el rotor se desplazará ligeramente para minimizar la reluctancia en el nuevo circuito magnético.

Cuando se compara con el control de un motor CC, el par puede ser comparable a baja velocidad con un motor de tamaño y peso similar. Sin embargo, existe una diferencia significativa en la potencia disponible porque el motor CC es capaz de operar a una velocidad máxima mucho más elevada. Suponiendo que la velocidad máxima del motor CC es 10 veces mayor que la del motor paso a paso, entonces un sistema de engranaje con una reducción de velocidad de 10 a 1 en el motor CC aumentará el par a baja velocidad por un factor de 10. La velocidad del motor paso a paso está limitada porque la inductancia de los arrollamientos del motor tiende a oponerse a las variaciones rápidas en corriente. La limitación sobre la velocidad de cambio de la corriente se observa como una limitación sobre la capacidad de transmitir pulsos de alta potencia al motor con una alta velocidad de pulsos. Hay también una velocidad específica que debe evitarse porque ocurre una resonancia que se traduce en la transferencia entre los almacenamientos de energía magnéticos e inercial. Por lo tanto, pueden ser deseables diferentes estrategias dependiendo de los requisitos específicos.

Para aplicaciones de baja potencia que requieren un control preciso de la velocidad o de la posición, los sistemas que utilizan motores CC o motores paso a paso pueden proporcionar características de comportamiento muy análogas. El empleo de un motor CC requiere el diseño de un sistema de realimentación que utiliza información angular precisa tal como se obtiene empleando un codificador óptico u otro tipo de sensor de posición. Uno u otro tipo de actuador se pueden incorporar en sistemas que respondan a entradas con diferentes formatos digitales.

### Sistemas de engranajes

Los sistemas de reducción de engranajes se utilizan normalmente con motores en un intento de optimizar la potencia que se dispone a velocidades altas. Aunque existen muchos tipos diferentes de configuraciones de engranajes, las relaciones fundamentales se describen utilizando un par de ruedas dentadas tal como se ilustra en la Figura 3.16. Como las fuerzas aplicadas y de carga sobre los dientes del engranaje que están en contacto son iguales, la magnitud de los pares respectivos deben estar en proporción directa al radio. La relación de los radios es, por supuesto, igual a la relación de las circunferencias. Por lo tanto, la relación del par aplicado al par transmitido es igual a la relación del número de dientes del engranaje tales que

$$\frac{T_2}{T_1} = \frac{N_2}{N_1}, \tag{3.43}$$

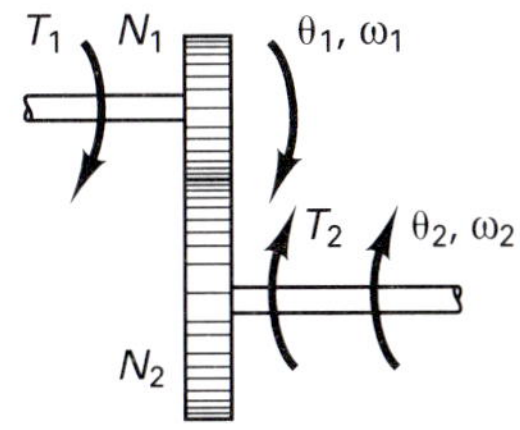


**Figura 3.16.** Un par de engranajes dentados.

donde $N$ es el número de dientes. Con la rotación de los engranajes, la distancias recorridas a lo largo de las circunferencias deben ser iguales y esta igualdad se puede plantear en términos del producto del cambio en ángulo y el radio tal que $\theta_1 R_1 = \theta_2 R_2$. Derivando con respecto al tiempo se obtiene $\omega_1 R_1 = \omega_2 R_2$. Para evitar el signo menos, la dirección de movimiento que se supone positiva se invierte para el segundo engranaje. Si las relaciones de los radios se sustituyen por relaciones de dientes, entonces

$$\frac{\theta_2}{\theta_1} = \frac{\omega_2}{\omega_1} = \frac{N_1}{N_2}. \tag{3.44}$$

Así, el par cambia en proporción directa a la relación de dientes y la velocidad angular en proporción inversa a dicha relación.

Si se conecta el rotor de un motor a una carga con engranajes, entre el motor y la carga se obtiene un sistema tal como se muestra en la Figura 3.17, $T_d(t)$ es el par desarrollado por el motor y $J_1$ y $B_1$ son los momentos de inercia y de rozamiento viscoso asociados con el rotor del motor. Si $T_1$ es el par de carga que se refleja a través de los engranajes, entonces .

$$T_d(t) = J_1 \frac{d}{dt} \omega_1(t) + B_1 \omega_1(t) + T_1(t), \tag{3.45}$$

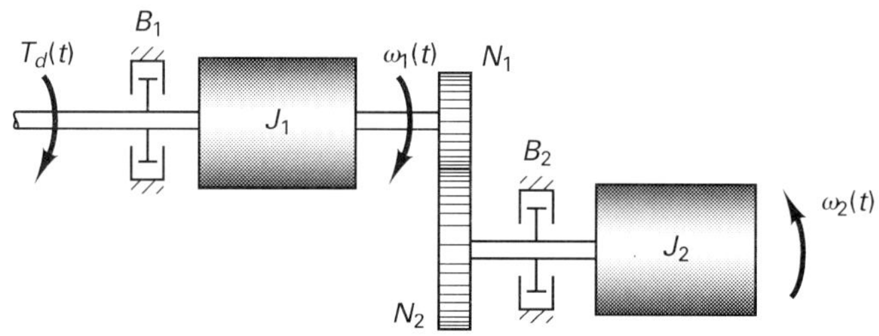


**Figura 3.17.** Un rotor de motor y carga acoplada.

y el par de carga es

$$T_2(t) = J_2 \frac{d}{dt} \omega_2(t) + B_2\omega_2(t). \tag{3.46}$$

Utilizando la relación de par de la Ecuación 3.43 para combinar las Ecuaciones 3.45 y 3.46, se obtiene

$$T_d(t) = J_1 \frac{d}{dt} \omega_1(t) + B_1\omega_1(t) + \frac{N_1}{N_2}\left[ J_2 \frac{d}{dt} \omega_2(t) + B_2\omega_2(t) \right]. \tag{3.47}$$

Los términos que se expresan en función de la velocidad de salida se pueden reflejar al lado fuente de los engrananjes. Observe que la velocidad angular se relaciona inversamente con la relación de los dientes y las derivadas de la velocidad angular deben presentar la misma relación. Con todos los términos de la Ecuación 3.47 expresados en función de la velocidad de entrada

$$T_d(t) = J_{eq} \frac{d}{dt} \omega_1(t) + B_{eq}\omega_1(t), \tag{3.48}$$

donde

$$J_{eq} = J_1 + \left(\frac{N_1}{N_2}\right)^2 J_2 \tag{3.49}$$

y

$$B_{eq} = B_1 + \left(\frac{N_1}{N_2}\right)^2 B_2. \tag{3.50}$$

Las Ecuaciones 3.48 a 3.50 se utilizarán cuando se desarrollen modelos para motores con cargas que se acoplan a través de un sistema de engranajes.

La relación de engranajes puede seleccionarse para maximizar la relación de la aceleración de carga al par aplicado. Suponiendo que las cargas inerciales proporcionan las componentes dominantes del par de carga durante períodos de alta aceleración (o desaceleración), entonces se pueden despreciar las cargas por rozamiento y la Ecuación 3.47 se transforma en

$$T_d(t) \approx J_1 \frac{d}{dt} \omega_1(t) + \frac{N_1}{N_2} J_2 \frac{d}{dt} \omega_2(t). \tag{3.51}$$

Para simplificar la notación sustituya $N_2/N_1$ por $n$ y la aceleración de la carga por $\alpha_2$. Entonces, si la aceleración del motor se expresa en términos de la aceleración de carga y de la razón de engranaje, la relación de la aceleración de carga al par desarrollado es

$$\frac{a_2}{T_d} = \frac{n}{n^2 J_1 + J_2}, \tag{3.52}$$

y el valor máximo de esta relación ocurre con

$$n = \sqrt{\frac{J_2}{J_1}}. \tag{3.53}$$

La razón de engranajes se puede seleccionar para maximizar la relación de la velocidad de carga al par desarrollado bajo condiciones de estado estacionario (aceleración nula) y el resultado es una razón de engranajes igual a la raíz cuadrada de la razón del rozamiento de carga al rozamiento del rotor. Este procedimiento no generará normalmente la misma razón que se obtuvo cuando se maximiza la aceleración. La selección final de una razón de engranaje puede ser un compromiso que considera la importancia relativa de algunos factores.

Cuando se seleccionan engranajes, la obtención de la razón de engranajes deseada y un par nominal aceptablemente alto en un dimensionado físico que sea razonable en términos de tamaño y peso a menudo es difícil. Esta combinación de objetivos es un problema particular en aplicaciones de robótica. Otra preocupación importante es la eliminación de cualquier huelgo significante. Una respuesta a esta combinación de requisitos es el engranaje *armónico.*

La forma del engranaje armónico utiliza un engranaje exterior circular (con dientes hacia dentro) y un engranaje interior flexible (con dientes hacia fuera). El engranaje flexible interior se fuerza dentro de una forma elíptica de forma tal que contacta al engranaje exterior circular en las regiones del eje mayor de la elipse. Como el engranaje interior elíptico tiene un número de dientes ligeramente menor que el engranaje circular, los dos engranajes deben girar a velocidades relativas algo diferentes. Si un engranaje está fijo, el otro está forzado a operar con una velocidad de rotación que es una pequeña fracción fija de la velocidad de rotación del eje mayor de la elipse. Una rueda motriz no circular sobre el eje de entrada (de alta velocidad) controla la velocidad de rotación de la elipse supervisando la forma del engranaje interior. La minimización del huelgo ocurre porque la curvatura es muy similar en la región donde el engranaje elíptico contacta al engranaje circular. Esta característica coloca un número significativo de dientes de precisión en contacto simultáneo.

Se muestra un engranaje armónico desmontado. La forma no circular del generador de onda de la izquierda produce una elipse en rotación que se transmite a través de los cojinetes para controlar la forma del engranaje del centro. El engranaje del centro contacta con el engranaje exterior en la proximidad del eje mayor de la elipse. (Cortesía de HD Systems Inc.)

### Motores como fuentes de velocidad o par

Se ha demostrado que el control de la tensión de un motor CC controlado por inducido tiende a proporcionar las características de una fuente ideal de velocidad. La acción de la fuerza contraelectromotriz proporciona una acción de realimentación que tiende a mantener una relación fija entre la tensión de entrada y la velocidad de salida bajo condiciones de estado estacionario. Se puede utilizar el circuito que se muestra en la Figura 3.18 si el requisito de potencia de motor es suficientemente bajo para que el rendimiento del controlador electrónico no sea un grave inconveniente. El amplificador es un amplificador operacional de alta potencia con una etapa de salida que se diseña específicamente para este tipo de operaciones. Para controlar de esta manera un motor CC, el amplificador debe presentar de forma satisfactoria las características de un amplificador de *cuatro cuadrantes*. Si se representa en un sistema de coordenadas la tensión frente a la corriente, dos de los cuadrantes representan una operación con la potencia fluyendo desde el amplificador al motor y los otros dos desde el motor al amplificador. Si se disminuye rápidamente o se invierte la polaridad de la tensión de entrada al inducido, la energía cinética almacenada en el rotor y en la carga evitará un cambio brusco en la velocidad. Por lo tanto, la fuerza contraelectromotriz puede producir temporalmente una corriente cuyo sentido se oponga a la tensión aplicada, y el amplificador se debe diseñar de forma que se disipe la energía retornada. Si se considera un sistema con una potencia relativamente alta (tal como un automóvil eléctrico) puede ser factible utilizar una técnica de control altamente eficiente que almacene la energía devuelta.

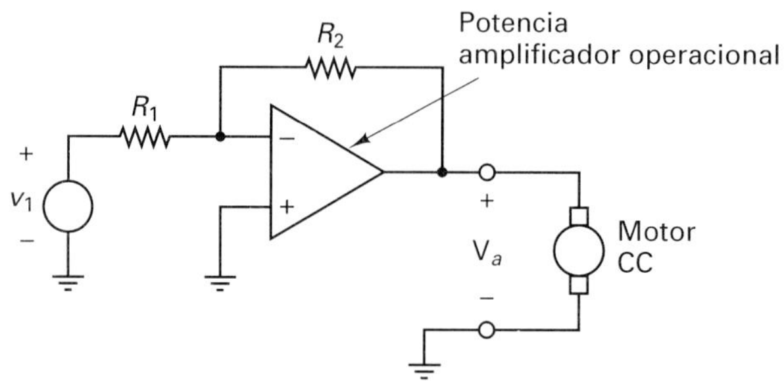


**Figura 3.18.** Un motor conectado para control de velocidad.

El circuito que se muestra en la Figura 3.18 proporciona un control de tensión casi ideal al circuito del inducido con

$$v_a \approx -\frac{R_2}{R_1} v_1 . \qquad (3.54)$$

En la Figura 3.19 se muestra un sistema similar con una configuración modificada. La colocación de una baja resistencia $R_m$ (quizás de 1 Ω) en serie con el inducido proporciona una tensión $V_{rm}$ proporcional a la corriente del inducido. La configuración entonces convierte el amplificador operacional en una fuente de corriente casi ideal con

$$\frac{i_a}{v_1} \approx -\frac{R_2}{R_m R_1} \text{ (si } R_m \ll R_1 \text{ y } R_2). \qquad (3.55)$$

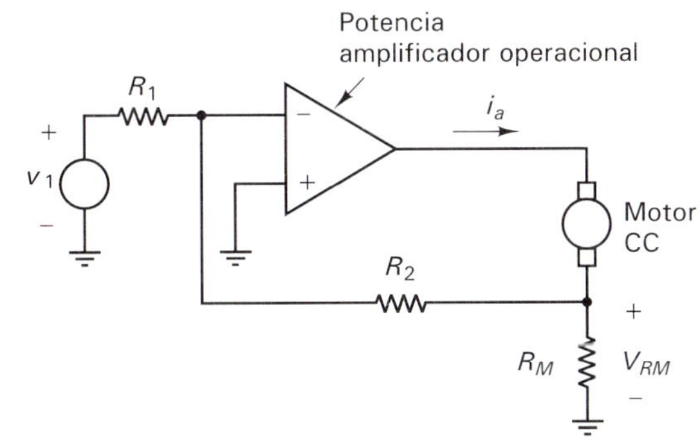


**Figura 3.19.** Un motor conectado para control de par.

El par desarrollado es, por supuesto, proporcional a la corriente del inducido. Este circuito resulta ventajoso en una situación en la cual se pueda necesitar par sin movimiento. Si el movimiento se impide mecánicamente, la fuerza contraelectromotriz cae a cero voltios, y un circuito de control de tensión responderá produciendo una corriente muy grande, mientras que el circuito de control de corriente tiende a mantener un nivel de corriente deseado sin tener en cuenta la velocidad.

## Actuadores hidráulicos

Los actuadores hidráulicos son particularmente valiosos en aplicaciones que requieren una operación con una fuerza o par muy alto en conjunción con una baja velocidad. Si el actuador es un cilindro hidráulico, la fuerza se obtiene aplicando fluido hidráulico al cilindro a alta presión que la proporciona una bomba hidráulica. La magnitud y la dirección del flujo del fluido eléctrico se controlan por una válvula que puede diseñarse para que se controle electrónicamente.

Si se controla la velocidad del flujo del fluido a un cilindro hidráulico, se tiene un control de velocidad del pistón con respecto al cilindro. Sin embargo, si se integra un sensor de posición en el encapsulado del cilindro entonces se puede implementar un sistema que proporcione control automático de la posición del pistón utilizando un lazo de realimentación, tal como el que se muestra en la Figura 3.20. $G_1(s)$ y $G_2(s)$ son funciones de transferencia de segundo orden con sólo polos (no tienen ceros finitos) que modelan el control de posición de la bobina en la válvula y la relación entre el fluido y la velocidad del pistón. Resultados experimentales normalmente muestran que la función de lazo total se puede simplificar y el modelo es suficientemente preciso si $G_1(s)$ y $G_2(s)$ se sustituyen por factores de ganancia constantes.

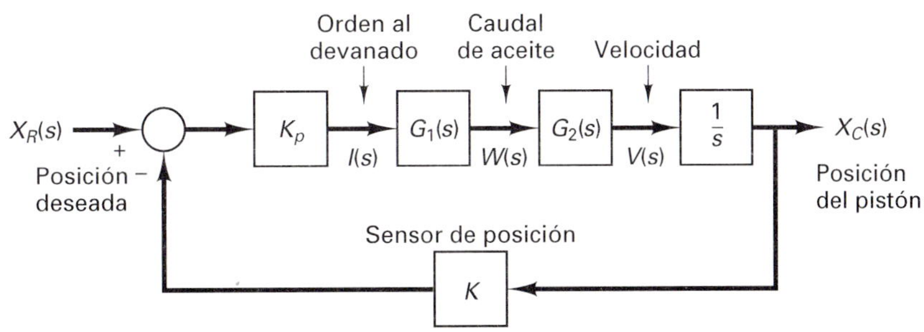


**Figura 3.20.** Control de posición utilizando un cilindro hidráulico.

### Tacómetros

Un tacómetro se puede utilizar para medir la velocidad angular de un sistema que gira. Un tacómetro normalmente es una máquina CC con características que son idénticas a un pequeño motor CC de imán permanente. La operación, sin embargo, se invierte para funcionar como un generador en lugar de como motor. El tamaño puede ser muy pequeño porque no hay necesidad de producir ninguna potencia eléctrica significativa. El rotor del tacómetro se acopla al sistema que se va a medir y se produce una tensión generada en el circuito del inducido que es proporcional a la velocidad. Sin embargo, no existe razón para cambiar la carga eléctrica y la función de transferencia (en voltios/rad/s) es una constante fija.

## 3.6. APLICACIONES DE LOS SISTEMAS DE CONTROL

Se consideran dos modelos de sistemas utilizando funciones de transferencia y diagramas de bloques. El primero es un sistema para controlar el ángulo de acimut de una antena y el segundo es el modelo de un controlador para el sistema de suspensión de un automóvil introducido en el Capítulo 2.

### Sistema de control de una antena

En la Figura 3.21 se muestra un modelo de sistema que visualiza muchos de los conceptos que se presentan en este capítulo. Esta figura describe la aplicación de un motor CC en un sistema para controlar la posición angular de una antena. El motor se acopla a la antena mediante el empleo de un sistema de engranaje. Un sensor colocado en la antena mide el ángulo de la antena y esta información se compara con el ángulo deseado, $\theta_R(t)$. Una señal $v_a(t)$ que es proporcional al error angular se aplica al motor. El sistema se diseña para proporcionar realimentación negativa, de forma tal que la señal aplicada al motor actúa en la dirección para reducir el error.

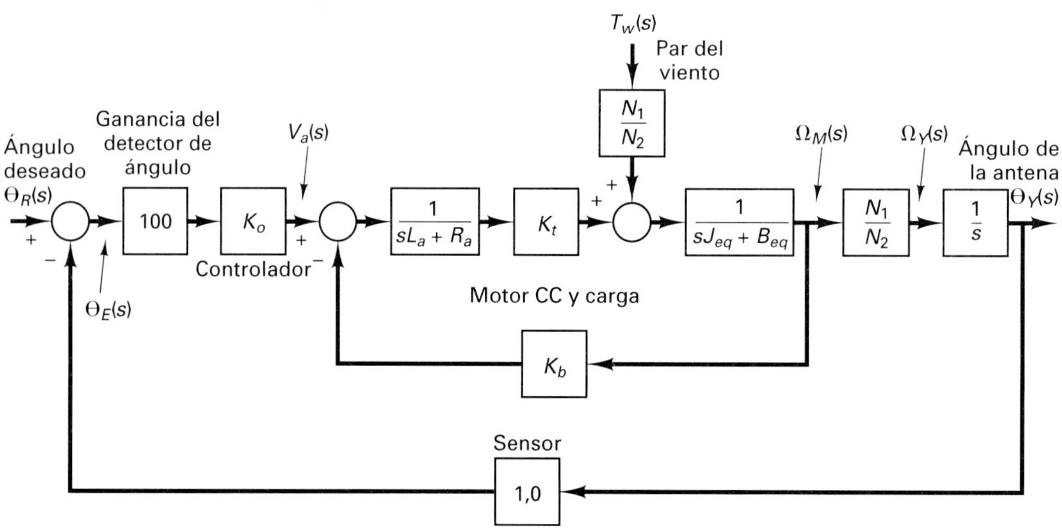


**Figura 3.21.** Un sistema para controlar el desplazamiento angular de una antena.

Se proporciona una entrada de perturbación debida al viento que actúa sobre la antena y la referencia positiva para el par generado por el viento se supone en la dirección de la velocidad que se toma como positiva. Una suma de pares produce

$$T_d(t) = J_M \frac{d}{dt} \omega_M(t) + B_M \omega_M(t) + \frac{N_1}{N_2} \left[ J_L \frac{d}{dt} \omega_Y(t) + B_L \omega_Y(t) - T_W(t) \right]. \tag{3.56}$$

El par desarrollado se opone por cargas inerciales que son dependientes del momento de inercia del rotor $J_M$ y del momento de inercia de la carga $J_L$. La carga de rozamiento depende de los coeficientes de rozamiento viscosos $B_M$ y $B_L$ que presentan respectivamente el motor y la carga. Si se reflejan las cargas al eje del motor se obtiene

$$T_d(t) + \left(\frac{N_1}{N_2}\right) T_W(t) = J_{eq} \frac{d}{dt} \omega_M(t) + B_{eq} \omega_M(t). \tag{3.57}$$

Así, con la excepción de la entrada de perturbación, el modelo para el motor permanece inalterado con respecto a la configuración de la Figura 3.14.

Las funciones de transferencia de los otros bloques incluyen la ganancia proporcional del controlador $K_o$; la razón del engranaje para convertir de la velocidad del motor a la velocidad de salida y la función de transferencia que se necesita para relacionar la velocidad y la posición angular. Como la dirección supuesta de un par de perturbación positivo es independiente de cualquier otra hipótesis, el signo del par de perturbación podría ser o más o menos.

Este modelo se considera otra vez en los Capítulos 4, 5, 7 y 10 con el desarrollo de un modelo de estado equivalente y la investigación del comportamiento utilizando diversos conceptos de control.

## Una estrategia de control para el sistema de suspensión activa

Volviendo al ejemplo de sistema de suspensión activa del automóvil de la Sección 2.4, en la Figura 3.22 se muestra una posible estrategia de control. Los sensores se utilizan para medir la posición y velocidad relativa del cuerpo con respecto a la rueda y al eje. Suponiendo que las posiciones de referencia del cuerpo y la rueda se establecen en el reposo, una diferencia distinta de cero indica un desplazamiento con respecto a la condición estática del muelle pasivo. La fuerza producida por el actuador es

$$F_a(s) = \pm K_{SA}[X_b(s) - X_w(s)] - B_A[sX_b(s) - sX_w(s)]. \tag{3.58}$$

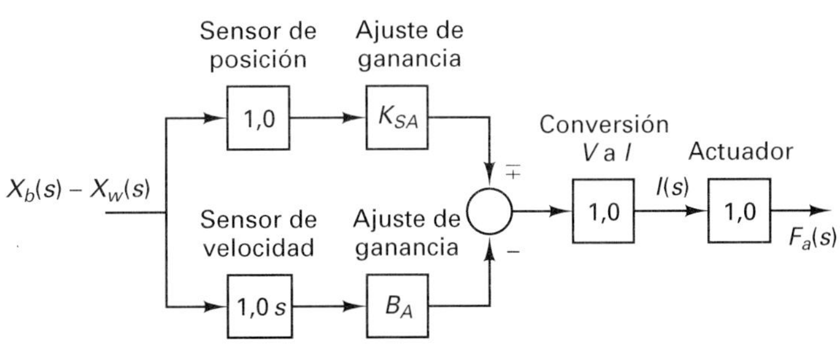


**Figura 3.22.** Un diseño de controlador para el sistema de suspensión activa.

La correspondiente relación en el dominio temporal es

$$f_a(t) = \pm K_{SA}[x_b(t) - x_w(t)] - B_A\left[\frac{d}{dt}\,x_b(t) - \frac{d}{dt}\,x_w(t)\right], \tag{3.59}$$

y los términos son idénticos a las expresiones de un muelle y un amortiguador pasivo conectado entre el cuerpo y el eje. En este caso, sin embargo, la constante del muelle activo $K_{SA}$ y la constante del amortiguamiento viscoso activo $B_A$ son factores de ganancia ajustables. Si ambos términos se expresan con signos negativos (con la dirección supuesta positiva de la fuerza del actuador, tal como se muestra en la Figura 2.14), los signos corresponden a los signos de los elementos pasivos. Sin embargo, si el signo de $K_{SA}$ es positivo, el muelle activo contrarrestará la acción dinámica del muelle pasivo. La función principal del muelle pasivo es introducir una fuerza estática que mantenga el cuerpo, pero también proporcionará una acción dinámica que puede ser intensificada o reducida por la acción del muelle activo. Este diseño particular de un controlador que es similar a un sistema pasivo, pero los parámetros del sistema son ajustables con una constante del muelle dinámico que no está restringida por consideraciones como soportar la masa del cuerpo.

Otras opciones de control se pueden alcanzar con la utilización de acelerómetros en el cuerpo y en el eje. La integración de las aceleraciones del cuerpo y el eje da valores absolutos de la velocidad del cuerpo y del eje. La integración de la velocidad entonces da la posición absoluta. Otra variación de la estrategia de control es medir el perfil de la carretera, con el objetivo de utilizar esta información adicional para mejorar el comportamiento del sistema de suspensión. La evaluación del sistema completo se considera en el Capítulo 7.

## 3.7. REDUCCIÓN DE ORDEN

Algunas veces existe una circunstancia en la cual el orden de una función de transferencia puede ser reducido sin un deterioro significativo de la validez del modelo. Aunque se pueden aplicar diferentes métodos esotéricos para reducción de orden, la siguiente discusión describe una técnica que es aplicable solamente si hay una simplificación permisible que resulta obvia.

Si existe una separación lateral amplia entre los grupos de polos y ceros en el plano $s$, entonces la reducción de orden se implementa rápidamente. Considere una función de transferencia con

$$\frac{Y(s)}{R(s)} = \frac{2.000}{(s+2)(s+1.000)}. \tag{3.60}$$

Un polo se localiza en $s = -2$ y el otro en $s = -1.000$; así pues, hay una separación lateral obvia en el plano $s$. Si $r(t)$ se supone que es igual a $1{,}0u_s(t)$, entonces

$$Y(s) = \frac{2.000}{s(s+2)(s+1.000)} = \frac{1}{s} + \frac{-1{,}002}{s+2} + \frac{0{,}002}{s+1.000} \tag{3.61}$$

y

$$y(t) = (1 - 1{,}002e^{-2t} + 0{,}002e^{-1.000t})u_s(t). \tag{3.62}$$

Es aparente que la contribución relativa del polo en $-1.000$ es muy pequeña en comparación con otros componentes de la respuesta natural. La aplicación de la función generada por el polo en $-1.000$ es relativamente muy pequeña y el término decae con una constante de tiempo de 1 ms. La componente de la respuesta natural generada por el polo en $-2$ es obviamente dominante con una amplitud relativamente grande y una constante de tiempo de 0,5 s.

Si el polo que está relativamente muy lejos a la izquierda en el plano se desprecia, debe eliminarse sin cambiar la ganancia en continua (el límite de la función de transferencia cuando $s$ tiende a cero). Eliminando el factor $(s + 1.000)$ sin cambiar la ganancia es un problema aparente con la función de transferencia en la forma como originalmente presentada, pero la función se revisa fácilmente con

$$\frac{Y(s)}{R(s)} = \frac{2.000}{(s + 2)(s + 1.000)} = \frac{2}{(s + 2)\left(\dfrac{s}{1.000} + 1\right)} \tag{3.63}$$

de forma tal que la función de orden reducida es

$$\frac{Y(s)}{R(s)} = \frac{2}{s + 2}. \tag{3.64}$$

**EJEMPLO 3.8**

*La técnica de reducción de orden se puede aplicar a la simplificación de la función de transferencia, tal como se determinó para un motor CC.*

En lugar de despreciar la inductancia del inducido, investigar la posibilidad de aplicar la técnica de reducción de orden para simplificar la función de transferencia que se calculó previamente (Ecuación 3.42) para un motor CC. Suponer que

| | |
|---|---|
| $R_a = 4{,}00\ \Omega$ | $J_{eq} = 0{,}001$ kg-m$^2$ |
| $L_a = 0{,}002$ H | $B_{eq} = 0{,}001$ N-m/(rad/s) |
| $K_b = 0{,}140$ V/(rad/s) | $K_t = 0{,}140$ N-m/A. |

**Solución.** Después de sustituir los valores y factorizar el denominador, se obtiene

$$\frac{\Omega(s)}{V_a(s)} = \frac{70.000}{(s + 5{,}91)(s + 1.995)}. \tag{3.65}$$

Como existe una razón de alrededor de 340 a 1 en la posición relativa de los polos, la reducción es un procedimiento razonable y el resultado es

$$\frac{\Omega(s)}{V_a(s)} \approx \frac{35{,}1}{(s + 5{,}91)}. \tag{3.66}$$

## 3.8. MODELIZACIÓN UTILIZANDO MATLAB

MATLAB es un paquete de software de ingeniería que se utiliza ampliamente y que proporciona un entorno potente y amigable para cálculo y simulación en ingeniería. El entorno de programación ofrece operaciones matemáticas básicas más una serie de procedimientos operacionales (conocidos como funciones) que cada una llama, utilizando una única orden en MATLAB. Diferentes funciones de propósito especial se agrupan en *toolboxes*; el *Control Toolbox*, el *Signal Procesing Toolbox* y el *System Identification Toobox* son los más utilizados en el modelado, análisis, diseño y simulación de sistemas dinámicos. Sin embargo, sólo MATLAB con el *Control System Toolbox* y SIMULINK (*véase* Sección 3.9) se emplean conjuntamente en este texto. Los lectores que no conozcan MATLAB pueden referirse al Apéndice B, en el cual se presenta información que es útil en el proceso de aprender los conceptos y procedimientos operacionales básicos.

La siguiente discusión proporciona una introducción a las operaciones asistidas por computador al considerar unas pocas tareas fácilmente aplicadas que tratan el modelado y la manipulación de funciones de transferencia. Aunque esta presentación es relativamente breve, un uso cada vez más intensivo del análisis y diseño asistido por computador se encontrarán en muchos de los capítulos que siguen.

### Funciones de transferencia: conversión de formato

Una función de transferencia se describe normalmente utilizando dos vectores fila, cada uno de los cuales contienen los coeficientes del numerador y del denominador, respectivamente. A menudo, una técnica de análisis o diseño requerirá la consideración de una función de transferencia para conocer la localización de sus polos y ceros. Así, una función de transferencia que se especifica como una razón de polinomios debe convertirse a una forma que se especifica por los valores de los ceros, polos y un factor de ganancia. Aunque la conversión entre los dos formatos no es una tarea difícil con funciones de transferencia simples, el cambio puede llegar a ser tedioso con funciones de elevado orden y la consideración de raíces complejas. Las órdenes de conversión en MATLAB son **tf2zp** (función de transferencia a ceros y polos) o **zp2tf** (ceros y polos a función de transferencia).

Por ejemplo, el siguiente programa define la función de transferencia $\dfrac{5s+20}{s^2+4s+20}$ y lo convierte a $\dfrac{5(s+4)}{(s+2-j4)(s+2+j4)}$.

```
n = [0 5 20];          % Vector fila para definir coeficientes del numerador
d = [1 4 20];          % Vector fila para definir coeficientes del denominador
[z, p, k] = tf2zp(n,d) % Convertir a formato polo-cero
```

Observe que las variables de salida se colocan en el lado izquierdo de la línea de orden y que el argumento de entrada se incluye con la orden en el lado derecho. Si el procedimiento se invierte, entonces el código se transforma en

```
k = 5;                  % Definir el factor de ganancia
z = -4;                 % Especificar el cero
p = [-2+j*4 -2-j*4]';   % Vector columna para definir los polos
[n, d] = zp2tf(z,p,k)   % Convertir a una razón de polinomios
```

Observe que el apóstrofo (que sigue al vector **p**) traspone el vector. Aunque la notación utilizada para identificar los diferentes datos (n, d, p, etc.) es arbitraria, la secuencia en la cual se introducen los datos en cada orden de conversión debe corresponder a un formato que es específico de la función.

### Desarrollo en fracciones simples

Un desarrollo en fracciones simples se puede realizar utilizando la orden residue. Por ejemplo, el desarrollo en fracciones simples del Ejemplo 3.1 se puede obtener como sigue:

```
n = [0 0 16 16]; d = [1 6 8 0];       % Función de transferencia del Ejemplo 3.1
[r, p] = residue(n, d)                % Desarrollo en fracciones simples
```

La salida $p$ contiene los polos y la salida $r$ contiene los residuos de los polos correspondientes. Los resultados se comprueban rápidamente con el desarrollo, tal como se expresa en el Ejemplo 3.1. Si la función es propia, pero no estrictamente propia, se puede añadir una salida $K$ al argumento del lado izquierdo para obtener la constante que se debe visualizar como el primer término en un desarrollo en fracciones simples.

### Funciones de transferencia: bloques interconectados

La función de transferencia de un conjunto interconectado de bloques se pueden determinar con la aplicación de las funciones de MATLAB series, parallel, feedback y cloop y este resultado podría incluirse como parte de un programa más amplio. Considere el sistema de la Figura 3.8 con $G_1(s) = 0{,}4$, $G_2(s) = 100/(s(s + 2))$, $H_2(s) = s/(s + 20)$ y $H_1(s)$. La función de transferencia en lazo cerrado se puede determinar utilizando el siguiente programa en MATLAB:

```
                ng1 = 0.4; dg1 = 1;                      % Definir G1(s)
                ng2 = [0 0 100]; dg2 = [1 2 0];          % Definir G2(s)
                nh2 = [1 0]; dh2 = [1 20];               % Definir H2(s)
% Determinar la función de transferencia de v a y
                [ngvy, dgvy] = feedback(ng2, dg2, nh2, dh2, -1);
% Determinar la función de transferencia de e a y
                [ngey, dgey] = series(ng1, dg1, ngvy, dgvy);
% Determinar la función de transferencia en lazo cerrado de r a y
                [n, d] = cloop(ngey, dgey, -1)
```

Observe que $G_1(s) = 0{,}4$ se especificó como una función de transferencia (por lo tanto permitiendo una conversión rápida a funciones más complicadas), y el camino $H_1(s) = 1$ se describió como una alimentación directa. Si $G_1(s)$ se especifica como un factor de ganancia, las dos últimas líneas de orden se pueden reducir a una:

```
[n, d] = cloop(0.4*ngvy, dgvy);
```

La respuesta producida por MATLAB muestra $n = [0\,0\,40\,800]$, $d = [1\,22\,180\,800]$; por lo tanto la función de transferencia en lazo cerrado es igual a $(40s + 800)/(s^3 + 22s^2 + 180s + 800)$. El modelo en lazo cerrado se puede utilizar entonces para análisis y cálculos posteriores. Por ejemplo, se puede examinar la respuesta a una entrada escalón unitario. La respuesta en salto se puede calcular y representar con una línea de orden tal como sigue:

```
step(n, d);
```

En la Figura 3.23 se muestra la gráfica de la respuesta.

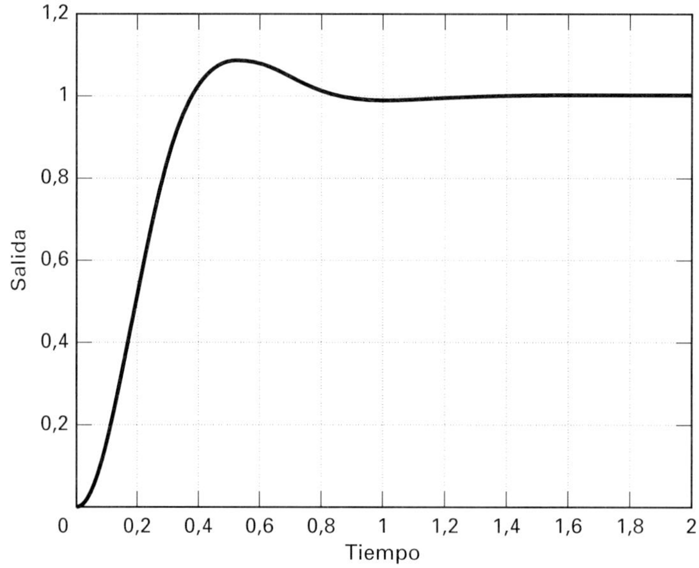


**Figura 3.23.** Una respuesta en salto tal como se obtiene utilizando MATLAB.

## 3.9. MODELIZACIÓN UTILIZANDO SIMULINK

Además del entorno de programación con líneas de órdenes, MATLAB se puede suplementar con una interfaz de usuario gráfica basada en ventanas conocida como SIMULINK, en el cual se puede describir gráficamente un sistema dibujando su diagrama de bloques. Esto es especialmente conveniente para la simulación de sistemas dinámicos (un tema que se presenta en detalle en el Capítulo 5). Dibujar un diagrama de bloques requiere la utilización de un ratón con operaciones de pulsar, arrastrar y dibujar.

Para comenzar, escriba `simulink` (mientras esté en MATLAB) para abrir la biblioteca de bloques de SIMULINK. Esta biblioteca contiene todos los bloques de contrucción utilizados normalmente para dibujar diagramas de bloques (por ejemplo, bloque función de transferencia, bloque factor de ganancia, integrador, punto de suma, entrada en salto, generador de señal y visualizadores de gráficas). Estos bloques están organizados en grupos (o sublibrerías) de acuerdo con su comportamiento. Una doble pulsación sobre el nombre de una sublibrería abrirá una nueva ventana que muestra el contenido del grupo. Por ejemplo, los primeros cuatro bloques anteriormente mencionados están contenidos en la *Linear Library*. La Figura 3.24 muestra la librería principal de bloques de SIMULINK y las cuatro sublibrerías utilizadas en el ejemplo presentado en esta sección. Un diagrama de bloques se dibuja copiando bloques de la librería a una ventana de trabajo y dibujando líneas dirigidas adecuadamente para conectar los bloques.

La Figura 3.25 es un diagrama de bloques en SIMULINK para el ejemplo descrito en la Sección 3.8. El diagrama de bloques se construye con los pasos siguientes:

- Crear una ventana de trabajo seleccionando **New** del menú **File** de cualquier ventana de librería.

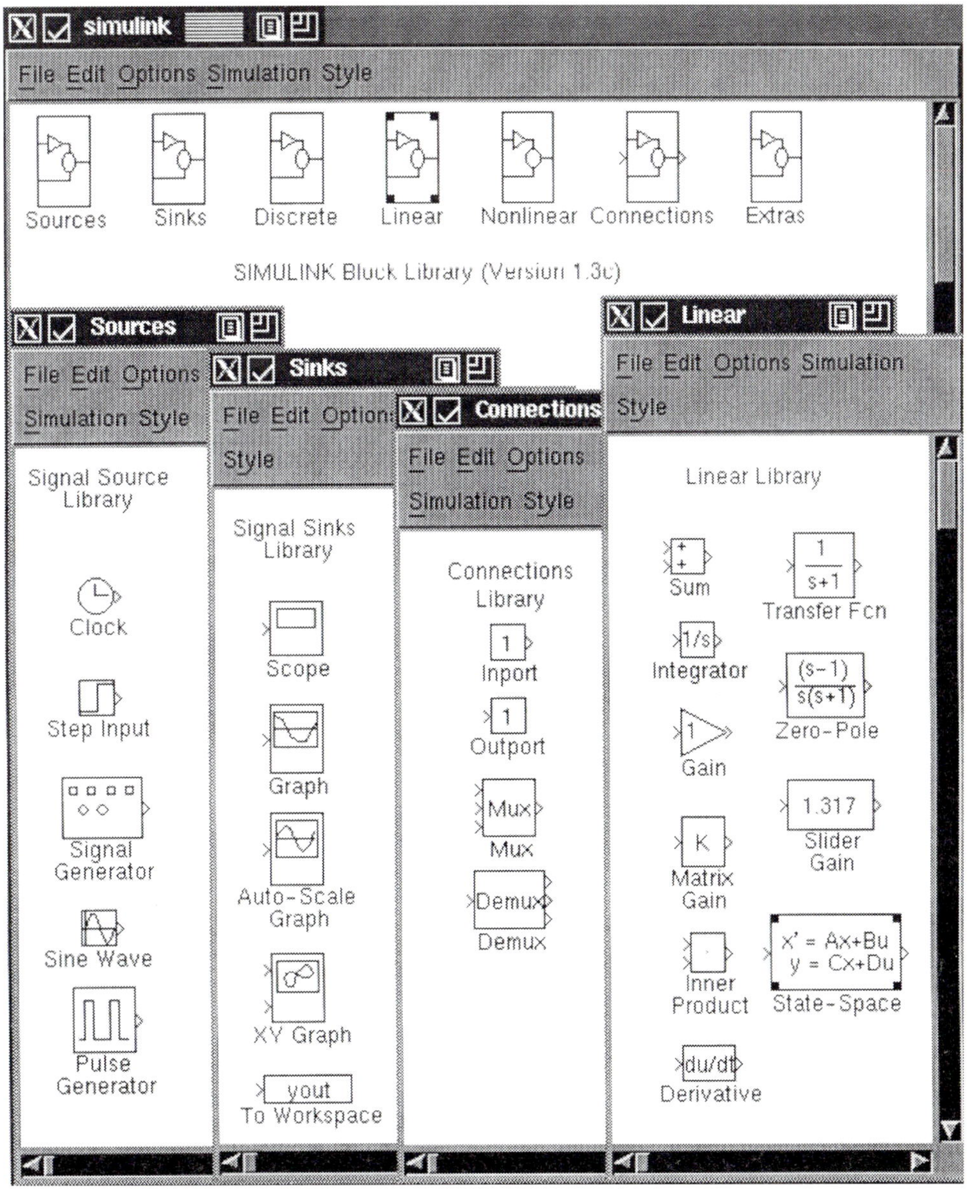


**Figura 3.24.** La biblioteca de bloques de SIMULINK.

- Copiar un bloque **Sum** en la ventana de trabajo arrastrándolo de la **Linear Library** a la ventana de trabajo y moviéndolo a una posición deseada. Hacer una doble pulsación sobre el bloque para abrir un cuadro de diálogo. Para introducir la resta, introduzca + − en el cuadro de texto etiquetado **List of signs**.
- Crear el bloque $G_2(s) = 100/(s(s + 2))$ copiando un bloque **Zero-Pole** de la **Linear Library**, dar una doble pulsación sobre el bloque e introducir [] para **Zeros**, [0 − 2] para Poles y 100 para **Gain**. Como una alternativa, este bloque se puede definir también copiando un bloque **Transfer Fcn** e introduciendo [0 0 100] para **Numerator** y [1 2 0] para **Denominator**. Colocar el bloque a la derecha del bloque **Sum**.

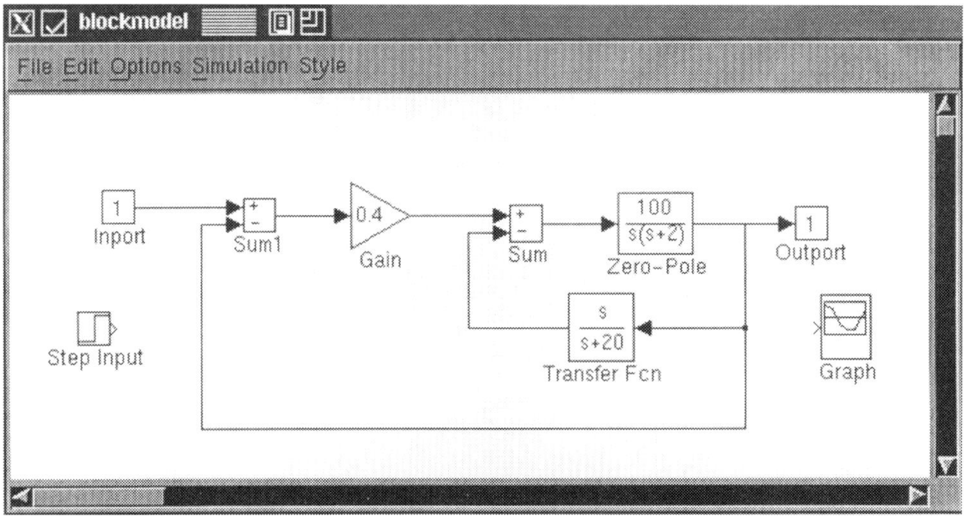


**Figura 3.25.** El diagrama de bloques de SIMULINK llamado «modelo bloque».

- Los bloques restantes se pueden crear y definir de una forma similar. Observe que las señales de entrada y salida del bloque $H_2(s)$ fluyen de derecha a izquierda. Esto se puede conseguir seleccionando **Flip** en el menú **Options** de la ventana de trabajo para invertir la dirección de los puertos de entrada y de salida (la dirección por defecto es de izquierda a derecha). Los bloques **Inport** y **Outport** se copian del **Connections Library**. Representan enlaces a entradas externas y a señales de salida.

Dos bloques cualesquiera se pueden conectar dibujando una línea o algunos segmentos de líneas conectados desde el puerto de salida de un bloque (con «>» apuntando hacia fuera del bloque) al puerto de entrada del otro bloque (con «>» apuntando hacia el bloque). Se puede añadir una línea de bifurcación iniciándola cerca de la salida de un bloque o pulsando la tecla control cuando comienza la bifurcación. Las operaciones pueden variar ligeramente en plataformas diferentes y el lector debería consultar el manual de usuario de SIMULINK. Conecte todos los bloques tal como se muestra en la Figura 3.25. Cualquier corrección o cambio a los parámetros de un bloque se puede hacer efectuando una doble pulsación sobre el bloque y volviendo a entrar los parámetros. Un bloque o segmento de línea se puede eliminar pulsando sobre él y a continuación presionando la tecla *delete*. Otro método de eliminación es seleccionar un bloque o segmento de línea y después seleccionar **Cut** o **Clear** del menú **Edit**.

El diagrama de SIMULINK completo es un modelo del sistema de la Figura 3.8 con las funciones de transferencia especificadas. El diagrama se puede guardar con un nombre arbitrario tal como «modelo bloque». Este modelo se puede utilizar de diferentes formas. Por ejemplo, el modelo se puede acceder desde MATLAB para hacer análisis o simulación. Para obtener la función de transferencia del sistema en MATLAB, escriba

```
[A, B, C, D] = linmod('blockmodel');
[num, den] = ss2tf(A, B, C, D),
```

La primera orden produce un modelo de estado (se estudia en el próximo capítulo) del diagrama de bloques. La segunda orden convierte el modelo de estado a una función de transferencia. Los resultados, **num = [0 0 40 800]** y **den = [1 22 180 800]**, son idénticos a aquellos de la Sección 3.8.

Otra utilización del modelo SIMULINK es efectuar la simulación directamente con el diagrama. Si se desea una entrada en salto, el bloque *Inport* se sustituye por un bloque específico de señal de excitación del *Sources Library* que se llama *Step input*. Dependiendo de la forma deseada de visualización de salida, el bloque *Outport* se reemplaza por un bloque de *Sinks Library*. Para obtener una gráfica convencional, seleccione *Graph*. Pulse sobre cada bloque y fije sus parámetros para definir las características de la señal de entrada y el rango de la gráfica de salida.

El paso final es especificar el procedimiento de simulación al seleccionar **Parameters** del menú **Simulation** de la ventana de trabajo. Para este ejemplo, escoja *Linsim* como el algoritmo de simulación, introduzca 0 para *Star Time*, 2 para *Stop Time*, 0,0001 para *Min Step Size*, 0,01 para *Max Step Size*, 0,001 para *Tolerance*. Ahora pida una simulación al seleccionar **Start** del menú **Simulation**. La respuesta de salida se representará en una figura que es la misma que la Figura 3.23 (excepto por diferencias posibles en las escalas y en los tiempos de simulación).

Observe que cuando se guarda el diagrama de bloques como *modelo bloque*, puede volverse a llamar en sesiones futuras simplemente introduciendo el nombre en MATLAB. No será necesario redibujar el diagrama.

El texto bajo cada bloque se puede editar para reflejar la característica del problema particular. Por ejemplo, el texto «Zero-Pole» se puede sustituir por «G2(s)», «Inport» por «r» y «Outport» por «y», etc. Más aún, los parámetros y vectores pueden asumir un formato simbólico si se definen en MATLAB antes de que se solicite una simulación. El factor de ganancia 0,4 se puede reemplazar por G1 en el bloque y G1 = 0,4 debe introducirse en MATLAB.

## 3.10. RESUMEN

Aunque limitado a modelos de sistemas lineales (o casi lineales), las técnicas de función de transferencia se utilizan ampliamente con aplicaciones a numerosos procedimientos de análisis y diseño. El empleo de funciones de transferencia a menudo proporciona un conocimiento valioso de las relaciones causa-efecto y los parámetros se relacionan rápidamente con los datos experimentales. Con la excepción de la variable transformada, las funciones de transferencia tal como se obtiene utilizando la transformación de Laplace son idénticas a las funciones de transferencia que se obtiene empleando el álgebra de fasores.

Un diagrama de bloques y el grafo de flujo de señal equivalente proporciona una representación gráfica de un conjunto de ecuaciones algebraicas simultáneas y la utilización de diagramas de bloque da una visión del comportamiento y de cómo afecta los diferentes subsistemas. El grafo de flujo de señal sustituye símbolos abreviados para presentar las mismas relaciones algebraicas que se describen utilizando un diagrama de bloques. La fórmula de ganancia de Mason proporciona una técnica de solución que es aplicable directamente al grafo de flujo de señal y es una alternativa interesante a una técnica de solución que requiere una inversión matricial.

Los modelos de diferentes componentes y subsistemas lineales se pueden describir utilizando modelos de función de transferencia. El modelo para un motor CC de imán permanente se obtiene rápidamente si se desprecian los componentes de rozamiento no lineal. Si el motor se controla utilizando una fuente de tensión variable casi ideal, el motor tiende a actuar como una fuente de velocidad ideal. Un cambio en la configuración del controlador produce una fuente de par casi ideal.

Los circuitos de control de motores deben ser capaces de funcionar con transferencia de potencia en ambas direcciones y se utilizan sistemas de engranaje para mejorar la utilización de la potencia con la operación de motores de alta velocidad. Otros tipos de actuadores que muestran diferentes ventajas y desventajas incluyen a los motores de inducción, motores paso a paso y cilindros hidraúlicos. Se puede utilizar un tacómetro para medir la velocidad angular.

Funciones de transferencia que presentan amplias separaciones laterales en la colocación de los polos y los ceros se puede modificar para obtener un modelo más simple. Un modelo de orden reducido se puede deducir eliminando cuidadosamente grupos de polos y ceros que se sitúan lejos a la izquierda del plano $s$ con respecto a los polos y ceros dominantes.

## 3.11. CONEXIONES PARA PROSEGUIR EL ESTUDIO

Describir las áreas de estudio que dependen de la utilización de modelos algebraicos es difícil porque la lista es notablemente alta. Algunos de los grandes temas de más estudio que utilizan técnicas de función de transferencia incluyen las consideraciones de estabilidad de sistemas lineales, criterios de comportamiento transitorio y estado estacionario, técnicas de análisis y diseño utilizando el lugar de las raíces, métodos de respuesta en frecuencia y diseño del controlador. Es práctica común considerar un problema de diseño utilizando más de una técnica, incorporando la consideración de un modelo de función de transferencia y un modelo de estado.

La representación de sistemas utilizando diagramas de bloque y grafos de flujo de señal es común y aparecen frecuentemente en los capítulos que siguen. La aplicación de la fórmula de ganancia de Mason se utiliza en numerosas tareas, incluyendo las conversiones entre modelos en función de transferencia y modelos de estado.

El uso de MATLAB se considera brevemente en el Capítulo 4 y de forma amplia en el Capítulo 5 y en la mayoría de los capítulos siguientes. La simulación no lineal del Capítulo 12 depende fuertemente de la aplicación de técnicas numéricas. La aplicación de SIMULINK se considera en los Capítulos 4, 5, 12 y 15.

## REFERENCIAS


1. S. J. Mason: «Feedback Theory—Some Properties of Signal Flow Graphs», *Proc. IRE.*, 41, 1953.
2. S. J. Mason: «Feedback Theory—Further Properties of Signal Flow Graphs», *Proc. IRE.*, 44, 1956.
3. *MATLAB, High-performance Numeric Computation and Visualization Software*, user's guide, Natick, Mass.: The Math Works, Inc.
4. *SIMULINK, Dynamic System Simulation Software*, user's guide, Natick, Mass.: The Math Works, Inc.
5. T. D. Gillespie: «Fundamentals of Vehicle Dynamics», Course Pack for ME458, The University of Michigan Transportation Research Institute, 1991.
6. T. R. Sasseen: *Disturbance Compensation with Preview Information for and Active Suspensions System*, M. S. thesis, Michigan Technological University, enero, 1995.


## Problemas

**3.1.** Determinar $F(s)$ si $f(t)$ es

**a.** $(2 + 3t + 4t^2 - 2e^{-3t})u_s(t)$ **b.** $(3te^{-4t} + 2 - 2e^{-4t})u_s(t)$

**c.** $(4\,\text{sen}\,2t + 5\cos 2t)u_s(t)$ **d.** $[2(t - 1)]u_s(t - 1)$

**e.** $[4e^{-3t}(\text{sen}\,2t + \cos 2t)]u_s(t)$ **f.** $[2t]u_s(t - 1)$.

**3.2.** Determinar $f(t)$ si $F(s)$ es

**a.** $\dfrac{4}{s^2 + 6s + 9}$ **b.** $\dfrac{4}{s^2 + 4s + 3}$

**c.** $\dfrac{10s + 8}{s(s^2 + 3s + 2)}$ **d.** $\dfrac{10s + 50}{s^2 + 4s + 13}$

**e.** $\dfrac{-5s + 6}{s^2(s + 2)}$ **f.** $\dfrac{4}{s^2 + 8}$

**g.** $\dfrac{3s^2 + 7s + 6}{(s + 1)(s^2 + 2s + 2)}$ **h.** $\dfrac{16s + 16}{(s^2 + 16)(s^2 + 4s + 20)}$.

**3.3.** Determinar $F(s)$ si

$$f(t) = \left[10\cos\left(2t - \frac{\pi}{4}\right)\right]u(t).$$

**3.4.** Para el sistema que se muestra en la Figura P3.4, determinar la función de transferencia que describe $X(s)/F(s)$. Presente sus resultados como una razón de polinomios. Debe, por supuesto, suponer que las condiciones iniciales son cero.

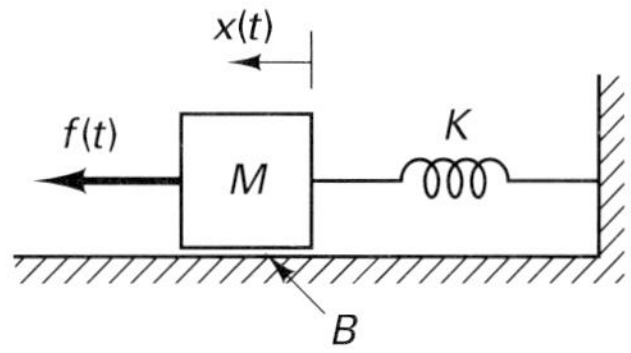


**Figura P3.4**

**3.5.** Para la combinación de circuitos con fuentes dependientes, tal como se muestra en la Figura P3.5, determinar $V_3(s)/V_1(s)$.

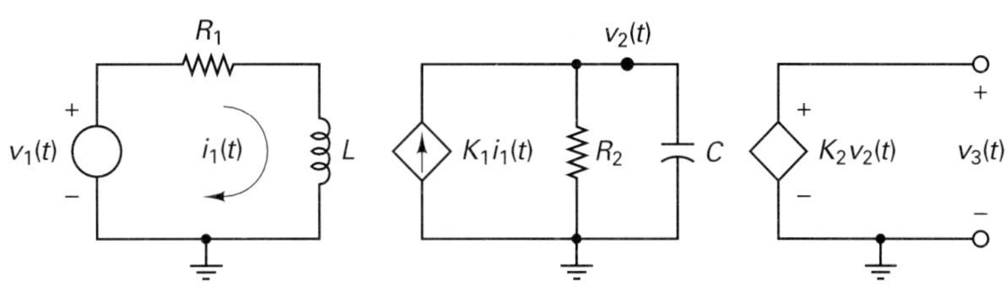


**Figura P3.5**

**3.6.** Dado el modelo de ecuación diferencial que se describe en la siguiente ecuación determinar $\Omega_2(s)/T(s)$ y $\Omega_1(s)/T(s)$. Suponga que el sistema está inicialmente relajado y exprese su resultado como una razón de polinomios. Se recomienda una solución matricial.

$$T(t) = 2\frac{d}{dt}\omega_1 + 4\omega_1(t) + 4\int_0^t [\omega_1(t) - \omega_2(t)\,dt$$

$$0 = 2\frac{d}{dt}\omega_2(t) + 4\omega_2(t) + 4\int_0^t [\omega_2(t) - \omega_1(t)]\,dt$$

**3.7.** Para el sistema que se describe en la Figura 3.2 (*véase* Sección 3.3).

**a.** Determinar $\Omega(s)/T(s)$ si $J = 0{,}100$ kg-m$^2$ y $B = 0{,}200$ N-m/(rad/s).
**b.** Si $T(t) = 5{,}00u_s(t)$, utilice el teorema del valor final para determinar el valor final de $\omega(t)$.
**c.** Suponiendo la entrada que se especifica en el apartado **b** calcule $\omega(t)$ y represente $\omega(t)$ respecto del tiempo mostrando las escalas en ambos ejes.
**d.** Evaluar $\omega(t)$ como un porcentaje del valor final para $t = T$, $3T$, $4T$ y $5T$, donde $T$ es la constante de tiempo.

**3.8.** Si un sistema de realimentación con un único lazo presenta las funciones de transferencia que se describe en la Figura P3.8, determinar $Y(s)/R(s)$ con $H = 0{,}4$ y $H = 0{,}9$. Represente el polo de la función en lazo cerrado en el plano $s$, determine cuál de las funciones de transferencia produce una respuesta más rápida a una entrada en salto. Describa la respuesta en términos de la constante de tiempo del sistema en lazo cerrado.

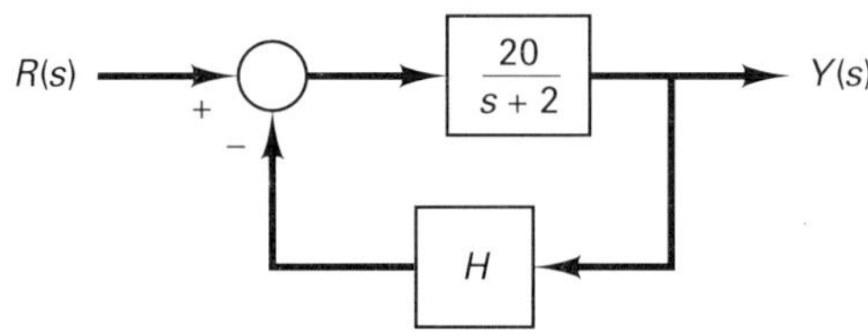


**Figura P3.8**

**3.9.** Si un sistema de realimentación negativa con un único lazo presenta

$$G(s) = \frac{13}{s(s+4)}$$

y $H(s) = 1$, determinar $y(t)$ si $r(t) = 2u_s(t)$.

**3.10.** Representar un grafo de flujo de señal equivalente al modelo del diagrama de bloque que se muestra en la Figura P3.10 y utilizar la fórmula de ganancia de Mason para determinar $Y(s)/R(s)$ y $E(s)/R(s)$.

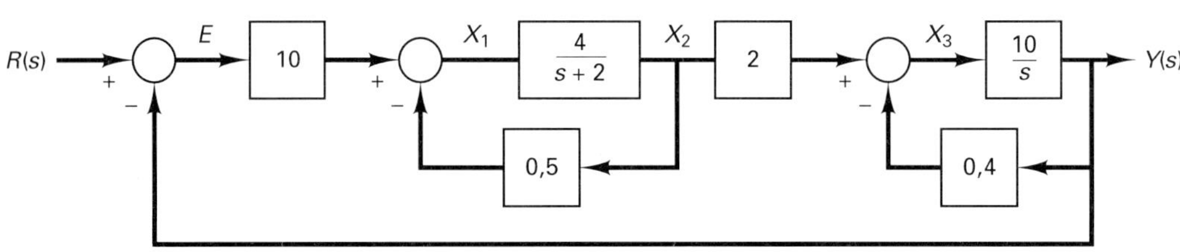


**Figura P3.10**

**3.11.** Para el grafo de flujo de señal de la Figura P3.11 determinar $Y/R$ (con $D = 0$) e $Y/D$ (con $R = 0$) y a continuación determinar $Y$ como función de $R$ y $D$.

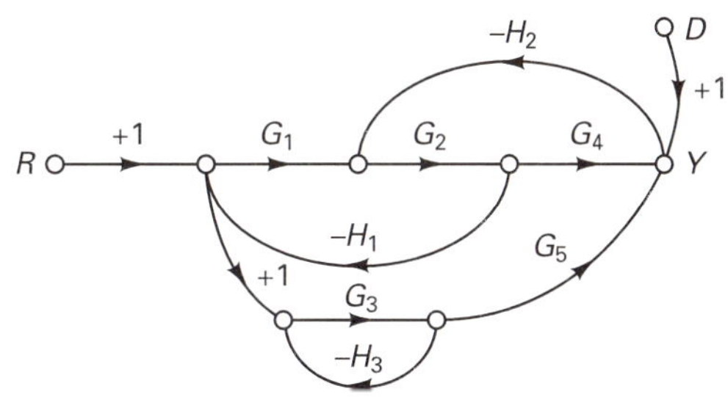


**Figura P3.11**

**3.12.** En la Figura P3.12 se muestra el modelo de diagrama de bloques para un sistema de control de posición. Los parámetros para el motor CC de imán permanente (con carga) son $R_a = 5{,}00\ \Omega$, $L_a = 0$, $J_{eq} = 4{,}00 \times 10^{-4}$ kg-m$^2$, $B_{eq} = 4{,}00 \times 10^{-4}$ N-m(rad/s), $K_t = 0{,}150$ N-m/A y $K_b = 0{,}150$ V/(rad/s). Determine $Y(s)/R(s)$ y seleccione valores de $K_p$ y $K_v$ de forma tal que los polos de la función en lazo cerrado se localizan en $s = -20 \pm j10$ en el plano $s$.

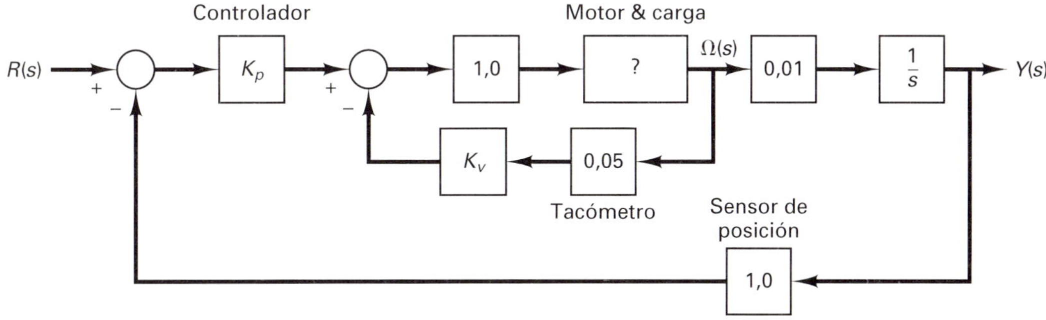


**Figura P3.12**

**3.13.** En la Figura P3.13 se muestra un modelo para un pequeño generador de imán permanente con entrada de potencia manual. Determinar $I_a(s)/T(s)$ para el generador. Presente sus resultados como una razón de polinomios.

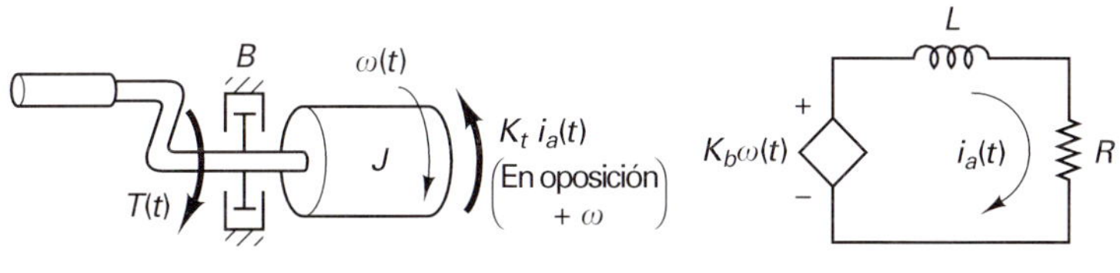


**Figura P3.13**

**3.14.** Para el Problema 2.16a (la dinámica rotacional del cohete), determinar una función de transferencia expresando $\Phi(s)/\Theta(s)$. Linealizar la relación suponiendo que $\theta(t)$ es suficientemente pequeña de forma tal que sen $\theta(t)$ se puede sustituir por $\theta(t)$ y suponer que $F$ es constante. Coloque su resultado en un diagrama de bloque como el que se muestra en la Figura 3.14. Este diagrama se formula para demostrar un sistema de control que mide la desviación angular del cohete de la vertical y ajusta el ángulo de los impulsores para tender a corregir la desviación.

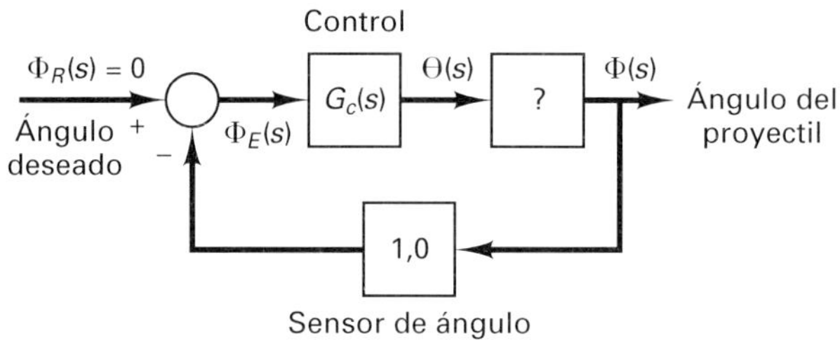


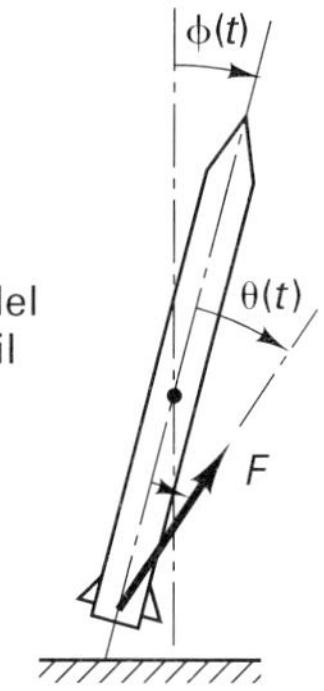


**Figura P3.14**

**3.15.** Determinar $y(t)$ si $r(t) = 10u_s(t)$ considerando el modelo de función de transferencia que viene descrito en la siguiente ecuación. Si existe una expansión lateral que excede de 100 a 1 en el plano $s$ entre grupos de polos, haga la simplificación apropiada.

$$\frac{Y(s)}{R(s)} = \frac{1 \times 10^6}{(s + 500)^2(s + 2)^2}$$

**3.16.** Para el sistema de la Figura P3.16 determinar $y(t)$ para $t \geqslant 0$ si $r(t) = 4u_s(t)$. Es suficiente una respuesta aproximada.

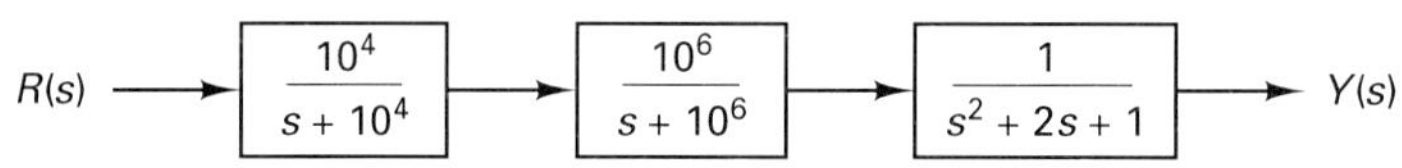


**Figura P3.16**

**3.17.** Para el sistema de la Figura P3.17 determinar $\theta(t)$ si $T(t) = 0{,}2u_s(t)$. Suponer que $J = 1{,}0$ kg-m$^2$ y $K_1 = K_2 = 4{,}0$ N-m/rad.

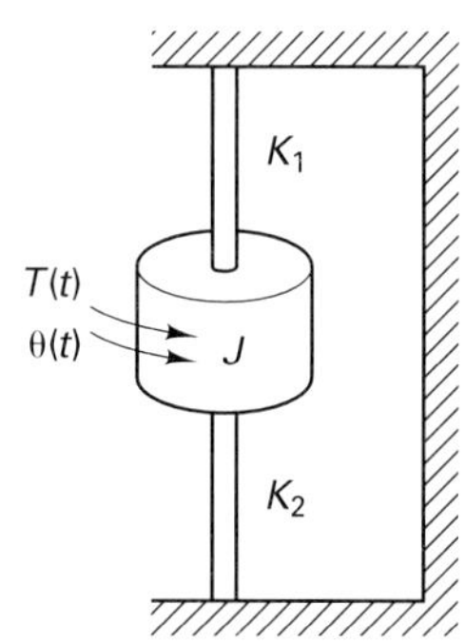


**Figura P3.17**

**3.18.** Determinar un modelo matemático para el sistema que se muestra en la Figura P3.18 y calcular

**a.** $\dfrac{\Omega_1(s)}{T(s)}$ **b.** $\dfrac{V(s)}{T(s)}$

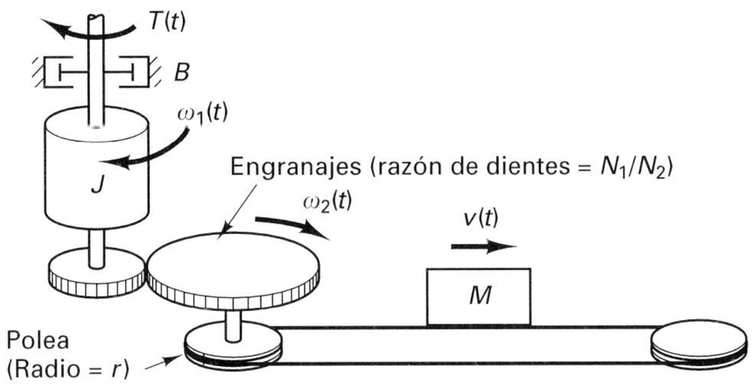


**Figura P3.18**

**3.19.** Para el sistema de la Figura P3.19, determinar $y(t)$ si $r(t) = 5{,}0u_s(t)$ y $d(t) = 5{,}0(\cos 1{,}0t)u_s(t)$.

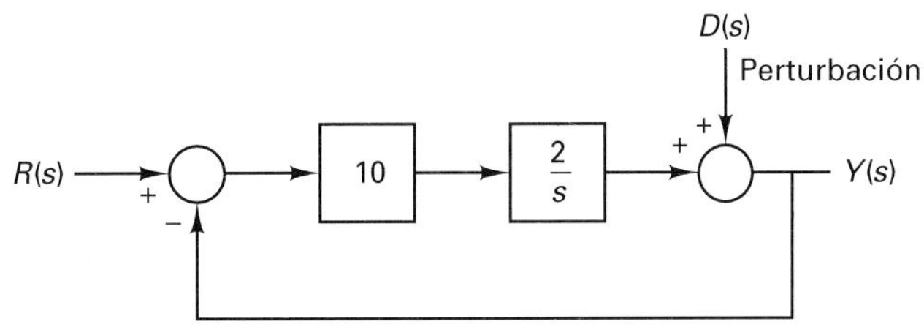


**Figura P3.19**

**3.20.** El grafo de flujo de señal que se muestra en la Figura P3.20 se construye para representar la operación de un circuito divisor de tensión pasivo tal como el que aparece en la figura. Aunque la realimentación se percibe normalmente como un camino de retorno aislado, el grafo de flujo de señal parece mostrar una acción de realimentación. ¿Es esto realmente realimentación?

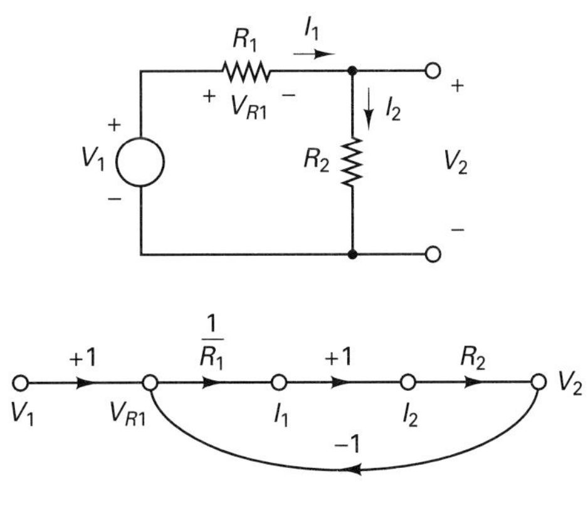


M

**Figura P3.20**

M **3.21.** Repita el Problema 3.2 utilizando MATLAB para efectuar el desarrollo en fracciones simples para cada transformación inversa.

M **3.22.** Si $G(s)$ si $(10s^2 + 20s + 20)/(s^4 + 12s^3 + 104s^2 + 320s + 512)$, utilice la función de MATLAB **tf2zp** para determinar los ceros, polos y constante. Compruebe este resultado utilizando **zp2tf** para retornar a la función original.

M **3.23.** Repita el problema 3.22 utilizando la función de MATLAB `roots ([1 2 2])` y `roots([1 12 104 320 512])` para convertir a ceros y polos.

M **3.24.** Si se forma un lazo de realimentación negativo utilizando $G(s)$ tal como se definió en el Problema 3.22 en el camino directo y ganancia unidad en el de realimentación, determine la función de transferencia en lazo cerrado $Y(s)/R(s)$. Utilice las funciones de MATLAB que sean necesarias para expresar este resultado en término de ceros y polos.

M **3.25.** Utilice las funciones de MATLAB `feedback, cloop,` etc., para confirmar los resultados del Problema 3.12. Emplee estas funciones de MATLAB para encontrar la función en lazo cerrado con sus valores calculados de $K_p$ y $K_v$. Exprese este resultado en términos de ceros y polos.

S **3.26.** Utilizando SIMULINK, dibuje el diagrama de bloques que se requiere para el Problema 3.12 con los valores calculados de $K_p$ y $K_v$. Utilice este resultado para

**a.** Determinar la función de transferencia en lazo cerrado $Y(s)/R(s)$.
**b.** Representar la respuesta $y(t)$ a una entrada en salto unitario.

CAPÍTULO 4

# Modelos de estado

## 4.1. INTRODUCCIÓN

Un modelo de estado es un modelo de ecuación diferencial que se expresa en un formato especial que ofrece un método unificado para el estudio de sistemas de control. El modelo de estado es particularmente ventajoso cuando se aplica a simulación y el modelo de estado lineal proporciona el fundamento matemático para un importante conjunto de técnicas de análisis y diseño. Si un sistema es lineal, el modelo de estado se puede expresar utilizando una ecuación matricial que mantiene el mismo formato sin tomar en consideración el orden del sistema. Así, se pueden describir metodologías generalizadas que son independientes del orden del sistema.

Una característica particularmente importante y útil de los modelos de estado es la facilidad relativa con la que la descripción del sistema se convierte a un modelo equivalente en tiempo discreto cuando se requiere en cálculos digitales. Además de proporcionar una interacción eficaz con las técnicas digitales, la utilización de este modelo permite la consideración simultánea de entradas múltiples, salidas múltiples y condiciones iniciales no nulas.

### Composición del modelo de estado

Si se consideran las técnicas que se presentaron en el Capítulo 2, los modelos del sistema se desarrollan con la aplicación de leyes físicas que gobiernan la conducta dinámica y que por lo tanto producen un conjunto de ecuaciones diferenciales. Si las ecuaciones se combinan de una forma que se eliminan todas salvo una variable dependiente, el resultado es una ecuación diferencial de orden $n$ y el sistema se describe como un sistema de orden $n$. Otro método es reconfigurar la ecuación de forma que se obtenga un conjunto de $n$ ecuaciones diferenciales de primer orden en término de $n$ variables. Esto es un formato especial que constituye el modelo de estado. El diagrama de la página siguiente presenta la progresión de sucesos en la determinación de un modelo con dos salidas diametralmente opuestas.

El modelo que se propone en la parte inferior izquierda es el modelo de estado y la opción opuesta es un modelo familiar porque se produce a menudo con modelos de sistemas lineales que utilizan técnicas de función de transferencia.

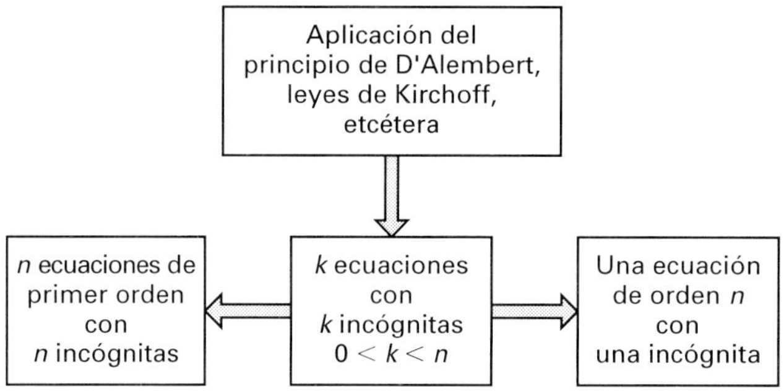


### La selección de variables de estado

Las $n$ variables que se utilizan para desarrollar el modelo de estado se conocen como *variables de estado*. Cuando se seleccionan las variables de estado, su número debe corresponder con el orden del modelo del sistema y las variables seleccionadas deben ser mutuamente independientes (una no puede ser una función algebraica de las otras). No hay en general un conjunto único de variables de estado. En otras palabras, hay normalmente más de un conjunto de variables que generarán un modelo de estado válido.

Un método para la selección de variables de estado es escoger variables que proporcionen una medida de la energía almacenada. Así, las variables seleccionadas podrían incluir la velocidad de una masa, la corriente a través de una autoinducción, la tensión en un condensador, etc. Los valores iniciales de las variables de estado son entonces las condiciones iniciales tal como se definen normalmente. Como el valor de un conjunto de variables de estado que existe en un instante particular de tiempo se describen como el *estado* del sistema, el conjunto de valores iniciales se conocen como el *estado inicial* del sistema.

Hay algunas posibles variaciones de selección de variables de estado que producen características únicas cuando se aplican a técnicas de diseño de sistemas lineales específicas. Un ejemplo es la selección de variables conocidas como *variables de fase*. Este conjunto particular incluye una variable y $n - 1$ derivadas de la variable. Aunque selecciones particulares presentan características singulares, pueden existir otras opciones que proporcionen una simulación válida sin poseer ninguna característica especial.

## 4.2. MODELOS DE SISTEMAS LINEALES

Aunque un modelo de estado no está limitado a describir sistemas lineales, el modelo matricial que se obtiene con la descripción de un sistema lineal proporciona un fundamento matemático para numerosas técnicas analíticas valiosas y potentes. El material que se presenta en esta sección describe el desarrollo de modelos de estado lineales y se presentan técnicas de solución analítica que demuestran propiedades fundamentales de la formulación matricial de una solución de sistemas lineales.

### El modelo matricial vectorial

Para comenzar con una ilustración poco complicada, considere el circuito *RLC* en serie tal como se muestra en la Figura 4.1. Seleccionando las variables que están relacionadas directamente al almacenamiento de energía, las dos variables de estado deseadas son $i(t)$ y $v_c(t)$. El siguiente paso es obtener dos ecuaciones de primer orden que contienen la primera derivada de las variables de estado seleccionadas. La escritura de una ecuación de malla que está cuidadosamente limitada a una relación de primer orden proporciona

$$v_i(t) = L\,\frac{d}{dt}\,i(t) + Ri(t) + v_c(t), \tag{4.1}$$

pero se requiere también otra ecuación diferencial de primer orden. Como la primera ecuación no incluye la relación entre la tensión y la corriente en el condensador, la segunda relación (expresada como una ecuación diferencial) es

$$i(t) = C\,\frac{d}{dt}\,v_c(t). \tag{4.2}$$

Si se reagrupan las ecuaciones para despejar las respectivas derivadas se obtiene

$$\frac{d}{dt}\,i(t) = -\frac{R}{L}\,i(t) - \frac{1}{L}\,v_c(t) + \frac{1}{L}\,v_c(t) \tag{4.3}$$

y

$$\frac{d}{dt}\,v_c(t) = \frac{1}{C}\,i(t). \tag{4.4}$$

Expresando las relaciones combinadas de las Ecuaciones 4.3 y 4.4 utilizando notación matricial proporciona la formulación deseada con

$$\begin{bmatrix} \dot{i} \\ \dot{v}_c \end{bmatrix} = \begin{bmatrix} -R/L & -1/L \\ 1/C & 0 \end{bmatrix} \begin{bmatrix} i \\ v_c \end{bmatrix} + \begin{bmatrix} 1/L \\ 0 \end{bmatrix} v_i. \tag{4.5}$$

El desarrollo del modelo se extiende rápidamente a un sistema de orden $n$. Suponiendo que $x_1(t)$, $x_2(t)$, ... $x_n(t)$ son variables de estado y $u_1(t)$, $u_2(t)$, ... $u_m(t)$ son entradas, un sistema lineal de orden $n$ con coeficientes constantes se puede describir como $n$ ecuaciones de primer orden tal que

$$\begin{aligned} \dot{x}_1 &= a_{11}x_1 + a_{12}x_2 ... a_{1n}x_n + b_{11}u_1 + b_{12}u_2 ... b_{1m}u_m \\ \dot{x}_2 &= a_{21}x_1 + a_{22}x_2 ... a_{2n}x_n + b_{21}u_1 + b_{22}u_2 ... b_{2m}u_m \\ &\vdots \\ \dot{x}_n &= a_{n1}x_1 + a_{n2}x_2 ... a_{nn}x_n + b_{n1}u_1 + b_{n2}u_2 ... b_{nm}u_m \end{aligned} \tag{4.6}$$

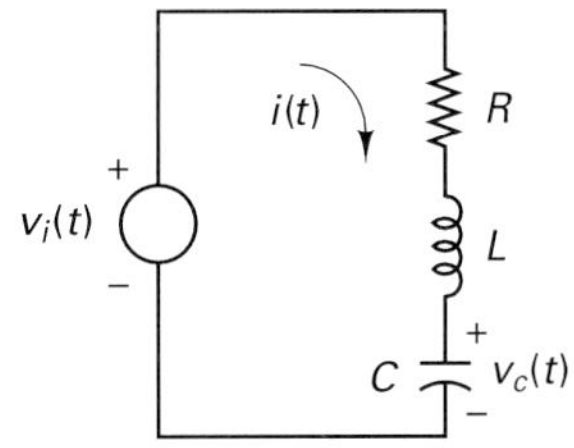


**Figura 4.1.** Un circuito *RLC* serie.

con $n$ variables de estado y $m$ entradas. Aplicando la notación matricial al modelo lineal de orden $n$ da

$$\begin{bmatrix} \dot{x}_1 \\ \dot{x}_2 \\ \vdots \\ \dot{x}_n \end{bmatrix} = \begin{bmatrix} a_{11} & a_{12} & \cdots & a_{1n} \\ a_{21} & a_{22} & \cdots & a_{2n} \\ \vdots & \vdots & \cdots & \vdots \\ a_{n1} & a_{n2} & \cdots & a_{nn} \end{bmatrix} \begin{bmatrix} x_1 \\ x_2 \\ \vdots \\ x_n \end{bmatrix} + \begin{bmatrix} b_{11} & \cdots & b_{1m} \\ b_{21} & \cdots & b_{2m} \\ \vdots & \cdots & \vdots \\ b_{n1} & \cdots & b_{nn} \end{bmatrix} \begin{bmatrix} u_1 \\ \vdots \\ u_m \end{bmatrix} \tag{4.7}$$

que se puede describir simplemente como

$$\dot{\mathbf{x}} = \mathbf{A}\mathbf{x} + \mathbf{B}\mathbf{u} \tag{4.8}$$

sin tomar en cuenta el valor de $n$. Cuando se utiliza notación simbólica, las matrices se identifican por el empleo de negritas, con los vectores caracterizados utilizando un símbolo en minúscula. Con modelos invariantes en el tiempo, los elementos de **A** y **B** son constantes.

La formulación del modelo genera **A** como una matriz cuadrada $(n \times n)$ y **B** se obtiene como una matriz con $n$ filas y $m$ columnas, donde $m$ es el número de entradas. Observe que **x** y **u** son vectores columnas de dimensiones $n \times 1$ y $m \times 1$, respectivamente. Note también que la posmultiplicación de **A** por **x** y la posmultiplicación de **B** por **u** genera matrices de idéntica dimensión $(n \times 1)$. Cualquier manipulación de ecuaciones simbólicas debe, por supuesto, efectuarse de forma que mantenga la integridad de las relaciones matriciales.

Aunque la notación se abrevia algunas veces de forma tal que no se muestran los argumentos, debería entenderse que $\dot{x}$, $x$, y $u$ son funciones del tiempo. La utilización de $u$ para designar una función de entrada no especificada es una notación convencional cuando se utilizan modelos de estado. Si una expresión de entrada contiene una función salto unitario, la diferencia se puede discernir observando que el símbolo de un salto unitario se representa por $u_s(t)$ y va precedido inmediatamente por una función o una constante que proporciona una expresión tal como $(2e^{-2t})u_s(t)$ o $1{,}0u_s(t)$.

Retornando al modelo de circuito $RLC$ en serie, existen dos variables dependientes, $v_L(t)$ y $v_R(t)$, que no se consideran explícitamente en la expresión $\dot{\mathbf{x}} = \mathbf{A}\mathbf{x} + \mathbf{B}\mathbf{u}$. Sin embargo, las variables dependientes que no se seleccionan como variables de estado se pueden expresar como combinación lineal de las variables de estado y de las entradas. Por lo tanto, las variables que son de especial interés para el diseñador se pueden considerar como variables de salida e incluidas en una ecuación de salida algebraica que relaciona las variables de salida con las variables de estado y las entradas. Con la adición de una ecuación de salida, el modelo de estado completo es

$$\begin{aligned} \dot{\mathbf{x}} &= \mathbf{A}\mathbf{x} + \mathbf{B}\mathbf{u} \\ \mathbf{y} &= \mathbf{C}\mathbf{x} + \mathbf{D}\mathbf{u} \end{aligned} \tag{4.9}$$

donde **y** es el vector de salida. El número de filas que presentan **y**, **C** y **D** se determina por el número de variables de salida deseadas. Si se consideran $v_L(t)$ y $v_R(t)$ como variables de salida, la ecuación de salida para el circuito $RLC$ del ejemplo es

$$\begin{bmatrix} v_L \\ v_R \end{bmatrix} = \begin{bmatrix} -R & -1 \\ R & 0 \end{bmatrix} \begin{bmatrix} i \\ v_c \end{bmatrix} + \begin{bmatrix} 1 \\ 0 \end{bmatrix} v_i . \tag{4.10}$$

## EJEMPLO 4.1

*La obtención de un modelo de estados algunas veces requiere de una selección cuidadosa de las variables de estado.*

Considere el sistema mecánico de la Figura 4.2, determine un modelo de estado para el sistema descrito y exprese el resultado como una ecuación matricial vectorial. La salida deseada es la deflexión angular del eje del centro.

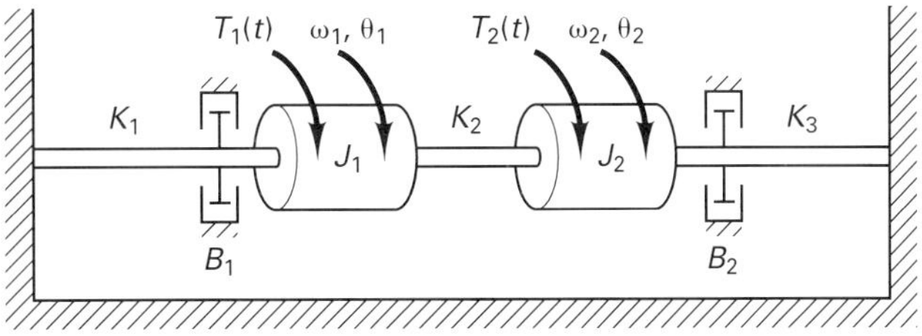


**Figura 4.2.** Un sistema mecánico.

**Solución.** Como hay dos masas que giran con energía cinética almacenada, la selección de variables de estado que está directamente relacionada con el almacenamiento de energía conduce a $x_1 = \omega_1$ y $x_2 = \omega_2$. Es aparente que debería existir una variable que estuviese relacionada con la energía potencial almacenada para cada uno de los tres resortes de torsión; pero dos de los resortes están fijos por un extremo, y el conocimiento de la deflexión angular de dos es suficiente para determinar el tercero. Por lo tanto, el utilizar $x_3 = \theta_1$ y $x_4 = \theta_2$ completa la selección de las variables de estado. Sumando los pares sobre las dos masas con las variables seleccionadas produce las ecuaciones de primer orden

$$T_1 = J_1 \frac{d\omega_1}{dt} + B_1\omega_1 + K_1\theta_1 + K_2(\theta_1 - \theta_2)$$

$$T_2 = J_2 \frac{d\omega_2}{dt} + B_2\omega_2 + K_2(\theta_2 - \theta_1) + K_3\theta_2. \tag{4.11}$$

Para completar el modelo debe haber dos ecuaciones más que relacionan las derivadas de $\theta_1$ y $\theta_2$ con las otras variables de estado, y esas relaciones son simplemente

$$\frac{d\theta_1}{dt} = \omega_1 \quad \text{y} \quad \frac{d\theta_2}{dt} = \omega_2. \tag{4.12}$$

El modelo matricial vectorial es entonces

$$\begin{bmatrix} \dot{x}_1 \\ \dot{x}_2 \\ \dot{x}_3 \\ \dot{x}_4 \end{bmatrix} = \begin{bmatrix} -\frac{B_1}{J_1} & 0 & -\frac{(K_1 + K_2)}{J_1} & \frac{K_2}{J_1} \\ 0 & -\frac{B_2}{J_2} & \frac{K_2}{J_2} & -\frac{(K_2 + K_3)}{J_2} \\ 1 & 0 & 0 & 0 \\ 0 & 1 & 0 & 0 \end{bmatrix} \begin{bmatrix} x_1 \\ x_2 \\ x_3 \\ x_4 \end{bmatrix} + \begin{bmatrix} \frac{1}{J_1} & 0 \\ 0 & \frac{1}{J_2} \\ 0 & 0 \\ 0 & 0 \end{bmatrix} \begin{bmatrix} T_1 \\ T_2 \end{bmatrix} \tag{4.13}$$

Si la deflexión angular del centro del resorte se denota por $\theta_C$, entonces $y = \theta_C = x_3 - x_4$, y la ecuación de salida es

$$y = [0 \quad 0 \quad 1 \quad -1]\begin{bmatrix} x_1 \\ x_2 \\ x_3 \\ x_4 \end{bmatrix} + [0 \quad 0]\begin{bmatrix} T_1 \\ T_2 \end{bmatrix} \tag{4.14}$$

## Un modelo de sistema de control

Otra ilustración de un desarrollo de modelo de estado se obtiene al considerar un sistema de control realimentado, como se describió previamente (*véase* Sección 3.6). El modelo de estados sustituye al modelo de función de transferencia tal como se presenta en la Figura 4.3. Se utiliza en un sistema de control realimentado un motor CC de imán permanente para controlar la posición angular de una pequeña antena. La antena está acoplada al motor mediante un sistema de engranajes. Existen dos entradas al sistema porque hay una señal eléctrica que indica el ángulo deseado y también hay un par de perturbación como entrada producido por el viento sobre la antena. Si se escribe la ecuación diferencial (*véase* Sección 3.5) que modela el circuito del inducido se obtiene una ecuación de primer orden con

$$v_a(t) = L_a \frac{d}{dt} i_a(t) + R_a i_a(t) + K_b \omega_m(t), \tag{4.15}$$

donde $\omega_m$ es la velocidad angular del rotor. La suma de los pares produce otra ecuación de primer orden con

$$K_t i_a(t) + \left(\frac{N_1}{N_2}\right) T_W(t) = J_{\text{eq}} \frac{d}{dt} \omega_m(t) + B_{\text{eq}} \omega_m(t). \tag{4.16}$$

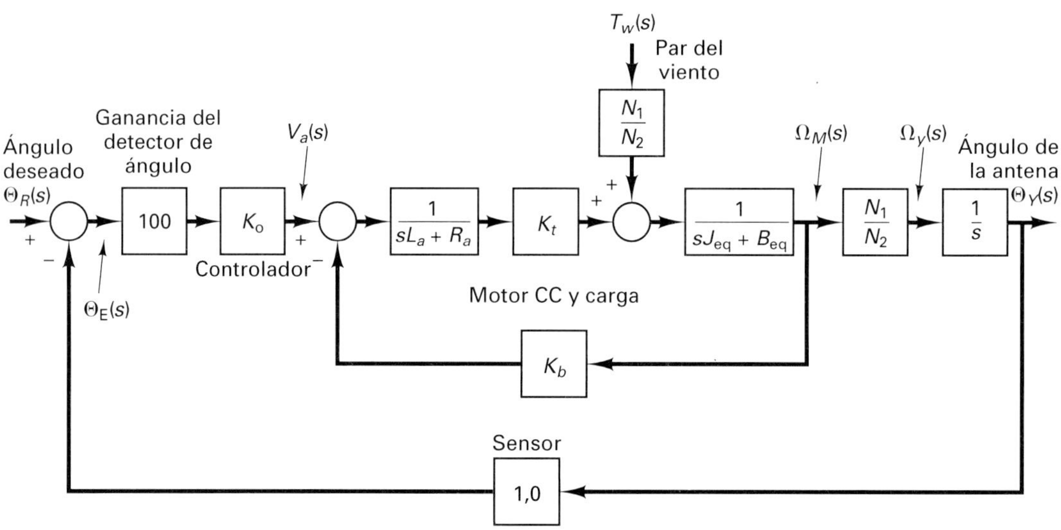


**Figura 4.3.** Un sistema de control con desplazamiento angular.

El signo que se postule para $T_W(t)$ se puede seleccionar como se desee porque el par del viento es una entrada, y el asumir la dirección positiva es independiente de cualquier otra suposición. El momento de inercia equivalente, $J_{\text{eq}}$, y la fricción viscosa equivalente, $B_{\text{eq}}$, representan la inercia total y la carga de fricción con la carga de salida reflejada en el eje del motor (*véase* Ecuaciones 3.45, 3.46 y 3.47). Como la posición del sensor genera y transmite una variable del sistema proporcional a la posición angular, se necesita una relación diferencial adicional en el modelo de estados que relacione la posición angular con la velocidad angular. Por tanto, se obtiene una tercera ecuación de primer orden que relaciona la velocidad del motor con la posición de la antena

$$\omega_m(t) = \frac{N_2}{N_1}\frac{d}{dt}\theta_Y(t). \tag{4.17}$$

Con respecto a la selección de las variables de estado, la corriente en el inducido y la velocidad angular del eje del motor son selecciones posibles —ambas variables están relacionadas con el almacenamiento de energía—. Sin embargo, se debe añadir una variable de estado adicional para introducir la relación de la Ecuación 4.17. Una elección razonable de variables de estado es $i_a$, $\omega_m$, y $\theta_Y$.

Con esta selección de variables de estado, resta un problema: La Ecuación 4.15 contiene una variable ($v_a$) que no es ni una entrada ni una de las variables de estado seleccionadas. Sin embargo, el voltaje aplicado al inducido del motor se expresa inmediatamente como una función algebraica de las variables de estado seleccionadas y de la entrada. La relación deseada (*véase* Figura 4.3) es

$$v_a(t) = 100K_o[\theta_R(t) - \theta_Y(t)]. \tag{4.18}$$

Una ecuación de estado aceptable se obtiene entonces combinando las Ecuaciones 4.15 a 4.18, y el modelo de estado es

$$\begin{bmatrix} \dot{i}_a \\ \dot{\omega}_m \\ \dot{\theta}_Y \end{bmatrix} = \begin{bmatrix} -\dfrac{R_a}{L_a} & -\dfrac{K_b}{L_a} & -\dfrac{100K_o}{L_a} \\ \dfrac{K_t}{J_{\text{eq}}} & -\dfrac{B_{\text{eq}}}{J_{\text{eq}}} & 0 \\ 0 & \dfrac{N_1}{N_2} & 0 \end{bmatrix} \begin{bmatrix} i_a \\ \omega_m \\ \theta_Y \end{bmatrix} + \begin{bmatrix} \dfrac{100K_o}{L_a} & 0 \\ 0 & \dfrac{N_1}{N_2 J_{\text{eq}}} \\ 0 & 0 \end{bmatrix} \begin{bmatrix} \theta_R \\ T_W \end{bmatrix} \tag{4.19}$$

Utilizando el modelo de estado descrito, la aplicación de una solución analítica o una técnica de simulación dará la respuesta a una entrada de referencia específica y a la perturbación del viento. Además, para generar las variables de estado en función del tiempo, se diseña generalmente una técnica de simulación para evaluar otras variables dependientes, tal como el ángulo de error, $\theta_E$, o la velocidad de salida, $\theta_Y$. Una ecuación de salida que proporciona la información requerida es

$$\begin{bmatrix} \theta_E \\ \omega_Y \end{bmatrix} = \begin{bmatrix} 0 & 0 & -1 \\ 0 & \dfrac{N_i}{N_2} & 0 \end{bmatrix} \begin{bmatrix} i_a \\ \omega_m \\ \theta_Y \end{bmatrix} + \begin{bmatrix} 1 & 0 \\ 0 & 0 \end{bmatrix} \begin{bmatrix} \theta_R \\ T_W \end{bmatrix}. \tag{4.20}$$

Por supuesto, la ecuación de salida es puramente algebraica, y la evaluación de variables de salida generalmente representa una adición relativamente modesta a la complejidad de una técnica de simulación.

## 4.3. CARACTERÍSTICAS DE LAS SOLUCIONES DE SISTEMAS LINEALES

Las soluciones de un sistema lineal que se describen en este capítulo utilizan técnicas de transformación y manipulación algebraica de los modelos transformados. Aunque la metodología no es práctica cuando se aplica a problemas de carga computacional elevada, la aproximación analítica utiliza álgebra lineal de matrices y los elementos de una solución.

Para desarrollar una comprensión de las técnicas de solución, tal como se aplican al modelo matricial vectorial de primer orden, es útil revisar una solución de primer orden en el caso de un modelo escalar. Una ecuación escalar de primer orden se puede expresar como

$$\dot{x}(t) = ax(t) + bu(t), \tag{4.21}$$

en el cual $a$ y $b$ son constantes y el valor de $a$ es normalmente negativo. La transformación de Laplace es

$$sX(s) - x(0) = aX(s) + bU(s). \tag{4.22}$$

Resolviendo para $X(s)$ se obtiene

$$X(s) = \frac{x(0)}{s-a} + b\left(\frac{1}{s-a}\right)U(s), \tag{4.23}$$

y la transformación inversa debe completarse con el conocimiento que $u(t)$ es una función de entrada no especificada. Una expresión general para la transformación inversa es

$$x(t) = x(0)e^{at} + b\int_0^t e^{a(t-\lambda)}u(\lambda)d\lambda. \tag{4.24}$$

La validez de la solución puede establecerse rápidamente al verificar que satisface la Ecuación 4.21. El segundo término se expresa utilizando la integral de convolución porque se requiere una transformada inversa que corresponde a un producto de transformadas. La convolución no se recomienda necesariamente como un procedimiento de solución, pero el uso de una integral de convolución permite la presentación de una expresión en el dominio temporal sin introducir una función de entrada específica.

Observe que la respuesta a *entrada-cero* (la respuesta con la entrada fijada a cero) es $x(t) = x(0)e^{at}$. Como $x(t)$ debe ser una solución de $\dot{x}(t) = ax(t)$, es aparente que la solución contiene una función trascendente que da la propiedad matemática deseada. Una representación algebraica de la función exponencial existe solamente como una serie infinita con

$$e^{at} = 1 + at + \frac{1}{2!}(at)^2 + \frac{1}{3!}(at)^3..., \tag{4.25}$$

y la diferenciación de la serie confirma que la derivada de $e^{at}$ es $ae^{at}$. Este resultado, además, confirma que $x(t) = Ke^{at}$ es una solución de $\dot{x}(t) = ax(t)$.

### Una solución que emplea el modelo matricial vectorial

Si una transformación de Laplace se aplica al modelo matricial vectorial,

$$\dot{\mathbf{x}}(t) = \mathbf{A}\mathbf{x}(t) + \mathbf{B}\mathbf{u}(t) \tag{4.26}$$

se obtiene

$$\mathbf{s}\mathbf{X}(s) - \mathbf{x}(0) = \mathbf{A}\mathbf{X}(s) + \mathbf{B}\mathrm{U}(s). \tag{4.27}$$

La resolución de $\mathbf{X}(s)$ es una operación que debe efectuarse con cuidado. Como la suma o resta de matrices requiere dimensiones idénticas, la matriz columna $(n \times 1)$, $s\mathbf{X}(s)$, se premultiplica por una matriz identidad $\mathbf{I}$ $(n \times n)$. Manipulaciones algebraicas entonces proporcionan

$$(s\mathbf{I} - \mathbf{A})\mathbf{X}(s) = \mathbf{x}(0) + \mathbf{B}\mathrm{U}(s), \tag{4.28}$$

y la solución para $\mathbf{X}(s)$ es

$$\mathbf{X}(s) = (s\mathbf{I} - \mathbf{A})^{-1}\mathbf{x}(0) + (s\mathbf{I} - \mathbf{A})^{-1}\mathbf{B}\mathrm{U}(s). \tag{4.29}$$

si se simplifica la notación sustituyendo $(s\mathbf{I} - \mathbf{A})^{-1}$ por $\boldsymbol{\Phi}(s)$, entonces

$$\mathbf{X}(s) = \boldsymbol{\Phi}(s)\mathbf{x}(0) + \boldsymbol{\Phi}(s)\mathbf{B}\mathrm{U}(s). \tag{4.30}$$

Una ligera complicación se encuentra otra vez en este punto porque $\mathbf{u}(t)$ es un conjunto no especificado de funciones de entrada. Sin embargo, una expresión que incluye una integral de convolución se puede emplear para visualizar una solución general en el dominio temporal. La transformación produce

$$\mathbf{x}(t) = \boldsymbol{\phi}(t)\mathbf{x}(0) + \int_0^t \boldsymbol{\phi}(t - \lambda)\mathbf{B}\mathbf{u}(\lambda)d\lambda. \tag{4.31}$$

La solución se expresa como una ecuación matricial y $\boldsymbol{\phi}(t)$ se conoce como la matriz de *transición de estado.*

Si la entrada es cero, el modelo del sistema es $\dot{\mathbf{x}}(t) = \mathbf{A}\mathbf{x}(t)$, y la solución es $\mathbf{x}(t) = \boldsymbol{\phi}(t)\mathbf{x}(0)$. Así, la primera derivada de $\boldsymbol{\phi}(t)$ debe ser igual a $\mathbf{A}\boldsymbol{\phi}(t)$ y $\boldsymbol{\phi}(0)$ debe ser igual a $\mathbf{I}$. En otras palabras, la matriz de transición debe tener una propiedad que es muy similar a la propiedad que se adscribe a la función exponencial cuando se aplica a una solución escalar. El concepto de una función exponencial matricial se introduce con $\boldsymbol{\phi}(t) = e^{\mathbf{A}t}$, y las propiedades matemáticas requeridas se consiguen si $e^{\mathbf{A}t}$ se define tal que

$$e^{\mathbf{A}t} = \mathbf{I} + \mathbf{A}t + \frac{1}{2!}(\mathbf{A}t)^2 + \frac{1}{3!}(\mathbf{A}t)^3\cdots. \tag{4.32}$$

Observe que la primera derivada de $e^{\mathbf{A}t}$ es $\mathbf{A}e^{\mathbf{A}t}$. Revisando la Ecuación 4.31 para utilizar la notación exponencial produce

$$\mathbf{x}(t) = e^{\mathbf{A}t}\mathbf{x}(0) + \int_0^t e^{\mathbf{A}(t-\lambda)}\mathbf{B}\mathrm{U}(\lambda)d\lambda. \tag{4.33}$$

La representación exponencial de la matriz de transición da una expresión en el dominio del tiempo de la solución y la representación en serie de la matriz exponencial introduce una opción de programación efectiva cuando se considera la utilización de un algoritmo en tiempo discreto para simular el modelo del sistema.

### Particionamiento de la solución

Es obvio que la solución tal como se presentó en la Ecuación 4.33 se compone de dos partes. El primer término de la suma es la respuesta si el sistema no está forzado y el segundo término es la respuesta que se obtiene si el estado inicial es nulo. Las dos partes de la solución, tal como se expresan en este formato, se conocen como la *respuesta de entrada-nula* y la *respuesta de estado-nulo*. Si se considera una situación típica en la cual las señales de entrada transformadas no muestran ningún polo que sea exactamente idéntico a cualquier otro polo de la función de transferencia del sistema, la solución se puede subdividir también en las componentes de respuesta *forzada* y *natural*. Como se considera el razonamiento que sigue, la respuesta forzada se distingue como el conjunto de términos que muestran la misma forma que la entrada o las derivadas de la entrada y la respuesta natural se compone del conjunto de términos que presentan la misma forma que los términos que aparecen en la respuesta impulsional del sistema. Las diferentes particiones se ilustran mejor con un ejemplo.

Suponga que el modelo del sistema del ejemplo es

$$\begin{bmatrix} \dot{x}_1 \\ \dot{x}_2 \end{bmatrix} = \begin{bmatrix} 0 & 1 \\ -8 & -6 \end{bmatrix} \begin{bmatrix} x_1 \\ x_2 \end{bmatrix} + \begin{bmatrix} 0 \\ 8 \end{bmatrix} u \tag{4.34}$$

con

$$\mathbf{x}(0) = \begin{bmatrix} 1 \\ 0 \end{bmatrix} \quad \text{y} \quad u = 2tu_s(t). \tag{4.35}$$

Utilizando la transformación de Laplace como una técnica de solución (*véase* Ecuación 4.29), el cálculo se obtiene evaluando

$$s\mathbf{I} - \mathbf{A} = \begin{bmatrix} s & 0 \\ 0 & s \end{bmatrix} - \begin{bmatrix} 0 & 1 \\ -8 & -6 \end{bmatrix} = \begin{bmatrix} s & -1 \\ 8 & (s+6) \end{bmatrix}. \tag{4.36}$$

entonces

$$(s\mathbf{I} - \mathbf{A})^{-1} = \frac{\operatorname{adj}(s\mathbf{I} - \mathbf{A})}{\det(s\mathbf{I} - \mathbf{A})} = \frac{\begin{bmatrix} (s+6) & 1 \\ -8 & s \end{bmatrix}}{s^2 + 6s + 8}. \tag{4.37}$$

El adjunto de una matriz se forma sustituyendo cada elemento por su cofactor y a continuación trasponiendo la matriz. En este caso la solución como una función de $s$ es

$$\begin{bmatrix} X_1(s) \\ X_2(s) \end{bmatrix} = \frac{\begin{bmatrix} (s+6) & 1 \\ -8 & s \end{bmatrix} \begin{bmatrix} 1 \\ 0 \end{bmatrix}}{s^2 + 6s + 8} + \frac{\begin{bmatrix} (s+6) & 1 \\ -8 & s \end{bmatrix} \begin{bmatrix} 0 \\ 8 \end{bmatrix} \frac{2}{s^2}}{s^2 + 6s + 8}. \tag{4.38}$$

escribiendo las ecuaciones individuales para $X_1(s)$ y $X_2(s)$,

$$X_1(s) = \frac{s+6}{s^2+6s+8} + \frac{16}{s^2(s^2+6s+8)},$$

$$X_2(s) = \frac{-8}{s^2+6s+8} + \frac{16}{s(s^2+6s+8)}. \tag{4.39}$$

Las sumas de las razones de polinomios, por supuesto, se combinan fácilmente. Sin embargo, si la transformada inversa se obtiene con las funciones tal como aparecen, la respuesta está separada con respecto a la respuesta de entrada-nula y la respuesta de estado-nulo. La transformada inversa

$$x_1(t) = [2e^{-2t} - e^{-4t}]u_s(t) + \left[2t - \frac{3}{2} + 2e^{-2t} - \frac{1}{2}e^{-4t}\right]u_s(t)$$

$$x_2(t) = [-4e^{-2t} + 4e^{-4t}]u_s(t) + [2 - 4e^{-2t} + 2e^{-4t}]u_s(t). \tag{4.40}$$

Los corchetes de la izquierda encierran la respuesta de entrada-nula y los de la derecha la respuesta de estado-nulo. Por lo tanto, las funciones que están incluidas en los corchetes izquierdos describen la respuesta si la entrada es cero y las funciones contenidas en los corchetes de la derecha la respuesta si el estado inicial es cero. La suma de los términos que están entre corchetes es la respuesta cuando se consideran ambas, la entrada y el estado inicial no nulo.

Si se tiene en cuenta el desarrollo en fracciones simples tal como se precisa para obtener la transformada inversa, la respuesta forzada se genera mediante los términos que contienen los polos introducidos por la función de entrada; la respuesta natural se genera por los términos que contienen los polos introducidos por la función del sistema. Si se combinan los términos de la respuesta natural de ambos corchetes, entonces

$$x_1(t) = \left[2t - \frac{3}{2}\right]u_s(t) + \left[4e^{-2t} - \frac{3}{2}e^{-4t}\right]u_s(t) \tag{4.41}$$

y

$$x_2(t) = [2]u_s(t) + [-8e^{-2t} + 6e^{-4t}]u_s(t). \tag{4.42}$$

Los corchetes de la izquierda encierran ahora la respuesta forzada y los de la derecha la respuesta natural. Con un sistema tal como el utilizado en el ejemplo, la respuesta natural decaerá y tenderá a cero cuando el tiempo se hace grande, mientras que la respuesta forzada permanece presente de forma perpetua. De aquí que la respuesta natural se puede ver como aquella que proporciona una transición de un estado inicial específico a la conducta que define la respuesta forzada. Las características de la respuesta natural son dependientes de la matriz de transición y la composición de la matriz de transición se determina, por supuesto, por el modelo del sistema. Observe que la respuesta forzada se conoce algunas veces como la respuesta en *estado estacionario*.

Si los valores numéricos del estado inicial en el problema del ejemplo se sustituyen por notación simbólica resulta aparente que hay un estado inicial único para el cual desaparece la respuesta natural (no se requiere transitorio). Si la función de entrada es $2tu_s(t)$ tal como se describe, los términos de la respuesta natural se cancelan si $x_1(0) = -1{,}5$ y $x_2(0) = 2{,}0$. Sin embargo, como una cuestión práctica, puede no tenerse un conocimiento previo exacto de la entrada y es poco realista suponer que el estado inicial se ajusta fácilmente (especialmente a un conjunto exacto de valores simultáneamente). Así, obtener una respuesta natural adecuada es típicamente una consideración crítica en la determinación de una estrategia de control satisfactoria.

## 4.4. DIAGRAMAS DE ESTADO

Un diagrama de estado proporciona una representación gráfica de las relaciones algebraicas tal como se presentan por la transformación de Laplace de un modelo de estado. Por lo tanto, se puede obtener una solución utilizando un diagrama de bloques o un grafo de flujo de señal con la aplicación de la fórmula de ganancia de Mason. El procedimiento es similar a la técnica de solución descrita anteriormente, excepto que la aplicación del álgebra matricial (incluyendo la inversión de una matriz) se sustituye por la construcción de un grafo de flujo de señal y la utilización de la fórmula de ganancia de Mason. Si se considera la variable de estado $x_1$,

$$x_1(t) = \int_0^t \dot{x}_1(t)dt + x_1(0) \tag{4.43}$$

y

$$X_1(s) = \frac{1}{s}\,[\mathscr{L}\dot{x}_1(t)] + \frac{x_1(0)}{s}. \tag{4.44}$$

En la Figura 4.4 se muestra la expresión transformada en un formato gráfico. Si se dibuja una estructura similar para cada una de las variables de estado, entonces las ramas de conexión se añaden rápidamente simplemente inspeccionando el modelo de estado. Como estas ramas de conexión todas representan multiplicación por coeficientes constantes, las ganancias de las ramas que quedan se pueden obtener utilizando o bien el modelo en el dominio del tiempo o el modelo transformado.

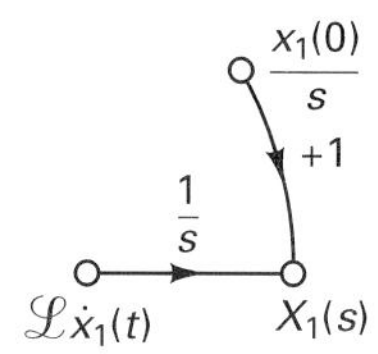


**Figura 4.4.** Una representación gráfica de la Ecuación 4.44.

---

**EJEMPLO 4.2**

*La utilización de un diagrama de estado puede resultar útil en la conversión de un modelo de estado a un conjunto de relaciones de funciones de transferencia deseadas.*

Si se considera el modelo que se presentó en la sección anterior

$$\begin{bmatrix}\dot{x}_1\\ \dot{x}_2\end{bmatrix} = \begin{bmatrix}0 & 1\\ -8 & -6\end{bmatrix}\begin{bmatrix}x_1\\ x_2\end{bmatrix} + \begin{bmatrix}0\\ 8\end{bmatrix}u \text{ donde } \mathbf{x}(0) = \begin{bmatrix}1\\ 0\end{bmatrix}, \tag{4.45}$$

y $u = 2tu_s(t)$. Construya un diagrama de estado para este sistema y utilice este resultado para obtener expresiones que describan la variación de las variables de estado como función del tiempo.

**Solución.** La Figura 4.5 muestra el primer paso en la configuración del diagrama de estado. Observe que $\dot{x}_1(t)$ y $\dot{x}_2(t)$ se muestran entre paréntesis porque el grafo de flujo de señal no es una representación en el dominio del tiempo. Sin embargo, la relación que se requiere para completar el diagrama se puede obtener del modelo en el dominio del tiempo, y los resultados se muestran en la Figura 4.6. Las variables $X_1(s)$ y $X_2(s)$ se pueden determinar utilizando la fórmula de ganancia de Mason y superposición. Los resultados son

$$X_1(s) = \frac{1/s(1 + 6/s) + (8/s^2)(2/s^2)}{1 - (-6/s) - (-8/s^2)} = \frac{s^3 + 6s^2 + 16}{s^2(s^2 + 6s + 8)},$$

$$X_2(s) = \frac{1/s(-8/s) + (8/s)(2/s^2)}{1 + 6/s + 8/s^2} = \frac{-8s + 16}{s(s^2 + 6s + 8)}. \tag{4.46}$$

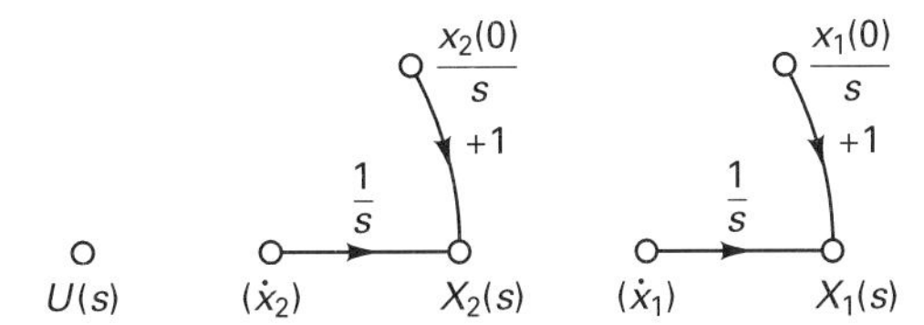


**Figura 4.5.** Comienzo de la construcción de un diagrama de estado.

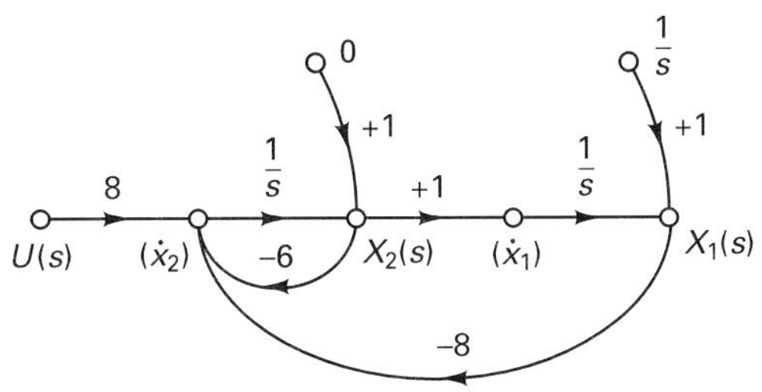


**Figura 4.6.** Diagrama de estado completo.

Cuando se aplica la fórmula de la ganancia de Mason al ejemplo, asegúrese de observar que no todos los caminos directos tocan a todos los lazos. Sin proseguir más, es obvio que la solución para $X_1(s)$ y $X_2(s)$ es idéntica al resultado previo que se presentó en la Ecuación 4.40.

## 4.5. CONVERSIONES ENTRE FUNCIÓN DE TRANSFERENCIA Y MODELOS DE ESTADO

Los métodos de solución que se han introducido en este capítulo utilizan una transformación de Laplace del modelo de estado y las soluciones que llevan a la determinación de funciones de transferencia que contienen todas las entradas y todas las variables de estado. Por lo tanto, la conversión de un modelo de estado a un modelo de función de transferencia se puede obtener aplicando una de estas técnicas y a continuación seleccionando y aislando una función deseada.

La conversión de una función de transferencia a un modelo de estado, sin embargo, introduce una situación totalmente diferente. Una función de transferencia simple de orden $n$ debe separarse en $n$ relaciones de primer orden con la introducción de $n$ variables de estado. Así pues, deben introducirse múltiples variables del sistema a pesar del hecho de que la función de transferencia se expresa con referencia a una única variable dependiente.

## Conversión de un modelo de estado a un modelo de función de transferencia

Comenzando con un modelo de estado, la transformada de Laplace de la ecuación de salida es $\mathbf{Y}(x) = \mathbf{CX}(s) + \mathbf{D}\mathrm{U}(s)$. Si $\mathbf{X}(s)$ se sustituye utilizando la Ecuación 4.29 [con $\mathbf{x}(0) = 0$], el resultado es una expresión de una función de transferencia general con

$$\mathbf{Y}(s) = [\mathbf{C}(s\mathbf{I} - \mathbf{A})^{-1}\mathbf{B} + \mathbf{D}]\mathrm{U}(s). \tag{4.47}$$

**EJEMPLO 4.3**

*El procedimiento siguiente ilustra la utilización de la Ecuación 4.47.*

Considerando el modelo de estado descrito en la Ecuación 4.48, determinar $Y(s)/U(s)$

$$\begin{bmatrix} \dot{x}_1 \\ \dot{x}_2 \end{bmatrix} = \begin{bmatrix} 0 & 1 \\ -2 & -3 \end{bmatrix} \begin{bmatrix} x_1 \\ x_2 \end{bmatrix} + \begin{bmatrix} 0 \\ 2 \end{bmatrix} u \quad \text{donde} \quad y = [1 \quad 0] \begin{bmatrix} x_1 \\ x_2 \end{bmatrix} \tag{4.48}$$

**Solución.** En este caso, $Y(s)$ y $U(s)$ son escalares y la Ecuación 4.47 se puede dividir por $U(s)$. Más aún, $\mathbf{D} = 0$; por tanto

$$\frac{Y(s)}{U(s)} = \frac{[1 \quad 0] \begin{bmatrix} s+3 & 1 \\ -2 & s \end{bmatrix} \begin{bmatrix} 0 \\ 2 \end{bmatrix}}{s^2 + 3s + 2} = \frac{2}{s^2 + 3s + 2}. \tag{4.49}$$

Aunque la aplicación del álgebra matricial (con una inversión matricial) que se describió en el Ejemplo 4.3 generará modelos de función de transferencia, la conversión de un modelo de estado a un modelo de función de transferencia equivalente se efectúa también de forma rápida construyendo un diagrama de estado y aplicando la fórmula de ganancia de Mason.

**EJEMPLO 4.4**

*Un diagrama de estado puede proporcionar una técnica de conversión preferida con sistemas de orden superior.*

Sea un modelo de tercer orden con

$$\begin{bmatrix} \dot{x}_1 \\ \dot{x}_2 \\ \dot{x}_3 \end{bmatrix} = \begin{bmatrix} 0 & 1 & 0 \\ -4 & -2 & 4 \\ -1 & 0 & 0 \end{bmatrix} \begin{bmatrix} x_1 \\ x_2 \\ x_3 \end{bmatrix} + \begin{bmatrix} 0 \\ 4 \\ 1 \end{bmatrix} u \tag{4.50}$$

y $\mathbf{x}(0) = 0$. La ecuación de salida es

$$y\begin{bmatrix}\frac{1}{2} & 0 & 0\end{bmatrix}\begin{bmatrix}x_1\\x_2\\x_3\end{bmatrix}. \tag{4.51}$$

determinar $Y(s)/U(s)$.

**Solución.** En la Figura 4.7 se muestra el diagrama de estado correspondiente y la aplicación de la fórmula de ganancia de Mason produce

$$\frac{Y(s)}{U(s)} = \frac{2s + 2}{s^3 + 2s^2 + 4s + 4}. \tag{4.52}$$

La función de transferencia por supuesto se determina con la hipótesis de que el sistema está inicialmente relajado; por lo tanto, no se muestran los caminos de la condición inicial.

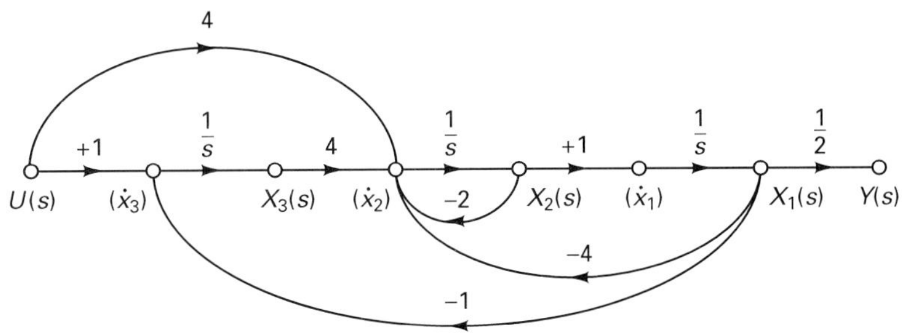


**Figura 4.7.** Un diagrama de estado.

## Convertir un modelo de función de transferencia a un modelo de estado

Como no hay, en general, un conjunto único de variables de estados que produzcan un modelo de estado válido, no existe una conversión única de un modelo de función de transferencia a un modelo de estado. Sin embargo, se describen dos conversiones metódicas que generan modelos de estado válido con características distintivas. Sea una función de transferencia de tercer orden con coeficientes simbólicos tal que

$$\frac{Y(s)}{U(s)} = \frac{a_2 s^2 + a_1 s + a_0}{s^3 + b_2 s^2 + b_1 s + b_0} \tag{4.53}$$

Si todos los términos se dividen por la potencia más elevada de $s$, entonces

$$\frac{Y(s)}{U(s)} = \frac{\dfrac{a_2}{s} + \dfrac{a_1}{s^2} + \dfrac{a_0}{s^3}}{1 + \dfrac{b_2}{s} + \dfrac{b_1}{s^2} + \dfrac{b_0}{s^3}}. \tag{4.54}$$

Aunque existen numerosas configuraciones de grafo de flujo de señal que proporcionarán esta función, una posibilidad se muestra en la Figura 4.8. Se disponen tres integradores en cascada con caminos de conexión de ganancia uno, y la salida de cada integrador es la transformada de una variable de estado. El etiquetado de las variables comienza con $X_1(s)$ a la derecha; las salidas de los integradores se etiquetan secuencialmente moviéndose de derecha a izquierda. Es obvio que los tres lazos son necesarios y se retornan todos a un punto común en el extremo izquierdo de la secuencia. Al retornar todos los lazos a un punto común se elimina la formación de cualquier lazo que no esté en contacto. Como todos los caminos directos pasan a través del punto común, el valor de $\Delta_k$ para cada camino es la unidad. Además, todos los caminos directos se conectan al modo de salida, evitando así la formación de cualquier lazo adicional

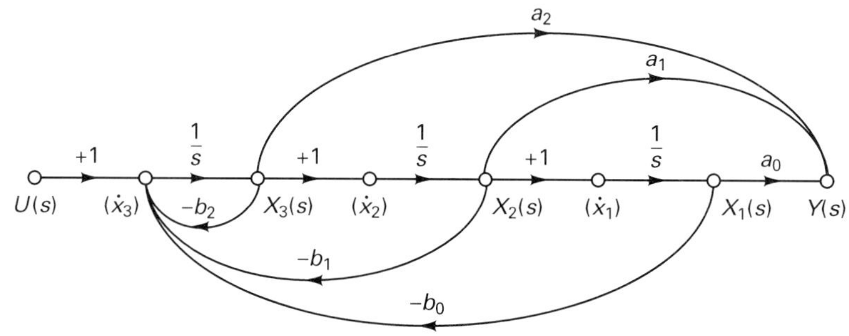


**Figura 4.8.** Una representación gráfica de la forma canónica de control.

El modelo de estado que se genera por esta configuración es

$$\begin{bmatrix} \dot{x}_1 \\ \dot{x}_2 \\ \dot{x}_3 \end{bmatrix} = \begin{bmatrix} 0 & 1 & 0 \\ 0 & 0 & 1 \\ -b_0 & -b_1 & -b_2 \end{bmatrix} \begin{bmatrix} x_1 \\ x_2 \\ x_3 \end{bmatrix} + \begin{bmatrix} 0 \\ 0 \\ 1 \end{bmatrix} u \tag{4.55}$$

con

$$y = [a_0 \quad a_1 \quad a_2] \begin{bmatrix} x_1 \\ x_2 \\ x_3 \end{bmatrix}. \tag{4.56}$$

Este resultado se puede repetir con una función de transferencia de cualquier orden y esta forma particular se conoce como la *forma canónica de control*. Los elementos en la matriz **A** por encima de la última fila son cero, excepto para una diagonal de elementos unitarios que está justamente a la derecha de la diagonal principal; la última fila contiene un conjunto de coeficientes.

**EJEMPLO 4.5**

*Determinar un modelo de estado equivalente (utilizando la forma canónica de control), si*

$$\frac{Y(s)}{U(s)} = \frac{2s + 3}{s^2 + 5s + 4} = \frac{\dfrac{2}{s} + \dfrac{3}{s^2}}{1 + \dfrac{5}{s} + \dfrac{4}{s^2}}. \tag{4.57}$$

**Solución.** Un modelo de estado se puede generar utilizando el diagrama que se muestra en la Figura 4.9 y el resultado es

$$\begin{bmatrix} \dot{x}_1 \\ \dot{x}_2 \end{bmatrix} = \begin{bmatrix} 0 & 1 \\ -4 & -5 \end{bmatrix} \begin{bmatrix} x_1 \\ x_2 \end{bmatrix} + \begin{bmatrix} 0 \\ 1 \end{bmatrix} u \tag{4.58}$$

con

$$y = [3 \quad 2] \begin{bmatrix} x_1 \\ x_2 \end{bmatrix}. \tag{4.59}$$

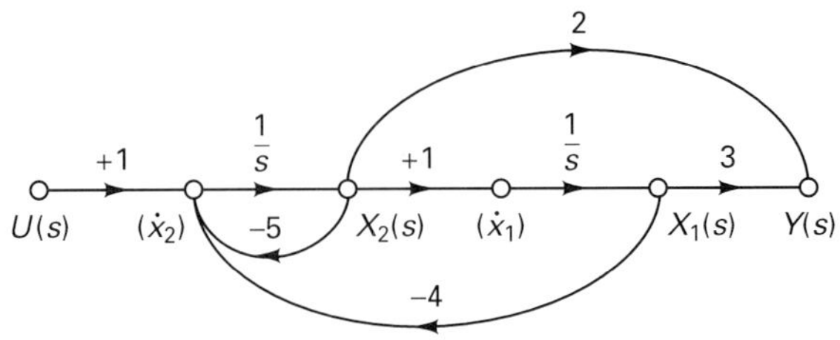


**Figura 4.9.** Una configuración gráfica para la Ecuación 4.57.

Como una función de transferencia se expresa explícitamente en términos de sólo una variable dependiente, las variables de estado no adquieren un significado físico a menos que exista una relación significativa con la salida. La forma canónica de control genera un conjunto de variables de estado que contienen $x_1(t)$ y las derivadas de $x_1(t)$, y la salida es una combinación lineal de las variables de estado. Sin embargo, una significación física clara puede ser adscrita a todas las variables de estado si la función de transferencia es una función todo polos (no hay ceros finitos). En este caso, todos los coeficientes del numerador son cero excepto $a_0$, y las variables de estado son proporcionales a la salida y a las derivadas de la salida.

Si la función de transferencia es una función todo polos, la conversión a un modelo de estado puede también implementarse retornando a la correspondiente ecuación diferencial de orden $n$ y a continuación convirtiendo las derivadas de la salida a variables de estado. La segunda derivada más alta de la variables de salida se designa como variable de estado $x_n$, y el modelo se completa designando secuencialmente a cada una de las derivadas de orden más bajo con un número de variable de estado decrementado.

**EJEMPLO 4.6**

*Una función de transferencia todo polos se puede convertir rápidamente a un modelo de estado equivalente.*

Si se considera un modelo de función de transferencia con

$$\frac{Y(s)}{U(s)} = \frac{5}{s^3 + 2s^2 + 3s + 5}, \tag{4.60}$$

determinar un modelo de estado equivalente sin utilizar un grafo de flujo de señal. A continuación repetir la solución utilizando una técnica de grafo de flujo de señal.

**Solución.** Reagrupando la función de transferencia da $(s^3 + 2s^2 + 3s + 5)Y(s) = 5U(s)$, y la ecuación diferencial correspondiente es

$$\frac{d^3y}{dt^3} + 2\frac{d^2y}{dt^2} + 3\frac{dy}{dt} + 5y = 5u. \tag{4.61}$$

Si la derivada segunda de $y$ se designa como $x_3$; la primera derivada como $x_2$, etc.; entonces $\dot{x}_3 + 2x_3 + 3x_2 + 5x_1 = 5u$ por $\dot{x}_2 = x_3$ y $\dot{x}_1 = x_2$. Convirtiendo a un formato matricial vectorial, el modelo de estado es

$$\begin{bmatrix} \dot{x}_1 \\ \dot{x}_2 \\ \dot{x}_3 \end{bmatrix} = \begin{bmatrix} 0 & 1 & 0 \\ 0 & 0 & 1 \\ -5 & -3 & -2 \end{bmatrix} \begin{bmatrix} x_1 \\ x_2 \\ x_3 \end{bmatrix} + \begin{bmatrix} 0 \\ 0 \\ 1 \end{bmatrix} u \tag{4.62}$$

y la ecuación de salida debe decir simplemente que $y$ es igual a $x_1$.

En la Figura 4.10 se muestra una conversión que utiliza un grafo de flujo de señal. Se utiliza la configuración canónica de control con un cambio: el factor de ganancia del numerador se desplaza a la rama de la entrada. El modelo de estado correspondiente es entonces idéntico al modelo de la Ecuación 4.62.

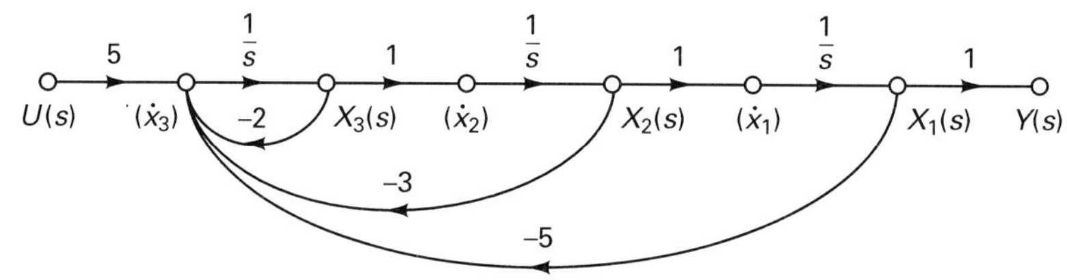


**Figura 4.10.** Un diagrama para la conversión de una función todo polos.

Una alternativa a la configuración de la Figura 4.8 es el grafo de flujo de señal que se muestra en la Figura 4.11. La metodología es muy similar excepto que se invierte la estructura: El nodo común para todos los lazos se coloca en el extremo de la derecha, los caminos directos todos parten desde el nodo de entrada y las variables de estado se etiquetan secuencialmente de izquierda a derecha. El modelo de estado que corresponde a este diagrama es

$$\begin{bmatrix} \dot{x}_1 \\ \dot{x}_2 \\ \dot{x}_3 \end{bmatrix} = \begin{bmatrix} 0 & 0 & -b_0 \\ 1 & 0 & -b_1 \\ 0 & 1 & -b_2 \end{bmatrix} \begin{bmatrix} x_1 \\ x_2 \\ x_3 \end{bmatrix} + \begin{bmatrix} a_0 \\ a_1 \\ a_2 \end{bmatrix} u \tag{4.63}$$

con

$$y = [0 \quad 0 \quad 1] \begin{bmatrix} x_1 \\ x_2 \\ x_3 \end{bmatrix}. \tag{4.64}$$

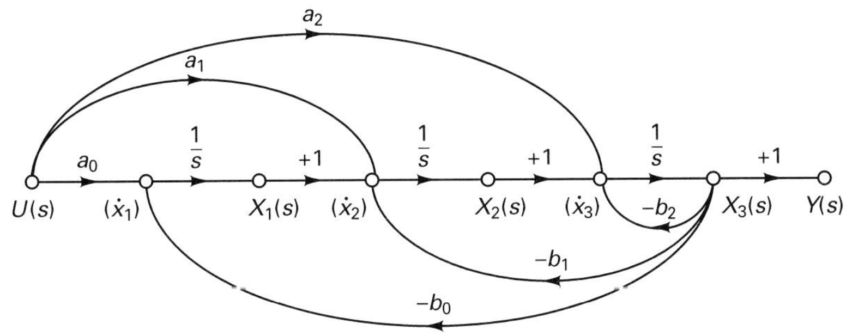


**Figura 4.11.** Una representación gráfica de la forma canónica de observador.

La nueva configuración otra vez proporciona una forma distintiva de elementos, pero la matriz **A** se traspone y las matrices **B** y **C** se intercambian y trasponen. Este configuración se conoce como la *forma canónica de observador*. La terminología que refleja ambas de estas configuraciones está asociada con un tema de diseño que se introduce en el Capítulo 11.

## 4.6. MODELOS NO LINEALES

Si se considera un sistema físico, un modelo no lineal se obtiene si uno o más de los parámetros del sistema varía como una función del nivel de señal. Desde un punto de vista matemático, el mejor enfoque es describir un modelo no lineal como aquel que no es lineal. Si un sistema no se puede describir utilizando un modelo de estado en el formato matricial vectorial (con todos los elementos de las matrices **A** y **B** constantes o funciones del tiempo), entonces el modelo es no lineal. Las implicaciones de utilizar un modelo no lineal son muy significativas —hay una aparente incapacidad de aplicar técnicas que utilizan o bien un modelo de función de transferencia o la formulación matricial vectorial de un modelo de estado—. Hay, sin embargo, algunas situaciones especiales en las cuales se pueden emplear conceptos de modelado lineal.

Con la consideración de ciertos fenómenos no lineales, la operación se caracteriza por cambios abruptos en el modelo que ocurren en niveles de señales específicos. Este tipo de operación sucede con la presencia de fenómenos tales como rozamiento estático y de coulomb o puede generarse mediante la introducción a propósito de una característica no lineal, tal como la acción de un controlador tipo relé. Una técnica de modelado que es aplicable a esta situación es desarrollar múltiples modelos lineales que se precisan para describir los diferentes modos de operación. La simulación es lineal a tramos y cada uno de los modelos lineales es aplicable bajo condiciones definidas cuidadosamente. Cuando se detecta una condición para cambiar modelos, la información que se necesita para continuar la simulación es una descripción del nuevo modelo y una descripción del estado del sistema.

Si se utiliza un modelo de estado para describir cada uno de los diferentes modos de operación de un sistema lineal a tramos, toda la información que se requiere está disponible. En el instante que el modelo cambia, el estado final del modelo previo se convierte en el estado inicial del nuevo modelo.

Otro tipo de operación no lineal que se observa frecuentemente es un modelo de sistema que presenta una operación casi lineal que existe solamente dentro de un rango específico de niveles de señal. Considere, por ejemplo, un modelo de estado no lineal que se describe por

$$\dot{x}_1(t) = x_2(t)$$
$$\dot{x}_2(t) = 4\,\mathrm{sen}\,[r(t) - x_1(t)] - 2x_2(t). \tag{4.65}$$

La segunda ecuación es no lineal, pero puede aparecer para proporcionar operación lineal bajo condiciones específicas. Si la magnitud de $r(t) - x_1(t)$ se mantiene continuamente en un rango que no excede a 0,5 rad, la operación es casi lineal. Utilizando una aproximación sen $[r(t) - x_1(t)]$ se sustituye por $r(t) - x_1(t)$ y este cambio produce un conjunto lineal de ecuaciones que pueden ser expresadas como un modelo matricial vectorial. El modelo lineal es

$$\begin{bmatrix} \dot{x}_1 \\ \dot{x}_2 \end{bmatrix} = \begin{bmatrix} 0 & 1 \\ -4 & -2 \end{bmatrix} \begin{bmatrix} x_1 \\ x_2 \end{bmatrix} + \begin{bmatrix} 0 \\ 4 \end{bmatrix} r(t). \tag{4.66}$$

En el Capítulo 13, que está dedicado al análisis y diseño de sistemas no lineales, se presenta un procedimiento generalizado para la linealización de un modelo de estado.

## 4.7. DIAGRAMAS DE BLOQUES COMPUESTOS DE MODELOS DE ESTADO

Los diagramas de bloques describen el flujo de señales entre subsistemas que interaccionan y que se pueden utilizar con modelos de subsistemas que se describen utilizando funciones de transferencias, modelos de estado o relaciones de transferencia no lineal. Los diagramas de bloque se utilizan algunas veces con una mezcla de funciones de transferencia y otras formulaciones de modelos. Si todos los bloques se describen utilizando funciones de transferencia, las funciones de transferencia en lazo cerrado se pueden determinar utilizando técnicas de sistemas lineales que son aplicables a la solución de un conjunto de ecuaciones algebraicas simultáneas. La fórmula de ganancia de Mason (descrita en el Capítulo 3) proporciona un conjunto de reglas estructuradas para la determinación de la función de transferencia en lazo cerrado. Si un diagrama de bloques incluye como subsistemas modelos de estado, entonces la determinación de un modelo total del sistema debe desarrollarse con la consideración de variables múltiples que se presentó con la estructura del modelo de estado.

Si cada bloque se puede describir utilizando una única variable de entrada y una única variable de salida, entonces cada bloque es un subsistema de una entrada y una salida (SISO). Con todos los subsistemas SISO, un método simple es convertir el modelo de cada bloque en una función de transferencia y a continuación proceder con un análisis de función de transferencia. La función de transferencia total en lazo cerrado puede convertirse a un modelo de estado (utilizando uno de los métodos que se describió en el Capítulo 3). Sin embargo, el modelo de estado no es único y las variables de estado no son necesariamente las variables de estado que fueron identificadas inicialmente en los subsistemas.

Para ciertas aplicaciones puede ser deseable preservar las variables de estado de los subsistemas que se hicieron porque su identidad física (tal como posición, velocidad, etc.) es importante. En esta situación, el modelo en lazo cerrado debe determinarse trabajando directamente con los modelos de estado. Para estudiar este proceso, considere el sistema de realimentación de la Figura 4.12. El camino directo requiere un modelo de segundo orden y el de realimentación es de primer orden. Así, el sistema en lazo cerrado es de tercer orden con una única entrada $r(t)$ y una única salida $y(t)$. El vector de estado se define simplemente como un vector que contiene las variables de estado de todos los subsistemas o $\mathbf{x} = [x_1 x_2 z]^T$. Como $r(t)$ es la única entrada al sistema en lazo cerrado, el modelo de estado total debe expresarse en término del vector de estado $\mathbf{x}(t)$ y la entrada $r(t)$. Por lo tanto, las variables intermedias ($u$, $v$ e $y$) se pueden expresar en términos de $\mathbf{x}$ y $r$. Representando $u$ en términos de las variables de estado y de la entrada se obtiene

$$u = r - v = r - (-20z + y) = r + 20z - x_1, \tag{4.67}$$

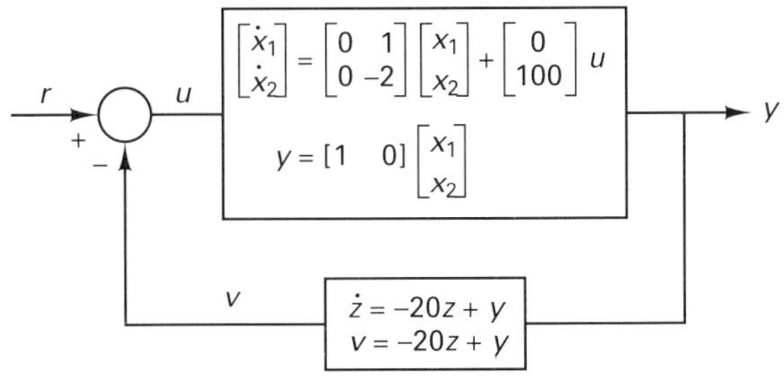


**Figura 4.12.** Una conexión en realimentación de dos modelos de estado.

y el modelo de estado es

$$\dot{x}_1 = x_2,$$

$$\dot{x}_2 = -2x_2 + 100u = -2x_2 + 100r + 2.000z - 100x_1,$$

y $$\dot{z}_1 = -20z + x_1,$$

con $$y = x_1. \tag{4.68}$$

Expresando este resultado como un modelo matricial vectorial se obtiene

$$\begin{bmatrix}\dot{x}_1\\ \dot{x}_2\\ \dot{z}\end{bmatrix} = \begin{bmatrix}0 & 1 & 0\\ -100 & -2 & 2.000\\ 1 & 0 & -20\end{bmatrix}\begin{bmatrix}x_1\\ x_2\\ z\end{bmatrix} + \begin{bmatrix}0\\ 100\\ 0\end{bmatrix} r \tag{4.69}$$

y

$$y = [1 \quad 0 \quad 0]\begin{bmatrix}x_1\\ x_2\\ z\end{bmatrix}. \tag{4.70}$$

Con las conexiones serie y paralelo, el modelo de estado se puede deducir de una forma similar. Observe que un factor de ganancia que precede o que sigue a un bloque de modelo de estado se puede absorber en el modelo al multiplicar las matrices **B** y **C** utilizando el factor de ganancia.

## 4.8. GESTIÓN DE LOS MODELOS DE ESTADO CON MATLAB Y SIMULINK

Un modelo de estado lineal representado por **A**, **B**, **C** y **D** es un formato común para introducir modelos en las órdenes de MATLAB. Los algoritmos numéricos se preparan de forma muy rápida y eficiente si el modelo se introduce en el formato modelo de estado. Aunque algunas órdenes permiten la introducción del modelo utilizando una formulación de función de transferencia, este modelo se convierte internamente a un modelo de estado equivalente. El usuario puede también realizar una conversión con la orden **ss2tf** (espacio de estados a función de transferencia) o **tf2ss** (función de transferencia a espacio de estado).

Si se considera el modelo de estado de las Ecuaciones 4.50 y 4.51, el siguiente programa describe el modelo de estado, obtiene una función de transferencia equivalente y a continuación lo convierte otra vez a un modelo de estado en forma canónica de control

```
a = [0 1 0; -4 -2 4; -1 0 0 ];          % Definir la matriz A
b = [0 4 1]';                           % Definir la matriz B
c = [1/2 0 0];                          % Definir la matriz C
d = 0;                                  % Definir la matriz D
[n,d] = ss2tf(a,b,c,d)      % Convertir el modelo de estado en una función de transferencia
[aa,bb,cc,dd] = tf2ss(n,d)     % Convertir la función de transferencia otra vez a un
                                  modelo de estado
```

Observe que la conversión de una función de transferencia en un modelo de estado no proporciona una solución única y la orden **tf2ss** produce una solución que es una variación de la forma canónica de control, donde las variables de estado se relacionan en orden inverso cuando se comparan con aquellas de la Ecuación 4.55. Note también que cuando se introduce un modelo de estado, las filas de la matriz deben estar o separadas por punto y coma o escritas en líneas separadas.

Las órdenes **series, parallel, feedback** y **cloop** que se aplicaron a un modelo de función de transferencia se pueden utilizar también para obtener el modelo de estados de bloques interconectados con solamente una ligera variación en la sintaxis. Sea otra vez el sistema de la Figura 3.8 con $G_1 = 0{,}4$, $H_1 = 1$ y el $G_2H_2$ descritas por el sistema de la Figura 4.12. Este es exactamente el mismo sistema que el que se describió en la Sección 3.8 con la representación de los subsistemas presentada en un formato de modelo de estado. El código para obtener el modelo del sistema total es muy similar.

```
g1 = 0.4;                                     % Definir G1
ag2 = [0 1; 0 -2]; bg2 = [0 100]';            % Definir G2
cg2 = [1 0]; dg2 = 0;
ah2 = -20; bh2 = 1; ch2 = -20; dh2 = 1;       % Definir H2
Determinar el modelo de estado de v a y.
[agvy,bgvy,cgvy,dgvy] = feedback(ag2,bg2,cg2,dg2,ah2,bh2,ch2,dh2,-1)
% Determinar el modelo de estado de r a y
[a,b,c,d] = cloop(agvy,g1*bgvy,cgvy,dgvy,-1)
% Verificar los resultados comparando la función de transferencia con aquella de la Sección 3.8
[n,d] = ss2tf(a,b,c,d)
```

Alternativamente, el modelo se puede describir también con el diagrama de bloques de SIMULINK de la Figura 4.13, donde $G_2$ y $H_2$ son dos bloque *State-Space* copiados de la *Linear-Library*. El modelo de estado de cada bloque se puede especificar haciendo una doble pulsación sobre el bloque y a continuación introduciendo las correspondientes matrices **A**, **B**, **C** y **D**. La condición inicial del vector de estado de cada bloque se puede fijar también al mismo tiempo. Si se guarda el diagrama de bloques con el nombre «ssblockmodel» el modelo de estado del sistema se puede obtener entonces con la orden de MATLAB

```
[a,b,c,d] = linmod('ssblockmodel')
```

y los resultados deberían coincidir con el resultado anterior. Con las condiciones iniciales todas fijadas a cero se puede realizar una simulación de la respuesta a un salto y representarla gráficamente exactamente de la misma forma que se describió en la sección 3.9.

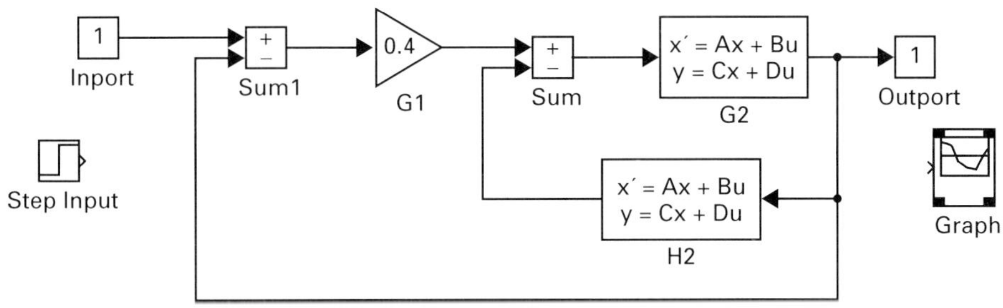


**Figura 4.13.** Un diagrama en SIMULINK que contiene modelos de estado.

## 4.9. RESUMEN

El modelo de estado proporciona un formato que es particularmente útil cuando se aplica en conjunción con cálculos digitales; también es la base de numerosas técnicas de análisis y diseño de sistemas lineales. Si un sistema es lineal, el modelo se puede expresar como un modelo matricial vectorial que mantiene el mismo formato sin tomar en cuenta el orden del sistema.

Considerando un sistema de orden $n$, el modelo de estados se compone de $n$ ecuaciones de primer orden con $n$ variables de estado. Un conjunto de variables de estado se selecciona eligiendo variables que son mutuamente independientes. Un método para la selección de variables de estado es utilizar variables que están asociadas directamente con el almacenamiento de energía. El conjunto de valores que exhiben las variables de estado en cualquier instante de tiempo representa el estado del sistema.

Las características de una solución de un sistema lineal pueden estudiarse aplicando una solución de transformada de Laplace al modelo matricial vectorial. La solución muestra una suma de matrices que describe la respuesta de entrada nula y la respuesta de estado nulo. Este particionamiento particular de la respuesta separa la componente que ocurre si la entrada es cero y la componente que se produce si el estado inicial es nulo. Un particionamiento algo diferente de términos separa la respuesta en sus componentes forzada y natural. La respuesta natural se puede describir como la parte de la respuesta que produce una transición desde estado inicial a la respuesta forzada. El carácter de la respuesta natural es dependiente del modelo del sistema y se refleja en la composición de la matriz de transición. El carácter de la respuesta forzada es dependiente de la entrada.

Dado un modelo específico y una entrada específica, las funciones de respuesta se pueden calcular utilizando la transformación de Laplace y técnicas de álgebra matricial. Una alternativa a la aplicación del álgebra matricial es la utilización de un diagrama de estado con la solución obtenida utilizando un grafo de flujo de señal y la aplicación de la fórmula de ganancia de Mason. Ambas técnicas permiten la consideración de un estado inicial no nulo.

Una conversión de un modelo de estado a un modelo de función de transferencia se obtiene rápidamente utilizando o bien una expresión del álgebra matricial o un diagrama de estado. El resultado se puede expresar para considerar la función de transferencia de una entrada específica a una variable de salida seleccionada. La conversión de un modelo función de transferencia a un modelo de estado es una situación algo diferente. Un modelo que tiene $n$ variables de estado se genera utilizando una función de transferencia que explícitamente contiene sólo una variable dependiente. Así, las variables de estado tienen significación física sólo en términos de las relaciones establecidas para la salida. Si la función de transferencia es una función todo polos se puede desarrollar un modelo de estado en el que las variables de estado las constituyen la salida y derivadas de la salida. Un método que es aplicable con cualquier función de transferencia se puede llevar a cabo construyendo cuidadosamente un grafo de flujo de señal en una de dos configuraciones distintas. La técnica gráfica produce o bien la forma canónica de control o la forma canónica de observador.

Modelos matemáticos no lineales se pueden expresar como modelos de estado, pero la visualización de un formato matricial vectorial es aplicable solamente si el modelo es lineal. Si los fenómenos no lineales proporcionan cambios abruptos que permiten una caracterización lineal a tramos, entonces se pueden utilizar un conjunto de modelos de estado lineales con transiciones entre los modelos. Si un modelo presenta una operación cuasilineal dentro de un rango limitado de nivel de señal, se puede desarrollar un modelo de estado lineal que es válido con limitaciones específicas impuesta sobre el nivel de señal.

Las conversiones entra modelos de estado y modelos de función de transferencia pueden también realizarse utilizando las órdenes de MATLAB **ss2tf** o **tf2ss**. Si los subsistemas se describen utilizando modelos de estados se puede utilizar MATLAB o SIMULINK para convertirlo a un modelo en lazo cerrado global.

## 4.10. CONEXIONES PARA PROSEGUIR EL ESTUDIO

El Capítulo 5 presenta diferentes métodos de simulación de sistemas, incluyendo simulación digital utilizando técnicas numéricas. El modelo de estados proporciona un formato particularmente conveniente para el desarrollo de diagramas de simulación analógica y algoritmos de simulación digital. Así, el Capítulo 5 incluye una presentación amplia del uso de MATLAB y SIMULINK.

Temas que se consideran en capítulos siguientes incluyen el concepto de asignación de polos utilizando la realimentación del estado y la utilización de un observador del estado. Estas son técnicas de diseño de sistemas lineales que utilizan un modelo de estado de la planta. Como es de esperar con la utilización de modelos de estado, las técnicas son aplicables sin tomar en consideración el orden del modelo de la planta.

Modelos de estados no lineales se consideran con la aplicación de técnicas de simulación numérica y la linealización de modelos de estados no lineales es una cuestión que se considera con el estudio de los sistemas no lineales.

Aunque el modelo de estados tal como se ha presentado es un modelo de sistema continuo, una versión discreta del modelo de estado se aplica al estudio del control digital con datos muestreados. Como existen similitudes notables cuando se comparan las técnicas continuas y discretas, la capacidad de aplicar un modelo continuo a una técnica de diseño continua será sorprendentemente útil cuando se aplica un modelo discreto a una técnica similar.

## REFERENCIAS

1. W. L. Brogan: *Modern Control Theory*, Quantum Publishers, 3.ª ed., Nueva York, 1991.
2. T. Kailath: *Linear Systems*, Prentice Hall, Englewood Cliffs, N. J., 1980.

## Problemas

**4.1.** Si se considera el sistema descrito en la Figura P4.1, seleccione un conjunto de variables de estado y determine un modelo de estado para describir el sistema. Exprese su resultado utilizando relaciones matriciales vectoriales.

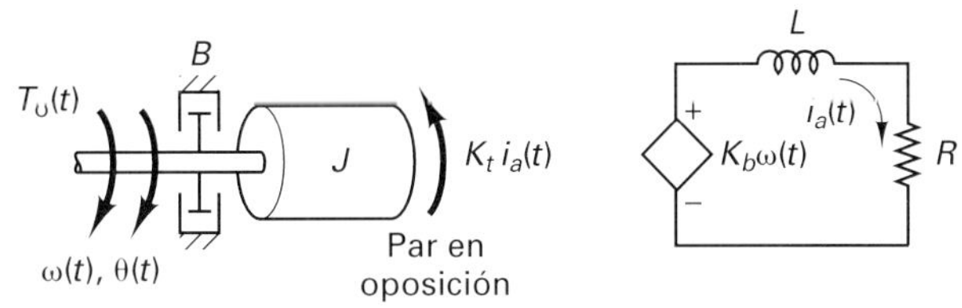


**Figura P4.1**

**4.2.** Repita el Problema 4.1 con $\theta(t)$ considerada como una variable de estado adicional.

**4.3.** Considere el modelo de circuito de la Figura P4.3, seleccione un conjunto de variables de estado y determine un modelo de estado para describir el sistema. Exprese su resultado como una relación vectorial matricial.

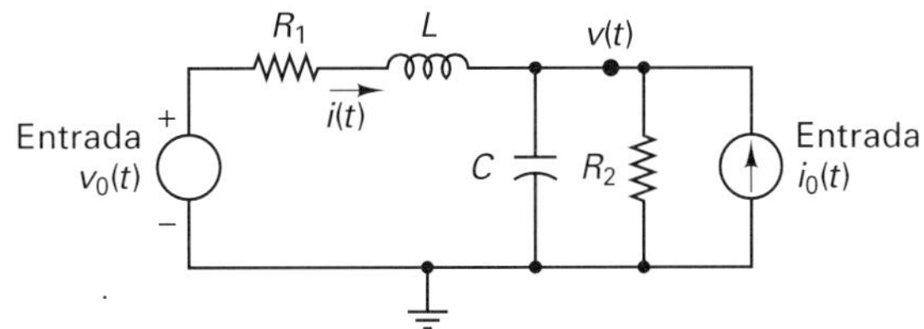


**Figura P4.3**

**4.4.** Considere el sistema de la Figura P4.4, seleccione las variables de estado y determine un modelo de estado para describir el sistema utilizando una formulación vectorial matricial.

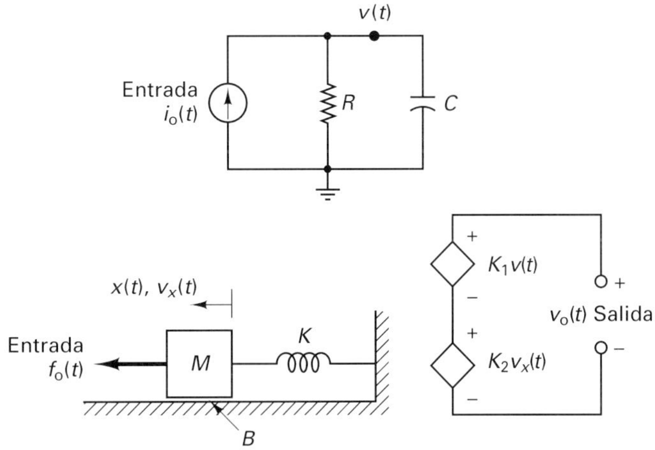


**Figura P4.4**

**4.5.** Considere el modelo de un sistema de control de antena como se presenta en la Sección 4.2, se propone una revisión. La Figura P4.5 muestra una nueva función del controlador que revisa la forma en la que el voltaje se aplica a la armadura del motor, $v_a$, es controlada por la señal de error angular, $\theta_E$. En el dominio temporal, $v_a(t)$ es igual a $100K_o\theta_E(t) + p(t)$, donde $p(t)$ es la integral de $100\theta_E(t)$ multiplicada por $K_I$. Determine un nuevo modelo de estado para el sistema con uno o más estados adicionales según se requiera. Presente sus resultados en forma matricial vectorial.

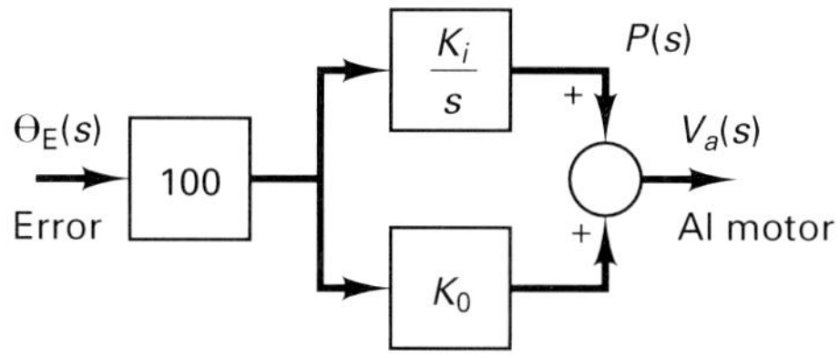


**Figura P4.5**

**4.6.** Determine las soluciones para $x_1(t)$ y $x_2(t)$ si $u = 4{,}0u_s(t)$ y

$$\begin{bmatrix} \dot{x}_1 \\ \dot{x}_2 \end{bmatrix} = \begin{bmatrix} 0 & 1 \\ -6 & -5 \end{bmatrix} \begin{bmatrix} x_1 \\ x_2 \end{bmatrix} + \begin{bmatrix} 0 \\ 6 \end{bmatrix} u \quad \text{con} \quad \begin{bmatrix} x_1(0) \\ x_2(0) \end{bmatrix} = \begin{bmatrix} 0 \\ 3 \end{bmatrix}.$$

Utilice $\mathbf{X}(s) = (s\mathbf{I} - \mathbf{A})^{-1}\mathbf{x}(0) + (s\mathbf{I} - \mathbf{A})^{-1}\mathbf{B}\mathrm{U}(s)$.

**4.7.** Repita el Problema 4.6 utilizando un diagrama de estado y compare los resultados.

**4.8.** Considere el modelo de estado descrito por las siguientes ecuaciones, determine $Y(s)/U(s)$, y exprese su resultado como un cociente de polinomios.

$$\begin{bmatrix} \dot{x}_1 \\ \dot{x}_2 \\ \dot{x}_3 \end{bmatrix} = \begin{bmatrix} 0 & 1 & 0 \\ 0 & -4 & 2 \\ -3 & 0 & -1 \end{bmatrix} \begin{bmatrix} x_1 \\ x_2 \\ x_3 \end{bmatrix} + \begin{bmatrix} 0 \\ 0 \\ 1 \end{bmatrix} u$$

$$y = [1 \quad 0 \quad 0] \begin{bmatrix} x_1 \\ x_2 \\ x_3 \end{bmatrix} + (0{,}5)u$$

**4.9.** Considere el modelo de función de transferencia descrito por la siguiente ecuación, determine un modelo de estado equivalente en la forma canónica controlable.

$$\frac{Y(s)}{R(s)} = \frac{2s + 5}{s^3 + 2s^2 + 3s + 4}$$

**4.10.** Utilizando el modelo de función de transferencia del Problema 4.9, determine un modelo de estado equivalente en la forma canónica observable.

**4.11.** Determine un modelo de estado para la función de transferencia descrita por la siguiente ecuación sin utilizar un diagrama de señales de flujo.

$$\frac{Y(s)}{U(s)} = \frac{10}{s^4 + 2s^3 + 5s^2 + 8s + 10}.$$

**4.12.** Muestre que puede obtener el mismo resultado obtenido en el Problema 4.11 utilizando la técnica de diagramas de señales de flujo.

**4.13.** Considere el sistema descrito por la siguiente función

$$\frac{Y(s)}{U(s)} = \frac{s+7}{(s+1)(s+2)(s+4)}.$$

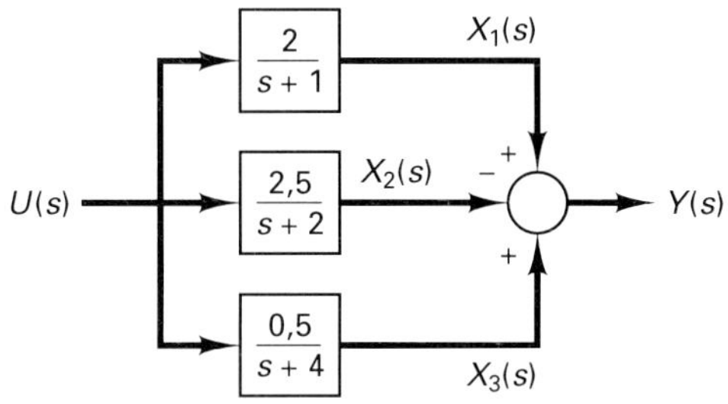


(a)

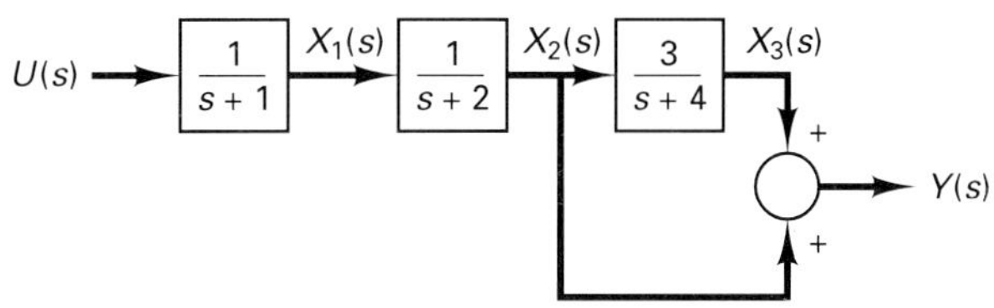


(b)

**Figura P4.13**

**a.** Obtener un conjunto de ecuaciones de estado en la forma canónica controlable.
**b.** Obtener un conjunto de ecuaciones de estado en la forma canónica observable.
**c.** Utilizando la expansión en fracciones parciales, el sistema se puede descomponer en tres subsistemas en paralelo, como muestra la Figura P4.13a. Determine el modelo de estado del sistema utilizando $x_1$, $x_2$ y $x_3$ como variables de estado.
**d.** Utilizando la representación en cascada de subsistemas tal como se muestra en la Figura P4.13b, determine el modelo de estado utilizando las variables de estado indicadas.

**4.14.** El Problema 2.14 al final del Capítulo 2 describe un péndulo rígido (*véase* Figura P4.14) para el cual el modelo de ecuación diferencial es

$$f(t) = M\ell \frac{d^2}{dt^2}\theta(t) + Mg \operatorname{sen} \theta(t).$$

Utilizando $\omega(t)$ y $\theta(t)$ como variables de estado, determinar un modelo de estado no lineal para describir el sistema. Observe que $f(t)$ es una entrada.

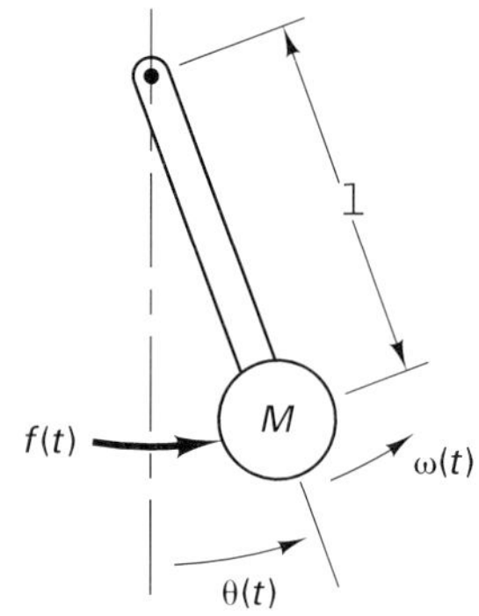


**Figura P4.14**

**4.15.** Si el ángulo del movimiento del péndulo del Problema 4.14 está limitado de forma tal que $\theta(t)$ nunca excede de 0,5 rad, determinar un modelo lineal aproximado para el sistema y expresar este resultado utilizando la notación matricial vectorial.

**4.16.** Si se considera el Problema 2.16a al final del Capítulo 2, el modelo de ecuación diferencial para la dinámica rotacional es

$$F\ell \operatorname{sen} \theta(t) = Mk^2 \frac{d^2}{dt^2} \phi(t) = 0.$$

Determinar un modelo de estado no lineal que describa la dinámica rotacional del cohete. Suponer que $F$ es una constante y que $\theta(t)$ es una variable de entrada (*véase* Figura P4.16). También suponer que

$$\frac{d}{dt} \phi(t) = \omega(t).$$

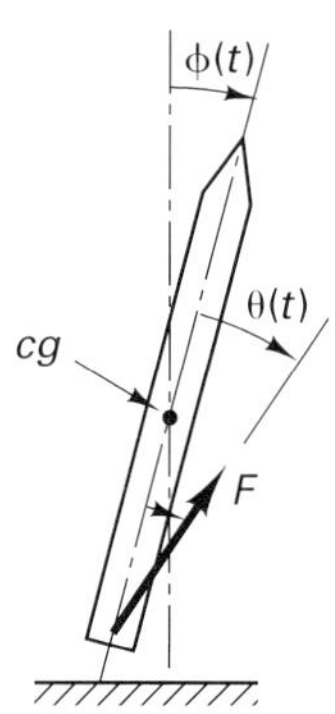


**Figura P4.16**

**4.17.** Teniendo en cuenta la respuesta al Problema 4.16, describa la condición para linealizar el modelo y determine un modelo linealizado. Exprese el resultado en forma matricial vectorial.

**4.18.** Suponga que se diseña un controlador para el modelo del cohete linealizado del Problema 4.17 de forma tal que $\theta(t)$ se hace una variable interna y la nueva entrada es un ángulo de referencia descrito como $\phi_R(t)$. Determinar un nuevo modelo de estado para el sistema utilizando la formulación matricial vectorial. La ecuación de control es

$$\theta(t) = K_P[\phi(t) - \phi_R(t)] + K_D\omega(t).$$

**4.19.** Si se considera el problema del control del vehículo espacial al final del Capítulo 2 (Problema 2.8), determine un modelo de estado lineal para cada uno de los tres modos de operación. Suponga que los modelos deben incluir $\theta$ y $\omega$.

**4.20.** Determinar un modelo de estado para el sistema de la Figura P4.20. Utilice $y$, $\dot{y}$ y $p$ como variables de estado. Observe que $r$ es la única entrada. Exprese su resultado en forma matricial vectorial. Sea $\dot{y} = v$.

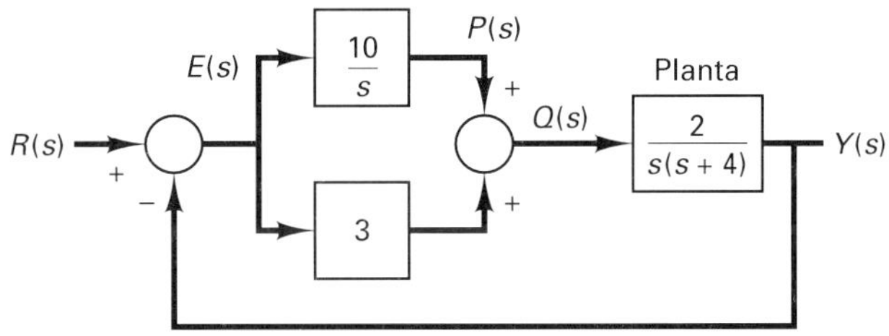


**Figura P4.20**

**4.21.** Determinar una ecuación de salida para el modelo del Problema 4.20 con $y$, $q$ y $e$ como variables de salida.

M **4.22.** Repita el Problema 4.8 utilizando MATLAB.

M **4.23.** Repita el Problema 4.9 utilizando MATLAB.

M **4.24.** Repita el Problema 4.11 utilizando MATLAB.

M **4.25.** Considere el sistema de la Figura P4.13b. Introduzca cada bloque en MATLAB como un modelo de estado y determine el modelo de estado del sistema total utilizando MATLAB.

M **4.26.** Considere el sistema de la Figura P4.20. Utilizando $y$, $\dot{y}$ y $p$ como variables de estado, exprese cada bloque como un modelo de estado. Introduzca el modelo de estado de cada bloque en MATLAB. A continuación determine el modelo de estado en lazo cerrado utilizando las órdenes **serie, parallel, cloop,** etc.

S **4.27.** Considere el sistema de la Figura P4.20. Utilizando $y$, $\dot{y}$ y $p$ como variables de estado, exprese cada bloque como un modelo de estado. Establezca un diagrama en SIMULINK del sistema. Determine el modelo de estado en lazo cerrado utilizando la orden **linmod**. Solicite una simulación de la respuesta del sistema a una entrada en salto.

S **4.28.** Considere el sistema de control de antena de la Figura 4.3. Sea $L_a = 0{,}02$, $K_o = 1$, $R_a = 4$, $K_b = K_t = 0{,}14$; $J_{eq} = 0{,}01$; $B_{eq} = 0{,}001$; $N_1/N_2 = 0{,}004$. Establezca un diagrama en SIMULINK del sistema. Determine el modelo de estado en lazo cerrado utilizando la orden **linmod**. Solicite una simulación de la respuesta del sistema a una entrada en salto.

CAPÍTULO 5

# Simulación

## 5.1. INTRODUCCIÓN

La simulación de sistemas es un componente de un conjunto básico de herramientas de computación que pueden facilitar significativamente las tareas de un diseñador de sistemas. Las técnicas de simulación que se describen en este capítulo consideran el desarrollo y utilización de modelos de computador que se conciben para estudiar la conducta en el dominio del tiempo de los sistemas de tiempo continuo.

Un estudio de la conducta en el dominio del tiempo se efectúa visualizando la respuesta de las variables del sistema cuando se le aplica una entrada específica (o conjunto de entradas). Las entradas pueden ser entradas de test típicas o se pueden formular especialmente para imitar condiciones de operación realistas que se esperan que suceda con el sistema finalizado. Si un modelo del sistema es preciso, la observación de las variables del sistema revelará de forma fiel la conducta del sistema físico y el comportamiento del sistema está entonces abierto a un estudio cuidadoso de los efectos de los cambios en los parámetros del sistema o de las variaciones en la conducta de la entrada. Utilizando los resultados de un estudio en el dominio temporal conjuntamente con otras herramientas de diseño proporcionará a menudo conocimientos importantes para el desarrollo de un diseño satisfactorio.

La implementación de la simulación de sistemas de control está sujeta a algunas opciones y se pueden concebir técnicas que ofrezcan diferentes grados de realismo. Un computador digital (utilizando una programación diseñada cuidadosamente) ofrece una facilidad computacional que es más apropiada para las complejidades de este tipo de estudios. Sin embargo, el cálculo analógico es una alternativa que proporciona un retrato realista y comprensible del sistema y la utilización de ambas técnicas digitales y analógicas pueden ser una opción adecuada en un entorno académico.

La implementación de un procedimiento de simulación requiere la descripción de las variables de entrada y las variables dependientes como una función de la variable independiente (tiempo). Si la técnica de simulación se formula de forma tal que la variable independiente se sincroniza con el tiempo real que ha transcurrido, entonces la simulación se dice que ocurre en tiempo real. La operación en tiempo real permite una simulación «sistema físico en el bucle» con elementos del sistema real incluido o el sistema puede incluir un operario humano como parte del lazo de control. Una simulación en tiempo real se realiza algunas veces utilizando computación paralela (concurrente); de aquí que la complejidad adicional se refleja en la utilización de elementos de computación adicionales en lugar de un incremento en el tiempo de cálculo. La simulación analógica es inherentemente un cálculo en tiempo real (o escalado a tiempo real) que utiliza computación paralela.

La simulación digital se implementa normalmente como una secuencia de tareas computacionales que se realizan en intervalos de tiempo que son dependientes de la complejidad de cada tarea secuencial. Así, la generación de funciones de respuesta no es necesariamente coherente con respecto al tiempo real, y la complejidad adicional se refleja en un aumento del tiempo de cálculo en lugar de en un incremento en el número de elementos computacionales. Sin embargo, la relación correcta con respecto al tiempo es una parte documentada de la solución y la relación correcta se observa cuando las variables se representan gráficamente. Si la finalización de las operaciones secuenciales es suficientemente rápida, se puede controlar la temporización para producir una operación en tiempo real aparente.

## 5.2. SIMULACIÓN ANALÓGICA COMO UNA HERRAMIENTA ACADÉMICA

La simulación analógica se implementa al construir circuitos eléctricos dinámicos que son análogos al sistema que está bajo estudio. Las entradas se introducen como formas de onda de tensión y las salidas se generan como señales modificadas que presentan la conducta de las variables del sistema análogo. Las funciones de respuesta se pueden observar y registrar utilizando un osciloscopio que se interconecta con una impresora o un trazador gráfico. Esta técnica ha sido sustituida casi completamente por la simulación digital en investigación y en aplicaciones de desarrollo, pero hay características de la simulación analógica que son particularmente adecuadas para los estudios académicos. Aunque los resultados son relativamente imprecisos, la operación en tiempo real proporciona una simulación realista y los efectos de los cambios en los parámetros se pueden observar rápidamente. En algunas situaciones el estudiante puede observar el comportamiento con control manual y a continuación conmutar a una estrategia de control automático. Como el ajuste de los parámetros se puede introducir en cualquier instante de tiempo, hay una realimentación rápida de la información causa-efecto. Se gana también práctica en el diseño y utilización de los circuitos analógicos.

La precisión del cálculo analógico es dependiente de algunos factores, incluyendo las tolerancias de elementos pasivos y las pequeñas derivas que se introducen por los circuitos de los amplificadores operacionales. Si las derivas de los amplificadores operacionales son muy pequeñas (o se reducen cuidadosamente), la precisión de una simulación analógica depende fundamentalmente de la precisión de los generadores de señal y de los instrumentos de medida y de las tolerancias de los elementos pasivos $R$ y $C$. Para obtener propiedades dinámicas casi ideales los condensadores deben presentar una capacidad casi pura (la resistencia dieléctrica es idealmente infinita). Los materiales $R$ y $C$ deberían también mostrar pequeños coeficientes térmicos que sean idealmente iguales y opuestos en signos. Una propiedad de la operación «ganancia infinita» de los circuitos del amplificador operacional es producir funciones de transferencia que son casi totalmente dependientes de las características de los elementos pasivos $R$ y $C$. Así, los circuitos del amplificador operacional proporcionan modelos que tienden a ser casi ideales e insensibles a las variaciones de los dispositivos activos. En la Figura 5.1 se muestran los símbolos de simulación analógicos y los correspondientes circuitos. Las correspondientes funciones operacionales se muestran con la hipótesis de que la operación es ideal.

Si se consideran los circuitos de la Figura 5.1, la ganancia en lazo abierto de los amplificadores es extremadamente alta sólo en un rango limitado de frecuencias, y restringiendo así el comportamiento casi ideal a un ancho de banda limitado. Este fenómeno particular, sin embargo, no es normalmente un problema con la operación de un sistema de control (o la simulación de un sistema de control). Si un sistema de control electromecánico responde a una entrada en

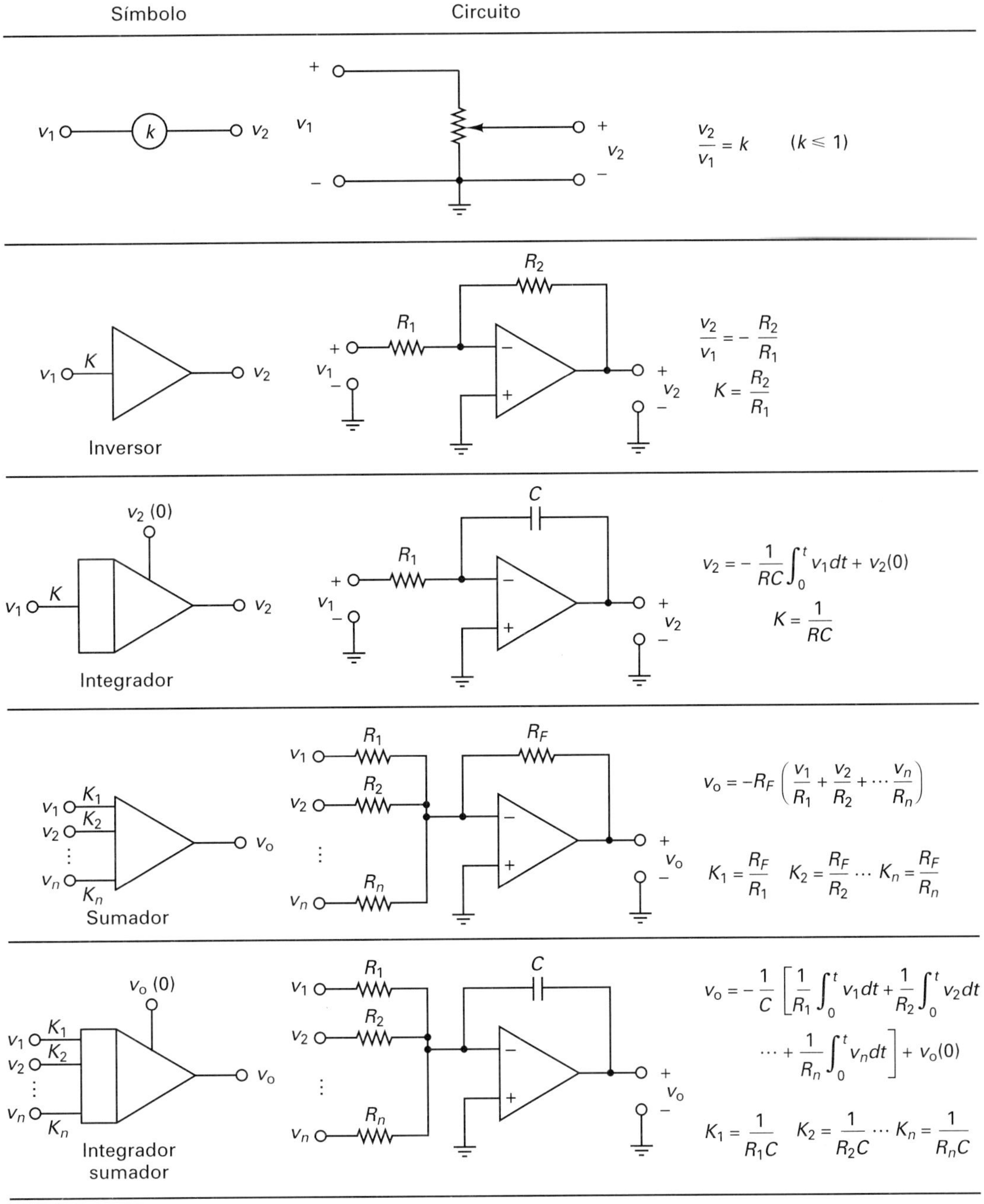


**Figura 5.1.** Símbolos y circuitos de simulación analógica.

salto con un tiempo de respuesta del orden de 0,1 s, una gran parte de la energía de la respuesta se distribuye en el rango de frecuencia que va entre cero y 10 Hz. Aunque esto es un ejemplo específico, los requisitos de ancho de banda son típicamente modestos.

El comportamiento lineal y la insensibilidad a variaciones de los elementos activos es dependiente de la acción de realimentación que ocurre con una ganancia de lazo muy alta. Si los dispositivos activos en la etapa de salida de un amplificador operacional se fuerzan en los estados de corte o saturación, cesa la operación de realimentación en ese punto y se producen limitaciones. Aunque la limitación puede ocurrir con una ruptura de o bien la corriente máxima o el nivel de tensión máxima, la limitación de corriente se evita fácilmente si el nivel de impedancia de los elementos pasivos se selecciona en un rango suficientemente alto. La limitación de tensión se evita solamente controlando cuidadosamente los niveles de tensión en el circuito. La limitación de tensión no origina normalmente ningún daño físico en el circuito, pero lo fuerza a una salida temporal de su operación lineal.

La simulación deliberada de fenómenos no lineales es factible utilizando simulación analógica, pero la implementación requiere la incorporación de diodos u otros elementos eléctricos no lineales en los circuitos del amplificador operacional de una forma que duplicará la función deseada. La simulación de fenómenos no lineales se obtiene normalmente con mayor facilidad y flexibilidad utilizando una simulación digital. El empleo de simulación digital es también ventajoso si hay una necesidad para una elevada precisión o para generar formas de onda de entrada que no se formulan rápidamente como señales analógicas.

## Conversión de modelos de función de transferencia a diagramas de simulación analógica

Aunque existen diferentes técnicas que convertirán modelos de función de transferencia a circuitos de computadores analógicos, una técnica aplicable universalmente utiliza una representación gráfica de la función de transferencia. Una de las configuraciones del grafo de flujo de señal que se describió en el Capítulo 4 (Figuras 4.8 y 4.11), proporcionarán una representación gráfica operativa. El diagrama de simulación analógica se compone de símbolos que describen las integraciones, sumas y ganancia proporcional; por tanto, la composición de un diagrama de simulación se estructura rápidamente para imitar la composición del grafo del flujo de señal. En la Figura 5.1 se muestran los símbolos de simulación convencionales para las diferentes operaciones. Como la implementación más simple de un integrador analógico invierte la polaridad de la señal, la única alteración que puede ser útil en las conversiones es cambiar los signos en el grafo del flujo de señal para que se correspondan con este requisito. Si se colocan signos menos en los factores de ganancia del integrador, deben introducirse cambios de signos adicionales en los lazos y en los caminos directos cuando sea necesario para mantener la función de transferencia original.

**EJEMPLO 5.1**

*Recordando la función de transferencia del Ejemplo 4.5, determinar un circuito de simulación analógica para este sistema.*

La función de transferencia es

$$\frac{Y(s)}{U(s)} = \frac{2s + 3}{s^2 + 5s + 4} = \frac{\dfrac{2}{s} + \dfrac{3}{s^2}}{1 + \dfrac{5}{s} + \dfrac{4}{s^2}}. \tag{5.1}$$

**Solución.** En la Figura 5.2 se muestran los correspondientes grafos de flujo de señal y diagrama de simulación analógica. La configuración que se utiliza es el formato gráfico canónico de control. Observe que se requiere un signo menos adicional en la salida del grafo porque el sumador analógico también invertirá la polaridad. Un signo menos se muestra entre paréntesis en algunos de los símbolos de simulación analógica como un recordatorio de la inversión de polaridad. La ganancia máxima de cada potenciómetro ajustable se limita a uno, pero un factor de ganancia más alto se obtiene fácilmente al seleccionar una combinación de valores $R$ y $C$ en la etapa siguiente para producir el producto de ganancia deseado.

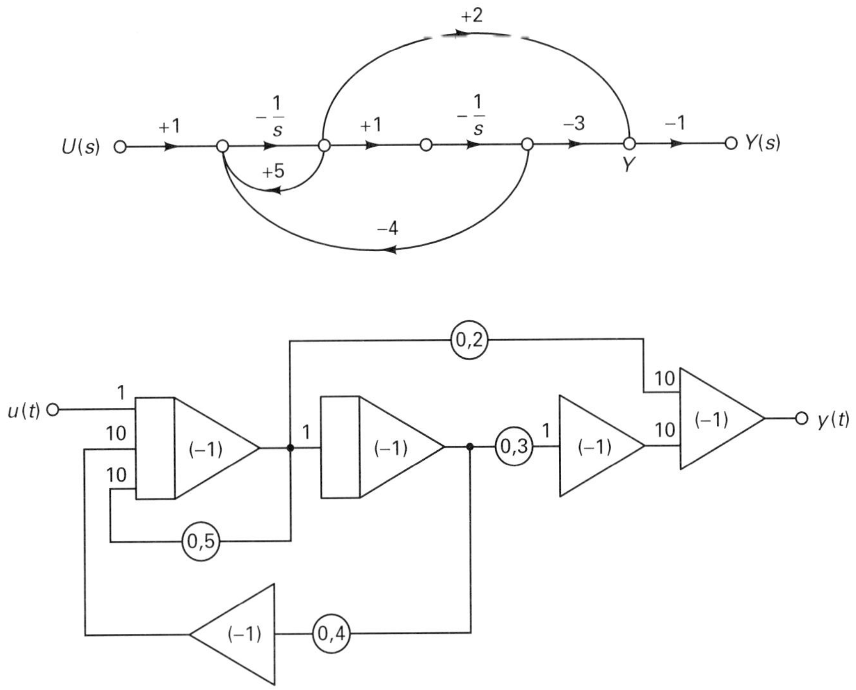


**Figura 5.2.** Conversión de un modelo de función de transferencia a un diagrama de simulación analógica.

Con la conversión desde una función de transferencia, sólo la variable de salida se identifica explícitamente como una variable física del sistema. Sin embargo, si la función de transferencia es una función todo polos, la salida de cada integrador tiene un significado físico en términos de la relación con la salida. Las señales de salida del amplificador son proporcionales a la salida y sus derivadas.

## Conversión de modelos de estado a diagramas de simulación analógicas

El modelo de estados se convierte rápidamente a un diagrama de simulación analógica sin ninguna incertidumbre con respecto a la configuración de la identidad física de las variables. Cada una de las variables de estado (tal como se especifica en el modelo) aparece como la salida de un integrador. Así, el estado del sistema se especifica en términos de variables identificables físicamente y un estado inicial no nulo se implementa libremente. Utilizando un diagrama de estado tal como los descritos en el Capítulo 4 (Sección 4.4), el grafo de flujo de señal se convierte rápidamente a un diagrama de simulación analógica equivalente.

**EJEMPLO 5.2**

*Se puede diseñar un diagrama de simulación analógica que tenga accesible como medidas todas las variables de estado.*

Suponiendo que el modelo de estado es

$$\begin{bmatrix} \dot{x}_1 \\ \dot{x}_2 \end{bmatrix} = \begin{bmatrix} 0 & 1 \\ -8 & -6 \end{bmatrix} \begin{bmatrix} x_1 \\ x_2 \end{bmatrix} + \begin{bmatrix} 0 \\ 8 \end{bmatrix} u, \tag{5.2}$$

determinar un diagrama de simulación analógica equivalente.

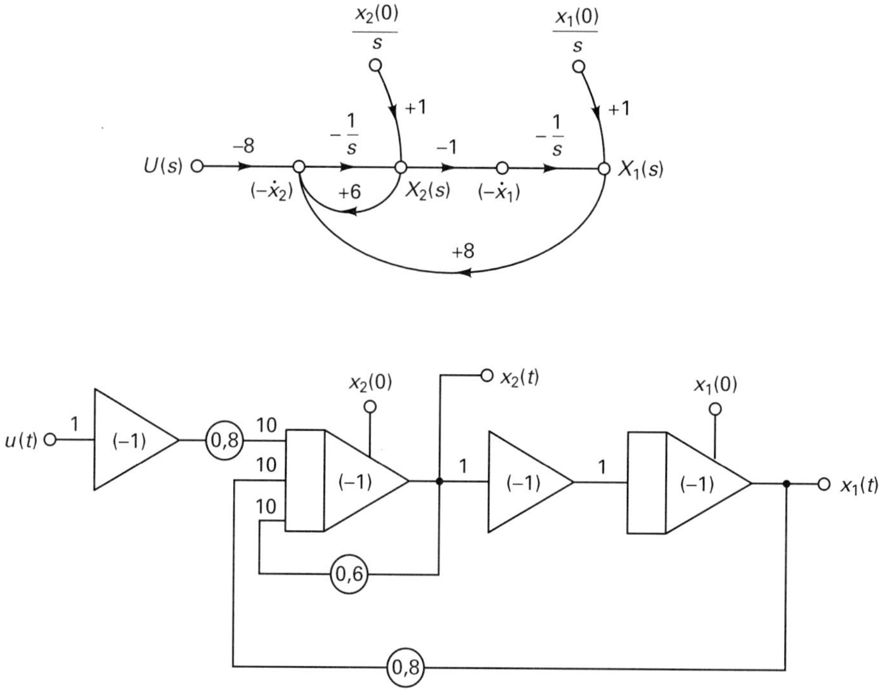


**Figura 5.3.** Conversión de un modelo de estado a un diagrama de simulación analógica.

**Solución.** En la Figura 5.3 se muestran el diagrama de estado y el diagrama de simulación analógica correspondiente. El diagrama de estado se modifica ligeramente con los signos menos asignados a las funciones de integración. Esto significa que un signo menos debe aplicarse también o bien a la variable de entrada o a la de salida de cada rama de integración, y los signos menos se han aplicado al lado de la entrada. Si el modelo de estado se vuelve a examinar considerando $-\dot{x}_1$ y $-\dot{x}_2$, todos los coeficientes deben cambiar de signo. Este cambio se refleja en la Figura 5.3.

## 5.3. SIMULACIÓN DIGITAL CON MODELOS DE SISTEMAS LINEALES

La aplicación de una técnica numérica (ideada para resolver ecuaciones diferenciales) es un método común para la simulación de modelos de sistemas de control lineales y no lineales. Con la aplicación de un algoritmo específico, el modelo de ecuación diferencial se sustituye por un modelo de ecuación en diferencia. Dado el estado del sistema, el modelo define el cambio a un nuevo estado que ocurrirá en un pequeño periodo de tiempo. La respuesta se genera entonces utilizando operaciones recurrentes.

El modelo de estado proporciona un formato matemático particularmente conveniente para desarrollar un modelo en tiempo discreto. Si el modelo del sistema es lineal, el modelo de ecuación en diferencia se compone de matrices constantes y la solución se forma por repetidas multiplicaciones matriciales. El punto de comienzo para este proceso es el modelo de estado lineal con

$$\dot{\mathbf{x}}(t) = \mathbf{A}\mathbf{x}(t) + \mathbf{B}\mathbf{u}(t). \tag{5.3}$$

La consideración de un modelo de estado no lineal, sin embargo, puede imponer una variación en la metodología. Algunos algoritmos que son aplicables a la simulación de sistemas lineales son o bien ni aplicables o no apropiados para el desarrollo de soluciones de sistemas no lineales.

## Los algoritmos de Euler hacia delante, de Euler hacia atrás y trapezoidales

Un algoritmo relativamente simple que se implementa fácilmente es el algoritmo de Euler[1] hacia delante. Si este algoritmo se presenta como una relación escalar, entonces

$$x(t + \Delta t) = \Delta t[\dot{x}(t)] + x(t), \tag{5.4}$$

donde $\Delta t$ es un pequeño intervalo de tiempo. El algoritmo utiliza la derivada (evaluada al comienzo del intervalo) multiplicada por el intervalo de tiempo para obtener una aproximación numérica del valor incremental que se debe añadir al final del intervalo. Considerando el modelo del sistema lineal de la Ecuación 5.3, y sustituyendo $\Delta t$ por $T$ (donde $T$ es un pequeño intervalo de tiempo), la relación se puede expresar como una ecuación matricial vectorial algebraica con

$$\mathbf{x}(t + T) = T[\mathbf{A}\mathbf{x}(t) + \mathbf{B}\mathbf{u}(t)] + \mathbf{x}(t). \tag{5.5}$$

Reagrupando los términos se obtiene

$$\mathbf{x}(t + T) = (\mathbf{I} + T\mathbf{A})\mathbf{x}(t) + T\mathbf{B}\mathbf{u}(t). \tag{5.6}$$

Para mantener la identificación de una cadena de valores discretos, se introduce un índice $k$ del intervalo de tiempo que indica el número de dichos intervalos que han ocurrido comenzando con $k = 0$ en $t = 0$. Así, una variable de tiempo cuantificada se expresa haciendo $t$ igual a $kT$ con $k = 0, 1, 2, 3$, etc., cuando el tiempo progresa. Variables discretas tal como $\mathbf{x}(kT)$ y $\mathbf{x}(kT + T)$ se indican entonces simplemente como $\mathbf{x}(k)$ y $\mathbf{x}(k + 1)$. Observe, sin embargo, que eliminando $T$ del argumento no redefine la variable —es simplemente una notación abreviada que se utiliza con el entendimiento de que el usuario puede interpretar las funciones correctamente y sustituir la notación correcta—. El algoritmo de Euler hacia delante, tal como se aplica a un modelo de estado lineal, produce una ecuación en diferencia matricial de primer orden con

$$\mathbf{x}(k + 1) = (\mathbf{I} + T\mathbf{A})\mathbf{x}(k) + T\mathbf{B}\mathbf{u}(k). \tag{5.7}$$

Considere la evaluación de unos pocos valores discretos con un modelo relativamente simple, suponga que

$$\begin{bmatrix} \dot{x}_1 \\ \dot{x}_2 \end{bmatrix} = \begin{bmatrix} 0 & 1 \\ -2 & -1 \end{bmatrix} \begin{bmatrix} x_1 \\ x_2 \end{bmatrix} + \begin{bmatrix} 0 \\ 2 \end{bmatrix} u, \tag{5.8}$$

[1] Leonhart Euler, 1707-1783 matemático suizo.

con

$$\mathbf{x}(0) = \begin{bmatrix} 0 \\ 0 \end{bmatrix} \quad \text{y} \quad u = 10u_s(t). \tag{5.9}$$

La aplicación de la Ecuación 5.7 con $T$ igual a 0,02 s da

$$\begin{bmatrix} x_1(k+1) \\ x_2(k+1) \end{bmatrix} = \begin{bmatrix} 1 & 0{,}02 \\ -0{,}04 & 0{,}98 \end{bmatrix} \begin{bmatrix} x_1(k) \\ x_2(k) \end{bmatrix} + \begin{bmatrix} 0 \\ 0{,}04 \end{bmatrix} 10 \tag{5.10}$$

para $t \geqslant 0$. Si se calculan algunos pasos con $T$ igual a 0,02 s se obtiene

$$\mathbf{x}(1) = \begin{bmatrix} 0 \\ 0{,}4 \end{bmatrix}, \quad \mathbf{x}(2) = \begin{bmatrix} 0{,}008 \\ 0{,}792 \end{bmatrix}, \quad \mathbf{x}(3) = \begin{bmatrix} 0{,}02384 \\ 1{,}17584 \end{bmatrix}, \text{ etc.} \tag{5.11}$$

Observe que las matrices constantes que definen el modelo de ecuación en diferencia de la Ecuación 5.10 se evalúan solamente una vez. El procedimiento de simulación se administra entonces aplicando el modelo (sin variación) a una secuencia de cálculos recurrentes. El estado del sistema, por supuesto, cambia con cada paso de tiempo —el estado calculado se convierte en el estado inicial para el paso siguiente.

Como el ejemplo no es particularmente complicado, es viable una comparación con una solución analítica. La aplicación de la expresión solución de la Ecuación 4.29 da

$$x_1(t) = 10\left[1 - e^{-0,5t}\left(\cos\frac{\sqrt{7}}{2}t + \frac{1}{\sqrt{7}}\operatorname{sen}\frac{\sqrt{7}}{2}t\right)\right]u_s(t) \tag{5.12}$$

y

$$x_2(t) = \left(\frac{40}{\sqrt{7}}e^{-0,5t}\operatorname{sen}\frac{\sqrt{7}}{2}t\right)u_s(t). \tag{5.13}$$

Así, el periodo de oscilación es de unos 4,8 s y el factor exponencial decae a menos del 1 % de su valor inicial en 10 s. La selección de $T$ igual a 0,02 s proporciona un intervalo de cálculo que es comparativamente muy pequeño y la determinación de la respuesta para un tiempo total de 10 s requiere 500 intervalos de cálculo. Para comparación, se considera también la solución utilizando $T = 0{,}2$ s con 50 intervalos de cálculo.

La evaluación de las funciones de las Ecuaciones 5.12 y 5.13 proporciona alguna comprensión del comportamiento del algoritmo de Euler hacia delante. Una comparación de las funciones de respuesta numérica y analítica (*véase* Figura 5.4) muestra que la solución numérica converge al valor correcto en estado estacionario, pero que existe una discrepancia entre la respuesta simulada y la respuesta real durante el periodo transitorio. Hay un error obviamente significativo con $T = 0{,}2$ s, pero el error es considerablemente más pequeño utilizando $T = 0{,}02$ s. La magnitud del error viene afectada por el tamaño del paso y es también algo dependiente de la naturaleza de la respuesta. Una respuesta bien comportada con poca o ninguna oscilación producirá un error de simulación más pequeño que una respuesta fuertemente oscilatoria que decae en un periodo de tiempo similar. Sin embargo, una comprobación de la selección satisfactoria de un paso de tiempo se puede lograr simplemente reduciendo el tamaño del paso hasta que el cambio en la respuesta no es significativo.

Cuando se compara con los requisitos de otros algoritmos, la aplicación del algoritmo de Euler hacia delante requiere un tamaño de paso relativamente pequeño. El problema del paso de tiempo es particularmente notable con los sistemas que se conocen como sistemas «stiff»

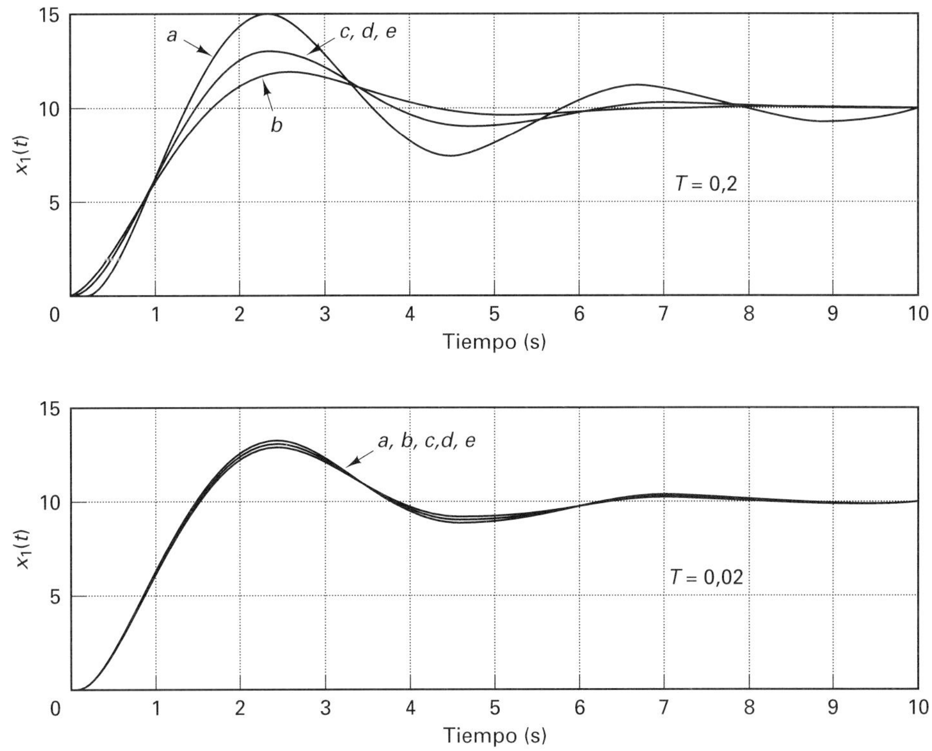


**Figura 5.4.** Variable de estado $x_1$ respecto del tiempo con $T = 0{,}2$ s y $T = 0{,}02$ utilizando: *a*) el algoritmo de Euler hacia delante, *b*) el algoritmo de Euler hacia atrás, *c*) el algoritmo trapezoidal, *d*) una solución analítica y *e*) el algoritmo exponencial matricial.

que presenta un gran abanico en las posiciones de los polos. Si el intervalo de tiempo es excesivamente grande, este algoritmo puede generar un error dramáticamente creciente que eventualmente aumenta sin ninguna acotación (una inestabilidad numérica).

Una modificación del algoritmo de Euler hacia delante es el algoritmo de Euler hacia atrás con la derivada calculada al final del intervalo. Así,

$$x(k + 1) = T[\dot{x}(k + 1)] + x(k). \tag{5.14}$$

Si el modelo es lineal, entonces

$$\mathbf{x}(k + 1) = T[\mathbf{A}\mathbf{x}(k + 1) + \mathbf{B}\mathbf{u}(k + 1)] + \mathbf{x}(k), \tag{5.15}$$

y el algoritmo de Euler hacia atrás tal como se aplica a la simulación de un sistema lineal e invariante en el tiempo es

$$\mathbf{x}(k + 1) = (\mathbf{I} - T\mathbf{A})^{-1}[T\mathbf{B}\mathbf{u}(k + 1) + \mathbf{x}(k)]. \tag{5.16}$$

La aplicación de este algoritmo al ejemplo anterior produce un error que tiende a ser opuesto en signo y ligeramente más pequeño que el error que se observa (Figura 5.4) utilizando el algoritmo de Euler hacia delante.

Una combinación de los algoritmos de Euler hacia delante y hacia atrás genera el algoritmo trapezoidal. Este es una modificación del algoritmo de Euler que utiliza la suma (dividida por 2) de las derivadas evaluadas al comienzo y al final del intervalo. Así,

$$x(k+1) = \frac{T}{2}\left[\dot{x}(k) + \dot{x}(k+1)\right] + x(k). \tag{5.17}$$

Si se aplica a un modelo lineal,

$$\dot{\mathbf{x}}(k) = \mathbf{A}\mathbf{x}(k) + \mathbf{B}\mathbf{u}(k) \tag{5.18}$$

y

$$\dot{\mathbf{x}}(k+1) = \mathbf{A}\mathbf{x}(k+1) + \mathbf{B}\mathbf{u}(k+1). \tag{5.19}$$

Entonces, con alguna reagrupación, el algoritmo trapezoidal tal como se aplica a un sistema lineal e invariante en el tiempo es

$$\mathbf{x}(k+1) = \left(\mathbf{I} - \frac{T}{2}\mathbf{A}\right)^{-1}\left[\left(\mathbf{I} + \frac{T}{2}\mathbf{A}\right)\mathbf{x}(k) + \frac{T}{2}\mathbf{B}[\mathbf{u}(k+1) + \mathbf{u}(k)]\right]. \tag{5.20}$$

Si el ejemplo previo se simula utilizando el algoritmo trapezoidal, el error se reduce significativamente. Las gráficas (Figura 5.4) no muestran diferencia discernible entre la solución analítica y la solución trapezoidal utilizando $T = 0{,}02$ o $T = 0{,}2$. Si el intervalo de tiempo es de 0,02 s, el valor de $x_1$ en $t = 2{,}38$ s (cerca del pico) es de 13,0491 si se calcula utilizando el algoritmo trapezoidal y 13,0500 si se evalúa utilizando la solución analítica.

El algoritmo de Euler hacia delante se puede aplicar a un modelo no lineal, pero la aplicación del algoritmo de Euler hacia atrás o el trapezoidal en la simulación de un modelo no lineal introduce una situación difícil. No hay generalmente una solución explícita para $x(k+1)$. Este fenómeno se produce por la aparición del término $x(k+1)$ en ambos lados de la ecuación sin ninguna posibilidad de una solución algebraica. Los algoritmos de Euler hacia delante y trapezoidal se pueden combinar para implementar una técnica de predicción-corrección, pero este proceso requiere una iteración dentro de cada intervalo de tiempo. No obstante, si el modelo es un sistema lineal e invariante en el tiempo, una solución explícita es, por supuesto, alcanzable y la utilización del algoritmo trapezoidal tal como se presentó en la Ecuación 5.20 es una técnica de simulación excelente.

## Simulación utilizando la función exponencial de una matriz

Si el modelo del sistema es lineal e invariante en el tiempo, la utilización de la función exponencial de una matriz (expresada como una serie infinita) proporciona un método único que puede ser notablemente preciso. El concepto básico es algo diferente de otras técnicas de simulación por computador pero se implementa relativamente de forma fácil.

Si el modelo de estado se expresa con $\mathbf{u}(t) = 0$, entonces el modelo se reduce a $\dot{\mathbf{x}}(t) = \mathbf{A}x(t)$ y la solución que puede expresarse en términos de la función exponencial de una matriz (Ecuación 4.33) es $\mathbf{x}(t) = e^{\mathbf{A}t}\mathbf{x}(0)$. Si la solución se expresa en términos del tiempo inicial no especificado $t_0$, el resultado es

$$\mathbf{x}(t) = e^{\mathbf{A}(t-t_0)}\mathbf{x}(t_0). \tag{5.21}$$

Si $\mathbf{u} \neq 0$, entonces el modelo es $\dot{\mathbf{x}}(t) = \mathbf{A}\mathbf{x}(t) + \mathbf{B}\mathbf{u}(t)$. No obstante, con ciertas entradas, el modelo se puede convertir a $\dot{\mathbf{z}}(t) = \mathbf{F}\mathbf{z}(t)$ donde $z$ contiene $\boldsymbol{x}$ y una o dos variables adicionales que son necesarias para generar la entrada. En esta forma, **F** es una matriz aumentada que genera simultáneamente la entrada y las funciones de respuesta. La solución es

$$\mathbf{z}(t) = e^{\mathbf{F}(t - t_0)}\mathbf{z}(t_0). \tag{5.22}$$

Esta relación se puede convertir a una ecuación en tiempo discreto con $t_0 = kT$ y $t = (k + 1)T$. Entonces la forma deseada final es

$$\mathbf{z}[(k + 1)T = e^{\mathbf{F}T}\mathbf{z}(kT). \tag{5.23}$$

Hay algunas formulaciones de entrada específicas que se implementan fácilmente utilizando la formulación de la Ecuación 5.23. Se describen simulaciones de sistemas en los cuales:

1. La entrada es constante a tramos.
2. La entrada es continua y lineal a tramos.

La entrada constante a tramos es una función que está compuesta de una secuencia de funciones salto con la magnitud especificada para cada intervalo. La entrada lineal a tramos continua está constituida por una secuencia continua de funciones rampa con la pendiente y la magnitud inicial especificada para cada intervalo.

Suponga que la entrada constante a tramos se aplica al modelo de Ecuación 5.8. Se añade una tercera ecuación de estado para generar una función que reemplaza a la entrada; así, la tercera variable de estado es $u$. Como esta función es constante durante el intervalo de tiempo desde $t_0$ a $t$, $du/dt$ debe ser cero y $u(t_0)$ determina la magnitud. Un modelo equivalente con un salto generado internamente es entonces

$$\begin{bmatrix} \dot{x}_1 \\ \dot{x}_2 \\ \dot{u} \end{bmatrix} = \begin{bmatrix} 0 & 1 & 0 \\ -2 & -1 & 2 \\ 0 & 0 & 0 \end{bmatrix} \begin{bmatrix} x_1 \\ x_2 \\ u \end{bmatrix} \tag{5.24}$$

con

$$\mathbf{z}(t_0) = \begin{bmatrix} x_1(t_0) \\ x_2(t_0) \\ u(t_0) \end{bmatrix}. \tag{5.25}$$

La solución en tiempo discreto (utilizando la notación simplificada) es

$$\mathbf{z}(k + 1) = e^{\mathbf{F}T}\mathbf{z}(k), \tag{5.26}$$

donde $\boldsymbol{F}$ es la matriz $\boldsymbol{A}$ aumentada y

$$e^{\mathbf{F}T} = \mathbf{I} + \mathbf{F}T + \frac{1}{2!}(\mathbf{F}T)^2 + \frac{1}{3!}(\mathbf{F}T)^3 + \cdots. \tag{5.27}$$

La evaluación de la matriz exponencial utilizando sólo tres términos de la serie con $T = 0{,}02$ proporciona

$$\begin{bmatrix} x_1(k + 1) \\ x_2(k + 1) \\ u(k + 1) \end{bmatrix} = \begin{bmatrix} 0{,}9996 & 0{,}0198 & 0{,}0004 \\ -0{,}0396 & 0{,}9798 & 0{,}0396 \\ 0 & 0 & 1 \end{bmatrix} \begin{bmatrix} x_1(k) \\ x_2(k) \\ u(k) \end{bmatrix}, \tag{5.28}$$

o

$$\begin{bmatrix} x_1(k+1) \\ x_2(k+1) \end{bmatrix} = \begin{bmatrix} 0{,}9996 & 0{,}0198 \\ -0{,}0396 & 0{,}9798 \end{bmatrix} \begin{bmatrix} x_1(k) \\ x_2(k) \end{bmatrix} + \begin{bmatrix} 0{,}0004 \\ 0{,}0396 \end{bmatrix} u(k). \tag{5.29}$$

Si los valores iniciales de $x_1(k)$ y $x_2(k)$ se suponen que son nulos y el valor de $u(k)$ vale 10 para todo $k$, entonces la respuesta dibujada no presenta desviación aparente con respecto a la solución analítica, tal como se muestra en la Figura 5.4. Con $T = 0{,}02$ el valor de $x_1$ en $t = 2{,}38$ s es 13,0500, considerando o bien la solución analítica o la solución de la matriz exponencial. Como el intervalo discreto seleccionado es pequeño y no hay problemas especiales (tal como una amplia separación entre las posiciones de los polos), la serie converge rápidamente. La consideración de más de tres términos no proporciona un cambio significativo. Sin embargo, observe que $e^{FT}$ se calcula utilizando la Ecuación 5.27 con un número finito de términos y aumentando el valor de $T$ a 0,2 hace más lenta la velocidad de convergencia de la serie. La respuesta tal como se presenta con $T = 0{,}2$ no muestra errores aparentes, pero el nuevo modelo se obtuvo con la truncación de la serie extendida a cinco términos.

Si se utiliza una secuencia de funciones salto como una aproximación de una entrada con uno o más segmentos que son continuos y no constantes (*véase* Figura 5.5) se introduce un error que se debe a la aproximación de la entrada. Este error es dependiente de la magnitud del intervalo de tiempo discreto $T$. Una entrada continua $u(t)$ se describe aproximadamente como una secuencia de saltos si se sustituye $t$ por $kT$ en la función de entrada deseada con la sustitución del valor seleccionado de $T$.

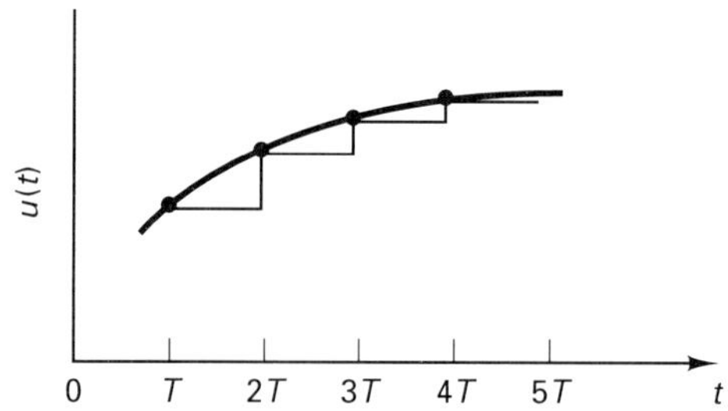


**Figura 5.5.** Una aproximación a tramos.

La generación de una entrada como una secuencia de segmentos de rampa continuos requiere una matriz aumentada con dos variables adicionales $u_1$ y $u_2$. Suponga que $u_1(t)$ describe la función en rampa y $u_2(t)$ la pendiente. Entonces

$$u_1(t) = b(t - t_0) + u_1(t_0) \text{ para } t_0 \leqslant t \leqslant t_0 + T, \tag{5.30}$$

y

$$u_2(t) = b \text{ para } t_0 \leqslant t \leqslant t_0 + T, \tag{5.31}$$

donde $b$ es la pendiente. Entonces $du_1/dt$ es igual a $u_2$, y $du_2/dt$ es igual a cero. Volviendo al ejemplo previo, el modelo de estado con dos variables de estado adicionales se hace

$$\begin{bmatrix} \dot{x}_1 \\ \dot{x}_2 \\ \dot{u}_1 \\ \dot{u}_2 \end{bmatrix} = \begin{bmatrix} 0 & 1 & 0 & 0 \\ -2 & -1 & 2 & 0 \\ 0 & 0 & 0 & 1 \\ 0 & 0 & 0 & 0 \end{bmatrix} \begin{bmatrix} x_1 \\ x_2 \\ u_1 \\ u_2 \end{bmatrix}. \tag{5.32}$$

La evaluación de la matriz exponencial utilizando los primeros tres términos de la serie con $t_0 = kT$ y $T = 0{,}02$ produce

$$\begin{bmatrix} x_1(k+1) \\ x_2(k+1) \\ u_1(k+1) \\ u_2(k+1) \end{bmatrix} = \begin{bmatrix} 0{,}9996 & 0{,}0198 & 0{,}0004 & 0 \\ -0{,}0396 & 0{,}9798 & 0{,}0396 & 0{,}0004 \\ 0 & 0 & 1 & 0{,}02 \\ 0 & 0 & 0 & 1 \end{bmatrix} \begin{bmatrix} x_1(k) \\ x_2(k) \\ u_1(k) \\ u_2(k) \end{bmatrix}, \tag{5.33}$$

y esta función se modifica en formato para dar

$$\begin{bmatrix} x_1(k+1) \\ x_2(k+1) \end{bmatrix} = \begin{bmatrix} 0{,}9996 & 0{,}0198 \\ -0{,}0396 & 0{,}9798 \end{bmatrix} \begin{bmatrix} x_1(k) \\ x_2(k) \end{bmatrix} + \begin{bmatrix} 0{,}0004 & 0 \\ 0{,}0396 & 0{,}0004 \end{bmatrix} \begin{bmatrix} u_1(k) \\ u_2(k) \end{bmatrix}. \tag{5.34}$$

La magnitud de la entrada al comienzo de cada intervalo se describe mediante $u_1(k)$, y la pendiente de la entrada es $u_2(k)$. Para mantener la relación lineal a tramos, la pendiente de la entrada se relaciona con la magnitud de la entrada mediante

$$u_2(k) = \frac{u_1(k+1) - u_1(k)}{T}. \tag{5.35}$$

La entrada lineal a tramos se puede utilizar como una aproximación de cualquier función continua $u_1(t)$ con una derivada acotada (*véase* Figura 5.6). Los valores requeridos de $u_1(k)$ se obtienen sustituyendo $t$ por $kT$ en $u_1(t)$ y los valores de $u_2(k)$ se determinan utilizando la relación de la Ecuación 5.35. Si el intervalo de tiempo discreto es suficientemente pequeño, una evaluación similar de $u_2(k)$ se obtiene sustituyendo $t$ por $kT$ en una función continua que describe la derivada de la entrada.

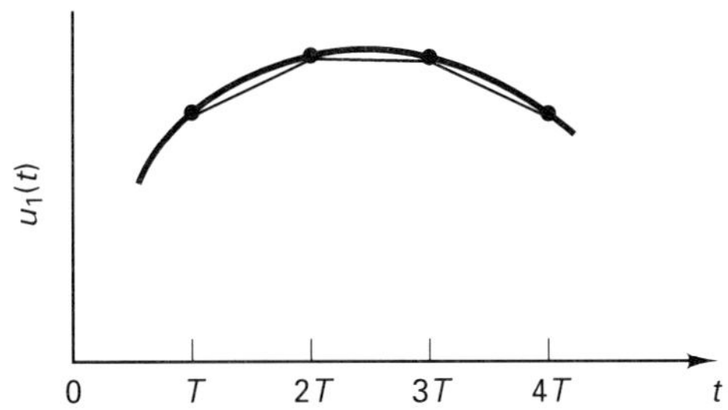


**Figura 5.6.** Una aproximación lineal a tramos.

La utilización de la función exponencial matricial proporciona una técnica de simulación digital eficiente, pero esta técnica está limitada estrictamente a sistemas lineales invariantes en el tiempo.

## 5.4. SIMULACIÓN DE SISTEMAS NO LINEALES

Un modelo no lineal de segundo orden se describe como sigue:

$$\begin{aligned} \dot{x}_1 &= x_2 \\ \dot{x}_2 &= \tan^{-1}(u^2 - x_1^2) - 2x_2. \end{aligned} \tag{5.36}$$

Un posible método es aplicar el algoritmo de Euler hacia delante

$$x(k+1) = T[\dot{x}(k)] + x(k). \tag{5.37}$$

No es posible duplicar el formato del algoritmo del sistema lineal, pero la relación de la Ecuación 5.37 es aplicable a cada ecuación. Este procedimiento produce

$$x_1(k+1) = T[x_2(k)] + x_1(k), \tag{5.38}$$

y

$$x_2(k+1) = T[\tan^{-1}[u^2(k) - x_1^2(k)] - 2x_2(k)] + x_2(k). \tag{5.39}$$

Este método se sigue rápidamente escribiendo un pequeño programa que implementa las Ecuaciones 5.38 y 5.39. La precisión de la simulación es dependiente de la utilización de un intervalo de cálculo suficientemente pequeño. La comprobación más simple de la precisión se obtiene al repetir la simulación con valores más pequeños del tamaño del paso.

Algoritmos de una mayor complejidad darán errores de simulación reducidos. La sección siguiente describe un conjunto de programas que incluyen la capacidad de aplicar soluciones numéricas a un conjunto de ecuaciones diferenciales no lineales de primer orden. Las técnicas utilizan variaciones del algoritmo de Runge-Kutta [1].

## 5.5. SIMULACIÓN UTILIZANDO MATLAB

El paquete de software MATLAB[2] proporciona un conjunto de procedimientos computacionales generados por computador que ofrecen capacidades de análisis numérico eficiente con cálculos que típicamente utilizan matrices o arrays. La adición del *Control System Toolbox* incorpora numerosas funciones de propósito especial y muchas de estas funciones se adecuan particularmente al estudio de la conducta en el dominio temporal. Así, un algoritmo de simulación se aplica rápidamente al introducir un modelo del sistema y a continuación llamando a una orden apropiada de MATLAB.

### Simulación de sistemas lineales

Si un modelo de sistema es lineal y continuo, las órdenes de MATLAB que son aplicables incluyen **step, impulse, initial** y **lsim**. La respuesta a una entrada en salto unitario, una entrada de impulso unitario o un estado inicial no nulo se pueden obtener utilizando **step, impulse** o **initial**, respectivamente. Con **step** e **impulse**, el modelo se puede introducir como un modelo de estado o de función de transferencia. Observe, sin embargo, que un modelo de función de transferencia invierte internamente a un modelo de estado equivalente y la simulación numérica en cada caso se realiza utilizando una técnica de solución exponencial matricial (*véase* Sección 5.3). Una solución a un sistema lineal general se puede obtener utilizando **lsim**. Esta orden aceptará entradas definidas por el usuario y si el modelo se introduce como un modelo de estado, la utilización de **lsim** también permitirá la consideración de entradas múltiples y un estado inicial no nulo.

---

[2] Para una información introductoria sobre el uso de MATLAB y el Control System Toolbox, el lector debe consultar el Apéndice B. También puede desear revisar la información del Capítulo 3 (Sección 3.8) y Capítulo 4 (Sección 4.8).

Las funciones de respuesta, tal como se muestra en la Figura 5.4, se duplican fácilmente utilizando la función descrita como **step**. El modelo de estado es

$$\begin{bmatrix} \dot{x}_1 \\ \dot{x}_2 \end{bmatrix} = \begin{bmatrix} 0 & 1 \\ -2 & -1 \end{bmatrix} \begin{bmatrix} x_1 \\ x_2 \end{bmatrix} + \begin{bmatrix} 0 \\ 2 \end{bmatrix} u. \tag{5.40}$$

Suponga que la ecuación de salida es

$$y = [1 \quad 0] \begin{bmatrix} x_1 \\ x_2 \end{bmatrix} + [0]u. \tag{5.41}$$

Después de acceder a MATLAB, las siguientes instrucciones se introducen individualmente o se disponen en un archivo M (*véase* Apéndice B):

```
a=[0 1;-2 -1];                          % Matriz A
b=[0;2];                                % matriz B
c=[1 0];                                % matriz C
d=[0];                                  % matriz D
[y,x,t]=step(a,b,c,d,1);                % El cálculo utilizando la entrada 1
plot(t,10*x)                            % Petición de gráfica
grid, xlabel('Time (sec)'), ylabel('Amplitude')   % Añadir rejilla y etiquetas
text(5,9,'x1'), text(2.3,2.2,'x2')      % Texto posicionado sobre la gráfica
```

Se obtiene una gráfica escribiendo *print*. Como **step** proporciona la respuesta a un salto unitario, la visualización de la respuesta a una entrada en salto de magnitud de 10 se obtiene especificando una gráfica de $10^*x$. El formato de la respuesta **x** es una matriz de dos columnas que describe a las dos variables de estado como función del tiempo. Como la salida $y$ se define en este ejemplo que es igual a $x_1$, una gráfica de $y$ sería redundante. Como el formato **step** que se aplicó a este ejemplo no incluía un vector de tiempos, el intervalo de tiempo y el instante final se seleccionan automáticamente. Si se define un vector de tiempos, debe añadirse el símbolo del vector de tiempos al argumento de entrada de la orden **step** y los datos de salida reflejarán el cambio. Observe que el usuario puede seleccionar la notación simbólica para los datos de entrada y las variables del sistema según desee, pero la secuencia de símbolos tal como se dispone en el argumento de una orden de MATLAB debe corresponderse con un formato específico.

Si el modelo se especifica como una función de transferencia, el formato (con numerador y denominador denotados como «num» y «den») es $[y, x, t]$ = step(num,den). Suponiendo que $u$ es una entrada en salto de magnitud 10 y el modelo es

$$\frac{Y(s)}{U(s)} = \frac{2}{s^2 + s + 2}, \tag{5.42}$$

entonces la lista de instrucciones debe incluir lo siguiente:

```
num=[0 0 20];               % Coeficiente del numerador (multiplicado por 10)
den=[1 1 2];                % Coeficientes del denominador
[y,x,t]=step(num,den);
plot(t,y)
    etc.
```

La respuesta es $y(t)$. Como esta función proporciona la respuesta a un salto unitario, el factor de 10 se introdujo al aumentar el coeficiente del denominador. La función **step** se implementa transformando la función de transferencia a un modelo de estado equivalente. Si se pide una gráfica de $x$, las variables que constituyen el vector de estado (utilizando el modelo de estado canónico de control) se representa respecto del tiempo. Como la función de transferencia es una función todo polos, la conversión a un modelo canónico de control produce variables de estado que son proporcionales a la salida y la primera derivada de la salida (*véase* Sección 4.5).

## Simulación de sistemas no lineales

El algoritmo de Euler hacia delante (Sección 5.4) se puede implementar como un conjunto de sentencias en MATLAB, pero hay dos algoritmos de una sofisticación considerablemente mayor que son aplicables a la simulación de sistemas no lineales. Con una simulación no lineal el usuario puede emplear las subrutinas definidas en MATLAB que llaman a la función **ode23** (algoritmo de Runge-Kutta de segundo y tercer orden) o la función **ode45** (algoritmo de Runge-Kutta-Fehlberg).

Con un modelo no lineal, la descripción del modelo no se puede introducir simplemente como un conjunto de matrices; así pues se debe emplear una técnica algo diferente. Este problema se resuelve utilizando una *función* que es un archivo M para introducir el modelo del sistema. El usuario debe crear una función a medida colocando la palabra *function* (con argumentos de entrada y salida y un nombre de archivo) en la primera línea. Los cálculos del archivo M se pueden pasar entonces a la función que efectúa la integración numérica.

Volviendo al modelo no lineal de la Ecuación 5.36, suponga que $u = 2$, $x_1(0) = -1$ y $x_2(0) = 0$. El modelo se expresa como sigue:

$$\begin{aligned} \dot{x}_1 &= x_2 \\ \dot{x}_2 &= \tan^{-1}(4 - x_1^2) - 2x_2. \end{aligned} \tag{5.43}$$

La función requerida se describe creando una función en un archivo M que se denomina arbitrariamente nlsys.m (se requiere la extensión .m). El modelo se introduce como un conjunto de expresiones derivadas que reciben valores de $\mathbf{x}$ y $t$ del programa principal y devuelven el correspondiente $\dot{\mathbf{x}}$. El vector columna de las derivadas del estado que se retorna se reconoce como *xdot* por la función **ode23**. El modelo de la Ecuación 5.43 se describe como sigue:

```
% La primera línea crea una función llamada «nlsys» con t y x como entrada
y xdot de salida
    function xdot=nlsys(t,x)
    xdot(1)=x(2);
    xdot(2)=atan(4-x(1)^2)-2*x(2);
```

El programa principal se introduce entonces de la forma siguiente:

```
% El cálculo requiere el nombre del archivo M de la función: el tiempo de comienzo,
el tiempo de finalización y un vector columna de condiciones iniciales
    t0=0; tf=10;
    x0=[-1;0];
    [t,x]=ode23('nlsys' ,t0,tf,x0);
    plot(t,x)
    xlabel('Time (sec)'), ylabel('Amplitude'), grid
```

El resultado de esta simulación se muestra en la Figura 5.7.

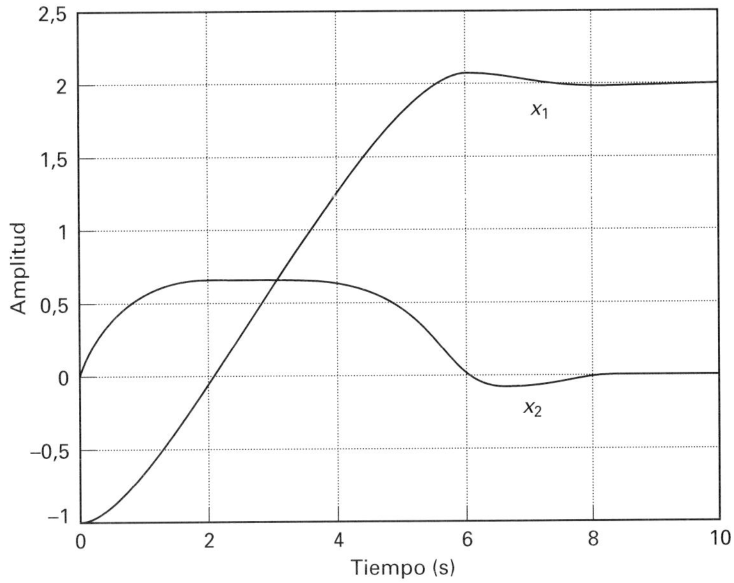


**Figura 5.7.** Una respuesta en salto con un modelo no lineal.

## 5.6. UNA APLICACIÓN DE UN SISTEMA DE CONTROL

Volviendo al sistema de control de posición de la antena que se consideró en el Capítulo 3 (Sección 3.6) y en el Capítulo 4 (Sección 4.2), el sistema se describe utilizando un modelo de función de transferencia y después empleando un modelo de estado. Aunque uno u otro modelo se pueden usar en una simulación con MATLAB, el formato del modelo de estado permite una consideración simultánea de ambas entradas y el empleo de este formato generan datos de salida que incluyen todas las variables de estado y las variables de salida.

La entrada de referencia a la antena se supone que es la función que se describe en la Figura 5.8. El ángulo de referencia se compone de una velocidad de cambio constante del ángulo en el periodo de tiempo de 0 a 2 s, seguido por un ángulo constante de 0,5 rad. El par de perturbación del viento sobre la antena se supone que es una ráfaga de 20 N-m que existe solamente entre 4 s y 6 s tal como se ilustra en la Figura 5.8. El programa en MATLAB se describe como sigue:

```
    La=.002; Kd=100; Ko=1; Ra=4; Kb=.14; Kt=.14; Jeq=.001; Beq=.001; n=.004;
% n=N1/N2 es la razón de engranaje y Kd es la ganancia del detector de ángulo
    a=[-Ra/La -Kb/La -Kd*Ko/La; Kt/Jeq -Beq/Jeq 0;0 n 0];
    b=[Kd*Ko/La 0; 0 n/Jeq; 0 0];
    c=[0 0 -1;0 n 0];
    d=[1 0;0 0];
    t=[0:.05:8]'; step=.05;          % 'Indica que t se traspone
% Definir la entrada de referencia para el ángulo de la antena
    for k=1:41, theta(k)=.25*(k-1)*step; end     % la pendiente de la rampa es 0.25
    for k=42:161, theta(k)=.5; end               % constante para t >2
```

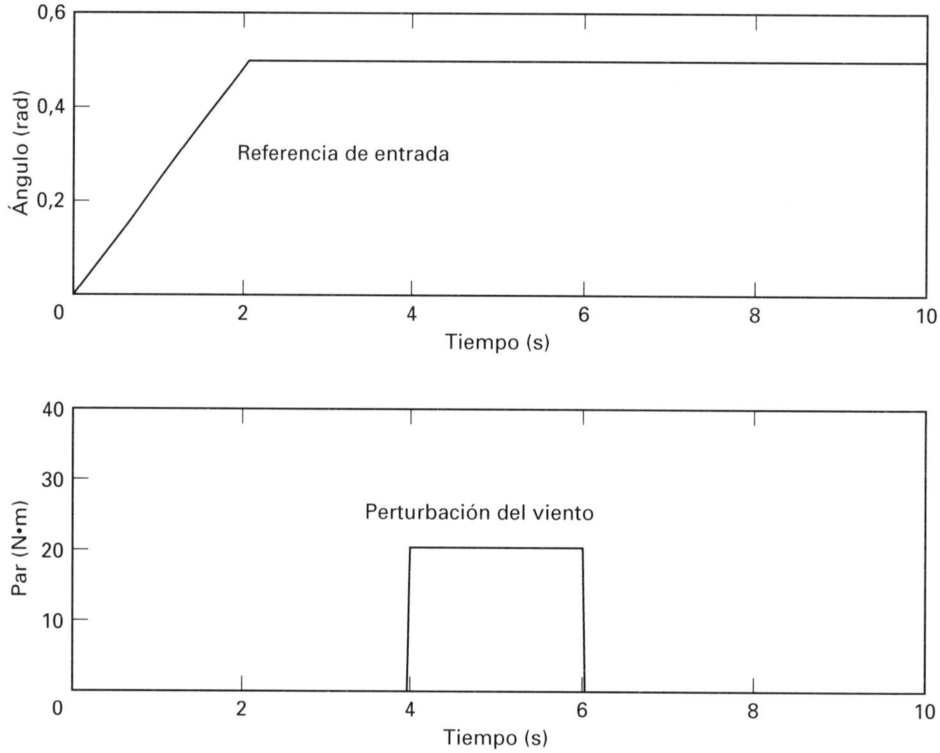


**Figura 5.8.** El ángulo de entrada de referencia y el par de perturbación del viento.

```
% Definir el par de perturbación del viento
    for k=1:80, Tw(k)=0; end
    for k=81:121, Tw(k)=20; end
    for k=122:161, Tw(k)=0; end
% Definir la entrada compuesta y la función computacional:
    u=[theta' Tw'];                    % Cada entrada debe ser un vector columna
    [y,x]=lsim(a,b,c,d,u,t);
% Petición de una gráfica de la entrada y la salida (todas las filas de la tercera
    columna de x):
    figure(1), plot(t,theta','--',t,x(:3)), pause  % pulse cualquier tecla para continuar
% Petición de una gráfica de .14*ia (para generar una gráfica del par desarrollado).
    figure(2), plot(t,.14*x(:,1))
```

Para obtener una copia, escriba *figure*(1), *print;* o *figure*(2), *print*. En la Figura 5.9 se muestran las gráficas del ángulo de la antena respecto del tiempo y del ángulo de referencia respecto del tiempo. El efecto del par de perturbación es aparente. En la Figura 5.10 se muestra el par desarrollado por el motor. Como la operación de realimentación actúa para reducir el error, el ángulo de la antena sigue a los cambios en el ángulo de referencia. El sistema tiende a mantener el ángulo de la antena en la posición descrita por la función de referencia de la entrada. Es aparente, sin embargo, que un error angular significativo ocurre cuando la antena está siguiendo el movimiento de la rampa tal como se describe por la entrada y otra vez cuando ocurre la perturbación del viento. Varias técnicas que mejorarán el control se consideran en los capítulos siguientes.

La utilización de bucles *FOR* para generar los vectores de entrada (la entrada de referencia y la perturbación del viento) respecto del tiempo es una de algunas alternativas posibles.

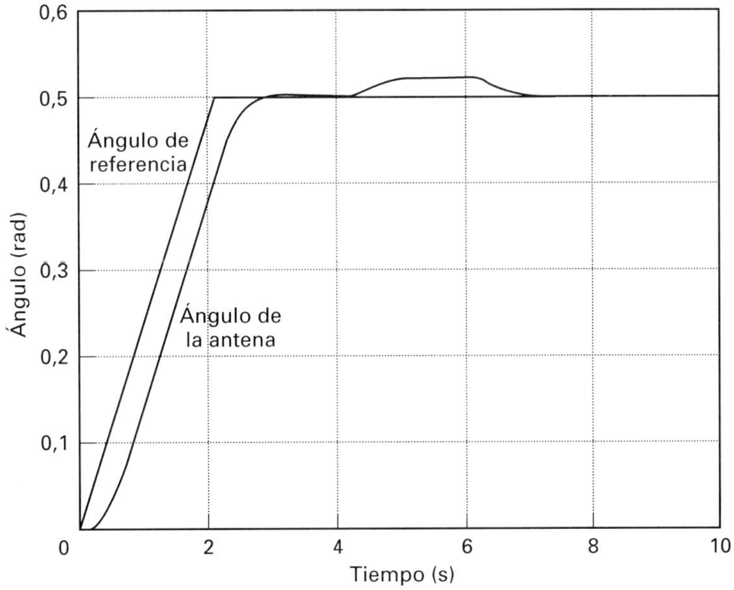


**Figura 5.9.** El ángulo de la antena y la entrada de referencia.

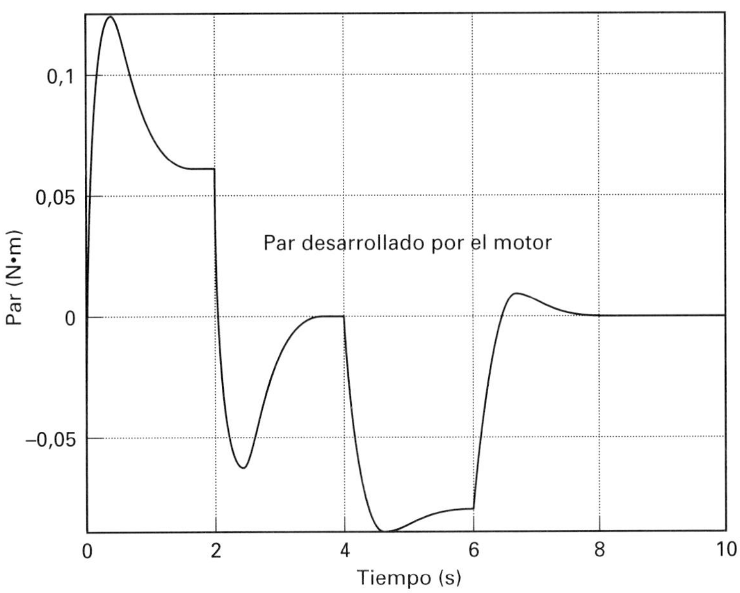


**Figura 5.10.** El par desarrollado por el motor.

Como se pueden crear matrices añadiendo partes, las entradas se pueden generar sumando porciones que ocurren en periodos de tiempo diferentes. Por ejemplo, la referencia de entrada angular se puede crear como sigue:

```
t1=[0:.05:2]'; theta1=.25*t1;          % La entrada de referencia
t2=[2.05:.05:8]'; theta2=.5+0*t2;
t=[t1;t2]; theta=[theta1;theta2];         % Tiempo; Entrada de referencia finalizada
```

Como el programa crea y manipula una serie de matrices, se debe tener cuidado al desarrollar matrices que no se trasponen o en cualquier caso que sean inconsistentes con las dimensiones que se precisan para las operaciones matemáticas y las representaciones gráficas. Una llamada a *size*($t$) verifica que hay 161 filas y una columna que constituyen el vector de tiempos y una llamada a *size*($x$) indica que las tres variables de estado (calculadas respecto del tiempo) se presentan en una matriz con 161 filas y 3 columnas. Por lo tanto, se obtiene una gráfica de $x_3$ especificando $x$(:,3), obteniéndose así todas las filas de la columna 3.

## 5.7. SIMULACIÓN UTILIZANDO SIMULINK

SIMULINK es un suplemento de MATLAB (*véase* Sección 3.9) que se utiliza fundamentalmente como una herramienta para simular sistemas dinámicos. La representación de un modelo se desarrolla en un entorno interactivo utilizando representaciones gráficas de todos los elementos de simulación. El formato de diagrama de bloques se ofrece con una gran selección de bloques operacionales incluyendo funciones de transferencia, modelos de estado, relaciones no lineales y funciones definidas por el usuario. Cuando se utiliza SIMULINK, las grandes tareas de programación se efectúan todas internamente. El usuario debe construir el diagrama, introducir los parámetros tal como se requieren, seleccionar un algoritmo de simulación y a continuación solicitar una simulación.

La discusión siguiente introduce algunos bloques adicionales de SIMULINK y el procedimiento de simulación se demuestra con dos ejemplos.

### Algunos bloques de SIMULINK

La *Sources Library* contiene una serie de bloques para generar diferentes señales de excitación. Los bloques etiquetados *Constant*, *Step Input*, *Sine Wave*, *Pulse Generator* y *Signal Generator* producirán señales que se utilizan normalmente para comprobar sistemas dinámicos. Las características de cada bloque se pueden determinar realizando una doble pulsación sobre cada uno de ellos y examinando los correspondientes cuadros de diálogo. Si las formas de onda son lineales a tramos, se pueden generar señales periódicas adicionales con el bloque *Repeating Sequence*. Las señales se construyen especificando los vértices de la señal a lo largo de un periodo. Por ejemplo, al especificar [0 2 4] para *Time values* y [0 1 0] para *Output values* produce una onda triangular que oscila entre 0 y 1 con un periodo de 4. Una señal que no está disponible directamente se puede producir al crear el vector de tiempos y de señal en MATLAB e importando los datos en SIMULINK utilizando el bloque *From Work-space*.

Las líneas de conexión pueden representar una variable simple o un vector. Los bloques etiquetados *Mux* y *Demux* de la *Connections Library* se utilizan para combinar variables (o vectores) en un vector de dimensión aumentada o para desdoblar un vector en sus variables individuales. Esto es una capacidad muy útil cuando se trabaja con sistemas multivariables o cuando se combinan señales para la visualización de múltiples señales de salida.

Antes de que se solicite una simulación, se selecciona un algoritmo de integración numérica en el cuadro de diálogo **Parameters**. Las soluciones de sistemas lineales no introducen normalmente ninguna dificultades computacionales especiales y una técnica de solución eficiente (utilizando un algoritmo exponencial matricial) es *Linsim*. Con modelos no lineales un algoritmo de Runge-Kutta 3 o Runge-Kutta 5 es normalmente suficiente. Sin embargo, ciertos sistemas no lineales pueden exhibir problemas computacionales especiales. Por ejemplo, si el sistema es no lineal y regular pero es de tipo stiff (es decir, algunas variables cambian mucho más rápido que otras) puede que se necesite el algoritmo de Gear para obtener un resultado satisfactorio.

## Ejemplos

Considere otra vez el sistema de realimentación multilazos de la Sección 4.8 y la Figura 4.13. Suponga que ambas variables de estado $x_1(t)$ y $x_2(t)$ se tienen que observar y que se representan juntas con la señal de excitación $r(t)$ en la misma figura. Entonces el diagrama de bloques de la Figura 4.13 debe modificarse de forma que ambas variables de estado sean accesibles para su representación. Si la matriz **C** del bloque $G_2$ se fija a una matriz identidad 2 por 2 y la matriz **D** se fija a $[0\ 0]^T$, entonces la salida del bloque es igual al vector de estado $[x_1\ x_2]^T$. El vector de estado es entonces accesible a los otros bloques. Sin embargo, para mantener la conducta de entrada-salida correcta del bloque $G_2$ se debe insertar una matriz de ganancia adicional igual a la matriz original $\mathbf{C} = [1\ 0]$. El diagrama de bloques resultante, tal como se muestra en la Figura 5.11, es entonces equivalente al diagrama de la Figura 4.13. Combinando el vector de estado $[x_1\ x_2]^T$ y el vector de referencia $r$ en un vector $[r\ x_1\ x_2]^T$ (utilizando un bloque *Mux*) hace posible representar las tres señales en la misma figura.

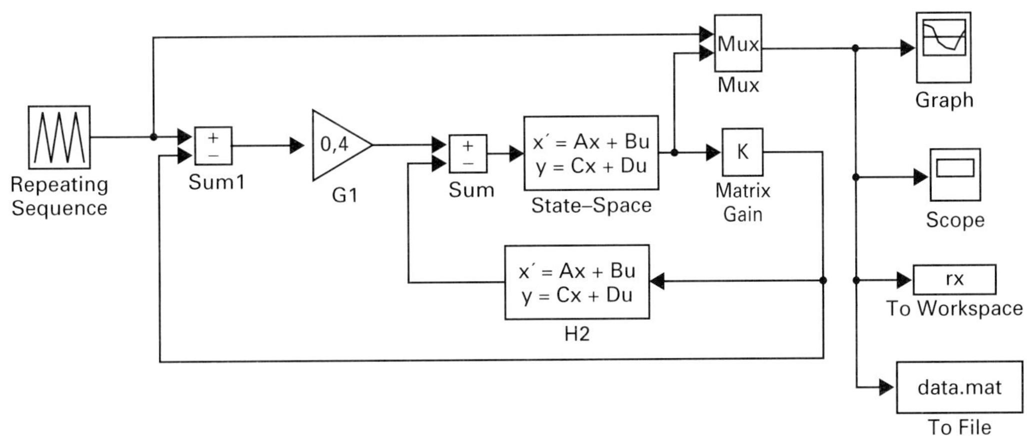


**Figura 5.11.** Un diagrama en SIMULINK con la gestión de señales y datos.

En la Figura 5.11 se utilizan cuatro bloques diferentes de la *Sinks Library* para visualizar o capturar la historia de los datos del vector $[r\ x_1\ x_2]^T$. El bloque *Graph* representa las tres señales con los resultados que se muestran en la Figura 5.12. Este es el mismo tipo de figura que se produjo con la orden **plot** de MATLAB y manipulaciones posteriores en MATLAB y es posible que el usuario realice acciones tales como reescalado y añadido de textos. Este bloque se puede sustituir con un bloque *Auto-Scale Graph* tal que el dimensionamiento de los ejes se hace automáticamente por SIMULINK. El bloque *Scope* produce una visualización muy rápida de la respuesta calculada y durante la simulación se pueden cambiar las escalas de la gráfica.

El bloque *To Workspace* guarda la respuesta como una matriz en MATLAB con el nombre de la matriz especificado arbitrariamente por el usuario. Aquí se utiliza *«rx»*. Las columnas de *rx* contienen la historia temporal de $r$, $x_1$ y $x_2$. Alternativamente el bloque *To File* coloca la respuesta en una matriz definida por el usuario y la guarda en un archivo de datos especificado por el mismo. También se añade de forma automática un vector que contiene las correspondientes muestras de tiempo en la matriz. Si se especifica *«rxt»* como el nombre de la matriz y se utiliza «simudata» para el nombre del fichero, entonces escribiendo **load simudata** en MATLAB cargará los datos de respuesta en una matriz de nombre *rxt* en MATLAB. Las filas de *rxt* con-

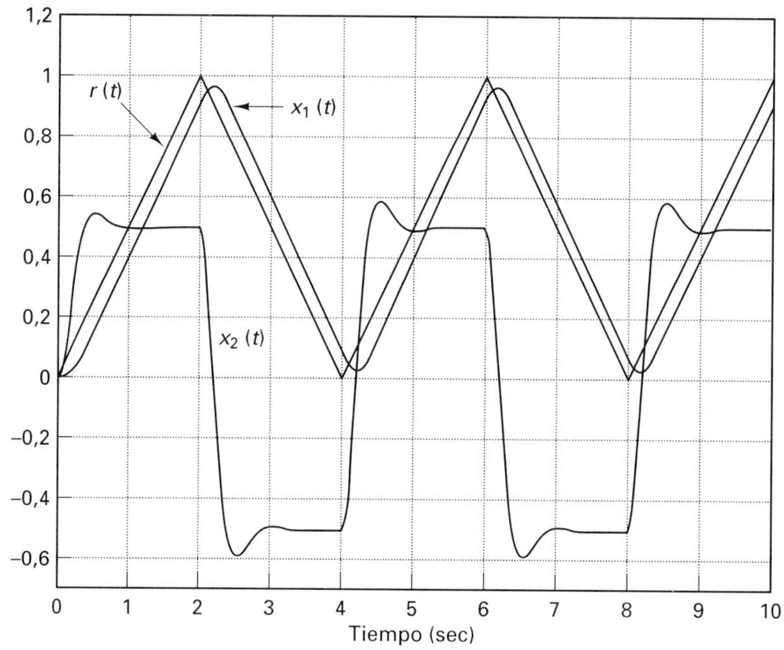


**Figura 5.12.** Respuesta del sistema de dos lazos a una onda triangular.

tienen la historia temporal de $r$, $x_1$, $x_2$ y el vector de tiempos. Aunque la Figura 5.11 muestra los cuatro bloques, no es necesario emplear todos los bloques sink al mismo tiempo. Observe que los datos almacenados por el bloque *To Workspace* no incluyen el vector de tiempos; sin embargo, la adición de un bloque *Clock* de la *Sources Library* producirá el vector de tiempos y este bloque se puede multiplexar en el bloque *To Workspace*.

Cuando se simula un sistema no lineal las características no lineales utilizadas comúnmente se encuentran en la *Nonlinear Library*. En los Capítulos 12 y 13 se presenta un estudio amplio de los sistemas no lineales y se describe la utilización de SIMULINK con la selección de una función requerida de la *Nonlinear Library*. En este punto se introduce un ejemplo que proporciona una simulación de un sistema no lineal tal como el descrito por el modelo de estado no lineal de la Ecuación 5.43. En la Figura 5.13 se muestran tres diagramas diferentes de SIMULINK, todos describiendo al mismo sistema. En la Figura 5.13a, el integrador 1 representa la primera ecuación y la parte restante del diagrama representa a la segunda ecuación. Este diagrama se desarrolla al realizar independientemente cada operación en la función no lineal $\tan^{-1}(4 - x_1^2) - 2x_2$ con un bloque de SIMULINK apropiado. El bloque *MATLAB Function* se emplea para aplicar una función de MATLAB o una expresión especificada por el usuario en el cuadro de diálogo (*atan* en este caso).

La Figura 5.13b presenta un diagrama simplificado que se obtiene al utilizar un bloque *Fcn*. Este bloque acepta el vector de estado bidimensional formado por el bloque *Mux* como entrada y calcula la función no lineal $\tan^{-1}(4 - x_1^2) - 2x_2$ directamente. La función se define por el usuario en el cuadro de diálogo del bloque. La expresión actual introducida es *atan*(4 − *u*(1)^2) − 2**u*(2), donde *u* es el símbolo interno del bloque requerido por SIMULINK para representar el vector de entrada.

El diagrama se simplifica aún más en la Figura 5.13c, en la cual cada línea de señal representa un vector bidimensional. Cuando se conecta una señal vectorial al bloque *Integrator*, todas las componentes del vector se integran separadamente, produciendo un vector de salida

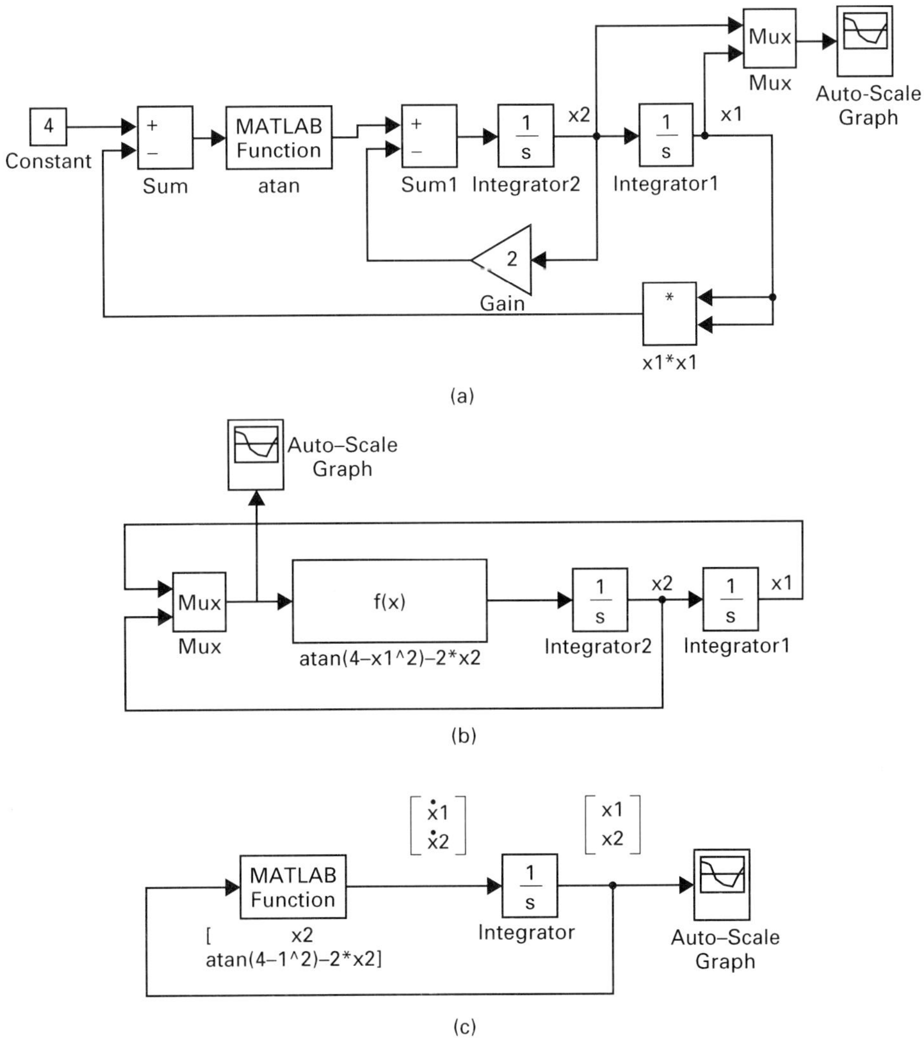


**Figura 5.13.** Tres diagramas en SIMULINK para simular un sistema no lineal.

de la misma dimensión. En otras palabras, el bloque contiene el mismo número de integradores en paralelo que la dimensión del vector de entrada. La condición inicial de los dos integradores en este ejemplo se fijan en el cuadro de diálogo a $[-1\ 0]'$: El bloque *MATLAB Function* es también multimensional. La dimensión de entrada se determina automáticamente por la dimensión de la línea de señal, pero la dimensión de la salida se puede especificar por el usuario en el cuadro de diálogo (el valor por defecto se fija de manera que coincida con el de la entrada). La función introducida puede ser cualquier expresión en MATLAB, posiblemente multidimensional. En este caso, es el vector formado por el lado derecho de la Ecuación 5.34 —que es, [*u*(2); *atan*(4 − *u*(1)^2) − 2**u*(2)]. En muchos casos, el bloque *Fcn* y el bloque *MATLAB Function* se pueden utilizar indistintamente para producir el mismo resultado. Una gran diferencia es que el bloque *Fcn* sólo puede producir una única salida. Sin embargo, el tiempo de ejecución es normalmente más rápido con este bloque. Finalmente, una petición de simulación con cualquiera de los diagramas produce la misma respuesta que se muestran en la Figura 5.7.

## 5.8. RESUMEN

La capacidad de efectuar estudios de simulación de sistemas en el dominio temporal es un recurso valioso para un diseñador de sistemas. La utilización de simulación digital es una técnica prevalente, pero el cálculo analógico visualiza algunas características deseables que pueden utilizarse en un entorno académico.

El modelo de estado representa un formato excelente para el desarrollo de modelos de simulación (de cualquier orden), utilizando o simulación analógica o digital. La conversión de un modelo de estado a un diagrama de simulación analógico se obtiene sin ninguna incertidumbre con respecto a la identificación de señales que aparecen en las salidas de los integradores. Así pues, un estado inicial distinto de cero se implementa libremente.

Las técnicas de simulación digital tal como se han presentado están todas desarrolladas utilizando el formato del modelo de estado. Un conjunto de ecuaciones diferenciales lineales se puede convertir a un conjunto de ecuaciones en diferencias lineales utilizando distintas técnicas. El algoritmo de Euler hacia delante se implementa fácilmente como un programa simple de cálculos matriciales repetidos, pero el intervalo de cálculo debe ser relativamente pequeño. El algoritmo trapezoidal es algo más complejo, pero el error es considerablemente más pequeño si se considera un tamaño de paso fijo. Una simulación de sistema lineal se puede realizar también utilizando la función exponencial matricial. La entrada se puede describir utilizando una función constante a tramos o una función lineal a tramos.

La simulación de un modelo de estado no lineal se realiza rápidamente utilizando el algoritmo de Euler hacia delante, pero una implementación satisfactoria puede requerir la aplicación de orden superior.

El paquete de software MATLAB con el *Control System Toolbox* proporciona un conjunto de procedimientos computacionales generados por computador que dan procedimientos de simulación eficientes para sistemas lineales o no lineales. Las funciones de MATLAB que son aplicables al estudio de la conducta en el dominio temporal con modelos de sistema lineales continuos incluyen **impulse, step, initial**. Las funciones asumen una entrada impulsional, una entrada en salto y un estado inicial distinto de cero, respectivamente. Considerando **impulse** y **step**, la descripción del sistema puede introducirse o como un modelo de estado o un modelo de función de transferencia, pero las soluciones se realizan utilizando una descripción de modelo de estado. La utilización de **lsim** permite la consideración de una entrada definida por el usuario. Si el modelo del sistema se introduce como un modelo de estado, **lsim** permite la consideración de entradas múltiples y un estado inicial distinto de cero. La simulación de sistemas no lineales se puede efectuar utilizando **ode23** u **ode45** para introducir un algoritmo de integración aplicable.

La aplicación de SIMULINK proporciona un método gráfico con el desarrollo de un diagrama de bloques. Los bloques ofrecen una selección amplia de funciones operacionales que incluyen funciones de transferencia, modelos de estado, relaciones de transferencia no lineal y funciones definidas por el usuario.

## 5.9. CONEXIONES PARA PROSEGUIR EL ESTUDIO

Los circuitos que se utilizan para simulación analógica son similares a los circuitos que se consideran en los capítulos que siguen para el diseño de controladores continuos. Las aplicaciones incluyen el diseño de controladores PID analógicos (proporcional-integral-derivativo) y diferentes funciones de compensación. El desarrollo de relaciones de tiempo discreto para simulación digital también incluye algunos conceptos que aparecen en otras áreas de estudio. Las funciones son similares en muchos aspectos a los modelos matemáticos que se consideran con el estudio de los sistemas de datos muestreados.

Los programas de simulación son, por supuesto, aplicables a modelos de sistemas continuos lineales y no lineales tal como se consideran a lo largo de este texto. Las funciones de MATLAB se utilizan como una medida a otras áreas de estudio, incluyendo el desarrollo del lugar de las raíces, diagramas de respuesta en frecuencia, simulación de sistemas en tiempo discreto y técnicas de asignación de polos. La capacidad de combinar la simulación en el dominio temporal con la aplicación del plano-$s$, plano-$z$ o de las técnicas de respuesta en frecuencia es una herramienta valiosa.

## REFERENCIAS


1. L. O. Chua y P. Lin: *Computer-Aided Analysis of Electronic Circuits: Algorithms and Computational Techniques*, Englewood Cliffs, N. J.: Prentice Hall, 1975.
2. H. Saadat: *Computational Aids in Control Systems Using Matlab*, McGraw-Hill, Nueva York, 1993.
3. B. C. Kuo y D. C. Hanselman: *Matlab Tools for Control System Analysis and Design*, Englewood Cliffs, N. J.: Prentice Hall, 1994.
4. B. Shahian y M. Hassull: *Control System Design Using Matlab*, Englewood Cliffs, N. J.: Prentice Hall, 1993.
5. K. Ogata: *Solving Control Engineering Problems with Matlab*, Englewood Cliffs, N. J.: Prentice Hall, 1994.


## Problemas

**5.1.** Determinar un diagrama de simulación en un computador analógico para el modelo de función de transferencia que se presenta en la siguiente ecuación. Utilizar la formulación gráfica canónica de control para proporcionar la conversión. Utilice símbolos de simulación analógicos adecuados y etiquete la entrada como $r(t)$ y la salida como $y(t)$.

$$\frac{Y(s)}{R(s)} = \frac{s + 2}{s^2 + 2s + 4}$$

**5.2.** Repita el Problema 5.1 utilizando la función de transferencia que se presenta en la siguiente ecuación

$$\frac{Y(s)}{R(s)} = \frac{s + 0{,}5}{s^3 + 0{,}4s^2 + 0{,}8s + 1}$$

**5.3.** Repita el Problema 5.2 pero utilice la formulación gráfica canónica de observador para proporcionar la conversión.

**5.4.** Si se considera la función de transferencia todo polos que se describe en la siguiente ecuación, determinar un diagrama equivalente en un computador analógico utilizando la formulación gráfica canónica de control para proporcionar la conversión. Si $x(t)$ representa la posición de salida, entonces identifique la salida de todos los integradores como variables físicas del sistema. Observe que los factores de ganancia se pueden desplazar a otras ramas si ninguna de las ganancias de los caminos directos o ganancias de lazos se alteran.

$$\frac{X(s)}{R(s)} = \frac{5}{s^3 + 2s^2 + 3s + 5}$$

**5.5.** Dibuje un diagrama de simulación analógico para representar el modelo de estado que se describe en la ecuación siguiente. Utilice símbolos analógicos adecuados y ponga etiquetas a la entrada, salida y todas las variables de estado del diagrama.

$$\begin{bmatrix} \dot{x}_1 \\ \dot{x}_2 \end{bmatrix} = \begin{bmatrix} -2 & -5 \\ 1 & 0 \end{bmatrix} \begin{bmatrix} x_1 \\ x_2 \end{bmatrix} + \begin{bmatrix} 5 \\ 0 \end{bmatrix} u$$

$$y = [0 \quad -1] \begin{bmatrix} x_1 \\ x_2 \end{bmatrix} + [1]u$$

**5.6.** Considerando la Figura P5.6 determinar $v_2(t)$.

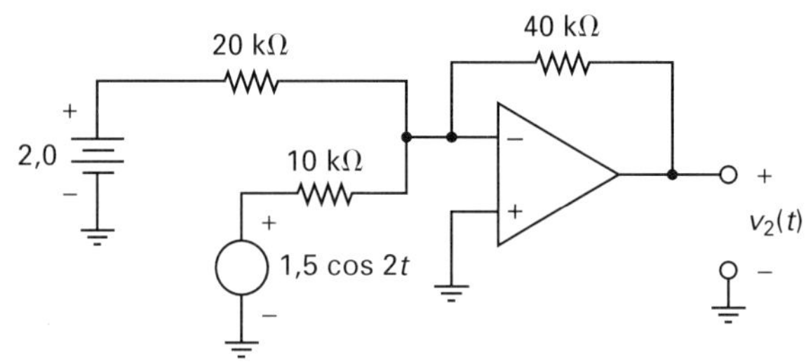


**Figura P5.6**

**5.7.** Considerando el circuito de la Figura P5.7, encontrar $v_2(t)$ si $v_2(0) = 0$. Dibuje un diagrama de bloques equivalente como un paso inicial de la solución.

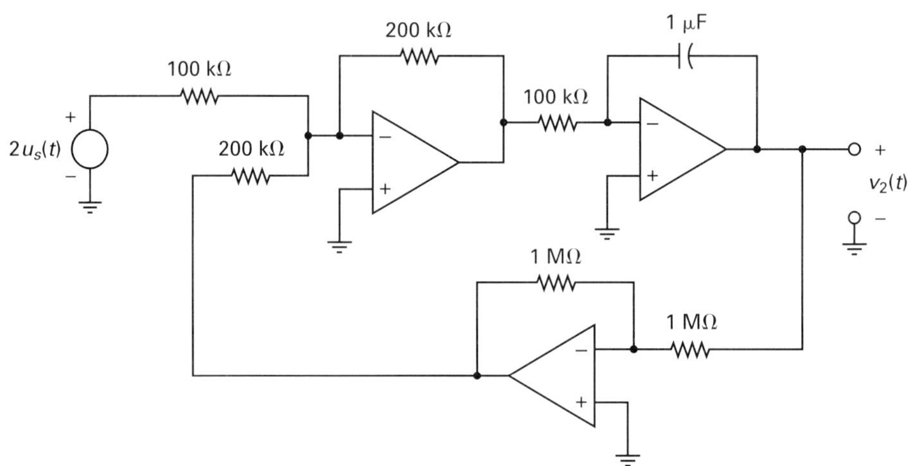


**Figura P5.7**

**5.8.** Dos pequeños generadores idénticos de CC tienen sus inducidos conectados en serie, y la salida se cortocircuita tal como se muestra en la Figura P5.8. Determinar un modelo de estado para el sistema utilizando como variables de estado $\omega_1(t)$, $\omega_2(t)$ e $i(t)$. A continuación determinar un diagrama de simulación analógica. Observe que la dirección supuesta positiva de $K_t i(t)$ está en oposición a la dirección supuesta como positiva de $\omega_1$ y $\omega_2$.

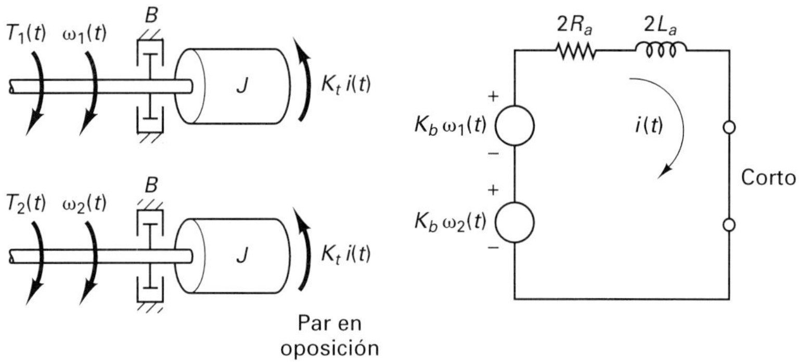


**Figura P5.8**

**5.9.** Dado el modelo de estado que se describe en la ecuación siguiente, utilice una aplicación de «lápiz y papel» del algoritmo de Euler hacia delante para determinar los valores de $x_1$ y $x_2$ para algunos intervalos de cálculo. Suponga que $T = 0{,}01$ s, y determinar $x_1$ y $x_2$ para $t = 0{,}01$; 0,02 *y* 0,03 s. Suponga que $x_1(0) = x_2(0) = 0$ y $u = 5e^{-t}$.

$$\begin{bmatrix} \dot{x}_1 \\ \dot{x}_2 \end{bmatrix} = \begin{bmatrix} 0 & 1 \\ -4 & -4 \end{bmatrix} \begin{bmatrix} x_1 \\ x_2 \end{bmatrix} + \begin{bmatrix} 0 \\ 4 \end{bmatrix} u$$

**5.10.** Suponga que necesita intentar un nuevo algoritmo numérico para la solución numérica de sistemas lineales (el modelo del sistema es $\dot{\mathbf{x}} = \mathbf{Ax} + \mathbf{Bu}$) utilizando la siguiente relación:

$$\mathbf{x}(k+1) = 0{,}2T\,[\dot{\mathbf{x}}(k)] + 0{,}8T\,[\dot{\mathbf{x}}(k+1)] + \mathbf{x}(t)$$

Resolver para $\mathbf{x}(k+1)$ en términos de $\mathbf{x}(k)$, $\mathbf{u}(k)$, $\mathbf{u}(k+1)$, $T$, $\mathbf{A}$ y $\mathbf{B}$. No viole ninguna regla del álgebra matricial.

**5.11.** ¿Podría describirse el algoritmo del Problema 5.10 como una combinación de los algoritmos de Euler hacia delante y de Euler hacia atrás? Si esto es cierto, ¿cómo difiere de un algoritmo trapezoidal?

**5.12.** Si se considera el modelo del sistema no lineal que se describe en la siguiente ecuación, utilice el algoritmo de Euler hacia delante para determinar $x_1$ y $x_2$ para los dos intervalos de cálculo siguientes a cero si $T = 0{,}005$. Suponga que $x_1(0) = 1$ y $x_2(0) = 1$.

$$\dot{x}_1 = -2x_2$$

$$\dot{x}_2 = -x_1 + 0{,}04x_1x_2$$

M **5.13.** Si se considera el modelo del sistema del Problema 5.5, utilice MATLAB para representar $x_1(t)$, $x_2(t)$ e $y(t)$ respecto del tiempo si $u$ es una entrada en salto unitario. Cuando efectúe esta simulación, utilice un vector de tiempos a medida con `t=[0:0.05:5]`. La orden **step** apropiada es entonces `[y,x,t] = step(a,b,c,d,1,t)`. Además,

**a.** Calcular el estado con $\dot{x}_1 = \dot{x}_2$ y comparar con el estado final que observa en sus gráficas.
**b.** Determinar el valor máximo de cada una de las variables de estado utilizando `max(x)`.
**c.** Insertar una línea de programa para solicitar `[t' x(:,1)]` y utilice el resultado impreso para determinar los instantes de tiempo de todos los cruces de cero de $x_1(t)$. Para obtener datos impresos no siga esta instrucción con un punto y coma.

M **5.14.** Si se considera el modelo del Problema 5.9, utilice MATLAB para representar las variables de estado respecto del tiempo. Utilice **lsim** para introducir la entrada exponencial. Si se especifica un vector de tiempo tal como el descrito en el Problema 5.13, la entrada viene simplemente descrita como `u = 5*exp(-t)`.

M **5.15.** Si se considera el sistema de la Figura P5.8, simular el sistema utilizando MATLAB. Suponer que $J = 1{,}00 \times 10^{-3}$ kg-m$^2$, $B = 1{,}00 \times 10^{-3}$ N-m/(rad/s), $K_t = 0{,}150$ N-m/A, $K_b = 0{,}150$ v/(rad/s), $L_a = 1{,}00 \times 10^{-3}$ H, y $R_a = 2{,}00\ \Omega$. Considerando cada uno de los tres modos de operación siguientes, determinar el tiempo requerido para que $\omega_1(t)$ y $\omega_2(t)$ alcance el 95 % de su valor final y también determine los valores finales. Suponer que el sistema está inicialmente relajado.

**a.** $T_1(t) = 0{,}100u_s(t)$ y $T_2(t) = 0$
**b.** $T_1(t) = 0{,}100u_s(t)$ y $T_2(t) = 0{,}100u_s(t)$
**c.** $T_1(t) = 0{,}100u_s(t)$ y $T_2(t) = -0{,}100u_s(t)$

Sugerencia: utilice la función **lsim** con `t = [0:.05:10]'` (observe la traspuesta). Entonces `u1=T1+0*t` proporciona una columna de valores de entrada con el número correcto de elementos. El otro elemento se puede describir de una forma similar y `u=[u1 u2]` se compone entonces de dos columnas que representan las dos entradas como una función del tiempo. Un método posible de obtener el valor final calculado y el instante de tiempo que se alcanza el 95 % del valor final calculado es utilizar las sentencias siguientes:

```
[n,m]=size(t);
k=1;
while abs(x(k,1)) < .95*abs(x(n,1)), k=k+1; end;
f1=x(n,1), t1=.05*k,
```

A continuación repetir las últimas tres instrucciones considerando la segunda velocidad.

M **5.16.** Un modelo de péndulo rígido (*véase* Problemas 2.14 y 4.14) se modifica con la adición del rozamiento viscoso, pero se elimina la fuerza aplicada. El sistema no forzado proporciona el siguiente modelo no lineal:

$$\dot{\theta}(t) = \omega(t)$$
$$\dot{\omega}(t) = -\frac{g}{\ell}\operatorname{sen}\theta(t) - \frac{B}{M\ell}\,\omega(t)$$

Suponga que $M = 2{,}00$ kg, $B = 0{,}10$ N-m/(rad/s) y $\ell = 0{,}400$ m. Observe que $g = 9{,}81$ m/s$^2$. Utilizando MATLAB representar $\theta(t)$ respecto del tiempo durante 5 s si

**a.** $\theta(0) = \dfrac{\pi}{4}$ rad, $\omega(0) = 0$
**b.** $\theta(0) = \dfrac{\pi}{2}$ rad, $\omega(0) = 0$
**c.** $\theta(0) = \pi$rad, $\omega(0) = 0$

Nota: Debe generar una función en un archivo M con una descripción del modelo del sistema. Si describe $M$, $l$, $B$ y $g$ utilizando notación simbólica dentro de la función, será necesario incluir una sentencia que describa estos parámetros como variables *globales*. Si no, solamente las variables del argumento especificado ($x$ y $t$) se pasan a la función.

M **5.17.** Linealizar el modelo del Problema 5.16 sustituyendo sen $\theta(t)$ por $\theta(t)$. A continuación repita las partes (a) y (b) y compare los resultados con los anteriores. Utilice el programa de MATLAB tal como se ha desarrollado para el Problema 5.16 y las sentencias *hold on* y *hold off* de forma que pueda temporalmente mantener las gráficas y colocar las funciones de respuesta lineal y no lineal sobre las mismas gráficas.

M **5.18.** Reproduzca la simulación del sistema de control de la antena (Sección 5.6) utilizando MATLAB con la misma entrada de referencia y la misma perturbación de viento. Cuando está convencido que la simulación es correcta, haga lo siguiente:

**a.** Investigue el cambio en comportamiento que ocurre cuando $K_o$ se aumenta por un factor de dos y se disminuye también por un factor de dos. Obtenga las gráficas de error angular respecto del tiempo y presente los resultados con las tres funciones de respuesta en una misma gráfica.

**b.** Determine un método de obtener la tensión del motor respecto del tiempo. Visualice la tensión del motor respecto del tiempo en una misma gráfica con $K_o = 0{,}5$, 1 y 2.

S **5.19.** Considere el sistema que se muestra en la Figura P5.19. La señal de entrada comienza con una rampa de pendiente 0,4 y entonces se hace constante en $t = 3{,}0$. Construya un diagrama en SIMULINK para describir este sistema utilizando bloques de función de transferencia. Represente $r(t)$, $y(t)$, $e(t)$ y $u(t)$ respecto del tiempo.

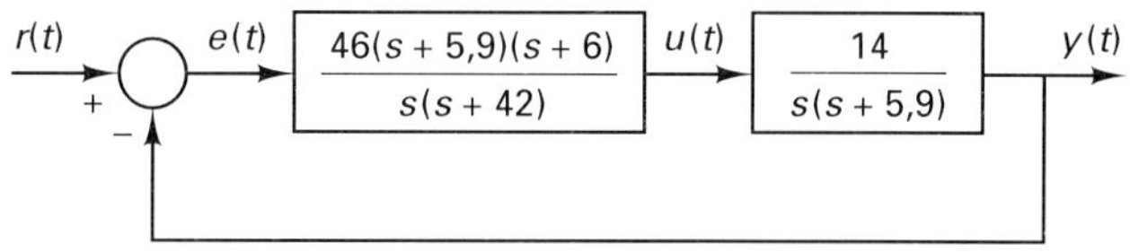


**Figura P5.19**

S **5.20.** Repita el Problema 5.19 utilizando los bloques del modelo de estado. Utilice un modelo canónico de control para describir la planta. Represente $r(t)$, $y(t)$ y las variables de estado.

S **5.21.** Repita el Problema 5.16 utilizando SIMULINK.

S **5.22.** Sea el sistema no lineal

$$\dot{x}_1 = x_2,$$
$$\dot{x}_2 = -x_1 - 1{,}2(1 + x_1^2)x_2$$

Desarrollar un diagrama en SIMULINK para simular el sistema. Representar las variables de estado respecto del tiempo si

**a.** $x_1(0) = -1$ y $x_2(0) = 0$

**b.** $x_1(0) = 5$ y $x_2(0) = 5$

S **5.23.** Sea el sistema

$$\dot{x}_1 = x_2,$$
$$\dot{x}_2 = -8x_1 - 1{,}2(1 + x_1^2)x_2 + 8u(t)$$

Suponga condiciones iniciales nulas.

**a.** Utilice SIMULINK para comparar la respuesta del sistema si $u(t)$ es una onda cuadrada con una magnitud de 1,0 y un periodo de 10,0 s. Represente todas las variables de estado y la señal de entrada respecto del tiempo en la misma gráfica.

**b.** Repita la parte (a) si $u(t)$ es una onda triangular de magnitud 2,0 y periodo 10,0.

CAPÍTULO 6

# Estabilidad

## 6.1. INTRODUCCIÓN

La estabilidad dinámica de un sistema de control es una propiedad crítica que se refleja en el carácter de la respuesta transitoria. Si se considera el control de un sistema lineal, una componente importante de un diseño satisfactorio es obtener una respuesta natural que presente un decaimiento asintótico rápido y con buen comportamiento. Si la respuesta natural no decae, el efecto se observa como una pérdida de la acción de control deseada. Aunque teóricamente un sistema lineal puede presentar una respuesta transitoria que ni incremente ni decaiga, la manifestación normal de inestabilidad es una respuesta natural que presenta una magnitud que aumenta exponencialmente o una oscilación con una magnitud que aumenta exponencialmente. La acción de irse fuera de control de la respuesta natural tiende a contrarrestar la respuesta forzada rápidamente; así se vence la acción normal de control. El crecimiento del transitorio es acotado eventualmente por algún tipo de comportamiento no lineal, pero la limitación puede que no ocurra de forma elegante. Dependiendo de la aplicación, el comportamiento inestable puede producir una situación peligrosa o un fallo catastrófico.

La intrincada relación entre estabilidad y la forma en la que se utiliza la realimentación es uno de los aspectos más interesantes del diseño del sistema de control. Una configuración realimentada concebida pobremente puede producir una situación de inestabilidad cuando se aplica al control de una planta estable. Por otro lado, una configuración realimentada bien concebida puede producir una actuación estable cuando se aplica a una planta inestable. Por lo tanto, la estabilidad es un tópico fascinante e importante. Un diseñador de sistemas también debe preocuparse de la robustez del sistema de control en relación con la estabilidad es importante que la capacidad de presentar una respuesta estable no sea significativamente alterada por cambios que puedan ocurrir en los parámetros del sistema.

Sin embargo, una investigación de la estabilidad no es necesariamente difícil. Si el modelo de sistema es lineal e invariante en el tiempo, la evaluación de la estabilidad del sistema es relativamente directa y sencilla. Es una propiedad intrínseca de los sistemas lineales que la estabilidad no dependa del nivel de la señal, la estabilidad del sistema lineal depende sólo de las características del modelo de sistema.

## 6.2. CRITERIOS DE ESTABILIDAD APLICADOS A MODELOS DE FUNCIONES DE TRANSFERENCIA

Si se considera un sistema de una entrada y una salida (SISO), con un modelo de función de transferencia $Y(s)/R(s)$, la localización de los polos de la función de transferencia determina el carácter de la respuesta natural, como se observa en la salida. Si todos los polos están localizados en el semiplano izquierdo de $s$, entonces todos los términos que componen la respuesta natural decaerán asintóticamente a cero. Para estar seguros de que el decaimiento asintótico también se presenta por las variables internas del modelo, es necesario excluir un caso especial e inusual, no debe haber cancelaciones[1] de los ceros y polos que existan en el eje $j\omega$ en el semiplano derecho del plano-$s$. Con esta restricción, una localización de todos los polos en el semiplano izquierdo es suficiente para asegurar que todos los términos de la respuesta natural decaerán asintóticamente a cero (independientemente del punto de observación) Esta condición se conoce como *estabilidad asintótica.*

**EJEMPLO 6.1**

*Con un modelo de función de transferencia, la estabilidad se puede determinar verificando la localización de los polos de la función de transferencia en lazo cerrado.*

Determinar si el sistema mostrado en la Figura 6.1 es asintóticamente estable con $K = 2{,}5$. El cálculo de la evaluación de la función de transferencia en lazo cerrado produce

$$\frac{Y(s)}{R(s)} = \frac{15}{s^3 + 6s^2 + 8s + 15} = \frac{15}{(s+5)(s+0{,}5-j1{,}66)(s+0{,}5+j1{,}66)}, \tag{6.1}$$

y los polos están localizados en $s = -5$, $s = -0{,}5 + j1{,}66$ y $s = -0{,}5 - j1{,}66$. Por lo tanto, los polos de la función de transferencia están en el semiplano izquierdo, y el sistema es asintóticamente estable.

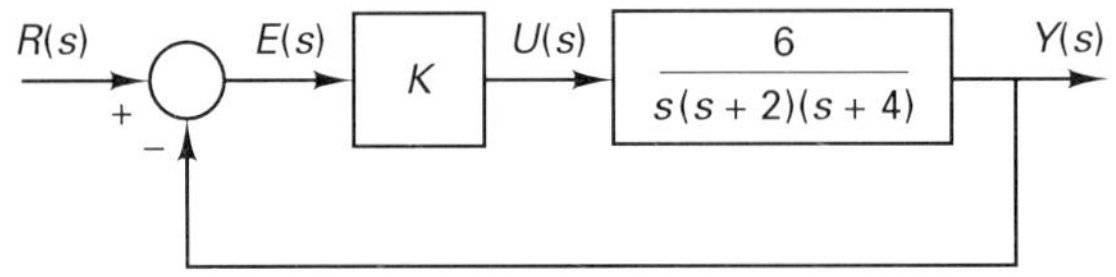


**Figura 6.1.** Un modelo de sistema de control.

Además, se puede investigar la estabilidad del sistema de control del Ejemplo 6.1 viendo la función de la respuesta y observando el efecto de los cambios en el valor de $K$. Si se asume que $r(t)$ es igual a $(1 + 0{,}2t)u_s(t)$. Entonces $R(s)$ es igual a $(s + 0{,}2)/s^2$ y

$$Y(s) = \frac{15(s+0{,}2)}{s^2(s+5)(s^2+s+3)} \tag{6.2}$$

Aplicando la expansión en fracciones simples y la transformada inversa nos lleva a

$$y(t) = [0{,}2t + 0{,}893 - 0{,}125e^{-5t} - 0{,}768^{-0{,}5t}(\cos 1{,}66t + 0{,}951\ sen\ 1{,}66t)]u_s(t). \tag{6.3}$$

[1] Una función de transferencia exhibe una cancelación de polo-cero en $s = s_1$. Si hay un cero que coincide con un polo en esta localización de forma tal que se cancelan los factores $(s - s_1)$.

Los dos primeros términos de la Ecuación 6.3 son formulados como respuesta a la presencia de polos que se introducen por la entrada; por lo tanto, los términos que corresponden al dominio temporal comprenden la respuesta forzada. Los otros términos son introducidos en la formulación de la salida por polos de la función del sistema, y los correspondientes términos en el dominio del tiempo constituyen la respuesta natural. Dado que todos los polos del sistema tienen parte real negativa, la respuesta natural decae asintóticamente a cero y el sistema es estable. La función de respuesta $y(t)$ presenta una transición relativamente suave desde el estado inicial a la respuesta forzada, tal y como se muestra en la Figura 6.2a.

Si $K$ se aumenta hasta 10, la función de transferencia es

$$\frac{Y(s)}{R(s)} = \frac{60}{s^3 + 6s^2 + 8s + 60} = \frac{60}{(s + 6{,}255)(s^2 - 0{,}2547s + 9{,}593)}, \tag{6.4}$$

y las raíces están situadas en $s = -6{,}25$, $s = +0{,}127 + j3{,}09$, $s = +0{,}127 - j3{,}09$. Con dos polos en el semiplano derecho dados por la función del sistema, dos términos de la respuesta natural presentan factores exponencialmente crecientes y el sistema es inestable. Aplicando la misma entrada, la respuesta es

$$y(t) = [0{,}2t + 0{,}973 - 0{,}185e^{-6{,}25t} - 0{,}789e^{+0{,}127t}(\cos 3{,}09t + 0{,}405 \operatorname{sen} 3{,}09t)]u_s(t). \tag{6.5}$$

Una gráfica de la respuesta del sistema inestable se muestra en la Figura 6.2b.

Puesto que la respuesta natural predicha es una función que crece sin límites, esta respuesta se puede reproducir con un sistema físico sólo durante un tiempo limitado. El nivel de la señal aumentará hasta que la operación se extienda en una región de operación no lineal, el resultado final es modificado por características no lineales. Por ejemplo, si un aumento muy grande de la señal lleva a un amplificador a la saturación durante una parte de cada ciclo sin dañar al amplificador o sin producir ningún cambio en otros parámetros del sistema, la acción limitante del amplificador alterará el modelo de manera que la amplitud de la oscilación esté acotada. Sin embargo, no siempre se logra sin peligro un límite superior en el nivel de la señal. Dependiendo de las características físicas del sistema, la acción incontrolada puede producir un fallo en el sistema.

Si $K = 8$, entonces

$$\frac{Y(s)}{R(s)} = \frac{48}{s^3 + 6s^2 + 8s + 48} = \frac{48}{(s + 6)(s^2 + 8)}, \tag{6.6}$$

y los polos del sistema están localizados en $s = -6$, $s = +j2\sqrt{2}$ y $s = -j2\sqrt{2}$. Con dos de los polos del sistema localizados en el eje $j\omega$, si de nuevo se determina la respuesta con la misma entrada, el resultado es

$$y(t) = [0{,}2t + 0{,}967 - 0{,}176e^{-6t} - 0{,}791 \cos 2\sqrt{2}t - 0{,}444 \operatorname{sen} 2\sqrt{2}t]u_s(t). \tag{6.7}$$

Puesto que dos términos de la respuesta natural no decaen, el sistema no es asintóticamente estable. La respuesta se muestra en la Figura 6.2c.

Un aspecto de la teoría de sistemas algo sorprendente es la existencia de distintas definiciones comúnmente utilizadas de estabilidad. La condición de la frontera de estabilidad (como se describió con $K = 8$) no satisface la condición de estabilidad asintótica; sin embargo, cumple la condición de estabilidad de *Lyapunov* [1]. Para evitar un conflicto de terminología, esta situación se identifica simplemente como estabilidad *marginal*.

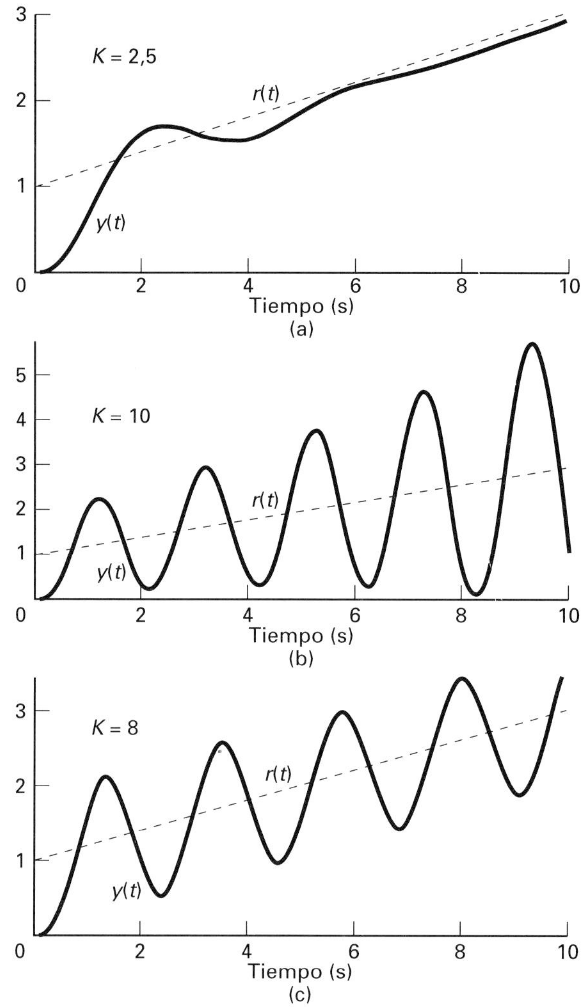


**Figura 6.2.** Funciones de respuesta: *a*) estabilidad asintótica, *b*) inestabilidad y *c*) estabilidad marginal.

Si un sistema incluye almacenamiento de energía, pero no presenta pérdida de energía, uno o más polos están situados exactamente en el eje $j\omega$. Por lo tanto, la condición marginal representa una condición *sin-pérdidas*. Teóricamente un sistema realimentado activo con elementos disipativos puede imitar la condición de sin-pérdidas midiendo la respuesta y sumando la cantidad exacta de energía que se requiere para sustituir las pérdidas. Esta condición se muestra en la Figura 6.2c, pero un duplicado físico exacto está sujeto a la restricción práctica de mantener un par de polos precisamente en el eje $j\omega$. Una desviación ligera de los polos del eje $j\omega$ causará un incremento o un decremento muy pequeño en la magnitud de la componente oscilatoria. Si los polos se sitúan en el semiplano derecho, la respuesta natural crecerá en magnitud hasta que la actuación sea modificada por características del modelo no lineales o dependientes del tiempo.

Volviendo al sistema de la Figura 6.1, la determinación de la relación de transferencia descrita por $E(s)/R(s)$ o $U(s)/R(s)$ produce un polinomio denominador que es idéntico al denominador de $Y(s)/R(s)$. El polinomio denominador se conoce como polinomio característico, y si el polinomio denominador se iguala a cero se obtiene la *ecuación característica*. La ecuación característica para el sistema descrito es

$$s^3 + 6s^2 + 8s + (6K) = 0. \tag{6.8}$$

Por supuesto, las raíces de la ecuación característica son los polos de la función de transferencia, y los polos de la función de transferencia determinan el carácter de la respuesta natural. Así, si todas las raíces de la ecuación característica están localizadas en el semiplano izquierdo, todos los términos de la respuesta natural decaerán asintóticamente a cero.

Otra definición de estabilidad está descrita como estabilidad *entrada-acotada, salida-acotada* (o BIBO). La estabilidad BIBO se obtiene si la salida está acotada como respuesta a toda entrada acotada. Claramente, si un sistema lineal presenta estabilidad asintótica, también presentará estabilidad BIBO. Sin embargo, el concluir que BIBO garantiza estabilidad asintótica requiere consideraciones cuidadosas. Aunque inicialmente podría parecer que la presencia de raíces simples (no repetidas) de la ecuación característica en el eje $j\omega$ es consistente con la observación de salida acotada, una consideración pensada de la definición excluirá las raíces del eje $j\omega$ como condición de estabilidad. Por ejemplo, si existen polos en $\pm j\omega_0$, la respuesta correspondiente en el dominio temporal es (sen $\omega_0 t)u_s(t)$. Sin embargo, si la entrada es igual a (sen $\omega_0 t)u_s(t)$, entonces el producto de la entrada transformada y de la función de transferencia sitúa un segundo par de polos en $\pm j\omega_0$. Con raíces repetidas, la respuesta correspondiente en el dominio temporal contiene una componente de la forma $(Kt\ cos\ \omega_0 t)u_s(t)$, y la expresión no está acotada. Así pues, el requerir una respuesta acotada para todas las **entradas** elimina la aparición de raíces simple en el eje $j\omega$ como condición de estabilidad. De ahí, la estabilidad BIBO aplicada a sistemas lineales implica estabilidad asintótica (asumiendo que no hay cancelaciones de polos y ceros en el eje $j\omega$ ni en el semiplano derecho).

## 6.3. CRITERIOS DE ESTABILIDAD APLICADOS A MODELOS DE ESTADOS LINEALES

Si un sistema lineal, invariante en el tiempo, se describe utilizando el modelo de estados, el modelo del sistema es

$$\dot{\mathbf{x}}(t) = \mathbf{A}\mathbf{x}(t) + \mathbf{B}\mathbf{u}(t) \tag{6.9}$$

y el sistema es asintóticamente estable si todos los términos de la matriz de transición de estados tienden a cero cuando el tiempo tiende a infinito. Por lo tanto, un sistema presenta estabilidad asintótica si

$$\lim_{\to\infty} \boldsymbol{\phi}(t) = 0. \tag{6.10}$$

La transformada de Laplace de la matriz de transición es

$$\boldsymbol{\Phi}(s) = (s\mathbf{I} - \mathbf{A})^{-1} = \frac{\operatorname{adj}(s\mathbf{I} - \mathbf{A})}{\det(s\mathbf{I} - \mathbf{A})}, \tag{6.11}$$

y el polinomio denominador de cada término de $\boldsymbol{\Phi}(s)$ se determina evaluando $\det(s\mathbf{I} - \mathbf{A})$. Así pues, la estabilidad asintótica se satisface si todas las raíces de $\det(s\mathbf{I} - \mathbf{A})$ están localizadas en el semiplano izquierdo. La ecuación característica es

$$\det(s\mathbf{I} - \mathbf{A}) = 0. \tag{6.12}$$

Las raíces del la ecuación característica (Ecuación 6.12) se conocen también como *autovalores* de **A**.

**EJEMPLO 6.2**

*Con un modelo lineal de estados que describe el sistema completo en lazo cerrado, la estabilidad se puede evaluar determinando la localización de las raíces de la ecuación característica obtenida mediante* $\det(s\mathbf{I} - \mathbf{A}) = 0$.

Volviendo al modelo considerado en el Ejemplo 6.1, convertir la descripción al modelo de estados e investigar la estabilidad utilizando el modelo de estados.

**Solución.** Si se consideran las técnicas de conversión descritas en el Capítulo 4, no hay un único modelo de estados que sea equivalente al modelo de la función de transferencia; sin embargo, la evaluación de un modelo canónico de control equivalente produce

$$\begin{bmatrix} \dot{x}_1 \\ \dot{x}_2 \\ \dot{x}_3 \end{bmatrix} = \begin{bmatrix} 0 & 1 & 0 \\ 0 & 0 & 1 \\ -6K & -8 & -6 \end{bmatrix} \begin{bmatrix} x_1 \\ x_2 \\ x_3 \end{bmatrix} + \begin{bmatrix} 0 \\ 0 \\ 1 \end{bmatrix} r(t) \tag{6.13}$$

y

$$y(t) = [6K \quad 0 \quad 0] \begin{bmatrix} x_1 \\ x_2 \\ x_3 \end{bmatrix}. \tag{6.14}$$

Entonces la ecuación característica es

$$\det \begin{bmatrix} s & -1 & 0 \\ 0 & s & -1 \\ 6K & 8 & (s+6) \end{bmatrix} = 0 \tag{6.15}$$

o

$$s^3 + 6s^2 + 8s + 6K = 0. \tag{6.16}$$

Este resultado es idéntico a la ecuación característica obtenida utilizando el modelo de la función de transferencia, y el sistema es estable si y sólo si todas las raíces de la ecuación característica tienen parte real negativa.

## 6.4. TEST DE ESTABILIDAD

Una aproximación directa a la determinación de la estabilidad en sistemas lineales es factorizar la ecuación característica y comprobar la localización de sus raíces. Este procedimiento no sólo produce una evaluación absoluta (sí o no) de la estabilidad, sino que da información relacionada con el grado relativo de estabilidad de un sistema estable. Dependiendo de la posición de las raíces en el semiplano izquierdo, el sistema puede producir una respuesta natural inaceptablemente próxima a la región de inestabilidad. Si el orden del polinomio es mayor que dos, normalmente se utilizan algoritmos iterativos para encontrar las raíces, y la localización de las raíces normalmente se lleva a cabo con herramientas de computación digital (*véase* Sección 6.5).

En ciertas circunstancias, la inspección de los coeficientes de la ecuación característica nos da información sobre la estabilidad. Para producir raíces que estén todas en el semiplano izquierdo de $s$, todos los coeficientes deben ser del mismo signo, y todos los coeficientes deben ser distintos de cero. Estas son condiciones necesarias para determinar que todas las raíces tienen parte real negativa, pero no son condiciones suficientes. Considerar los siguientes polinomios:

**a.** $s^3 + 2s^2 - 4s + 10$
**b.** $s^3 + 2s^2 + 10$
**c.** $s^3 + 2s^2 + 4s + 10.$

Es claro que no todas las raíces de los dos *primeros* polinomios están en el semiplano izquierdo, pero no es clara una conclusión con respecto al tercer polinomio a menos que se obtenga información adicional.

Técnicas descritas como el criterio de *Hurwitz* y el criterio de *Routh* proporcionan información adicional. El criterio de Hurwitz (dado por A. Hurwitz en 1895) describe el desarrollo de un conjunto de determinantes que deben ser positivos como condición necesaria y suficiente para que todas las raíces estén en el semiplano izquierdo. El criterio de Routh (dado por A. Routh en 1897) presenta una variación de la técnica de Hurwitz que es algo más fácil de aplicar, y la técnica revisada se describe a veces como criterio de Routh-Hurwitz. La versión de Routh se basa en el desarrollo de un array de elementos con una secuencia prescrita de manipulaciones algebraicas para detectar la condición de que todas las raíces estén en el semiplano izquierdo. Aunque las raíces del semiplano derecho y del izquierdo no son calculadas explícitamente, el test de Routh revela el número de raíces del semiplano derecho, y el test se puede extender para localizar con precisión las raíces en el eje $j\omega$.

La importancia del criterio de Routh-Hurwitz se ve algo disminuida por la capacidad de ejecutar algoritmos de búsqueda de raíces fácilmente (con computación numérica), pero también es claro que esta técnica clásica proporciona un procedimiento exacto y simple que es valioso en ciertas circunstancias. Si se considera la posibilidad de una transición entre estabilidad e inestabilidad (debido a un cambio en un parámetro del modelo del sistema), la condición de transición puede ser evaluada directamente. Por lo tanto, la aplicación del test de Routh es particularmente útil cuando se buscan los límites de variación de los parámetros sin que las raíces de la ecuación característica se sitúen en el semiplano derecho. Puesto que el procedimiento no requiere una búsqueda iterativa, el test se puede hacer simplemente con «lápiz y papel».

Considerando el formato del array de Routh (*véase* Tabla 6.1), los coeficientes del polinomio generan las primeras dos filas del array, y las filas restantes se generan secuencialmente utilizando relaciones algebraicas que utilizan elementos obtenidos de las dos filas anteriores. El número de raíces del semiplano derecho se determina por inspección del array completo. Considerar un polinomio de grado $n$ con los subíndices de los coeficientes numerados consecutivamente, comenzando con subíndice cero aplicado al de mayor grado[2]. Entonces el polinomio es

$$a_0 s^n + a_1 s^{n-1} \cdots + a_{n-1} s + a_n . \tag{6.17}$$

El array de Routh está formado por filas que están etiquetadas consecutivamente de la primera a la última con $s^n$ arriba del todo y por $s^0$ abajo del todo. Las filas primera y segunda se forman considerando coeficientes alternos comenzando con los coeficientes $s^n$ y $s^{n-1}$, respectivamente. Los coeficientes de las filas siguientes se determinan utilizando las expresiones descritas. El array terminará en la fila $s^0$ con un único elemento igual a $a_n$.

[2] El etiquetado de coeficientes se cambia (con respecto a otros capítulos) para simplificar la notación como un array de Routh.

**TABLA 6.1** EL ARRAY DE ROUTH

| | | | | | |
|---|---|---|---|---|---|
| $s^n$ | $a_0$ | $a_2$ | $a_4$ | $a_6$ | $a_8 \cdots$ |
| $s^{n-1}$ | $a_1$ | $a_3$ | $a_5$ | $a_7$ | $a_9 \cdots$ |
| $s^{n-2}$ | $b_0$ | $b_2$ | $b_4$ | $b_6 \cdots$ | |
| $s^{n-3}$ | $b_1$ | $b_3$ | $b_5$ | $b_7 \cdots$ | |
| $s^{n-4}$ | $c_0$ | $c_2$ | $c_4 \cdots$ | | |
| $s^{n-5}$ | $c_1$ | $c_3$ | $c_5 \cdots$ | | |
| $\vdots$ | $\cdots$ | | | | |
| $s^1$ | $z_0$ | | | | |
| $s^0$ | $z_1$ | | | | |

* En esta tabla,

$$b_0 = \frac{-1}{a_1}\begin{vmatrix} a_0 & a_2 \\ a_1 & a_3 \end{vmatrix}, \quad b_2 = \frac{-1}{a_1}\begin{vmatrix} a_0 & a_4 \\ a_1 & a_5 \end{vmatrix}, \quad b_4 = \frac{-1}{a_1}\begin{vmatrix} a_0 & a_6 \\ a_1 & a_7 \end{vmatrix}, \quad \text{etc.;}$$

$$b_1 = \frac{-1}{b_0}\begin{vmatrix} a_1 & a_3 \\ b_0 & b_2 \end{vmatrix}, \quad b_3 = \frac{-1}{b_0}\begin{vmatrix} a_1 & a_5 \\ b_0 & b_4 \end{vmatrix}, \quad b_5 = \frac{-1}{b_0}\begin{vmatrix} a_1 & a_7 \\ b_0 & b_6 \end{vmatrix}, \quad \text{etc.;}$$

$$c_0 = \frac{-1}{b_1}\begin{vmatrix} b_0 & b_2 \\ b_1 & b_3 \end{vmatrix}, \quad c_2 = \frac{-1}{b_1}\begin{vmatrix} b_0 & b_4 \\ b_1 & b_5 \end{vmatrix}, \quad c_4 = \frac{-1}{b_1}\begin{vmatrix} b_0 & b_6 \\ b_1 & b_7 \end{vmatrix}, \quad \text{etc.;}$$

y $z_1 = a_n$.

Si se observan las expresiones de los elementos de la tercera columna se deduce que hay un patrón reconocible para los cálculos requeridos. Los cálculos continúan en la fila hasta que produzcan coeficientes igual a cero. La fila siguiente se determina siguiendo un procedimiento idéntico, pero desplazando una fila. Cuando sea necesario, se añade un cero al final de una fila para completar el determinante. Cuando el array está completo, la estabilidad se evalúa observando su primera columna. El número de raíces en el semiplano derecho es igual al número de cambios de signo de la primera columna.

**EJEMPLO 6.3**

Si el polinomio característico es $s^3 + 2s^2 + 4s + 10$, utilizar el test de Routh para determinar el número de raíces en el semiplano derecho.

**Solución.** El array es el que sigue:

| | | |
|---|---|---|
| $s^3$ | 1 | 4 |
| $s^2$ | 2 | 10 |
| $s^1$ | $-1$ | |
| $s^0$ | 10 | |

Como hay dos cambios de signo en la primera columna, hay dos raíces en el semiplano derecho.

**EJEMPLO 6.4**

Si se considera $s^4 + 4s^3 + 6s^2 + 4s + 2$, determinar el número de raíces en el semiplano derecho.

**Solución.** El array es el que sigue:

| | | | |
|---|---|---|---|
| $s^4$ | 1 | 6 | 2 |
| $s^3$ | 4 | 4 | |
| $s^2$ | 5 | 2 | |
| $s^1$ | 12/5 | | |
| $s^0$ | 2 | | |

No hay cambios de signo en la primera columna; por lo tanto, no hay raíces en el semiplano derecho.

Si aparece una fila de ceros (una fila entera de ceros antes de que el array se complete) indica que existen raíces en el eje $j\omega$ u otras combinaciones de raíces que están localizadas con igual magnitud e igual espaciado angular en torno al origen. Dado que combinaciones igualmente espaciadas distintas de los pares en el eje $j\omega$ incluyen raíces en el semiplano derecho, la ocurrencia anterior de una fila de ceros indica que hay raíces en el eje $j\omega$ o en el semiplano derecho. Los elementos de la fila inmediatamente anterior a la fila de ceros se utilizan para formar una ecuación llamada *ecuación auxiliar*, y la determinación de las raíces de esta ecuación da las raíces igualmente espaciadas que produjeron este fenómeno.

**EJEMPLO 6.5**

Si se considera $s^3 + s^2 + 2s + 2 = 0$, determinar el número de raíces en el semiplano derecho y el valor de las raíces en el eje $j\omega$.

**Solución.** El array es el siguiente:

| | | |
|---|---|---|
| $s^3$ | 1 | 2 |
| $s^2$ | 1 | 2 |
| $s^1$ | 0 | 0 |
| $s^0$ | | |

Si se utiliza la fila de coeficientes que precede a la fila de ceros, la ecuación auxiliar es $s^2 + 2 = 0$, y la solución de esta ecuación da $s = \pm j\sqrt{2}$. Por lo tanto, las raíces del polinomio incluyen un par de raíces localizadas en el eje $j\omega$ en $\pm j\sqrt{2}$. Para completar la búsqueda de raíces en el semiplano derecho, el array se puede continuar utilizando los coeficientes obtenidos tomando la derivada (con respecto a $s$) de la ecuación auxiliar. El array completo es entonces

| | | |
|---|---|---|
| $s^3$ | 1 | 2 |
| $s^2$ | 1 | 2 |
| $s^1$ | 2 | 0 |
| $s^0$ | 2 | |

No hay raíces en el semiplano derecho; por lo tanto, el sistema es marginalmente estable.

Si aparece un cero en la primera columna (seguido por un elemento distinto de cero) antes de que se complete el array, el array se continúa reemplazando el cero por $\epsilon$ y se continúa el array hasta que se completa. La determinación de los signos se lleva a cabo asumiendo que $\epsilon$ es un número entero positivo que se aproxima a cero.

**EJEMPLO 6.6**

Si se considera $s^4 + 3s^3 + 4s^2 + 12s + 12$, determinar el número de raíces en el semiplano derecho.

**Solución.** El array de Routh que se obtiene es el siguiente:

| | | | |
|---|---|---|---|
| $s^4$ | 1 | 4 | 12 |
| $s^3$ | 3 | 12 | |
| $s^2$ | $0 \rightarrow \epsilon$ | 12 | |
| $s^1$ | $(12\varepsilon - 36)/\epsilon$ | | |
| $s^0$ | 12 | | |

El array prosigue después de la tercera fila, sustituyendo el cero de la primera columna por $\epsilon$ y se continúa. El primer elemento de la cuarta columna es aproximadamente igual a $-36/\epsilon$ cuando $\epsilon$ tiende a cero. Por lo tanto, hay dos cambios de signo y dos raíces en el semiplano derecho.

**EJEMPLO 6.7**

Aplicar el test de Routh al modelo de sistema descrito en la Figura 6.1, y determinar las condiciones de estabilidad cuando $K$ varía.

**Solución.** El polinomio característico (Ecuación 6.16) se convierte en el siguiente array de Routh:

| | | |
|---|---|---|
| $s^3$ | 1 | 8 |
| $s^2$ | 6 | $6K$ |
| $s^1$ | $(48 - 6K)/6$ | |
| $s^0$ | $6K$ | |

La inspección de la primera columna indica que existirán dos raíces en el semiplano derecho si $K$ es mayor que 8. Si $K$ es igual a 8, la solución de la ecuación auxiliar predice la aparición de raíces en el eje $j\omega$ en $s = \pm j2\sqrt{2}$. Aunque puede que no exista interés particular en valores negativos de $K$, habrá una raíz en el semiplano derecho si $K$ es menor que cero. Por lo tanto, el sistema es asintóticamente estable si $K$ es mayor que cero y menor que 8.

El test de Routh puede modificarse para determinar si hay raíces localizadas a la derecha de una línea seleccionada que sea paralela al eje $j\omega$. Por ejemplo, para determinar si hay raíces a la derecha de la línea $s = -1 + j\omega$ (con rango de $\omega$ $-\infty$ a $+\infty$), sustituir $s$ por $(s_1 - 1)$ en el polinomio. El test se completa sin ningún cambio en le procedimiento.

## 6.5. UTILIZACIÓN DE MATLAB

Si se considera una ecuación característica de la forma

$$a_0 s^n + a_1 s^{n-1} + \cdots + a_{n-1} s + a_n = 0, \tag{6.18}$$

la ecuación se puede expresar en formato factorizada. Si se asumen las raíces $p_1$, $p_2$, etc., el formato revisado es

$$(s - p_1)(s - p_2) \cdots (s - p_n) = 0. \tag{6.19}$$

MATLAB se puede utilizar para encontrar las raíces de un polinomio invocando **roots**. Considerar un sistema con polinomio característico $s^3 + 6s^2 + 12s + 16$. Los coeficientes se expresan como un vector fila, y las raíces se determinan simplemente introduciendo

```
roots([1 6 12 16])
```

Las raíces están localizadas en el semiplano izquierdo con $p_1 = -4$, $p_2 = -1 + j\sqrt{3}$ y $p_3 = -1 - j\sqrt{3}$. Los valores de la matriz se pueden determinar utilizando el comando **eig**. Por ejemplo, si $K$ es igual a 10 en el sistema de la Ecuación 6.13, entonces introduciendo

```
k=10; eig([0 1 0 ; 0 0 1 ; -6*k -8 -6])
```

devuelve los autovalores.

## 6.6. RESUMEN

Si un modelo de sistema es lineal, la evaluación de la estabilidad implica sólo parámetros del sistema. Un sistema presenta estabilidad asintótica si la respuesta natural se aproxima a cero cuando el tiempo tiende a infinito. Si se considera el modelo de función de transferencia de un sistema lineal invariante en el tiempo, la estabilidad asintótica está asegurada si se evitan las cancelaciones de polos y ceros en el eje $j\omega$ o en el semiplano derecho y todas las raíces de la ecuación característica están localizadas en el semiplano izquierdo. La ecuación característica se obtiene igualando a cero el polinomio denominador de la función de transferencia en lazo cerrado. Si se considera un modelo de estado, la ecuación característica se obtiene expresando el modelo en formulación matricial e igualando $\det(s\mathbf{I} - \mathbf{A})$ a cero.

El array de Routh proporciona un test de estabilidad absoluto. La aplicación del test de Routh a polinomios específicos da el número de raíces en el semiplano derecho y la evaluación de las raíces en el eje $j\omega$. El test es particularmente útil como método para determinar el rango de variación de los parámetros del sistema con respecto al mantenimiento de su estabilidad.

## 6.7. CONEXIONES PARA PROSEGUIR EL ESTUDIO

La consideración de la estabilidad de sistemas lineales es aplicable directamente a la subsecuente evaluación del comportamiento de sistemas continuos utilizando el dominio $s$ y las técnicas de respuesta en frecuencia. El Capítulo 7 describe un criterio de comportamiento transitorio que proporciona una medida relativa de la estabilidad. El concepto de estabilidad en relación con la posición de los polos se considera con la construcción del lugar de las raíces en el Capítulo 8. El test de Routh es útil en numerosas cicunstancias. Un ejemplo específico se presenta en el Capítulo 8, en el que se utiliza el test de Routh para determinar las condiciones asociadas con las raíces que cruzan el eje $j\omega$ en el plano $s$. En el Capítulo 9, siguiendo con el desarrollo de técnicas de respuesta en frecuencia, se presenta otra aproximación para la evaluación de estabilidad (el criterio de estabilidad de Nyquist).

Si se considera la estabilidad de sistemas no lineales, es importante entender que se pueden observar actuaciones características similares entre sistemas lineales y no lineales, pero hay una diferencia significativa. Un sistema no lineal responderá a una señal de entrada específica, de forma que es sensible a la magnitud de la excitación. Por ejemplo, un sistema no lineal que presenta un comportamiento estable frente a una entrada escalón aplicada a un nivel de señal relativamente bajo puede convertirse en inestable si el nivel de la entrada aumenta. Así, si el modelo es no lineal, el concepto de evaluación del comportamiento está sujeto a una dimensión adicional que complica significativamente tanto la percepción como el análisis. El análisis de la estabilidad de un sistema no lineal con ciertos casos especiales se considera en el Capítulo 12.

La determinación de la estabilidad para sistemas discretos presenta algunos parecidos con los métodos de este capítulo. Sin embargo, la variación de la metodología, desplaza la atención a la transformada-$z$ y a la posición de los polos en el plano-$z$.

## REFERENCIAS

1. J. E. Slotine y W. Li: *Applied Nonlinear Control*, Prentice Hall, Englewood Cliffs, N. J., 1991.
2. B. C. Kuo: *Automatic Control Systems*, Prentice Hall, Englewood Cliffs, N. J., 1991.

## Problemas

**6.1.** Considerando los siguientes polinomios, utilizar el test de Routh para determinar el número de raíces en el semiplano derecho y la localización de sus posible raíces en el eje $j\omega$.

**a.** $s^3 + 4s^2 + 8s + 16$

**b.** $s^3 + 4s^2 + 8s + 48$

**c.** $s^4 + 2s^3 + 3s^2 + 2s + 2$

**d.** $s^4 + s^3 + 3s^2 + 3s + 2$

**e.** $s^3 + Ks^2 + Ks + K$ (asume $K > 0$)

CAPÍTULO 7

# Criterios de comportamiento y algunos efectos de la realimentación

## 7.1. INTRODUCCIÓN

El empleo de la realimentación en un sistema de control puede ser una parte importante —o una parte vital— para que una estrategia de control tenga éxito. La presencia de realimentación ofrece la posibilidad de modificar sustancialmente el comportamiento del sistema, y a menudo el alcance de una posible variación se muestra con resultados dramáticos. La posibilidad de alterar la estabilidad y cambiar el carácter de la respuesta natural es un efecto observado comúnmente de la realimentación. Sin embargo, la capacidad de modificar la actuación se extiende a diversas áreas de estudio. La influencia de la realimentación se observa en una parte significante del comportamiento del sistema que incluye el estado estacionario, el rechazo a perturbaciones, y la sensibilidad de características del comportamiento a variaciones de los parámetros del sistema.

Cuando se comparan técnicas de diseño competitivo, o varios aspectos de optimización del comportamiento de un sistema, es útil considerar un criterio que proporcione medidas del comportamiento. Por ejemplo, una evaluación del comportamiento transitorio se obtiene a menudo aplicando una entrada escalón y observando el tanto por ciento de sobreelongación y el tiempo requerido para lograr una proximidad adecuada al valor final. Si el modelo del sistema es lineal, es posible en ciertas circunstancias desarrollar expresiones analíticas que relacionen el criterio de comportamiento con el desplazamiento de los polos y ceros en el plano $s$. Otra aproximación es la medida del criterio de comportamiento en el dominio de la frecuencia. En este caso, el criterio de comportamiento está relacionado con medidas que emplean la extensión y la forma de las funciones de respuesta en frecuencia.

Aunque tanto los sistemas lineales como los no lineales presentan características similares de comportamiento en el dominio temporal, la evaluación de criterio de comportamiento del sistema lineal es independiente del nivel de excitación. Por ejemplo, criterios como el tiempo de asentamiento o el tanto por ciento de sobreelongación (con una entrada escalón) no son alterados por un cambio en la amplitud del escalón. Los criterios de comportamiento, tal y como se consideran en este capítulo, son (en la mayoría de los casos) derivados, asumiendo que el modelo es lineal.

## 7.2. CRITERIOS DE COMPORTAMIENTO TRANSITORIO

Es una situación común considerar un modelo de sistema para el que el comportamiento transitorio está determinado predominantemente por un número pequeño de polos y ceros. La dominancia de un pequeño grupo se obtiene si la colocación de otros polos y ceros está comparativamente mucho más a la izquierda en el plano $s$ (*véase* Sección 3.7). Si el grupo está formado por un único polo o por un único par de polos, la respuesta transitoria se relaciona fácilmente con la localización de los polos.

### Un sistema con un polo dominante

Si un sistema en lazo cerrado está descrito por un polo (o descrito aproximadamente con un polo dominante) localizado en $s = -1/T$, la correspondiente función de transferencia es

$$\frac{Y(s)}{R(s)} = \frac{K}{sT + 1} = \frac{K/T}{s + 1/T}. \tag{7.1}$$

Si se asume que $r(t)$ es un escalón unidad, entonces

$$y(t) = K(1 - e^{-\frac{t}{T}})u_s(t). \tag{7.2}$$

Si una función de transferencia de primer orden se expresa como muestra la Ecuación 7.1 con $s$ multiplicado por $T$, entonces la respuesta natural presenta $t$ dividido por $T$. Por lo tanto, $T$ sirve como factor de normalización con respecto al tiempo, y se describe como la constante de tiempo del sistema. Si se aplica una función escalón, la respuesta tiene pendiente exponencial (Figura 7.1) que alcanza el 63,2 % de su valor final cuando $t$ es igual a una constante de tiempo. Notar que el polo está localizado sobre el eje real en el plano $s$ en $-1/T$, y la constante de tiempo está relacionada inversamente con la magnitud de la posición del polo. De ahí, que la magnitud del polo se observe en proporción inversa al escalado temporal. Si se reduce la constante de tiempo por un factor específico (para obtener una respuesta transitoria más rápida), la distancia del origen al polo aumenta en el mismo factor. Por supuesto, para obtener una respuesta estable el polo debe estar localizado en el semiplano izquierdo.

El tiempo de asentamiento, $t_s$, se define como el tiempo que se requiere para que se asiente la respuesta a un escalón en un tanto por ciento especificado (normalmente 2 % ó 5 %) del valor final. Utilizando la definición del 2 %, el tiempo de asentamiento es $3{,}912T$ ($\approx 4T$). Utilizando la definición del 5 %, del tiempo de asentamiento es $2{,}996T$ ($\approx 3T$). Ambas definiciones se ilustran en la Figura 7.1.

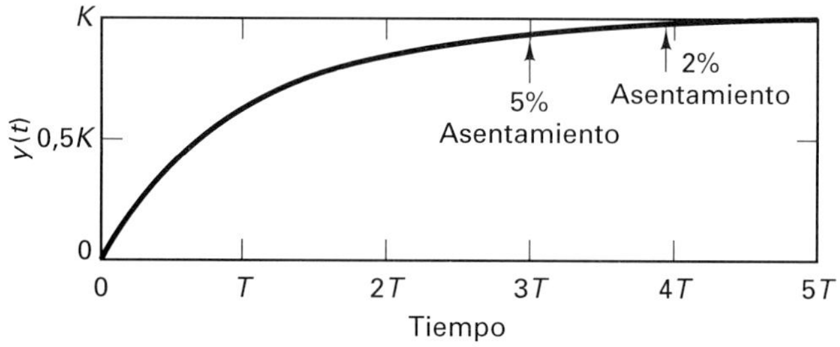


**Figura 7.1.** Respuesta a un escalón con un modelo de un único polo.

La función de transferencia de primer orden de la Ecuación 7.1 se caracteriza por la constante de tiempo $T$ y por el factor de ganancia $K$. Puesto que $K$ es el límite de la función de transferencia cuando $s$ tiende a cero, el valor final de la respuesta a una entrada escalón se determina por el producto de la amplitud del escalón y por el valor de $K$. La próxima discusión del criterio de respuesta en frecuencia mostrará que $K$ también determina la ganancia en estado estacionario a una entrada sinusoidal cuando la frecuencia de la entrada tiende a cero. Por lo tanto, $K$ se describe comúnmente como el factor de ganancia DC.

## Un par de polos dominantes

Una función de particular interés está formada por la presencia de dos polos dominantes. Utilizando símbolos de sistema de control convencional, la función de transferencia es

$$\frac{Y(s)}{R(s)} = \frac{K}{\left(\dfrac{s}{\omega_n}\right)^2 + 2\zeta\left(\dfrac{s}{\omega_n}\right) + 1} = \frac{K\omega_n^2}{s^2 + 2\zeta\omega_n s + \omega_n^2}. \tag{7.3}$$

Esta función de transferencia da la descripción exacta de un sistema lineal con dos polos y sin ceros finitos. También se puede aplicar la función si aparecen dos polos relativamente cerca del eje $j\omega$, con otros polos y ceros localizados a una distancia comparativamente mayor a la izquierda en el plano $s$. Esta aproximación típicamente requiere que los polos y ceros adicionales estén localizados a la izquierda de los dominantes al menos por un factor de 4 ó 5.

Si $\zeta$ (el coeficiente de amortiguamiento) y $\omega_n$ (la frecuencia natural no amortiguada) son distintos de cero y positivos, el sistema es estable con el par de polos localizados en el semiplano izquierdo. Varios comportamientos característicos se describen fácilmente en función de los valores de $\zeta$ y $\omega_n$. Los polos pueden ser reales o complejos, y el factor de amortiguamiento, como muestra la Figura 7.2, se define mediante una correlación reconocida fácilmente en la configuración del plano $s$. Esta relación se describe brevemente como sigue:

1. Si $\zeta = 1$, los polos son reales e iguales, y la respuesta natural se llama *críticamente amortiguada*.
2. Si $\zeta > 1$, entonces los polos son reales y distintos, y la respuesta natural se llama *sobreamortiguada*.
3. Si $\zeta < 1$, los polos son un par complejo conjugado, y la respuesta natural se llama *subamortiguada*.

Está claro que el valor de la función de transferencia se aproxima a $K$ si $s$ tiende a cero. Por lo tanto, el valor final de la respuesta a una entrada escalón se determina por el producto

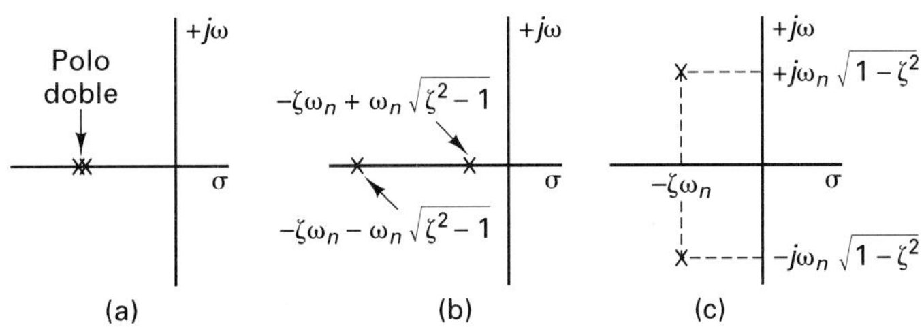


**Figura 7.2.** Ubicación de los polos para un modelo todo polos de segundo orden que es: *a*) críticamente amortiguado ($\zeta = 1$), *b*) sobreamortiguado ($\zeta > 1$), y *c*) subamortiguado ($\zeta < 1$).

de la magnitud del escalón y el valor de $K$. La contribución de $K$ no cambia con respecto a la influencia, tal y como se describió con la función de primer orden, y $K$ se le llama de nuevo el factor de continua.

Es también claro observando la forma inicial de la función de transferencia de la Ecuación 7.3 que $\omega_n$ se puede entender como un factor de escala con respecto a $s$. El efecto de tener la $s$ en todos los sitios donde aparece en la función de transferencia dividida por $\omega_n$ es tener la $t$ multiplicada por $\omega_n$ en todos los sitios donde aparece en la respuesta natural. Por ejemplo, si se $\omega_n$ duplica (sin cambio en $\zeta$), la distancia de la colocación del polo con respecto al origen en el plano $s$ se dobla sin ningún cambio en la orientación angular. Con $\omega_n$ doblada, se observa un escalado de uno y medio en el dominio temporal —la respuesta natural presenta todos los valores de la señal a uno y medio de tiempo de lo que se observaba en la respuesta sin escalar.

Si se aplica una entrada escalón unidad a una función de transferencia de segundo orden todo polos entonces

$$Y(s) = \frac{K\omega_n^2}{s(s^2 + 2\zeta\omega_n s + \omega_n^2)}. \tag{7.4}$$

Sin embargo, dependiendo de la localización de los polos, la transformada inversa puede tomar cualquiera de las tres formas diferentes.

### Amortiguamiento crítico con un par de polos dominantes

Si se aplica un escalón unidad a un sistema con amortiguamiento crítico ($\zeta = 1$) con dos polos dominantes (y sin ceros finitos)

$$Y(s) = \frac{K\omega_n^2}{s(s + \omega_n)^2}. \tag{7.5}$$

La transformada inversa da

$$y(t) = K[1 - (1 + \omega_n t)e^{-\omega_n t}]u_s(t). \tag{7.6}$$

Si se asume que $K = 1$, la gráfica de la respuesta es la de la Figura 7.3 (etiquetada con $\zeta = 1$). Está claro que la respuesta se aproxima a su valor final sin sobreelongación. La respuesta amortiguada a un escalón se establece dentro del 5 % del valor final cuando el tiempo es igual a $4{,}74/\omega_n$, y se establece dentro del 2 % del valor final cuando el tiempo es igual a $5{,}83/\omega_n$.

### Respuesta sobreamortiguada con un par de polos dominantes

Si el factor de amortiguamiento es mayor que uno, ambos polos están localizados sobre el eje real, y la respuesta natural está definida por dos funciones exponenciales reales. Con dos polos reales (y sin ceros finitos), la respuesta a una entrada escalón se aproxima al valor final sin sobreelongación. En la Figura 7.3 se muestra una respuesta sobreamortiguada con factor de amortiguamiento igual a 1,67. Las expresiones aproximadas para el tiempo de asentamiento se presentan en una discusión posterior sobre el tiempo de asentamiento (considerando $\zeta$ mayor que 1,4).

Con valores relativamente grandes de zeta ($\zeta > 1{,}4$), la localización de los dos polos en el eje real negativo difiere de forma que el mayor polo es mayor que el menor por un factor que

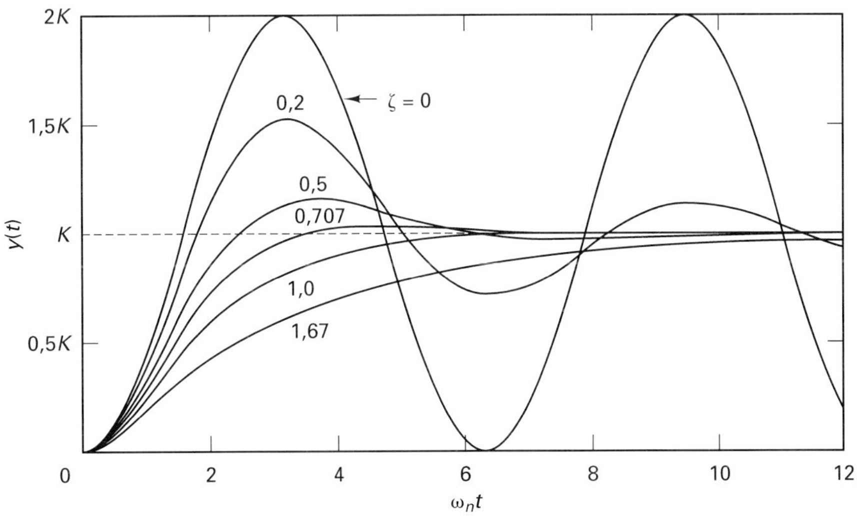


**Figura 7.3.** Respuesta a un escalón de un modelo de segundo orden con todos los polos.

supera 5,6. Por lo tanto, una aproximación para el tiempo de asentamiento se obtiene considerando únicamente el polo dominante (el polo con magnitud menor). Puesto que la constante de tiempo correspondiente es igual a la inversa de la magnitud del polo, la multiplicación de la inversa de la magnitud más pequeña por 3 ó 4 proporciona una aproximación en el tiempo de asentamiento del 5 % ó 2 %, respectivamente. El error en el tiempo de asentamiento que se produce por esta aproximación es menor que el 6 % ó el 3 %, utilizando las definiciones respectivas del (5 % ó 2 %) para el tiempo de asentamiento.

### La respuesta subamortiguada con un par de polos dominantes

Si zeta es menor que uno, los polos están situados en el plano complejo en

$$s = -\zeta\omega_n \pm j\sqrt{1-\zeta^2}\,\omega_n. \tag{7.7}$$

El triángulo formado por la situación de los polos con respecto al origen (*véase* Figura 7.4a) proporciona algunas relaciones que se deducen rápidamente con respecto a criterios de comportamiento. Es fácil mostrar que la distancia desde el origen a los polos es $\omega_n$. Además, el coseno del ángulo $\alpha$ formado por la posición angular de los polos con respecto al eje real negativo es igual al coeficiente de amortiguamiento ($\cos\alpha = \zeta$).

Si se aplica una entrada escalón unidad a un sistema subamortiguado produce

$$Y(s) = \frac{K\omega_n^2}{s[(s+\zeta\omega_n)^2 + \omega_n^2(1-\zeta^2)]}, \tag{7.8}$$

y la transformada inversa es

$$y(t) = K\left[1 - e^{-\zeta\omega_n t}\left(\cos\omega_n\sqrt{1-\zeta^2}\,t + \frac{\zeta}{\sqrt{1-\zeta^2}}\operatorname{sen}\omega_n\sqrt{1-\zeta^2}\,t\right)\right]u_s(t). \tag{7.9}$$

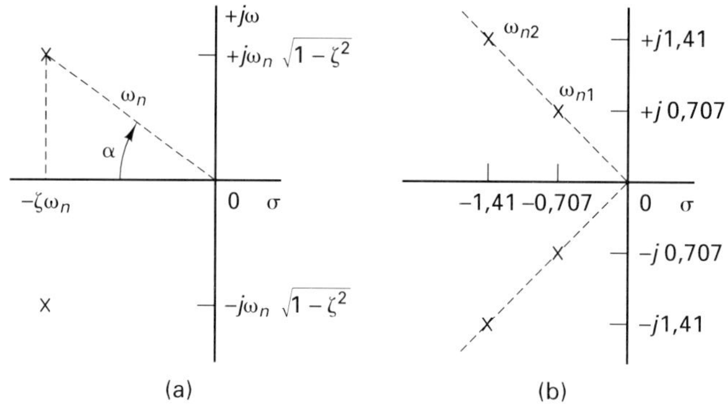


**Figura 7.4.** Relaciones gráficas entre $\zeta$, $\omega_n$ y la situación de los polos.

Esta expresión describe la respuesta oscilatoria, como se muestra en la Figura 7.3, para varios valores de $\zeta$. Está claro que si el sistema es subamortiguado, la respuesta natural está caracterizada por una oscilación amortiguada. La oscilación natural de una respuesta subamortiguada se pone de manifiesto si $\zeta$ es pequeño. Si $\zeta$ es igual a cero, esto es una condición de estabilidad marginal con polos localizados en el eje $j\omega$ y la respuesta natural presenta una oscilación sin amortiguamiento con una frecuencia igual a $\omega_n$. De ahí que a $\omega_n$ se la denomine normalmente frecuencia natural sin amortiguamiento.

La relación de la Ecuación 7.9 se puede utilizar para deducir otras relaciones. La derivada de $y(t)$ es cero si

$$\operatorname{sen}(\omega_n \sqrt{1-\zeta^2 t}) = 0. \tag{7.10}$$

Por lo tanto, $y(t)$ presenta pendiente cero si

$$\omega_n \sqrt{1-\zeta^2}t = 0,\ \pi,\ 2\pi,\ \cdots. \tag{7.11}$$

El tiempo del primer pico, $t_p$, es entonces

$$t_p = \frac{\pi}{\omega_n \sqrt{1-\zeta^2}}. \tag{7.12}$$

Sustituyendo el tiempo del primer pico en la expresión que describe a $y(t)$ se deduce fácilmente que

$$y(t_p) = K\left[1 + e^{-\left(\frac{\pi\zeta}{\sqrt{1-\zeta^2}}\right)}\right], \tag{7.13}$$

Y el valor del pico viene expresado como suma de dos términos. Puesto que el primer término es el valor final, el segundo término debe ser igual a la sobreelongación. El tanto por ciento de sobreelongación (% OS) se define como la razón de la sobreelongación al valor final expresado como porcentaje. Esta relación se muestra gráficamente en la Figura 7.5. Así pues, el tanto por ciento de sobreelongación para una función de transferencia de segundo orden todo polos está descrita por

$$\%OS = 100 e^{-\left(\frac{\pi\zeta}{\sqrt{1-\zeta^2}}\right)}, \quad (\zeta \leqslant 1) \tag{7.14}$$

La sobreelongación es del 100 % con $\zeta = 0$, pero decrece rápidamente al 16,3 % con $\zeta = 0{,}5$ y 4,32 % con $\zeta = 0{,}707$ (*véase* Figura 7.6). La sobreelongación es cero si $\zeta \geqslant 1{,}0$.

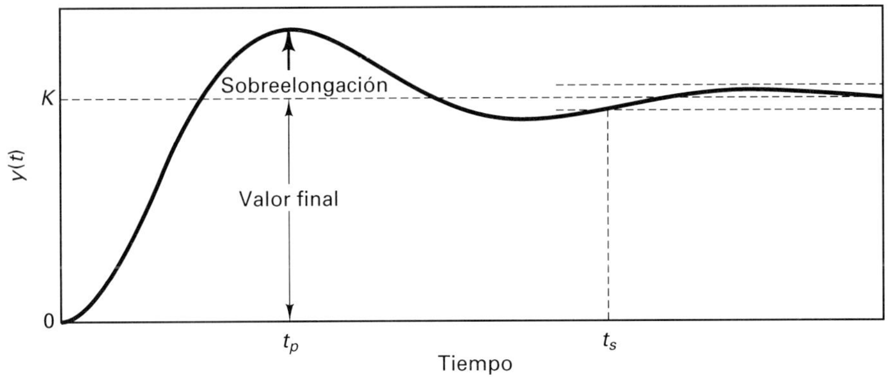


**Figura 7.5.** La respuesta a un escalón presenta un tiempo de pico, una sobreelongación y un tiempo de asentamiento.

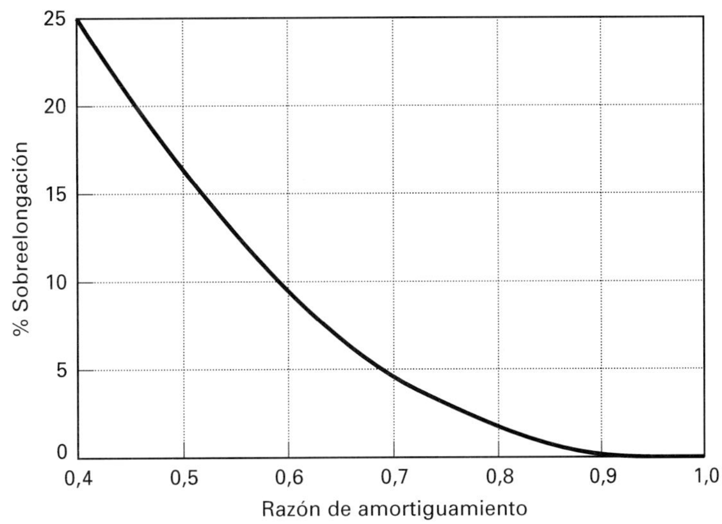


**Figura 7.6.** Tanto por ciento de sobreelongación frente al factor de amortiguamiento.

### EJEMPLO 7.1

*Considerar un sistema de segundo orden todo polos que se ha diseñado de manera que el coeficiente de amortiguamiento es 0,707 y es igual a 1,00 r/s.*

Determinar el tanto por ciento de sobreelongación frente a una entrada escalón. Después introducir un factor de escalado temporal de 1/2, y describir el cambio que se requiere en la posición de los polos. No debería haber cambio en el tanto por ciento de sobreelongación.

**Solución.** Utilizando la Ecuación 7.14, el tanto por ciento de sobreelongación con factor de amortiguamiento de 0,707 es 4,32 %. En el plano $s$ esto significa que el ángulo $\alpha$ es igual a 45°. La distancia desde el origen es $\omega_n$ o 1,00. Por lo tanto, los polos están situados en $-0{,}707 \pm j0{,}707$. Para obtener el escalado de tiempo requerido (sin cambiar el coeficiente de amortiguamiento), la distancia de las raíces desde el origen se debe incrementar en un factor de 2. Con $\omega_n = 2{,}00$, la nueva posición del polo (sin cambios en el ángulo) es $-1{,}41 \pm j1{,}41$. Este cambio se muestra en la Figura 7.4b.

## Tiempo de asentamiento con un par dominante de polos

El tiempo de asentamiento con una respuesta subamortiguada se define como el mínimo tiempo en el que la respuesta a un escalón entra dentro del 2 % (ó 5 %) del valor final y permanece dentro de este valor, tal y como se muestra en la Figura 7.5. Sin embargo, la importancia de lograr una determinación exacta del tiempo de asentamiento con un sistema subamortiguado es cuestionable. Si se considera un modelo de segundo orden todo polos, una gráfica del tiempo de asentamiento frente al coeficiente de amortiguamiento generada con un computador se parece a la ladera escalonada de una montaña (las líneas sólidas de la Figura 7.7). Puesto que un aumento en el coeficiente de amortiguamiento produce un decaimiento rápido, cada vez más rápido, de los sucesivos picos de la respuesta oscilatoria, un descenso repentino del tiempo tiene lugar cada vez que otro pico cae dentro del $\pm 2$ % (ó $\pm 5$ %) del valor final. Las curvas sólidas de la Figura 7.7 representan los 2 % y 5 % tiempos de asentamiento multiplicado por $\omega_n$. Por lo tanto, un valor ordinario que se obtiene de la gráfica puede ser desnormalizado dividiéndolo por el valor de $\omega_n$.

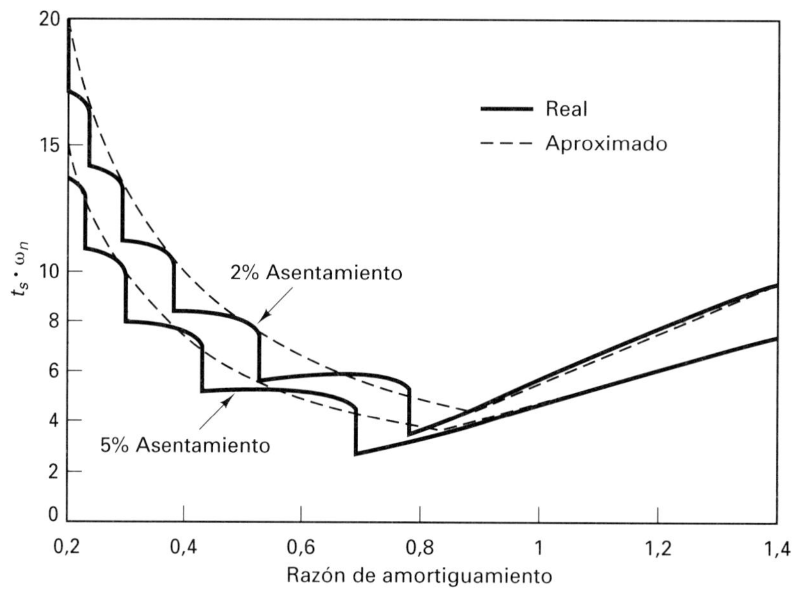


**Figura 7.7.** Tiempo de asentamiento normalizado frente al coeficiente de amortiguamiento.

La respuesta de un sistema de segundo orden todo polos subamortiguado a una entrada escalón (Ecuación 7.9) se presenta en la Ecuación 7.15 en un formato ligeramente diferente. La respuesta escalón ($\zeta < 1$) es

$$y(t) = K\left[1 - \frac{e^{-\zeta\omega_n t}}{\sqrt{1-\zeta^2}}\cos\left(\omega_n\sqrt{1-\zeta^2}\,t - \tan^{-1}\frac{\zeta}{\sqrt{1-\zeta^2}}\right)\right]. \tag{7.15}$$

El primer término de la Ecuación 7.15 es la respuesta forzada, y el segundo término corresponde a la respuesta natural. Dado que la función coseno presenta una magnitud máxima de uno, una función envolvente decreciente exponencialmente que describe la magnitud de la respuesta natural en cada pico de la sinusoide es

$$\text{env} = \left(\frac{K}{\sqrt{1-\zeta^2}}\right)\epsilon^{-\zeta\omega_n t}, \quad \zeta < 1. \tag{7.16}$$

Aunque el uso de esta función para evaluar el tiempo de asentamiento produce una aproximación conservadora del tiempo de asentamiento real, el tiempo de asentamiento predicho explota de repente cuando $\zeta$ tiende a la unidad. Este fenómeno ocurre porque el tiempo del primer pico se aproxima a infinito cuando $\zeta$ tiende a uno, y la respuesta alcanza bien el rango requerido antes del primer pico. A partir de la expresión es algo difícil de relacionar el tiempo de asentamiento y las posiciones de los polos. Una simplificación de la expresión comúnmente utilizada que es válida para pequeños valores de $\zeta$ es

$$t_s(2\,\%) \approx \frac{4}{\zeta\omega_n}, \; (\zeta \leqslant 0{,}88),$$

$$t_s(5\,\%) \approx \frac{3}{\zeta\omega_n}, \; (\zeta \leqslant 0{,}83). \tag{7.17}$$

Este resultado produce las líneas descendentes punteadas que se muestran en la Figura 7.7. Sin embargo, las líneas descendentes punteadas presentan discontinuidad en las proximidades de $\zeta = 0{,}85$ porque su continuación produce una subestimación del tiempo de asentamiento cuando el coeficiente de amortiguamiento se aproxima a la unidad. La subestimación es suficiente para producir un error aproximado del 31 % (2 % asentamiento) ó 37 % (5 % asentamiento) para $\zeta = 1$. Para corregir esta situación, las aproximaciones descendentes se hacen discontinuas en el punto en el que intersectan a una subida continua en el real tiempo de asentamiento.

Las líneas punteadas ascendentes de la Figura 7.7 son expresiones lineales que proporcionan un ajuste aproximado al tiempo de asentamiento real en la región que presenta una subida continua. Este resultado extiende la evaluación aproximada de tiempo de asentamiento en un rango significante del rango de sobreelongación. Las expresiones son

$$t_s(2\,\%) \approx \frac{10\zeta - 4{,}2}{\omega_n}, \; (0{,}88 < \zeta < 1{,}4),$$

$$t_s(5\,\%) \approx \frac{7\zeta - 2{,}2}{\omega_n}, \; (0{,}83 < \zeta < 1{,}4). \tag{7.18}$$

La utilización conjunta de los resultados como se presentan en las Ecuaciones 7.17 y 7.18 proporcionan una aproximación creíble y suave del tiempo de asentamiento que es aplicable para todo el rango de valores del coeficiente de amortiguamiento.

Es interesante darse cuenta que el 2 % del tiempo de asentamiento es aproximadamente igual a $6/\omega_n$ y $\zeta = 0{,}67$ y también para $\zeta = 1$, como aproximación ruda pero conservadora, cuando se trata de un diseño inicial. La validez de esta aproximación se observa dibujando una línea horizontal en la Figura 7.7 con un valor de 6 (entre $\zeta = 0{,}67$ y $\zeta = 1$).

**EJEMPLO 7.2**

Un conjunto de especificaciones requiere el diseño de un sistema de segundo orden tal que la sobreelongación a una entrada escalón no exceda el 4,32 % y el tiempo de asentamiento (2 %) debe ser menor o igual que 2,00 s. Determinar un conjunto de posiciones de los polos que satisfagan ambas especificaciones.

**Solución.** Obviamente la solución no es única. Si fijamos el coeficiente de amortiguamiento a 0,707, el tanto por ciento de sobreelongación es 4,32 %. La aproximación del tiempo de asentamiento aproximado con $\zeta = 0{,}707$ es $t_s \approx 4/\zeta\omega_n$; de ahí $\omega_n$ es 2,83 rad/s. Esto sitúa los polos en $-2 \pm j2$. Si el coeficiente de amortiguamiento se fija a 1,00, entonces el tanto por ciento de sobreelongación es 0 %, y la aproximación que se puede aplicar al tiempo de asentamiento es $t_s \approx (10\zeta - 4{,}2)/\omega_n$. En este caso el mínimo valor de $\omega_n$ es 2,90 rad/s y los polos están situados en $-2{,}90 \pm j0$. En cualquiera de los casos, los polos podrían moverse más lejos del origen (manteniendo el mismo ángulo), y el tiempo de asentamiento estaría reducido por el mismo factor por el que $\omega_n$ aumente.

## Otras agrupaciones de polos-ceros

Otras agrupaciones de polos y ceros pueden determinar predominantemente la respuesta. Si una agrupación dominante incluye un cero y un par de polos, la respuesta a una entrada escalón presentará un perfil algo diferente que las respuestas del segundo orden presentadas anteriormente. La presencia del cero altera el criterio de comportamiento como el tiempo de pico, el tanto por ciento de sobreelongación y el tiempo de asentamiento. Esta combinación dominante particular (dos polos y un cero) ocurre normalmente con la aplicación de algunas funciones de transferencias de controladores típicos.

La función de transferencia es

$$\frac{Y(s)}{R(s)} = \frac{K\dfrac{\omega_n}{\rho}(s + \rho\omega_n)}{s^2 + 2\zeta\omega_n s + \omega_n^2} = \frac{K\omega_n^2\left(\dfrac{s}{\rho\omega_n} + 1\right)}{s^2 + 2\zeta\omega_n s + \omega_n^2}, \tag{7.19}$$

donde $\rho$ (rho) designa una razón que especifica la magnitud del cero con respecto a $\omega_n$. Las gráficas tridimensionales generadas por computador que se presentan en las Figuras 7.8 y 7.9 muestran (de una manera cualitativa) la variación del tiempo de asentamiento y tanto por ciento de sobreelongación. La superficie de la Figura 7.8 ilustra la variación del tiempo de asentamiento, $\omega_n t_s$, en función de $\zeta$ y $1/\rho$. La superficie de la Figura 7.9 muestra la variación del tanto por ciento de sobreelongación. En la Tabla 7.1 se presenta una evaluación numérica de algunos de los puntos de las gráficas. El número superior de cada casilla es el tanto por ciento de sobreelongación y el inferior es el tiempo de asentamiento normalizado. Para obtener el tiempo de asentamiento actual, se debe dividir el tiempo de asentamiento normalizado entre $\omega_n$. Las líneas gruesas agrupan las casillas para las que el tanto por ciento de sobreelongación es menor que el 10 % y el tiempo de asentamiento es menor que $6/\omega_n$.

Si se mueve el cero gradualmente desde una posición hacia la izquierda en el plano $s$ ($\rho \gg 1$) a una distancia comparable con el par de polos ($\rho \approx 1$), la presencia del cero se detectará por la presencia de un rápido aumento de la velocidad de subida como respuesta a una entrada escalón. Sin embargo, la presencia del cero también produce una tendencia de

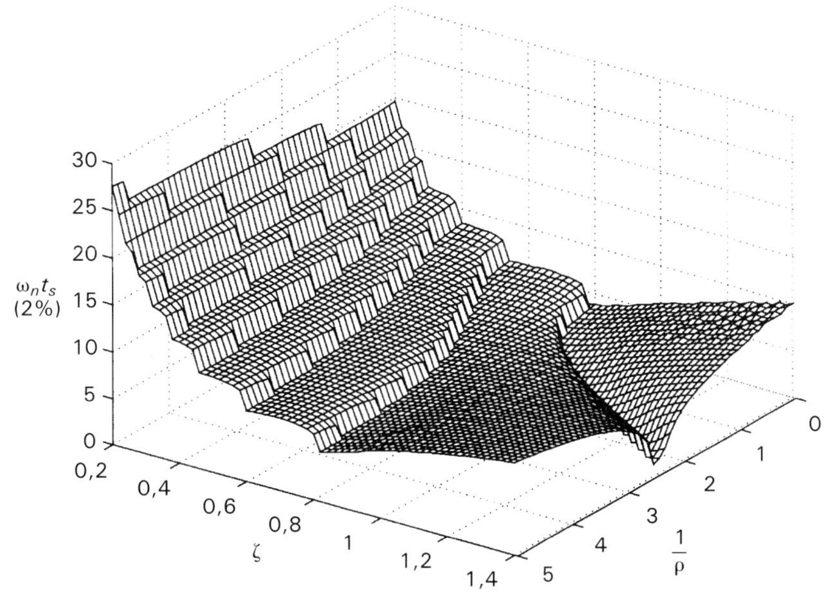


**Figura 7.8.** Tiempo de asentamiento versus $\zeta$ y $\rho$ considerando un modelo de segundo orden con un cero.

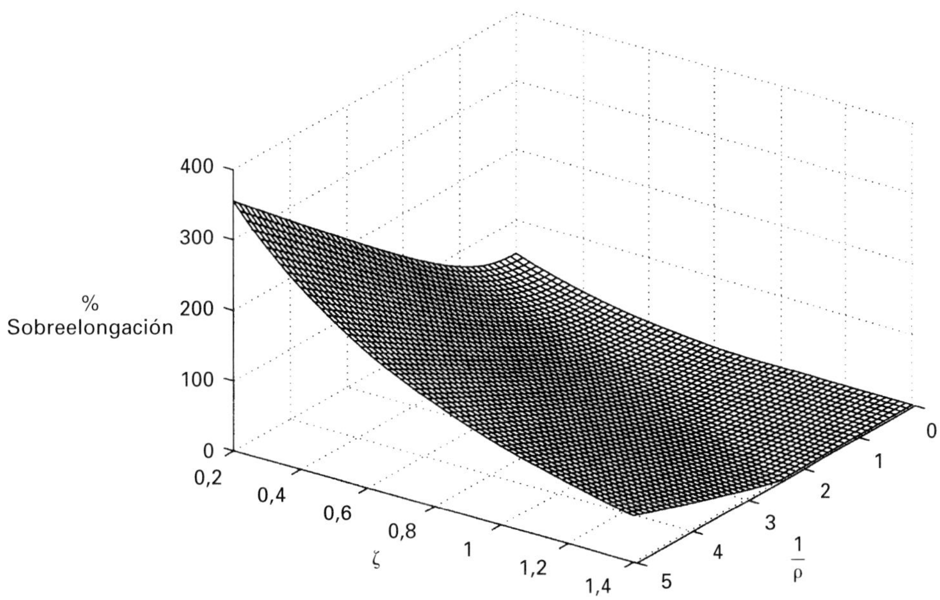


**Figura 7.9.** Tanto por ciento de sobreelongación versus $\zeta$ y $\rho$ considerando un modelo de segundo orden con un cero.

sobreelongación del valor final. Si el cero se desplaza relativamente próximo al origen ($\rho \ll 1$), será visiblemente prominente. Sin embargo, si los polos están en una posición que indican un mayor coeficiente de amortiguamiento, la adición del cero proporciona una mejora potencial del comportamiento transitorio.

**TABLA 7.1.** UNA MATRIZ DE COMPORTAMIENTO QUE MUESTRA EL PORCENTAJE DE SOBREELONGACIÓN Y EL TIEMPO DE ASENTAMIENTO NORMALIZADO PARA UN SISTEMA DE SEGUNDO ORDEN CON UN CERO

| $\rho$ \ $\zeta$ | 0,4 | 0,5 | 0,6 | 0,7 | 0,8 | 0,9 | 1,0 | 1,1 | 1,2 | 1,3 | $\rho$ |
|---|---|---|---|---|---|---|---|---|---|---|---|
| inf. | 25<br>8,4 | 16<br>8,1 | 9,5<br>5,9 | 4,6<br>5,9 | 1,5<br>3,8 | 0,15<br>4,7 | 0<br>5,8 | 0<br>6,9 | 0<br>7,9 | 0<br>8,9 | inf. |
| 4 | 26<br>8,2 | 17<br>7,9 | 9,8<br>5,7 | 4,8<br>5,7 | 1,6<br>3,5 | 0,16<br>4,4 | 0<br>5,6 | 0<br>6,7 | 0<br>7,7 | 0<br>8,6 | 4 |
| 2 | 29<br>7,9 | 19<br>7,7 | 11<br>5,4 | 5,6<br>5,5 | 1,9<br>3,0 | 0,20<br>4,0 | 0<br>5,2 | 0<br>6,3 | 0<br>7,3 | 0<br>8,3 | 2 |
| 1 | 43<br>10 | 30<br>7,5 | 19<br>4,9 | 11<br>5,1 | 5,1<br>5,0 | 1,1<br>2,6 | 0<br>3,9 | 0<br>5,3 | 0<br>6,5 | 0<br>7,5 | 1 |
| 0,8 | 53<br>10 | 38<br>7,5 | 26<br>6,9 | 17<br>4,9 | 9,2<br>5,0 | 3,5<br>4,5 | 0,17<br>2,7 | 0<br>4,4 | 0<br>5,9 | 0<br>7,0 | 0,8 |
| 0,6 | 72<br>10 | 55<br>7,4 | 41<br>7,2 | 30<br>4,8 | 20<br>5,1 | 12<br>5,1 | 5,5<br>4,7 | 0,78<br>1,9 | 0<br>3,8 | 0<br>5,6 | 0,6 |
| 0,5 | 89<br>10 | 70<br>7,4 | 54<br>7,3 | 42<br>4,7 | 31<br>5,1 | 21<br>5,4 | 14<br>5,4 | 6,9<br>4,9 | 1,7<br>1,5 | 0<br>3,1 | 0,5 |
| 0,4 | 120<br>10 | 94<br>9,7 | 76<br>7,4 | 61<br>7,0 | 49<br>5,1 | 38<br>5,6 | 28<br>6,0 | 20<br>6,1 | 13<br>5,9 | 7,0<br>5,1 | 0,4 |
| | 0,4 | 0,5 | 0,6 | 0,7 | 0,8 | 0,9 | 1,0 | 1,1 | 1,2 | 1,3 | |

Número superior en la caja = porcentaje de sobreelongación.
Número inferior en la caja = $\omega_n t_s(2\,\%)$.
$\zeta$ = Razón de amortiguamiento.
$\rho$ = Razón de magnitud del cero a $\omega_n$.
DENTRO DE LAS LÍNEAS EN GRUESO: Porcentaje de sobreelongación < 10 % y tiempo de asentamiento < $6/\omega_n$.

Considerar el caso especial de una función de transferencia de segundo orden con dos polos iguales y reales y un cero finito. La función de transferencia es

$$\frac{Y(s)}{R(s)} = \frac{K\,\dfrac{\omega_n}{\rho}\,(s + \rho\omega_n)}{(s + \omega_n)^2}. \tag{7.20}$$

Si $r(t)$ es un escalón unitario, entonces

$$y(t) = K\left[1 + \omega_n\left(\frac{1}{\rho} - 1\right)te^{-\omega_n t} - e^{-\omega_n t}\right]u_s(t). \tag{7.21}$$

La respuesta a un escalón está dibujada (*véase* Figura 7.10) para distintos valores de $\rho$. Si $\rho$ es igual a uno, el cero cancela uno de los polos y la función pasa a ser de primer orden. Si $\rho$ es menor que uno, existe sobreelongación. Está claro que una función con todos los polos y ceros en el eje real negativo puede presentar sobreelongación como respuesta a uan entrada escalón. Sin embargo, conviene observar que la sobreelongación no se produce por una componente periódica. La sobreelongación es una ocurrencia de una sóla vez, y la aproximación al valor final sucede desde el lado superior.

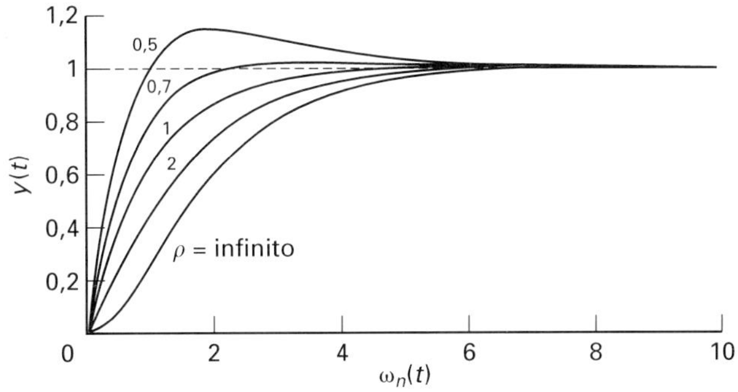


**Figura 7.10.** La respuesta a un escalón con dos polos reales e iguales y un cero.

Con un sistema de segundo orden, el coeficiente de amortiguamiento debe ser mayor o igual que uno para no tener sobreelongación frente a una entrada escalón. Con un cero finito, las condiciones cambian para requerir $\zeta \geqslant 1$ y $\rho \geqslant \zeta - \sqrt{\zeta^2 - 1}$.

Otras combinaciones de polos y cero también pueden ser de interés en otras situaciones específicas, pero la adición de cada polo y cero añade un parámetro adicional a la función de transferencia. Por lo tanto, expresiones analíticas para criterios como el tanto por ciento de sobreelongación y el tiempo de asentamiento no se deducen fácilmente y el estudio del comportamiento en el dominio temporal requerirá de simulación por computador.

## 7.3. CRITERIOS DE RESPUESTA EN FRECUENCIA

El uso de técnicas de respuesta en frecuencia proporciona una alternativa a los criterios de comportamiento en el dominio temporal de los sistemas invariantes en el tiempo. La herramienta matemática básica es el álgebra de fasores. Si se aplica una entrada sinusoidal a un sistema, la respuesta forzada se observa como otra señal sinusoidal de la misma frecuencia. Si se utiliza representación de fasores de la entrada y de la componente forzada de la salida, la razón de la salida respecto de la entrada es una función algebraica que se puede expresar a cualquier frecuencia como un número complejo. Una relación de transferencia que se determina para una frecuencia única y sólo representa la respuesta en estado estacionario a una entrada sinusoidal. Sin embargo, una expresión que es válida cuando la frecuencia varía de cero a infinito constituye un modelo lineal completo.

Utilizando ténicas de Fourier, una señal repetitiva puede ser normalmente descompuesta en una suma de componentes sinusoidales, y la señal transitoria de energía finita normalmente se puede expresar como una función continua de la frecuencia. Si la transformada de Fourier de una señal transitoria es cuadrada, la función cuadrada caracteriza la distribución de la energía frente a la frecuencia. Para los propósitos de este texto, raramente será necesario calcular las características especiales de las señales de entrada o salida, pero es importante entender el significado de la función de respuesta en frecuencia con respecto a la posible alteración del espectro. El sistema actúa como un filtro, y la forma de la función de respuesta en frecuencia determina la manera en que el contenido del espectro de la señal de entrada se modifica.

Puesto que a menudo la mayoría de los sistemas de control presentan las características de un filtro paso-bajo, las componentes de alta-frecuencia de la entrada normalmente están sujetas a atenuación. Si el contenido espectral de la entrada se extiende en un rango en el que la función del sistema presenta atenuación significante, la pérdida de contenido de alta frecuencia indica que el sistema de control no puede producir una salida que duplique exactamente la entrada de referencia. En otras palabras, la capacidad de seguimiento no puede ser perfecta. Sin embargo, la incapacidad de responder a componentes de alta frecuencia no es necesariamente una característica no deseada. El contenido a alta frecuencia puede estar compuesto en su mayor parte por ruido, y se requiere un compromiso entre capacidad de seguimiento y atenuación de ruido.

Existe una correlación obvia y útil entre los modelos de función de transferencia obtenidos mediante álgebra de fasores y los obtenidos utilizando técnicas de transformadas de Laplace. Las funciones de transferencia son intercambiables entre las dos técnicas sustituyendo $j\omega$ por $s$ (o $s$ por $j\omega$). Aunque el álgebra de fasores no presenta parecido con la metodología de Laplace con respecto a la representación de señales, hay una visible similitud con respecto a como se aplican las relaciones operacionales al modelo del sistema. Ambas técnicas convierten relaciones de ecuaciones diferenciales a relaciones algebraicas, y derivación e integración se sustituyen por multiplicación y división, respectivamente, por la variable transformada. Por lo tanto, tienen una grado limitado de cosas en común, como se observa en la estructura del modelo del sistema.

Una perspectiva interesante de la relación entre las funciones de transferencia de Laplace y el álgebra de fasores se observa imaginando una descripción tridimensional de la función de transferencia evaluada en el plano $s$. Si se evalúa la función de transferencia para valores específicos de $s$ en el plano complejo $s$, la evaluación de cada punto proporciona un número complejo que se puede describir en términos de una magnitud y un ángulo. Así, si se añade una tercera coordenada al plano $s$, la magnitud (o el ángulo) se pueden evaluar y dibujar en cada punto del plano $s$. La evaluación en todo el plano $s$ genera una superficie. La superficie que representa la magnitud tiene picos y valles, con puntos de amplitud cero e infinito en las situaciones de los ceros y los polos, respectivamente.

Se puede observar una función de respuesta en frecuencia si se considera la sección transversal de la superficie que se obtiene cortando el plano a lo largo del eje $j\omega$, como se muestra en la Figura 7.11. Por lo tanto, una función de respuesta en frecuencia corresponde a una sección transversal ($A$-$A'$) de la superficie, y la naturaleza del contorno es sensible a la proximidad relativa de los polos y ceros localizados en el plano $s$. La superficie como se presenta en la Figura 7.11 representa la magnitud de la función de transferencia con polos situados en $-1 \pm j2$.

Una determinación experimental de la función de transferencia por álgebra de fasores se obtiene aplicando una entrada sinusoidal de alguna frecuencia, $\omega$, a la entrada y midiendo la magnitud relativa y/o la diferencia en la fase del ángulo de la señal de salida en estado estacionario con respecto a la señal de entrada. La ganancia se obtiene como la razón de la amplitud de salida entre la amplitud de entrada, y el desplazamiento de fase se determina como la diferencia entre el ángulo fasor de la salida y el fasor de entrada. Este procedimiento se repite para diferentes frecuencias de la entrada sinusoidal. Se debe considerar un rango de frecuencias suficiente para localizar los polos y ceros dominantes. La medida de una respuesta forzada para cada frecuencia se obtiene asumiendo que la respuesta natural ha decaído a un valor relativa-

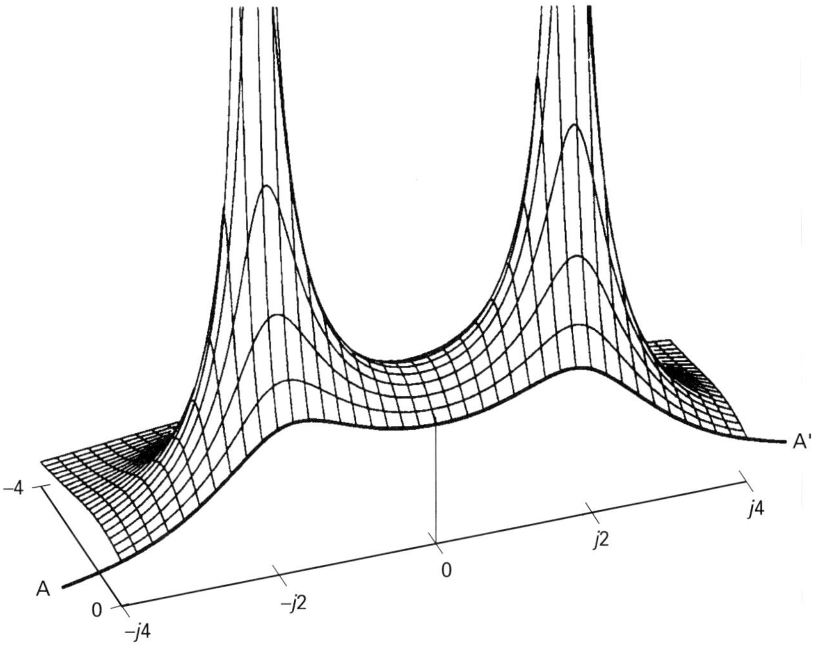


**Figura 7.11.** Una sección transversal del plano $s$ vista desde el eje $j\omega$.

mente insignificante. Aunque la función de respuesta en frecuencia es teóricamente realizable con un sistema estable o inestable, la función de transferencia mediante álgebra de fasores contiene significado (como una medida física) si el sistema es inestable.

## Criterios de respuesta en frecuencia con un polo dominante

Si la función de transferencia que describe al sistema mediante álgebra de fasores viene dada por un único polo (o determinada aproximadamente por un único polo dominante), la función de transferencia es

$$\frac{Y(j\omega)}{R(j\omega)} = \frac{K}{j\omega T + 1} = \frac{K}{\dfrac{j\omega}{\omega_0} + 1}. \tag{7.22}$$

La forma de esta función es idéntica a la función de Laplace de primer orden (Ecuación 7.1) sustituyendo $s$ por $j\omega$. La función de transferencia también se expresa en términos de $\omega_0$, con $\omega_0$ igual a $1/T$. La magnitud de la función de transferencia representa la razón de la amplitud de salida frente a la amplitud de entrada; por lo tanto, una gráfica de la magnitud frente a la frecuencia se describe comúnmente como gráfica de *ganancia*. El ángulo de la función de transferencia representa la diferencia entre los ángulos de fase de salida y de entrada, y la gráfica del ángulo frente a la frecuencia se llama comúnmente *diagrama fase*.

La ganancia de continua (la ganancia con $\omega = 0$) es igual a $K$ y la ganancia tiende a cero cuando $\omega$ tiende a infinito. Por lo tanto, el sistema se puede describir como uno que presenta las características de un filtro de primer orden paso bajo. Si $\omega$ se hace igual a $\omega_0$, la magnitud de la función es igual a $K/\sqrt{2}$ y el desplazamiento de la fase es $-45°$. Un diagrama de la ganancia (con escala de frecuencia logarítmica) se muestra en la Figura 7.12. Si el ancho de banda del sistema se define como el rango de frecuencia en el cual la magnitud es igual o mayor que $K/\sqrt{2}$, el ancho de banda $B$ se determina simplemente mediante

$$B = \omega_0 = \frac{1}{T}. \tag{7.23}$$

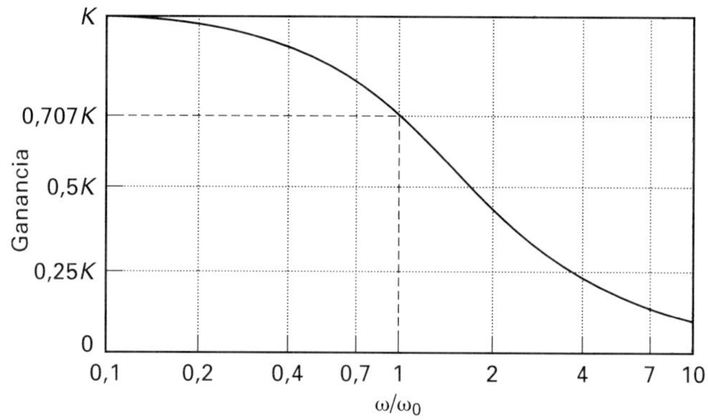


**Figura 7.12.** Ganancia frente a frecuencia para un modelo de un único polo.

Es interesante darse cuenta de que el ancho de banda es igual a la inversa de la constante de tiempo tal como se vio cuando se estudiaron las características en el dominio temporal. Por lo tanto, una respuesta más rápida (una menor constante de tiempo) corresponde a un ancho de banda mayor, como se determinó utilizando un criterio en el dominio frecuencial. Con sistemas de mayor ancho de banda, el contenido espectral de la entrada pasa sin alteración sobre un rango amplio de frecuencia; por lo tanto, el espectro de salida es una representación más fiel de la entrada. Con una entrada escalón, esta modificación se ve como una respuesta más rápida.

Es una práctica relativamente común construir diagramas de respuesta en frecuencia utilizando una formulación llamada diagrama de Bode (Capítulo 1, referencia 5). La ganancia se representa utilizando decibelios, y la ganancia en decibelios se dibuja frente a la frecuencia con escala de frecuencia logarítmica (*véase* Figura 7.13a). Como la ganancia en decibelios es una función logarítmica, el efecto total es el equivalente a producir una gráfica log-log. La generación de este diagrama es ventajosa porque se puede observar un rango amplio de ganancias y valores de frecuencia, y ciertos tramos del diagrama se aproximarán por líneas rectas asintóticas. Si se considera una parte del diagrama que está predominantemente definida por un único término (una única potencia de $\omega$ es la dominante), la función presenta una aproximación asintótica a una línea recta. Por supuesto, la ganancia es igual a la magnitud de la función de transferencia. Con la magnitud de la función de transferencia, $M(\omega)$, convertida a decibelios,

$$20\log M(\omega) = 20\log\frac{|Y(j\omega)|}{|R(j\omega)|} = 20\log\left|\frac{K}{\dfrac{j\omega}{\omega_0}+1}\right|. \tag{7.24}$$

Si $\omega$ es muy pequeña en comparación con $\omega_0$, la ganancia se aproxima a 20 log $K$ dB. Con $K$ igual a uno, el límite a baja frecuencia es 0 dB. Si $\omega$ es muy grande en comparación con $\omega_0$, la ganancia se aproxima a $-20$ log$(\omega/\omega_0)$ dB. Por lo tanto la pendiente a altas frecuencias es

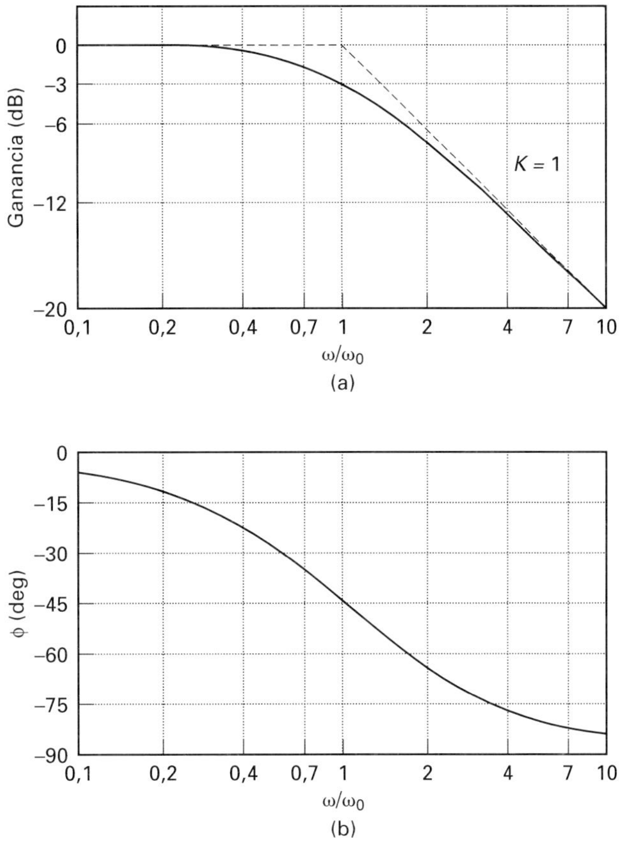


**Figura 7.13.** Ganancia en dB (*a*) y desplazamiento de fase (*b*) con un modelo de único polo.

$-20$ dB por década (aproximadamente $-6$ dB por octava), y las asíntotas intersectan en $\omega_0$. La frecuencia a la que ocurre la intersección de las asíntotas se conoce como frecuencia *esquina*. La ganancia real en las frecuencias esquina está por debajo de 3,01 dB con respecto al límite a bajas frecuencias. Si el valor de $K$ no es la unidad, la curva completa se desplaza verticalmente en $20 \log K$ dB.

El ángulo de fase, $\phi$, de la señal de salida con respecto a la señal de entrada es

$$\phi = -\tan^{-1}\left(\frac{\omega}{\omega_0}\right). \tag{7.25}$$

Este resultado se presenta en la Figura 7.13b.

## Criterios de respuesta en frecuencia con un par de polos dominantes

Si la función del sistema está descrita por un par de polos dominantes, la función de transferencia en álgebra de fasores es

$$\frac{Y(j\omega)}{R(j\omega)} = \frac{K}{\left(\dfrac{j\omega}{\omega_n}\right)^2 + 2\zeta\left(\dfrac{j\omega}{\omega_n}\right) + 1}. \tag{7.26}$$

Si $\zeta$ es menor que uno, el sistema es subamortiguado, y los polos son complejos. El denominador se puede separar en parte real e imaginaria y da

$$\frac{Y(j\omega)}{R(j\omega)} = \frac{K}{\left[1 - \left(\frac{\omega}{\omega_n}\right)^2\right] + j2\zeta\left(\frac{\omega}{\omega_n}\right)}. \tag{7.27}$$

En lugar de expresar la magnitud de $M$ de la razón de transferencia es más simple dividir entre $K$ y describir la función inversa. El cuadrado de la función inversa es entonces

$$\left(\frac{K}{M}\right)^2 = \left[1 - \left(\frac{\omega}{\omega_n}\right)^2\right]^2 + \left[2\zeta\left(\frac{\omega}{\omega_n}\right)\right]^2. \tag{7.28}$$

Si se detecta un mínimo en la función de la Ecuación 7.28, entonces la frecuencia del valor mínimo debe corresponder con la localización del pico de la función de ganancia. La derivada de $(K/M)^2$ con respecto a $\omega/\omega_n$ es igual a cero si

$$\left(\frac{\omega}{\omega_n}\right)^2 = 1 - 2\zeta^2. \tag{7.29}$$

Por lo tanto, existe un pico en la ganancia si $\zeta \leqslant 0{,}707$, y la frecuencia de este pico es

$$\omega_p = \omega_n\sqrt{1 - 2\zeta^2} \quad (\zeta < 0{,}707). \tag{7.30}$$

Sustituyendo la frecuencia del pico de ganancia en la expresión para la ganancia se obtiene

$$\frac{M_p}{K} = \frac{1}{2\zeta\sqrt{1 - \zeta^2}} \quad (\zeta < 0{,}707), \tag{7.31}$$

donde $M_p$ es el máximo de ganancia y $K$ es la ganancia cuando $\omega$ tiende a cero. La razón del máximo de ganancia y la ganancia en el límite de frecuencias bajas se puede expresar en decibelios como

$$20\log\frac{M_p}{K} = 20\log\frac{1}{2\zeta\sqrt{1 - \zeta^2}} \quad (\zeta < 0{,}707). \tag{7.32}$$

En la Figura 7.14 se muestra un diagrama de la ganancia para varios valores de zeta. El pico que se produce para coeficientes de amortiguamiento pequeños indica que la tendencia hacia la oscilación se observará si la señal de entrada contiene energía en este rango de frecuencia. Por ejemplo, la respuesta a una entrada escalón contendrá una componente oscilatoria grande con una frecuencia de oscilación que es aproximadamente igual a la frecuencia de pico. Puesto que se observa un fenómeno similar para sistemas pasivos que presentan condición de resonancia, el pico se llama a menudo pico de resonancia. Si el coeficiente de amortiguamiento es cero, la ganancia es infinito par $\omega = \omega_n$, por lo tanto es correcto predecir que puede existir

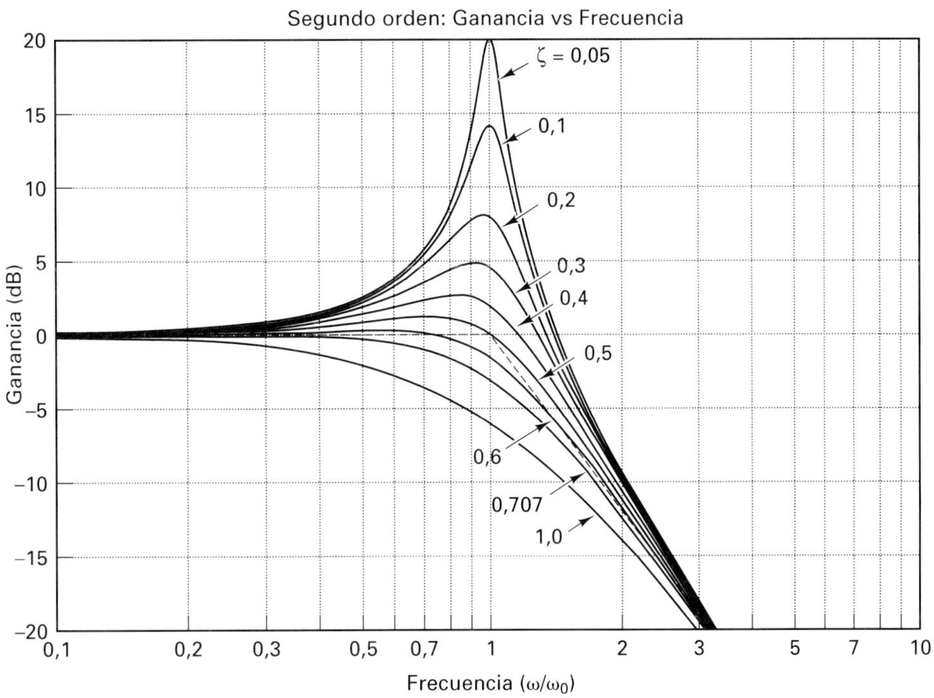


**Figura 7.14.** Ganancia frente a frecuencia para un modelo de segundo orden.

una salida finita si la entrada se reduce a cero. Esta condición se produce si el par de polos está localizado exactamente en el eje-$j\omega$.

El desplazamiento de fase viene descrito por

$$\phi = -\tan^{-1} \frac{2\zeta\left(\dfrac{\omega}{\omega_n}\right)}{\left[1 - \left(\dfrac{\omega}{\omega_n}\right)^2\right]} \tag{7.33}$$

y el ángulo relativo de salida con respecto a la entrada se muestra para distintos valores de zeta en la Figura 7.15.

El ancho de banda se puede definir de nuevo en términos de los 3 dB a baja frecuencia. Si $\omega_n$ se duplica (sin cambio en el coeficiente de amortiguamiento), los 3 dB a baja frecuencia también se duplican. El que se duplique el ancho de banda va acompañado de que el tiempo de asentamiento se divida por la mitad. Si se preserva un coeficiente de amortiguamiento específico, se mantiene la relación inversa entre los 3 dB del ancho de banda y el escalado en el dominio temporal. El concepto de ancho de banda se puede generalizar a sistemas de mayor orden. Un sistema con ancho de banda mayor es capaz de responder mejor a variaciones rápidas de la entrada de referencia.

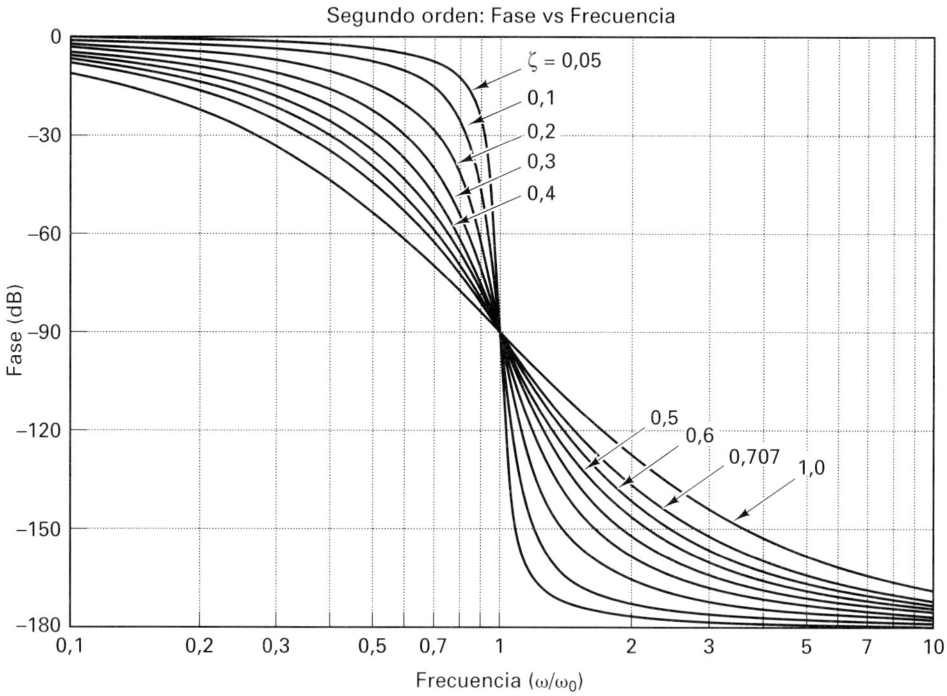


**Figura 7.15.** Desplazamiento de fase frente a la frecuencia para un modelo de segundo orden.

### EJEMPLO 7.3

Si se considera un sistema de segundo orden, un test transitorio revela que el tanto por ciento de sobreelongación frente a una entrada escalón es de 16,3 %, y el tiempo de asentamiento (2 %) es 2,500 s. Si se aplica el test de respuesta en frecuencia a este sistema, determinar la magnitud del pico de resonancia y la frecuencia del pico que se debería observar en función de la ganancia. ¿A qué frecuencia esperaría observar $-90°$ de retardo de fase en la función de la fase?

**Solución.** Un cálculo de $\zeta$ que produzca el 16,3 % de sobreelongación revela que $\zeta = 0{,}50$ y la relación de tiempo de asentamiento aproximado conduce a $2{,}50 \approx 4/0{,}5\omega_n$, o $\omega_n \approx 3{,}20$ rad/s. La Ecuación 7.32 predice un pico en la función de ganancia de respuesta en frecuencia de 1,25 dB y la frecuencia del pico (Ecuación 7.30) se produce en 2,26 rad/s. La curva de fase pasa por $-90°$ cuando $\omega = \omega_n$ o $\omega \approx 3{,}20$ rad/s.

## 7.4. SELECTIVIDAD ESPECTRAL Y ANCHO DE BANDA DEL RUIDO

En todos los sistemas están presentes varias señales que interfieren y consideraciones de la distribución de la potencia de la señal y sobre la potencia del ruido respecto de la frecuencia pueden ser interesantes para determinar el modelo óptimo. El ancho de banda debe ser lo suficientemente grande para asegurar buena capacidad de seguimiento, pero si el ancho de banda es demasiado grande podría permitir la transmisión de señales no deseadas. Un receptor de fase sincronizada es un ejemplo de sistema realimentado para el que el ancho de banda se determina con la consideración de ambas componentes, deseadas y no deseadas de la señal del entrada. Una aplicación típica de un receptor de fase sincronizada envuelve la recepción de señales de un satélite o una sonda espacial, con la acción de realimentación utilizada para seguir automáticamente una variación de la frecuencia de entrada. La frecuencia de entrada (y fase) varía con el tiempo debido al movimiento relativo del transmisor y receptor. Para diseñar el lazo de forma que se siga la variación Doppler adecuadamente requiere un ancho de banda distinto de cero. Sin embargo, si el ancho de banda es demasiado grande, se recibe una potencia de ruido excesiva además de la señal deseada.

## Las características espectrales de un sistema de suspensión activa de un automóvil

El sistema de suspensión activa para un automóvil, tal como se describieron en los capítulos precedentes (Secciones 2.4 y 3.6), es otro ejemplo de un sistema para el que el espectro selectivo es muy importante. Si se considera que la función de transferencia relaciona el cuerpo en movimiento con el perfil de la carretera, una conducción suave depende de la habilidad de aceptar las componentes de baja frecuencia (el contenido a baja frecuencia define características del cambio lento de la carretera) mientras que rechaza las componentes a alta frecuencia.

Si se consideran las ecuaciones para un modelo de sistema pasivo (Sección 2.4) asumiendo que no existe amortiguamiento (ni amortiguamiento activo, ni pasivo y ningún amortiguamiento en los neumáticos), entonces es un sistema sin pérdidas. Con $f_a = 0$ y $B_t = 0$, la transformada de las ecuaciones dinámicas (Ecuación 2.16) produce un conjunto de dos ecuaciones algebraicas con dos incógnitas. Si se elimina la posición de la rueda $X_w(s)$, entonces la función de transferencia que relaciona la posición del cuerpo y la posición de la carretera es

$$\frac{X_b(s)}{X_r(s)} = \frac{K_t K_s}{M_b M_w s^4 + (M_b K_s + M_w K_s + M_b K_t)s^2 + K_s K_t}. \tag{7.34}$$

Si se sustituye $s$ por $j\omega$, se puede obtener la función de respuesta en frecuencia que describe la ganancia frente a $\omega$. Si se asume que $M_b = 360$ kg, $M_w = 45$ kg, $K_t = 2{,}30 \times 10^5$ N/m y $K_s = 2{,}70 \times 10^4$ N/m, el resultado se muestra en la Figura 7.16. Como es un sistema de cuarto orden, se ha utilizado MATLAB[1] para obtener la gráfica mediante

```
n=[0 0 0 0 6.21E9];                 % introducir numerador
d=[1.62E4 0 9.37E7 0 6.21E9];       % introducir denominador
w=[0:0.2:100];                      % generar vector de frecuencia lineal
[m,p,w]=bode(n,d,w);                % calcular magnitud y fase
f = w/(2*pi); dbg =20*log10(m);     % convertir a frec. (Hz) y dB
plot(f,dbg)                         % representar ganancia (dB) vs. frec. (escala lineal)
```

Como los dos picos de resonancia están espaciados relativamente cerca en frecuencia, la gráfica se ha generado utilizando escala de frecuencia lineal (en lugar de escala logarítmica).

Con un sistema sin pérdidas, hay dos picos de resonancia infinito: uno en 1,3 Hz y otro en 12 Hz. La ganancia infinita indica que puede existir una oscilación finita en estado estacionario para esas frecuencias después de que desaparezca la excitación. Aunque todos los componentes contribuyen a la respuesta de una forma interactiva, la frecuencia de resonancia más baja es aproximadamente la frecuencia de resonancia determinada por la masa del cuerpo y su constante elástica suponiendo que los neumáticos son rígidos. La frecuencia de resonancia más

[1] Información adicional con respecto al uso de MATLAB para dibujar los diagramas de Bode, se encuentra disponible en el Capítulo 9.

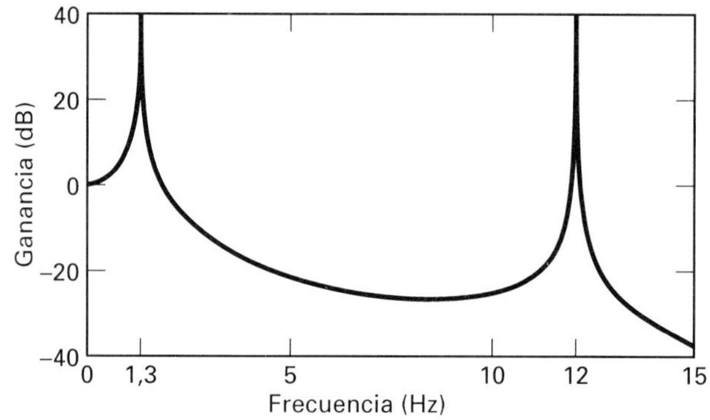


**Figura 7.16.** Ganancia frente a frecuencia para un sistema de suspensión de un automóvil sin amortiguamiento.

grande es aproximadamente la frecuencia de resonancia de la rueda y el eje (asumiendo que el cuerpo es rígido).

Si se incluye el amortiguamiento $B_t$ del neumático y el sistema activo se utiliza para añadir amortiguamiento activo con un factor de ganancia de $B_A$, entonces el amortiguamiento forzado es $B_t(\dot{x}_w - \dot{x}_r)$, y el actuador de fuerza, $f_a$, es $-B_A(\dot{x}_b - \dot{x}_w)$. Si se añaden esos términos a la suma de fuerzas, la función de transferencia revisada que describe $X_b(s)/X_r(s)$ es

$$\frac{B_A B_t s^2 + (B_A K_t + B_t K_s)s + K_s K_t}{M_b M_w s^4 + [M_b(B_t + B_A) + M_w B_A]s^3 + [M_b(K_t + K_s) + M_w K_s + B_A B_t]s^2 + (B_t K_s + B_A K_t)s + K_t K_s}. \tag{7.35}$$

Si $B_t$ es igual a 180 N/(m/s) y $B_A$ es 4.500 N/(m/s), la gráfica modificada es la de la Figura 7.17. Conviene observar que la resonancia a 12 Hz ha desaparecido y el pico a 1,3 Hz es bastante pequeño; sin embargo, la razón a la que la ganancia decrece como función de la frecuencia es ahora de alguna forma más baja. Por supuesto, es deseable minimizar la respuesta frente a componentes de alta frecuencia de las variaciones en la carretera. Si se añade una constante elástica activa, entonces $K_s$ se sustituye por $K_s \pm K_{SA}$, y la resonancia a baja frecuencia se puede desplazar a un valor más bajo o más alto.

## Ancho de banda del ruido

Si el ruido de entrada es un ruido de banda ancha (ruido que está distribuido sobre un amplio rango de frecuencias), entonces la potencia del ruido que se introduce en el sistema es una función del ancho de banda del sistema. El ancho de banda del ruido es un criterio de comportamiento que se puede utilizar para evaluar o comparar modelos de sistemas. La definición del ancho de banda del ruido, $B_n$, es

$$B_n = \frac{1}{K^2}\int_0^{\infty} \left|\frac{Y(j\omega)}{R(j\omega)}\right|^2 d\omega \tag{7.36}$$

en radianes por segundo, asumiendo que $Y(j\omega)/R(j\omega)$ es una función paso-baja con la ganancia de continua igual a $K$. Una interpretación del ancho de banda del ruido se obtiene si se asume que el ruido de entrada que se aplica al sistema también se aplica a un filtro ideal paso-baja

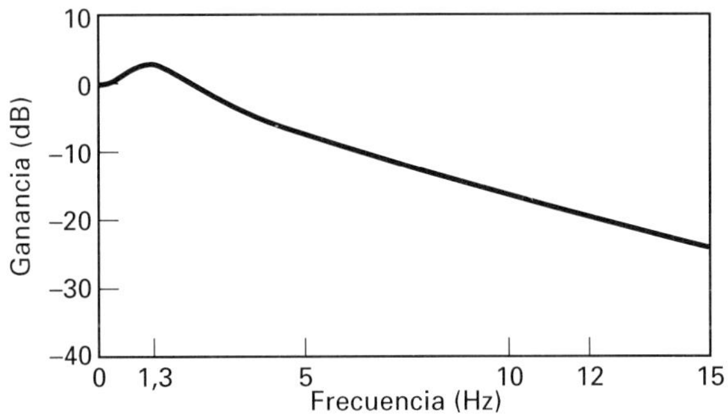


**Figura 7.17.** Ganancia frente a frecuencia para un sistema de suspensión de un automóvil con amortiguamiento.

con factor de ganancia igual a $K$ para $\omega \leqslant \omega_0$ y cero para $\omega > \omega_0$. Si determina que el ancho de banda del ruido del sistema es igual a $B_n$ rad/s, entonces el sistema presenta la misma potencia de ruido en la salida que el filtro ideal paso-baja con una frecuencia de corte en $\omega_0 = B_n$ rad/s. Este resultado se obtiene si se asume que la entrada es ruido blanco (una densidad espectral constante para toda $\omega$).

Si el sistema viene descrito por la presencia de dos polos dominantes, entonces

$$\frac{Y(j\omega)}{R(j\omega)} = \frac{K\omega_n^2}{(j\omega)^2 + 2\zeta\omega_n(j\omega) + \omega_n^2}, \tag{7.37}$$

y

$$B_n = \frac{\pi\omega_n}{4\zeta} \quad \text{(rad/s)}. \tag{7.38}$$

Como era de esperar, el ancho de banda del ruido es proporcional a $\omega_n$, pero es también inversamente proporcional a $\zeta$. Por supuesto, un pequeño valor de $\zeta$ producirá un pico en el diagrama de magnitud y un aumento en el ruido de entrada queda reflejado en la relación inversa del ancho de banda del ruido con respecto a $\zeta$. Si se considera un sistema de segundo orden con $K = 1$, $\omega_n = 28$ y $\zeta = 0{,}7$, entonces $B_n = 10\pi$ rad/s (5 Hz). Esto significa que aplicando la misma entrada de ruido blanco, un filtro con un paso banda rectangular de 5-Hz de ganancia unidad produciría la misma potencia de ruido de salida.

La relación entre el ancho de banda del ruido y la posición de los polos se puede ilustrar rápidamente en el plano $s$. Si se supone que un sistema presenta dos polos dominantes con $\zeta < 1$ (*véase* Figura 7.4), la localización de los polos en coordenadas rectangulares, $s_{1,2} = \sigma \pm j\omega$, viene descrita por

$$\sigma = -\zeta\omega_n \quad \text{y} \quad \sigma^2 + \omega^2 = \omega_n^2. \tag{7.39}$$

Por lo tanto, el ancho de banda del ruido se puede expresar en término de coordenadas rectangulares en el plano $s$ por

$$B_n = \frac{-\pi}{4\sigma}(\sigma^2 + \omega^2), \tag{7.40}$$

y reagrupando términos produce

$$0 = \sigma^2 + \frac{4B_n}{\pi}\sigma + \omega^2. \tag{7.41}$$

Si se suma $4B_n^2/\pi^2$ a ambos lados de la Ecuación 7.39, entonces

$$\frac{4B_n^2}{\pi^2} = \left(\sigma + \frac{2B_n}{\pi}\right)^2 + \omega^2. \tag{7.42}$$

Esta es la ecuación de un círculo con centro en $-2B_n/\pi$ y radio de $2B_n/\pi$, tal como se muestra en la Figura 7.18a. Por lo tanto, la situación de los polos para mantener un ancho de banda del ruido fijo aparece gráficamente como un círculo que es tangente al eje imaginario.

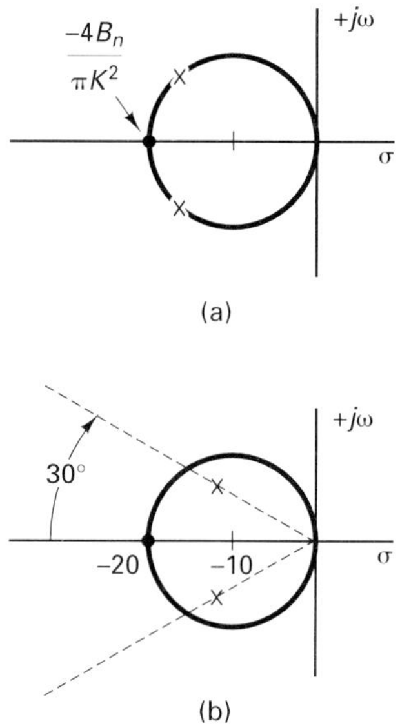


**Figura 7.18.** Contornos de ancho de banda del ruido: *a*) Contorno de ancho de banda fijo, y *b*) Una asignación de polos con $B_n < 5\pi$ radianes por segundo.

### EJEMPLO 7.4

*Suponer que se requiere que un sistema de segundo orden presente ganancia de continua igual a la unidad, un coeficiente de amortiguamiento igual a 0,866 y un ancho de banda de ruido que no exceda 5 $\pi$ rad/s.*

Determinar la situación de los polos que satisface estas especificaciones.

**Solución.** La especificación de la ganancia de continua se satisface fijando $K = 1$. La especificación del coeficiente de amortiguamiento requiere que el par de polos estén sobre dos líneas rectas, tal como se muestra en la Figura 7.18b. La especificación del ancho de banda del ruido requiere que el par de polos esté situado dentro del círculo, como muestra la Figura 7.18a. Un desplazamiento de los polos fuera del circulo proporcionaría una respuesta más rápida, pero la especificación del ancho de banda del ruido se excedería.

Si se consideran otras agrupaciones de polo-cero, un único polo dominante produce

$$\frac{Y(s)}{R(s)} = \frac{K\omega_0}{s + \omega_0}, \tag{7.43}$$

y la evaluación del ancho de banda del ruido produce

$$B_n = \frac{\pi}{2}\,\omega_0 \quad \text{(rad/s)}. \tag{7.44}$$

Un sistema con dos polos y un cero está descrito por

$$\frac{Y(s)}{R(s)} = \frac{K\,\dfrac{\omega_n}{\rho}\,(s + \rho\omega_n)}{s^2 + 2\zeta\omega_n s + \omega_n^2}, \tag{7.45}$$

y la determinación del ancho de banda del ruido produce

$$B_n = \frac{\pi}{4\zeta}\left(1 + \frac{1}{\rho^2}\right)\omega_n \quad \text{(rad/s)}. \tag{7.46}$$

Si se permite que $\rho$ se aproxime a infinito, se desplaza el cero hacia la izquierda sobre el eje real negativo con la distancia desde el origen tendiendo a infinito. Puesto que la función del sistema se caracteriza entonces por dos polos dominantes, el ancho de banda del ruido está descrito utilizando la Ecuación 7.46 o la Ecuación 7.38. Si $\zeta$ y $\rho$ son ambos igual a uno, ocurre una cancelación entre polo y cero y la expresión del ancho de banda del ruido de la Ecuación 7.46 se convierte en el ancho de banda del ruido de la configuración de un único polo (Ecuación 7.44).

## 7.5. ERROR EN ESTADO ESTACIONARIO

Si se considera la respuesta de un sistema inicialmente sin excitar al que de repente se le aplica una entrada, un sistema bien diseñado proporcionará una transición rápida (pero suave) desde el estado inicial a la respuesta forzada. El cambio repentino que se requiere en $t = 0$ excita los modos «naturales» del sistema. Sin embargo, si la entrada tiene buen comportamiento, sin cambios abruptos ni discontinuidades, la variable de salida cambia a un modelo de comportamiento de respuesta forzada y el error llega a ser relativamente pequeño. Si se consideran sistemas tal como máquinas de herramientas, radares de seguimiento, sistemas de guiado de misiles, etcétera, el comportamiento que sigue el transitorio inicial puede ser igualmente importante (o críticamente importante) en términos de comportamiento deseado.

Los tópicos de las secciones precedentes de este capítulo han tratado con características de comportamiento que son atribuibles a la respuesta natural. En esta sección, la atención se centrará en características de comportamiento que son atribuibles a la respuesta forzada. Por lo tanto, se desarrollan criterios de comportamiento que miden la exactitud de la operación determinada después de que la respuesta natural decae.

### Errores en estado estacionario con entradas polinomiales

A menudo se busca un criterio de comportamiento en estado estacionario aplicando una entrada escalón, una entrada rampa, u otras señales descritas como potencias finitas del tiempo. La entrada es una función de la forma general

$$r(t) = a_0 + a_1 t + a_2 t^2 + \cdots, \tag{7.47}$$

y la respuesta forzada con una entrada polinomial es otro polinomio.

La consideración del error en estado estacionario es normalmente de interés en sistemas que mantienen idealmente la señal de salida exactamente en el mismo nivel que la entrada. Por ejemplo, si se diseña un sistema para controlar el ángulo de un telescopio para visualizar un objeto particular, se obtiene la operación deseada si el ángulo del telescopio se mantiene exactamente igual a la línea de vista del objeto. Una estrategia de control que tenderá a sacar algo de este tipo de operación es proporcionada por un sistema realimentado, como se muestra en la Figura 7.19. Con ganancia unidad en el camino de realimentación, el error en la señal es igual a la diferencia entre las señales de entrada y salida. La posibilidad de que la salida siga a la entrada depende de la posibilidad del sistema de mantener el error lo suficientemente pequeño.

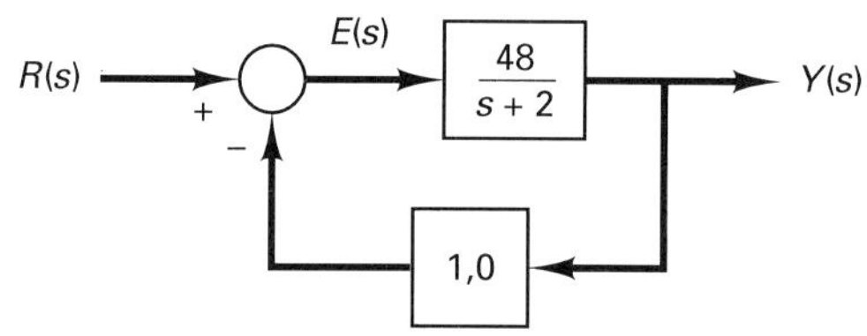


**Figura 7.19.** Un modelo de realimentación unidad.

Si la entrada al sistema como muestra la Figura 7.19 es una función escalón con $r(t) = 0{,}5u_s(t)$, entonces

$$\frac{E(s)}{R(s)} = \frac{s+2}{s+50} \quad \text{y} \quad E(s) = \frac{0{,}5(s+2)}{s(s+50)}. \tag{7.48}$$

La correspondiente señal de error en el dominio temporal es

$$e(t) = (0{,}02 + 0{,}48e^{-50t})u_s(t). \tag{7.49}$$

Por lo tanto, el error inicial es 0,5, pero la señal de error decae a un valor en estado estacionario de 0,02. Por supuesto, la aplicación del teorema del valor final proporcionará el valor final sin necesidad de calcular la transformación inversa. Puesto que todos los polos de $sE(s)$ están en el semiplano izquierdo, se puede aplicar el teorema del valor final y el límite de $sE(s)$ cuando $s \to 0$ es 0,02.

Si la función del camino directo se cambia tal que

$$G(s) = \frac{4}{s(s+2)}, \tag{7.50}$$

entonces

$$\frac{E(s)}{R(s)} = \frac{s(s+2)}{(s^2+2s+4)}, \tag{7.51}$$

Y si la entrada es $0{,}5u_s(t)$, entonces

$$e(t) = 0{,}5e^{-t}\left(\cos\sqrt{3}t + \frac{1}{\sqrt{3}}\,\text{sen}\,\sqrt{3}t\right)u_s(t). \tag{7.52}$$

Está claro que la función del sistema revisado cambia de forma que de alguna manera produce error nulo en estado estacionario. Antes de intentar describir el motivo del cambio en el error final, es interesante considerar los distintos tipos de variación. Suponga que la entrada aplicada al sistema revisado se cambia a una rampa con $r(t) = 0{,}1tu_s(t)$. Si se evalúan la salida, $y(t)$, y el error, $e(t)$, entonces

$$y(t) = \left[0{,}1t - 0{,}05 + 0{,}05e^{-t}\left(\cos\sqrt{3}t - \frac{1}{\sqrt{3}}\operatorname{sen}\sqrt{3}t\right)\right]u_s(t) \tag{7.53}$$

y

$$e(t) = \left[0{,}5 - 0{,}05e^{-t}\left(\cos\sqrt{3}t - \frac{1}{\sqrt{3}}\operatorname{sen}\sqrt{3}t\right)\right]u_s(t). \tag{7.54}$$

Estos resultados se muestran en las Figuras 7.20a y 7.20b. La salida en estado estacionario logra una velocidad de cambio igual a la velocidad de cambio de la entrada, pero muestra un

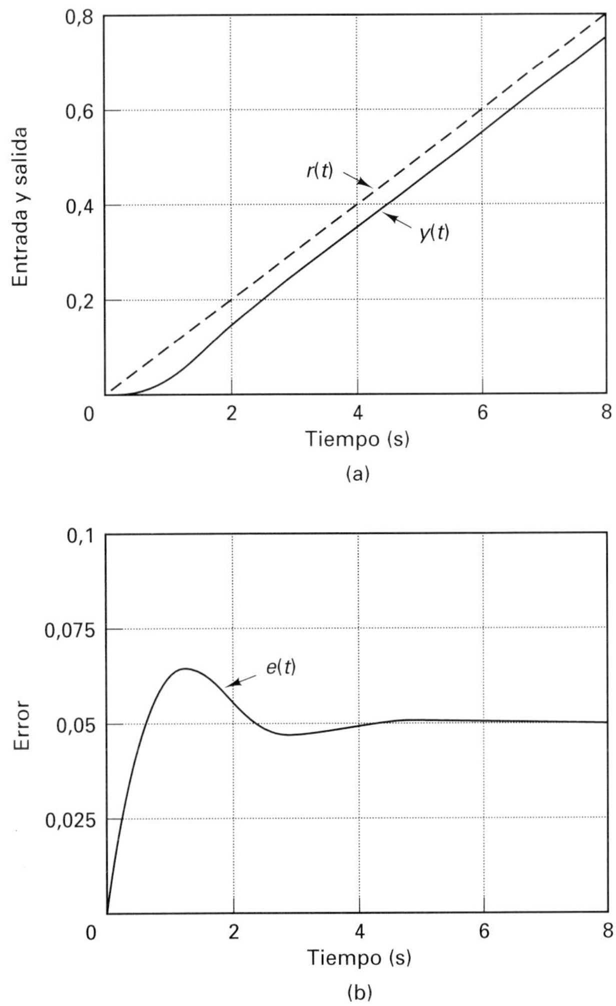


**Figura 7.20.** La respuesta a una entrada rampa mostrando: *a*) las funciones de entrada y salida, y *b*) la función de error.

error de desplazamiento. Este fenómeno quizás se entiende mejor si se relaciona con el sistema físico. Aplicado al sistema de control del telescopio, esto significa que el objeto se está moviendo de forma que produce una velocidad constante de cambio de ángulo, y el movimiento angular en estado estacionario del telescopio asume la velocidad correcta del cambio del ángulo, pero hay un desplazamiento angular constante. Por lo tanto, la imagen está continuamente fuera del centro del campo de visión.

Si se supone que el sistema en lazo cerrado es estable, una entrada polinomial producirá una función de error polinomial bajo condiciones en estado estacionario. Sin embargo, el error en estado estacionario (polinomial) puede tomar la forma de una derivada (o suma de derivadas) de la entrada. Por lo tanto, una entrada polinomial no acotada puede producir un error en estado estacionario constante o cero. Para entender la relación entre entradas polinomiales y error en estado estacionario, es útil considerar algunos criterios de comportamiento en estado estacionario, como los que se definen en la siguiente subsección.

## Constantes de error y números de tipo

La definición de *constantes de error* y *números de tipo de sistema* proporciona una aproximación organizada para entender la relación entre una entrada polinomial y el correspondiente error de estado estacionario. Si un sistema está descrito como muestra la Figura 7.21, el número de tipo está determinado por el número de polos de $G(s)$ que están localizados en el origen. Si $G(s)$ está descrito como la razón de polinomios con la posibilidad de que uno o más polos estén situados en el origen, entonces

$$G(s) = \frac{N(s)}{s^k D(s)}. \tag{7.55}$$

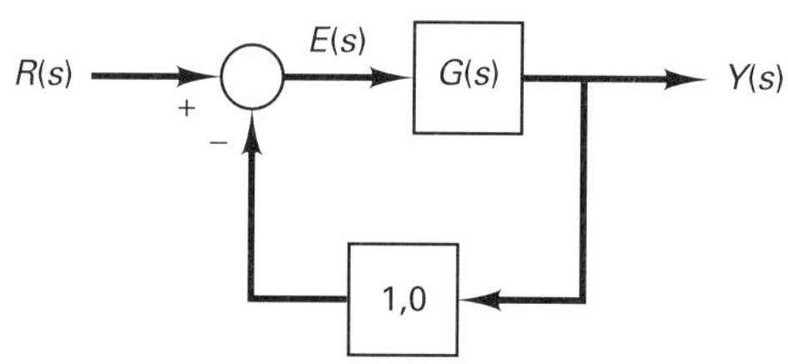


**Figura 7.21.** Un modelo de realimentación unidad.

Si se asume que $N(s)$ y $D(s)$ son polinomios con todas las raíces distintas de cero, el número de tipo es igual a $k$. Por lo tanto, el número de tipo depende del número de operaciones de integración (factores $1/s$) que aparecen en el camino directo de la función.

El significado del número de factores $1/s$ que aparecen en el camino directo es claro si se considera la función en lazo cerrado que relaciona el error con la entrada. Utilizando la notación de la Ecuación 7.53, el error es

$$E(s) = \frac{s^k D(s)}{N(s) + s^k D(s)} R(s). \tag{7.56}$$

Si el número de tipo es mayor que cero, hay una cancelación potencial de polos y ceros en el origen del plano $s$. Una cancelación puede ocurrir porque un polinomio de entrada introduce polos en el origen y la función de transferencia puede introducir uno o más ceros en el origen. Por supuesto, una cancelación afectará a la determinación del error estacionario. Cuando el sistema tipo 0 de la Figura 7.19 se sustituyó por un sistema tipo 1, el error en estado estacionario frente a una entrada escalón cambió de un valor distinto de cero a cero. Sin embargo, cuando se aplicó una entrada rampa a un sistema de tipo 1, se observó un error de desplazamiento distinto de cero. Si todos los polos de $sE(s)$ están situados en el semiplano izquierdo, existe un límite, y el error en estado estacionario se determina fácilmente utilizando el teorema del valor final.

La relación entre el número de tipo y el error en estado estacionario se muestra en la Tabla 7.2. La tabla muestra la forma del error en estado estacionario y la magnitud de los errores constantes. La tabla se puede ampliar en cualquier dirección, pero la posibilidad de obtener un sistema que funcione con números de tipo 3 o superiores está sujeto a que aumenten significativamente las dificultades de estabilidad en lazo cerrado. Si la respuesta natural no decae a cero, la evaluación de la respuesta forzada no es significativa.

**TABLA 7.2.** ERRORES EN ESTADO ESTACIONARIO CON ENTRADAS POLINOMIALES

| Número de tipo | Entrada $a_0$ | $a_1 t$ | $a_2 t^2$ |
|---|---|---|---|
| 0 | $\frac{a_0}{1 + K_p}$ | No acotado | No acotado |
| 1 | 0 | $\frac{a_1}{K_v}$ | No acotado |
| 2 | 0 | 0 | $\frac{2a_2}{K_a}$ |

Los errores en estado estacionario están descritos en la tabla como un array con las filas y columnas identificadas por un número de tipo una función de entrada[2]. Los errores constantes están descritos en términos de constantes de error que se definen como siguen:

$$\begin{aligned} K_p &= \lim_{\to 0} G(s) \\ K_v &= \lim_{\to 0} sG(s) \\ K_a &= \lim_{\to 0} s^2 G(s). \end{aligned} \tag{7.57}$$

Aunque las constantes de error, $K_p$, $K_v$ y $K_a$ se describen normalmente como errores constantes de posición, velocidad y aceleración, respectivamente, es importante observar que la terminología se deriva del comportamiento de la entrada —no hay implicación con respecto a

[2] Los errores en estado estacionario tal como se expresa en la tabla, se presentan con la hipótesis de que los sistemas de control son asintóticamente estables.

una caracterización física (unidades de medida) de la entrada, salida o función de error. $K_p$ es aplicable si la entrada es una función escalón, $K_v$ es aplicable si la entrada es una función rampa y $K_a$ es aplicable si la entrada es una función parabólica. Los errores constantes que aparecen en la tabla representan una diferencia fija entre las variables de entrada y salida (con unidades de medida que dependen de la caracterización física).

Como un ejemplo de la derivación de las expresiones de la tabla, considerar una entrada rampa $a_1 t u_s(t)$ aplicada a un sistema, como muestra la Figura 7.21. El error en estado estacionario es

$$\lim_{\to \infty} e(t) = \lim_{\to 0} s \frac{1}{1 + G(s)} \cdot \frac{a_1}{s^2}, \tag{7.58}$$

o

$$\lim_{\to \infty} e(t) = \frac{a_1}{\lim_{\to 0} [sG(s)]} = \frac{a_1}{K_v}. \tag{7.59}$$

Las constantes de error proporcionan información valiosa sobre el comportamiento del estado estacionario y son útiles cuando se establecen las especificaciones de diseño.

**EJEMPLO 7.5**

Considere el sistema de la Figura 7.22. El modelo representa el control de uno de los ejes de un sistema de seguimiento óptico conducido por motor. Suponer que el comportamiento de seguimiento deseado se obtiene sólo si el error angular en estado estacionario es menor o igual que 0,01 rad con una señal de entrada que cambia con una variación angular de velocidad constante de 0,05 rad/s. La señal de entrada, $\theta_R(t)$, es $0{,}05t$ rad. Para obtener un grado deseado de estabilidad transitoria, el sistema tambien debe presentar un coeficiente de amortiguamiento de 0,6 o mayor. Determinar $K_o$ de modo que todas las especificaciones se satisfagan.

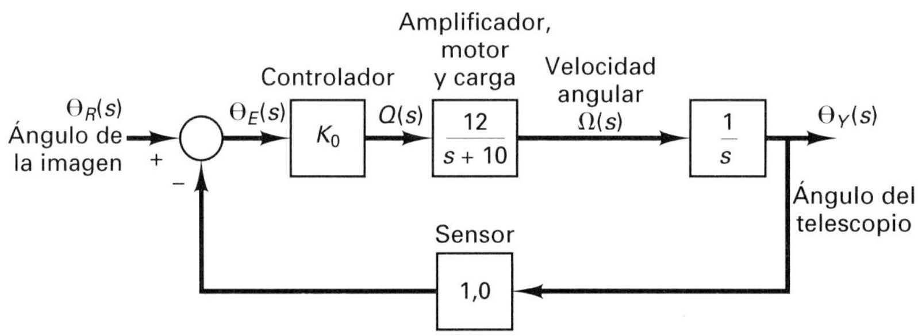


**Figura 7.22.** Un sistema de seguimiento óptico.

**Solución.** Si la especificación de comportamiento en estado estacionario se traduce a una especificación equivalente que envuelve a la constante de error de velocidad, el valor de $K_v$ debe ser mayor o igual que 5,0 ($s^{-1}$). Entonces

$$K_v = \lim_{\to 0} sG(s) = \frac{12K_o}{10} \geqslant 5{,}0, \tag{7.60}$$

o $K_o$ debe ser igual o mayor que 4,17. Sin embargo, si $K_o$ excede de 5,79, el coeficiente de amortiguamiento será menor que 0,6. Por lo tanto, el valor de $K_o$ se debe seleccionar en el rango de 4,17 a 5,79 para satisfacer ambas especificaciones de estabilidad en el estado estacionario y en el transitorio. Si la solución se obtiene calculando el error y aplicando el teorema del valor final,

$$\Theta_E(s) = \frac{0{,}05(s + 10)}{s(s^2 + 10s + 12K_o)}, \tag{7.61}$$

y el límite de $s\theta_E(s)$ cuando $s \to 0$ es igual o menor que 0,010 rad si $K_o$ es igual o mayor que 4,17. Por supuesto, este valor es idéntico al resultado previo.

## Sistemas con realimentación no unitaria

Si un sistema presenta un factor de ganancia no unitaria en el camino de la realimentación, como se muestra en la Figura 7.23, el cálculo del error del sistema se altera. En esta situación, la entrada al lazo, $R_L(s)$, no representa la salida deseada, pero puede ser proporcional a la salida deseada. Por lo tanto, el diagrama de bloques se construye (Figura 7.23) para mostrar un sistema de tipo 0 con la adición de una entrada de referencia, $R(s)$, que representa la salida deseada. Aunque $R(s)$ y $g$ pueden no existir en el sistema físico, el diagrama de bloques se construye para mostrar una relación proporcional entre $R(s)$ y la entrada real al lazo, $RL(s)$. Suponga que $r(t)$ es igual a una entrada escalón con $r(t) = Au_s(t)$. Entonces el valor final de la salida es $5Ag$, y el valor de $g$ es exactamente 1/5, el error del sistema en estado estacionario es cero. Si $R(s)$ y $g$ no existen en el sistema físico, se obtiene el mismo resultado fijando $r_L(t)$ a $(A/5)u_s(t)$.

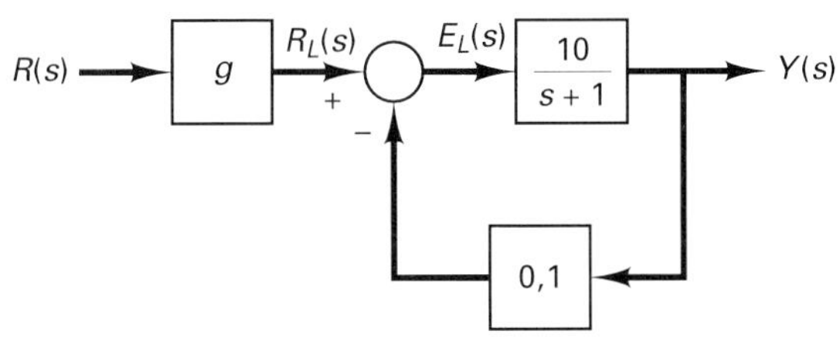


**Figura 7.23.** Un modelo con realimentación no unitaria.

Por lo tanto, un ajuste por compensación de la señal de entrada al lazo produce un error nulo en estado estacionario con una entrada escalón aplicada a un sistema de tipo 0. Sin embargo, la posibilidad de mantener el error en la vecindad de cero depende de asumir que los parámetros del sistema tanto en el camino directo como en el realimentado son casi invariantes. Si el sistema se convierte a un sistema de tipo 1 con realimentación unidad, la posibilidad de mantener el error en cero (suponiendo que no hay entradas de perturbación) depende sólo de la invarianza del factor de realimentación unidad.

## Aumento del número de tipo

Una mejora deseada en el comportamiento del estado estacionario puede requerir un aumento en el número de tipo. Un ejemplo se obtiene considerando una modificación del sistema de seguimiento óptico descrito en el Ejemplo 7.5. La adición de un integrador en cascada en el camino directo cambiará el sistema de tipo 1 a tipo 2. Si se asume que se mantiene la estabilidad, el resultado de este cambio es producir un error estacionario nulo con una velocidad de cambio constante del ángulo de entrada. Además, la respuesta a una aceleración constante del ángulo de entrada pasa a ser una función acotada. Sin embargo, el rediseño de la función del controlador con la inserción de un integrador en cascada (Figura 7.24a) no es un procedimiento viable con este sistema. Se ha mostrado claramente que la ecuación característica presenta un coeficiente nulo y que el sistema es inestable para todos los valores de $K_i$.

Una aproximación ligeramente modificada que incrementa el número de tipo con un efecto menos perjudicial en la estabilidad es conservar el control proporcional en un camino paralelo, tal como muestra la Figura 7.24b. Este es un controlador *proporcional integral* (conocido como controlador PI). El controlador PI es una variación de un controlador *proporcional más integral más derivativo* (o controlador PID), como se describe en el Capítulo 10. Con un controlador PI, la función del camino directo es entonces

$$G(s) = \frac{12(K_o s + K_i)}{s^2(s + 10)}. \tag{7.62}$$

Por lo tanto, el sistema es de tipo 2. La aplicación del criterio de Routh indica que la estabilidad se logrará si $K_o$ es mayor que $K_i/10$.

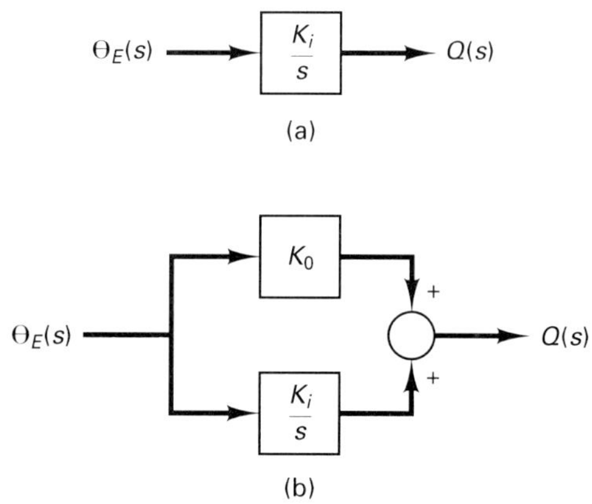


**Figura 7.24.** Diagramas de bloques que muestran: *a*) control integral *b*) control proporcional más integral.

La acción de un integrador en un lazo de realimentación negativo se muestra fácilmente matemáticamente, pero una imagen mental de la acción no se asimila fácilmente. Quizás resulte de ayuda considerar la operación de un diferenciador y un integrador de una forma particular. Un diferenciador produce *una salida que es proporcional a la velocidad de cambio de la entrada* y un integrador produce *una velocidad de cambio de la salida que es proporcional a la entrada.*

Considere la acción de un sistema de tipo 1 con realimentación unidad y con un integrador en el controlador. Suponga que se aplica un escalón unidad. Si el nivel de salida no es exactamente igual al nivel del escalón de entrada, la señal de error es distinta de cero y la velocidad de cambio de la salida del integrador es proporcional al error. Por lo tanto, la salida del integrador continuará el cambio a menos que la señal de error se conduzca hacia cero. Dicho de otra forma, una condición de estado estacionario puede ocurrir sólo después de que el integrador busque y alcance un nivel constante de salida que produce error cero. Con esta particular combinación de condiciones, la condición de equilibrio en estado estacionario se obtiene con la entrada del integrador igual a cero y la salida del integrador igual a un valor constante distinto de cero.

Algunos sistemas presentan una integración inherente que se genera en el propio sistema físico que describe la planta y la medida física de las variables del sistema. La integración puede ocurrir como un resultado de combinaciones de las acciones de la planta, tal como el control de velocidad y medida de desplazamiento o control de caudal y medida del volumen.

### El componente forzado del error con otras entradas

El error en estado estacionario se puede determinar con otras señales de entrada distintas a series finitas de funciones polinomiales. Un ejemplo es la entrada sinusoidal de una única frecuencia. Por ejemplo, suponga que la entrada sinusoidal que se aplica al sistema de la Figura 7.25 contiene un término constante más una componente sinusoidal que se genera mediante un ruido por inducción desde un circuito de potencia cercano. La entrada total es

$$r(t) = 4{,}00 + 0{,}200 \cos 377t. \tag{7.63}$$

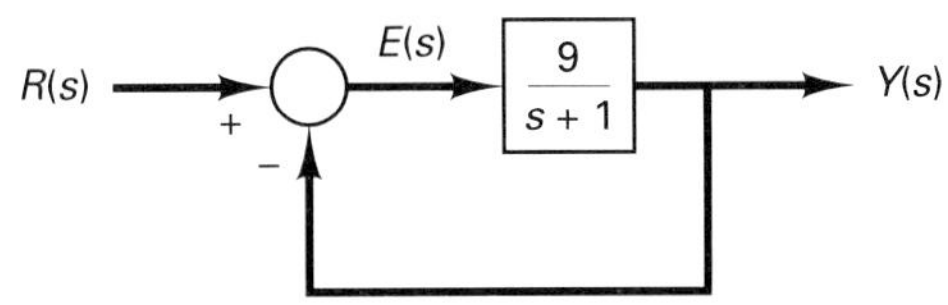


**Figura 7.25.** Un modelo de lazo simple.

El error en estado estacionario se puede determinar utilizando superposición, con el error debido a la componente constante calculado utilizando el teorema del valor final. El teorema del valor final no es aplicable a la parte de la respuesta generada por la entrada sinusoidal —no todos los polos de $sE(s)$ residen en el semiplano izquierdo—. Puesto que el álgebra de fasores en una técnica que se basa en la determinación de la respuesta en estado estacionario con una entrada sinusoidal, el resultado se determina rápidamente con una representación de fasores de componentes sinusoidales. El fasor solución para la componente sinusoidal de $e(t)$ es

$$E(j377) = (0{,}2 \angle 0°)\,\frac{0{,}1(1 + j377)}{(1 + j37{,}7)} = 0{,}1999 \angle 1{,}37°. \tag{7.64}$$

Sumando la componente de error constante, el error completo en estado estacionario en función del tiempo es

$$e_{ss}(t) = 0{,}400 + 0{,}1999 \cos(377t + 1{,}37°). \tag{7.65}$$

Un proceso similar aplicado a la salida $y(t)$ produce

$$y_{ss}(t) = 3{,}60 + 0{,}00477 \cos(377t - 88{,}5°). \tag{7.66}$$

El sistema en lazo cerrado presenta un ancho de banda a 3-dB de 10,0 rad/s; por lo tanto los 377-rad/s de la componente sinusoidal se atenua intensamente y es relativamente insignificante como se observa en la salida. Puesto que el sistema no puede responder a esta entrada sinusoidal particular con un grado significativo de éxito, la respuesta a la componente sinusoidal se observa principalmente como una señal de error.

En ciertas circunstancias se producen otras funciones trascendentales. Algunas señales de entrada curiosas se observan cuando se intentan seguir objetos visuales (o señales de radiofrecuencia) cuando la fuente de la señal de entrada se mueve con respecto al observador. Puesto que la función de entrada no es necesariamente sensible a una descripción ordinaria por transformadas, otra aproximación es considerar una solución de series infinitas. Si la función de transferencia de Laplace que relaciona el error y la entrada se expande en serie de potencias como función de $s$, entonces

$$\frac{E(s)}{R(s)} = c_0 + c_1 s + \frac{c_2}{2!} s^2 + \cdots, \tag{7.67}$$

con los *coeficientes de error* evaluados de la siguiente manera:

$$c_0 = \left[\frac{E}{R}\right]_{s=0}, \; c_1 = \left[\frac{d}{ds}\left(\frac{E}{R}\right)\right]_{s=0}, \text{ etc.} \tag{7.68}$$

El cálculo de cada coeficiente requiere una derivada de orden mayor que la función de transferencia evaluada con $s = 0$. Entonces

$$E(s) = c_0 R(s) + c_1 s R(s) + \frac{c_2}{2!} s^2 R(s) + \cdots. \tag{7.69}$$

La región de convergencia de la serie es un entorno del origen. Un valor de $s$ próximo al origen en el dominio de frecuencia complejo corresponde a un $t$ creciente en el dominio temporal. El error en el estado estacionario se puede calcular como

$$e_{ss}(t) = c_0 r(t) + c_1 \dot{r}(t) + \frac{c_2}{2!} \ddot{r}(t) + \cdots. \tag{7.70}$$

Si se supone que la serie es convergente, la expresión de la Ecuación 7.68 proporcionará un resultado exacto para periodos de tiempo en los que los modos naturales han decaído a un valor insignificante. Si las derivadas de la entrada son suficientemente pequeñas, las series convergerán rápidamente y una serie truncada proporcionará una representación exacta de la respuesta forzada.

**EJEMPLO 7.6**

Considerar una entrada revisada aplicada al sistema de seguimiento óptico de la Figura 7.22. Suponga que la entrada está generada por un objeto que se mueve en una trayectoria de línea recta que pasa directamente por lo alto con una altitud y velocidad constante. La velocidad del objeto es 530 m/s y la altitud es 3,400 m. Puesto que la posición de arriba es la referencia angular, el ángulo es inicialmente negativo (*véase* Figura 7.26) y la adquisición se asume que ocurre de forma que el tiempo que tarda en alcanzar la posición de arriba es 15 s. La variación con el tiempo produce una velocidad de cambio positiva y el ángulo se hace positivo cuando pasa la referencia vertical en $t = 15$ s. La variación angular con el tiempo es

$$\theta_R(t) = \tan^{-1}\left(\frac{v \cdot (t - 15)}{h}\right) = \tan^{-1} 0{,}156(t - 15). \tag{7.71}$$

Determinar el error de seguimiento utilizando las series de error con $K_o = 5{,}0$.

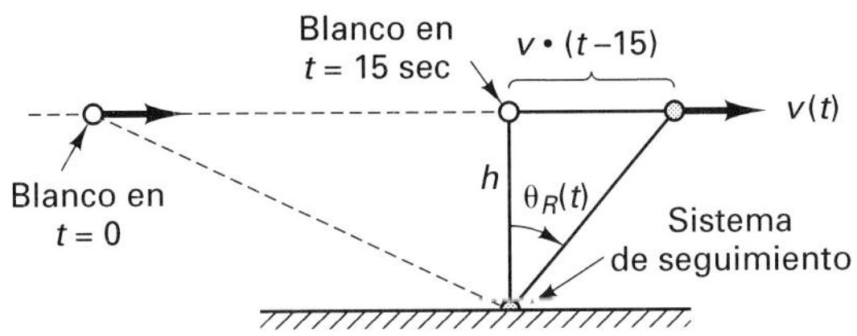


**Figura 7.26.** La trayectoria blanco.

**Solución.** La función de transferencia que relaciona el error y la entrada es

$$\frac{\Theta_E(s)}{\Theta_R(s)} = \frac{s(s + 10)}{s^2 + 10s + 12K_0}. \tag{7.72}$$

El cálculo de los tres primeros coeficientes produce

$$c_0 = 0, \quad c_1 = \frac{0{,}833}{K_o}, \quad \text{y} \quad c_2 = \frac{K_o - 8{,}33}{6(K_o)^2}. \tag{7.73}$$

Con $K_o$ fijado a 5,0, la serie converge rápidamente y una aproximación del error se obtiene utilizando una serie truncada que utiliza sólo el primer término distinto de cero. La primera derivada de la entrada es

$$\frac{d}{dt}[\tan^{-1} 0{,}156(t - 15)] = \frac{0{,}156}{1 + (0{,}156)^2(t - 15)^2}, \tag{7.74}$$

Y el error (con $K_o = 5$) es

$$\theta_e(t) = \frac{0{,}0260}{1 + (0{,}156)^2(t - 15)^2} \text{ rad.} \tag{7.75}$$

Este resultado se muestra en la Figura 7.22a con línea punteada. El error de seguimiento también se muestra determinado utilizando un modelo de estados y una simulación por computador digital. La señal de error que se obtiene con la simulación digital se representa con una línea continua, las dos señales son casi idénticas, excepto en los alrededores de $t = 0$. La simulación digital incluye la respuesta natural que ocurre como una acción transitoria. El estado inicial se especificó con $\theta_y(0)$ fijado para proporcionar un error angular nulo y una velocidad de cambio inicial del ángulo igual a cero. Este estado inicial produce el perfil de error que se muestra. Puesto que la solución por series no proporciona la respuesta natural, es válida en el periodo de tiempo inicial sólo si el estado inicial es el único estado para el que la respuesta natural desaparece.

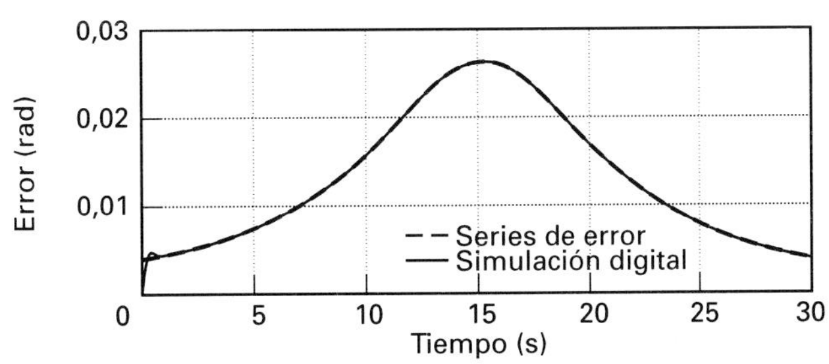


**Figura 7.27a.** Error de seguimiento para un sistema de seguimiento óptico de tipo 1.

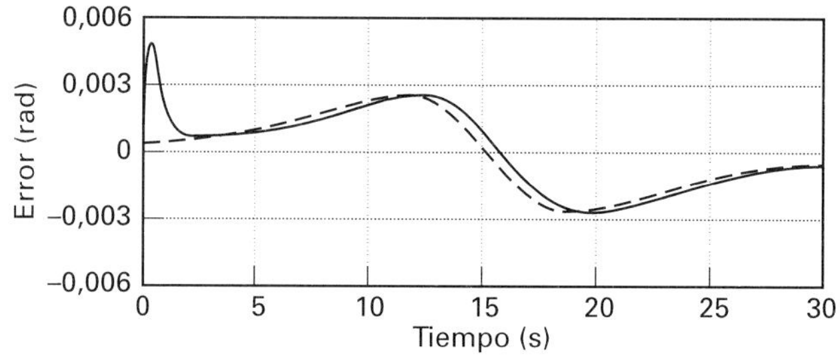


**Figura 7.27b.** Error de seguimiento con conversión para operación de tipo 2.

El resultado obtenido en el Ejemplo 7.6 se puede mejorar utilizando un controlador PI. La Figura 7.27b muestra el error de seguimiento que se obtiene con el controlador convertido para proporcionar un control PI ($K_o = 4$ y $K_i = 5$). La línea punteada muestra de nuevo el resultado aproximado que se obtiene considerando sólo el primer término distinto de cero de la serie. Conviene observar que el pico de error se reduce fuertemente por un factor de 10 y la forma tiende a ajustarse a la aceleración (más que a la velocidad) de la entrada.

El valor de la técnica del coeficiente de error se obtiene fundamentalmente con la percepción que se obtiene de la relación causa-efecto entre el modelo del sistema, la entrada y el error en estado estacionario. Utilizando el desarrollo en series de potencia, el cálculo de los coeficientes puede parecer un proceso algo tedioso, pero existe una alternativa. Una técnica que mitiga este problema es reescribir los polinomios de la función de transferencia (tal como se presenta en la Ecuación 7.70) en potencias crecientes de $s$, y a continuación dividir el numerador por el denominador. Este procedimiento proporcionará una serie idéntica.

## Una técnica feedforward

Si se añade un camino feedforward a un sistema con realimentación, hay varias modificaciones potenciales de la función de transferencia que son dependientes de la combinación de las acciones de realimentación y feedforward. Si se considera el diagrama de bloques y el grafo de flujo de diagrama equivalente que se muestra en la Figura 7.28, la utilización del camino añadido se describe con respecto a la modificación potencial del error en estado estacionario. La inclusión de un camino feedforward en una configuración de realimentación típica puede eliminar teóricamente ambos errores transitorio y en estado estacionario. Esta es una opción fascinante que se simplifica algo si el objetivo es sólo lograr una reducción del error en estado estacionario. El error del sistema es teóricamente igual a cero bajo todas las condiciones (con o sin realimentación) si la ganancia del camino feedforward, $G_f(s)$, se selecciona de forma tal que $G_f(s) = 1/G_p(s)$. Como un implementación exacta e invariante de la relación necesitada no es generalmente realizable como un concepto práctico, se puede considerar una versión modificada que actúa en conjunción con la acción de realimentación. Si se considera el sistema de la Figura 7.28

$$\frac{E(s)}{R(s)} = \frac{1 - G_f(s)G_p(s)}{1 + G_c(s)G_p(s)}. \tag{7.76}$$

Una cancelación parcial de la función del numerador puede llevar a reducir el error en estado estacionario.

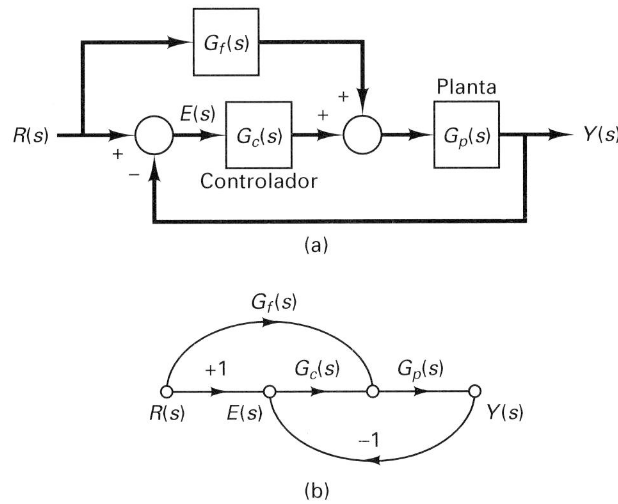


**Figura 7.28.** Una configuración feedforward y el grafo de flujo de señal equivalente.

Una aplicación interesante de este concepto se obtiene considerando un sistema de control de posición como el modelado en la Figura 7.29. La función feedforward se elige de manera que produzca una cancelación parcial en la función de error equivalente al cambio que ocurre en una función de error cuando el sistema pasa de tipo 1 a tipo 2. Para satisfacer este requerimiento, la función feedforward debe incluir un cero en el origen. Aunque parecería necesario el requerir un diferenciador en el camino feedforward, se asume en este caso que ambas órdenes de desplazamiento y velocidad están disponibles como funciones de entrada. Si se consideran sistemas que se controlan utilizando información predeterminada del perfil de movimiento (tal como robots o máquinas de herramienta), las entradas separadas se obtienen programando el computador controlador para proporcionar ambas órdenes de velocidad y posición.

La función de transferencia que relaciona la salida con la entrada es

$$\frac{Y(s)}{R(s)} = \frac{2K_F s + 16}{s^2 + 8s + 16}, \tag{7.77}$$

y la función que relaciona el error con la entrada es

$$\frac{E(s)}{R(s)} = \frac{s(s + 8) - 2K_F s}{s^2 + 8s + 16}. \tag{7.78}$$

Si el valor de $K_F$ se fija a 4, la función de transferencia revisada es

$$\frac{E(s)}{R(s)} = \frac{s^2}{s^2 + 8s + 16}. \tag{7.79}$$

Por lo tanto, si la cancelación es exacta, el sistema presenta un comportamiento característico en estado estacionario de sistemas de tipo 2.

Hay ventajas y desventajas muy interesantes para implementar el camino feedforward como se ha mostrado. Por supuesto, es imposible mantener una cancelación exacta. Al contra-

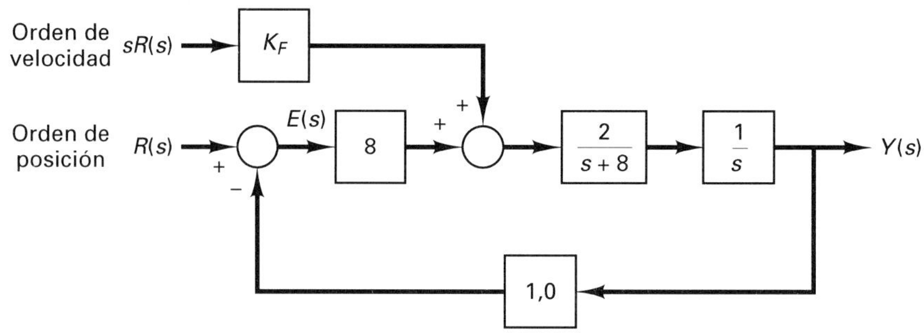


**Figura 7.29.** Un sistema con control feedforward..

rio que la mayoría de las técnicas de realimentación, una aplicación con éxito total impide pequeñas variaciones de los parámetros. Por otro lado, puede que no se requiera una cancelación exacta para obtener la reducción deseada en error estacionario y las mejoras en las características del estado estacionario se obtienen sin un aumento en el orden del sistema. Por lo tanto, se preserva la estabilidad inherente de un sistema de segundo orden. En contraste, el uso de un controlador PI incrementa el número de tipo, pero la introducción de un integrador adicional incrementa el orden y cambia el carácter de la respuesta natural. La gran importancia del problema de estabilidad requiere ajustes de parámetros que se reflejan normalmente como un aumento del tiempo de asentamiento.

Con la técnica feedforward aplicada a un sistema tal como una máquina de herramientas controlada digitalmente, se produce la cancelación, pero se observa que es sensible a variaciones en la velocidad del estado estacionario y a variaciones en los parámetros del sistema. Este fenómeno no está predicho si se utiliza un modelo lineal (asumiendo rozamiento viscoso), pero se entiende claramente si el rozamiento culombiano produce una contribución significante al modelo del sistema. Una cancelación feedforward que es independiente de la velocidad bajo condiciones de estado estacionario requiere una relación lineal entre el voltaje aplicado al motor y la velocidad en estado estacionario. Sin embargo, el par total de rozamiento (si se asume velocidad distinta de cero) es

$$Bv + sgn(v)T_c = \left[ B + \frac{sgn(v)T_c}{v} \right] v \tag{7.80}$$

con $T_c$ representando el par debido al rozamiento culombiano. El término de rozamiento culombiano produce una relación no lineal entre par y velocidad. Dependiendo de la situación particular, una aplicación satisfactoria de la técnica del feedforward puede requerir una estrategia de control adaptativo que incluya la posibilidad de ajustar la ganancia feedforward continuamente como una función de las condiciones de operación medidas. Con las descripciones de tareas predeterminadas, los parámetros del controlador se pueden ajustar para que compensen las variaciones predichas en los parámetros de carga.

## 7.6. RECHAZO A PERTURBACIONES

Una de las propiedades de la realimentación es la posibilidad de contrarrestar entradas extrañas en ciertas circunstancias. Sin embargo, esta característica depende del punto en el que la señal de perturbación, $D(s)$, entra al lazo. Si se considera un sistema como el que se muestra en la Figura 7.30a, la salida es

$$Y(s) = \frac{G(s)}{1 + G(s)H(s)} R(s) + \frac{1}{1 + G(s)H(s)} D(s). \tag{7.81}$$

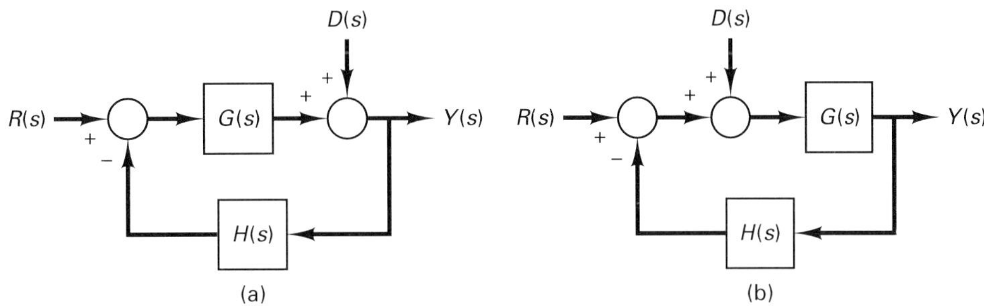


**Figura 7.30.** Dos sistemas con entradas de perturbación.

La perturbación puede ser un problema significativo si el espectro contenido en la señal de perturbación está localizado en el rango paso banda de la función en lazo cerrado. Si se especifica la ganancia del lazo utilizando funciones de respuesta en frecuencia, entonces las características del sistema se pueden describir para una frecuencia particular o rango particular de frecuencias. Si $|G(j\omega)H(j\omega)|$ es grande en el rango de frecuencias de interés, el factor que describe la reducción de la perturbación está aproximadamente en proporción inversa a la magnitud del lazo de ganancia.

Sin embargo, la reducción depende del punto de inyección. La presencia de una ganancia alta en el camino directo es de ayuda sólo si ocurre antes del punto de inyección. Por ejemplo, si la señal de perturbación se produce como muestra la Figura 7.30b, la salida es

$$Y(s) = \frac{G(s)}{1 + G(s)H(s)} R(s) + \frac{G(s)}{1 + G(s)H(s)} D(s). \tag{7.82}$$

En este caso, las señales de entrada y perturbación se transfieren a la salida con una función de transferencia idéntica. Con la perturbación entrando en este punto del lazo, se deben considerar otras técnicas para minimizar o eliminar la perturbación.

El ejemplo del sistema de control de la antena, tal como se consideró en los Capítulos 3, 4 y 5 se simula (*véase* Sección 5.6) con la introducción de una perturbación del viento que ocurre entre 4 y 6 s. El efecto del viento en la posición de la antena se muestra en la Figura 5.9, y esta simulación se repite (*véase* Figura 7.31) con tres valores de la ganancia del controlador. Si se aumenta la ganancia del controlador, se produce una reducción correspondiente en la componente de perturbación de la posición de la antena. El límite superior de la ganancia se impone por consideraciones en la estabilidad del sistema.

Se pueden aplicar otras técnicas para obtener rechazo a perturbaciones. Una aproximación obvia es minimizar la fuente de perturbación o el modo de acoplamiento entre la fuente y el sistema. Otra posibilidad consiste en investigar las diferencias en el contenido espectral entre las señales que interfieren y las señales de control. Cualquier diferencia en el contenido espectral se puede explotar mediante un diseño cuidadoso o filtrando características de las funciones de transferencia en lazo cerrado.

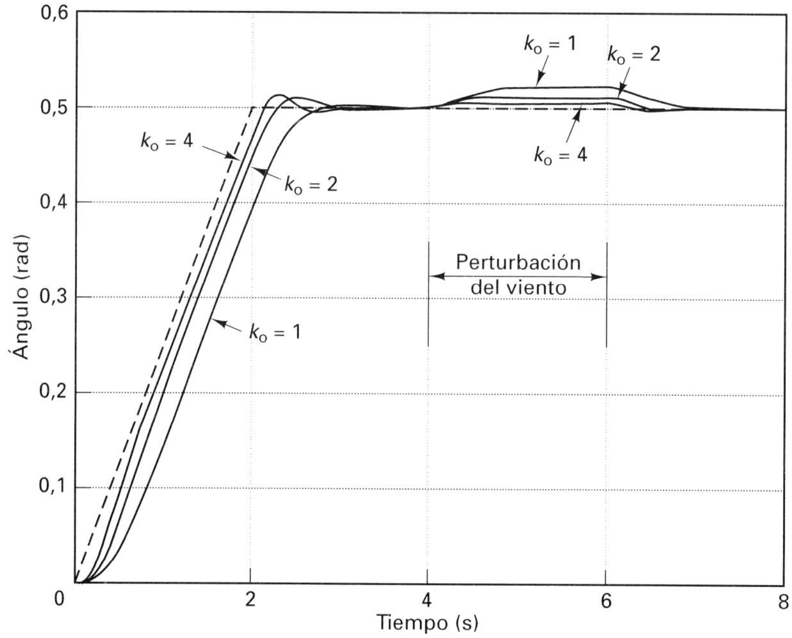


**Figura 7.31.** El movimiento de la antena con una perturbación del viento.

Si la medida de la perturbación es un concepto factible, se puede inyectar una señal en el lazo con la intención de cancelar la perturbación. La configuración requerida dependerá de la naturaleza de la perturbación. Por ejemplo, si la perturbación es un par y la medida genera una señal eléctrica, es necesario inyectar la señal que cancela en el lazo en un punto que acepte una señal eléctrica. Una configuración posible se muestra en la Figura 7.32 con $G_d(s) = 1/G_2(s)$. Una cancelación exacta a menudo no es práctica, pero el efecto de la perturbación puede verse reducido significativamente. En algunas circunstancias, una cancelación parcial puede ser práctica que se focalice sobre un rango espectral particular. No es factible cancelar ceros de $G_2(s)$ en el eje $j\omega$ o en el semiplano derecho.

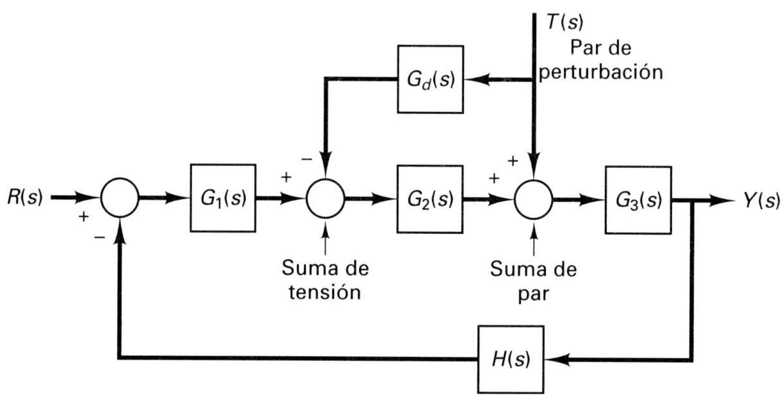


**Figura 7.32.** Un sistema que muestra la cancelación de la perturbación.

## 7.7. SENSIBILIDAD

Otra propiedad de los sistemas realimentados es la posibilidad de alterar la sensibilidad de toda la función de transferencia variando parámetros específicos del sistema. Un entendimiento básico de este fenómeno se obtiene considerando el modelo de sistema estático, como se muestra en la Figura 7.33. Si la variable transformada $s$ se fija a cero, la función de transferencia $Y/R$ describe entonces la razón de transferencia que es aplicable bajo condiciones de estado estacionario con una entrada constante. Si se asume que las funciones del controlador estático y la planta son finitas, entonces

$$T = \frac{Y}{R} = \frac{K_1 K_2}{1 + K_1 K_2 H}, \tag{7.83}$$

y si $K_1 K_2 H \gg 1$, entonces

$$\frac{Y}{R} \approx \frac{1}{H}. \tag{7.84}$$

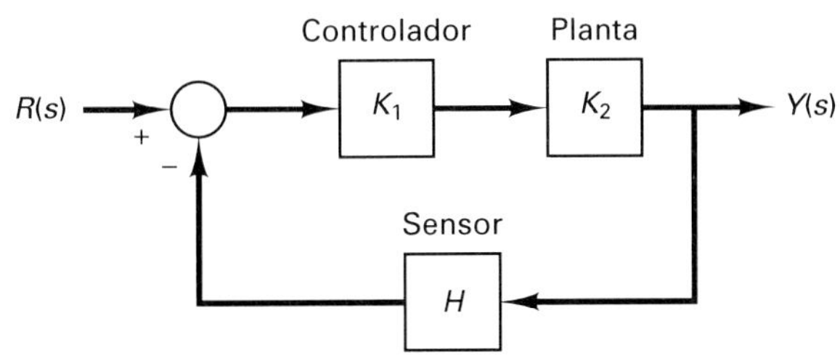


**Figura 7.33.** Un modelo de realimentación estático.

Por lo tanto, con una ganancia del lazo grande, toda la función de transferencia es sensible a variaciones en el factor de ganancia de la realimentación, pero relativamente insensible a variaciones en las funciones de transferencia que describen la ganancia del camino directo. Normalmente los componentes de la planta incluyen actuadores y otros elementos que deben proporcionar una elevada ganancia en potencia y las características de sensibilidad están a menudo en conflicto con otras variaciones. Sin embargo, la ganancia de realimentación está generada por dispositivos de monitorización de baja potencia, que generalmente son susceptibles a técnicas de diseño que proporcionan un comportamiento casi invariante. Por lo tanto, la transferencia de sensibilidad desde los parámetros del camino directo al camino de realimentación es un intercambio deseable.

Para un análisis más preciso, se introduce una expresión que se puede utilizar para calcular la sensibilidad. La sensibilidad $S$ de una función de transferencia $T$ a variaciones de los parámetros (designados por $a$) es

$$S_a^T = \frac{\frac{\Delta T}{T}}{\frac{\Delta a}{a}} = \frac{\Delta T}{\Delta a}\left(\frac{a}{T}\right). \tag{7.85}$$

Esta expresión describe la variación normalizada en $T$ (debido a un cambio en $a$) dividido por el cambio normalizado en $a$. Dada una expresión matemática que relaciona $a$ con $T$, normalmente es de alguna forma más simple evaluar el límite cuando $\Delta a$ tiende a cero. La expresión de la sensibilidad es entonces

$$S_a^T = \frac{\partial T}{\partial a}\frac{a}{T}. \tag{7.86}$$

Una evaluación de la sensibilidad con magnitud igual a 1,0 indica una correspondencia uno a uno en la variación normalizada de $a$ y $T$. Una magnitud menor que la unidad indica que la variación normalizada en $a$ está produciendo una variación normalizada menor en $T$ y un número real negativo indica que existe una relación inversa entre un cambio en $a$ y el correspondiente cambio en $T$.

Si en el cálculo de la sensibilidad se aplica la Ecuación 7.83 (con $T = Y/R$), entonces

$$S_{K_1}^T = \frac{K_2}{(1 + K_1K_2H)^2}\left(\frac{K_1}{T}\right) = \frac{1}{1 + K_1K_2H}. \tag{7.87}$$

La sensibilidad a variaciones de $K_1$ es obviamente pequeña si la ganancia del lazo es grande. Si se determina la sensibilidad con respecto a $K_2$, el resultado final no varía. Si se considera la sensibilidad con respecto a las variaciones de $H$, entonces

$$S_H^T = \frac{-(K_1K_2)^2}{(1 + K_1K_2H)^2}\left(\frac{H}{T}\right) = \frac{-K_1K_2H}{1 + K_1K_2H}. \tag{7.88}$$

Si la ganancia del lazo es grande, la sensibilidad de $T$ con respecto a las variaciones en $H$ es aproximadamente igual a $-1$. La aparición del signo negativo se debe a la relación inversa entre $T$ y $H$.

El Ejemplo de la Figura 7.33 representa la situación estática, pero el concepto básico se puede extender a situaciones dinámicas considerando la sensibilidad como función de la frecuencia. Hay dos técnicas ligeramente diferentes que se pueden aplicar a este proceso. Una opción consiste en sustituir $s$ por $j\omega$ en la función de transferencia y después formular las expresiones para la magnitud, $M(\omega)$ y la fase, $\phi(\omega)$. Ambas son funciones reales y la sensibilidad de la ganancia (o desplazamiento de fase) frente a variaciones de los parámetros del sistema se puede calcular como función de $\omega$.

Otra técnica consiste en aplicar el cálculo de la sensibilidad directamente a la función de transferencia (sin convertir a una función de magnitud o fase). La diferenciación se hace con respecto a un parámetro del sistema, pero la presencia de una variable de frecuencia compleja $j\omega$ produce una función de sensibilidad que es compleja. La variación de la magnitud y del ángulo se ven reflejadas en la magnitud de la función sensibilidad y el resultado normalmente se presenta dibujando la magnitud de la sensibilidad frente a la frecuencia.

La segunda técnica es relativamente directa y se puede demostrar considerando un ejemplo que utiliza el sistema descrito en la Figura 7.34. Considerar la determinación de la sensibilidad de $T$ con respecto a la variación de $K_o$. Aunque no afecta a los cálculos, la notación es más simple si $T$ se expresa inicialmente en términos de $s$. Entonces

$$T = \frac{Y(s)}{R(s)} = \frac{K_o}{s^2 + s + K_o}, \tag{7.89}$$

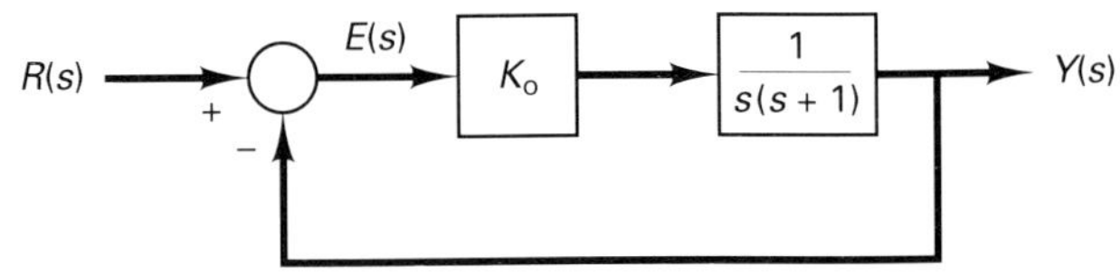


**Figura 7.34.** Un modelo de tipo 1 con control proporcional.

y la sensibilidad calculada es

$$S_{K_0}^{T} = \frac{s(s+1)}{s^2 + s + K_o}, \tag{7.90}$$

Sustituyendo $s$ por $j\omega$ y fijando $K_o = 10$ obtenemos

$$S_{K_0}^{T} = \frac{j\omega(j\omega + 1)}{(10 - \omega^2) + j\omega}, \tag{7.91}$$

y la magnitud de la sensibilidad es

$$|S_{K_0}^{T}| = \frac{\omega\ \sqrt{\omega^2 + 1}}{\sqrt{(10 - \omega^2)^2 + \omega^2}}. \tag{7.92}$$

Este resultado se presenta en la Figura 7.35 y las curvas adicionales que muestran la magnitud de la ganancia en lazo abierto y en lazo cerrado se presentan en la Figura 7.36. Puesto que la función de la magnitud de la ganancia en lazo abierto es muy elevada en el rango de frecuencia entre 0 y 1 rad/s, la sensibilidad a variaciones de $K_o$ es muy baja en este rango. La presencia de un integrador en el camino directo produce ganancia infinita en $\omega$ igual a cero. Por lo tanto, la sensibilidad a variaciones de $K_o$ es cero bajo condiciones de estado estacionario con una entrada constante. Si se aplica una entrada escalón a este sistema, el valor de $T$ bajo condiciones de estado estacionario es insensible a variaciones de $K_o$.

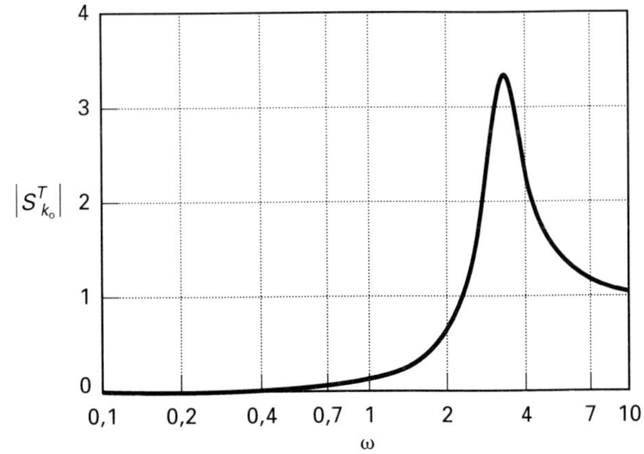


**Figura 7.35.** Sensibilidad frente a la frecuencia.

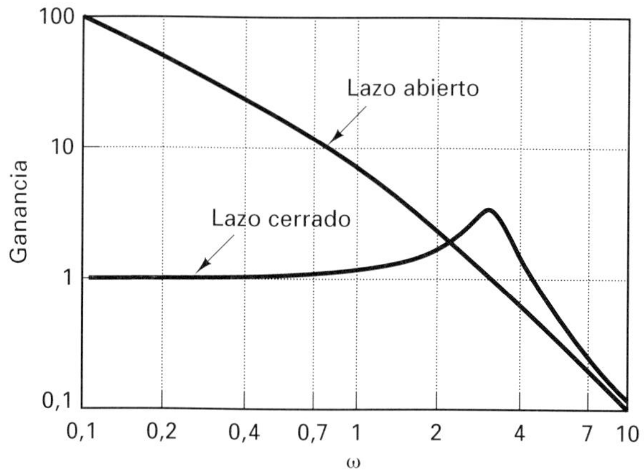


**Figura 7.36.** Ganancia *versus* frecuencia.

La alta sensibilidad que se produce cerca de $\omega = 3{,}12$ es una consecuencia de introducir un valor de $K_o$ que produce un coeficiente de amortiguamiento muy bajo. Una sensibilidad que es mayor que 1,0 es un fenómeno que normalmente está asociado con la realimentación positiva. En esta situación se presenta un pico tanto en sensibilidad como en ganancia en lazos cerrado porque el coeficiente de amortiguamiento es pequeño. Si se introduce una entrada escalón, la salida incluirá una componente oscilatoria amortiguada que produce aproximadamente un 60 % de sobreelongación y presenta una variación de frecuencia aproximada de 3,12 rad/s. La magnitud de la respuesta transitoria será altamente sensible a variaciones en el factor de ganancia del lazo. Sin embargo, los síntomas de una situación inferior con respecto a la estabilidad se corrigen fácilmente incrementando el coeficiente de amortiguamiento a un nivel razonable. Un aumento del coeficiente de amortiguamiento producirá un pico en la función de sensibilidad y la función de ganancia del lazo disminuye o desaparece.

## 7.8. RESUMEN

Distintos criterios se utilizan para proporcionar medidas del comportamiento del sistema. El criterio de comportamiento incluye medidas del comportamiento transitorio (tanto estabilidad relativa como respuesta temporal); selectividad espectral; error en estado estacionario; rechazo a perturbación, y sensibilidad de la función de transferencia a variaciones de los parámetros del sistema.

Las características de la respuesta natural, tal como la *estabilidad relativa* y la *respuesta temporal* son a menudo determinadas predominantemente por la localización de pequeños grupos de polos (o polos y ceros) que están localizados relativamente cerca del eje $j\omega$ en el plano $s$. Si un sistema estable está descrito por un único polo dominante, el polo aparece en el eje real negativo en el plano $s$. La respuesta a una entrada escalón es una exponencial creciente con una constante de tiempo que es igual a la inversa de la magnitud del polo. Por lo tanto, el escalado de la respuesta natural se observa en proporción inversa a la magnitud del polo.

Si la agrupación contiene dos polos dominantes, los coeficientes del polinomio característico están descritos convencionalmente en términos de la frecuencia natural no amortiguada, $\omega_n$ y el coficiente de amortiguamiento, $\zeta$. Si el valor de $\omega_n$ cambia (con $\zeta$ fijo), la distancia desde el origen a ambos polos se escala en proporción directa. El cambio también se observa como un escalado temporal de la respuesta natural que ocurre en proporción inversa al valor de $\omega_n$. Un cambio en $\zeta$ produce un cambio en la posición relativa de los polos y un cambio correspondiente en el carácter de la respuesta natural. Si se considera $\zeta$ menor que uno, igual a uno o mayor que uno, la respuesta natural es subamortiguada, críticamente amortiguada o sobreamortiguada, respectivamente. Una respuesta subamortiguada presenta una sobreelongación como respuesta a una entrada escalón.

Si aparece un cero en la agrupación, se introduce un factor adicional que modifica el carácter de la respuesta, y son modificadas por un tercer parámetro características tales como tanto por ciento de sobreelongación y tiempo de asentamiento. Cada polo o cero adicional (que no está insignificantemente distante a la izquierda del plano $s$) añade un parámetro adicional. El estudio de varias características de la respuesta temporal puede requerir la ayuda de simulación digital.

Una alternativa a la evaluación del criterio del dominio temporal es la evaluación de las características en el dominio de la frecuencia. Una función de respuesta en frecuencia utiliza álgebra de fasores para expresar las relaciones en estado estacionario entre las señales de entrada y salida con la aplicación de entradas sinusoidales. La función de transferencia en álgebra de fasores describe la ganancia en estado estacionario y el desplazamiento de fase en función de la frecuencia. Si se asume que el modelo del sistema está descrito por un único polo dominante, el ancho de banda es igual a la magnitud del polo. Por lo tanto, el ancho de banda es igual a la inversa de la constante de tiempo, como se observó con el análisis en el dominio temporal. Con un par de polos dominantes, la forma y extensión de la función de respuesta en frecuencia depende de $\zeta$ y $\omega_n$. Si la entrada al sistema incluye ruido de banda ancha, una expresión que describe el ancho de banda del ruido proporciona información sobre la *selectividad espectral*. Esta información se puede utilizar en la determinación de un compromiso aceptable entre las características de seguimiento deseado y rechazo al ruido.

El *error en estado estacionario* frente a una entrada polinomial se puede evaluar en vista de las características del sistema, tal como número de tipo y los valores de las constantes de error. Si se considera la función de un sistema particular, el número de tipo proporciona información con respecto a la naturaleza del error con diferentes entradas polinomiales. Las constantes de error proporcionan una evaluación de la magnitud del error en las situaciones específicas que producen un error constante distinto de cero. Una alternativa se presenta aplicando la solución de los coeficientes de error y las series de error. Este método proporciona una evaluación de la componente forzada del error con una clase extendida de funciones entradas.

Un aumento del número de tipo se obtiene con la sustitución de un controlador proporcional por un controlador PI. También se describe la técnica de cancelación feedforward. Aunque el uso de la técnica de cancelación carece de *robustez* (en el sentido de que es sensible a variaciones de los parámetros del sistema), se obtiene una mejora significativa en el comportamiento en estado estacionario sin introducir problemas de estabilidad.

El *rechazo a las perturbaciones* está proporcionado potencialmente por la acción de realimentación, pero el rechazo depende del punto en el que se introduce la perturbación y de la localización y magnitud de los factores de ganancia del lazo. Técnicas alternativas incluyen el uso de filtros y logran la cancelación de las perturbaciones medibles.

La *sensibilidad* de las funciones de transferencia a variaciones de los parámetros del sistema es un comportamiento característico que es altamente dependiente de la configuración del sistema. La aplicación del análisis de sensibilidad a un sistema realimentado demuestra el cambio extraordinario que es atribuible a la acción de realimentación. Si se considera la sensibilidad de toda la función de transferencia a variaciones de los parámetros de la planta, la implementación de una ganancia elevada en el lazo (en un rango limitado de frecuencias) produce una baja sensibilidad. En esta situación la función de transferencia en lazo cerrado depende predominantemente de la función de realimentación.

## 7.9. CONEXIONES PARA PROSEGUIR EL ESTUDIO

La posibilidad de aplicar criterios de comportamiento transitorio y en estado estacionario se utiliza en la mayoría de los aspectos de los trabajos posteriores. Una aplicación inmediata de muchos de estos conceptos se presenta en el Capítulo 8. El diagrama del lugar de las raíces muestra el movimiento de las raíces de la ecuación característica cuando varían los parámetros del sistema. Una apreciación del valor de esos diagramas depende del claro entendimiento del significado de la posición de los polos con respecto al comportamiento del sistema.

En los siguientes capítulos se persigue extensamente el diseño del controlador aplicando tanto técnicas en el dominio temporal como en el dominio frecuencial. El uso de funciones de respuesta en frecuencia se amplía significativamente en el Capítulo 9 y se introducen criterios de estabilidad que son aplicables directamente al diseño en el dominio de la frecuencia. Los métodos introducidos en este capítulo utilizan medidas del ancho de banda y del pico de ganancia tal como se presentó para la función de transferencia en lazo cerrado. En el Capítulo 9 se introduce una aproximación diferente que utiliza relaciones entre características de la función en lazo abierto y la estabilidad de la función en lazo cerrado.

## REFERENCIAS

1. K. Ogata: *Modern Control Engineering*, Englewood Cliffs, N.J.: Prentice Hall, 1970.
2. B. C. Kuo: *Auomatic Control Systems* (6th ed), Englewood Cliffs, N.J.: Prentice Hall, 1971.
3. A. R. Sorgenfrei: «Feedforward Techniques and Motion Control», M. S. thesis, Michigan Technological University, febrero, 1992.

### Problemas

**7.1.** Considerar el sistema en lazo cerrado de la Figura P7.1 con $K_o = 1$, determinar

**a.** La ganancia en continua $K$ y la constante de tiempo $T$.
**b.** El tiempo de asentamiento (5 %) frente a una entrada escalón.
**c.** La salida $y(t)$ frente a una entrada escalón unidad. Dibujar $y(t)$.
**d.** El ancho de banda 3 dB. Incluir un dibujo de $20 \log \left| \frac{Y(j\omega)}{R(j\omega)} \right|$ frente a $\omega$ ($\omega$ en escala logarítmica).

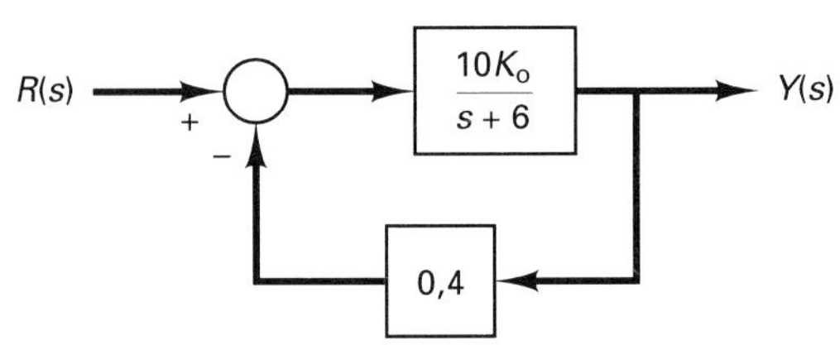


**Figura P7.1**

**7.2.** Repetir el problema 7.1 con $K_o = 6$.

**7.3.** Considerar el sistema de la Figura P7.3, determinar

**a.** La ecuación característica.
**b.** Una expresión para $\omega_n$ en función de $K_1$ y/o $K_2$.
**c.** Una expresión para $\zeta$ en función de $K_1$ y/o $K_2$.
**d.** El factor de ganancia de continua $K$.

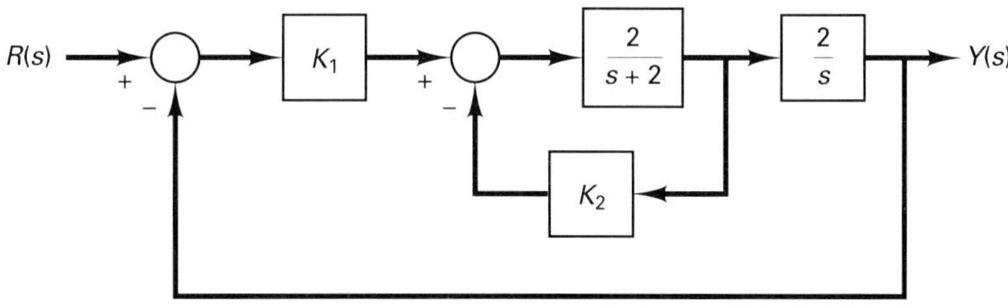


**Figura P7.3**

**7.4.** Considerar el sistema de la Figura P7.3, determinar el tanto por ciento de sobreelongación y el tiempo de asentamiento aproximado al 2 % (utilizar una aproximación apropiada) como respuesta a una entrada escalón si $K_2$ es igual a 9,0 y

**a.** $K_1 = 100$.
**b.** $K_1 = 49$.
**c.** $K_1 = 25$.
**d.** $K_1 = 16$.
**e.** $K_1 = 9$.

**7.5.** Dado el modelo de sistema de la siguiente ecuación, determinar el tanto por ciento de sobreelongación, el tiempo de asentamiento aproximado al 2 % y el valor final en respuesta a una entrada escalón unidad.

$$\frac{Y(s)}{R(s)} = \frac{4 \times 10^6}{(s^2 + 2s + 4)(s + 10^3)^2}$$

**7.6.** Considerar el sistema de la Figura P7.3 con $K_2$ igual a 9,0, determinar el valor máximo de $K_1$ que

**a.** Produce que no haya sobreelongación como respuesta a una entrada escalón.
**b.** Produce que no exista pico en la función de respuesta en lazo cerrado.

**7.7.** Suponer que la respuesta de un sistema de segundo orden a una entrada escalón unidad presenta un 25,4 % de sobreelongación con un tiempo de pico de 0,857 s. Si el valor final es 4,0, determinar la función de transferencia.

**7.8.** Considerar la magnitud de la función de respuesta en frecuencia producida por una función de segundo orden con $\zeta = 0{,}4$, $\omega_n = 4$ y $K = 2$,

**a.** ¿Cuál es la magnitud del pico?
**b.** ¿Cuál es la frecuencia del pico?
**c.** ¿Cuál es la magnitud de la ganancia cuando la frecuencia se aproxima a cero?
**d.** ¿Cuál es la razón de la ganancia del pico frente a la ganancia a baja frecuencia? Expresar esta razón en decibelios.

**7.9.** Considerar una función de transferencia de un modelo de segundo orden, si el tiempo de asentamiento deseado es de 0,60 y el coeficiente de amortiguamiento deseado es 0,707:

**a.** ¿Dónde deberían estar localizados los polos en al plano *s*?
**b.** Si el coeficiente de amortiguamiento es 1,0, ¿cómo cambia esto el resultado?
**c.** Dibujar la localización de los polos de los apartados a y b.

**7.10.** Considerar las especificaciones iniciales del Problema 7.9, ¿cuál es el ancho de banda a 3 dB del sistema que cumple dichas especificaciones?

**7.11.** Considerar un modelo de función de transferencia de segundo orden con ganancia en continua igual a la unidad. Si la frecuencia natural sin amortiguamiento debe ser mayor que 10 rad/s y el ancho de banda del ruido debe ser menor que 10 rad/s, mostrar la región permitida para la localización de los polos en el plano *s*. Observar que los valores fijados se pueden representar como círculos (ambos criterios).

**7.12.** Considerar el sistema de la Figura P7.12.

**a.** ¿Cuál es el número de tipo?
**b.** Determinar los valores de las constantes de error $K_p$, $K_v$ y $K_a$.
**c.** Si $r(t) = (10 + 0{,}05t)u_s(t)$, determinar el límite de $e(t)$ cuando $t$ tiende a infinito utilizando el teorema del valor final.
**d.** Comprobar el apartado c utilizando constantes de error y superposición.
**e.** Comprobar el apartado c utilizando los coeficientes de error (la técnica de solución por series infinitas).

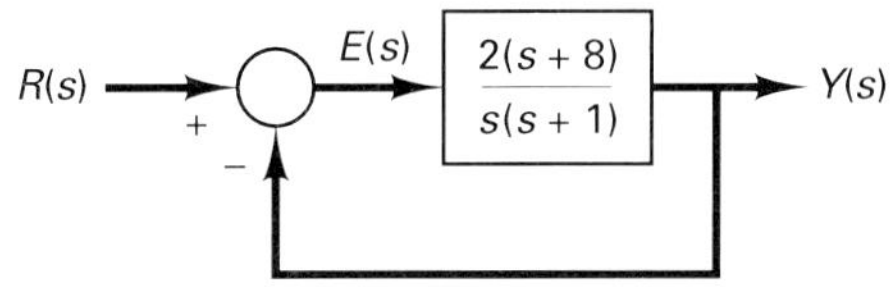


**Figura P7.12**

**7.13.** Considerar el sistema de la Figura P7.13, ¿cuál es la función de error cuando el tiempo tiende a infinito? Determinar su respuesta para $K = 5$, 10 y 50 con $r(t) = 1{,}0tu_s(t)$. ¿Qué sucede si el sistema no es estable?

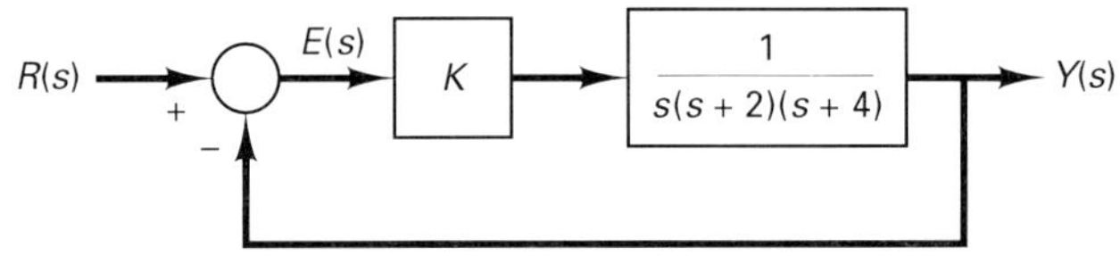


**Figura P7.13**

**7.14.** Diseñar un controlador para el sistema de la Figura P7.14 tal que el error en estado estacionario frente a una entrada escalón sea cero, el coeficiente de amortiguamiento es uno y la frecuencia natural no amortiguada es 4 rad/s. La planta no se puede cambiar. Se acepta un cero finito en el modelo de la función de transferencia.

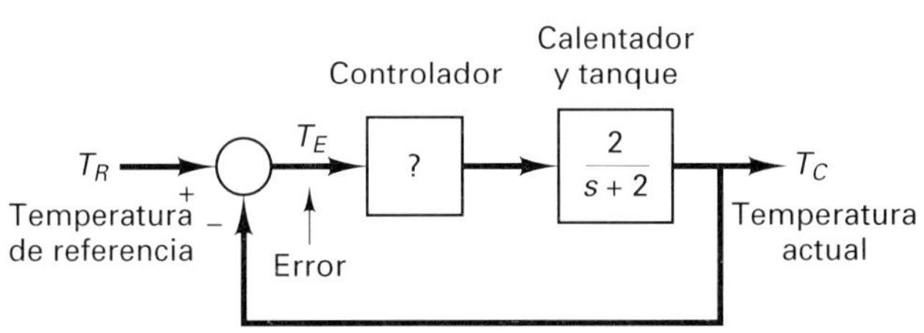


**Figura P7.14**

**7.15.** Un radar de seguimiento (Figura P7.15) está descrito con una entrada (ángulo del blanco) de $\theta_r(t) = 0{,}01t$ rad. Si la señal de error no puede exceder 0,05 mrad bajo condiciones de estado estacionario y la razón de amortiguamiento debe ser la unidad, determinar $K$ y $T$.

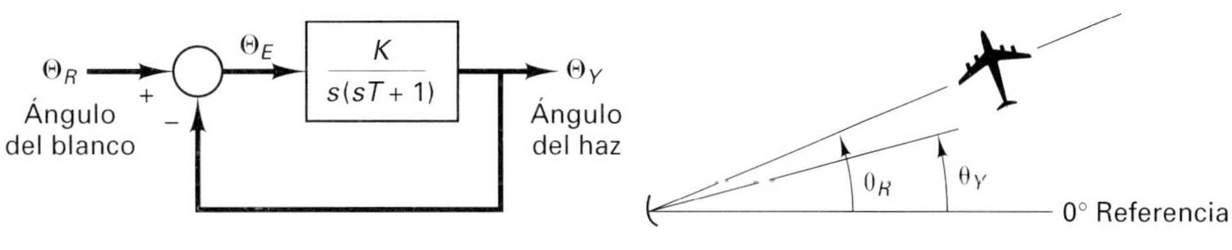


**Figura P7.15**

**7.16.** Dado un sistema como el que se muestra en la Figura P7.16 para controlar un eje de una antena montada en un barco, determinar el error en estado estacionario si

**a.** $\theta_s(t) = 0{,}1t$ rad.

**b.** $\theta_s(t) = 0{,}2\cos(0{,}6t)$ rad. (¿Se puede aplicar el teorema del valor final?)

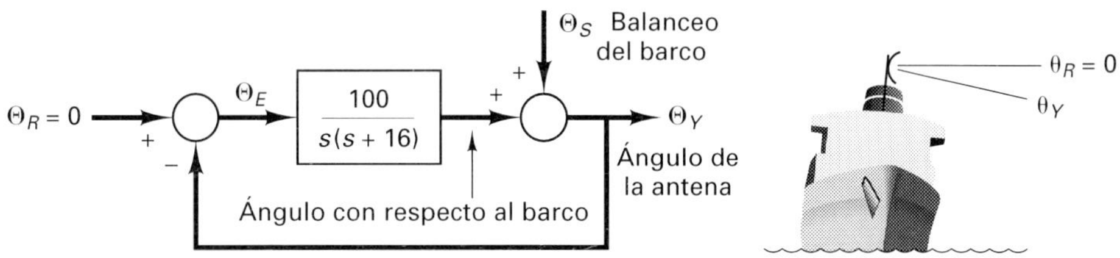


**Figura P7.16**

**7.17.** Considerar el sistema realimentado de la Figura P7.17

**a.** Determinar $K_f$ tal que el error en estado estacionario sea nulo frente a una entrada rampa de $1{,}0t$.

**b.** Determinar el error en estado estacionario si $K_f$ cambia a 0,99 veces el valor determinado en el apartado a.

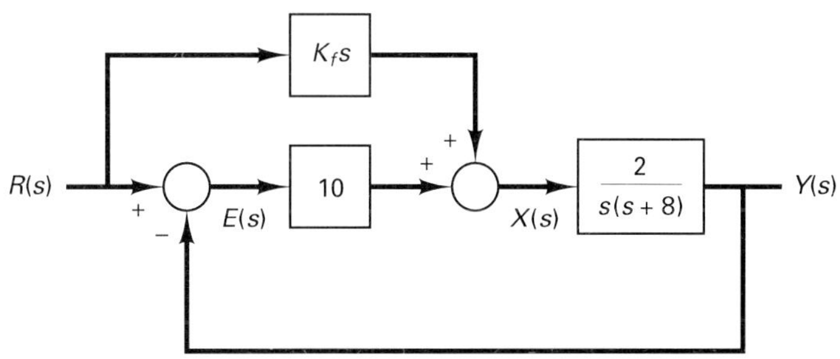


**Figura P7.17**

**7.18.** Considerar los sistemas de la Figura P7.18

**a.** Determinar $S_{G_1}^T$ para ambos sistemas. ($T = Y/R$).

**b.** Evaluar $S_{G_1}^T$ si $G_1 = G_2 = 10$, $H_o = 0{,}09$, $H_1 = H_2 = 0{,}216$. ¿Qué sistema presenta una sensibilidad menor a variaciones de $G_1$?

**c.** Probar que las ganancias en lazo cerrado son virtualmente idénticas.

**d.** Encontrar $Y/R$ si $G_1 = G_2 = \dfrac{10}{s+1}$, $H_o = 0{,}09$, $H_1 = H_2 = 0{,}216$. ¿Hay algún problema con la estabilidad relativa de algún sistema? Explicarlo.

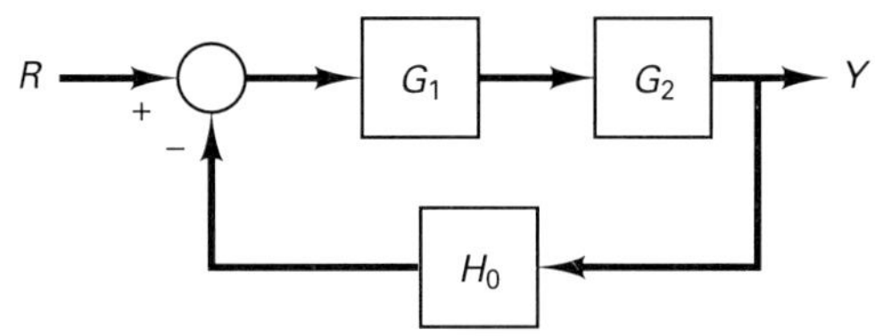


(a)

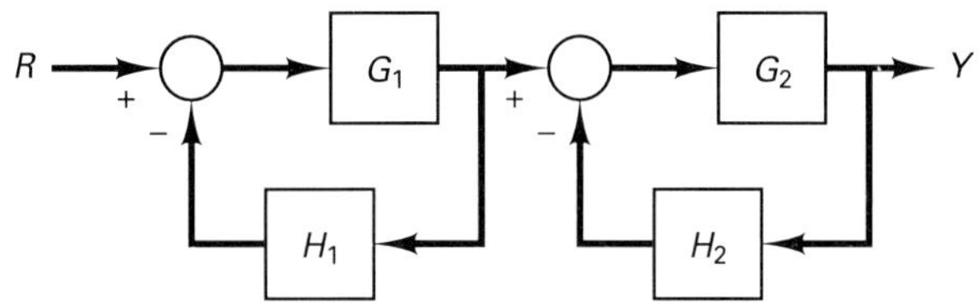


(b)

**Figura P7.18**

**7.19.** Considerar las opciones presentadas por la siguiente lista de ecuaciones (en referencia a la Figura P7.19), ¿qué opción ofrece el mejor rechazo a perturbaciones? Considerar $s$ tendiendo a cero. Probar su respuesta.

**a.** $G_1 = 2, \quad G_2 = \dfrac{10}{s+1}, \quad H = 0{,}2.$

**b.** $G_1 = 10, \quad G_2 = \dfrac{2}{s+1}, \quad H = 0{,}2.$

**c.** $G_1 = 2, \quad G_2 = \dfrac{2}{s+1}, \quad H = 0.$

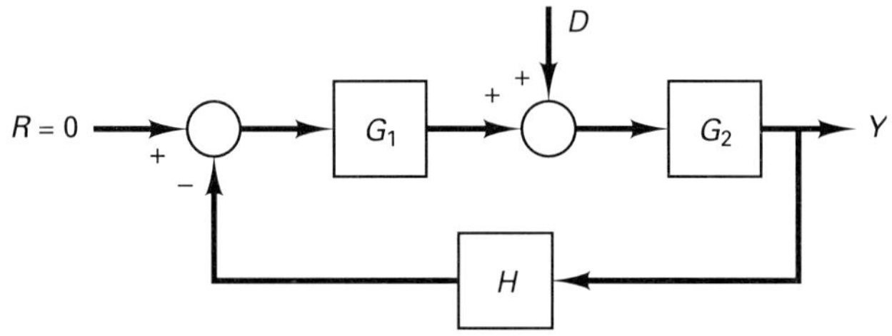


**Figura P7.19**

**7.20.** Considerar el sistema de la Figura P7.20, si $K_o$ es un parámetro positivo ajustable,

**a.** Determinar $T = \dfrac{Y(s)}{R(s)}$ y describir el rango de valores de $K_o$ para que el sistema sea estable.

**b.** Determinar $S_{K_o}^T$.

**c.** Sustituir $j\omega$ por $s$ y sea $K_o = 20$ en la función de sensibilidad. Determinar entonces la magnitud de la función de sensibilidad. Dibujar la magnitud frente a la frecuencia.

**d.** Con $K_o = 20$, determinar la ganancia en lazo cerrado, $M(\omega)$, como función de la frecuencia y dibujar este resultado. ¿Es la ganancia en lazo cerrado mayor o menor que la ganancia del camino directo?

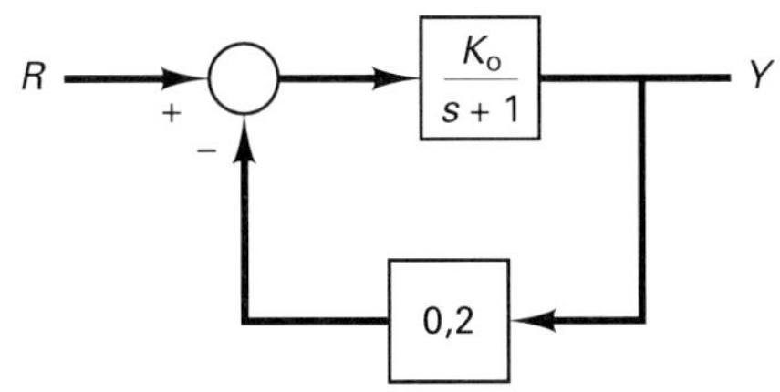


**Figura P7.20**

**7.21.** Repetir el Problema 7.20, pero sustituyendo el sistema de realimentación negativa por el sistema de realimentación positiva de la Figura P7.21.

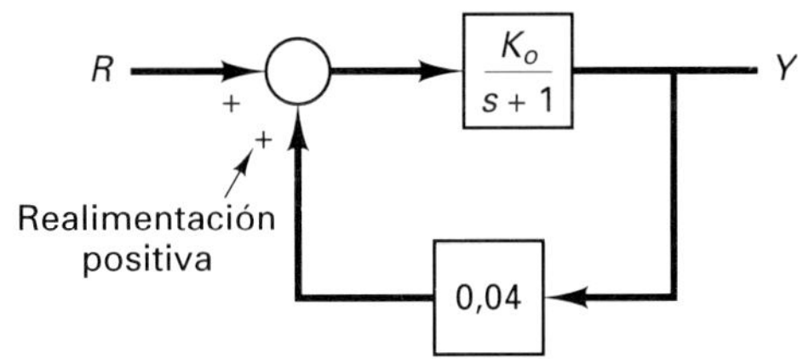


**Figura P7.21**

Con respecto al criterio de magnitud, puesto que $K$ puede asumir cualquier valor desde cero a infinito, el criterio de magnitud se satisface en cualquier punto del plano complejo para algún $K$. Sin embargo, una vez que se determina que $s_1$ es un punto del lugar de las raíces, el criterio de magnitud se puede aplicar para encontrar el $K$ en dicho punto.

Volviendo al ejemplo introductorio, no hay ceros finitos de $P(s)$, pero hay polos localizados en $s = 0$ y $s = -5{,}9$. Si se considera la condición para la que $\zeta = 0{,}707$, como se mostraba en la Figura 8.5, obviamente el criterio de ángulo se safisface con $-\alpha_1 - \alpha_2 = -180°$. Con la consideración de algunos puntos adicionales, es claro que el lugar es correcto como se muestra y el criterio de ángulo no se satisface para ningún otro punto del plano complejo. Si se aplica el criterio de magnitud a la condición $\zeta = 0{,}707$, las longitudes de los vectores $s_1$ y $(s_1 + 5{,}9)$ se pueden utilizar para determinar $K$ en $s = s_1$. El criterio de magnitud produce

$$1 = K \frac{1}{|s_1|\,|(s_1 + 5{,}9)|} = \frac{K}{(4{,}17)(4{,}17)}. \tag{8.11}$$

Puesto que $K$ es igual a $14K_o$, esta relación produce el resultado correcto con $K_o = 1{,}24$.

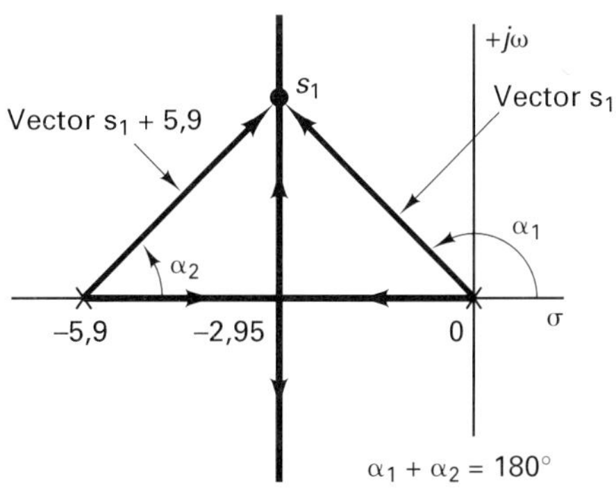


**Figura 8.5.** El criterio del ángulo aplicado al ejemplo introductorio.

Resumiendo, la aplicación de los criterios del ángulo y magnitud:

1. Que se satisfaga el criterio de ángulo es suficiente para determinar que el punto $s_1$, está localizado en un lugar de las raíces determinado para $K \geqslant 0$. Dicho de otro modo, si la suma de los ángulos de los vectores desde los ceros finitos de $P(s)$ menos la suma de los ángulos de los vectores desde los polos de $P(s)$ es igual a $180° + k \cdot 360°$, entonces el punto $s_1$ pertenece al lugar.
2. Si el punto $s_1$ satisface el criterio de ángulo, el valor asociado de $K$ se puede determinar aplicando el criterio de magnitud. Por lo tanto, $K$ se puede evaluar en un punto del lugar dándonos cuenta de que si $K$ se multiplica por el producto de las longitudes de los vectores desde los ceros finitos de $P(s)$ y se divide por el producto de las longitudes de los vectores desde los polos de $P(s)$, la expresión resultante es igual a uno.

Una búsqueda gráfica de un conjunto de puntos que satisfacen el criterio de ángulo puede resultar una labor tediosa para determinar el lugar de las raíces, pero el criterio de ángulo se utiliza para desarrollar algunas propiedades muy útiles del lugar de las raíces, tal y como se muestra en la siguiente sección. El criterio de magnitud puede ser directamente útil para la determinación de $K$ en puntos de particular interés.

## 8.3. REGLAS DE CONSTRUCCIÓN

Las siguientes reglas proporcionan un conjunto de propiedades del lugar de las raíces que son aplicables a la representación de la ecuación característica descritas por las Ecuaciones 8.4 y 8.5. Se supone en todas las reglas que $n \geqslant m$ y $K \geqslant 0$.

**Regla 1. Puntos de comienzo y finalización.** Cuando $K$ aumenta de cero a infinito, el lugar de las raíces comienza en los polos de $P(s)$ y termina en los ceros de $P(s)$ y el número de ramas es igual al número de polos de $P(s)$.

La observación de que los polos de $P(s)$ son puntos de comienzo y los ceros de $P(s)$ son puntos finales se explica fácilmente. Si $KP(s) = -1$, entonces

$$|P(s)| = \frac{1}{K}. \tag{8.12}$$

Si se consideran los puntos de comienzo, $K$ es igual a cero; por lo tanto, la magnitud de $P(s)$ es infinito. Por definición, los valores de $s$ que satisfacen esta condición son los polos de $P(s)$. Puesto que $n$ puede ser mayor que $m$, puede haber más polos de $P(s)$ que ceros finitos. Esto significa que algunos ceros de $P(s)$ están localizados en el infinito. El número de polos de $P(s)$ es igual a $n$, y $n$ es la potencia mayor de la ecuación característica. Por lo tanto, el número de ramas es igual al número de polos de $P(s)$. Por supuesto, igual al número de raíces de la ecuación característica.

Esta regla se puede observar viendo el lugar de las raíces (Figura 8.7) para el sistema de cuarto orden de la Figura 8.6. Como $K$ es el factor de ganancia del lazo, los puntos de comienzo y finalización son los polos y ceros de la función de transferencia en lazo abierto. Puesto que hay cuatro ramas y sólo un cero finito de $P(s)$, tres de las cuatro ramas se aproximan en sus puntos finales al infinito.

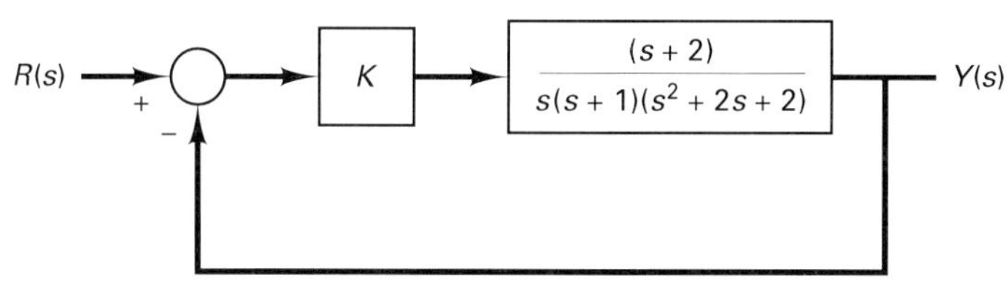


**Figura 8.6.** Modelo de cuarto orden.

**Regla 2. Simetría.** Los lugares de las raíces son simétricos respecto al eje real.

Como el modelo de la función de transferencia que representa el sistema físico presenta coeficientes reales, las raíces de los polinomios numerador y denominador son o bien reales o pares complejos conjugados. Por lo tanto, el lugar debe presentar simetría con respecto al eje real. Cuando se dibuja el lugar, la imposición de simetría respecto al eje real es normalmente un factor importante en la conceptualización de una configuración geométrica válida.

**Regla 3. Lugar de las raíces sobre el eje real.** El lugar de las raíces existe en el eje real en cualquier segmento para el que el número total de polos y ceros de $P(s)$ a la derecha es impar.

La validez de esta regla se establece fácilmente aplicando el criterio de ángulo. El criterio de ángulo se aplica dibujando los vectores desde los polos y ceros de $P(s)$ al punto prueba del eje real y sumando los ángulos. Los vectores de los polos o ceros a lo largo del eje real hacia la izquierda se pueden ignorar, porque la contribución de cada vector es cero. La presencia de un par complejo conjugado también se puede ignorar porque los ángulos de los vectores al punto del eje real son iguales y opuestos. Sin embargo, los ángulos de los vectores de los polos y los ceros a lo largo del eje real hacia la derecha se deben considerar porque cada vector o suma o resta 180°. Así, si el número de polos y ceros a la derecha es impar, el criterio de ángulo se satisface.

### EJEMPLO 8.2

*El ejemplo de la Figura 8.7 se tendrá en cuenta varias veces para mostrar la aplicación de distintas reglas de construcción.*

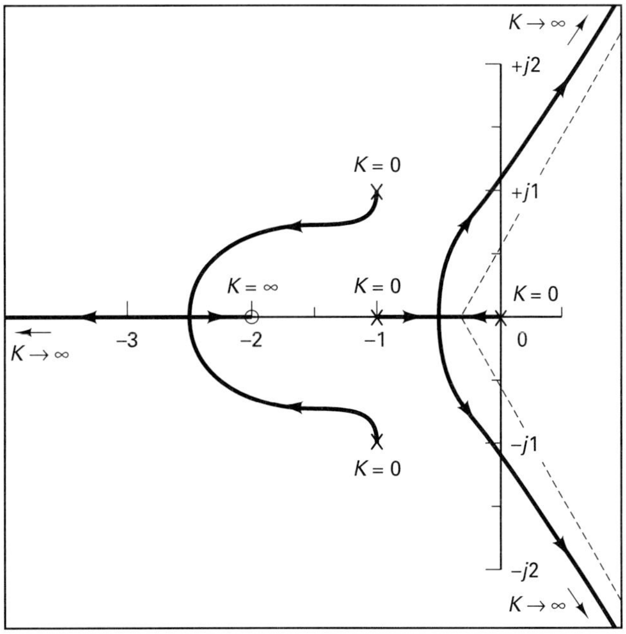


**Figura 8.7.** Lugar de las raíces para un modelo de sistema de cuarto orden.

Si se considera el lugar de las raíces de la Figura 8.7, una rama existe en el eje real entre 0 y $-1$ y de nuevo a la izquierda de $-2$. En ambos casos el número de polos y ceros de P(s) hacia la derecha es impar. Entre $-1$ y $-2$ el número hacia la derecha es par y no hay rama. La validez se comprueba fácilmente seleccionando un punto en cualquiera de las regiones y aplicando el criterio de ángulo. Los ángulos de los vectores desde los pares de polos complejos conjugados en $-1 \pm j1$ se cancelarán, y su presencia no afecta a la determinación par o impar.

**Regla 4. Rama que termina en el infinito.** Cuando $K$ se aproxima a infinito, el número de ramas que tiende a infinito es igual a $n - m$, donde $n$ es el número de polos de $P(s)$ y $m$ el número de ceros finitos de $P(s)$. Tenderán a infinito siguiendo unas asíntotas de ángulos

$$\alpha_k = \frac{180^\circ + k \cdot 360^\circ}{n - m}, \quad k = 0, 1, 2, \cdots, (n - m - 1). \tag{8.13}$$

Si sólo hay una rama que tiende a infinito, está localizada en el eje real negativo. Si dos o más ramas se aproximan a infinito, el eje real intersecta con la asíntota en $\sigma_c$, con

$$\sigma_c = \frac{(p_a - p_2 + \cdots p_n) - (z_1 + z_2 + \cdots z_m)}{n - m}, \; n - m \geqslant 2, \tag{8.14}$$

donde $p_1$, $p_2$, etc., son los polos de $P(s)$, y $z_1$, $z_2$, etc., son los ceros finitos de $P(s)$.

Si se considera la aplicación del criterio de ángulo a una raíz que se aproxima a infinito, los ángulos de los vectores de todos los polos y ceros finitos de $P(s)$ se deben aproximar al mismo valor. Si se supone que el ángulo al que se aproximan es $\sigma_k$, entonces $m\sigma_k - n\sigma_k$ debe ser igual a $-180° - k \cdot 360°$. Dividiendo por $n - m$ se llega a la Ecuación 8.13. El número de ángulos diferentes que satisfacen esta condición es igual al número de ramas que terminan en el infinito. Si sólo hay una rama que tiende a infinito, el ángulo de la asíntota es de 180°. Para mantener la simetría y que se sastisfaga la condición del lugar en el eje real, la rama (y la asíntota) debe estar sobre el eje real negativo.

Si se consideran dos o más ramas que tienden a infinito, la explicación heurística[1] de la expresión para la intersección de asíntotas se puede desarrollar considerando el centroide de las raíces que se aproxima a infinito. Si se consideran dos o más ramas que se aproximan a infinito, se muestra fácilmente (*véase* Regla 8) que si $n - m \geqslant 2$ la suma de las raíces de la ecuación característica (a pesar de $K$) es igual a un valor fijo de $(p_1 + p_2 + \cdots + p_n)$. Sin embargo, si $K$ se aproxima a infinito, entonces las raíces con puntos finales finitos tienden a los ceros finitos de $P(s)$. Como la suma de las raíces con puntos finales finitos es $(z_1 + z_2 + \cdots + z_m)$, entonces la suma de las raíces que tienden a infinito debe ser igual a $(p_1 + p_2 + \cdots + p_n) - (z_1 + z_2 + \cdots + z_m)$. Dividiendo la suma de las raíces que tienden a infinito entre el número de raíces que tienden a infinito, $(n - m)$, se determina el centroide de las raíces que tienden a infinito; por lo tanto, $\sigma_c$ es el centroide (de las raíces que tienden a infinito). Con los mismos ángulos separando las asíntotas, se podría sospechar que las asíntotas parten de $\sigma_c$. Se puede mostrar (*véase* Apéndice A) que las asíntotas parten de un punto común y este punto es el centroide de las raíces que tienden a infinito $\sigma_c$. La Figura 8.8 muestra algunas posibilidades de las asíntotas y sus ángulos cuando $n - m = 1, 2, 3$ y 4.

**EJEMPLO 8.2** (*Continuación*)

Si la Regla 4 se aplica al sistema de la Figura 8.7, hay tres ramas que terminan en el infinito. Por lo tanto, los ángulos de las asíntotas son $\pm 60°$ y $-180°$. La intersección del eje real con las asíntotas es en el punto

$$\sigma_c = \frac{[0 + (-1) + (-1 + j1) + (-1 - j1)] - [-2]}{4 - 1} = -\frac{1}{3}. \tag{8.15}$$

**Regla 5. Raíces repetidas (puntos de encuentro/ruptura).** Una raíz repetida de la ecuación característica se presenta como un punto en el que dos o más ramas se encuentran y se separan. El punto en el que una raíz repetida ocurre debe satisfacer

$$A(s)\frac{d}{ds}B(s) - B(s)\frac{d}{ds}A(s) = 0, \tag{8.16}$$

[1] En el Apéndice A se presenta una prueba formal.

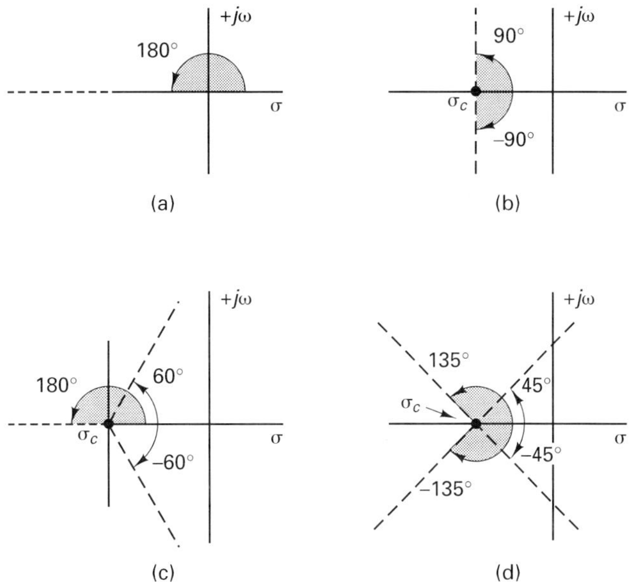


**Figura 8.8.** Ángulos de las asíntotas con: *a)* $n - m = 1$, *b)* $n - m = 2$, *c)* $n - m = 3$ y $n - m = 4$.

o, equivalentemente,

$$\frac{d}{ds} P(s) = 0. \tag{8.17}$$

Cuando $K$ aumenta, dos o más ramas se pueden encontrar y separar en algún punto, $s_b$, en el plano $s$. El hecho de que más de una rama se encuentre en $s_b$ significa que este punto es una raíz repetida de la ecuación característica para algún $K \geqslant 0$. Si el punto corresponde a un cero no finito $K$, entonces se observa que las ramas se encuentran y se separan. Si hay polos repetidos de $P(s)$, entonces dos o más ramas se separarán en el punto inicial. Si hay ceros finitos repetidos de $P(s)$, se produce un encuentro en el punto final (sin separación). Aunque este fenómeno no ocurre necesariamente en el eje real, una ocurrencia común presenta el encuentro de dos raíces reales que llegan a ser raíces complejas, o dos raíces complejas conjugadas que se encuentran y llegan a ser raíces reales.

Para que una ecuación algebraica, $f(x) = 0$, tenga raíces repetidas en $x_0$, debe satisfacer $f(x) = 0$ y $\frac{d}{dx} f(x) = 0$ en $x_0$. Por lo tanto, un punto de ruptura en el lugar de las raíces debería satisfacer $KB(s) + A(s) = 0$ y $K \frac{d}{ds} B(s) + \frac{d}{ds} A(s) = 0$ para $K \geqslant 0$. Eliminando $K$ entre estas dos relaciones se obtiene la Ecuación 8.16.

La aplicación de las Ecuaciones 8.16 y 8.17 conducirá a veces a puntos extraños del plano $s$. Sin embargo, los puntos extraños normalmente se detectan rápidamente porque está claro que no están localizados en el lugar de las raíces para $K \geqslant 0$. Si hay cualquier duda, la ecuación característica debería ser evaluada en el punto en cuestión para verificar que $K$ es real y no negativo.

Considerar la aplicación de esta regla al ejemplo introductorio:

$$\frac{d}{ds}P(s) = \frac{d}{ds}\left(\frac{1}{s(s+5{,}9)}\right) = \frac{-(2s+5{,}9)}{[s(s+5{,}9)]^2} = 0, \tag{8.18}$$

que conduce a la solución correcta de $s_b = -2{,}95$.

**EJEMPLO 8.2** (*Continuación*)

Si se aplica la Regla 5 al ejemplo de la Figura 8.7, entonces la derivada de $P(s)$ es

$$\frac{d}{ds}\left(\frac{s+2}{s^4+3s^3+4s^2+2s}\right) = -\frac{3s^4+14s^3+22s^2+16s+4}{(s^4+3s^3+4s^2+2s)^2} = 0, \tag{8.19}$$

que conduce a cuatro soluciones para $s_b$. Los cuatro posibles puntos de ruptura son $-0{,}48$; $-2{,}5$; $-0{,}84 + j0{,}63$ y $-0{,}84 - j0{,}63$. Si cada uno de estos valores se comprueba evaluando la ecuación característica con $s = s_b$, los correspondientes valores de $K$ son 0,209; 24,37; $0{,}3 - j0{,}16$ y $0{,}3 + j0{,}16$. Por lo tanto los dos primeros valores son puntos de ruptura y los otros dos valores son puntos extraños.

**Regla 6. Cortes con el eje imaginario.** Los cortes con el eje imaginario se pueden detectar y evaluar utilizando el criterio de Routh.

La aplicación del criterio de Routh determinará si hay un valor de $K$ para el que una o más raíces corta el eje-$j\omega$. Si hay un corte, se puede utilizar la ecuación auxiliar para determinar los puntos de corte.

**EJEMPLO 8.2** (*Continuación*)

Si se aplica la Regla 6 al sistema de las Figuras 8.6 y 8.7, la ecuación característica del array de Routh es

$$s^4 + 3s^3 + 4s^2 + 2s + K(s+2) = 0. \tag{8.20}$$

| | | | |
|---|---|---|---|
| $s^4$ | 1 | 4 | $2K$ |
| $s^3$ | 3 | $K + 2$ | |
| $s^2$ | $\frac{10-K}{3}$ | $2K$ | |
| $s^1$ | $\frac{-K^2-10K+20}{10-K}$ | | |
| $s^0$ | $2K$ | | |

El sistema es estable si $K$ satisface $0 < K < 10$ y $-K^2 - 10K + 20 > 0$. La solución a estas inigualdades es $0 < K < 1{,}71$. Esto significa que una o más raíces cortan el eje-$j\omega$ cuando $K = 0$ y $K = 1{,}71$. Si $K$ se fija a 1,71 se produce una fila de ceros en la fila de $s^1$ y la ecuación auxiliar (construida a partir de la fila de $s^2$) es $2{,}76s^2 + 3{,}42 = 0$. La solución a esta ecuación es $s = \pm j1{,}11$. Por lo tanto, dos de las raíces de la ecuación característica atraviesan el semiplano derecho en $\pm j1{,}11$ cuando $K$ es igual a 1,71. El otro punto de cruce correspondiente a $K = 0$ ocurre en el origen.

**Regla 7. Ángulos de salida y llegada.** El ángulo de salida desde un polo de $P(s)$ o el ángulo de llegada a un cero de $P(s)$ se puede determinar aplicando el criterio del ángulo a un punto arbitrariamente cerca del punto de salida o llegada.

Para dibujar el lugar de las raíces suele ser de ayuda determinar el ángulo del lugar cuando parte de un polo de $P(s)$ o llega a un cero de $P(s)$.

**EJEMPLO 8.2** (*Continuación*)

Si se considera la salida del polo en $-1 + j1$ del ejemplo de la Figura 8.7, el ángulo de salida se calcula como se muestra en la Figura 8.9. Se selecciona un punto $s_1$ muy cerca del punto de partida, y el ángulo de un vector arbitrariamente corto se etiqueta con $\theta_d$. Aproximando $s_1$ al punto de partida, el criterio de ángulo es

$$45° - (135° + 90° + \theta_d + 90°) = 180° + k \cdot 360°, \tag{8.21}$$

con $k = 0, \pm 1, \pm 2$, etc. Una solución para $\theta_d$ produce $-90°$. Por lo tanto, el lugar parte del polo con un ángulo de $-90°$.

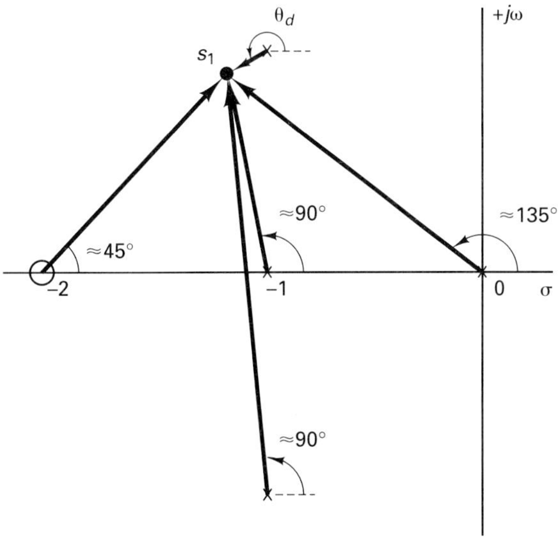


**Figura 8.9.** Cálculo del ángulo de partida.

Si el punto de partida es un polo múltiple de $P(s)$, el diagrama de vectores debe incluir un vector corto de ángulo $\theta_d$ para cada polo del punto de partida. Si la llegada es en un cero múltiple se necesita un procedimiento similar. El sistema descrito en la Figura 8.3b muestra una salida de un polo múltiple como punto de comienzo. Sumando vectores en un punto arbitrariamente cerca de los polos repetidos de $P(s)$ en el origen produce $(0°) - (\theta_d + \theta_d) = 180° + k \cdot 360°$. Una solución de esta ecuación conduce a dos ángulos de salida con $\theta_d = -90° - k \cdot 180°$ ó $\theta_d = \pm 90°$.

**Regla 8. El centroide de raíces.** Si $n - m \geqslant 2$, entonces el centroide de las raíces de la ecuación característica permanece estacionario cuando $K$ varía con el centroide localizado en

$$\sigma_{cn} = \frac{p_1 + p_2 \cdots + p_n}{n}. \tag{8.22}$$

Esta propiedad es útil para anticipar la dirección del lugar de las raíces (se supone que al menos dos ramas terminan en el infinito) y también es útil cuando se ve el movimiento de las raíces en un conjunto establecido del lugar. Si una única raíz (o par complejo conjugado) está tentativamente situado en un sitio particular del lugar, el centroide se puede utilizar para determinar rápidamente la localización correspondiente de una única raíz sobrante o un par complejo conjugado sobrante. Puesto que el centroide es fijo, si una o más raíces se desplazan hacia la izquierda, debe haber una o más que se desplacen hacia la derecha (de forma que se mantenga el centroide en un valor fijo conocido).

Si $n - m \geqslant 2$, entonces el centroide de las raíces está fijo en un valor determinado por la suma de todos los polos de $P(s)$ dividido por el número de polos de $P(s)$. Para verificar esta propiedad para $n - m \geqslant 2$, el polinomio característico es

$$A(s) + KB(s) = [(s - p_1)(s - p_2) \cdots (s - p_n)] + K[(s - z_1)(s - z_2) \cdots (z - z_m)], \quad (8.23)$$

pero si $n - m \geqslant 2$, entonces los dos términos de mayor grado se obtienen del paréntesis izquierdo de la Ecuación 8.23 y no dependen de $K$. Con un coeficiente unidad en el término de mayor grado, el coeficiente del segundo término de mayor grado está compuesto de la suma negativa de las raíces del polinomio del paréntesis izquierdo. Por lo tanto, los dos términos de mayor grado de la ecuación característica se pueden expresar como

$$s^n - (p_1 + p_2 \cdots + p_n)s^{n-1} + \cdots. \quad (8.24)$$

Los dos términos de mayor grado de la ecuación característica también se pueden expresar en función de las raíces de la ecuación característica completa como

$$s^n - (s_1 + s_2 \cdots + s_n)s^{n-1} \cdots. \quad (8.25)$$

Una comparación entre las Ecuaciones 8.24 y 8.25 proporciona una expresión para el centroide de todas las raíces con

$$\sigma_{cn} = \frac{s_1 + s_2 \cdots + s_n}{n} = \frac{p_1 + p_2 \cdots + p_n}{n}. \quad (8.26)$$

Si se considera el ejemplo introductorio, $n - m = 2$, y el centroide se fija en $-2{,}95$. El ejemplo de la Figura 8.7 presenta $n - m = 3$ y el centroide de todas las raíces se fija en $-0{,}75$.

## 8.4. EJEMPLOS

Se presentan algunos ejemplos de aplicación de la técnica del lugar de las raíces que incluyen el formato que se obtiene con la variación de un factor de ganancia del lazo y un parámetro que no es un factor de ganancia del lazo.

La función del controlador en el sistema de la Figura 8.10 se añade como intento de mejora del comportamiento transitorio. Si $\alpha$ se fija a 5,0, la ecuación característica es $1 + KP(s) = 0$, o

$$1 + K\left(\frac{s + 1}{s(s + 0{,}5)(s + 5)}\right) = 0. \quad (8.27)$$

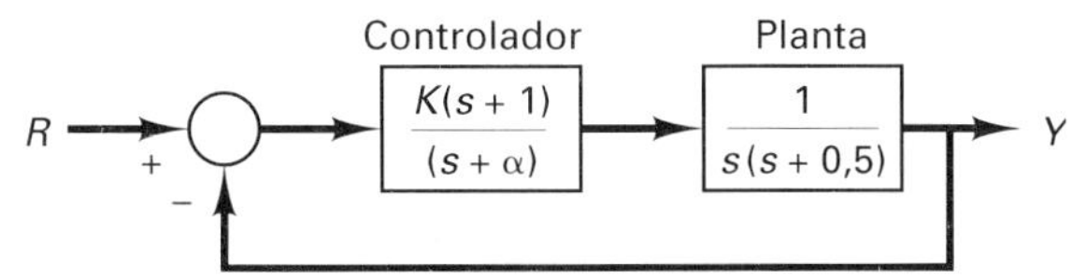


**Figura 8.10.** Un ejemplo que presenta un cambio en el punto de ruptura.

Por lo tanto, hay tres ramas (Regla 1) y hay lugar en el eje real entre $-5$ y $-1$ y también entre $-0,5$ y 0 (Regla 3). Puesto que hay tres polos de $P(s)$ y un cero finito, dos de las ramas terminan en el infinito (Regla 4) con ángulos de las asíntotas igual a $+90°$ y $-90°$. El eje real intersecta a las asíntotas en

$$\sigma_c = \frac{[0 + (-0,5) + (-5)] - [(-1)]}{3 - 1} = -2,25. \tag{8.28}$$

Los puntos donde las ramas se encuentran y se separan (Regla 5) deben satisfacer

$$\frac{d}{ds} P(s) = -\frac{2s^3 + 8,5s^2 + 11s + 2,5}{s^2(s^2 + 5,5s + 2,5)^2} = 0, \tag{8.29}$$

que producen $s_{b1} = -0,286$, $s_{b2} = -1,98 + j0,661$ y $s_{b3} = -1,98 - j0,661$. Claramente, el primer valor es un punto de ruptura. Si se sustituyen los otros dos valores en la ecuación característica, los correspondientes valores de $K$ son $8,83 \pm j0,589$. Por lo tanto, los otros dos valores son extraños. Cualquier corte con el eje imaginario se determina utilizando el criterio de Routh (Regla 6). El polinomio característico es $s^3 + 5,5s^2 + (2,5 + K)s + K = 0$, que muestra claramente que no hay cortes para $K > 0$. Puesto que las ramas parten de los polos de $P(s)$ y terminan en los ceros finitos de $P(s)$ a lo largo del eje real, la determinación de los ángulos de partida y llegada (Regla 7) no proporcionan información adicional para este ejemplo particular. El lugar de las raíces se muestra en la Figura 8.11a.

Hay tres raíces de la ecuación característica y una raíz real se desplaza hacia la derecha cuando el par complejo lo hace hacia la izquierda. La posición relativa cuando K varía se determina fácilmente notando que el centroide de todas las raíces (Regla 8) está localizado en $-1,83$.

La Figura 8.11b muestra que ocurre un cambio bastante apreciable en el carácter del lugar si $\alpha$ aumenta de forma que el polo introducido por la función del controlador se desplaza más a la izquierda. Si $\alpha$ se fija igual a 7,0, la intersección de la asíntota cambia a $-3,25$ y la solución para los posibles puntos de ruptura produce $s_{b1} = -0,288$, $s_{b2} = -2,19$ y $s_{b3} = -2,77$. Puesto que los tres puntos están localizados en el eje real donde se sabe que existe, hay tres raíces repetidas. La configuración revisada se muestra en la Figura 8.11b.

Para estudiar el lugar para variaciones de un parámetro distinto a la ganancia del lazo, se propone una variación al sistema de control de la antena del ejemplo introductorio.

Suponer que se añade un control integral al sistema, como se muestra en la Figura 8.12. Con esta modificación el número de tipo se incrementa de tipo 1 a tipo 2, por lo tanto se introduce la correspondiente mejora en la capacidad de seguimiento en estado estacionario. Si se fija la ganancia proporcional a 1,00 para obtener un comportamiento transitorio satisfactorio (sin ningún control integral), el efecto de añadir el control integral se puede determinar variando $K_i$. Puesto que $K_i$ no es un factor de ganancia del lazo, los polos y ceros de $P(s)$ no son polos y ceros de $G(s)H(s)$. La ecuación característica es

$$s^3 + 5,9s^2 + 14K_o s + 14K_i = 0. \tag{8.30}$$

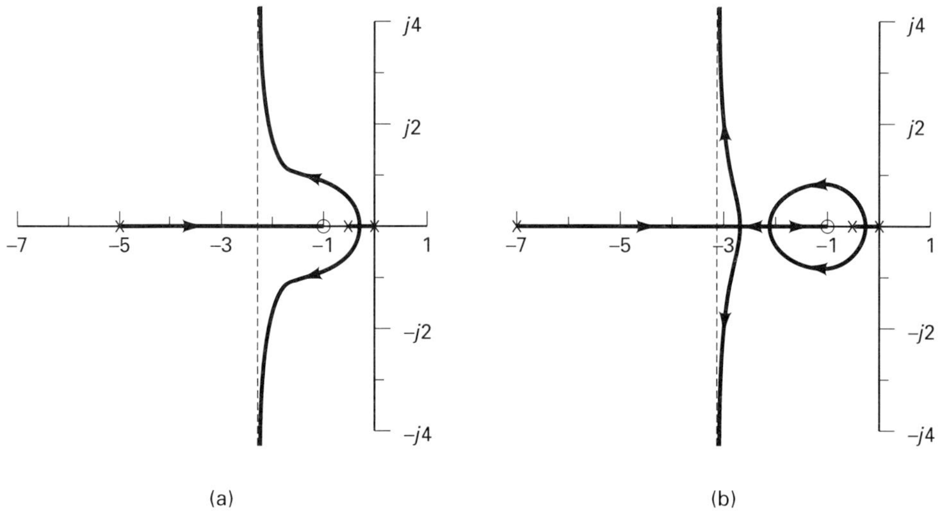


**Figura 8.11.** Lugar de las raíces que muestra un cambio en el punto de ruptura.

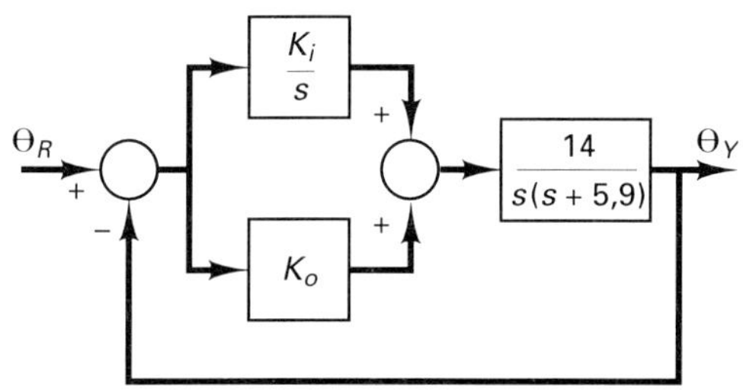


**Figura 8.12.** Modelo de sistema con PI control.

Si $K_o$ se fija a 1,00 y la ecuación se divide entre $(s^3 + 5{,}9s^2 + 14s)$, se obtiene la forma deseada para la construcción del lugar de las raíces cuando $K_i$ se varía. Por lo tanto,

$$1 + \frac{14K_i}{s^3 + 5{,}9s^2 + 14s} = 1 + KP(s) = 0. \tag{8.31}$$

Los lugares de las raíces de la ecuación característica se muestran en la Figura 8.13.

Con un pequeño valor de $K_i$, el número de tipo es 2, pero el tiempo de asentamiento para una condición de estado estacionario se prolonga por la presencia de un polo real cerca del origen. Cuando $K_i$ aumenta, el polo real se desplaza hacia la izquierda, pero el par complejo lo hace hacia la derecha. El centroide de las raíces permanece constante en $-1{,}97$. Puesto que el centroide está localizado en $-2{,}95$ sin el control integral, está claro que el tiempo de asentamiento es reducido por la presencia del control integral. Si no hay otra modificación del sistema de control, está claro que la mejora de la capacidad del estado estacionario se obtiene sólo a expensas de una respuesta transitoria más lenta. Si $K$ aumenta más de 12,3 ($K_i \approx 0{,}880$), el coeficiente de amortiguamiento puesto de manifiesto por el par complejo comienza a decrecer y el sistema llega a ser inestable si $K$ aumenta más de 82,6 ($K_i = 5{,}90$).

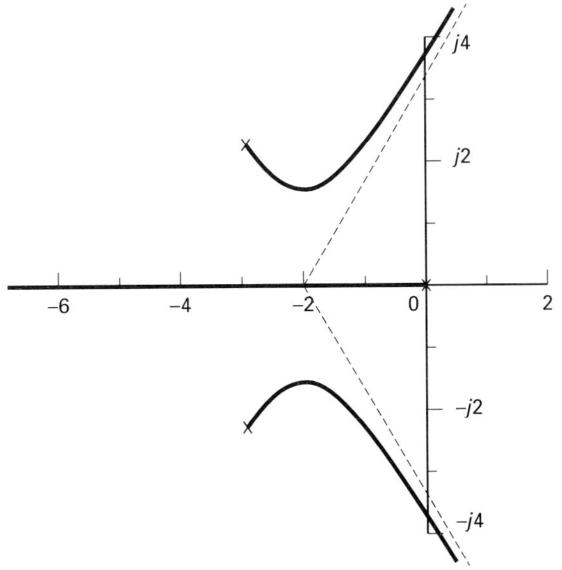


**Figura 8.13.** Lugares de las raíces con variación de la ganancia integral.

## 8.5. VARIACIONES DEL LUGAR DE LAS RAÍCES

Los siguientes tópicos incluyen casos especiales en los que $n$ es menor que $m$, o $K \leqslant 0$. Si $n < m$, se sugiere una técnica especial que cambia la dirección del lugar, pero que no requiere ninguna modificación de los métodos descritos anteriormente. La determinación del lugar de las raíces para valores negativos de $K$ genera el lugar de las raíces complementario. El dibujar el lugar de las raíces complementario requiere un cambio en el criterio de ángulo y esta modificación conlleva ciertos cambios en las reglas de construcción.

### Lugar de las raíces con recorrido inverso

Con la variación de otro parámetro distinto del factor de ganancia del lazo, es posible que se llegue a una situación en la que el grado del denominador de $P(s)$ sea menor que el grado del numerador (o $n < m$). Aunque pueda parecer inusual, no hay consideraciones matemáticas que prevengan la consideración de este caso. Dada esta situación, una o más ramas comenzarán en el infinito y terminarán en el plano $s$ finito.

Una aproximación a esta situación sería modificar la regla relacionada con que el lugar termine en el infinito para adaptarla a esta situación. Sin embargo, los programas de computadores digitales normalmente están restringidos a la hipótesis de que $n \geqslant m$. Otra posibilidad es cambiar el formato de la ecuación característica de forma que no se requiera ninguna revisión de reglas o de programas. Esto se lleva a cabo definiendo un nuevo parámetro $\eta = 1/K$. Entonces la ecuación característica pasa a ser

$$B(s) + \eta A(s) = 0 \quad \text{o} \quad 1 + \eta \frac{A(s)}{B(s)} = 0. \tag{8.32}$$

$P(s)$ también se debe redefinir de la forma $P(s) = A(s)/B(s)$. Ahora el grado mayor aparece en el denominador de $P(s)$ y la gráfica se determina de la forma habitual. La única diferencia que hay que tener en cuenta es que ahora $\eta = 0$ corresponde a $K = \infty$. El lugar tiene la misma forma utilizando $\eta$, pero las direcciones de recorrido se convierten.

**EJEMPLO 8.3**

*En el siguiente ejemplo se describe un lugar de las raíces con recorrido inverso.*

Suponga que el sistema de control de la antena (descrito inicialmente en la Figura 3.21) se modifica con la instalación de una nueva antena. En el proceso de considerar el cambio, se requiere un diagrama del lugar de las raíces para determinar el efecto del cambio en el momento de inercia. Se supone que los valores de los parámetros del sistema son iguales a los valores especificados en la Sección 5.6, pero el modelo se simplifica ligeramente asumiendo que la inductancia del inducido del motor es cero. Con $K_o$ fijado en 1,00, la ecuación característica es

$$169{,}5J_{eq}s^2 + s + 2{,}373 = 0. \tag{8.33}$$

En lugar de ser $K = 169{,}5J_{eq}$, sea $\eta = 1/169{,}5J_{eq}$. Por lo tanto, la Ecuación 8.33 pasa a ser

$$1 + \eta \frac{(s + 2{,}373)}{s^2} = 0, \tag{8.34}$$

y el lugar de las raíces se dibuja de la forma habitual.

## Lugar de las raíces complementario

El diagrama del lugar de las raíces de la ecuación característica para $K \leqslant 0$ produce un lugar conocido como lugar de las raíces complementario. Si $K$ es el factor de ganancia del lazo, un cambio en el signo es equivalente a un cambio sobre el retorno de la señal de realimentación. En otras palabras, si $K$ es un factor de ganancia del lazo, el lugar complementario presenta el movimiento de las raíces de la ecuación característica con una condición de signo que implica la consideración de realimentación positiva.

Considerar un sistema (Figura 8.14) con

$$KP(s) = K\frac{(s - 1)}{s(s + 3)}. \tag{8.35}$$

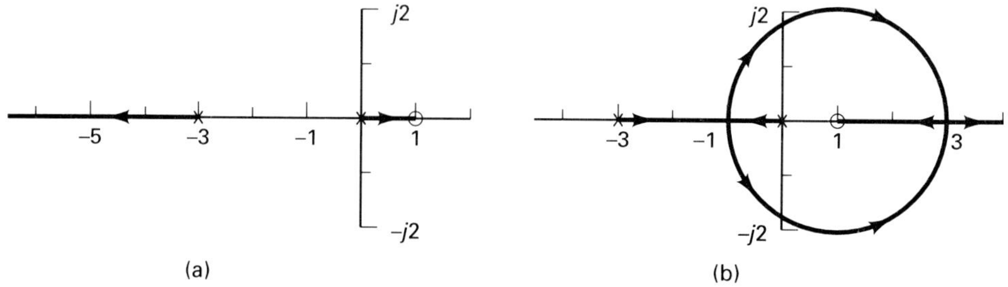


**Figura 8.14.** Lugar de las raíces complementario.

El sistema es inestable para todos los valores de $K \geqslant 0$, pero obviamente hay un rango de valores negativos de $K$ para los que el sistema es estable.

La construcción del lugar de las raíces complementario requiere una modificación en el criterio de ángulo y de las reglas de construcción que dependen de dicho criterio. El punto $s_1$ es un punto del lugar de las raíces si $1 + KP(s_1) = 0$ o $P(s_1) = -1/K$. Pero si $K \leqslant 0$, la evaluación de $P(s_1)$ debe producir $+1 + j0$. Esto no cambia el criterio de magnitud pero sí el criterio de ángulo. La suma de los ángulos de los vectores desde los ceros de $P(s)$ menos la suma de los ángulos desde los polos de $P(s)$ debe ser igual a $0° + k \cdot 360°$.

Este cambio afecta a la condición del lugar sobre el eje real, los ángulos de las asíntotas y el cálculo de los ángulos de llegada y salida. Las otras reglas no cambian. Puesto que la suma de los ángulos de los vectores debe cambiar de 180° a 0°, la condición del lugar en el eje real se satisface si hay un número par de polos y ceros de $P(s)$ a la derecha. La expresión para los ángulos de las asíntotas es $k \cdot 360°/(n - m)$ para $k = 0, 1, 2 \cdots (n - m - 1)$; por lo tanto, los ángulos de las asíntotas son 0° para $n - m = 1$; 0° y 180° para $n - m = 2$; $0° \pm 120°$ para $n - m = 3$; etc. Por supuesto, la determinación de los ángulos de salida y de llegada se modifica por suma de ángulos a $0° + k \cdot 360°$. Estos cambios se reflejan en la configuración del lugar complementario de las raíces, tal como se muestra en la Figura 8.14.

## 8.6. CONSTRUCCIÓN DEL LUGAR DE LAS RAÍCES UTILIZANDO MATLAB

El lugar de las raíces se determina utilizando una aplicación repetida del algoritmo de búsqueda de raíces y hay distintas opciones para dibujar el lugar de las raíces y localizar valores específicos de $K$ en el diagrama. La opción más simple consiste en emplear la función de MATLAB **rlocus** con una selección automática de pasos incrementales y rango del parámetro ajustable $K$. Utilizando esta opción, el lugar de las raíces de la Figura 8.7 se obtiene de la siguiente manera:

```
n = [0 0 0 1 2];               % numerador de P(s)
d = [1 3 4 2 0];               % denominador de P(s)
rlocus(n,d)                    % cálculo del lugar de las raíces y gráfica
[k,poles] = rlocfind(n,d)      % petición de información específica
```

Cuando se completa un lugar de las raíces, la función **rlocfind** se puede aplicar tantas veces como se desee para determinar el valor de $K$ y el valor numérico de las raíces en un punto específico del lugar. Se controla un cursor con forma de cruz para seleccionar cada punto.

Si algún aspecto del diagrama no es satisfactorio, se tiene la opción de introducir un conjunto de valores de $K$ definidos por el usuario. De todas formas esta opción es un interesante reto. Si se especifican incrementos iguales, se observa un problema en la vecindad de los puntos de ruptura. La sensibilidad de un cambio en $K$ a un cambio en la posición del polo tiende a cero cuando el punto de ruptura se aproxima. Por lo tanto, la sensibilidad de la posición de un polo con respecto a la variación de $K$ se aproxima a infinito.

De este modo, a pesar de la selección de pequeños incrementos de $K$, puede haber relativamente pocos puntos calculados localizados en la vecindad de un punto de ruptura y puede que no haya un único punto que esté razonablemente cerca del punto de ruptura. Si los puntos dibujados se conectan mediante líneas continuas, el problema se presentará como una pérdida de simetría en el que las líneas ladearán el punto de ruptura mediante caminos diagonales. Sin embargo, si los puntos se marcan con un símbolo (y no se conectan), por supuesto, cada punto será un punto válido del lugar y la variación en la sensibilidad es inmediatamente clara.

El siguiente programa describe una secuencia de pasos que permite al usuario controlar las dimensiones de la gráfica, el rango de incrementos de $K$ y el formato del dibujo. La localización de las raíces se puede marcar con un símbolo o conectarlas con línea continua. La especificación de un parámetro de escala $g$ determina las dimensiones de la gráfica. A menos que se modifique, la gráfica se extenderá horizontalmente desde $-8g$ a $+2g$ y verticalmente desde $-5g$ a $+5g$. Si se guarda como un fichero M, el programa se puede aplicar a diversas aplicaciones con muy poca modificación.

```
clear, g = .5;                          % borrar variables antiguas y preparar escalas
k1 = 0:.005:.4; k2 = .5:.5:30;          % seleccionar K
k = [k1 k2];
n = [0 0 0 1];                          % numerador de P(s)
d = [1 3 2 0];                          % denominador de P(s)
[r,k] = rlocus(n,d,k);                  % cálculo de secuencias de raíces
%plot(real(r),imag(r),'x')              % opción de punto discreto (mover % a la próxima línea)
plot(real(r),imag(r),'linewidth',2)       % opción de lugar continuo
x1 = [-8*g 2*g];                        % dimensión horiz.
y1 = [-5*g 5*g];                        % dimensión vert.
z1 = [0 0]; line(x1,z1),line(z1,y1)       % dibuja ejes
axis([x1 y1])                           % preparar dimensiones de gráfica
axis('square')                          % fijar 1:1 relación de aspecto
                                          (con dimensión 10g por 10g)
z = .1:.1:.9; w = 1:4;                  % seleccionar incrementos de ζ y ωn
grid, sgrid(z,w)     % añadir rejilla rectangular y líneas de ζ y ωn constante
hold on                                 % mantener gráfica
p = roots(d);
plot(real(p),imag(p),'x')                 % marcar polos de P(s)
q = roots(n);
plot(real(q),imag(q),'o')                 % marcar ceros de P(s)
hold off                                  % quitar mantener gráfica
[k,poles] = rlocfind(n,d)               % mover cursor para encontrar K y raíces
[k,poles] = rlocfind(n,d)               % repetir en otro punto
```

Por supuesto, los parámetros especificados en el programa se pueden modificar fácilmente. El programa presentado produce el lugar de la raíces para un sistema con ecuación característica igual a

$$1 + \frac{K}{s(s+1)(s+2)} = 0. \tag{8.36}$$

El diagrama se muestra en la Figura 8.15. La función **rlocfind** puede ser utilizada para determinar $K$ y las posiciones de los polos en puntos de especial interés.

## 8.7. UN EJEMPLO DE DISEÑO

Si el único parámetro ajustable en el lazo de realimentación es el factor de ganancia en el camino directo (como en el caso de control proporcional), el diseñador tiene la libertad de mover la localización de los polos en lazo cerrado que proporcionarán el comportamiento deseado. Obviamente es una ayuda tener la posibilidad de alterar la forma del lugar de las raíces.

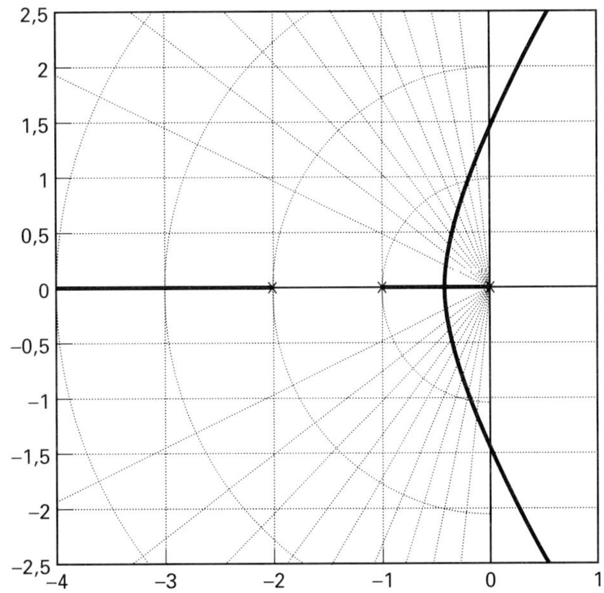


**Figura 8.15.** Diagrama obtenido utilizando MATLAB.

Un método de lograr un cambio en la forma consiste en considerar la introducción de polos y ceros adicionales.

La forma en la que un polo o un cero adicional puede afectar al lugar de las raíces se demuestra con el diseño de un controlador para un sistema de control de crucero. La función de transferencia de un modelo linealizado de un vehículo longitudinal[2] está dado por

$$G_2(s) = \frac{b_o}{(s - p_1)(s - p_2)(s - p_3)} \tag{8.37}$$

con $b_o = 2{,}48$; $p_1 = -0{,}06$; $p_2 = -1{,}00$ y $p_3 = -3{,}33$. Esta es la función de transferencia que relaciona la velocidad del vehículo con la posición de la válvula de estrangulación. Se diseña un sistema con realimentación unidad de forma que la respuesta a un escalón unidad del sistema en lazo cerrado presente un tiempo de asentamiento (con error del 5 %) inferior a 10 s, una sobreelongación que no sobrepase el 10 % y un error relativo en estado estacionario inferior al 5 %.

Considere primero el uso de un controlador proporcional, con $G_c(s) = K_o b_o$. El diagrama del lugar de las raíces cuando $K$ varía se obtiene utilizando MATLAB, tal como muestra la Figura 8.16, donde «*» denota la localización de los polos en lazo cerrado. Conviene observar que el sistema en lazo cerrado presenta dos polos dominantes, $s_1$ y $s_2$. Generalmente, no se considera que un par de polos son dominantes a no ser que están por lo menos cinco veces más cerca del eje imaginario que otros polos. La gráfica de la Figura 7.6 indica que el par de polos dominantes se pueden situar para obtener un coeficiente de amortiguamiento de 0,707. Si realmente son dominantes, este desplazamiento produce una sobreelongación del 5 % aproximadamente, lo que deja cierto margen de variación debido a la presencia de $s_3$. Esta selección del coeficiente de amortiguamiento únicamente determina la localización de los polos domi-

[2] Los detalles del sistema de control de crucero se describen en el Capítulo 15.

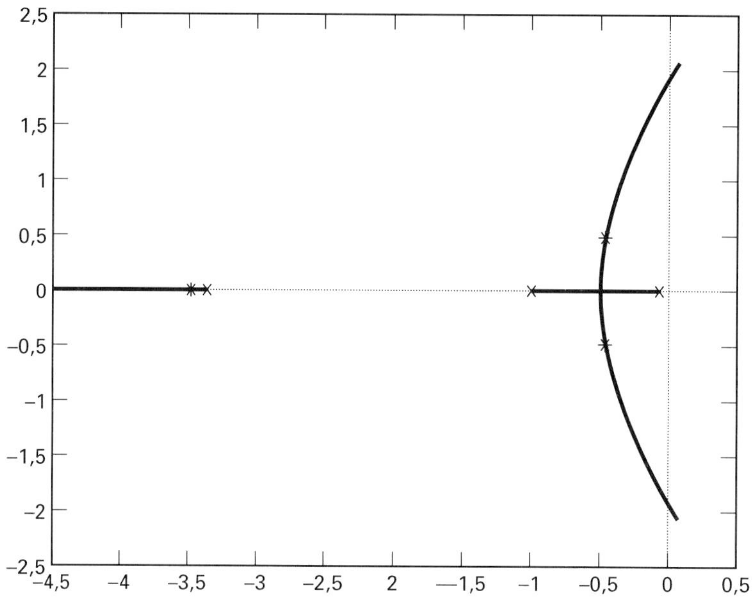


**Figura 8.16.** Lugar de las raíces para un sistema de control-crucero con control proporcional.

nantes y el resultado es $s_{1,2} = -0{,}456 \pm j0{,}456$ con $K = 1{,}25$. El tercer polo, $s_3$, está localizado en $-3{,}48$. De hecho, los polos dominantes están siete veces más próximos al eje imaginario que $s_3$. Como $\zeta = 0{,}707$ y $\omega_n = |s_1| = 0{,}650$, el tiempo de asentamiento del sistema en lazo cerrado se puede estimar utilizando $t_s = 3/(\zeta\omega_n)$. El resultado es 6,58 s, que satisface el comportamiento requerido. Sin embargo, es un sistema de tipo cero con error de posición constante de $K_p$, donde

$$K_p = \frac{K}{|p_1 p_2 p_3} | = 6{,}26. \tag{8.38}$$

El error en estado estacionario es $1/(1 + K_p)$; el error en estado estacionario relativo a un desplazamiento fijo de la entrada de referencia es 13,7 %. Este valor se considera que es excesivamente elevado.

Un aumento en $K_p$ reducirá el error en estado estacionario, pero esta acción también desplazará $s_1$ y $s_2$ hacia la derecha, haciendo que el sistema sea menos estable. Imagine lo a disgusto que estaría un conductor si la respuesta del sistema de control incluyese una componente oscilatoria que causara que la velocidad oscilase de arriba hacia abajo con un periodo de unos 9,6 s ($2\pi/\omega_n = 9{,}6$).

## El efecto de polos adicionales en el lugar de las raíces

Suponga que se introduce un integrador en el controlador para incrementar a tipo 1 y así eliminar el error en estado estacionario. Si el controlador sólo tiene acción integral —esto es, si $G_c(s) = K_i/s$— entonces

$$P(s) = G_c(s)G_p(s) = \frac{K_i b_o}{s(s - p_1)(s - p_2)(s - p_3)} = \frac{K}{s(s - p_1)(s - p_2)(s - p_3)} \tag{8.39}$$

con $K = K_i b_o$. El lugar de las raíces se muestra en la Figura 8.17. Como hay dos ramas a la derecha del polo ($p_1$) en $-0{,}06$, el tiempo de asentamiento es siempre mayor que $3/|p_1|$. Por lo tanto, el tiempo de asentamiento excede de 50 s, independientemente del valor de $K$.

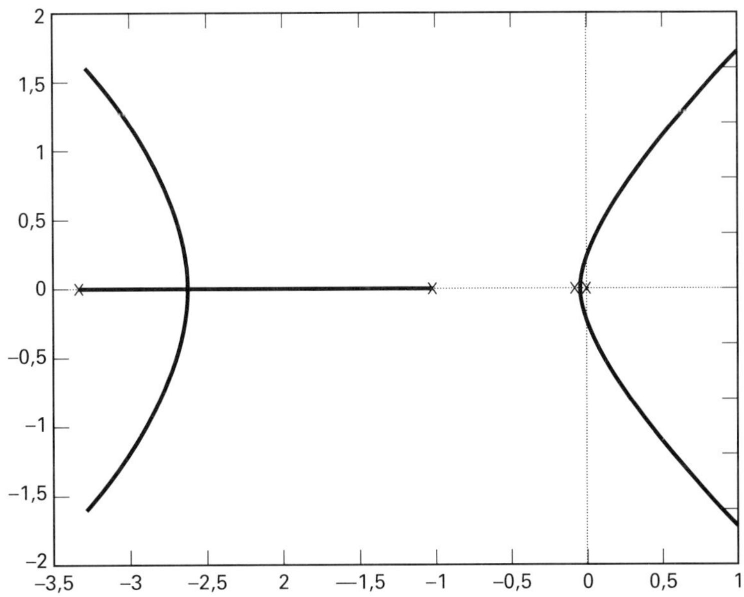


**Figura 8.17.** Lugar de las raíces para un sistema de control-crucero con control integral.

Observe que la introducción del integrador añade un polo, $p_4$, al origen. Comparado con la configuración de la Figura 8.16, este polo produce un desplazamiento del lugar de las raíces hacia la derecha y este cambio no es deseable en términos de tiempo de asentamiento y estabilidad. En general, la adición de un polo tiene el efecto de mover el lugar hacia la derecha del semiplano $s$. Este efecto carece de importancia si el polo añadido está muy a la izquierda (en el semiplano izquierdo) en comparación con otras posiciones de ceros y polos. Si se desplaza hacia la derecha, el efecto es mucho más fuerte.

## El efecto de ceros adicionales en el lugar de las raíces

Un controlador PI se forma combinando un control proporcional con un control integral, esto es, $G_c = K_o + K_i/s$. Entonces

$$P(s) = \left(K_o + \frac{K_i}{s}\right)\frac{b_o}{(s - p_1)(s - p_2)(s - p_3)} = \frac{K(s - z_1)}{s(s - p_1)(s - p_2)(s - p_3)}, \tag{8.40}$$

con $z_1 = -Ki/K_o$ y $K = K_o b_o$. Este controlador introduce un polo en el origen y un cero adicional en el camino directo de la función. Es importante darse cuenta de que el ajuste de los parámetros de control $K_o$ y $K_i$ es equivalente a ajustar los nuevos parámetros especificados $z_1$ y $K$. El análisis resulta más fácil si uno de los dos parámetros se selecciona primero y se determina el lugar de las raíces variando el otro. Suponga que $z_1$ está situado entre $p_1$ y $p_2$ con $z_1 = 2p_1 = -0{,}12$. El lugar de las raíces se muestra en la Figura 8.18a y es similar al de la

Figura 8.16, excepto en las proximidades del origen. Ahora el sistema en lazo cerrado presenta un cero $z_1$ y cuatro polos, $s_1$, $s_2$, $s_3$ y $s_4$. Por razones que se exponen a continuación, el cero en lazo cerrado $z_1$ y el polo $s_4$ están lo suficientemente cerca, de forma que su efecto en la respuesta transitoria no es significativo. Los tres polos restantes presentan una configuración similar al resultado anterior, tal y como se muestra en la Figura 8.16. Por lo tanto, el sistema es ahora de tipo 1, pero la localización de los polos en lazo cerrado se puede seleccionar de forma similar a la de un sistema de tipo 0 (para lograr las especificaciones de la respuesta transitoria). Las localizaciones de los polos están ajustadas a $s_{1,2} = -0{,}385 \pm j0{,}385$ y $s_3 = -3{,}48$ con $K = 1{,}265$. Si se considera $t_s = 3/(\zeta\omega_n)$, los polos dominantes producen un tiempo de asentamiento de aproximadamente 0,798 s y una sobreelongación del 5 %. No obstante, se debe comprobar la localización del cuarto polo. El cuarto polo $s_4$ es $-0{,}1463$; que de hecho está muy próximo a $z_1$ (en comparación con la proximidad de otros polos). Finalmente, el parámetro del controlador PI se puede calcular con $K_o = K/b_o = 0{,}510$ y $K_i = -z_1 K_o = 0{,}0612$.

El efecto de un cero adicional, $z_1$, en el lugar de las raíces se muestra en la Figura 8.18. Comparada con la configuración de la Figura 8.17, la presencia de este cero produce que el lugar se desplace hacia la izquierda y esto es lo que se pretende en términos de obtener el grado de estabilidad deseado y la especificación del tiempo de asentamiento. Puesto que el lugar de las raíces se origina en los polos de $P(s)$ y termina en los ceros finitos (con las ramas restantes tendiendo a infinito), el introducir un cero adicional en $P(s)$ origina otra rama que tiende hacia cero. En general, la adición de un cero tiene el efecto de empujar el lugar de las raíces hacia el cero finito. Cuando se sitúa a la izquierda de los polos dominantes de $P(s)$, por supuesto, empuja el lugar crítico hacia la izquierda.

## Cancelación de polos y ceros

La introducción de un cero hace posible que mejore el comportamiento del sistema reformando el lugar de las raíces. También tiene el efecto de cancelar (o tender a cancelar) un polo. Se puede considerar una cancelación aproximada desde el punto de vista de la alteración de la función de transferencia en lazo abierto, pero es la tendencia correspondiente a producir una cancelación en la función de transferencia en lazo cerrado la que revela la verdadera naturaleza del cambio.

Si se considera el ejemplo, el cero, $z_1$ (como se introdujo con la función de control PI), presenta una magnitud que difiere del polo en lazo abierto, $p_1$, por un factor de 2,0 y esta proximidad tiende a producir un efecto de cancelación. Desde la perspectiva en lazo cerrado, el polo $s_4$ es atraído muy próximo a $z_1$ (la razón es 1,22). Para examinar el efecto en el comportamiento, considérese la correspondiente función de transferencia en lazo cerrado

$$G(s) = \frac{K(s - z_1)}{(s - s_1)(s - s_2)(s - s_3)(s - s_4)} = \frac{K(s - z_1)}{(s - s_4)Q(s)} = \frac{A}{s - s_4} + \frac{P(s)}{Q(s)}, \tag{8.41}$$

donde $P(s)/Q(s)$ es el resto de la función después de separar un término de la expansión en fracciones parciales, tal como se mostró. La respuesta natural del sistema entonces toma la forma

$$Ae^{s_4 t} + (Be^{s_1 t} + Ce^{s_2 t} + De^{s_3 t}) \tag{8.42}$$

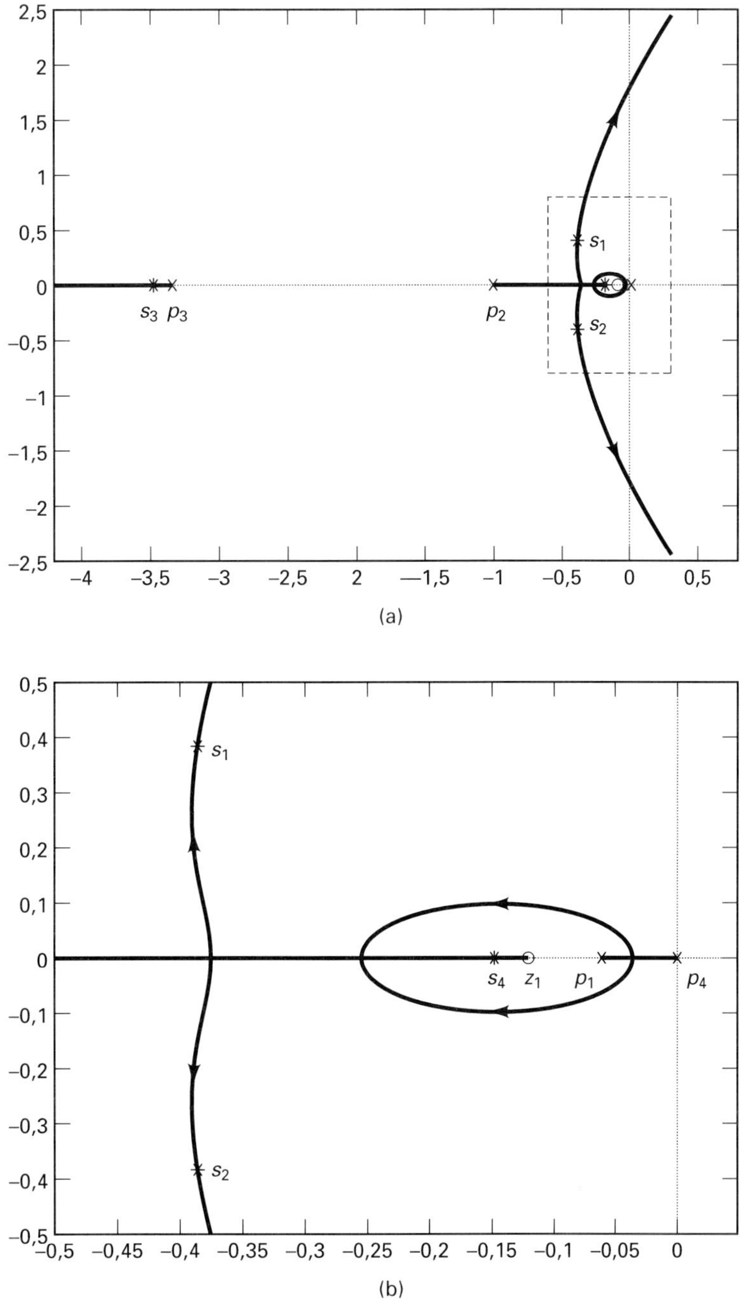


**Figura 8.18.** Lugar de las raíces para un sistema de control de cruce que presenta un controlador PI: *a*) el lugar y *b*) vista aumentada cerca del origen.

con $A = K(s_4 - z_1)/Q(s)$. Como la diferencia entre $s_4$ y $z_1$ es pequeña, el coeficiente $A$ es muy pequeño en relación con los otros coeficientes y los otros tres términos proporcionan la contribución predominante a la respuesta.

Una alternativa es considerar $z_1$ situado entre $p_1$ y el origen. Si la razón se invierte con respecto a la localización anterior (tal que $z_1 = 0{,}5p_1$), aparece de nuevo una cancelación cercana en la función de transferencia en lazo cerrado, como se muestra en la Figura 8.19. Sin embargo, esta configuración es menos apropiada por varias razones. La localización de $s_4$ es mucho más cercana al origen. Por lo tanto, el tiempo de asentamiento de $Ae^{s_4 t}$ aumenta significativamente. El tiempo de asentamiento de este término es ahora más de 10 veces mayor que el tiempo de asentamiento producido por los otros términos. Aunque la magnitud de $A$ es muy pequeña, la presencia de este término se detecta claramente como un pequeño error que desaparece lentamente. Además, la constante de error de velocidad se reduce significativamente. El valor requerido de $K$ es de 1,26 para ambos casos, pero la constante de error de velocidad es igual a $K|z_1|/|p_1 p_2 p_3|$, y $z_1$ es reducido en un factor de 4,0. Por lo tanto, este diseño presenta un mayor error en estado estacionario cuando sigue a una señal en rampa.

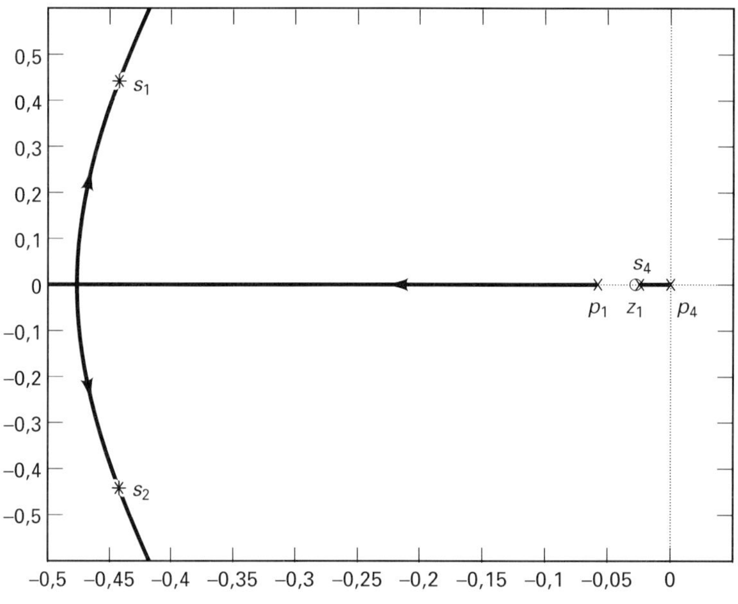


**Figura 8.19.** Lugar de las raíces para un diseño alternativo (aumentado cerca del origen).

## 8.8. RESUMEN

La técnica del lugar de las raíces se aplica a modelos de sistemas lineales y es particularmente útil como herramienta de diseño. El lugar de las raíces muestra el movimiento de las raíces de la ecuación característica cuando un parámetro del sistema varía desde cero a infinito. El movimiento y posible desplazamiento de las raíces se puede evaluar en términos del comportamiento transitorio correspondiente. Una preocupación fundamental en el diseño es la posibilidad de obtener y mantener una operación estable. Por supuesto, las operaciones estables requieren que todas las raíces de la ecuación característica permanezcan en el semiplano izquierdo. Si los polos dominantes se desplazan hacia la izquierda en el plano $s$, esto corresponde a una reducción en el tiempo de asentamiento, y a la posibilidad de reducir el ángulo de un par complejo con respecto al eje real da una mejora en la estabilidad relativa.

La técnica del lugar de las raíces se utiliza de mejor forma si se entiende claramente los criterios de ángulo y magnitud y las propiedades descritas por las reglas de construcción. El criterio de ángulo se aplica a un punto del plano $s$ dibujando vectores desde todos los ceros y polos de $P(s)$. El punto está situado en el lugar de las raíces si la suma de los ángulos de los vectores desde los ceros menos la suma de los ángulos de los vectores desde los polos es igual a $180° + k \cdot 360°$ con $k$ igual a 0, $\pm 1$, $\pm 2$, etc. Si un punto pertenece al lugar de las raíces, el criterio de magnitud establece que K veces el producto de las longitudes de los vectores desde los ceros de $P(s)$ dividido por las longitudes de los vectores desde los polos es igual a la unidad. Obviamente, el valor de $K$ en cualquier punto del lugar de las raíces se puede determinar aplicando el criterio de magnitud. Una alternativa es sustituir el punto en cuestión en la ecuación característica y resolver para $K$.

Si se asume que la ecuación característica se expresa en la forma $1 + KP(s) = 0$ y $K \geqslant 0$, las reglas de construcción se resumen como sigue:

1. El lugar **comienza** en los polos de $P(s)$ y **termina** en los ceros de $P(s)$. El número de ramas es igual al número de polos de $P(s)$.
2. Las ramas son **simétricas** con respecto al eje real.
3. El lugar de las raíces existe **en el eje real** si el número total de polos y ceros de $P(s)$ hacia la derecha es impar.
4. Si hay $n$ polos de $P(s)$ y $m$ ceros finitos de $P(s)$, el número de **ramas que tienden a infinito** cuando $K$ tiende a infinito es $n - m$. Tenderán a infinito a lo largo de las asíntotas con ángulos de $180°$ $(n - m = 1)$; $\pm 90°$ $(n - m = 2)$; $180°$ y $\pm 60°$ $(n - m = 3)$; ó $\pm 45°$ y $\pm 135°$ $(n - m = 4)$. La intersección de las asíntotas con el eje real se determina añadiendo la suma de los polos de $P(s)$ al negativo de la suma de los ceros finitos de $P(s)$ y dividiendo este resultado entre $n - m$.
5. El punto en el lugar de las raíces en el que las ramas se encuentran y se rompen satisface $\dfrac{d}{ds} P(s) = 0$.
6. **Los cortes con el eje $j\omega$** ($\omega$ y $K$) se pueden determinar utilizando el criterio de Routh.
7. Los ángulos de salida desde los polos de $P(s)$ y los ángulos de llegada a los ceros finitos de $P(s)$ se pueden determinar aplicando el criterio del ángulo a un punto seleccionado arbitrariamente cerca del punto de partida o llegada.
8. Si $n - m \geqslant 2$, el **centroide** de todas las raíces está fijo en $\dfrac{p_1 + p_2 + \cdots + p_n}{n}$.

## 8.9. CONEXIONES PARA PROSEGUIR EL ESTUDIO

Las técnicas de respuesta en frecuencia del Capítulo 9 y las técnicas del lugar de las raíces de este capítulo se aplican a una variedad de conceptos de diseño del controlador, como se muestra en los siguientes capítulos. La aplicación de la técnica del lugar de las raíces es una herramienta de diseño valiosa cuando se quiere seleccionar un controlador adecuado y unos parámetros de sintonía del controlador. Las gráficas del lugar de las raíces también se emplean en el diseño de sistemas discretos con modelos descritos utilizando la transformada $z$. La técnica es idéntica, pero la aplicación implica revisar la región con respecto al dominio de estabilidad en el plano $z$.

## REFERENCIAS


1. W. R. Evans: «Graphical Analysis of Control Systems», *Trans. Am. Inst. Elect. Eng.*, 67, 1948.
2. W. R. Evans: «Control System Synthesis by Root Locus Method», *Trans. Am. Inst. Elect. Eng.*, 69, 1950.
3. W. R. Evans: *Control System Dynamics*, McGraw-Hill, Nueva York, 1954.
4. The «Spirule» (copyright 1951) es una herramienta mecánica simple diseñada por Walter R. Evans para facilitar una búsqueda gráfica del lugar de las raíces. Esta herramienta se utilizó ampliamente hasta que fue desplazada por el uso del computador digital.
5. J. J. DiStefano, A. R. Stubberud y I. Williams: *Feedbacck and Control systems*, McGraw-Hill, Nueva York, 1990.


## Problemas

**8.1.** Si se considera el sistema de la Figura P8.1, determinar si el punto $s = -1 + j1$ es un punto del lugar de las raíces de la ecuación característica para $K \geqslant 0$. Utilizar el criterio de ángulo para comprobar este punto. Si el punto pertenece al lugar de las raíces, determinar el valor de $K$ en dicho punto utilizando el criterio de magnitud.

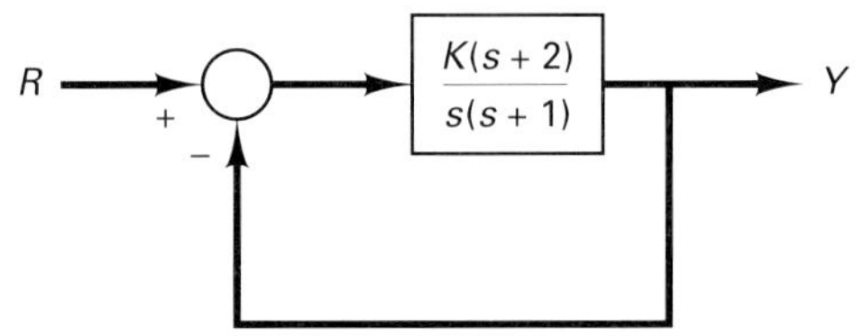


**Figura P8.1**

**8.2.** Dibujar el lugar de las raíces para la ecuación característica del sistema de la Figura P8.1 suponiendo que $K$ varía de cero a infinito. Mostrar los puntos de partida, los puntos finales, las asíntotas y los puntos de ruptura. Utilizar el criterio de magnitud para evaluar $K$ en los puntos de encuentro o ruptura.

M **8.3.** Utiliza el lugar de las raíces generado por MATLAB para comprobar todos los resultados del Problema 8.2.

**8.4.** Suponga que en el camino directo de las funciones de transferencia descritas por las siguientes ecuaciones existe en un sistema con un único lazo con realimentación negativa con $H(s) = 1$. Dibujar el lugar de las raíces de la ecuación característica cuando $K$ varía de cero a infinito para cada uno de los sistemas. Utilizar las reglas de construcción (las que sean necesarias) para obtener el diagrama. Si es apropiado mostrar las asíntotas; puntos de encuentro/ruptura (y $K$ en dichos puntos); cortes con el eje-$j\omega$ (y $K$ en dichos cortes); y los ángulos de llegada o salida.

**a.** $G(s) = \dfrac{K}{s+1}$ **b.** $G(s) = \dfrac{K(s+1)}{s(s+2)}$

**c.** $G(s) = \dfrac{K}{s(s+8)}$ **d.** $G(s) = \dfrac{K}{s(s+2)(s+4)}$

**e.** $G(s) = \dfrac{10}{s(s+K)}$ **f.** $G(s) = \dfrac{K(s+1)}{s(s-1)(s+5)}$

**g.** $G(s) = \dfrac{K(s+1)^2}{s^3}$ **h.** $G(s) = \dfrac{K}{s(s+2)(s^2+2s+2)}$

[M] **8.5.** Utilizar los diagramas generados mediante MATLAB para comprobar los resultados de los apartados g y h del Problema 8.4. Comprobar la simetría en la vecindad de los puntos de ruptura y realice cualquier paso que sea necesario para corregir cualquier error de la gráfica.

**8.6.** Utilizando el dibujo del lugar de las raíces para la función de segundo orden del apartado c del Problema 8.4

**a.** Determinar $K$ para $\zeta$ igual a 0,5; 0,707; 1,0 y 1,25 y mostrar la posición de las raíces para cada valor. Describir (si es apropiado) el ángulo con respecto al eje real.
**b.** Determinar el tanto por ciento de sobreelongación y el tiempo de asentamiento aproximado al 2 % frente a una entrada escalón para cada valor de $K$ especificado en el apartado a.
**c.** Sombrear la región en el plano $s$ para la que $\omega_n > 4$ y $0{,}707 \leqslant \zeta \leqslant 1{,}0$. Determinar entonces el rango de valores de $K$ para el que ambas raíces están en esta región.

**8.7.** Dibujar el lugar de las raíces de la ecuación característica para los sistemas descritos en las siguientes ecuaciones con $K$ variado desde cero hasta infinito. Mostrar los ángulos de llegada, los de salida y el valor de $K$ y $\omega$ en los cortes con el eje imaginario.

**a.** $G(s)H(s) = \dfrac{K(s^2 + 2s + 2)}{s^3}$.

**b.** $G(s)H(s) = \dfrac{K(s^2 + 2s + 17)}{s^2(s + 1)}$.

**8.8.** Considerando el sistema de la Figura P8.8, dibujar el lugar de las raíces de la ecuación característica para $K_i$ variando desde cero a infinito.

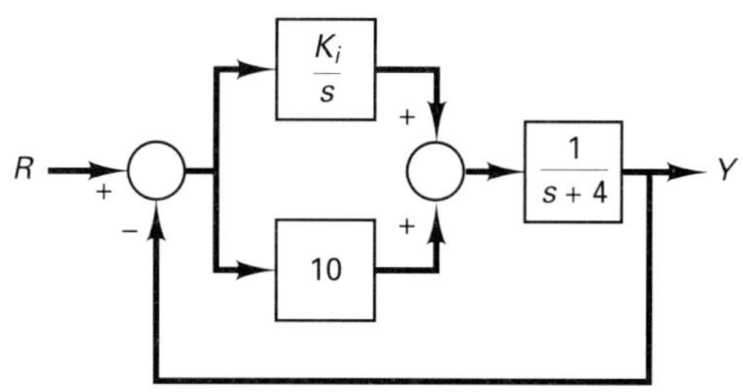


**Figura P8.8**

**8.9.** Considerando el sistema de la Figura P8.9, dibujar el lugar de las raíces de la ecuación característica cuando el factor de ganancia derivativa, $K_f$, varía de cero a infinito.

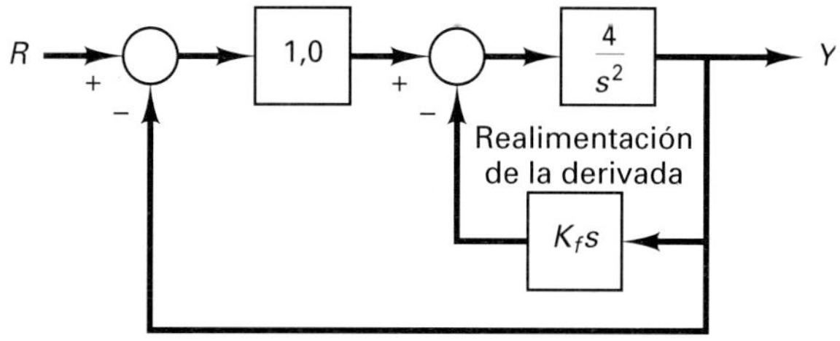


**Figura P8.9**

**8.10.** Se sugieren tres funciones para el controlador de la Figura P8.10. Utilizar los dibujos del lugar de las raíces para evaluar el comportamiento transitorio de cada controlador. ¿Cuál es el mejor en esta situación? Explique su respuesta.

Controlador A $G_c(s) = K$

Controlador B $G_c(s) = \dfrac{K(s+4)}{(s+1)}$

Controlador C $G_c(s) = \dfrac{K(s+1)}{(s+4)}$

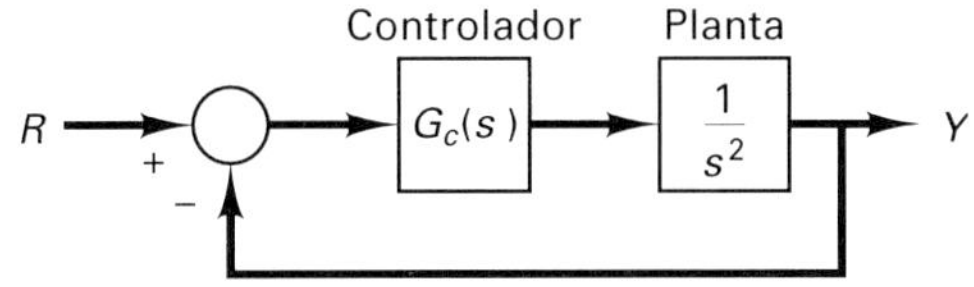


**Figura P8.10.**

**8.11.** Utilizando el lugar de las raíces del apartado d del Problema 8.4, aplicar el criterio de magnitud para determinar el máximo valor de $K$ para el que todas las raíces de la ecuación característica son reales.

M **8.12.** Utilizar los puntos de ruptura y el lugar de las raíces generados por computador para estudiar las diferencias en la localización de las raíces de la ecuación característica para $K \geqslant 0$ si

**a.** $a_1 = 4$ y $a_0 = 5$.
**b.** $a_1 = 2$ y $a_0 = 2$.

$$1 + \frac{K}{s(s^2 + a_1 s + a_0)} = 0$$

**8.13.** Considerando la ecuación característica descrita por la siguiente ecuación, realizar la sustitución necesaria de forma que el lugar de las raíces se pueda dibujar sin nigún cambio en las reglas de construcción. Dibujar el lugar mostrando los puntos para $K = 0$ y $K = \infty$.

$$1 + K\frac{s^2}{s+1} = 0$$

**8.14.** Dibujar el lugar de las raíces complementario ($K \leqslant 0$) para los apartados a, b y c del Problema 8.4.

**8.15.** Considerando la siguiente ecuación característica, dibujar el lugar de las raíces de la ecuación característica para $K \geqslant 0$. Dibujar también el lugar de las raíces complementario suponiendo que $K \leqslant 0$.

$$1 + \frac{2}{s^2 + (2+K)s} = 0$$

# CAPÍTULO 9

# Técnicas de respuesta en frecuencia

## 9.1. INTRODUCCIÓN

Se pueden aplicar distintas técnicas de respuesta en frecuencia para estudiar el comportamiento de sistemas lineales y la metodología proporciona una alternativa para utilizar técnicas en el plano *s*. Las tareas de diseño se pueden abordar desde diferentes perspectivas, y el empleo de modelos en el dominio de la frecuencia a veces introduce un procedimiento único o particularmente penetrante. Además, la interpretación de los datos experimentales está claramente relacionada con la estructura del modelo. Generalmente se aplican conceptos de respuesta en frecuencia al problema de identificar (o verificar) la composición de un modelo de función de transferencia.

Un análisis de los conceptos básicos que son relevantes a esta presentación se revisan en la Sección 7.3 y algunos comentarios introductorios son reexaminados brevemente en la siguiente sección. Las cuestiones de respuesta en frecuencia del Capítulo 7 describen el desarrollo de los criterios de comportamiento desde el punto de vista de las funciones de transferencia en lazo cerrado. Este capítulo tiene un enfoque diferente —se desarrollan técnicas de análisis que utilizan la función de transferencia en lazo abierto—. Asumiendo un conocimiento de las relaciones entre funciones de sistemas en lazo abierto y lazo cerrado, el comportamiento del sistema en lazo cerrado se puede predecir estudiando las características del sistema en lazo abierto.

## 9.2. MODELOS DE ÁLGEBRA DE FASORES Y VARIACIONES GRÁFICAS

Si se aplica una entrada sinusoidal a un sistema lineal, la respuesta en estado estacionario es otra sinusoide de la misma frecuencia. Por lo tanto, las señales de entrada y de salida se pueden expresar como fasores, y la función de transferencia en álgebra de fasores (salida dividida por entrada) representa una razón de fasores. La magnitud y el ángulo de esta razón se describe a veces como *ganancia* y *desplazamiento de fase*, respectivamente. Si una función de transferencia en álgebra de fasores describe la relación de fasores para todas las frecuencias, la relación constituye una función de respuesta en frecuencia y la función contiene suficiente información para constituir un modelo de sistema lineal.

Las funciones de Laplace y las de álgebra de fasores presentan una similitud con respecto a las propiedades operacionales que describen la diferenciación y la integración, y esta propiedad produce una similitud conveniente en la estructura de los modelos de función de transferencia. Los modelos de función de transferencia se pueden convertir de un método al otro simplemente sustituyendo $j\omega$ por $s$ (o $s$ por $j\omega$). Sin embargo, nótese que la posibilidad de intercambiar variables está limitada a las funciones de trasferencia —la similitud no se extiende a la descripción de las funciones de entrada y salida.

Una representación gráfica es un elemento básico de todos los métodos de respuesta en frecuencia, y las técnicas presentadas en este capítulo utilizan varios formatos gráficos. Si se supone que la descripción del sistema se reduce a un único lazo, las funciones de transferencia para el camino directo y el camino de realimentación (Figura 9.1) se denotan como $G(j\omega)$ y $H(j\omega)$, respectivamente. La función de transferencia en lazo abierto es entonces $G(j\omega)H(j\omega)$. Conviene observar que la función en lazo abierto abarca las funciones de transferencia en cascada alrededor del lazo, excluyendo sólo el signo negativo del símbolo de suma. La magnitud de la función en lazo abierto es

$$M(\omega) = \frac{|B(j\omega)|}{|E_L(j\omega)|} = |G(j\omega)H(j\omega)|, \tag{9.1}$$

y el desplazamiento de fase es

$$\phi(\omega) = \angle\, B(j\omega) - \angle\, E_L(j\omega) = \angle\, [G(j\omega)H(j\omega)]. \tag{9.2}$$

Utilizando esta notación, $G(j\omega)H(j\omega) = M(\omega)e^{j\phi(\omega)}$.

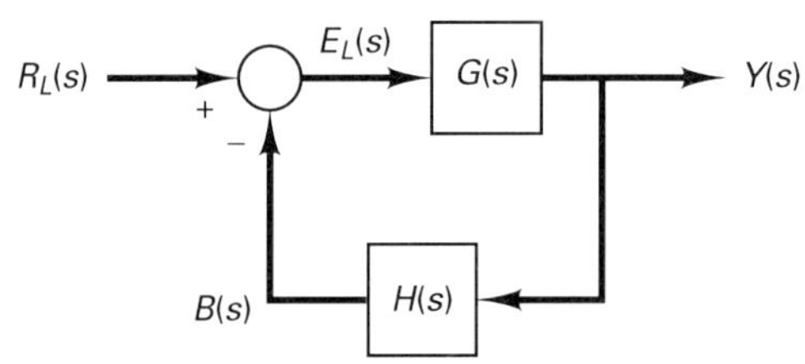


**Figura 9.1.** Un sistema de un único lazo.

Los formatos gráficos que se utilizan para describir la función de transferencia en lazo abierto son los siguientes:

1. *Ganancia y desplazamiento de fase frente a la frecuencia.* Los dibujos de la ganancia y del desplazamiento de fase respecto de la frecuencia se construyen tradicionalmente como diagramas de Bode con la ganancia expresada en decibelios. Los diagramas de Bode (*véase* Sección 9.3) comprenden dos dibujos separados —gráfica semilogarítmica de 20 log $M(\omega)$ frente a $\omega$ y de $\phi(\omega)$ frente a $\omega$.
2. *Un diagrama polar de* $M(\omega)e^{j\phi(\omega)}$ *cuando varía* $\omega$. Si $M(\omega)e^{j\phi(\omega)}$ se representa como un fasor (o vector) que parte de un punto de referencia fijo, el lugar deseado se genera por la trayectoria del fasor cuando $\omega$ varía. Aunque normalmente se dibuja utilizando coordenadas polares ($M$ y $\phi$), también es apropiado describir este diagrama como la componente imaginaria de $G(j\omega)H(j\omega)$ respecto de la componente real de $G(j\omega)H(j\omega)$ cuando $\omega$ varía. Por lo tanto, el marco de referencia es el plano complejo $GH$. Este lugar forma una parte de un contono cerrado en el plano $GH$ que se utiliza para describir el criterio de estabilidad de Nyquist (*véase* Sección 9.4).

3. *Representación de la magnitud frente a la fase*. La representación de la magnitud frente a la fase (*véase* Sección 9.5) se genera dibujando el lugar de $M(\omega)$ frente a $\phi(\omega)$ cuando $\omega$ varía, utilizando coordenadas cartesianas. Si la magnitud se expresa en decibelios, la gráfica se describe como una magnitud logarítmica *versus* fase. Si se añade una curva mallada que muestre valores fijos de la ganancia y de la fase en lazo cerrado, este formato se conoce como carta de Nichols.

Considerando $M(\omega)e^{j\phi(\omega)}$, los diagramas de Bode muestran $M(\omega)$ y $\phi(\omega)$ como funciones separadas de $\omega$, mientras que el lugar en el plano $GH$ da la caracterización compleja de la función de transferencia como un único contorno. La magnitud frente al diagrama de fase altera la caracterización del lugar, considerando las componentes de ángulo y magnitud como la abscisa y la ordenada de una gráfica $x$-$y$.

## 9.3. DIAGRAMAS DE BODE Y CRITERIOS DE ESTABILIDAD RELATIVA

Aunque los diagramas de Bode se utilizan normalmente para representar la respuesta en frecuencia en lazo abierto o en lazo cerrado, la siguiente discusión se refiere a las características que presentan en lazo abierto. Si los diagramas de Bode se utilizan para presentar una función de transferencia en lazo abierto, los diagramas describen la magnitud (en decibelios) y el ángulo de $G(j\omega)H(j\omega)$ cuando $\omega$ varía en un rango específico de interés.

Expresando la magnitud, utilizando una función logarítmica y presentando la frecuencia en una escala logarítmica, el diagrama de magnitud presenta las características de un diagrama log-log. Un efecto del formato log-log es permitir la presentación de un amplio rango de variación de la magnitud y de la frecuencia. Otro efecto es mostrar la ganancia, de manera que tiende a presentar segmentos de línea recta. Esta propiedad proporciona relaciones útiles entre los parámetros de la función de transferencia y una aproximación asintótica de la ganancia frente a la frecuencia. La función de la fase se presenta utilizando un formato semilogarítmico con una escala de frecuencias logarítmicas. Este formato permite presentar un amplio rango de variación de la frecuencia, y la función de la fase se puede separar en componentes que presentan simetría (en escala logarítmica) con respecto a los valores de los polos y ceros.

### Ejemplos de diagramas de Bode

Se considera un ejemplo con dos polos reales,

$$G(s)H(s) = \frac{506}{(s+4)(s+40)} = \frac{3{,}16}{\left(\dfrac{s}{4}+1\right)\left(\dfrac{s}{40}+1\right)}. \tag{9.3}$$

La correspondiente función de transferencia en álgebra de fasores es entonces

$$G(j\omega)H(j\omega) = \frac{3{,}16}{\left(\dfrac{j\omega}{4}+1\right)\left(\dfrac{j\omega}{40}+1\right)}. \tag{9.4}$$

Es normalmente útil revisar el formato de la ecuación del modelo tal como se muestra en la Ecuación 9.3. Expresado de esta forma, el valor de cada uno de los factores de primer orden de la función en álgebra de fasores tiende a uno cuando $\omega$ se aproxima a cero, los diagramas de la ganancia frente a la frecuencia y de la fase frente a la frecuencia se pueden construir sumando trozos como se muestra en las Figuras 9.2 y 9.3. Puesto que la conversión a decibelios da una función logarítmica, la magnitud se puede expresar como suma de términos con

$$20\log|G(j\omega)H(j\omega)| = 20\log 3{,}16 - 20\log\left|\left(\frac{j\omega}{4}+1\right)\right| - 20\log\left|\left(\frac{j\omega}{40}+1\right)\right|. \tag{9.5}$$

Un dibujo con lápiz y papel de la ganancia frente a la frecuencia se construye claramente comenzando por las frecuencias bajas y trabajando hacia un rango de frecuencias altas. El primer término produce una ganancia de 10 dB para todas las frecuencias. Los términos segundo y tercero producen una atenuación que se observa sólo cuando la frecuencia se aproxima a 4 rad/s y 40 rad/s, respectivamente. Los diagramas de las componentes individuales de la ganancia se muestran en la parte superior de la Figura 9.2.

Si se considera sólo el segundo término, la magnitud es

$$-20\log\sqrt{\left(\frac{\omega}{4}\right)^2+1}, \tag{9.6}$$

y este término tiende a 0 dB si $\omega$ es muy pequeña con respecto a 4. Si $\omega$ es muy grande con respecto a 4, la magnitud tiende a una línea recta con pendiente de $-20$ dB por década que se

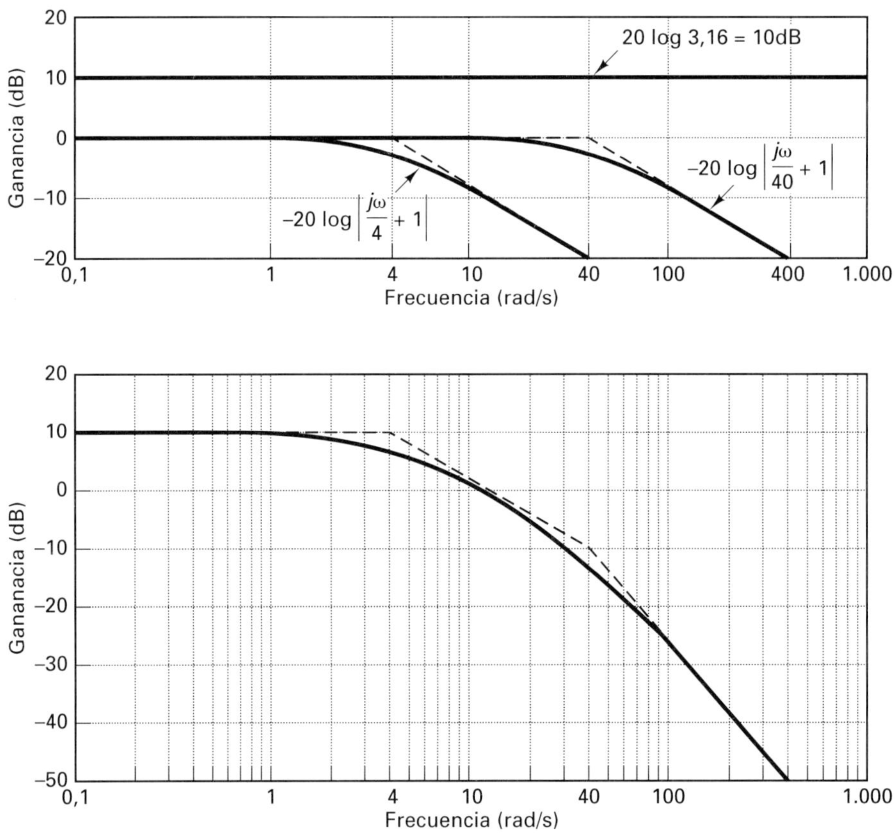


**Figura 9.2.** Diagrama de ganancia que muestra componentes individuales (superior) y la curva compuesta (inferior) con un ejemplo de tipo 0.

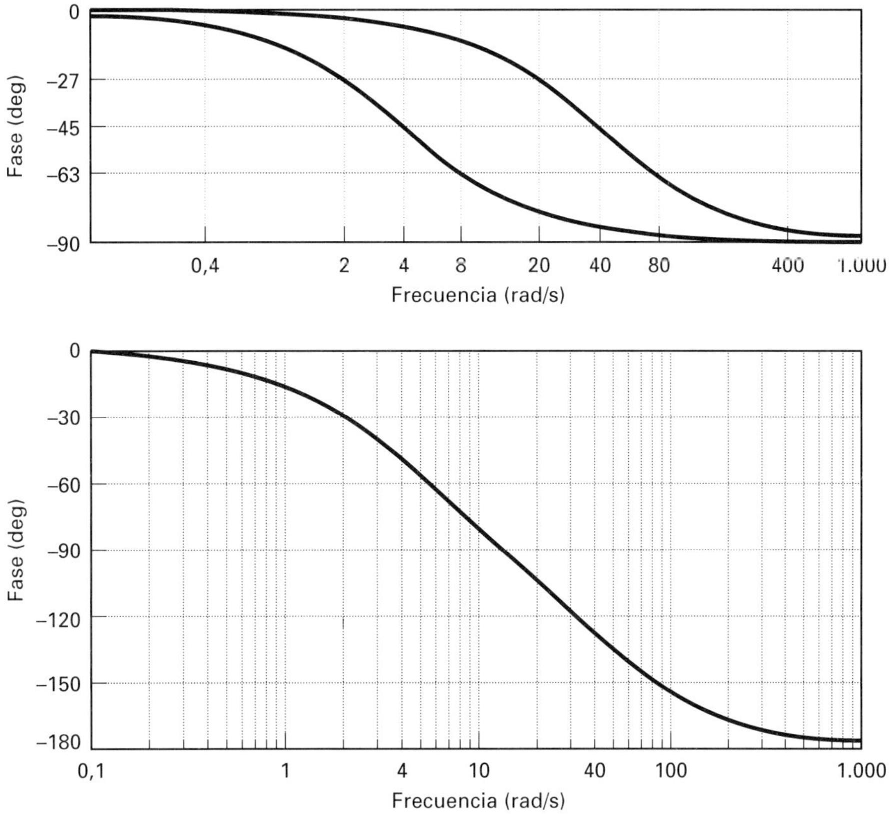


**Figura 9.3.** Diagrama de fase que muestra componentes individuales (superior) y curva compuesta (inferior) con un ejemplo de tipo 0.

describe por $-20\log(\omega/4)$. Si se extiende esta asíntota en dirección de las frecuencias decrecientes, intersecta a la asíntota a baja frecuencia (0 dB) en $\omega = 4$. La intersección de asíntotas se describe como frecuencia «esquina». Por supuesto, la función real es una curva suave que se desvía de la gráfica asintótica en las proximidades de las frecuencias esquinas. En la Figura 9.4 se muestra una función normalizada de esa forma (frecuencia normalizada con respecto a la frecuencia esquina). La función real se muestra como una línea sólida y la función asintótica representa como una línea punteada. El diagrama inferior muestra la desviación entre la ganancia real y la aproximación asintótica. La máxima desviación ocurre en las frecuencias esquinas y la corrección es de 3,01 dB. Puede ser útil el darse cuenta que la pendiente de $-20{,}0$ dB por década es equivalente a $-6{,}02$ dB por octava.

La función de ganancia del ejemplo (Figura 9.2) se completa sumando la tercera componente de la función de ganancia. Este término introduce otra frecuencia esquina en $\omega = 40$ rad/s y la curva de ganancia compuesta se obtiene sumando los tres términos. Por lo tanto, la magnitud es igual a 10 dB a bajas frecuencias, pero las esquinas localizadas en $\omega = 4$ y $\omega = 40$ cambian la pendiente de la función asintótica a $-20$ dB por década y después a $-40$ dB por década. La curva real (Figura 9.2) se muestra como una línea sólida.

El desfase se obtiene determinando el ángulo de la función de transferencia con

$$\angle G(j\omega)H(j\omega) = -\tan^{-1}\left(\frac{\omega}{4}\right) - \tan^{-1}\left(\frac{\omega}{40}\right). \tag{9.7}$$

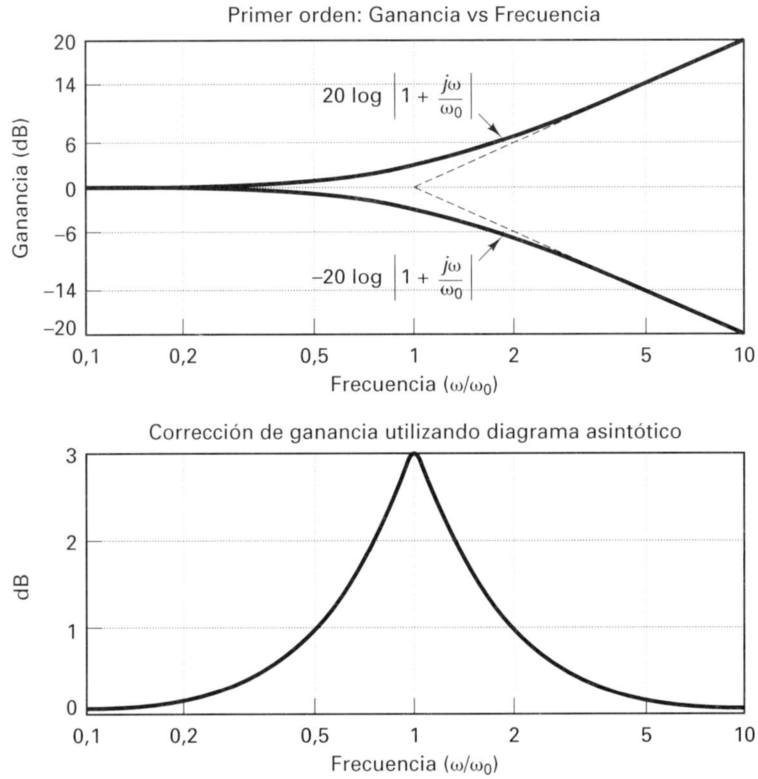


**Figura 9.4.** Ganancia *versus* frecuencia (factor de primer orden) y la diferencia entre los diagramas real y asintótico.

Por lo tanto, el desfase se aproxima a cero si $\omega$ es muy pequeño con respecto a 4 rad/s y a $-180°$ si $\omega$ es muy grande con respecto a 40 rad/s. En la Figura 9.3 se muestran los términos de fase individual y la función de fase compuesta. Cada factor de primer orden introduce un ángulo que varía de 0° a $-90°$ con una contribución de $-45°$ en la frecuencia esquina. El ángulo presenta una desviación de unos 6° del valor límite si se evalúa una década por encima o una década por debajo de la esquina. Una curva normalizada (*véase* Figura 9.5) presenta una simetría logarítmica que es característica de una función de fase de primer orden.

Una opción para dibujar aproximadamente la fase con un factor de primer orden es utilizar una aproximación lineal, como muestran las líneas punteadas de la Figura 9.5. La línea se obtiene si se supone una pendiente de $\pm 45°$ por década que se extiende una década por debajo y una década por encima de la esquina. Con múltiples componentes de fase, las aproximaciones por líneas rectas se pueden sumar. Otra técnica que muestra la verdadera naturaleza asintótica de las curvas es dibujar cada componente de la función de fase como una línea curva. Esto se puede llevar a cabo marcando la diferencia entre el valor real y el valor limitante que ocurre una década por encima y por debajo de la esquina (una diferencia de 6°) y una octava por encima y por debajo de la esquina (una difencia de 27°). Entonces se puede dibujar aproximadamente una línea curva para cada componente y dichos componentes se pueden sumar.

Aunque los diagramas de Bode se obtienen fácilmente utilizando un computador digital, la posibilidad de obtener un dibujo aproximado y utilizar una aproximación asintótica es una posibilidad importante de diseño. Con un conocimiento del efecto aproximado de desplazar el valor de un polo o un cero o sumar una combinación de polos y ceros, se puede ver y evaluar

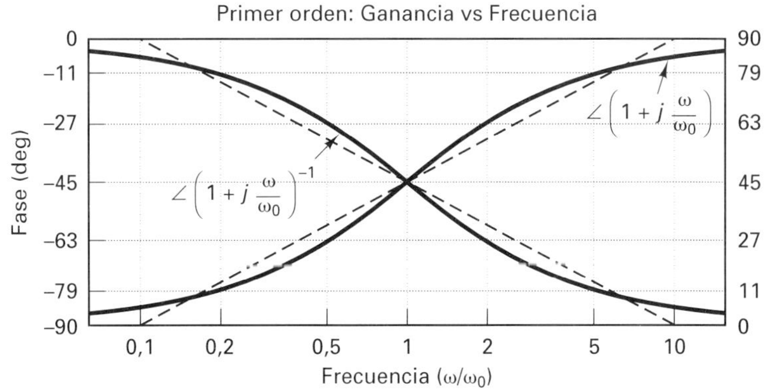


**Figura 9.5.** Fase *versus* frecuencia con un factor de primer orden.

una estrategia de control rápidamente. Esta posibilidad también es útil para interpretar datos experimentales.

Volviendo al otro ejemplo, una característica que a veces se observa en la función en lazo abierto es la presencia de uno o más polos en el origen. Con un polo de la función en lazo abierto en cero, el sistema es de tipo 1. Considerar

$$G(s)H(s) = \frac{800(s+2)}{s(s+20)^2} = \frac{4\left(\dfrac{s}{2}+1\right)}{s\left(\dfrac{s}{20}+1\right)^2}. \tag{9.8}$$

La correspondiente función de transferencia en álgebra de fasores es entonces

$$G(j\omega)H(j\omega) = \frac{4\left(\dfrac{j\omega}{2}+1\right)}{j\omega\left(\dfrac{j\omega}{20}+1\right)^2}. \tag{9.9}$$

La magnitud de la función ejemplo se puede expresar como

$$20\log|G(j\omega)H(j\omega)| = 20\log 4 - 20\log\omega + 20\log\left|\left(\frac{j\omega}{2}+1\right)\right| - 40\log\left|\left(\frac{j\omega}{20}+1\right)\right|. \tag{9.10}$$

Los dos primeros términos generan líneas rectas de pendiente constante para todo $\omega$. El primero produce una línea que presenta pendiente cero y una magnitud de 12,0 dB. El término integral produce un línea con una pendiente de $-20$ dB por década que intercepta a 0 dB en $\omega = 1$. La parte de bajas frecuencias del diagrama de magnitud se obtiene combinando esos dos términos y la combinación produce una línea recta que presenta una pendiente de $-20$ dB por década (aproximadamente $-6$ dB por octava) y una magnitud de 12 dB en $\omega = 1$.

La presencia de un cero en $\omega = 2$ contribuye a una asíntota con una pendiente de $+20$ dB por década. Por lo tanto, la pendiente neta es cero entre 2 y 20. Entonces la doble esquina en $\omega = 20$ produce un cambio a $-40$ dB por década. Las componentes individuales y los diagramas de fase y ganancia compuesto se presentan en las Figuras 9.6 y 9.7.

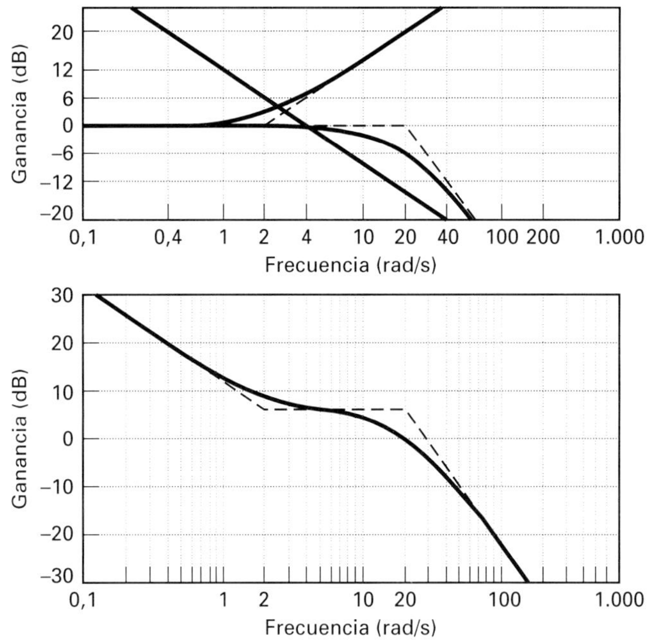


**Figura 9.6.** Diagrama de ganancia que muestra las componentes individuales (arriba) y la curva compuesta (abajo) con un ejemplo de tipo 1.

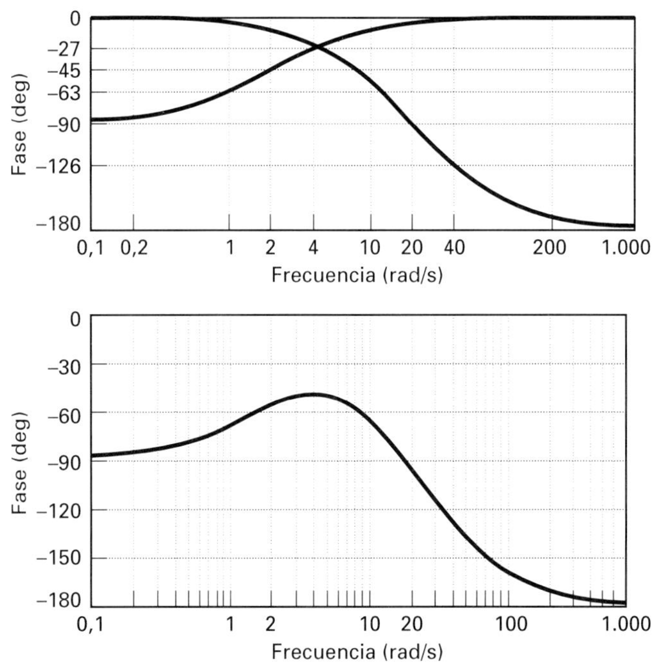


**Figura 9.7.** Diagrama de fase que muestra las componentes individuales (arriba) y la curva compuesta (abajo) con un ejemplo de tipo 1.

Si un factor de segundo orden subamortiguado está contenido en la función en lazo abierto, el dibujo se complica por la gran diversidad que se introduce debido a los cambios en el coeficiente de amortiguamiento. En el Capítulo 7 se presentan diagramas normalizados que muestran la ganancia y la fase para un factor de segundo orden subamortiguado se presentan (Figuras 7.14 y 7.15).

## Márgenes de ganancia y fase

Si se considera un sistema realimentado inicialmente estable, es útil saber qué características determinadas del modelo se pueden pertubar antes de que se produzca inestabilidad. El *margen de ganancia* y el *margen de fase* proporcionan este tipo de información.

Si una variación en un parámetro del sistema produce que uno o más polos en la función del sistema en lazo cerrado atraviese el eje $j\omega$, la condición de corte (como se muestra en la Figura 9.8) sitúa uno o más polos en lazo cerrado directamente sobre el eje $j\omega$. Por lo tanto, hay algún valor de $\omega$ para el que

$$\left|\frac{G(j\omega)}{1 + G(j\omega)H(j\omega)}\right| = \infty, \tag{9.11}$$

y esta condición no puede ocurrir a menos que

$$G(j\omega)H(j\omega) = -1. \tag{9.12}$$

Expresado en términos de magnitud y ángulo,

$$|G(j\omega)H(j\omega) = 1, \tag{9.13}$$

y

$$\angle\, G(j\omega)H(j\omega) = -180^\circ \pm k360^\circ. \tag{9.14}$$

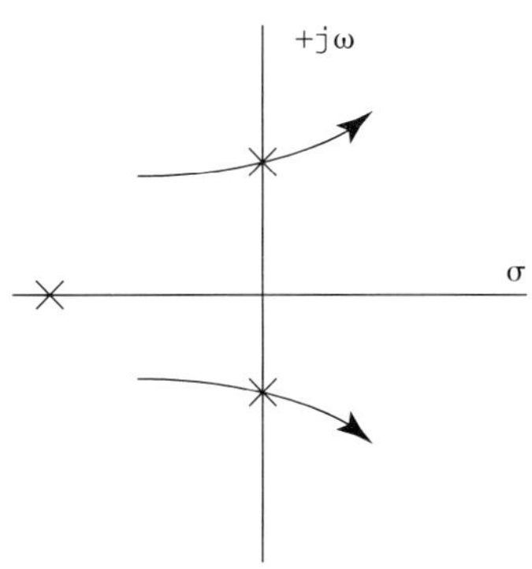


**Figura 9.8.** Un corte con el eje $j\omega$.

Si no hay polos de la función en lazo cerrado en el semiplano derecho, esta condición representa una transición entre estabilidad e inestabilidad.

La condición de cruce también se puede visualizar de forma diferente. Suponga que el lazo se rompe temporalmente en algún punto y que se introduce una entrada sinusoidal después de la ruptura. Conviene darse cuenta de que hay otro signo menos en el lazo (adjunto al símbolo de suma). Si se satisfacen las condiciones de las Ecuaciones 9.13 y 9.14, la señal sinusoidal atravesará el lazo y regresará como un duplicado exacto de la señal inyectada. Si se vuelve a conectar el lazo, está claro que una señal en esta frecuencia particular será autosostenida.

Observe que la condición del ángulo de fase para un cruce (Ecuación 9.14) se satisface si el desfase de la función en lazo abierto alcanza o $+180°$ ó $-180°$. Sin embargo, si la magnitud y el ángulo están ambos cerca de la condición de transición, es un resultado típico de los polos que exceden en número a los ceros finitos. Por lo tanto, un problema potencial de estabilidad se observa normalmente con un desfase en la proximidad de $-180°$.

El margen de ganancia y de fase se definen de forma que proporcionan una medida de la proximidad de una situación dada a la condición de transición. Si un sistema es inicialmente estable y un cambio en los parámetros produce la detección de un cruce en el eje $j\omega$, el cruce debe representar estabilidad marginal. Observe que lo contrario no es necesariamente cierto —si un sistema es inicialmente inestable, una detección de un cruce con el eje $j\omega$ no es una condición marginal de estabilidad a menos que no existan otras raíces de la ecuación característica en el semiplano derecho. Por lo tanto, si el margen de ganancia y el margen de fase se definen en términos de un sistema que es inicialmente estable, la proximidad a la inestabilidad puede ser verdaderamente expresada en términos de la proximidad a las condiciones de cruce en el eje $j\omega$.

**El margen de ganancia.** Considere un sistema que es inicialmente estable, el margen de ganancia es la razón (normalmente expresada en decibelios) por la que la ganancia del lazo se permite que cambie antes de que se alcance la condición de inestabilidad.

Un diagrama de la respuesta en frecuencia en lazo abierto, $M(\omega)e^{j\phi(\omega)}$, presenta la razón requerida. Como la función de fase en lazo abierto no está afectada por un cambio en le facto de ganancia del lazo, la razón por la que la ganancia se debe modificar para alcanzar la inestabilidad es la razón de la ganancia unidad a la real ganancia real medida en la frecuencia de cruce de fase, $\omega_{pc}$, donde la fase cruza $-180°$. Por lo tanto, el margen de ganancia se puede expresar como $1/M(\omega_{pc})$. El radio en decibelios es $+20\log(1/M(\omega_{pc}))$ o simplemente $-20\log M(\omega_{pc})$.

Dicho de forma simple, *el margen de ganancia (en decibelios) es el número de decibelios que se debe incrementar la ganancia en lazo abierto para que alcance 0 dB a la frecuencia a la que el desfase en lazo abierto es $-180°$*. Si se debe decrementar la ganancia hasta que alcance 0 dB, entonces el margen de ganancia es, por supuesto, negativo. Un ejemplo de medida del margen de ganancia se muestra en la Figura 9.9. Si la fase no alcanza $-180°$ a ninguna frecuencia, entonces no hay límite impuesto en el cambio en la ganancia para que el sistema permanezca estable, y el margen de ganancia es infinito.

La inestabilidad producida por un incremento en la ganancia es una situación común; por lo tanto, la razón requerida para alcanzar la inestabilidad es normalmente mayor que uno y el margen de ganancia expresado en decibelios es normalmente positivo. No obstante, hay algunos modelos de sistemas que requieren de una reducción en la ganancia para alcanzar la inestabilidad, y el caso general permite la posibilidad de que un aumento o una disminución conduzca a la inestabilidad. Por lo tanto, puede existir tanto hacia arriba un margen de ganancia como hacia abajo un margen de ganancia o ambos.

**El margen de fase.** Considere un sistema que es inicialmente inestable, el margen de fase es una medida del retraso de fase adicional que está permitido antes de alcanzar $-180°$ a la frecuencia donde $M(\omega) = 1$ (ó $20\log M = 0$ dB).

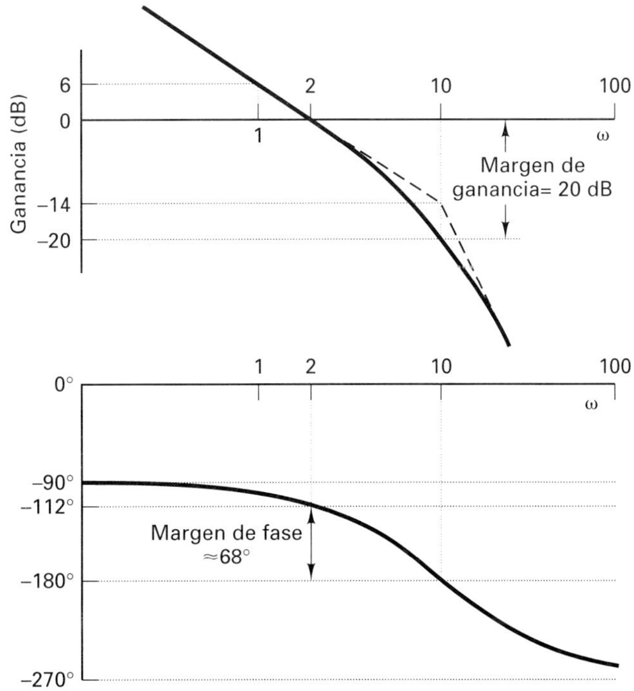


**Figura 9.9.** Medida del margen de ganancia y del margen de fase.

Puesto que el retraso de fase adicional es $\phi(\omega) - (-180°)$, el margen de fase se puede expresar como $\phi(\omega) + 180°$ cuando se evalúa en la frecuencia de cruce de ganancia, $\omega_{gc}$, para la cual $20 \log M = 0$. Si la ganancia permanece menor que la unidad para todas las frecuencias, el sistema permanece estable con cualquier valor del retardo de fase añadido. Un ejemplo de medida del margen de fase se ilustra en la Figura 9.9.

Los diagramas de Bode de la Figura 9.9 describen un modelo de sistema para el cual

$$G(j\omega)H(j\omega) = \frac{2}{j\omega\left(\dfrac{j\omega}{10} + 1\right)^2}. \tag{9.15}$$

Como se muestra en la figura, la pendiente inicial de la función de ganancia es $-6$ dB por octava y el diagrama asintótico corta a 0 dB en $\omega = 2$ rad/s. La curva real se desvía ligeramente en este punto y una determinación cuidadosa sitúa el corte de frecuencia ligeramente por debajo de 2 rad/s. El desfase a esta frecuencia es aproximadamente de $-112°$; por lo tanto, el margen de fase es aproximadamente de 68°. La subsecuente evaluación, utilizando la carta de Nichols, mostrará que un margen de fase de 68° con este sistema (y otros sistemas de tipo 1) es normalmente más que adecuado para lograr el grado deseado de estabilidad relativa.

La función de fase atraviesa $-180°$ en $\omega = 10$ rad/s y una comprobación de la ganancia a esta frecuencia revela un margen de ganancia de 20 dB. Si se sustituye un factor de ganancia de 2 en el numerador de la función de transferencia en lazo abierto de la Ecuación 9.15 por una constante ajustable $K$, la función equivalente de Laplace es

$$G(s)H(s) = \frac{K}{s\left(\frac{s}{10} + 1\right)^2}, \tag{9.16}$$

y la ecuación característica es $s^3 + 20s^2 + 100s + 100K = 0$. La aplicación del criterio de Routh revela que la transición de estabilidad a inestabilidad ocurre con $K = 20$. Por lo tanto, la razón del valor de la frontera al valor nominal es 10 y esta razón en decibelios es 20 dB. Esto está en concordancia con el margen de ganancia determinado gráficamente. Si la ganancia en lazo abierto se aumenta en 20 dB, los márgenes de ganancia y fase se reducen los dos a cero.

Es importante entender que aunque los márgenes de ganancia y fase están determinados utilizando la función de transferencia en lazo abierto, proporcionan medidas de la estabilidad relativa del sistema en lazo cerrado. Las definiciones se han presentado bajo la suposición de que los márgenes de ganancia y fase se refieren a condiciones de operación estables. Cualquier incertidumbre con respecto a la estabilidad absoluta se puede resolver utilizando el criterio de Routh o aplicando el criterio de estabilidad de Nyquist.

## 9.4. DIAGRAMA POLAR Y CRITERIO DE ESTABILIDAD DE NYQUIST

Se considera un diagrama polar (con $\omega$ variando desde cero hasta infinito) suponiendo que la función de transferencia en lazo abierto es

$$G(j\omega)H(j\omega) = \frac{3}{\left(\frac{j\omega}{2} + 1\right)^3}. \tag{9.17}$$

Algunos valores de $M(\omega)$ y $\phi(\omega)$ se muestran en la Tabla 9.1 para valores discretos de $\omega$, y el contorno correspondiente se muestra en la Figura 9.10.

Si se añade al dibujo un círculo de radio unidad con su centro en el origen, se puede determinar el margen de fase en el punto en que el contorno intersecta el círculo unidad. El margen de fase, como se muestra en la Figura 9.10, es aproximadamente de 42°. El margen de ganancia se puede determinar anotando la magnitud donde el contorno corta −180°. La magnitud en este punto es de 0,375. La razón del valor del límite de estabilidad al valor nominal es 1/0,375; por lo tanto, la razón que especifica el margen de ganancia es 2,67. Convertido a decibelios el margen de ganancia es 8,52 dB.

**TABLA 9.1.** VALORES DE $M[\omega]$ y $\phi[\omega]$

| $\omega$ | $M(\omega)$ | $\phi(\omega)$ |
|---|---|---|
| 0 | 3,00 | 0° |
| 1,00 | 2,14 | −79,7° |
| 2,08 | 1,00 | −138° |
| 3,46 | 0,375 | −180° |
| $\infty$ | 0 | −270° |

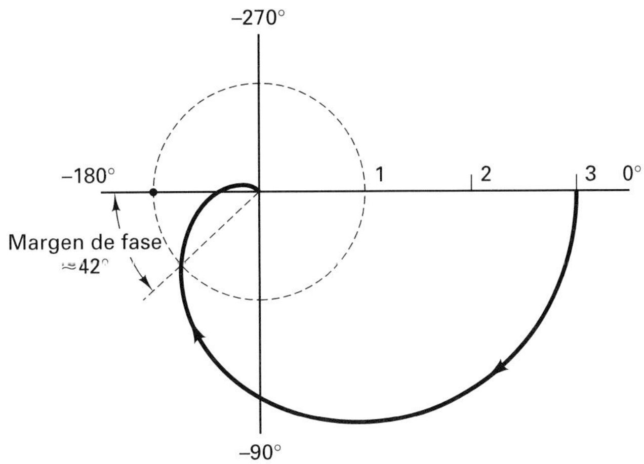


**Figura 9.10.** Un diagrama polar con un ejemplo de tipo 0.

Observe que la condición del límite de estabilidad ocurre si se aumenta la ganancia en lazo abierto de forma que el contorno pasa a través del punto $-1 + j0$. Cualquier aumento posterior en la ganancia del lazo producirá una condición de inestabilidad. La posibilidad de obtener una evaluación rigurosa de la estabilidad absoluta está proporcionada por la aplicación del criterio de estabilidad de Nyquist.

## El criterio de estabilidad de Nyquist

El criterio de estabilidad de Nyquist es de alguna forma diferente de otros criterios de estabilidad en el sentido de que se aplica examinando un diagrama que se obtiene del modelo en lazo abierto. Además, el procedimiento se puede utilizar para combinar el test de estabilidad con una evaluación de los correspondientes márgenes de fase y ganancia.

Antes de desarrollar el criterio de estabilidad de Nyquist y el trabajo asociado con variables complejas, es útil comprender un principio de teoría de variable compleja que soporta el desarrollo. Sin centrarnos en una aplicación específica, sea una razón de polinomios que se designa arbitrariamente por $F(s)$. Si se evalúa $F(s)$ para valores específicos de $s$, el resultado se dibuja en el plano complejo que está específicamente asociado con gráficas de $F(s)$ que se identifican como el plano-$F$. Suponga que los polos y ceros de $F(s)$ se marcan en el plano $s$ y que se dibuja un camino cerrado simple, $C_1$, en el plano $s$. Entonces $F(s)$ se puede evaluar a lo largo del camino, y este resultado se puede dibujar en el plano-$F$. Esto produce un camino cerrado, $C_2$, que se describe como imagen de $C_1$. Sin embargo, la imagen, $C_2$, no es necesariamente simple —puede rodear algún punto específico de interés (tal como el origen) más de una vez.

Dado este conjunto de circunstancias, este procedimiento se puede describir como una transformación de un camino en el plano $s$ en el plano $F$, y el principio del argumento revela que

$$N = Z - P, \tag{9.18}$$

donde

$N$ = el número de rodeos al origen por el camino $C_2$ en el plano $F$.
$Z$ = el número de ceros de $F(s)$ rodeados por el camino $C_1$ en el plano $s$.
$P$ = el número de polos de $F(s)$ rodeados por el camino $C_1$ en el plano $s$.

Aunque este concepto puede dejarnos inicialmente perplejos, se ilustra y se aclara fácilmente. Considere el siguiente ejemplo con

$$F(s) = \frac{10(s + 3)}{s(s + 2)(s + 6)}. \tag{9.19}$$

Si se dibuja un camino simple arbitrario en el plano $s$ como muestra la Figura 9.11a, entonces $F(s)$ se puede evaluar en un punto $s_1$ del camino utilizando la información que se obtiene dibujando un vector desde cada polo y cero de $F(s)$ a $s_1$.La magnitud de $F(s_1)$ es igual a 10 veces la magnitud del vector desde el cero dividido por el producto de las magnitudes de los vectores desde los polos. El ángulo neto de $F(s_1)$ es igual al ángulo del vector desde el cero menos los ángulos de los vectores desde los polos.

Si se recorre el camino completamente en la dirección mostrada, el cambio neto del ángulo de cada vector que parte de un cero o polo dentro del contorno es $2\pi$ rad. Considerando el vector que se origina desde un polo fuera del contorno, el cambio neto del ángulo es cero. Por lo tanto, el cambio neto del ángulo de $F(s)$ es $2\pi(Z - P)$ considerando sólo ceros y polos dentro del contorno. Con este ejemplo particular, el cambio del ángulo de $F(s)$ es $2\pi(-1)$. Por lo tanto, si se transforma el camino en el plano $F$, hay un rodeo al origen por $C_2$ en el plano $F$ que es opuesto en dirección a $C_1$. Expuesto de manera concisa, $N$ es igual a $Z - P$ ó $N = -1$. Una ilustración de este resultado se muestra en la Figura 9.11b.

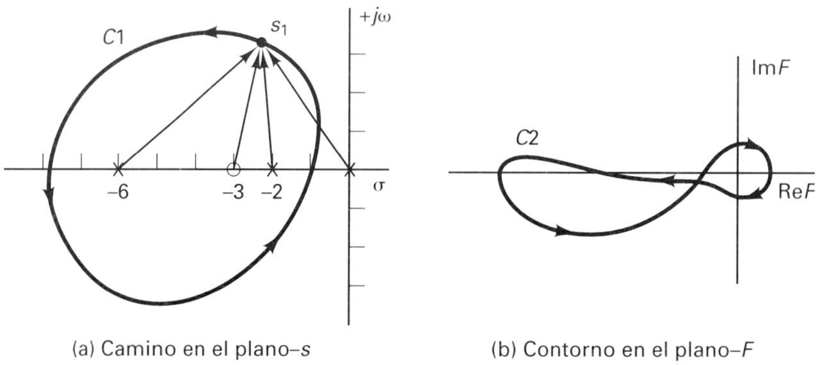


**Figura 9.11.** Un mapeado del plano $s$ en otro plano complejo.

Este concepto se aplica al desarrollo del criterio de estabilidad de Nyquist considerando un camino particular (el camino de Nyquist) en el plano $s$. Una preocupación especifica en la consideración de la estabilidad es la detección de ceros de $1 + G(s)H(s)$ en el semiplano derecho. Así, el camino de Nyquist encierra el semiplano derecho completamente, normalmente en la dirección del sentido horario. El camino recorre el eje $j\omega$ desde $-\infty$ a $+\infty$ y después completa el cierre del semiplano derecho formando un semicírculo con radio que se aproxima a infinito, como se muestra en la Figura 9.12. Si $1 + G(s)H(s)$ se evalúa a lo largo del camino de Nyquist y el resultado se dibuja en el plano $(1 + GH)$, el número de rodeos al origen en el sentido horario debería revelar el número neto de ceros menos el número de polos de $1 + G(s)H(s)$ en el semiplano derecho. Los ceros de $1 + G(s)H(s)$ son las raíces de la ecuación característica, y los polos de $1 + G(s)H(s)$ son también los polos de $G(s)H(s)$.

Dado que el análisis de estabilidad normalmente comienza con la especificación de una función en lazo abierto, el número de polos de $G(s)H(s)$ en el semiplano derecho (si hay alguno) es conocido e igual a $P$. Pero el número de raíces de la ecuación característica en el semiplano derecho no es conocido y lo representamos por $Z$. Por lo tanto, si el número de rodeos del origen en el plano $(1 + GH)$ se puede determinar y $P$ es conocido, esta información se puede utilizar para determinar $Z$. Si $Z$ es igual a cero, el sistema es estable.

Sin embargo, en lugar de evaluar y dibujar $1 + G(s)H(s)$, es de alguna forma más simple evaluar $G(s)H(s)$ y dibujar el resultado en el plano $GH$. Este procedimiento produce el mismo contorno con la excepción de que se desplaza una unidad hacia la izquierda. Por lo tanto, para evitar ningún cambio en la interpretación del resultado, la evaluación de los rodeos al origen en el plano $(1 + GH)$ se cambia para considerar el número de rodeos al punto $-1 + j0$ en el plano $GH$. Con esta interpretación revisada

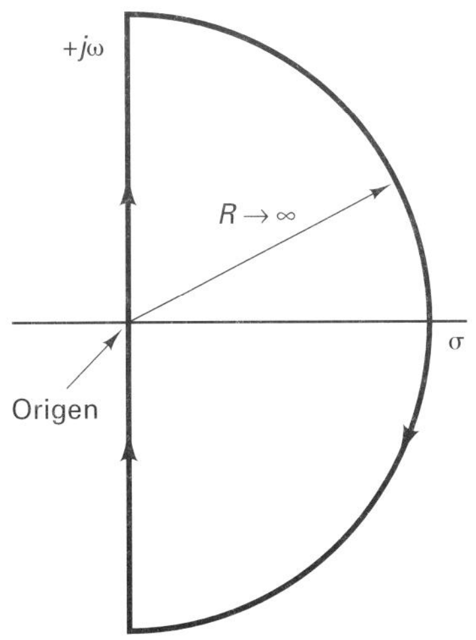


**Figura 9.12.** Un camino de Nyquist en el plano $s$.

$N$ = el número de rodeos al punto $-1 + j0$ en el plano $GH$ (rodeos positivos son en el sentido de las agujas del reloj) obtenidos transformando el camino de Nyquist en el plano $GH$.

$Z$ = el número de raíces de la ecuación característica rodeadas por el camino de Nyquist en el semiplano derecho del plano $s$.

$P$ = el número de polos de $G(s)H(s)$ rodeados por el camino de Nyquist en el semiplano derecho del plano $s$.

Considerando $N = Z - P$ con $N$, $Z$ y $P$ así definidos, un sistema es estable si $Z$ es igual a cero. El criterio de estabilidad de Nyquist también se puede presentar separando este resultado en dos casos. El primero (Caso 1) es una situación que se observa normalmente con $P = 0$. Si $P$ es igual a cero, no hay polos de la función en lazo abierto en el semiplano derecho; por lo tanto, la función en lazo abierto es estable. La condición de estabilidad en lazo cerrado requiere que $Z$ sea cero, y esta condición impone que $N = 0$. El segundo caso (Caso 2) considera $P \neq 0$. Si $P$ no es igual a cero, hay uno o más polos de la función en lazo abierto en el semiplano derecho, y la función en lazo abierto es inestable. De nuevo, la estabilidad en lazo cerrado exige que $Z$ sea igual a cero (con $N = Z - P$). Las conclusiones son como sigue:

Caso 1 ($P = 0$): Un sistema es estable si el camino de Nyquist se transforma en el plano $GH$ y no hay rodeos al punto $-1 + j0$.

Caso 2 ($P \neq 0$): Un sistema es estable si el camino de Nyquist se transforma en el plano $GH$ y hay $-P$ rodeos al punto $-1 + j0$.

Un rodeo negativo en el plano $GH$ es un rodeo que es opuesto en dirección al camino de Nyquist en el plano $s$. Con el camino de Nyquist como se ha mostrado, un rodeo contrario a las agujas del reloj es negativo.

## Aplicación del criterio de estabilidad de Nyquist

Considere el sistema de la Figura 9.13 con el camino de Nyquist descrito en términos de los segmentos 1, 2, 3 y 4 que se muestran. El segmento 4 se introduce porque es necesario construir un pequeño rodeo alrededor del polo de la función en lazo abierto en el origen. Para evaluar $P$, el camino de Nyquist debe o incluir o excluir el polo. Con el rodeo hacia la derecha como se muestra, no hay polos de la función en lazo abierto en el semiplano derecho, y esta situación está gobernada por el Caso 1. Considerando el segmento 1, la evaluación por esta parte del camino requiere $s = j\omega$, con $\omega$ variando desde 0 + a infinito. La función $GH$ para este segmento es entonces

$$G(j\omega)H(j\omega) = \frac{8}{j\omega\left(\dfrac{j\omega}{2} + 1\right)^2}. \tag{9.20}$$

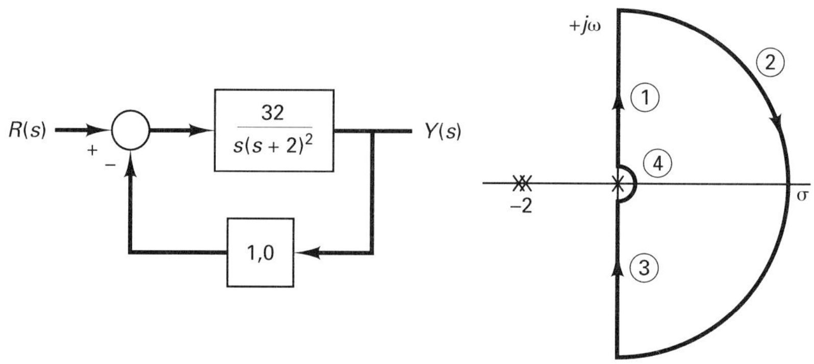


**Figura 9.13.** Un modelo de sistema y el camino de Nyquist.

La evaluación de este segmento produce un camino correspondiente en el plano $GH$, como se muestra en la Figura 9.14. Con un sistema de tipo 1, este segmento comienza con una magnitud que se aproxima a infinito y un ángulo de $-90°$. Se utiliza una escala de magnitud no lineal[1] para mostrar la variación angular que se produce para valores relativamente grandes de la magnitud.

El segmento 2 se determina con $s = Re^{j\theta}$, donde $R$ se aproxima a infinito y $\theta$ varía desde $+90°$ a $-90°$ en dirección antihoraria. Con esta sustitución

$$GH = \frac{8}{Re^{j\theta}\left(\dfrac{Re^{j\theta}}{2} + 1\right)^2} \approx \frac{32}{R^3}\, e^{-j3\theta}. \tag{9.21}$$

[1] La distancia desde el origen viene determinada por $MP$, donde $P = (1 + 0{,}125)/(1 + 0{,}5M)$. La escala es discontinua en $M = 200$.

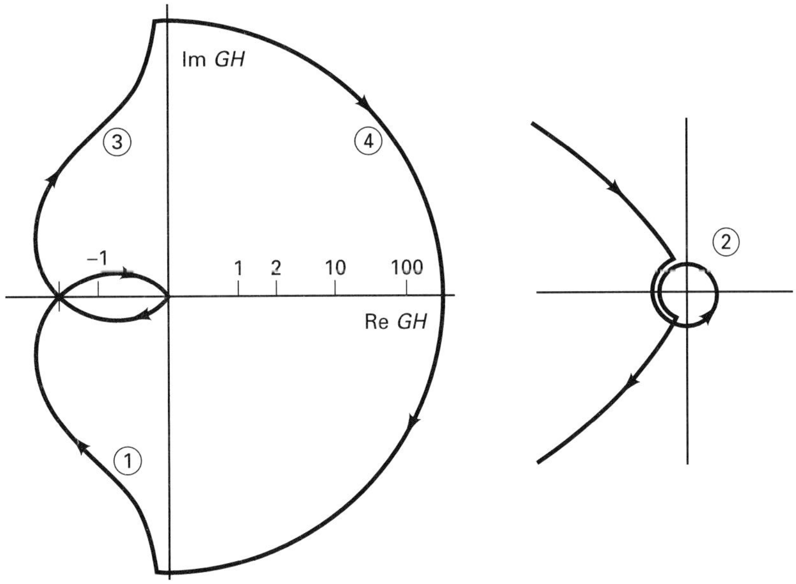


**Figura 9.14.** Un contorno en el plano *GH* y un detalle cerca del origen.

La evaluación de esta función produce una rotación de una vuelta y media en torno al origen en dirección horaria. Sin embargo, cuando *R* tiende a infinito, el radio tiende a cero. Por lo tanto, este segmento del camino colapsa en el origen, como se muestra en detalle en la Figura 9.14.

El segmento 3 se obtiene fácilmente porque sustituyendo $-j\omega$ (en lugar de $+j\omega$) se obtiene el complejo conjugado del segmento 1. Observe que $\omega$ varía desde $-\infty$a $0-$; por lo tanto, la magnitud de este segmento comienza en la vecindad de cero y se extiende hasta que finalmente se aproxima en infinito a $+90°$.

El segmento 4 se obtiene con $s = re^{j\alpha}$, donde $r$ es un radio que tiende a cero y $\alpha$ un ángulo que varía desde $-90°$ a $-90°$ en la dirección horaria. La evaluación de la función *GH* para este segmento es

$$GH = \frac{8}{re^{j\alpha}\left(\dfrac{re^{j\alpha}}{2} + 1\right)^2} \approx \frac{8}{r}\, e^{-j\alpha}. \tag{9.22}$$

Dado que $r$ tiende a cero, la magnitud en el plano *GH* tiende a infinito y el ángulo cambia en una vuelta y media en dirección horaria. Esto completa el contorno como se muestra en la Figura 9.14, y el sistema es obviamente inestable. Puesto que hay dos rodeos al punto $-1 + j0$, $Z = N = 2$, y hay dos raíces de la ecuación característica en la mitad derecha del plano $s$.

Observe que la dirección del rodeo (segmento 4 de la Figura 9.13) es arbitraria. Si el rodeo pasa a la izquierda del polo en el origen, entonces $P$ es igual a uno. El efecto del cambio en la dirección del rodeo en el plano $s$ es dar la vuelta al segmento 4 de la Figura 9.14 hacia la mitad izquierda del plano *GH*, produciendo un único rodeo al punto $-1 + j0$. Entonces $Z = N + P = 2$ y el resultado no varía.

La Figura 9.15 presenta la transformación en el plano *GH* correspondiente al camino de Nyquist completo para el sistema de tipo 0, como se consideró inicialmente con la Tabla 9.1 y la Figura 9.10. Es característico de un sistema de tipo 0 que todo el contorno sea finito. La parte de la gráfica *GH* correspondiente al segmento 2 colapsa de nuevo en el origen. Parece claro que no hay rodeos al punto $-1 + j0$, y el sistema es estable.

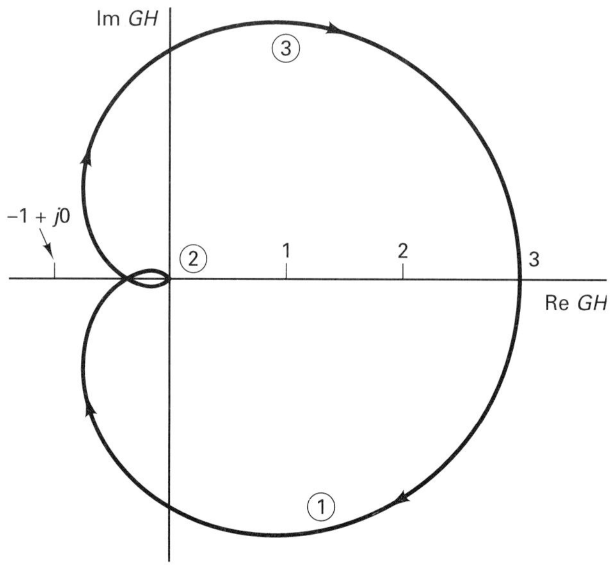


**Figura 9.15.** Un contorno completo con $N = 0$.

Suponga que la función en lazo abierto de un sistema de control es

$$G(s)H(s) = \frac{5}{s-1}. \tag{9.23}$$

Como hay un polo de la función en lazo abierto en la mitad derecha del plano $s$, el sistema en lazo abierto es inestable y la versión que se aplica del criterio de estabilidad de Nyquist es el Caso 2. La evaluación de la función en lazo abierto a lo largo del camino de Nyquist se presenta en la Figura 9.16. Para una operación estable, el número de rodeos al punto $-1 + j0$ debe ser igual a $-1$ y esta condición se satisface. Por lo tanto, el sistema en lazo cerrado es estable.

El margen de ganancia se puede determinar a la frecuencia para la que la fase es $-180°$ y la razón es 1/5. Convertido a decibelios la razón es $-14$ dB. El margen de ganancia es negativo porque la ganancia debe decrementarse 14 dB para alcanzar una condición inestable. El margen de fase es 78,5°.

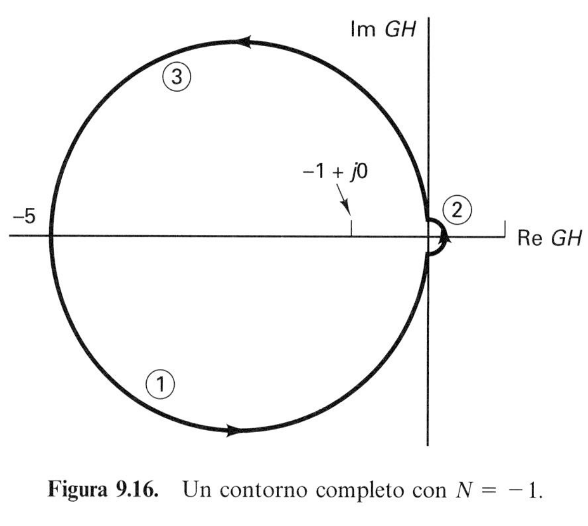


**Figura 9.16.** Un contorno completo con $N = -1$.

## 9.5. LA CORRELACIÓN DE LAS CARACTERÍSTICAS DE LAZO ABIERTO Y LAZO CERRADO

Dada una situación específica, la utilización de distintos programas basados en computador pueden proporcionar una comparación rápida entre las características en lazo abierto y en lazo cerrado. Sin embargo, si se requieren cambios de diseño para lograr unos determinados objetivos, a menudo es necesario desarrollar conocimientos adicionales de causa-efecto. Una aproximación es utilizar la carta de Nichols. La carta de Nichols a menudo aporta una sencilla valoración de los cambios que se requieren para satisfacer objetivos de diseño que están en conflicto.

El sistema de coordenadas *x-y* de una carta de Nichols se diseña para visualizar un contorno de una magnitud logarítmica frente a una fase de la función de respuesta en frecuencia en lazo abierto. Las componentes de magnitud logarítmica y fase, $20 \log M(\omega)$ y $\phi(\omega)$, se representan como la ordenada y la abscisa utilizando coordenadas cartesianas. Además, hay otro mallado (compuesto de líneas curvas) que representan valores fijos de la magnitud logarítmica y de la fase de la función en lazo cerrado.

Las intersecciones del contorno que describen la función en lazo abierto con la coordenada curva del sistema dan los correspondientes valores de la ganancia y la fase del sistema en lazo cerrado. Así, el usuario puede estudiar la relación entre la localización y la forma del contorno en lazo abierto y las características en lazo cerrado, tal como la magnitud del pico y el ancho de banda.

Si $H(j\omega) = 1$, entonces la función en lazo abierto es $G(j\omega)$, y la función en lazo cerrado es entonces

$$\frac{G(j\omega)}{1 + G(j\omega)}. \tag{9.24}$$

La relación $G/(1 + G)$ se utiliza para formar el sistema de curvas de mallado. Aunque la aplicación parece que está limitada a sistemas de realimentación unidad, también es aplicable (con una pequeña modificación) a sistemas para los que $H(j\omega)$ se puede representar como una constante, $H_0$. Si la función en lazo abierto es $H_0G(j\omega)$, entonces

$$\frac{Y(j\omega)}{R(j\omega)} = \left(\frac{1}{H_0}\right)\frac{H_0G(j\omega)}{1 + H_0G(j\omega)}. \tag{9.25}$$

Como el factor constante, $1/H_0$, no afecta al comportamiento transitorio o a la evaluación de los márgenes de ganancia y fase, este factor puede no tomarse en cuenta temporalmente. Si se dibuja el contorno $H_0G$, el sistema de curvas de mallado representa $H_0G/(1 + H_0G)$. Criterios en lazo cerrado como los 3 dB del ancho de banda o la razón del pico de ganancia y el límite de ganancia a baja frecuencia se predicen correctamente (sin considerar el factor $1/H_0$).

Sea un sistema de tipo 1 con realimentación unidad, asumir que

$$G(j\omega) = \frac{2}{j\omega\left(\dfrac{j\omega}{10} + 1\right)^2}. \tag{9.26}$$

El contorno que se produce al dibujar la ganancia frente a la fase (en coordenadas rectangulares) se muestra en la Figura 9.17 en línea gruesa. Con la ganancia expresada en decibelios, el contorno se extiende hasta infinito por encima y por debajo de la región mostrada, y los límites superiores e inferiores para los ángulos son $-90°$ y $-270°$, respectivamente. Observe que los

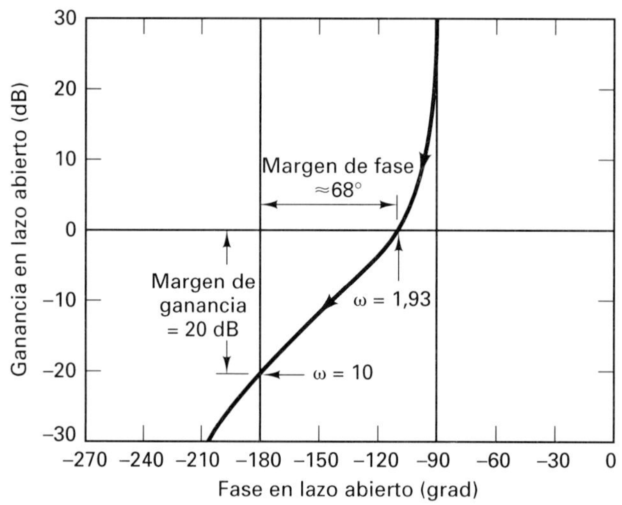


**Figura 9.17.** Un diagrama de magnitud logarítmica frente a la fase.

márgenes de ganancia y de fase se muestran claramente, como se ilustra en la Figura 9.17. El modelo del sistema es idéntico a un ejemplo que se evaluó utilizando el diagrama de Bode (Figura 9.9); por lo tanto, el margen de ganancia es 20 dB y el margen de fase es 68°. A diferencia de los diagramas de Bode, la frecuencia no se muestra específicamente, y la información de frecuencia se puede transferir a características en lazo cerrado sólo si se marcan valores discretos en puntos a lo largo del lugar.

En la Figura 9.18, se añaden al diagrama unas cuantas líneas curvas que representan valores fijos de la ganancia en lazo cerrado. El mallado de curvas especifica valores de ganancia en

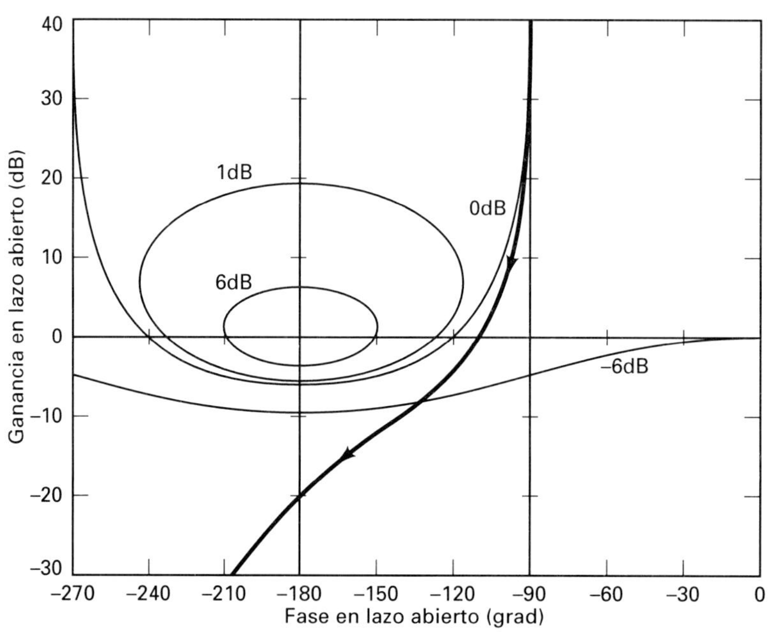


**Figura 9.18.** Una carta de Nichols con un mallado parcial.

## 9.6. UNA APLICACIÓN: SISTEMAS CON RETARDO DE TRANSPORTE

Los retardos temporales se observan normalmente en lazos de control de procesos y la aplicación de una técnica de respuesta en frecuencia ofrece la posibilidad de desarrollar un modelo matemático sencillo. Si un proceso de manufactura implica un producto formado continuamente (tal como la manufactura de hojas de papel), normalmente hay un desplazamiento físico entre el punto en el que ocurre la acción de control y la situación de los sensores que miden las propiedades físicas. Una consecuencia del desplazamiento físico es la introducción de un retardo temporal en la función del lazo.

A menudo se observan retardos de transporte en las operaciones de manufactura que implican la fabricación de productos tales como papel, láminas de acero, cintas magnéticas, químicos y PELLETS del mineral del hierro. Si el retardo es significativo, se observa como un efecto desestabilizador y el desarrollo de una estrategia de control satisfactoria implica consideraciones sobre el retardo. Sin embargo, es importante distinguir cuidadosamente entre un retardo temporal puro y la modificación de la señal que se produce por la atenuación de componentes de alta frecuencia. Con un retardo temporal puro, una señal se altera únicamente por desplazamiento con respecto al tiempo.

El modelo presentado en la Figura 9.21 describe una operación de control de proceso hipotética. Suponga que la máquina de la izquierda combina varios líquidos y sólidos particulares para formar un compuesto laminado continuo que se desplaza hacia la derecha. Cuando la lámina solidifica, se obtienen medidas de las propiedades tal como el grosor y la densidad, y esta información se utiliza para proporcionar la realimentación al controlador. La magnitud del retardo temporal se determina por la distancia entre el punto de control y los sensores dividido por la velocidad de movimiento. Por lo tanto, el tiempo de retardo $T$ es igual a $d/v$.

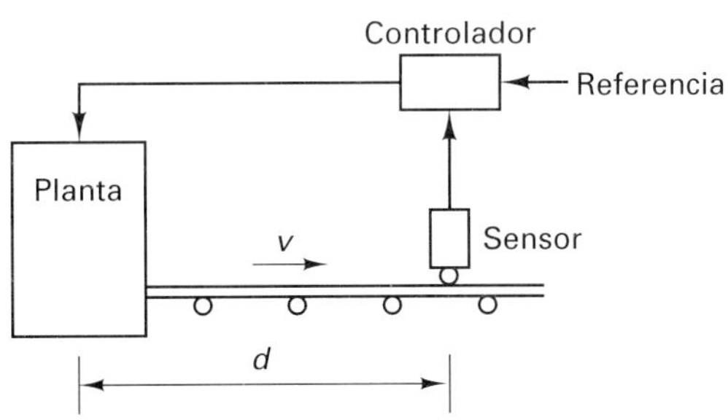


**Figura 9.21.** Un sistema con retardo de transporte.

En la Figura 9.22 se muestra un diagrama de bloques del sistema de control con modelos de funciones de transferencia de todos los componentes del sistema que contribuyen al control del grosor del material manufacturado. Si se asume que el grosor en el punto de control se designa por $x(t)$, entonces la señal de grosor en el sensor es $y(t) = x(t - T)$, y la transformada es $Y(s) = e^{-sT}X(s)$. Por lo tanto, la función de transferencia del retardo es $\dfrac{Y(s)}{X(s)} = e^{-sT}$.

Una representación polo-cero de $e^{-sT}$ requiere un número infinito de ceros y/o polos. Una expansión de series infinita de la función del retardo produce

$$e^{-sT} = 1 - sT + \frac{s^2T^2}{2!} - \cdots, \tag{9.27}$$

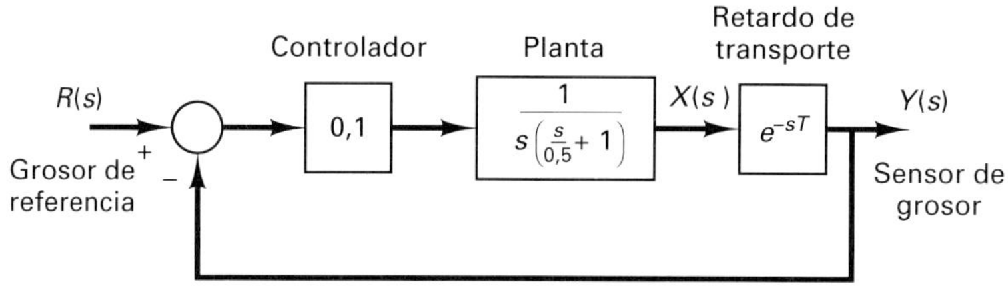


**Figura 9.22.** El modelo de un sistema con retardo de transporte.

o

$$\frac{1}{e^{+sT}} = \frac{1}{1 + sT + \dfrac{s^2T^2}{2!} + \cdots}, \tag{9.28}$$

o

$$\frac{e^{-\frac{sT}{2}}}{e^{+\frac{sT}{2}}} = \frac{1 - \dfrac{sT}{2} + \cdots}{1 + \dfrac{sT}{2} + \cdots}. \tag{9.29}$$

Cualquiera de estas funciones se puede truncar para obtener una función de transferencia que es aproximadamente válida si el retardo es suficientemente pequeño. Sin embargo, el empleo de un modelo en el dominio de la frecuencia no requiere una aproximación. Un retardo temporal afecta sólo al ángulo de fase (y no a la amplitud) de la representación espectral de la señal, y esta propiedad se refleja en la simplicidad relativa de una función de transferencia en el dominio de la frecuencia.

Sustituyendo $s$ por $j\omega$ en la función de transferencia del retardo produce $e^{-j\omega T}$. Esta función presenta una ganancia unidad y un ángulo de $-\omega T$ rad. Por supuesto, la magnitud de una señal sinusoidal no cambia por el retardo, pero un retardo de $T$ segundos se manifiesta como un retardo de fase de $\omega T$ rad. Por lo tanto, el modelo del retardo en el dominio de la frecuencia presenta ganancia unidad para toda $\omega$ y retardo de fase que varía en proporción a $\omega$. Puesto que la magnitud del desfase aumenta sin límite cuando la frecuencia tiende a infinito, la presencia de un retardo garantiza que habrá alguna frecuencia a la que la función de la fase del lazo pase por $-180°$.

La función en lazo abierto del ejemplo es

$$G(j\omega)H(j\omega) = \frac{0{,}1e^{-j\omega T}}{j\omega\left(\dfrac{j\omega}{0{,}5} + 1\right)}. \tag{9.30}$$

Como la magnitud de la función de retardo es la unidad para toda $\omega$, esta componente de la función de transferencia del lazo se puede ignorar cuando se determina la frecuencia para la que la magnitud de la función del lazo es la unidad. Así,

$$|G(j\omega)H(j\omega)| = \frac{0{,}1}{\left|j\omega\left(\dfrac{j\omega}{0{,}5} + 1\right)\right|}, \tag{9.31}$$

y la magnitud de la función presenta ganancia unidad si $\omega = 0{,}0981$. El margen de fase se puede determinar evaluando la fase, $\phi$, de la función de ganancia del lazo con $\omega = 0{,}0981$. La fase como función de $T$ es

$$\phi = -90^\circ - \tan^{-1}\left(\frac{0{,}0981}{0{,}5}\right) - 0{,}0981T\left(\frac{180}{\pi}\right). \qquad (9.32)$$

La Figura 9.23 muestra un diagrama de magnitud logarítmica frente a la fase con distintos valores del retardo. El margen de fase es cero si la fase es igual a $-180°$; por lo tanto, el valor de $T$ debe ser menor que 14,0 s para obtener un dominio de operación estable. Si el retardo de transporte es de 5 s, el sistema es estable con un margen de fase de 50,8°.

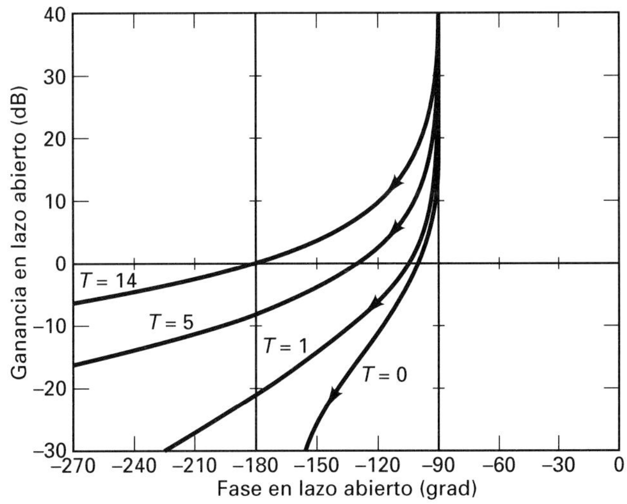


**Figura 9.23.** Contornos de GH para un modelo de sistema con retardo de transporte.

## 9.7. REPRESENTACIÓN GRÁFICA DE LA RESPUESTA EN FRECUENCIA UTILIZANDO MATLAB

Se utiliza el sistema de la Ecuación 9.15 como ejemplo para mostrar cómo se generan utilizando MATLAB los diagramas de Bode. Se describe la función de transferencia en lazo abierto; también se calculan los márgenes de ganancia y de fase. Los diagramas de Bode, que muestran tanto la ganancia (en decibelios) como la fase frente a la frecuencia en diagramas semilogarítmicos, se pueden obtener utilizando la función **bode** de la siguiente manera:

```
% ** Diagramas de Bode (ganancia y fase) con escalado automático y etiquetas**
  n=[0 0 0 200];                         % especificar el numerador
  d=[1 20 100 0];                        % especificar el denominador
  bode(n,d)                              % representar ganancia y fase
% ** Márgenes de ganancia y fase y las frecuencias de medida
  [gm,pm,wpc,wgc]=margin(n,d)
  gmbd=20*log10(gm)                      % convertir el margen de ganancia a dB
```

Utilizando las órdenes mostradas, el formato y las escalas se determinan automáticamente. Para considerar algunas opciones posibles, suponga que los diagramas de Bode que presentan las funciones en lazo abierto y lazo cerrado se quiere que aparezcan en el mismo dibujo. Con una lista algo más amplia de órdenes, sería apropiado utilizar un fichero M. El conjunto de órdenes revisada es el siguiente:

```
% **Diagramas de Bode (lazo abierto y cerrado) con diferentes opciones **
n=[0 0 0 200];                  % especificar el numerador
d1=[1 20 100 0];                % especificar el denominador en lazo abierto
d2=[1 20 100 200];              % especificar el denominador en lazo cerrado
w=logspace(-1,2,200);           % seleccionar un vector frecuencia-valores ejemplo son
                                10^-1 a 10^2 con 200 incrementos iguales en escala log
[m1,p1,w]=bode(n,d1,w);         % calcular vectores de ganancia y fase en lazo abierto
[m2,p2,w]=bode(n,d2,w);         % calcular vectores de ganancia y fase en lazo cerrado
db1=20*log10(m1); db2=20*log10(m2);     % convertir ganancia a dB
[gm,pm]=margin(n,d1)                    % calcular márgenes de ganancia y fase
figure(1)
semilogx(w,db1,w,db2), grid             % diagrama de ganancia
axis([.1 100 -40 20])                   % especificar rangos de la gráfica (opcional)
xlabel('Freq (r/s)'), ylabel('Gain (dB)')       % etiqueta en los ejes
pause                           % pulse cualquier tecla para pasar a la gráfica siguiente
figure(2)
semilogx(w,p1,w,p2), grid               % diagrama de fase
axis([.1 100 -270 0])                   % especificar rangos (opcional)
set(gca, 'ytick',[-270:30:0])           % especificar la escala y (opcional)
xlabel('Freq (r/s)'), ylabel('Phase (deg)')     % etiqueta en los ejes
```

El área del dibujo se puede dividir para presentar simultáneamente los diagramas de ganancia y fase si las órdenes de plot están precedidas por órdenes **subplot**. Utilizando *figure(1)* y *figure(2)* como se muestra, se obtiene una reproducción en papel tecleando *figure(1), print* o *figure(2), print*.

Hay distintas opciones disponibles a la hora de considerar los diagramas del contorno de $G(j\omega)H(j\omega)$ en el plano complejo $GH$. Si se aplica el criterio de estabilidad de Nyquist a un sistema para el que el contorno completo es finito (un sistema de tipo 0), el siguiente programa se puede aplicar utilizando la función **nyquist** de MATLAB. El sistema particular que está especificado es el modelo definido por la Ecuación 9.17.

```
% ** Diagrama de Nyquist de sistema tipo-0 con escalado automático y coordenadas x-y **
n=[0 0 0 24];                % especificar el modelo del sistema en lazo abierto
d=[1 6 12 8];
nyquist(n,d)                 % gráfica del contorno GH utilizando el vector por defecto
                             de frecuencia
```

El diagrama anterior también se puede presentar utilizando coordenadas polares. Aunque es un diagrama de Nyquist, la función **nichols** se utiliza para generar los vectores de magnitud y fase requerida (utilizando el vector por defecto de frecuencia DEFAULT).

```
% ** Diagrama de Nyquist de sistema de tipo-0 con auto-escalado y coordenadas polares **
n=[0 0 0 24];                % especificar el sistema en lazo-abierto
d=[1 6 12 8];
```

```
[m,p]=nichols(n,d);          % calcular vectores de mag. y ángulo (vector por defecto
                               de frecuencia)
ph=(pi/180)*p;               % convertir de radianes a grados
polar(ph,m), hold on         % representar en formato polar
polar(-ph,m), hold off
```

Si el contorno en el plano $GH$ incluye segmentos en el infinito, es muy difícil desarrollar un programa que se pueda aplicar con generalidad. El siguiente programa presenta sólo unas partes finitas del diagrama con escala lineal, pero se introduce un factor de «zoom» de modo que en el entorno del origen y en el punto $-1 + j0$ se pueda observar con el escalado deseado. La función **nyquist** se utiliza con el vector por defecto de frecuencia. El modelo particular que se especifica es el sistema de tipo 1 de la Ecuación 9.15 con la ganancia en lazo abierto aumentada por un factor de 5,0.

```
% ** Diagrama de Nyquist (cualquier número de tipo), con zoom ajustable **
g=2          % especificar zoom, las dimensiones de la gráfica son -g a +g (ambas x e y)
n=[0 0 0 1000];               % especificar sistema
d=[1 20 100 0];
[re,im]=nyquist(n,d);         % calcular vectores GH real e imaginario
plot(re,im,re,-im)            % dibujar
x=[-g g]; z=[0 0];
axis([x x]), axis('square')   % especificar dimensiones de la gráfica y relación
                                entre ellas
line(x,z), line(z,x)          % añadir ejes x e y
hold on
th=[0:0.05:6.3];              % definir vector de ángulos (0 a pi radianes)
r=cos(th)+i*(sin(th));        % definir vector complejo para el círculo
plot(r,'--'), hold off        % dibujar círculo unidad en línea punteada
xlabel('Re GH'), ylabel('Im GH')
```

Una carta de Nichols se obtiene utilizando la función **nichols**. El mallado representa valores fijos de la ganancia y la fase en lazo cerrado y se añade utilizando **ngrid**.

```
% ** Un contorno GH en la carta de Nichols **
g=3;                          % g=3 dimensión normal, g=4 grande, g=2 zoom
n=[0 0 0 200];                % especificar sistema en lazo abierto
d=[1 20 100 0];
w=logspace(-2,2,200);         % especificar vector de frecuencia
ngrid('new')                  % añadir rejilla curvada en lazo cerrado
[m,p,w]=nichols(n,d,w);       % calcular vectores de magnitud y fase
db=20*log10(m)                          % convertir a dB
plot(p,db,'linewidth' ,1.5)             % dibujar contorno GH
axis([-90*g 0 -10*g 10*(g+1)])                    % fijar dimensiones de la gráfica
set(gca,'xtick' ,[-90*g:30:0]), grid              % seleccionar escala x
xlabel('Open-Loop Phase (deg)'), ylabel('Open-Loop Gain (dB)')
```

Las gráficas generadas utilizando **bode, nyquist** y **nichols** se muestran en las Figuras 9.24, 9.25 y 9.26.

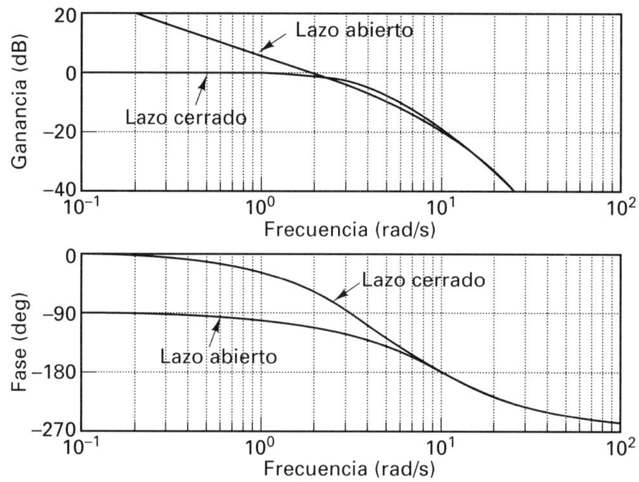


**Figura 9.24.** Diagramas de Bode obtenidos utilizando MATLAB.

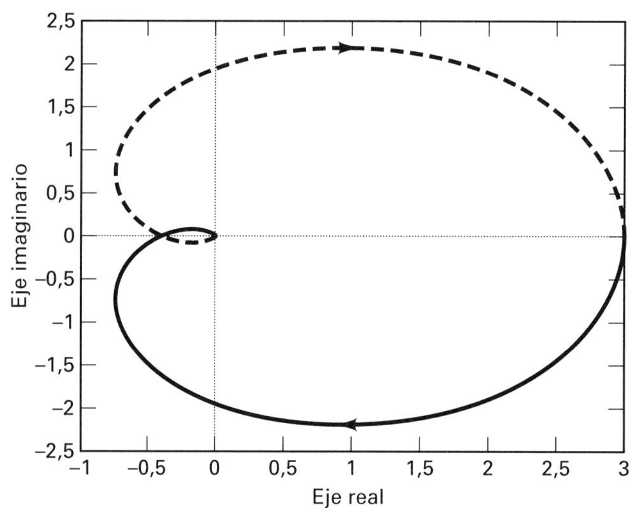


**Figura 9.25.** Diagrama de Nyquist obtenido utilizando MATLAB.

## 9.8. RESUMEN

Si se aplica una señal sinusoidal a un sistema lineal, la salida en estado estacionario es otra sinusoide, y la función de transferencia en álgebra de fasores describe la magnitud relativa y el ángulo de fase. Si la relación está definida para todas las frecuencias desde cero a infinito, la función de transferencia en álgebra de fasores constituye un modelo de sistema lineal. La magnitud y el ángulo de la función de transferencia representan la ganancia y el desfase, y las distintas técnicas que utilizan este modelo se denominan técnicas de respuesta en frecuencia.

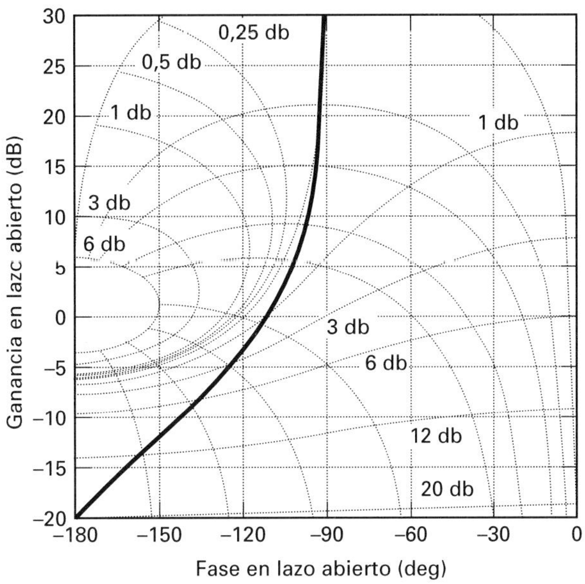


**Figura 9.26.** Una carta de Nichols obtenida utilizando MATLAB.

Si un sistema se reduce a un único lazo, la función de transferencia en lazo abierto incorpora las funciones que se disponen en cascada alrededor del lazo (excluyendo el signo menos que está asociado con la vuelta de la señal realimentada). Utilizando técnicas de respuesta en frecuencia, los márgenes de ganancia y de fase proporcionan medidas de la estabilidad relativa. Aunque definido en términos de la función de transferencia en lazo abierto, la evaluación de la estabilidad se aplica al comportamiento del sistema en lazo cerrado. Los márgenes de ganancia y de fase se pueden medir utilizando los diagramas de Bode, diagramas polares o diagramas de magnitud logarítmica frente a la fase (asumiendo que los diagramas presentan la función de transferencia en lazo abierto frente a la frecuencia). El margen de ganancia es una medida de la razón (normalmente convertida a decibelios) por la que un factor de ganancia en lazo abierto puede cambiar antes de que llegue a la frontera de estabilidad. El margen de fase es una medida del retardo de fase adicional que está permitido antes de que alcance $-180°$ a la frecuencia para la que la ganancia en lazo abierto es la unidad (0 dB).

Con un sistema de tipo 1, no se observa ningún pico en la función de ganancia en lazo cerrado si el margen de fase es aproximadamente 60° o mayor. Un pico de 0,5 dB implica un margen de fase aproximado de 57°. Estas aproximaciones se determinan bajo la suposición de que el margen de ganancia es mayor que 6 dB.

El criterio de estabilidad de Nyquist se aplica evaluando la función $G(s)H(s)$ a lo largo del camino de Nyquist en el plano s y después dibujando el resultado en el plano $GH$. Si se supone que no hay polos de la función de transferencia en lazo abierto en el semiplano derecho (Caso 1), el sistema en lazo cerrado es estable si el contorno en el plano $GH$ no rodea al punto $-1 + j0$. Si la función en lazo abierto presenta $P$ polos en el semiplano derecho (Caso 2), la estabilidad viene definida por $-P$ rodeos al punto $-1 + j0$ en el plano $GH$. El rodeo del semiplano derecho por el camino de Nyquist es en sentido horario; por lo tanto, un rodeo negativo en el plano $GH$ es en sentido antihorario.

En cualquier caso, $N = Z - P$, con $N$ igual al número de rodeos al punto $-1 + j0$ en el plano $GH$. Puesto que $Z$ es igual al número de raíces de la ecuación característica en el semiplano derecho de $s$, $Z$ debe ser igual a cero para la estabilidad en lazo cerrado.

Los márgenes de ganancia y de fase se observan claramente si el contorno $GH$ se dibuja en magnitud logarítmica frente a la fase. Si se añade un mallado curvo que representan valores fijos de la ganancia en lazo cerrado y de la fase, se conoce como carta de Nichols. Con el mallado adicional, se pueden estudiar y utilizar relaciones entre el contorno en lazo abierto y la correspondiente función de respuesta en frecuencia en lazo cerrado.

El uso de una técnica de respuesta en frecuencia es particularmente apropiado cuando se aplica al análisis y al diseño de sistemas de control de procesos que presentan retardo. La función de transferencia que describe el retardo es una función irracional. Sin embargo, si las componentes sinusoidales de la señal de control retardada son consideradas en términos de la magnitud y el ángulo, sólo el ángulo está afectado por el retardo, y la variación del ángulo frente a la frecuencia es lineal. Por lo tanto, las técnicas de respuesta en frecuencia proporcionan una representación directa de la función de transferencia.

Los diagramas que se requieren (en cualquiera de los distintos formatos) se pueden generar utilizando funciones de MATLAB.

## 9.9. CONEXIONES PARA PROSEGUIR EL ESTUDIO

Tanto el plano $s$ como las técnicas de respuesta en frecuencia se utilizan en los siguientes capítulos con aplicación en el desarrollo de estrategias de control y en el diseño de controladores. Entender perfectamente el criterio de estabilidad de Nyquist es particularmente importante cuando se aplique en el Capítulo 12. Aunque parezca un criterio para sistemas lineales, es aplicable a la estabilidad de ciertos sistemas no lineales utilizando un método que emplea la *función descriptiva.*

### Problemas

**9.1.** Considerar un sistema para el que $G(s)H(s) = \dfrac{K}{\dfrac{s}{4} + 1}$,

**a.** Dibujar con lápiz y papel los diagramas de Bode de ganancia (en decibelios) y fase suponiendo que $K = 10{,}0$. Dibujar la ganancia asintótica y la real. Evaluar adecuadamente los valores específicos de ganancia y de fase que son críticos para determinar los márgenes de ganancia y fase.

**b.** Determinar el margen de fase.

**c.** Determinar el margen de ganancia, o explicar el significado de la imposibilidad de especificar el margen de ganancia (en términos de la variación de $K$).

**d.** Describir el número de tipo del sistema y las características de las funciones de ganancia y fase que son únicas para este particular número de tipo.

**9.2.** Repetir el Problema 9.1 si $G(s)H(s) = \dfrac{K}{s\left(\dfrac{s}{10} + 1\right)}$ y $K = 14{,}14$.

**9.3.** Repetir el Problema 9.1 si $G(s)H(s) = \dfrac{K}{s\left(\dfrac{s}{20} + 1\right)^2}$ y $K = 2{,}0$.

**9.4.** Utilizar el diagrama de Bode para determinar el margen de ganancia y el margen de fase si

$$G(s)H(s) = \frac{8\left(\frac{s}{4} + 1\right)}{s\left(\frac{s}{400} + 1\right)^2}.$$

**9.5.** Utilizar el diagrama de Bode para determinar el margen de ganancia y el margen de fase si

$$G(s)H(s) = \frac{(s + 1)^2}{s^3}.$$

Observe que con los tres integradores en el lazo el sistema es de tipo 3, y el límite a baja frecuencia del desfase es $-270°$. Explicar los signos de los márgenes de ganancia y de fase.

M **9.6.** Comprobar los resultados de los problemas 9.1 al 9.5 utilizando MATLAB para generar los diagramas de Bode.

M **9.7.** Considerando la función que se muestra en la Figura P9.7, llevar a cabo los siguientes pasos:

**a.** Preparar un dibujo aproximado de un diagrama de Bode en lazo abierto (sólo magnitud). Mostrar la curva asintótica y la real suponiendo que $K = 180$.
**b.** Determinar el margen de ganancia utilizando el criterio de Routh si $K = 180$.
**c.** Utilizar el programa MATLAB para obtener el diagrama de Bode, mostrando la ganancia en lazo abierto y en lazo cerrado (en decibelios) en el mismo dibujo. Utilizar $K = 180$ y comprobar este resultado con la parte a.
**d.** Utilizar el programa MATLAB para obtener el diagrama de Bode mostrando la fase en lazo abierto y en lazo cerrado en el mismo dibujo. Utilizar $K = 180$.
**e.** Calcular el margen de ganancia y el margen de fase, y utilizar el diagrama de ganancia en lazo cerrado generado por MATLAB para determinar la magnitud del pico (en decibelios).
**f.** Determinar el rango de frecuencias en el que ocurre *degeneración* (la ganancia en lazo cerrado es menor que la ganancia en lazo abierto) y el rango de frecuencia en el que ocurre *regeneración* (la ganancia en lazo cerrado es mayor que la ganancia en lazo abierto).
**g.** ¿Bajo qué condiciones esperaría que la ganancia en lazo cerrado y la fase estuviesen aproximadamente determinadas por $1/H(j\omega)$? Justifique su respuesta refiriéndose a las ganancias en lazo abierto y en lazo cerrado y a los diagramas de fase.

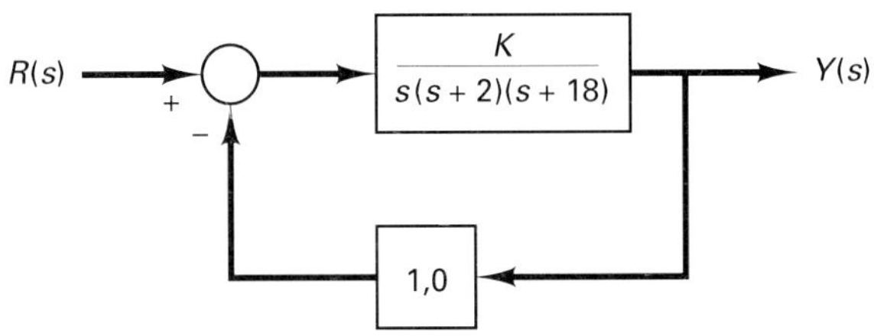


**Figura P9.7**

**9.8.** Dado un sistema de tipo 0 con una función en lazo abierto como la descrita por la siguiente ecuación, calcular la ganancia en lazo abierto y el ángulo de fase para el conjunto de valores de $\omega$ que incluye 0; 1; 1,414; 2; 4 e infinito. La ganancia *no* debe ser convertida a decibelios. Utilice este dato para dibujar el diagrama polar. Determinar el margen de ganancia y el margen de fase e indicar los valores en la posición en que se observan en el diagrama.

$$G(s)H(s) = \frac{2{,}25}{\left(\frac{s}{2} + 1\right)^4}$$

**9.9.** Considerando $F(s) = 1/s^2$, evaluar $F(s)$ a lo largo del camino en el plano $s$ que se muestra en la Figura P9.9 y transforme este resultado al plano $F$. Compruebe si se satisface el principio del argumento.

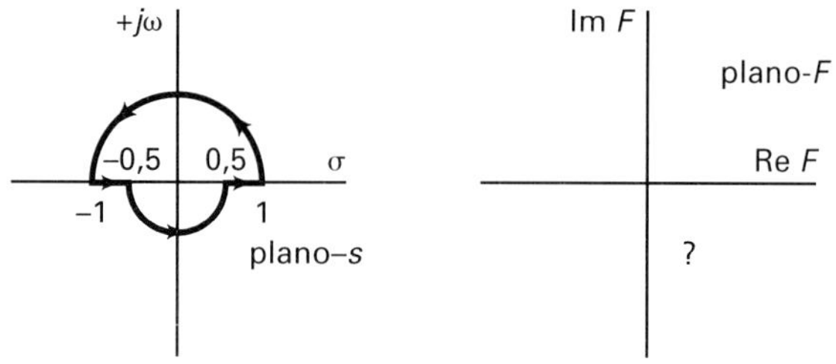


**Figura P9.9**

**9.10.** Considerando las funciones de los sistemas en lazo abierto descritas por las siguientes ecuaciones, dibujar el contorno completo cerrado en el plano $GH$ correspondiente al camino de Nyquist en el plano $s$. Utilice este resultado para determinar si el sistema en lazo cerrado es estable y también para determinar el número de raíces de la ecuación característica en la parte derecha del plano $s$.

**a.** $G(s)H(s) = \dfrac{10}{(s+1)^2}$

**b.** $G(s)H(s) = \dfrac{K}{s(s+1)^2}$ $(K = 1$ y $K = 4)$.

**c.** $G(s)H(s) = \dfrac{10(s+1)}{s^2}$

**d.** $G(s)H(s) = \dfrac{2(s+1)}{s(s-1)}$

**9.11.** Comprobar todos los resultados del Problema 9.10 utilizando el criterio de Routh.

M **9.12.** Comprobar todos los resultados del Problema 9.10 utilizando el programa MATLAB para generar los diagramas de Nyquist.

**9.13.** Considerando $G(s)H(s) = \dfrac{K(s+1)^2}{s^3}$,

sea $K = 1$, y dibuje el contorno completo cerrado en el plano $GH$ correspondiente al camino de Nyquist en el plano $s$. Comprobar el resultado cuidadosamente utilizando el criterio de Routh. Suponiendo que $K$ es ajustable, dibujar el lugar de las raíces de la ecuación característica para $K$ variando de cero a infinito. Asegúrese de que todos los resultados son consistentes.

**9.14.** Dibujar el contorno de magnitud logarítmica frente a fase para las funciones en lazo abierto especificadas para los Problemas del 9.1 al 9.5. Indicar la frecuencia en los puntos que son críticos para la determinación de los márgenes de ganancia y de fase. Mostrar los márgenes de ganancia y de fase en los diagramas e identificar el número de tipo de cada modelo.

[M] **9.15.** Obtener una carta de Nichols generada con MATLAB con un dibujo de la función en lazo abierto del Problema 9.7. Comprobar los márgenes de ganancia y de fase y utilizar las líneas de mallado en lazo cerrado para determinar la magnitud del pico en lazo cerrado. Comparar el pico de ganancia en lazo cerrado con el resultado obtenido utilizando el diagrama de Bode.

[M] **9.16.** Utilizando los resultados del Problema 9.15, determinar el número de decibelios que la función de ganancia en lazo abierto debe ser decrementada para disminuir el pico de la función de ganancia en lazo cerrado a 0,5 dB. Dibujar el contorno revisado en lazo abierto y determinar el nuevo margen de fase.

**9.17.** Considerando el sistema de la Figura P9.17, utilizar métodos de respuesta en frecuencia para

**a.** Determinar el margen de fase si $T = \pi/20$.
**b.** Determinnar el máximo valor de $T$ para que sea estable.

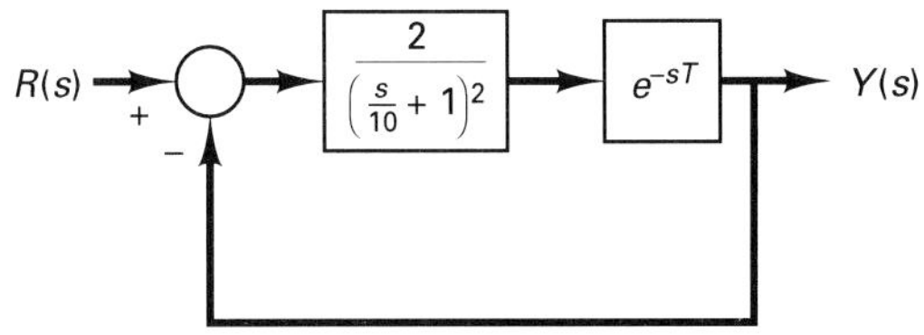


**Figura P9.17**

[M] **9.18.** Desarrollar un programa en MATLAB que genere el diagrama de magnitud logarítmica frente a fase para el sistema del Problema 9.17. Mostrar los contornos para al menos tres valores del retardo de transporte.

**9.19.** Considerando el sistema de la Figura P9.17, determinar el rango de valores de $T$ para que el sistema sea estable utilizando cada una de las siguientes aproximaciones:

**a.** $e^{-sT} \approx 1 - sT$

**b.** $e^{sT} \approx \dfrac{1 - \dfrac{sT}{2}}{1 + \dfrac{sT}{2}}$

CAPÍTULO 10

# Diseño de controladores

## 10.1. INTRODUCCIÓN

El diseño del controlador tal como se considera en este capítulo se aplica suponiendo una configuración de sistema de un único lazo (o un sistema que se pueda reducir a esta configuración) con un modelo lineal, como se muestra en la Figura 10.1. La función del controlador, $G_c(s)$, se diseña para cambiar o modificar la función en lazo abierto de forma que se obtenga las características de respuesta deseadas en lazo cerrado. Como la función del controlador está en cascada con la función de la planta, esta configuración se describe a veces como configuración en cascada.

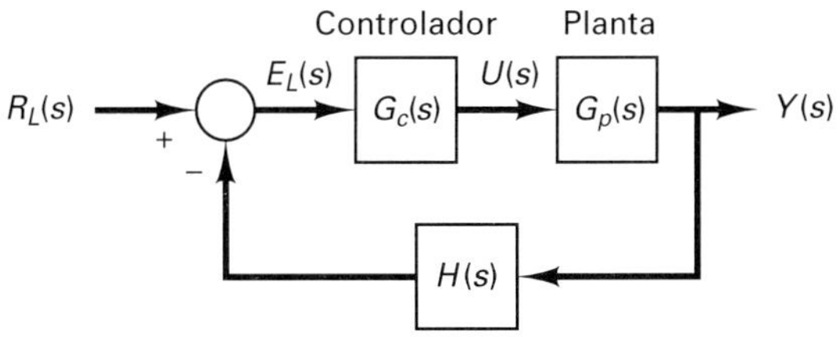


**Figura 10.1.** La configuración del sistema.

La función de la planta, $G_p(s)$, representa los actuadores y la parte controlada del sistema y los parámetros de la planta se determinan en primer lugar por aspectos funcionales de la tarea de control. Con la reducción a un único lazo tal como se muestra, $H(s)$ se determina por objetivos básicos de diseño. Aunque el diseñador de sistemas está sometido a restricciones tales como tecnología y coste de los sensores disponibles, $H(s)$ se selecciona para establecer un modelo cercano al ideal de la relación deseada entre $Y(s)$ y $R_L(s)$.

## 10.2. CONTROLADOR PROPORCIONAL

Una aproximación directa al diseño del controlador es implementar una función del controlador, $G_c(s)$, simplemente como un control proporcional con un factor de ganancia ajustable, $K_o$. Si el sistema es estable y $K_o$ es suficientemente elevada, se crea una situación deseable porque las características de $Y(s)/R_L(s)$ son fuertemente dependientes de $1/H(s)$. Observe que si $G_c(s)$ es igual a $K_o$, entonces

$$\frac{Y(s)}{R_L(s)} = \frac{K_o G_p(s)}{1 + K_o G_p(s) H(s)}, \tag{10.1}$$

y si $|K_o G_p(s) H(s)| \gg 1$, entonces

$$\frac{Y(s)}{R_L(s)} = \frac{1}{H(s)}. \tag{10.2}$$

En la medida en que esto pueda ser realizado de forma práctica, $1/H(s)$ es una expresión de la función de transferencia ideal que relaciona $R_L(s)$ con $Y(s)$, y sucede que la realización de esta función de transferencia ideal se logra potencialmente mediante un aumento de $K_o$. Sin embargo, un aumento sustancial en $K_o$ conduce normalmente a un deterioro en la estabilidad.

Si se puede conseguir una función del controlador de forma que mejore la estabilidad inherente de un sistema, se suaviza el conflicto entre la estabilidad relativa y la ganancia del lazo, y el diseñador tiene una oportunidad de obtener mejoras en un amplio rango de las características de comportamiento. La mejora puede estar dirigida hacia un conjunto específico de especificaciones de comportamiento —tal como lograr una constante de error en estado estacionario específica mientras se mantiene un tiempo de asentamiento suficientemente pequeño—. Un incremento en la dependencia de $1/H(s)$ se asocia también con una reducción en la sensibilidad frente a variaciones de los parámetros de la planta y una reducción en los efectos observados de fenómenos no lineales. Si la ganancia del lazo es alta y la realimentación es una función de transferencia lineal [descrita por $H(s)$], una dependencia creciente de $1/H(s)$ tiende a enmascarar ciertas características no lineales de la planta.

Como la ganancia no aumenta necesariamente de forma que afecte de la misma forma a todas las partes del rango de frecuencias, el carácter de la función en lazo abierto puede ser modificado de forma que enfatice objetivos particulares. Se puede conseguir un aumento en la ganancia de forma que se amplíe el ancho de banda, y este tipo de cambio se observa como una respuesta transitoria más rápida. Otra posibilidad consiste en modificar la función de ganancia en lazo abierto en la región en la que $\omega$ tiende a cero, por tanto se altera la capacidad de seguimiento bajo condiciones de estado estacionario.

## 10.3. CONTROLADOR PI

Un *controlador proporcional más un integral* (PI) introduce un polo y un cero en la función del camino directo, y una realización ideal sitúa el polo en el origen. Este controlador es aplicable a situaciones que requieren una mejora en el comportamiento en estado estacionario, como los obtenidos por un aumento en el número de tipo (*véase* Sección 7.5). Un diagrama de bloques de un controlador ideal PI y las localizaciones correspondientes del polo y del cero se muestran en la Figura 10.2. La función de transferencia es

$$G_c(s) = K_o + \frac{K_i}{s} = \frac{K_o(s + \alpha)}{s}, \tag{10.3}$$

Donde $\alpha = K_i/K_o$. La expresión en términos de $K_o$ y $\alpha$ es útil cuando se considera una variación en la ganancia con una localización del cero fijada. Por supuesto, en esta situación $K_i$ debe variar en proporción a $K_o$.

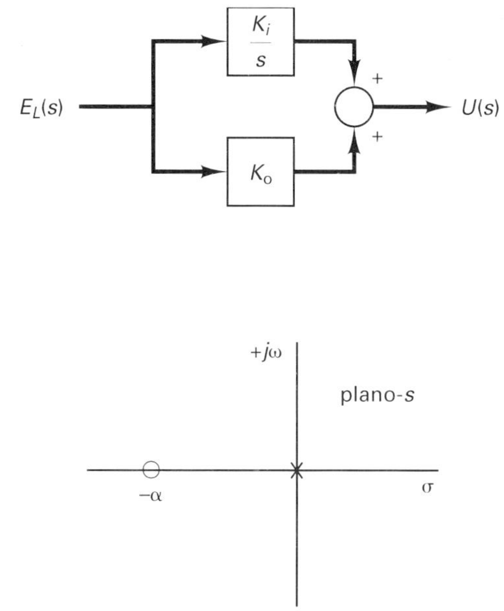


**Figura 10.2.** Un controlador PI ($\alpha = K_i/K_o$).

La función del integrador aumenta el número de tipo introduciendo un polo en el origen del plano $s$. Como se puso de manifiesto en la discusión precedente (Capítulo 7), el aumento en el número de tipo viene acompañado por un aumento en el orden del sistema y un cambio en el carácter de la respuesta natural. Dependiendo de la función de la planta, la introducción de un polo en lazo abierto en el origen del plano-$s$ puede introducir complicaciones no deseadas con respecto a la consecución del criterio de comportamiento deseado. Sin embargo, la presencia del cero que le acompaña, es generalmente útil para mantener un comportamiento transitorio aceptable. Hay también ciertas situaciones en las que el controlador PI se puede utilizar para satisfacer las especificaciones de comportamiento en estado estacionario, de forma que alivia el problema potencial de estabilidad. Se presentan diferentes ejemplos que ilustran distintos efectos sorprendentes con respecto a la estabilidad del sistema.

Si la planta es estable con un único polo dominante distinto del cero, la utilización de un controlador PI para convertir un sistema de tipo 0 a tipo 1 se implementa sin dificultad. Una aproximación inmediata es situar el cero para cancelar (o aproximadamente cancelar) el polo dominante; el sistema cambia de tipo 0 a tipo 1, presentando de nuevo la función en lazo cerrado un único polo dominante.

**EJEMPLO 10.1**

Suponga que se utiliza un controlador PI para convertir un sistema de primer orden de tipo 0 a un sistema de tipo 1, como se muestra en la Figura 10.3.

**Solución.** Las especificaciones de comportamiento requieren que el error en estado estacionario sea igual a cero frente a una entrada escalón. Además, el tiempo de asentamiento debe ser de 0,40 s o menor. La función de transferencia que describe el camino directo es

$$G_c(s)G_p(s) = \frac{10K_o(s + \alpha)}{s(s + 2)}, \tag{10.4}$$

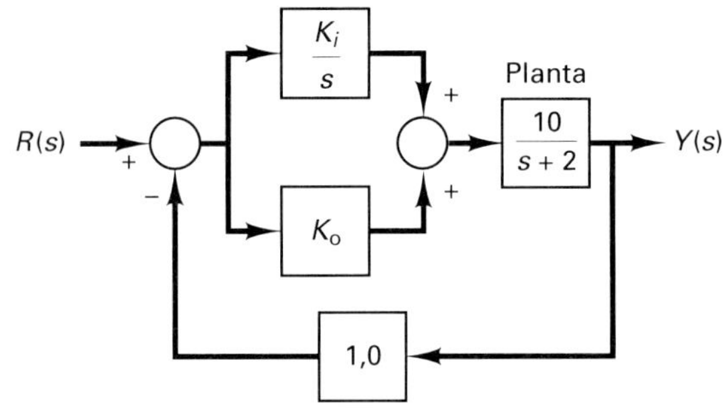


**Figura 10.3.** Conversión a una operación de tipo 1 utilizando un controlador PI (Ejemplo 10.1).

donde $a = K_i/K_o$, y si $a$ se fija a 2,00, se produce cancelación de polo-cero. Si se supone una cancelación exacta, entonces

$$\frac{Y(s)}{R(s)} = \frac{10K_o}{s + 10K_o}. \tag{10.5}$$

Si la constante de tiempo (el inverso de $10K_o$) es menor o igual que 0,10 s, el tiempo de asentamiento es menor que 0,40 s. Para exceder la especificación en aproximadamente un 20 %, $K_o$ se fija a 1,25. Para obtener $\alpha$ igual a 2,00, $K_i$ debe entonces ser igual a 2,50. El tiempo de asentamiento es entonces aproximadamente 0,32 s. Como el sistema modificado es de tipo 1, el error en estado estacionario frente a una entrada escalón es igual a cero.

Una cancelación exacta de polo-cero como la descrita en el Ejemplo 10.1 no es un concepto práctico, pero el efecto de una cancelación imperfecta se investiga fácilmente. Una simulación digital de este sistema revela que un error del $\pm 5$ % en una cancelación polo-cero introduce una variación apenas perceptible en la forma de la forma de la onda en el transitorio. La variación correspondiente del tiempo de asentamiento (en respuesta a una entrada escalón) es menor que $\pm 0{,}03$ s.

Si la planta presenta un grupo de dos o más polos dominantes, o si el cambio requerido en el número de tipo es de tipo 1 a tipo 2 (o de tipo 2 a tipo 3), la dificultad adicional con consideraciones de estabilidad puede imponer una hipoteca no deseada con respecto a la obtención de una respuesta temporal rápida. Este fenómeno se puede ilustrar con la adición de un controlador PI a un sistema que es inicialmente de segundo orden y de tipo 1. El Ejemplo 10.2 ilustra esta conversión con un control PI aplicado a un modelo de sistema de control de antena, tal como se modeló en los capítulos precedentes. El controlador PI convierte el sistema de control de la antena de tipo 1 a tipo 2.

Un diseño aproximado que se recomienda es situar el cero (una razón específica de la ganancia integral a la proporcional) en una posición que después se evalúa y se modifica cuando se necesite. La evaluación se obtiene considerando los lugares de las raíces que se engendran con distintas localizaciones fijadas del cero. Los lugares de las raíces se generan variando la ganancia proporcional mientras se mantiene una razón fija entre la ganancia integral y la proporcional.

**EJEMPLO 10.2**

Considerar el diseño de un controlador PI para modificar el control de un sistema de control de antena. Un diagrama de bloques que muestra los polos dominantes de la planta se presenta en la Figura 10.4. Con una conversión de tipo 1 a tipo 2, el sistema es capaz de seguir a una entrada en rampa con un error nulo en estado estacionario.

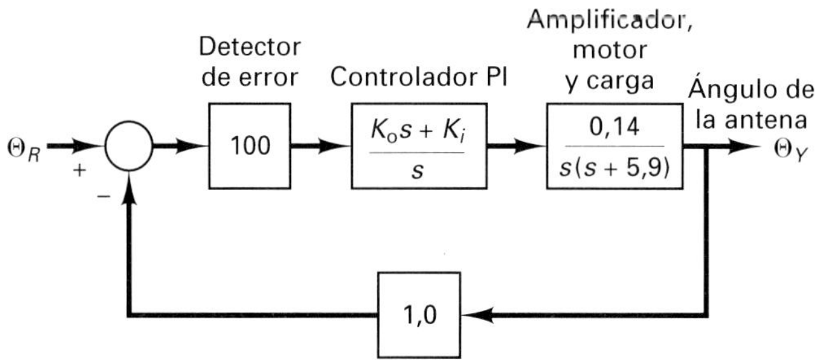


**Figura 10.4.** Sistema de control de antena con un controlador PI.

**Solución.** La función de transferencia que describe el camino directo con el controlador PI es

$$G_c(s)G_p(s) = \frac{14K_o(s + \alpha)}{s^2(s + 5{,}9)}. \tag{10.6}$$

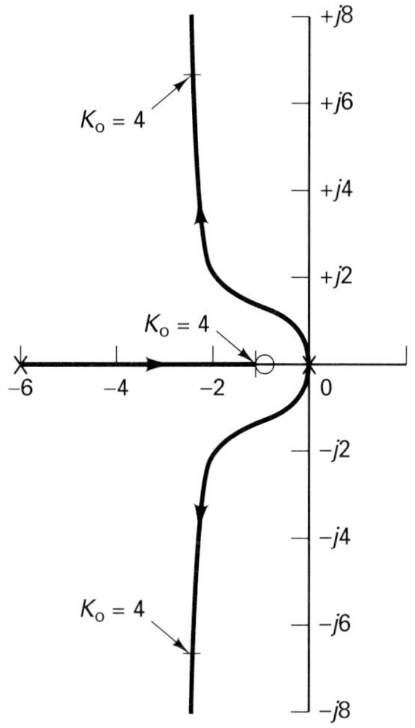


**Figura 10.5.** El lugar de las raíces del Ejemplo 10.2.

Algunos dibujos iniciales del lugar de las raíces variando $K_o$ (con $\alpha$ fijado) muestra que el sistema es inestable o marginalmente estable para todos los valores de $K_o$ a menos que el cero esté situado a la derecha del polo de la planta en el plano *s*. Sin embargo, si el cero está situado cerca del origen, tiende a eliminar el efecto de uno de los polos localizado en el origen, causando un asentamiento muy lento a la condición de seguimiento en estado estacionario. Por lo tanto, la localización del cero está determinada como un compromiso entre consideraciones de estabilidad y la posibilidad de aproximación rápida a cero del error de seguimiento frente a una entrada en rampa.

Un compromiso seleccionado sitúa el cero de forma que la magnitud es menor que la del polo por un factor aproximado de 6; por lo tanto, el cero está situado en $-1$ ($\alpha = 1$). Un dibujo del lugar de las raíces (Figura 10.5) muestra el movimiento de los polos en lazo cerrado cuando la ganancia proporcional varía con $a$ fijado en 1,0. La hipótesis de fijar un cero significa que la ganancia integral debe variar en proporción a la ganancia proporcional con $a = K_i/K_o$. Aunque la estabilidad satisfactoria se alcanza fácilmente con un valor relativamente bajo de $K_o$, se fija a un valor algo más elevado para lograr una cancelación cercana del cero (y un tiempo de asentamiento razonablemente rápido). Con $K_o$ igual a 4,00, los polos en lazo cerrado están localizados en $-1{,}10$ y $-2{,}40 \pm j6{,}70$. Por lo tanto, hay casi una cancelación de polo-cero en la función de transferencia en lazo cerrado; sin embargo, la localización del par de polos complejos produce un comportamiento transitorio subamortiguado, como se muestra en la Figura 10.6. El error en estado estacionario (frente a una entrada en rampa) tiende a cero en el mismo periodo que se aplica la entrada en rampa, pero la naturaleza subamortiguada del error transitorio es aparente. En la siguiente sección se consideran más mejoras para este ejemplo particular utilizando control proporcional, integral y derivativo.

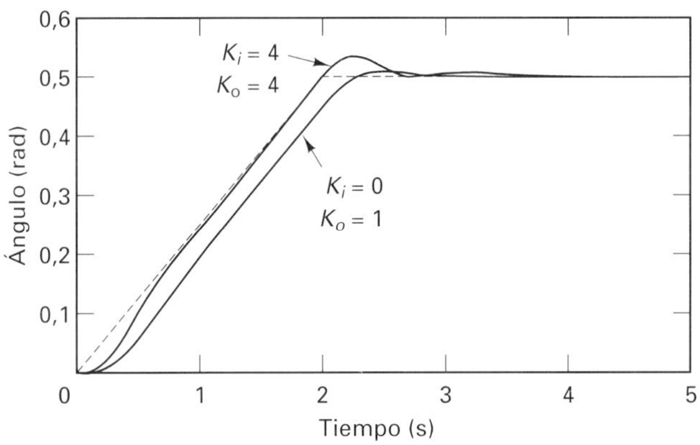


**Figura 10.6.** El ángulo de la antena frente al tiempo.

Una situación interesante se revela si se considera un sistema de tipo 0 o de tipo 1 que presenta un conflicto muy sustancial entre la oportunidad de obtener constante de error deseado y la posibilidad de lograr simultáneamente un grado aceptable de estabilidad relativa. Esta situación se identifica normalmente con una función de planta con tres o más polos que están agrupados de forma que no hay ni un polo dominante ni un par de polos dominantes.

En esta situación, el control integral puede ser utilizado para modificar la función en lazo abierto de forma que enfatiza la alteración de la función de transferencia cuando tiende a cero. Considerado en términos de análisis de respuesta en frecuencia, el control integral modifica la ganancia a baja frecuencia que se requiere para satisfacer los requisitos de comportamiento en estado estacionario. Sin embargo, este cambio se consigue sin aumento de ganancia a frecuencias más altas, por lo tanto se evita la tendencia hacia la inestabilidad que ocurre si la ganancia del lazo se aumenta a lo largo del rango que contiene el grupo de polos distintos de cero. Este concepto se presenta con respecto a la utilización de un controlador PI y se repite en la siguiente sección con la consideración de un controlador de *retardo de fase*.

**EJEMPLO 10.3**

En la Figura 10.7 se muestra un sistema tipo 0 con un grupo de tres polos dominantes. Un conjunto de especificaciones de comportamiento requiere que la respuesta a una entrada escalón presente un tiempo de asentamiento del 2 % que ocurre en menos de 1,5 s; la sobreelongación frente a una entrada escalón no debe exceder el 10 % y el error en estado estacionario debe ser menor o igual que 0,01 veces la magnitud del escalón.

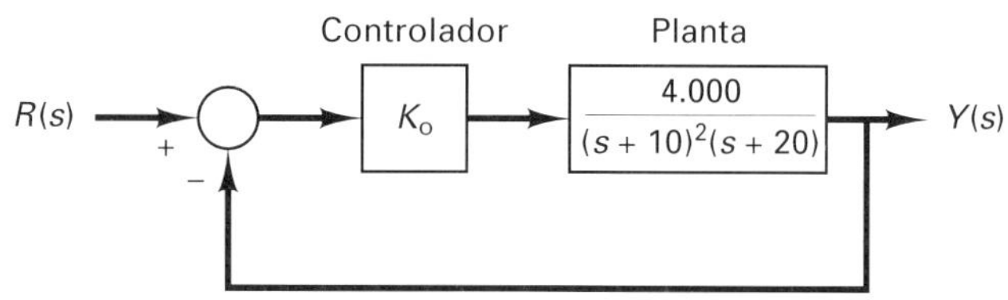


**Figura 10.7.** Una planta con un grupo de tres polos (Ejemplo 10.3).

**Solución.** La especificación en estado estacionario se interpreta en términos de la constante de error de posición, $K_p$, entonces $1 + K_p$ debe ser igual o mayor que 100. Aplicado a la función del sistema, el requisito correspondiente se cumple con $K_o \geqslant 49,5$. Sin embargo, una comprobación de la estabilidad del sistema muestra que el sistema es inestable para $K_o > 4,50$. Por lo tanto, hay una gran disparidad en el rango de valores de ganancia proporcional que satisfacen ambas especificaciones.

Si la ganancia proporcional se sustituye por un controlador PI, entonces la función en el camino directo es

$$G_c(s)G_p(s) = \frac{4.000K_o(s + \alpha)}{s(s + 10)^2(s + 20)}. \tag{10.7}$$

Como el sistema ahora es de tipo 1, $K_p$ es igual a infinito y el error estacionario es cero frente a una entrada escalón. Si el cero del controlador se sitúa para cancelar uno de los polos de la planta en $s = -10$, se puede utilizar un lugar de las raíces para seleccionar una localización aceptable de tres polos en lazo cerrado. Por lo tanto, los lugares de las raíces se determinan variando $K_o$ y $\alpha$ mantenido en 10. Seleccionando un valor de $K_o$ que sitúe los polos dominantes para proporcionar un coeficiente de amortiguamiento aceptable, $K_o$ se fija a 0,163 (con $K_i = 1,63$). Como un resultado de este procedimiento, los polos en lazo cerrado están situados en $-22,4$ y $-3,82 \pm j3,82$. Con una entrada escalón unidad, el error es

$$e(t) = [0,081e^{-22,4t} + 0,919e^{-3,82t}(\cos 3,82t + 1,40 \operatorname{sen} 3,82t)]u_s(t). \tag{10.8}$$

El tanto por ciento de sobreelongación frente a una entrada escalón es 4,2 %, y el tiempo de asentamiento es 1,15 s.

En la Figura 10.8a se muestra la realización física de un controlador PI continuo con potenciómetros para ajustar la ganancia proporcional y la integral. El circuito de la Figura 10.8b produce una función PI completa utilizando un único amplificador operacional. La función de transferencia es

$$G_c(s) = -\left[\frac{R_2}{R_1} + \frac{1}{sR_1C}\right] = -\left[K_o + \frac{K_i}{s}\right]. \tag{10.9}$$

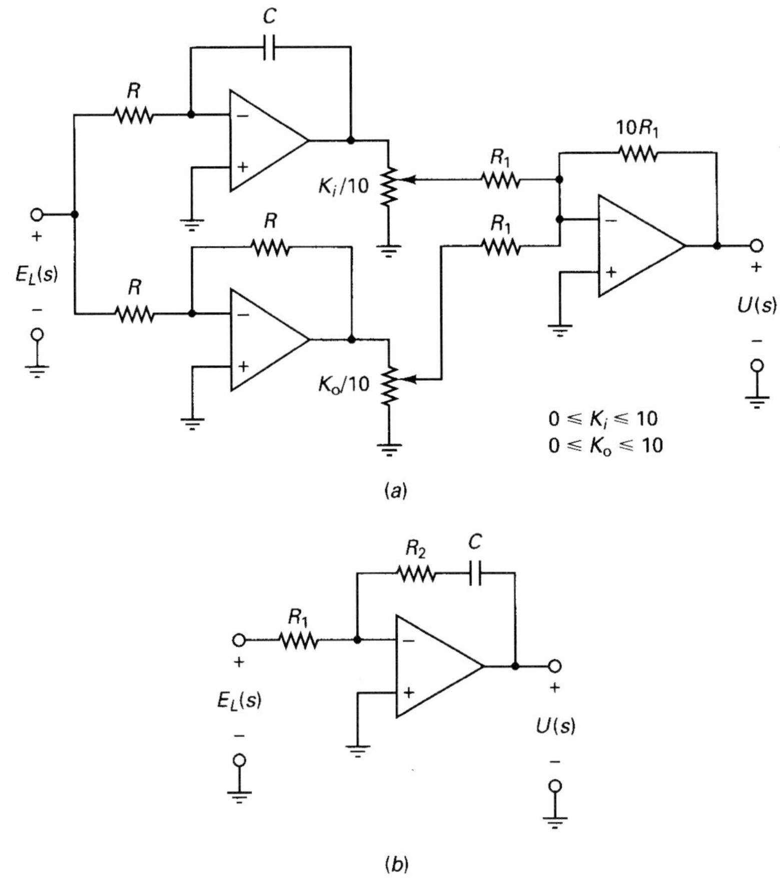


**Figura 10.8.** Dos versiones de circuitos de controladores PI continuos.

El signo menos indica que este circuito introduce una inversión de polaridad; sin embargo, el signo se contrarresta fácilmente. La configuración física de un sistema de control normalmente incluye algunos elementos (amplificadores de potencia, engranajes, etc.) que permiten claramente la inserción de cambios de signo que se contrarrestan.

Si se consideran cuidadosamente las realizaciones prácticas de estos circuitos, resulta obvio que el polo no está exactamente en el origen en el plano $s$. En la práctica, la ganancia DC de un amplificador operacional no es infinita y la resistencia dieléctrica del condensador no es infinita; por lo tanto, los polos están situados ligeramente a la izquierda del origen. Sin embargo, con componentes seleccionados cuidadosamente, el desplazamiento puede ser menor que $1 \times 10^{-5}$, y no hay consecuencia significativa con una ligera desviación del origen. Al contrario que un diferenciador ideal, la función de transferencia de un integrador ideal es una función propia, y se obtiene una realización cuasideal sin dificultad.

Con respecto a las características operacionales de un integrador, una interrupción en la operación puede requerir especial atención. Puesto que un integrador retendrá una señal distinta de cero como resultado de la operación anterior, establecer un estado inicial específico requerirá un proceso de inicialización. Con un integrador analógico, la inicialización se lleva a cabo de la misma manera como se describe con la aplicación de la simulación analógica. Si se acombinan acciones proporcionales e integrales en un único circuito analógico, el circuito se puede modificar como se muestra en la Figura 10.9 con la posibilidad de fijar un estado inicial cero o distinto de cero según se desee.

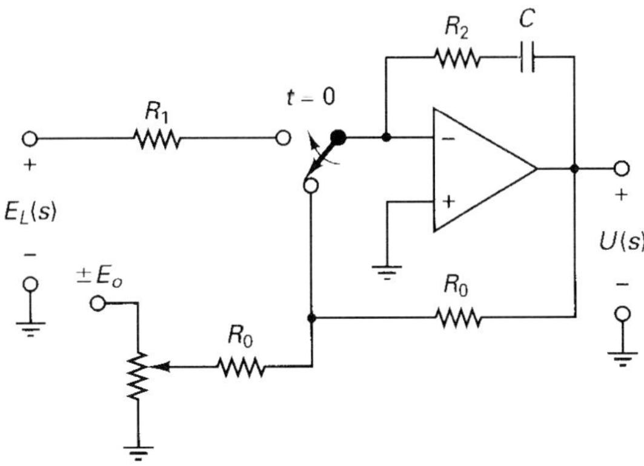


**Figura 10.9.** Un controlador PI con un estado inicial distinto de cero.

Ciertos sistemas pueden presentar una condición descrita como «windup». Por ejemplo, un sistema de posicionado con un controlador PI puede presentar este fenómeno. El amplificador de potencia establecerá un nivel de señal máximo que puede ser proporcionado al motor, y una señal de error temporalmente grande forzará a un límite la salida del amplificador de potencia. Mientras el poder de amplificación está en un límite, la magnitud de salida del integrador continuará en aumento (a menos que la salida del integrador también alcance un límite) sin ningún efecto sobre la respuesta del sistema. Si se supone que el error grande es un fenómeno transitorio, el error en algún instante de tiempo caerá a cero y el signo cambiará. Sin embargo, abrá un retraso innecesario en respuesta al cambio mientras que el integrador retorna a un valor que restaurará la operación lineal. En otras palabras, se debe integrar una señal de error de signo opuesto durante un periodo de tiempo suficiente para devolver la salida del integrador al rango de operación normal. La capacidad de producir un windup significativamente grande se introduce a veces de forma inadvertida utilizando un integrador digital con un rango de salida que excede ampliamente el rango lineal de los siguientes dispositivos analógicos.

La capacidad máxima de windup se puede limitar fijando el nivel de saturación del integrador de forma que la integración cesa cuando la salida del integrador alcanza un nivel que puede producir saturación de cualquiera de los dispositivos siguientes. Otra aproximación está sugerida por la percepción de que la acción de un integrador puro no es ni necesaria ni deseable durante periodos grandes de errores transitorios. Si el propósito de la integración es reducir de alguna forma un error pequeño en estado estacionario a cero, el control integral es útil sólo cuando se aproxima a la condición de estado estacionario con un error de seguimiento correspondientemente pequeño. Por lo tanto, se puede diseñar un circuito de forma que active un lazo de realimentación negativo en torno al integrador durante periodos de error transitorio grande. La activación del lazo de realimentación del integrador crea una forma de operación en la que el polo se mueve temporalmente desde el origen al semiplano izquierdo.

## 10.4. CONTROLADOR PD IDEAL

Un controlador ideal *proporcional más derivativo* (PD) introduce un cero en el semiplano izquierdo en la función del camino directo. El cero se introduce para mejorar la estabilidad inherente de un sistema. Una representación de diagramas de bloques de un controlador PD ideal se muestra en la Figura 10.10. La función de transferencia global es

$$G_c(s) = K_d s + K_o = K_o\left(\frac{s}{\alpha} + 1\right), \tag{10.10}$$

donde $\alpha = K_o/K_d$. Por lo tanto, el controlador introduce un cero en el camino directo de la función localizado en $-\alpha$. La función se expresa en términos de $\alpha$ porque es de nuevo conveniente variar $K_o$ mientras $\alpha$ se mantiene fijo.

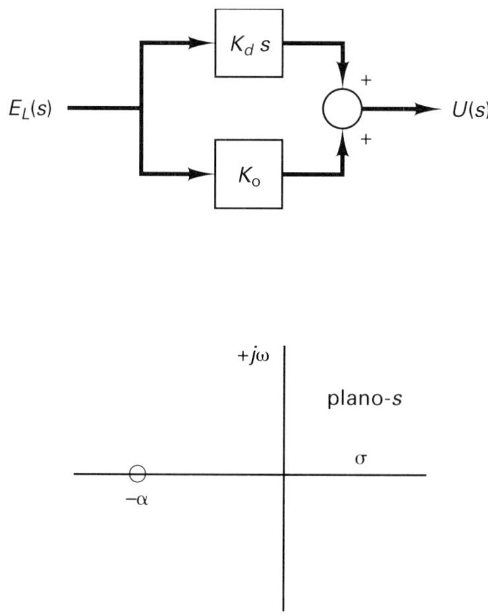


**Figura 10.10.** Un controlador PD ideal ($\alpha = K_O/K_D$).

Si se supone una diferenciación ideal, la función de transferencia es impropia (el grado del numerador de la función de transferencia es mayor que el del denominador). Por lo tanto, hay restricciones prácticas que prohíben una realización exacta. Sin embargo, el análisis inicial se simplifica asumiendo que el controlador es ideal.

Una visión de la acción de un controlador PD consiste en considerar brevemente un análisis de respuesta en frecuencia. Si la planta introduce varios polos dominantes, los polos producen un retardo de fase que puede ser excesivo en un rango de frecuencia particular, y la presencia de un cero contrarresta parcialmente esta condición introduciendo un adelanto de fase. En el plano $s$, los lugares de las raíces se modifican de forma que muestra una atracción hacia el cero —un cero situado a la izquierda de los polos dominantes en el plano $s$ tenderá a dibujar el lugar hacia la izquierda. Una visión alternativa de la acción del diferenciador proporciona una señal proporcional a la razón del cambio del error, la salida del diferenciador en un instante particular en el tiempo se puede interpretar como una «predicción» del error futuro, y esta señal tiende a contrarrestar la lentitud impuesta por los elementos almacenadores de energía de la planta.

Con respecto al error en estado estacionario, el número de tipo no cambia por la introducción del control derivativo. Sin embargo, el control derivativo introduce la posibilidad de aumentar la ganancia del lazo a un valor mayor que el que es posible sin la mejora de estabilidad; y este cambio, a su vez, puede incrementar la magnitud de una constante de error en estado estacionario. Si la planta presenta sólo dos polos dominantes, la potencial mejora utilizando un controlador PD es sustancial.

**EJEMPLO 10.4**

La aplicación de un controlador PD a un sistema de segundo orden se describe como se muestra en la Figura 10.11. Las especificaciones de comportamiento requieren que la sobreelongación frente a una entrada escalón no exceda el 10,0 %. Además, la constante de error de velocidad debe ser mayor que 20,0 $s^{-1}$.

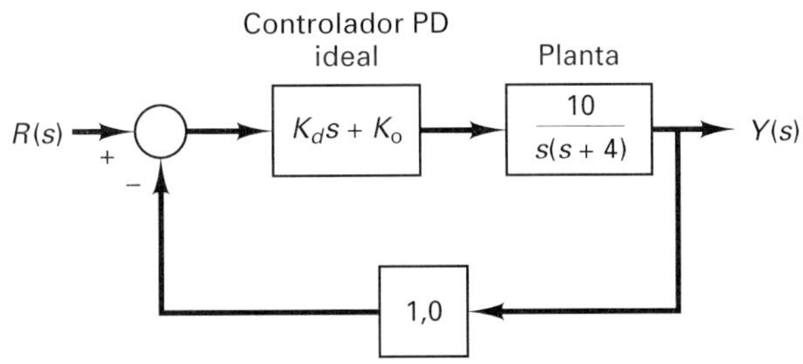


**Figura 10.11.** Un modelo de sistema con un controlador ideal PD.

**Solución.** Si el comportamiento se evalúa inicialmente utilizando sólo control proporcional, resulta inmediato que los diferentes criterios plantean requisitos que entran en conflicto en el ajuste de $K_o$. La especificación de la constante de error de velocidad no se satisface a menos que $K_o$ sea mayor que 8,0, y la especificación de máxima sobreelongación no se cumple si $K_o$ no es menor o igual a 1,14. El tiempo de asentamiento mínimo con control proporcional es aproximadamente 2,0 s.

Con la adición del control derivativo, la función en lazo cerrado que relaciona la entrada con la salida es:

$$\frac{Y(s)}{R(s)} = \frac{10K_o\left(\dfrac{s}{\alpha} + 1\right)}{s^2 + \left(4 + \dfrac{10K_o}{\alpha}\right)s + 10K_o}. \tag{10.11}$$

El cálculo del error en estado estacionario no queda afectado por el control derivativo, pero obviamente sí se modifica el comportamiento transitorio. Para exceder la especificación del error en estado estacionario en un 25 %, $K_o$ se fija a 10,0. Entonces la conducta transitoria se modifica ajustando el valor de $\alpha$ según sea necesario. Un método es utilizar la *matriz de comportamiento* (Tabla 7.1) tal como se desarrolló para un sistema con dos polos y un cero. Obsérvese que $\zeta = 0{,}2 + 5/\alpha$ y $\rho = \alpha/10$. Así, $\zeta = 0{,}2 + 1/(2\rho)$. Seleccionando un valor de $\alpha$ que coloca $\zeta$ y $\rho$ entre las dos líneas gruesas en la matriz (mientras se busca un tiempo de asentamiento aceptable), $\alpha$ se seleccionó igual a 6,25. De este modo $\zeta = 1$, $\rho = 0{,}625$, y el modelo del sistema es

$$\frac{Y(s)}{R(s)} = \frac{\omega_n^2\left(\dfrac{s}{\rho\omega_n} + 1\right)}{s^2 + 2\zeta\omega_n s + \omega_n^2} = \frac{100\left(\dfrac{s}{6{,}25} + 1\right)}{(s^2 + 20s + 100)}. \tag{10.12}$$

Con $\zeta = 1{,}00$ y 6 $\rho = 0{,}625$, una interpolación poco precisa de la matriz indica que el tiempo de asentamiento es de 0,4 s y la sobreelongación del 5 %. Una simulación generada por computador revela que el tiempo de asentamiento es de 0,441 s y la sobreelongación de 4,17 %. Con el valor de $K_o$ que se ha seleccionado, la constante de error de velocidad es de 25,0 $s^{-1}$.

En la Figura 10.12 se muestra un diagrama del lugar de las raíces para el sistema del Ejemplo 10.4. El lugar de las raíces se genera suponiendo que $K_o$ varía desde cero a infinito con $\alpha$ mantenido en 6,25. Observe que el cero de la función en lazo abierto también aparece en la función en lazo cerrado, $Y(s)/R(s)$. Así, cuando $K_o$ se hace grande, un polo tiende a cancelar el cero y el otro se mueve hacia la izquierda sobre el eje real. Cuando $K_o$ se aumenta, mejora la cancelación y el sistema tiende a adquirir las características de un sistema de primer orden. Teóricamente, no existe una cota superior a este proceso y ningún límite sobre el valor máximo de la constante de error de velocidad o un límite mínimo sobre el tiempo de asentamiento. Este es el resultado de considerar un controlador PD ideal y suponiendo que no hay otros polos a la izquierda en el plano $s$.

Otro método para el procedimiento de diseño es colocar el cero de forma tal que cancele al polo en lazo abierto. Aunque una cancelación exacta no es un concepto práctico, la cancelación aproximada de un polo en el semiplano izquierdo es normalmente un procedimiento aceptable. Una ligera desviación de una cancelación exacta no produce (en la mayoría de los casos) un cambio significativo sobre el comportamiento del sistema y la conducta con una pequeña desviación se simula y estudia fácilmente.

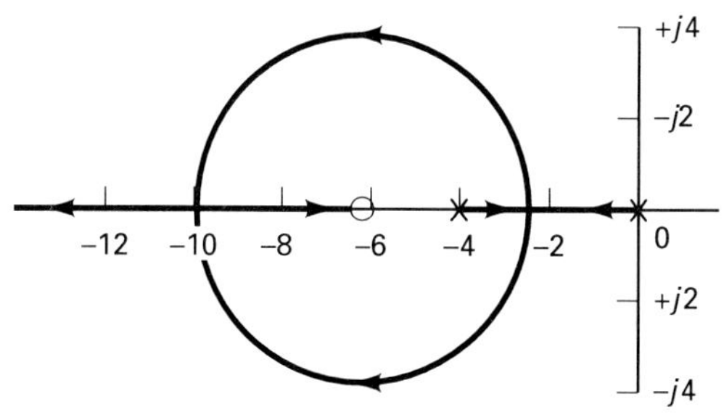


**Figura 10.12.** Lugar de las raíces del Ejemplo 10.4.

**EJEMPLO 10.5**

Revisar el sistema del Ejemplo 10.4 tal que el cero y el polo son exactamente iguales, entonces $\alpha = 4$ y

$$G_c(s)G_p(s) = \frac{10K_o\left(\dfrac{s}{4} + 1\right)}{s(s + 4)} = \frac{2{,}5K_o}{s}. \tag{10.13}$$

La función de transferencia en lazo cerrado es entonces

$$\frac{Y(s)}{R(s)} = \frac{2{,}5K_o}{s + 2{,}5K_o}, \quad \frac{K_o}{K_d} = 4. \tag{10.14}$$

Con una función de respuesta de primer orden tal como la descrita, la sobreelongación es cero y el tiempo de asentamiento (suponiendo que no hay otros polos a la izquierda en el plano $s$) es teóricamente ajustable a cualquier valor.

Hay, sin embargo, algunas preocupaciones importantes que están relacionadas con la utilización de un derivador ideal. Como la función de transferencia que describe el diferenciador ideal es una función impropia hay algunas ramificaciones interesantes. Una consecuencia de esta propiedad se hace evidente si la salida del diferenciador, $d(t)$, se calcula con una entrada en salto unitario aplicada al sistema. Utilizando el modelo del Ejemplo 10.5

$$d(t) = K_d\delta(t) - 10K_d(e^{-10K_dt})u_s(t). \tag{10.15}$$

Como $d(t)$ contiene una función impulso, un cambio instantáneo de energía se transfiere a la planta. Sin embargo, el modelo lineal de un sistema físico es válido solamente dentro de límites específicos del nivel de señal y el comportamiento idealizado tal como se ha descrito no es un concepto viable.

Con un cambio rápido de la señal de entrada, la señal de error cambiará rápidamente y la derivada del error puede exhibir una amplitud excesivamente grande durante un corto período de tiempo. Por tanto, los circuitos del controlador electrónico y de los dispositivos de potencia que le siguen pueden no ser capaces de reproducir la señal sin imponer un límite sobre la amplitud máxima. La acción limitadora continúa hasta que el error se hace suficientemente pequeño para volver al rango de operación lineal. Este es un fenómeno no lineal (saturación) y un efecto de una saturación temporal es producir un tiempo de asentamiento mayor que el valor que se predice utilizando un modelo lineal.

La tendencia para producir transitorios de control excepcionalmente grandes no es usualmente un problema operacional, pero otra característica que representa un serio problema se estudia en la sección siguiente.

## 10.5. CONTROLADOR PD PRÁCTICO

Considerando que la función de transferencia del diferenciador ideal es una función impropia[1] y no es real en un sentido práctico establecer un cero en el origen sin crear también uno o más polos distintos de cero. Esto se comprende mejor en el dominio de la frecuencia. Si la ganancia aumenta linealmente con la frecuencia (*véase* la Ecuación 10.16), la ganancia debe tender a infinito cuando la frecuencia se aproxima a infinito, y la ganancia excede la unidad en un rango infinito de frecuencias. En la Figura 10.13a se muestra una implementación aparentemente genuina de un circuito diferenciador. La función de transferencia idealizada es

$$\frac{V_2(s)}{V_1(s)} = -sRC \quad \text{o} \quad \frac{V_2(j\omega)}{V_1(j\omega)} = -j\omega RC. \tag{10.16}$$

[1] Una opción que calcula una componente derivativa a partir de un sensor de velocidad se obtiene utilizando una configuración de realimentación derivativa (*véase* Problema 10.10 al final de este capítulo).

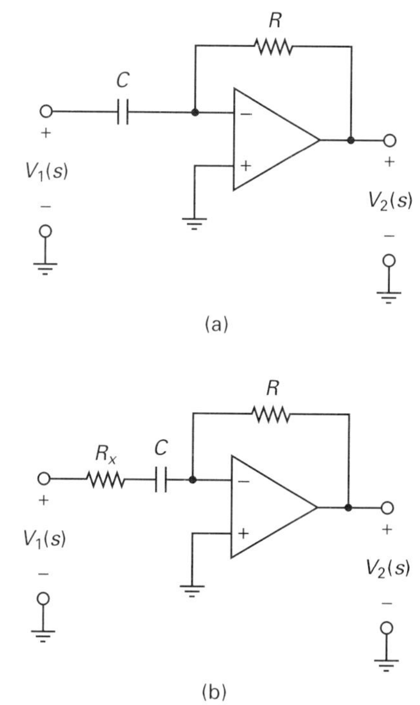


**Figura 10.13.** Circuitos diferenciadores.

Si el signo menos que está junto a la función de la Ecuación 10.16 se disocia de la diferenciación, la función de transferencia del álgebra de fasores describe correctamente la diferenciación de una señal sinusoidal en estado estacionario. El desfase es de $+90°$ sin tener en cuenta que la frecuencia y la amplitud es proporcional a la frecuencia. En la Figura 10.14 se presenta un diagrama de Bode de la ganancia respecto de la frecuencia de la función ideal.

Por supuesto, un circuito con amplificador operacional no producirá un ancho de banda o ganancia infinita. El amplificador, sin embargo, puede ser capaz de producir una alta ganancia que se extiende sobre un rango amplio de frecuencias. El resultado típico de esta capacidad es la aparición de una presencia de ruido inusualmente grande en la salida del diferenciador. El ruido se deriva normalmente de una diversidad de fuentes, incluyendo el ruido del sensor y los campos parásitos eléctricos o magnéticos que están acoplados en los cables de transmisión o en los circuitos electrónicos. Con técnicas de fabricación cuidadosas, el ruido puede parecer insignificante, pero el circuito diferenciador muestra una alta ganancia que se extiende a través de un amplio rango de frecuencias. Esta combinación de propiedades puede convertir un aparentemente inocuo componente de ruido en una señal extraordinariamente ruidosa.

El circuito de la Figura 10.13b ilustra una simple modificación que limita el rango de frecuencias para el cual la ganancia aumenta en 20 dB por década. Con la adición de una resistencia en serie con el condensador se introduce un polo tal como se muestra en la Figura 10.14. Como el rango espectral de la señal de control está a menudo confinada predominantemente en un rango limitado, no se requiere normalmente un diferenciador de un amplio ancho de banda. Por tanto, una técnica de reducción de ruido se implementa creando una característica de diferenciación válida en el rango de bajas frecuencias que cambia a una ganancia limitada en frecuencias más altas. La diferenciación parece mostrar las características ideales si el rango espectral de la señal de control es pequeño con respecto a $\omega = 1/R_xC$. Con este circuito particular, la

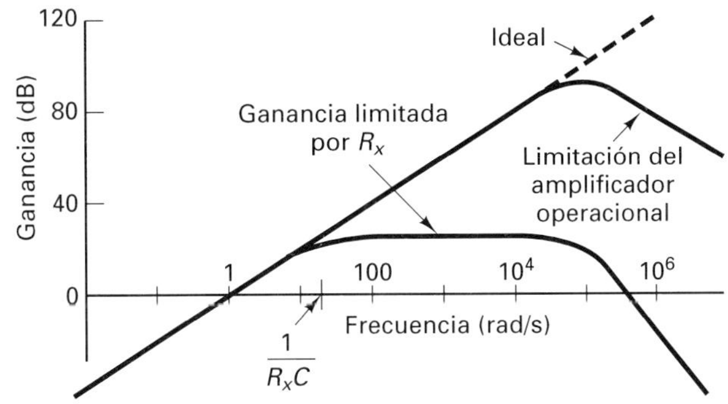


**Figura 10.14.** Ganancia *versus* frecuencia con diversas aproximaciones de una característica ideal de diferenciación.

inserción del polo cambia la pendiente de 20 dB por década a cero con una ganancia máxima de $R/R_x$. Si es necesario se puede añadir un segundo polo colocando un condensador en paralelo con la resistencia de realimentación.

La función de transferencia del diferenciador de banda limitada es

$$\frac{V_2(s)}{V_1(s)} = \frac{-sRC}{sR_xC + 1} = \frac{-K_ds}{\frac{s}{\beta} + 1}, \tag{10.17}$$

con $K_d = RC$ y $\beta = 1/R_xC$. Suponiendo que una inversión de polaridad se puede contrarrestar con respecto a ambas funciones proporcional y derivativa, un controlador PD que incorpora el diferenciador de banda limitada viene descrito por

$$G_c(s) = \frac{K_d(s)}{\frac{s}{\beta} + 1} + K_o = K_o \frac{\left(\frac{s}{\alpha} + 1\right)}{\left(\frac{s}{\beta} + 1\right)}, \tag{10.18}$$

y el controlador revisado introduce un cero y un polo en el eje real negativo. La posición del cero se especifica como $-\alpha$, con $\alpha = 1/[(K_d/K_o) + (1/\beta)]$. Con cualquier $K_d > 0$, $\alpha$ es más pequeño que $\beta$ y la posición del polo está a la izquierda del cero. Así, el circuito revisado produce un cero dominante y la acción de control es similar al comportamiento de un controlador PD ideal. Observe que si a $\beta$ se le permite aproximarse a infinito, la función tiende a la de un controlador PD ideal. La presencia de un polo finito, sin embargo, coloca una restricción sobre el grado de mejora de la conducta transitoria que se puede obtener aumentando las ganancias proporcional y derivativa.

Si se aplica a un sistema con dos polos de planta dominantes, se implementa un procedimiento de diseño en el plano $s$ ajustando $K_o$ para satisfacer el criterio de comportamiento en estado estacionario. A continuación $\beta$ se fija temporalmente a infinito mientras que establece la colocación del cero para una respuesta natural satisfactoria. Cuando se completa el procedimiento, la magnitud de $\beta$ se fija a siete u ocho veces la magnitud de $\alpha$. El factor de siete u ocho es un compromiso entre consideraciones de ruido y la conducta transitoria.

**EJEMPLO 10.6**

Volviendo al sistema de la Figura 10.11, se puede reevaluar el Ejemplo 10.4 con el diferenciador ideal sustituido por un diferenciador de banda limitada.

**Solución.** La función de transferencia en lazo abierto es

$$G(s)H(s) = \frac{10K_o\left(\frac{s}{\alpha} + 1\right)}{s\left(\frac{s}{\beta} + 1\right)(s + 4)}. \tag{10.19}$$

Para exceder otra vez el requisito de la especificación del error en estado estacionario de aproximadamente el 25 %, el valor de $K_o$ debe de nuevo ser 10,0. Si $\beta$ se fija temporalmente a infinito, entonces el sistema es un sistema de segundo orden con un cero finito. El valor de $\alpha$ se puede determinar repitiendo el procedimiento del Ejemplo 10.4 (utilizando la Tabla 7.1). Suponiendo que $\alpha$ se selecciona otra vez igual a 6,25; se alcanza un compromiso entre ruido y comportamiento transitorio multiplicando la magnitud del cero por un factor de 8 para colocar el polo. Por tanto, $\beta$ se fija a 50,0.

Un diagrama del lugar de las raíces (Figura 10.15) muestra la posición de las raíces de la ecuación característica cuando se varía el valor de $K_o$ con $\alpha$ y $\beta$ fijados en 6,25 y 50,0 respectivamente. La capacidad de mover las raíces más hacia la izquierda está obviamente restringida por la presencia del polo adicional. Utilizando una simulación digital para evaluar el comportamiento con $K_o = 10$, el tiempo de asentamiento es 0,407 s; la sobreelongación es de 8,08 %; y la constante de error de velocidad es igual a 25,0 $s^{-1}$. Así, se satisfacen las especificaciones.

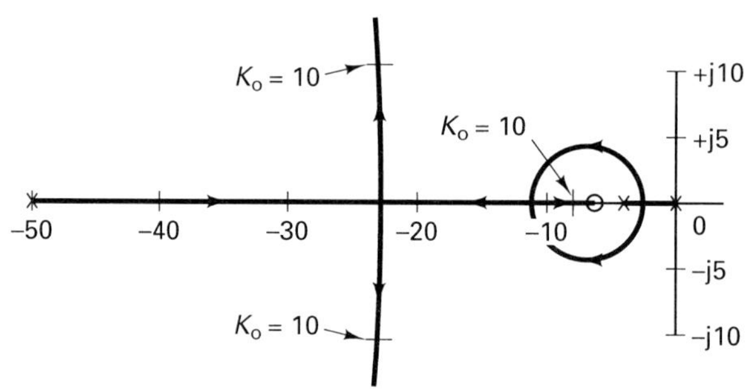


**Figura 10.15.** El lugar de las raíces del Ejemplo 10.6.

Utilizando el circuito diferenciador práctico, la colocación del cero para cancelar un polo dominante es de nuevo una opción viable. Si se aplica al sistema del Ejemplo 10.6, la cancelación del polo en $s = -4$ es un procedimiento que funciona. Si el cero se coloca en $s = -4$, y $\beta$ se fija a 32, el resultado es similar al obtenido en el procedimiento que se trató en el Ejemplo 10.6. Aunque $K_o$ se debe reducir alrededor del 10 % para mantener la sobreelongación por debajo del 10 %, todas las especificaciones se satisfacen.

Si la función de la planta se caracteriza por la presencia de tres o más polos dominantes, la aplicación de un controlador PD se hace menos efectiva. Al contrario que el controlador PI, el controlador PD no modifica la función en lazo abierto de una forma que es conducente a neutralizar el efecto de un grupo de polos dominantes. Un mayor conocimiento de esta situación se puede lograr trasladando el problema al dominio de la frecuencia (véanse las Secciones 10.7 y 10.8).

En la Figura 10.16a se muestra un circuito controlador PD práctico que incluye un diferenciador de banda limitada con potenciómetros para ajustar $K_o$, $K_d$ y $\beta$. La misma función de transferencia (con la excepción de la polaridad) se puede implementar también utilizando un único amplificador operacional, tal como se muestra en la Figura 10.16b. La función de transferencia es

$$G_c(s) = -\left[\frac{R_2}{R_1} + \frac{sCR_2}{sCR_x + 1}\right] = -\frac{R_2}{R_1}\left[\frac{sC(R_x + R_1) + 1}{sCR_x + 1}\right]. \tag{10.20}$$

Así, se coloca un cero en $-1/C(R_x + R_1)$, y un polo se coloca aún más a la izquierda en $-1/CR_x$. La función de transferencia que se obtiene mediante el controlador PD práctico con un único polo es exactamente igual a la de un controlador que posteriormente se asocia con una red de *adelanto de fase.*

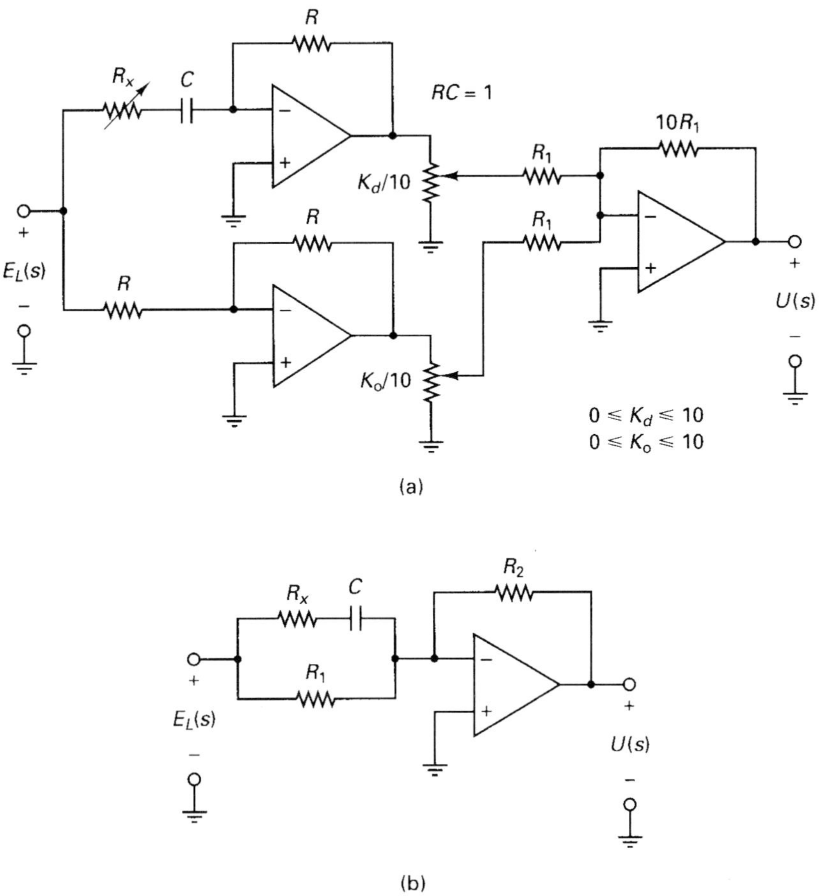


**Figura 10.16.** Dos versiones de un controlador PD práctico.

## 10.6. CONTROLADOR PID

En la Figura 10.17 se muestra un diagrama de bloques de un controlador *proporcional, más integral más derivativo* (PID) con el bloque de diferenciación modificado por un único polo. La función de transferencia es

$$G_c(s) = K_o + \frac{K_i}{s} + \frac{K_d s}{(1 + s/\beta)}, \tag{10.21}$$

con una forma general de

$$G_c(s) = \frac{K(s^2 + \alpha_1 s + \alpha_2)}{s\left(\dfrac{s}{\beta} + 1\right)}, \tag{10.22}$$

donde $K = K_d + K_o/\beta$, $\alpha_1 = (K_o + K_i/\beta)/(K_d + K_o/\beta)$ y $\alpha_2 = K_i/(K_d + K_o/\beta)$. La presencia del control integral aumenta el número del tipo y la presencia del control derivativo permite mejoras en otros aspectos del comportamiento que son dependientes de una respuesta natural mejorada. Aunque hay algún grado de conflicto entre los dos objetivos, el diferenciador y el integrador operando en paralelo combinan las características del comportamiento deseado del control PI y PD con efectividad sorprendente. Si se observa en términos de las características de respuesta en frecuencia, la integración modifica la función de ganancia del lazo en la proximidad del límite de frecuencias bajas y la diferenciación extiende el extremo superior del rango de paso de banda. La diferenciación se modifica otra vez con la adición de un único polo. Sin el polo adicional en $-\beta$, la función es impropia y una simulación puede producir resultados que son engañosos y no realistas cuando se comparan con una realización práctica.

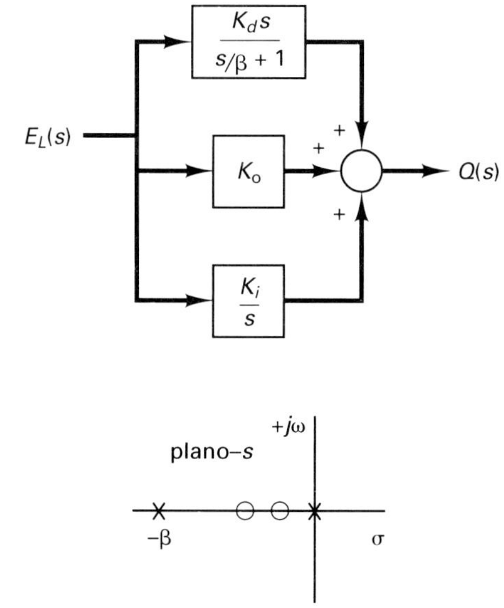


**Figura 10.17.** Un controlador PID práctico.

Suponiendo que los polos y ceros de la planta son reales, un procedimiento real de diseño se puede lograr de la forma siguiente:

1. El polo del controlador en el origen y uno de los ceros del controlador se pueden considerar que forman la parte PI de la función de compensación. El polo en lazo abierto en el origen produce el aumento deseado en el número del tipo y el cero se puede utilizar de forma que tienda a contrarrestar el efecto desestabilizador del polo. Para completar el paso 1, coloque el cero para que cancele (o aproximadamente cancele) el primer polo de la planta distinto de cero que se encuentra cuando se mueve a la izquierda del origen.
2. El otro par cero-polo se puede considerar que forma la parte PD práctica del controlador. Para obtener un compromiso entre el comportamiento transitorio y la amplificación de las señales de ruido, coloque el polo restante y un cero con una relación de separación que se fija alrededor de 7 u 8. El polo se posiciona a la izquierda del cero, y la posición de este par está libre para moverse a lo largo del eje real manteniendo la relación de las magnitudes. Aunque normalmente no existe una única solución, la determinación de una posición fija aceptable puede investigarse utilizando técnicas que proporcionan una evaluación de la conducta transitoria en lazo cerrado. Se pueden evaluar rápidamente algunas pruebas de posiciones utilizando el lugar de las raíces (variando $K$). Cualquier cero (que no fuera cancelado) aparecerá en la función de transferencia en lazo cerrado y la Tabla 7.1 puede ser útil para evaluar el efecto de un cero en lazo cerrado.
3. Se pueden utilizar lugares de las raíces y técnicas de simulación por computador para seleccionar un ajuste final de la colocación del par cero-polo. Si el modelo de computador se genera sin presuponer ningunas cancelaciones, los procedimientos de simulación se pueden repetir con variaciones de los parámetros que no mantienen necesariamente la cancelación polo-cero en lazo abierto.
4. La colocación de los ceros establece los valores de $\alpha_1$ y $\alpha_2$. En la Ecuación 10.22 la función del controlador se puede realizar especificando $K$, $\alpha_1$, $\alpha_2$ y $\beta$, o el diseño se puede dar en términos de $K_i$, $K_o$, $K_d$ y $\beta$ utilizando las relaciones siguientes:

$$K_i = K \cdot \alpha_2 \tag{10.23}$$

$$K_o = K \cdot \alpha_1 - K_i/\beta \tag{10.24}$$

$$K_d = K - K_o/\beta. \tag{10.25}$$

Si los polos dominantes de la planta son polos complejos en el semiplano izquierdo, es posible cancelar (o aproximadamente cancelar) los polos con un par de ceros complejos. El procedimiento de diseño se puede continuar entonces investigando las configuraciones del lugar de las raíces que se obtienen por los polos restantes.

**EJEMPLO 10.7**

El procedimiento de diseño tal como se ha mostrado se aplica al modelo del sistema de control de antena. Suponga que se desea una conversión de tipo 1 a tipo 2, de manera que la antena seguirá a una entrada en rampa con un error nulo en estado estacionario. Una entrada de test se compone de una rampa que comienza en cero con una velocidad de cambio de 0,25 rad/s y a continuación se trunca en 0,50 rad. Cuando ocurre el cambio a un ángulo constante en la señal de entrada, la sobreelongación del ángulo de la antena no debe exceder 0,02 rad y la respuesta se debe asentar dentro de 2 mrad del valor final en 0,40 s o menos.

**Solución.** La función en lazo abierto con control PID es

$$G_c(s)G_p(s) = \frac{14K(s^2 + \alpha_1 s + \alpha_2)}{s^2\left(\dfrac{s}{\beta} + 1\right)(s + 5{,}9)}. \tag{10.26}$$

Con un polo del controlador en el origen el sistema se convierte a tipo 2. Uno de los ceros del controlador se posiciona para cancelar en polo en $-5{,}9$. El polo restante del controlador y el cero se posicionan con un factor de separación de 7; por tanto se posicionan en $-\beta$ y $-\beta/7$. Si el polo cancelado se ignora temporalmente, el centroide de los polos en lazo cerrado es igual a $-\beta/3$ y un deslizamiento de la combinación polo-cero a la izquierda obviamente arrastrará el lugar de las raíces hacia la izquierda. Utilizando cuatro veces la inversa de la especificación del tiempo de asentamiento como una aproximación grosera de la colocación requerida de los polos en lazo cerrado, los polos deberían situarse a la izquierda de $-10$. Aunque no hay una única solución, la investigación con el lugar de las raíces y simulación numérica establece una solución aceptable con el cero colocado en $-6{,}0$ y el polo en $-42$. La función de transferencia en lazo abierto es entonces

$$G_c(s)G_p(s) = \frac{14K(s + 5{,}9)(s + 6)}{s^2(0{,}0238s + 1)(s + 5{,}9)} = \frac{588K(s + 6)}{s^2(s + 42)}. \tag{10.27}$$

Con este conjunto de polos y ceros en lazo abierto $\beta = 42$, $\alpha_1 = 11{,}9$ y $\alpha_2 = 35{,}4$. En la Figura 10.18 se muestra el lugar de las raíces cuando $K$ varía. Para obtener un grado razonable de estabilidad relativa se selecciona $K$ como 1,10. Esto produce $K_d = 0{,}810$, $K_o = 12{,}2$ y $K_i = 38{,}9$. En la Figura 10.19 se muestra la respuesta a la rampa truncada (tal como se especificó). La sobreelongación que ocurre con la truncación de la rampa es de 0,0137 rad y la respuesta se asienta dentro de 2,0 mrad del valor final en 0,32 s —todas las especificaciones se satisfacen.

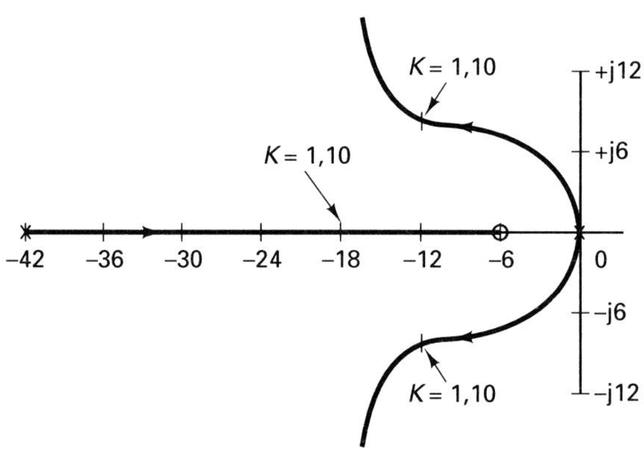


**Figura 10.18.** El lugar de las raíces del Ejemplo 10.7.

Una variación de $\pm 5$ % del cero que exhibe un valor nominal de $-5{,}9$ produce una variación del tiempo de asentamiento de $\pm 5$ % y una variación de la sobreelongación que es menor que $\pm 1$ %. Por tanto, una pequeña desviación de una cancelación exacta polo-cero no produce una variación notable. A pesar del polo añadido en la función del controlador, la diferenciación aproximada tiende a producir una señal transitoria grande cuando la entrada se cambia rápidamente. Este fenómeno es aparente cuando se observa la salida del controlador, tal como se muestra en la Figura 10.20.

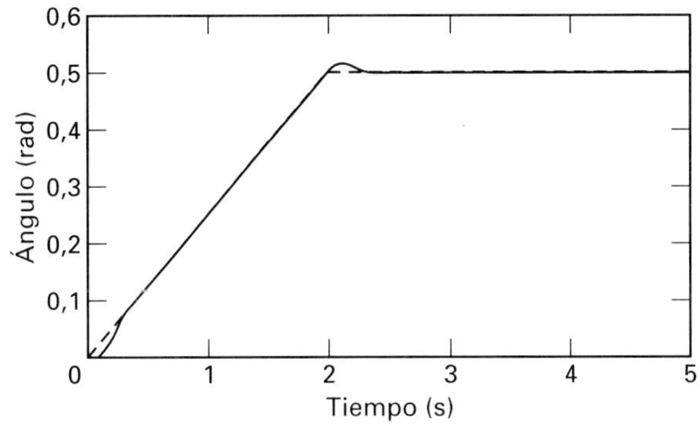


**Figura 10.19.** El ángulo de la antena respecto del tiempo con un controlador PID.

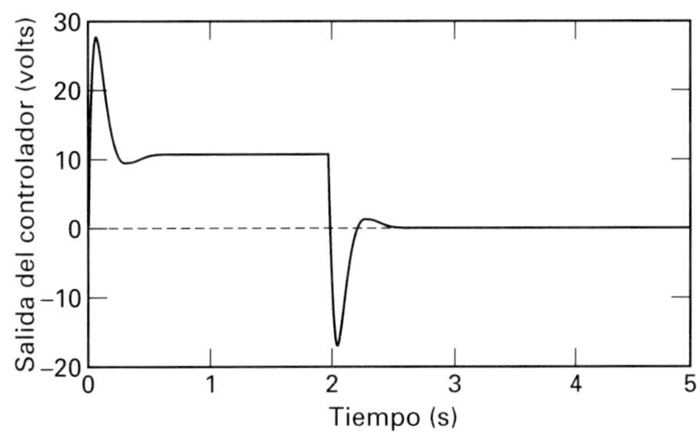


**Figura 10.20.** La salida del controlador respecto del tiempo.

Se puede obtener una implementación del controlador PID utilizando una combinación en paralelo de circuitos con ajustes individuales de la ganancia, tal como se mostró para los controladores PD y PI. Un controlador PID que se obtiene en esta configuración requiere tres caminos paralelos, con el circuito de ganancia proporcional, el circuito del integrador y el circuito del diferenciador. Las salidas se pueden combinar utilizando un circuito de suma. Otra opción es realizar la función deseada con un circuito que utilizan un único amplificador operacional. La función de transferencia que describe el circuito de la Figura 10.21 es

$$G_c(s) = -R_2C_1(1 + R_x/R_1)\frac{\left(s + \dfrac{1}{R_2C_2}\right)\left(s + \dfrac{1}{(R_1 + R_x)C_1}\right)}{s(sR_xC_1 + 1)}. \tag{10.28}$$

Suponiendo que el signo menos se puede contrarrestar y el diseño del controlador requiere ceros reales, el circuito con un único amplificador tal como se muestra realizará la función de transferencia de la Ecuación 10.22.

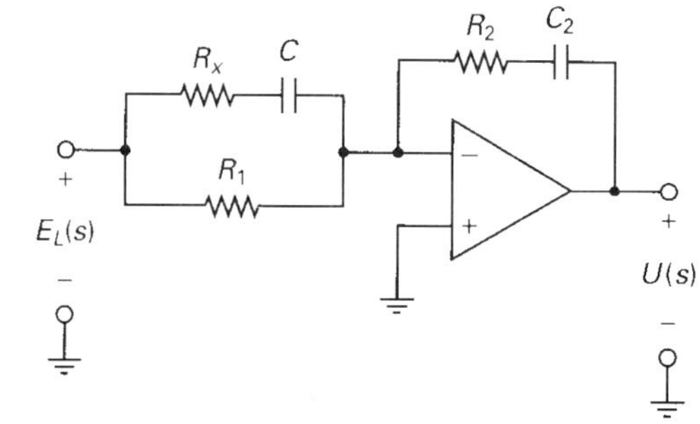


**Figura 10.21.** Un controlador PID práctico.

## 10.7. CONTROLADOR DE ADELANTO DE FASE

Una función de adelanto de fase tiene un cero y un polo con el cero localizado más próximo al origen en el plano $s$ —la presencia del cero dominante tiende a mejorar la estabilidad inherente del sistema. Es quizás aparente que una función de adelanto de fase es idéntica a una función PD en la que se ha añadido un único polo para satisfacer consideraciones prácticas. En este punto, sin embargo, la aplicación se describe utilizando métodos de respuesta en frecuencia —esta técnica ofrece una nueva perspectiva que se gana al considerar el proceso de diseño desde un punto de vista algo diferente.

La utilización satisfactoria de la compensación de adelanto de fase depende de la capacidad de reconocer situaciones en la que la técnica es aplicable y colocar el adelanto de fase en un rango de frecuencia donde la posibilidad de contrarrestar parcialmente el retardo de fase de la planta es más productivo. Aunque un compensador de adelanto de fase introduce un adelanto de fase máximo que es menor que 90°, se puede utilizar de forma efectiva si la planta posee un par de polos dominantes. La presencia de tres o más polos no es necesariamente un problema, pero el grado de éxito dependerá del espaciado entre un par de polos dominantes y cualquier otro polo adicional.

La función de adelanto de fase se puede expresar como

$$G_c(s) = \frac{K_o\left(1 + \dfrac{s}{\omega_0}\right)}{\left(1 + \dfrac{s}{k\omega_0}\right)} \quad k > 1, \tag{10.29}$$

con el polo y el cero posicionados tal como se muestran en la Figura 10.22. El cero está en la posición dominante. Convirtiéndolo a la expresión equivalente en álgebra de fasores

$$G_c(j\omega) = \frac{K_o\left(1 + \dfrac{j\omega}{\omega_0}\right)}{\left(1 + \dfrac{j\omega}{k\omega_0}\right)}. \tag{10.30}$$

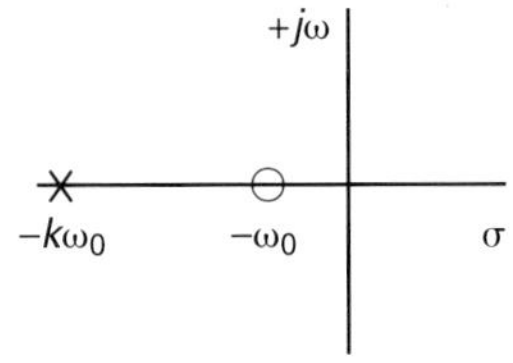


**Figura 10.22.** La colocación del polo y el cero que presenta un controlador de adelanto de fase.

La función de adelanto de fase produce diagramas de Bode de ganancia y de fase tal como se ilustra en la Figura 10.23. El diagrama de fase se puede expresar como la diferencia de dos ángulos con

$$\phi(\omega) = \phi_1 - \phi_2 = \tan^{-1}\frac{\omega}{\omega_0} - \tan^{-1}\frac{\omega}{k\omega_0}. \tag{10.31}$$

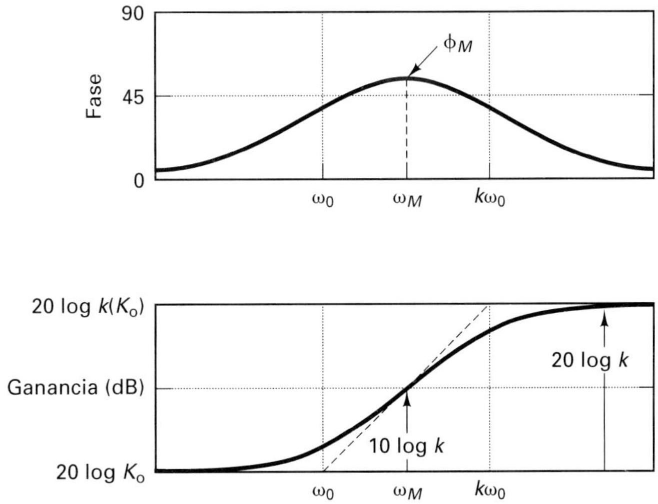


**Figura 10.23.** Ángulo de fase y ganancia que presenta un controlador de adelanto de fase.

Si se determina la derivada de $\phi(\omega)$. Con respecto a $\omega$, se observa rápidamente que el adelanto de fase máximo, $\phi_m$, ocurre en $\omega = \omega_m$, donde $\omega_m$, es la media geométrica de $\omega_0$ y $k\omega_0$. Así,

$$\omega_m = \sqrt{k}\omega_0. \tag{10.32}$$

Aplicando una identidad geométrica para expresar la tangente de la diferencia de dos ángulos,

$$\tan\phi_m = \left[\frac{\tan\phi_1 - \tan\phi_2}{1 + (\tan\phi_1)(\tan\phi_2)}\right]_{\omega=\omega_m} = \frac{k-1}{2\sqrt{k}} \tag{10.33}$$

o

$$\operatorname{sen}\phi_m = \frac{(k-1)}{(k+1)}. \tag{10.34}$$

La Ecuación 10.34 proporciona relación relativamente directa entre el adelanto de fase máximo y el factor $k$ que define la separación del polo y el cero.

Un método típico para la utilización de una red de adelanto de fase es suponer inicialmente control con ganancia proporcional con $K_o$ fijado a un valor que verificará el requisito de error en estado estacionario. A continuación se evalúa la estabilidad observando el correspondiente margen de fase. Si el margen de fase es inadecuado, se añade el adelanto de fase en la región de la ganancia de cruce tal como se requiera para obtener un margen de fase satisfactorio. Este proceso es, sin embargo, ligeramente complicado por la variación en ganancia que se produce por la red de adelanto de fase. Debido al incremento en ganancia que se introduce por la red de compensación, la ganancia de cruce se desplaza a una frecuencia más alta y el nuevo margen de fase se mide en una frecuencia superior. Por tanto, el margen de fase es un objetivo móvil.

La ganancia de la función de adelanto de fase tiene un límite a frecuencias bajas de $K_o$ y un límite a frecuencias altas de $kK_o$. Así, la variación total en ganancia (expresada en decibelios) es $20\log k$, y la ganancia en la frecuencia de adelanto de fase máximo es $10\log k$. Una separación grande del cero y el polo produce un controlador de ganancia elevada en el rango de frecuencias elevadas y esta condición aumentará el nivel de ruido. Un valor de $k$ mayor que 8 ó 10 debería evitarse. Es también aparente que una separación excesiva entre el polo y el cero proporcionará una disminución con respecto a aumentar el adelanto de fase máximo. Si la separación del cero y el polo se limita a una década, esto coloca un límite sobre el adelanto de fase máximo de aproximadamente 55°.

Aunque no existe un procedimiento único para la aplicación de un compensador por adelanto de fase, considere el ejemplo siguiente.

**EJEMPLO 10.8**

Si la entrada al sistema de la Figura 10.24 es una rampa con una velocidad de cambio de 2,0 m/s, el error en estado estacionario debe ser igual o menor que 0,02 m. Además, el margen de fase debe ser al menos de 55°.

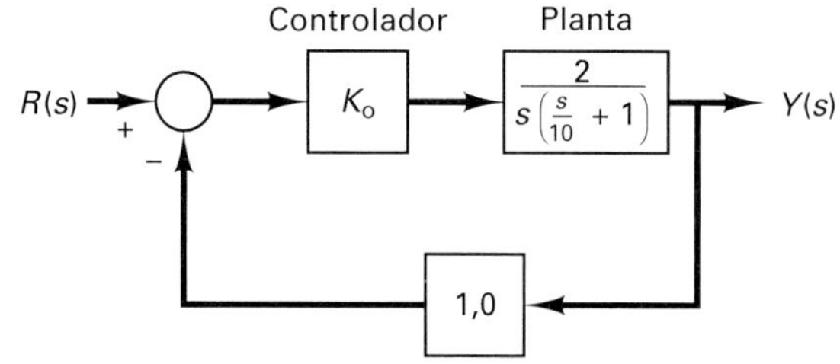


**Figura 10.24.** El sistema del Ejemplo 10.8.

**Solución.** El requisito de error en estado estacionario se traduce rápidamente en un requisito sobre la constante de error de velocidad de $K_v \geqslant 100$. Para obtener este valor utilizando solamente control proporcional, $K_o$ debe ser mayor o igual a 50,0. En la Figura 10.25 se representa la ganancia y la fase en lazo abierto con $K_o$ fijado igual a 50 y esta situación se etiqueta como no compensada. La frecuencia de cruce de la ganancia ocurre en 30,8 rad/s y

$$\phi(30{,}8) = -90° - \tan^{-1}\left(\frac{30{,}8}{10}\right) = -162°. \qquad (10.35)$$

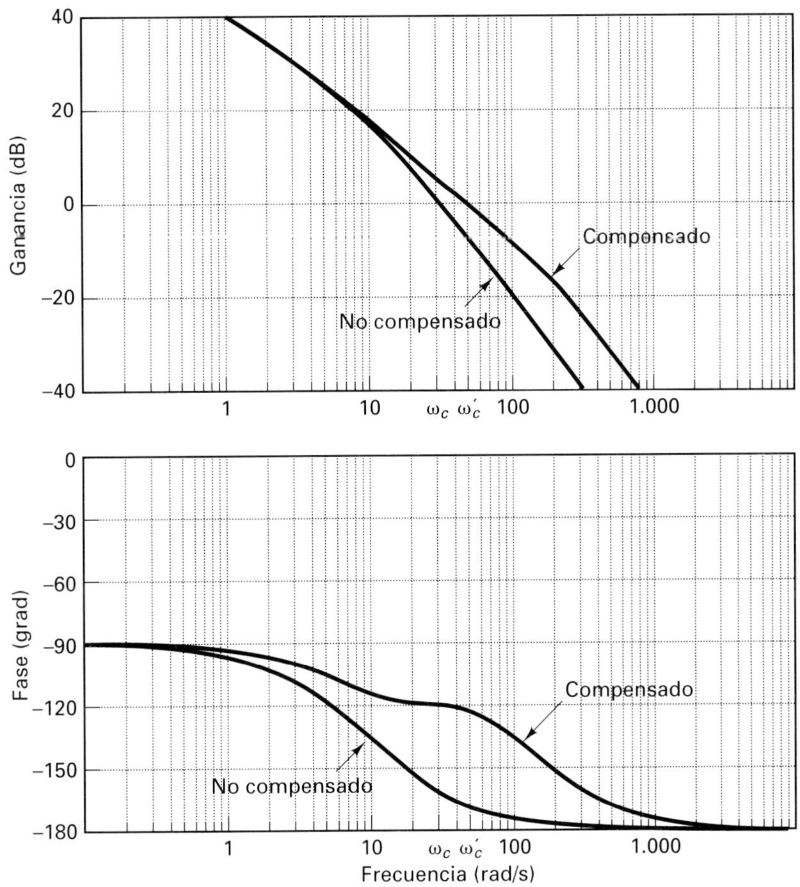


**Figura 10.25.** La ganancia y la fase en lazo abierto respecto de la frecuencia para el Ejemplo 10.8.

Por tanto, el margen de fase es solamente de 18°. Si la frecuencia de cruce de la ganancia permanece en este valor, la adición de 37° proporcionaría el margen de fase de 55°. Sin embargo, la inclusión de una función de compensación de adelanto de fase aumenta la ganancia de las frecuencias altas y desplaza el cruce a un valor de la frecuencia más elevada. Si se observa que la fase se suma al requisito de adelanto de fase, el valor seleccionado de $\phi_m$ debe exceder los 37°. Una aproximación grosera del valor revisado se puede obtener suponiendo que el nuevo cruce ocurrirá una octava más elevada en frecuencia. Como un cruce en 62 rad/s requiere aproximadamente un adelanto de fase adicional de 9°, el valor seleccionado inicialmente de la fase máxima es $\phi_m = 46°$.

Un paso de diseño efectivo en este punto es situar $\phi_m$ de forma tal que aparece en la nueva frecuencia de cruce de la ganancia, por tanto colocando el adelanto de fase máximo en la frecuencia donde se evalúa el nuevo margen de fase. La aplicación de la Ecuación 10.34 especifica $k = 6{,}13$ para obtener 46° de adelanto de fase máximo. La ganancia de la función de compensación en $\omega = \omega_m$ es $10 \log k$ o 7,8 dB. El valor de $\omega_m$ se fija entonces a la frecuencia en la cual la función de ganancia no compensada está por debajo aproximadamente 7,8 dB. Una aproximación grosera coloca este punto en 50 rad/s. Así, $\sqrt{k}\omega_0 = 50$, $\omega_0 = 20{,}2$ rad/s y $k\omega_0 = 124$ rad/s. En la Figura 10.26 se muestra el diseño completo. Una comprobación del resultado muestra que el nuevo margen de fase es de 57° y se satisfacen las especificaciones. En la Figura 10.25 se muestran los diagramas de ganancia y fase revisados.

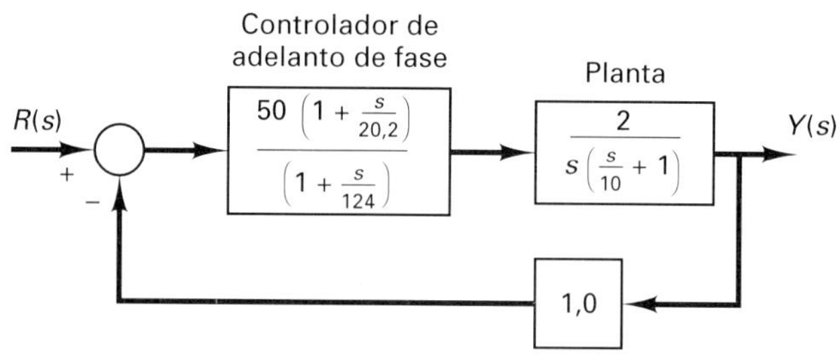


**Figura 10.26.** Un sistema con compensación de adelanto de fase.

Una situación en la cual un controlador de adelanto de fase puede no ser efectivo ocurre si la planta tiene una agrupación de polos con una acción colectiva que produce un retardo de fase que aumenta rápidamente con el aumento en frecuencia. Si se intenta control por adelanto de fase, esta condición requiere típicamente un valor innecesariamente grande del adelanto de fase y la combinación de un retardo de fase excesivo y una alta velocidad de cambio de la fase crea una situación no alcanzable. En la siguiente sección se presenta un método diferente para resolver este problema.

Una realización de una función de controlador de adelanto de fase se puede obtener utilizando el circuito de la Figura 10.16b con $\omega_0 = 1/C(R_x + R_1)$ y $k\omega_0 = 1/CR_x$.

## 10.8. CONTROLADOR DE RETARDO DE FASE

La función de retardo de fase también incluye un cero y un polo, pero el polo se localiza más próximo al origen. Aunque el polo se localiza en un valor distinto de cero, la forma en que esta función modifica la magnitud de la función en lazo abierto es similar al efecto que se produce con el uso de un controlador PI. Por tanto, el cambio se ve generalmente en términos de la mejora con respecto a la precisión en estado estacionario. La técnica de diseño tal como se presenta utiliza técnicas de respuesta en frecuencia.

La función de retardo de fase se puede expresar como

$$G_c(s) = \frac{K_o\left(1 + \frac{s}{k\omega_0}\right)}{\left(1 + \frac{s}{\omega_0}\right)} \quad k > 1, \tag{10.36}$$

con el polo posicionado en la posición dominante tal como se muestra en la Figura 10.27. La correspondiente expresión de álgebra de fasores es

$$G_c(j\omega) = \frac{K_o\left(1 + \frac{j\omega}{k\omega_0}\right)}{\left(1 + \frac{j\omega}{\omega_0}\right)}. \tag{10.37}$$

En la Figura 10.28 se ilustran los diagramas de ganancia y fase. La atenuación máxima (en decibelios) proporcionada por el compensador de retardo de fase es $20 \log k$.

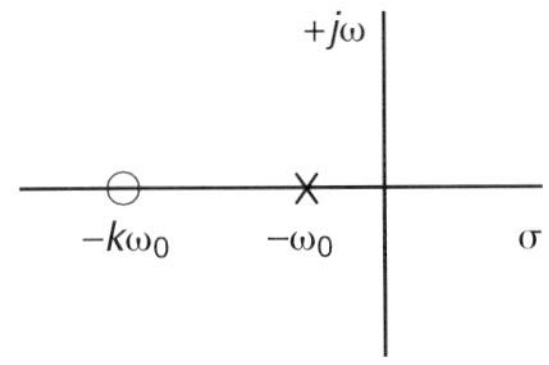


**Figura 10.27.** La colocación del polo y el cero que presenta un controlador de retardo de fase.

Es la característica de ganancia de esta función la que es útil (no el retardo de fase) y es quizás mejor descrita como una forma de compensación de *polos dominantes*. La variación de ganancia que se introduce por el controlador se utiliza para atenuar la función de ganancia en lazo abierto en un rango de frecuencias donde un grupo de polos está contribuyendo con un retardo de fase excesivo. El controlador sitúa la ganancia por debajo de la unidad en un rango donde la fase se aproxima a $-180°$ mientras que mantiene una ganancia alta a frecuencias más bajas. El polo y el cero se posicionan de forma tal que el retardo de fase introducido por el controlador no es significativo en la vecindad de la frecuencia de cruce de la ganancia.

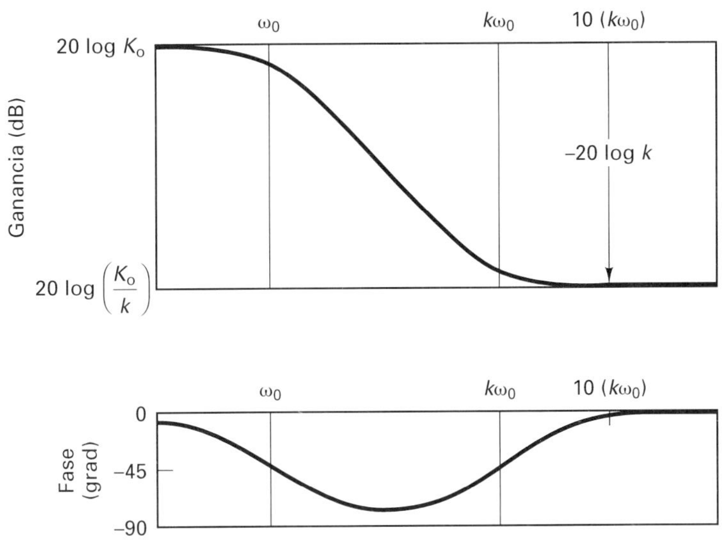


**Figura 10.28.** Ganancia y fase respecto de la frecuencia que presenta un controlador de retardo de fase.

**EJEMPLO 10.9**

El sistema que se muestra en la Figura 10.29 debe tener una constante de error de posición $K_p$ que es mayor o igual que 100 y el margen de fase debe ser al menos de 54°. Si la especificación de error en estado estacionario se satisface utilizando error proporcional, el valor de $K_o$ debe ser de 25,0. En la Figura 10.30 se muestran los diagramas de ganancia y fase en lazo abierto del sistema sin compensar y es aparente que el sistema es inestable. La fase en la frecuencia de ganancia unidad es igual a $-233°$ y se requiere un adelanto de fase de 108°. Con el elevado requerimiento de adelanto de fase y la alta velocidad de cambio de la fase, la compensación por adelanto de fase no es un concepto que funcione.

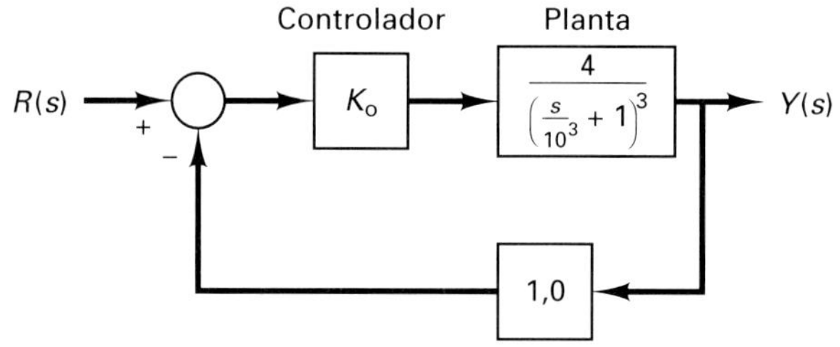


**Figura 10.29.** El sistema del Ejemplo 10.9.

**Solución.** Una compensación por retardo de fase se puede aplicar encontrando la frecuencia en que la función de fase no compensada es de $-120°$. Si el cruce de la ganancia ocurriese en esta frecuencia, el margen de fase sería de 60°. Se utiliza un valor de 60° (mejor que el requisito de 54° de margen de fase) para permitir un pequeño retardo de fase adicional de 6° contribuido por el compensador de retardo de fase. El valor de la fase de $-120°$ ocurre con $\omega$ aproximadamente igual a 840 rad/s. Sin embargo, la ganancia en $\omega = 840$ es de $+33$ dB. Así, la reducción de ganancia producida por la función de compensación debe fijarse igual a 33 dB. Con una reducción de 33 dB, el controlador de retardo de fase colocará el nuevo cruce en $\omega = 840$ rad/s sin cambiar la ganancia cuando $\omega$ se aproxima a cero.

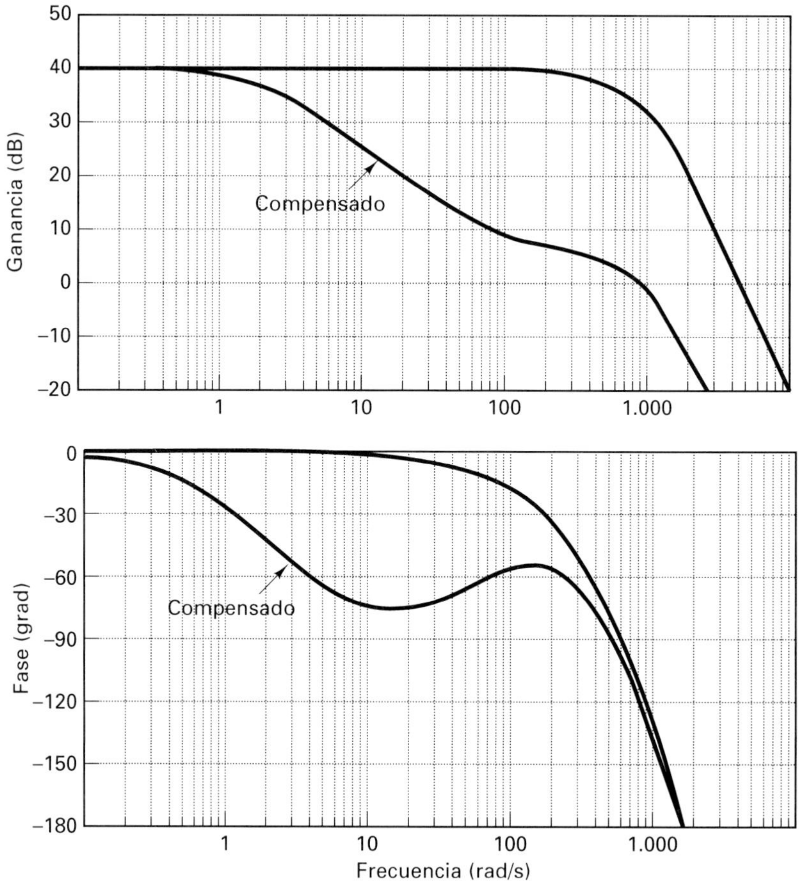


**Figura 10.30.** Ganancia y fase en lazo abierto para el Ejemplo 10.9.

Para obtener 33 dB de atenuación, el valor de $k$ debe ser igual a 44,7. El valor de $k$ determina la separación requerida del cero y el polo y el cero debe colocarse al menos una década por debajo de 840 rad/s para evitar introducir más de 6° de retardo de fase adicional en la nueva frecuencia de cruce. Así, el cero se sitúa en 84,0 rad/s y el polo se coloca en 1,88 rad/s. Como la ganancia en lazo abierto en el límite de las frecuencias bajas no se cambia se satisface la especificación del error en estado estacionario. En la Figura 10.30 se muestran los diagramas de ganancia y fase revisados y el sistema con control por retardo de fase se presenta en la Figura 10.31.

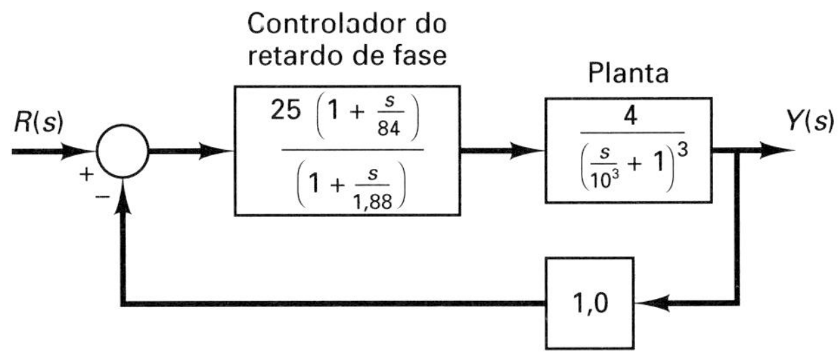


**Figura 10.31.** Un sistema con compensación por retardo de fase (Ejemplo 10.9).

Se podría obtener una variación del ejemplo previo sustituyendo el factor $(1 + s/1{,}88)$ en la función de retardo de fase por $s/1{,}88$, convirtiendo por tanto la compensación a una función de controlador PI. La función de respuesta en frecuencia en lazo abierto a frecuencias bajas continuaría con la pendiente de $-20$ dB por década en el rango que está por debajo de 1,88 y las características a frecuencias más altas no cambiarían. Así, el valor de $K_p$ se aumentaría desde 100 a infinito y todos los otros criterios de comportamiento no se verían afectados. En términos de realización, este cambio se consigue con una pequeña alteración en un circuito de un amplificador operacional. Este fenómeno se analiza aún más en la Sección 10.10.

En la Figura 10.32 se muestra un circuito para realizar compensación por retardo de fase. La función de transferencia es

$$G_c(s) = -\left(\frac{R_2 + R_F}{R_1}\right)\frac{\left(\dfrac{sCR_2R_F}{R_2 + R_F} + 1\right)}{(sCR_F + 1)}. \tag{10.38}$$

Observe que el circuito se cambia a una realización de un controlador PI simplemente eliminando $R_F (R_F = \infty)$.

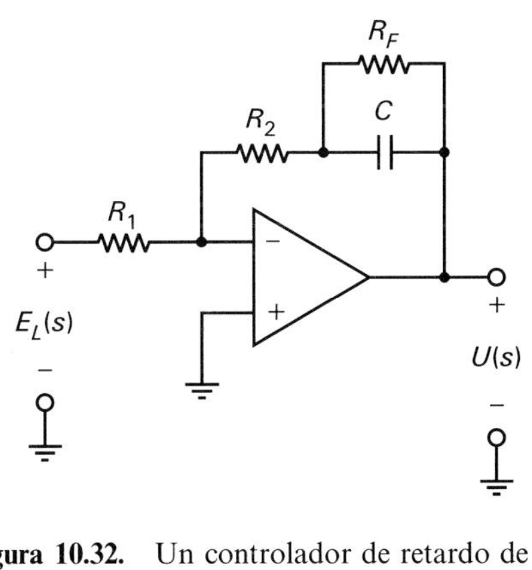


**Figura 10.32.** Un controlador de retardo de fase.

## 10.9. CONTROLADOR DE ADELANTO-RETARDO

De una forma que es similar a combinar un controlador PD práctico con control PI para obtener un control PID práctico, se pueden combinar el control por adelanto y retardo de fase para obtener un controlador de adelanto-retardo. La red de retardo se aplica en el rango de frecuencias bajas y la de adelanto en el de frecuencias altas. La combinación aparece entonces tal como se muestra en la Figura 10.33. Así, la característica de ganancia del par polo-cero inferior se puede utilizar para obtener un error en estado estacionario deseado y la del par polo-cero superior para maximizar el ancho de banda mientras mantiene un grado aceptable de estabilidad relativa.

Aunque no existe un procedimiento de diseño único, el ejemplo siguiente describe uno en el que la parte de adelanto de fase se considera en primer lugar y a continuación se añade la parte de retardo de fase para obtener el criterio de comportamiento de error en estado estacionario deseado. El procedimiento de diseño incorpora muchos de los conceptos presentados anteriormente en el adelanto y en el retardo de fase.

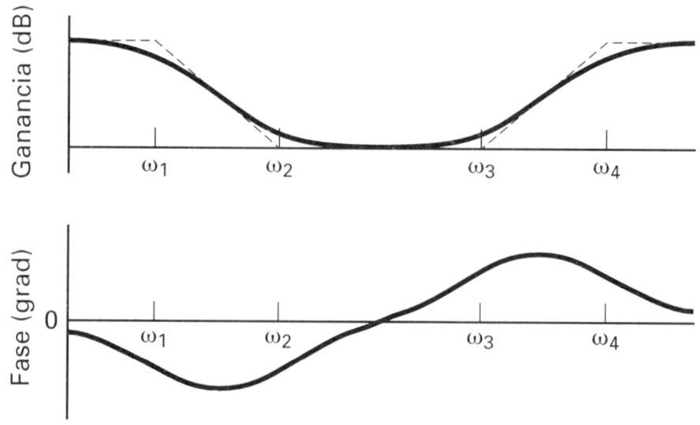


**Figura 10.33.** Ganancia y ángulo de fase respecto de la frecuencia que presenta un controlador de adelanto-retardo.

**EJEMPLO 10.10**

El sistema de la Figura 10.34 debe tener un margen de fase que exceda 50° y la constante de error de velocidad $K_v$ debe ser mayor o igual a 200. Para obtener el ancho de banda deseado, la frecuencia en la que la función de ganancia en lazo abierto cruza el eje de 0 dB debe ser al menos de 60 rad/s.

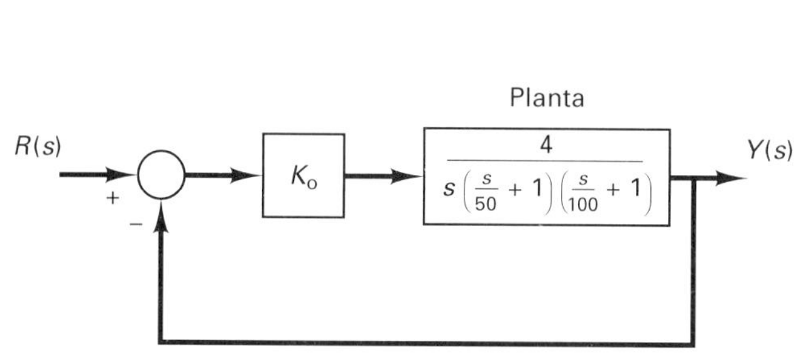


**Figura 10.34.** Sistema no compensado del Ejemplo 10.10.

**Solución.** Si se satisface la especificación de error en estado estacionario utilizando sólo control proporcional, el valor de $K_o$ debe ser 200 o más. Sin embargo, si $K_o$, se fija a 200 el sistema es inestable con la función de fase en lazo abierto teniendo una fase de $-188°$ en la frecuencia de ganancia unidad. Observando el extensivo retardo de fase y la alta velocidad de cambio de la fase, la aplicación de la compensación por adelanto de fase no parece que sea viable. Sin embargo, si se da uno cuenta que la especificación del estado estacionario se puede obtener modificando las características a bajas frecuencias del controlador, el problema se modifica facilitando temporalmente el requisito de ganancia a estas frecuencias.

Para proceder con el diseño, el valor de $K_o$ se reduce a un nivel para el cual el adelanto de fase requerido en la frecuencia de cruce de ganancia no es excesiva. Si el valor de $K_o$ se disminuye a 50, entonces el sistema es estable con un margen de fase de 32,61 y una frecuencia de cruce de ganancia de 37,5 rad/s. Esto produce las características de ganancia y fase en lazo abierto que se muestran en la Figura 10.36 (etiquetada no compensada). Una compensación por adelanto de fase es ahora un procedimiento viable. Como el requisito de adelanto de fase cambia rápidamente con el incremento de la frecuencia, la relación de la posición del polo y el cero se fija a 10. Por tanto, $k = 10$, $\phi_m = 55°$ y $10 \log k = 10$ dB. El diagrama de la ganancia no compensada se baja 10 dB en aproximadamente 70 rad/s. Así, $\omega_m$ se coloca en 70 y los correspondientes polos y ceros se localizan en 22,1 y 221 rad/s, respectivamente. La inserción de la compensación de adelanto de fase aumenta la frecuencia de cruce a 74,5 rad/s y el margen de fase se aumenta hasta 52,1°.

En este punto se satisfacen todas las especificaciones, excepto el valor de $K_v$. Como la constante de error de velocidad se redujo de 200 a 50, la ganancia cuando $\omega$ tiende hacia cero es inferior al valor requerido por una razón de 12 dB. Para corregir esta condición, la parte de retardo de fase del controlador debe insertarse con $20 \log k$ igual al menos a 12 dB. Como este requisito se alcanza sin dificultad, la especificación se excede al fijar $k = 10$. Con una década de separación entre el polo y el cero de frecuencias bajas, la ganancia a estas frecuencias se aumenta en 20 dB y la especificación de la constante de error se excede en 8 dB. Para evitar cualquier deterioro significativo del margen de fase, el cero de la parte de retardo de fase de la compensación se posiciona por debajo del cero de la parte de adelanto de fase por un factor que es aproximadamente una década más una octava. Esto coloca el cero y el polo de las frecuencias bajas de la parte de retardo en 1,0 y 0,1 rad/s, respectivamente. En la Figura 10.35 se muestra el sistema revisado con el controlador de adelanto-retardo. El margen de fase es 51,4° y la frecuencia de cruce de ganancia es de 74,5 rad/s.

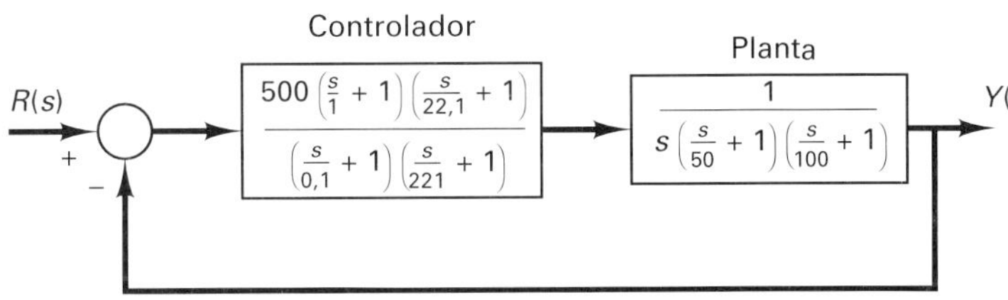


**Figura 10.35.** El sistema de adelanto-retardo compensado del Ejemplo 10.10.

En la Figura 10.36 se muestran los diagramas de Bode de la ganancia y de la fase compensada y un diagrama de la ganancia en lazo abierto respecto de la frecuencia también se muestra sobre una carta de Nichols (Figura 10.37). Está claro que el pico en la función de ganancia en lazo cerrado es ligeramente mayor que 1,0 dB y que se eliminaría si la ganancia en lazo abierto se redujera a aproximadamente 3 dB. Sin embargo, este cambio reduciría la frecuencia de cruce produciendo por tanto una ligera disminución en el ancho de banda.

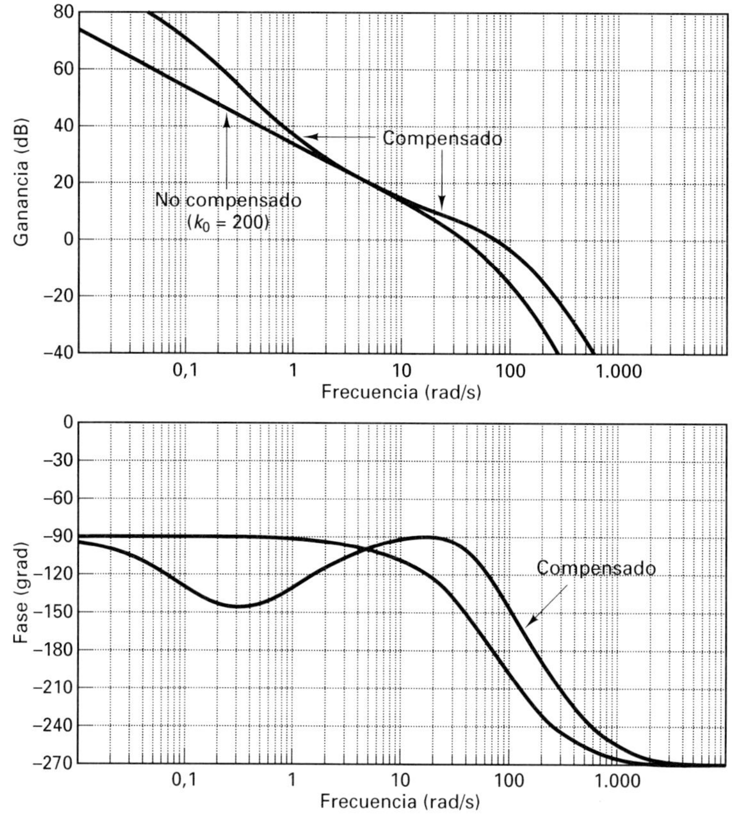


**Figura 10.36.** La ganancia y fase en lazo abierto respecto de la frecuencia para el Ejemplo 10.10.

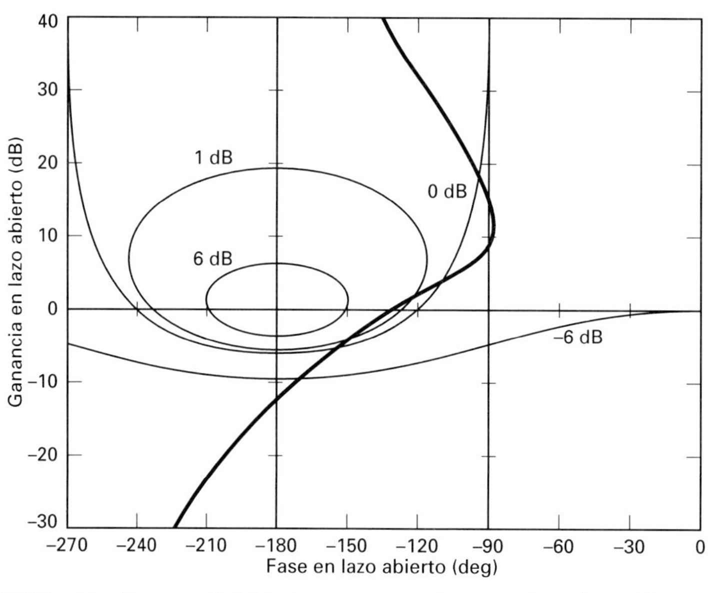


**Figura 10.37.** Un diagrama de Nichols que muestra la ganancia en lazo abierto respecto de la fase para el Ejemplo 10.10.

Fue previamente observado que, cambiando la posición del polo a frecuencias bajas en un controlador de retardo de fase desde un valor no nulo a cero, convertía su función en la de un controlador PI con características muy similares. Un fenómeno análogo ocurre con un compensador de adelanto-retardo. Si la característica no se modifica excepto para la posición del polo de bajas frecuencias moviéndolo hasta donde está el cero, convierte la red de adelanto-retardo en la de un controlador PID práctico (con un polo distinto de cero), tal como se describió en la Sección 10.6. Considerando el efecto de este cambio aplicado al Ejemplo 10.10, el criterio de comportamiento transitorio no cambia y la constante de error de velocidad aumenta de 500 a infinito. Comentarios adicionales de estas características se encuentran en la Sección 10.10.

En la Figura 10.38 se muestra la realización de un circuito activo de un controlador de adelanto-retardo. Utilizando una realización activa tal como la mostrada, la magnitud de cada polo o cero es ajustable de forma independiente. La función de transferencia es

$$G_c(s) = -\left(\frac{R_2 + R_F}{R_1}\right)\frac{(sC_2R_p + 1)[sC_1(R_1 + R_x) + 1]}{(sC_2R_F + 1)(sC_1R_x + 1)}, \quad R_p = \frac{R_2R_F}{R_2 + R_F}. \tag{10.39}$$

La conversión de este circuito en la realización de un controlador PID práctico se obtiene simplemente eliminando $R_F$.

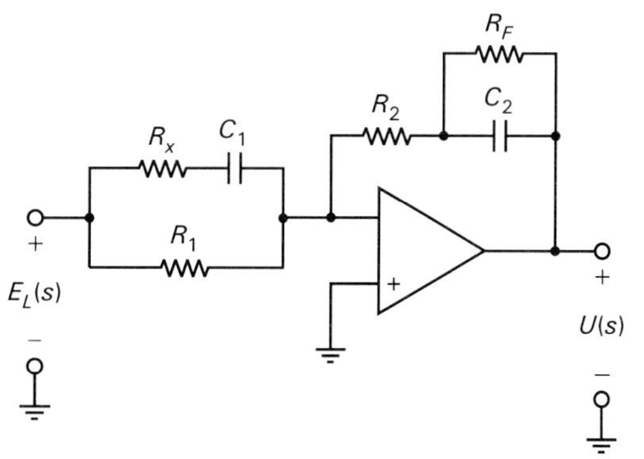


**Figura 10.38.** Un controlador de adelanto-retardo.

## 10.10. SELECCIÓN DE UN TIPO DE CONTROLADOR

Considerando las opciones entre control PI, PD y PID, el empleo de control integral y derivativo debería considerarse cuidadosamente en cada aplicación. Con respecto al control integral, la necesidad de un aumento en el número de tipo depende no solamente de la especificación de comportamiento en estado estacionario, sino también en el número de integraciones inherentes que aparecen en la planta. Como la adición de un integrador superfluo puede imponer limitaciones innecesarias sobre el criterio de comportamiento transitorio, la decisión de utilizar control integral debería emplearse con prudencia.

Con respecto a una componente no nula del control derivativo, hay otra vez un factor de coste. A pesar de la presencia de uno o dos polos adicionales, la utilización de una diferenciación aproximada introduce un camino del controlador que intensifica las señales extrañas. Como la función de transferencia de adelanto de fase es idéntica a la de un controlador PD práctico, la misma precaución se aplica a la compensación por adelanto de fase. Por tanto, la necesidad para un comportamiento transitorio mejorado debería evaluarse con cuidado y puede ser preferible una técnica tal como la descrita en el capítulo siguiente . La modificación de la conducta transitoria utilizando *colocación de polos* y *estimación del estado* es una opción que se presenta en el Capítulo 11.

Se observó con la descripción de ambas compensaciones por retardo y por adelanto de fase que desplazaban el polo a frecuencias bajas hacia el origen para convertir estas funciones en las de un control PI y PID modificado, respectivamente. En cada caso, el número del tipo se aumenta en uno. Este desplazamiento en la posición del polo se puede realizar sin alterar el comportamiento transitorio y el valor de una constante de error finita se cambia de un valor elevado a infinito. Así, hay una opción de diseño interesante con respecto a posicionar el polo en un punto relativamente próximo al origen en el plano $s$ o posicionar el polo para obtener una integración ideal (o cuasideal).

## 10.11. UTILIZACIÓN DE MATLAB

Los procedimientos de diseño del controlador, tal como se han presentado, se facilitan todos mediante cálculo digital y puede ser útil una combinación de diferentes técnicas. Cuando se utilizan técnicas en el plano-$s$ una combinación del lugar de las raíces generado por computador y cálculo de la respuesta temporal pueden proporcionar extensivos datos de comportamiento y una ayuda decisiva en el proceso de diseño. Aunque adaptable a una diversidad de situaciones (utilizando un archivo M), el siguiente es un listado de tareas de simulación con modelos que se necesitan específicamente para el Ejemplo 10.6 (diseño de un controlador PD):

```
          % Ejemplo 10.6
      % Lugar de las raíces variando K0
alpha = 6.25; beta = 50;            % Especificar polo y cero del controlador
n = [0 0 10/alpha 10];              % Introducir P(s)
d = [1/beta 1+4/beta 4 0];
rlocus(n,d)                         % Representar el lugar
[k,roots] = rlocfind(n,d)           % Colocar una cruz para evaluar un punto específico
pause                               % Cualquier tecla para proseguir
      % Respuesta en escalón
k0 = 10;                            % Especificar factor de ganancia del lazo
n1 = [0 0 10*k0/alpha 10*k0];       % Introducir modelo en lazo cerrado
d1 = [1/beta 1+4/beta 4+10*k0/alpha 10*k0];
[y,x,t] = step(n1,d1);              % Calcular respuesta a un salto cerrado
plot(t,y), grid                     % Representar salida versus tiempo
ylabel('y(t)'), xlabel ('Time (sec)')
[t' y]                              % Imprimir tiempo y salida en columnas adyacentes
```

Un diagrama del lugar de las raíces se puede obtener en copia dura activando el programa con la orden plot del dominio temporal desactivada temporalmente utilizando un símbolo de %. Los efectos de variaciones del controlador son, por supuesto, fácilmente estudiados al observar el comportamiento con las variaciones de los parámetros seleccionados inicialmente. Familias de lugares de las raíces o curvas de respuesta a un salto se pueden generar insertando cambios de parámetros y aplicando las órdenes **hold on** y **hold off** para retener los diagramas que se requieran.

Si se considera la aplicación de técnicas de respuesta en frecuencia se puede adaptar otra vez un archivo M a una variedad de situaciones. El siguiente conjunto de programas proporciona ayuda adicional para diseñar un controlador utilizando métodos de respuesta en frecuencia con modelos que son específicamente aplicables al Ejemplo 10.8.

```
          % Ejemplo 10.8 - No compensado
     % Una comprobación de la respuesta en frecuencia no compensada (con Kv = 100)
k0 = 50;                        % K0 se calcula para cumplir que Kv = 100
n = [0 0 2*ko];                 % Introducir el modelo en lazo abierto
d = [1/10 1 0];
bode(n,d)                       % Calcular y representar diagrama de Bode (ganancia y fase)
[gm,pm,wpc,wgc] = margin(n,d);      % Calcular márgenes de ganancia y fase
pm,wgc                          % Imprimir el margen de fase y la frec. de cruce de ganancia
```

Con el modelo especificado la fase en lazo abierto tiende asintóticamente a $-180°$ cuando $\omega$ tiende a infinito; por tanto, el margen de ganancia es infinito. El margen de fase se calcula de forma precisa, pero un cálculo numérico del margen de ganancia no se hace en esta situación por la incapacidad de considerar un rango de frecuencia infinito.

Si se consideran ambos modelos del sistema sin compensar y compensado, las correspondientes funciones de respuesta en frecuencia se pueden calcular y observar como sigue:

```
          % Ejemplo 10.8 - No compensado y compensado
w = logspace(-1,4,200);              % Extender el rango de frecuencia
k0 = 50; z = 20.2; p = 124;          % Especificar factor de ganancia, frecuencia del
                                     cero y del polo
n = [0 0 2*k0];                      % Modelo del sistema no compensado
d = [1/10 1 0];
nc = [0 0 2*k0/z 2*k0];              % Modelo del sistema compensado
dc = [1/(10*p) (1/10)+(1/p) 1 0];
[mag,ph,w] = bode(n,d,w);
[magc,phc,w] = bode(nc,dc,w);        % Calcular ganancia y fase
db = 20*log10(mag); dbc = 20*log10(magc);      % Convertir a dB
subplot(211)                         % Dibujar en la mitad superior de la zona de
                                     representación gráfica
semilogx(w,db,w,dbc), grid           % Dibujar ganancia no compensada y compensada
axis([.1 10000 -40 40])              % Definir límites de la gráfica
ylabel('Gain (dB)'), xlabel('Freq (r/s)')
subplot(212)                         % Dibujar en la mitad inferior de la zona de
                                     representación gráfica
semilogx(w,ph,w,phc), grid           % Dibujar fase no compensada y compensada
axis([.1 10000 -180 -90])            % Definir límites de la gráfica
ylabel('Phase (deg)'), xlabel('Freq (r/s)')
[gm,pm,wpc,wgc] = margin(mag,ph,w);      % Calcular márgenes de fase y ganancia
[gmc,pmc,wpcc,wgcc] = margin(magc,phc,w)
pm,wgc,pmc,wgcc                      % Imprimir márgenes de fase y frecuencia de cruce
                                     de ganancia
subplot(111)                         % Retornar al formato de gráfica simple
%ngrid('new')                        % Opción de carta de Nichols (quitar %)
%nichols(nc,dc,w)                    % Opción de carta de Nichols (quitar %)
```

Si se formula como un archivo M, el conjunto de órdenes precedente se puede adaptar al diseño de un controlador utilizando funciones de compensación por adelanto, retardo o adelanto-retardo.

## 10.12. RESUMEN

La utilización de una función de control en cascada ofrece la capacidad de modificar una función en lazo abierto de una manera que puede mejorar significativamente el comportamiento del sistema en lazo cerrado. Si la conducta deseada no se puede obtener utilizando control proporcional, hay diversas alternativas que pueden dirigirse hacia la consecución de un conjunto específico de objetivos de diseño.

La utilización de un controlador PI proporciona un aumento en el número del tipo con una correspondiente mejora de la capacidad de seguimiento en estado estacionario. El controlador introduce un polo y un cero con el polo localizado en el origen del plano $s$ y el cero sobre el eje real negativo. La inserción del polo añade una integración a la función en lazo abierto y la presencia del cero es normalmente útil con respecto a formular un comportamiento transitorio satisfactorio. En situaciones con grupos de polos dominantes, el empleo de un controlador PI puede permitir al diseñador satisfacer una especificación de error en estado estacionario sin aumentar la ganancia a frecuencias altas, por tanto, evitando un problema de estabilidad potencialmente significativo.

Si se introduce un cero dominante en la función del camino directo, se puede utilizar un controlador PD para mejorar el comportamiento de un sistema que se caracteriza por un desequilibrio moderado entre el número de polos dominantes con respecto a los ceros. Este tipo de compensación es particularmente efectiva en situaciones donde la planta presenta un par de polos dominantes. Hay, sin embargo, limitaciones prácticas que deben considerarse.

El modelo de función de transferencia de un controlador PD ideal es una función impropia y los resultados de una simulación utilizando un modelo idealizado no son realistas en un sentido práctico. La aproximación de una función ideal está sujeta a severos problemas con EMI (interferencias electromagnéticas). La conversión a una función propia requiere la adición de al menos un polo y la relación de la posición del polo al cero debe ser considerada con cuidado para minimizar la amplificación de señales extrañas. Con una colocación cuidadosa del cero y el polo, sin embargo, la aplicación de un controlador PD práctico puede producir una reducción notable en el tiempo de respuesta mientras se mantiene un grado satisfactorio de estabilidad relativa. La capacidad de aumentar la ganancia del lazo puede también permitir un incremento en el valor de una constante de error finita.

Un controlador PID tiende a combinar las características de control PI y PD. La parte integral del controlador incrementa el número del tipo del sistema. Un controlador PID es a menudo efectivo en una situación para la cual el control PI es suficiente para producir el comportamiento deseado en estado estacionario, pero se busca la mejora adicional con respecto a la conducta transitoria. Aunque sujeta a las mismas limitaciones prácticas que un controlador PD, la parte derivativa es útil con respecto a mantener o mejorar el criterio de comportamiento transitorio. Una representación ideal incluye un polo localizado en el origen en el plano $s$ y dos ceros localizados en el semiplano izquierdo. Una realización práctica requiere al menos un polo adicional que se posiciona cuidadosamente con respecto a la localización de los ceros.

Una función de compensación por adelanto de fase es idéntica a una función PD (con un polo añadido a la función ideal), y esta técnica de compensación está sujeta a la misma consideración con respecto a señales de perturbación y a la posición relativa del cero y el polo. Si la aplicación se considera utilizando métodos de respuesta en frecuencia, a menudo se gana una mayor comprensión con respecto al diseño del controlador. El uso de la compensación por adelanto de fases es efectiva si la planta presenta un exceso moderado en el número de polos dominantes con respecto a los ceros dominantes. En comparación con el control proporcional, la inserción de un control por adelanto de fase puede ofrecer un incremento en el ancho de banda mientras mantiene un margen de fase deseado.

Si la ganancia del lazo está severamente limitada por la presencia de un grupo de polos dominantes, la compensación por retardo de fase ofrece una solución apropiada. La característica de ganancia de esta función de polo dominante se emplea para obtener una ganancia elevada a frecuencias bajas mientras suprime la ganancia en el rango de frecuencias donde la función de la planta está produciendo un excesivo retardo de fase.

La función de compensación por adelanto-retardo proporciona una combinación de la compensación por adelanto y retardo. El cero y el polo a frecuencias altas contribuyen al adelanto de fase en este rango de frecuencias, mejorando por tanto la conducta transitoria. El cero y el polo a frecuencias bajas permite un aumento en la ganancia a estas frecuencias sin alterar la ganancia a frecuencias altas. La elevada ganancia a frecuencias bajas contribuye a una mejora del comportamiento en estado estacionario. Por lo tanto, ambos criterios, estado estacionario y transitorio, se mejoran aplicando ambas técnicas de compensación por adelanto y retardo en los rangos apropiados de frecuencia. Si se considera o bien una compensación por retardo de fase o de retardo-adelanto de fase se introducen ambos polos y ceros, pero siempre un polo es el que está más próximo al origen. Si el polo a frecuencias bajas se desplaza desde un valor no nulo a cero, la función de compensación adquiere la forma de un controlador PI o un controlador PID práctico, respectivamente.

## 10.13. CONEXIONES PARA PROSEGUIR EL ESTUDIO

El Capítulo 11 proporciona un estudio continuado del diseño del controlador con la consideración de tópicos adicionales. Los conceptos del controlador descrito en ambos capítulos se pueden implementar utilizando o sistemas continuos o muestreados y se pueden estudiar tópicos similares con funciones de control que se realizan utilizando técnicas digitales.

### Problemas

**10.1.** Suponer que el sistema de control de temperatura de la Figura P10.1 se implementa utilizando un controlador proporcional con $G_c(s) = K_o$. Las especificaciones de conducta transitoria requieren que la sobreelongación no debe exceder 4,32 % con una entrada en salto. Además, la constante de error de posición $K_p$ debe ser mayor o igual a 20. Determinar el rango de valores de $K_o$ que cumplirán todas las especificaciones. Si no se pueden satisfacer las condiciones mostrar prueba de su conclusión.

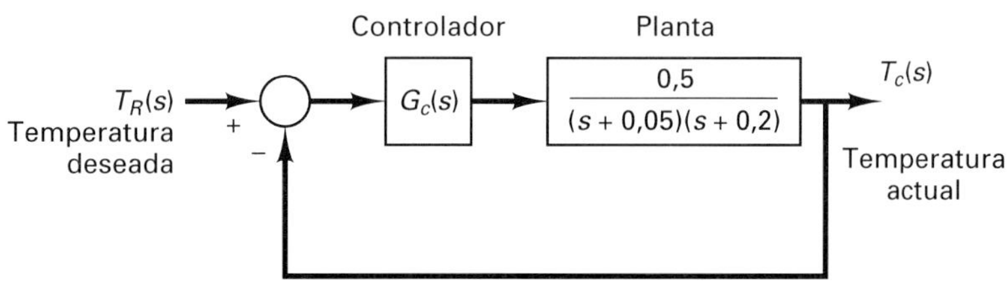


**Figura P10.1**

**10.2.** Suponer que el sistema de control de nivel de la Figura P10.2 se implementa utilizando un controlador proporcional con $G_c(s) = K_o$. La integral en la función de la planta se presenta porque la válvula de control lineal controla la velocidad del caudal de entrada. Así, el volumen que entra al tanque es dependiente de la integral del caudal. Suponer que el tiempo de asentamiento en el 2 % con una entrada en salto debe ser menor o igual a 60 s y el sistema debe ser críticamente amortiguado. Además, el error en estado estacionario con una entrada en salto debe ser cero. Especificar el rango de $K_o$ que cumplirá todas las especificaciones. Si no se pueden satisfacer las condiciones mostrar prueba de su conclusión.

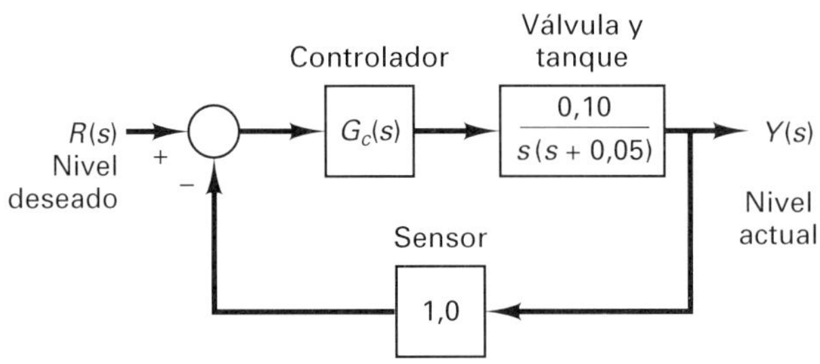


**Figura P10.2**

> *Nota:* Los problemas 10.3 a 10.6 deben resolverse utilizando un controlador PI o un controlador PD ideal.

**10.3.** Considerando el sistema de la Figura P10.1 determinar $G_c(s)$ de forma tal que la respuesta a una entrada en salto presente error en estado estacionario nulo. Además, el tiempo de asentamiento en el 2 % debe ser menor o igual a 60 s y el sistema debe ser críticamente amortiguado. Utilizar cancelación polo-cero.

**10.4.** Considerando el sistema de la Figura P10.2 determinar $G_c(s)$ de forma tal que la respuesta a una entrada en salto presente error en estado estacionario nulo. Además, el tiempo de asentamiento en el 2 % debe ser menor o igual a 20 s y no debe haber sobreelongación. Utilizar cancelación polo-cero.

**10.5.** Considerando el sistema de la Figura P10.2, determinar $G_c(s)$ de forma tal que proporcione un controlador PD con un cero situado en $s = -0{,}06$. Utilizar el valor de $K_o$ obtenido en el Problema 10.4 para determinar el tiempo de asentamiento y el tanto por ciento de sobreelongación. Determinar si se puede mejorar el comportamiento sin cambiar la posición del cero y especificar los nuevos parámetros del controlador.

**10.6.** Si el modelo de planta para un sistema está compuesto de dos integradores ($G_p = 1/s^2$), seleccionar un diseño del controlador que proporcione un comportamiento estable. Explique su elección utilizando lugares de las raíces.

**10.7.** Considerando el sistema de la Figura P10.7,

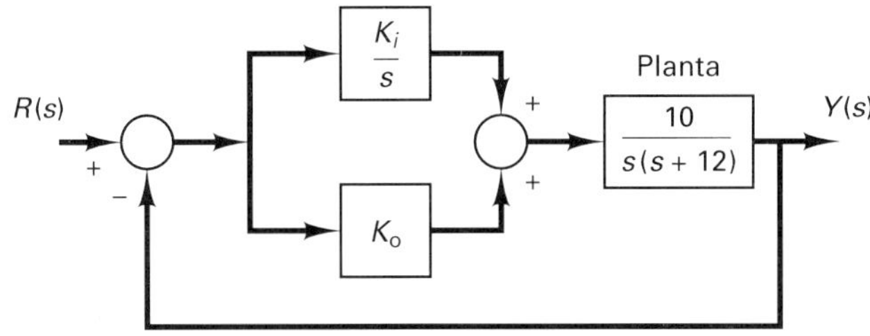


**Figura P10.7**

**a.** ¿Qué número de tipo es? ¿Cuál es el error en estado estacionario frente a una entrada en rampa?

**b.** ¿Qué condiciones se deben mantener con respecto a las magnitudes de $K_o$ y $K_i$ de forma que el sistema sea estable?

[M] **10.8.** Considerando el sistema de tipo 2 de la Figura P10.7, determinar $\alpha(\alpha = K_i/K_o)$ de forma que el cero en lazo abierto se sitúe en $s = -2$. Después utilizar la técnica del lugar de las raíces generado con MATLAB para observar el efecto de la variación de $K_o$ (mientras $\alpha$ se mantiene fijo). Determinar $K_o$ de forma que el coeficiente de amortiguamiento del par de raíces complejas esté cerca del máximo. Con su diseño del controlador finalizado, utilizar una simulación de MATLAB para determinar la respuesta a una entrada en rampa de pendiente unidad que comienza en $t = 0$. Suponga que el sistema está inicialmente en reposo. Sus resultados deberían incluir la especificación de $G_c(s)$ y un dibujo que muestre la entrada en rampa y la respuesta.

[M] **10.9.** Utilizando MATLAB, observar el resultado de variar los valores de $K_o$ y $\alpha$ utilizados en el Problema 10.8. Intente mejorar la respuesta a una entrada en rampa. Si lo consigue, describa su diseño revisado.

**10.10.** Considere el sistema de control de posición de las Figuras P10.10a y P10.10b:

**a.** Determinar la ecuación característica para cada sistema. ¿Existe alguna diferencia aparente en la capacidad de ajustar la posición de los polos en lazo cerrado? Explicar.

**b.** Considerando $U(s)/R(s)$. ¿Presentan uno u otro sistema una función de transferencia impropia? Explicar.

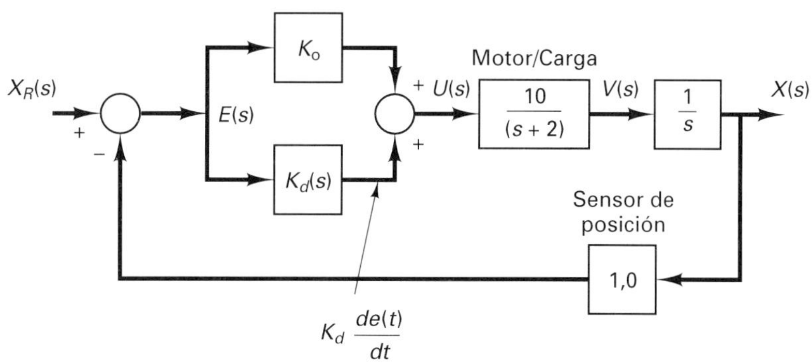


(a)

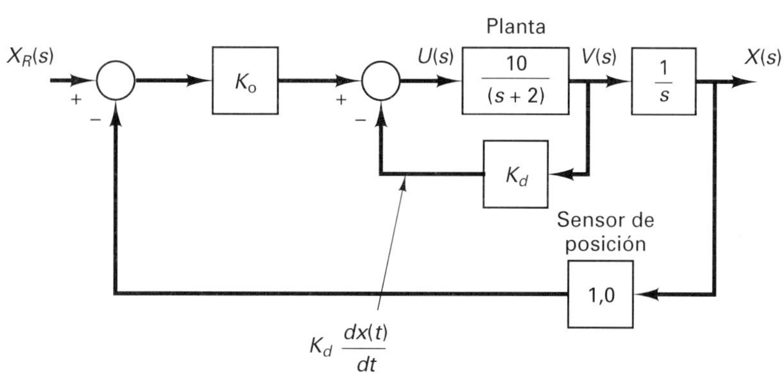


(b)

**Figura P10.10**

**10.11.** Si el controlador en el sistema de la Figura P10.10a se realiza con $K_o = 10$ y $K_d = 1{,}8$, determinar la entrada a la planta $u(t)$ suponiendo que $r(t)$ es una función de salto unitario. ¿Es un sistema físico capaz de producir y transmitir esta señal? Explicar.

M **10.12.** Utilizando el controlador PD práctico descrito en la siguiente ecuación, colocar el controlador en el sistema de la Figura P10.10a. Determinar $K_o$ tal que la constante de error de velocidad $K_v$ es igual a 32,0. Fijar $\beta$ temporalmente a infinito y determinar $\alpha$ de forma tal que la razón de amortiguamiento es la unidad. A continuación fijar $\beta$ a un valor que es mayor que $\alpha$ por un factor de 8,0. Con el cero y el polo fijado en posición, utilizar un diagrama del lugar de las raíces generado por MATLAB para estudiar la variación de las raíces de la ecuación característica cuando se varía $K_v$. Determinar la posición de las raíces para el valor requerido de $K_v$. Considerando su diseño completo, especificar $G_c(s)$, las raíces de la ecuación característica y el valor del error en estado estacionario con una entrada en rampa unitaria.

$$G_c(s) = \frac{K_o\left(\frac{s}{\alpha} + 1\right)}{\left(\frac{s}{\beta} + 1\right)}$$

**10.13.** Utilizando el controlador PD práctico descrito en el Problema 10.12, colocar este controlador en el sistema de la Figura P10.10a. Fijar $\alpha$ al valor requerido para obtener una cancelación polo-cero y fijar $\beta$ a un valor que es mayor por un factor de 8,0. La razón de amortiguamiento debe ser 0,707 o mayor. Fijar $K_o$ a un valor que satisfaga la especificación de la razón de amortiguamiento y minimiza el error de estado estacionario con una entrada en rampa unitaria. Especificar $G_c(s)$ y el valor del error en estado estacionario con una entrada en rampa unitaria.

**10.14.** Dado el sistema de la Figura P10.14, diseñar un controlador PI que produce un sistema estable tipo 1. Determinar $G_c(s)$. Tal que todas las raíces de la ecuación característica se colocan en $s = -3 + j0$. Explicar por qué la cancelación polo-cero en el semiplano derecho *no* es aceptable.

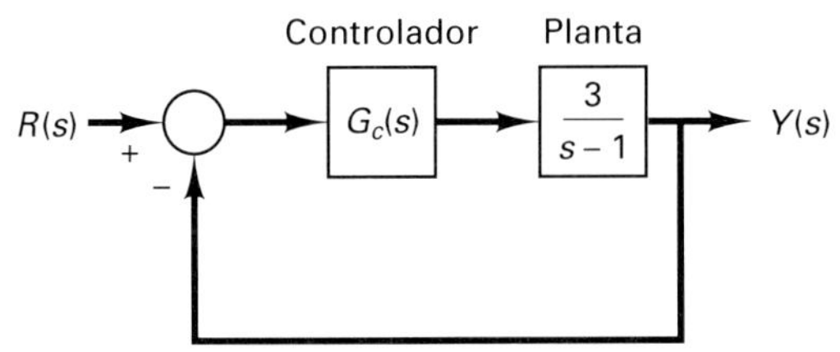


**Figura P10.14**

M **10.15.** La Figura P10.15 muestra un sistema para controlar el ángulo de un sistema que no tiene pérdidas por rozamiento. Utilizar un controlador PD práctico para obtener una respuesta estable con una constante de error de aceleración $K_a$ igual a 10. Temporalmente fijar $\beta$ a infinito y ajustar $\alpha$ para obtener una razón de amortiguamiento igual a la unidad. A continuación fijar $\beta$ a un valor que es mayor que $\alpha$ por un factor de 8,0. Considerar el diseño completado.

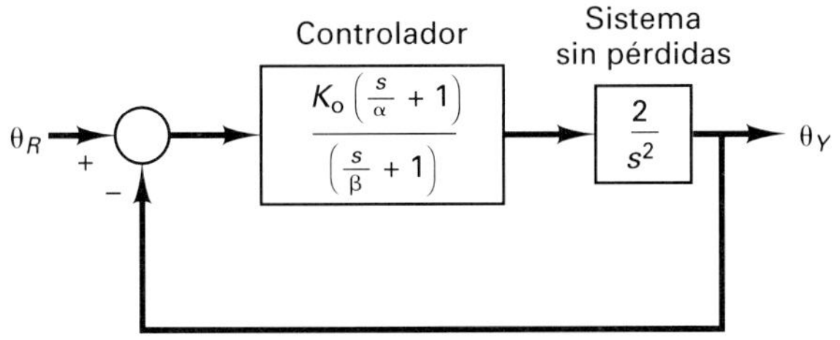


**Figura P10.15**

**a.** Especificar $G_c(s)$.
**b.** Utilizar un lugar de las raíces generado por MATLAB para mostrar la variación de las raíces de la ecuación característica cuando se varía $K_o$. Determinar las raíces con el valor de $K_o$ especificado en su solución para $G_c(s)$.

**10.16.** El sistema de la Figura P10.16 muestra la utilización de dos controladores PI para producir un lazo tipo 3. Representar el lugar de las raíces de la ecuación característica cuando $K$ se varía de cero a infinito. ¿Qué rango de valores de $K$ produce estabilidad? ¿Cuál es el valor mínimo de $K$ que genera todas las raíces reales?

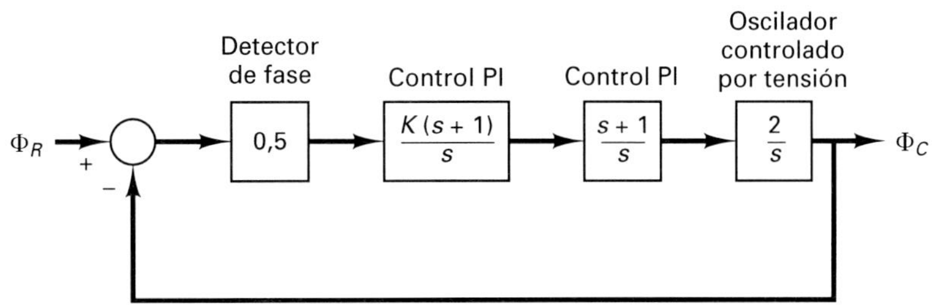


**Figura P10.16**

**10.17.** Sustituir el controlador en el sistema de la Figura P10.7 por un controlador PID suponiendo una diferenciación ideal ($\beta$ = infinito). Determinar $K_d$, $K_o$ y $K_i$, tal que todas las raíces de la ecuación característica están localizadas en $-8 + j0$. También determinar la localización de los ceros de la función de transferencia en lazo cerrado que relacionan la salida con la entrada.

M **10.18.** Sustituir el controlador en el sistema de la Figura P10.7 por un controlador PID práctico. Determinar los parámetros del controlador utilizando MATLAB y el procedimiento de diseño explicado en la Sección 10.5. El tiempo de asentamiento deseado es de 0,2 s. Especificar $G_c(s)$ y también los valores correspondientes de $K_i$, $K_o$, $K_d$ y $\beta$.

**10.19.** Volver al sistema de la Figura P10.15 y considerar la posible aplicación de control proporcional, control por adelanto de fase o control por retardo de fase. Determinar si una o más de estas técnicas estabilizará este sistema. Representar el lugar de las raíces (con variación del factor de ganancia del lazo) para cada situación; justificar su respuesta.

**10.20.** Dada la función de compensación por adelanto de fase descrita en la ecuación siguiente, representar los diagramas de Bode mostrando la fase y la ganancia respecto de la frecuencia, y determinar:

**a.** La frecuencia de adelanto de fase máximo.
**b.** El máximo adelanto de fase.
**c.** La relación (en decibelios) de la ganancia en la frecuencia de adelanto de fase máximo para la ganancia cuando $\omega$ tiende a cero.

$$G_c(s) = \frac{\left(\dfrac{s}{20} + 1\right)}{\left(\dfrac{s}{160} + 1\right)}$$

**10.21.** Dada la función de compensación por retardo de fase descrita en la siguiente ecuación representar el diagrama de Bode mostrando la ganancia y la fase respecto de la frecuencia. Determinar la relación (en decibelios) de la ganancia en $\omega = 0{,}01$ rad/s a la ganancia en $\omega = 1.000$ rad/s y determinar la fase en $\omega = 1.000$ rad/s.

$$G_c(s) = \frac{1.000\left(1 + \dfrac{s}{100}\right)}{\left(1 + \dfrac{s}{0{,}10}\right)}$$

**10.22.** Diseñar un controlador por adelanto de fase para el sistema de la Figura 10.22 tal que la constante de error de posición $K_p$ es igual a 100 y el margen de fase está entre 55° y 60°. Utilizar el procedimiento del Ejemplo 10.8.

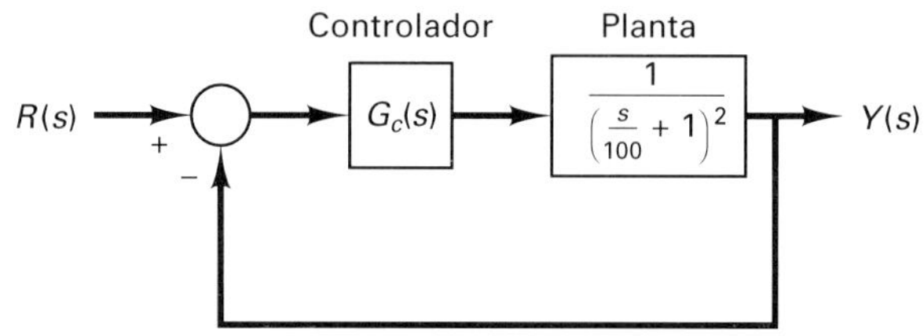


**Figura P10.22**

**10.23.** Volviendo al sistema de la Figura P10.15 diseñar un controlador por adelanto de fase que tenga un margen de fase de 54,91 cuando se utiliza en este sistema (mantener $K_a = 10$). Utilizar la relación mínima de posición del polo respecto a la posición del cero que producirá este resultado.

**10.24.** Diseñar un controlador por adelanto de fase para sustituir al controlador proporcional en el sistema de la Figura P10.24. La constante de error de velocidad $K_v$ debe permanecer en 5,5 y el nuevo margen de fase debe ser al menos de 55°.

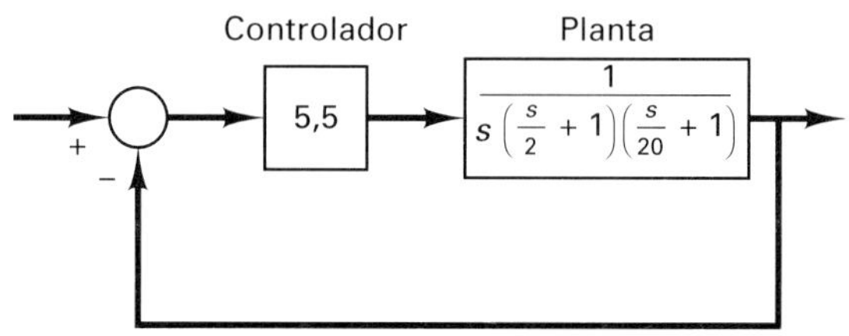


**Figura P10.24**

**10.25.** Diseñar un controlador por retardo de fase para el sistema de la Figura P10.25, tal que la constante de error de posición $K_p$ es igual a 100 y el margen de fase es 54° o mayor.

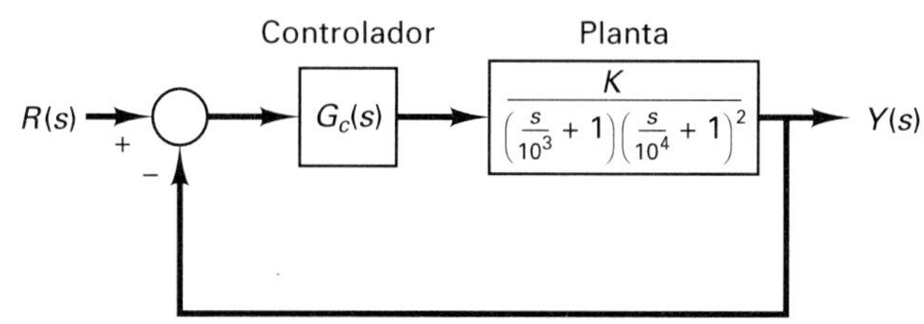


**Figura P10.25**

**10.26.** Diseñar un controlador por retardo de fase para un sistema con realimentación unitaria con una función de planta de

$$\frac{Y(s)}{U(s)} = \frac{1}{s\left(\frac{s}{100} + 1\right)^2}$$

tal que el valor de la constante de error de velocidad $K_v$ es igual a 100 y el margen de fase es 50° o mayor.

**10.27.** Convertir el controlador por adelanto de fase del Problema 10.22 a un controlador por adelanto-retardo. No cambie la parte de adelanto del controlador. Añada la parte de retardo del controlador de forma que mantenga el margen de fase especificado, pero aumente la constante de error de posición por un factor de 10.

◆

CAPÍTULO 11

# Variaciones en el diseño del controlador

## 11.1. INTRODUCCIÓN

El diseño del controlador se expande en este capítulo para investigar distintas técnicas que se añaden a los tópicos del Capítulo 10. Los temas adicionales comienzan con la consideración de la compensación por realimentación del vector de estados.

## 11.2. ASIGNACIÓN DE POLOS UTILIZANDO REALIMENTACIÓN DEL ESTADO

Con la introducción de la realimentación de estados, la utilización de un modelo de estado se modifica ligeramente con respecto al trabajo anterior. En lugar de aplicar el modelo de estados convencional al sistema en lazo cerrado, completo el modelo se aplica inicialmente a la descripción de la planta. Así, las matrices **A, B, C** y **D** se utilizan para describir un modelo de planta lineal e invariante en el tiempo, en el que $u(t)$ es la entrada a la planta y $\mathbf{x}(t)$ e $\mathbf{y}(t)$ son los vectores de estado y salida, respectivamente. El modelo del sistema global se completa entonces aumentando el modelo de planta para incluir la compensación por realimentación.

### Realimentación de estados: Un modelo vectorial matricial

La realimentación de estados se implementa utilizando una combinación lineal de variables de estados como una señal de realimentación negativa. Las ganancias de los caminos de realimentación se suponen que son ajustables de forma independiente con factores de ganancia $k_1$, $k_2$, ..., $k_n$. De ahí, la señal realimentada vuelve a la entrada de la planta que es igual a $k_1x_1(t) + k_2x_2(t) + \cdots k_nx_n(t)$. La señal compuesta es un escalar y la formación de esta señal ya se ha descrito en notación matricial con la definición de una matriz fila **K** tal que

$$\mathbf{Kx}(t) = [k_1 k_2 \cdots k_n]\begin{bmatrix} x_1(t) \\ x_2(t) \\ \vdots \\ x_n(t) \end{bmatrix}. \tag{11.1}$$

Si se supone una única entrada y una única salida, el diagrama de bloques que muestra la realimentacióin de estados se presenta en la Figura 11.1. Para permitir que $r(t)$ se exprese en el mismo nivel que la salida deseada, se introduce un factor multiplicador constante $g$. Esto permite que la suma de la entrada y las señales realimentadas ocurran con una versión escalada de $r(t)$. Aunque circunstancias especiales pueden requerir alguna modificación del diagrama, esta configuración particular se utiliza y se ilustra inicialmente con algunos ejemplos.

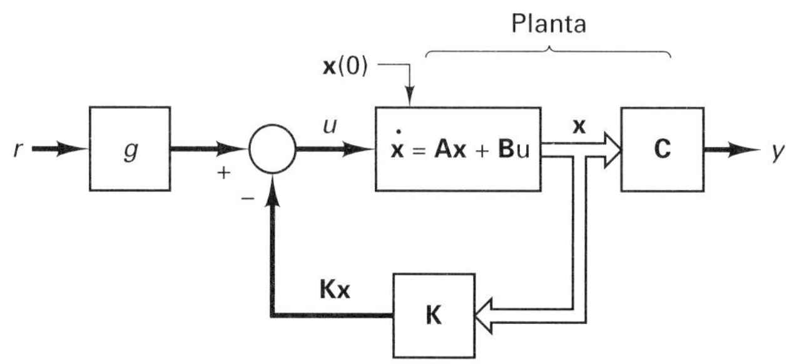


**Figura 11.1.** Un sistema SISO con realimentación de estados.

Considerar la planta con realimentación de estados,

$$u(t) = gr(t) - \mathbf{Kx}(t). \tag{11.2}$$

De ahí,

$$\dot{\mathbf{x}}(t) = \mathbf{Ax}(t) + \mathbf{B}[gr(t) - \mathbf{Kx}(t)], \tag{11.3}$$

y el modelo del sistema en lazo cerrado con realimentación de estados es

$$\dot{\mathbf{x}}(t) = (\mathbf{A} - \mathbf{BK})\mathbf{x}(t) + \mathbf{B}gr(t)$$

y

$$y(t) = \mathbf{Cx}(t). \tag{11.4}$$

Si la Ecuación 11.4 se transforma, una solución algebraica para $\mathbf{X}(s)$ se obtiene rápidamente con $\mathbf{X}(s) = (s\mathbf{I} - \mathbf{A} + \mathbf{BK})^{-1}x(0) + (\mathbf{sI} - \mathbf{A} + \mathbf{BK})^{-1}\mathbf{B}gR(s)$ e $Y(s) = \mathbf{CX}(s)$. Asumiendo que el sistema está inicialmente en reposo, la relación de transferencia en lazo cerrado es

$$Y(s) = \mathbf{C}(s\mathbf{I} - \mathbf{A} + \mathbf{BK})^{-1}\mathbf{B}gR(s). \tag{11.5}$$

Con el modelo de planta expresado en términos de una única salida, $Y(s)$ es un escalar y $\mathbf{C}$ es una matriz fila. En este caso, $g$ se puede evaluar de forma que $r(t)$ está expresado en el mismo nivel que la salida deseada $y(t)$. Esta condición se establece si $g$ es igual al recíproco de otros factores que contribuyen a la ganancia DC, o $g = 1/[\mathbf{C}(-\mathbf{A} + \mathbf{BK})^{-1}\mathbf{B}]$.

De acuerdo con la formulación del denominador de la Ecuación 11.5, la ecuación característica es

$$\Delta(s) = \det(s\mathbf{I} - \mathbf{A} + \mathbf{BK}) = 0. \tag{11.6}$$

Con libertad para ajustar los elementos de la matriz $\mathbf{K}$, la realimentación de estados se utiliza para tener el control de la situación de las raíces de la ecuación característica. Las raíces se desplazan para obtener el comportamiento transitorio deseado.

**EJEMPLO 11.1**

Considerar la aplicación de la realimentación de estados del modelo de planta descrito en este ejemplo. El modelo describe un sistema motor que se utiliza para controlar la posición angular de la base de un telescopio. La variable $x_1$ representa el ángulo (en miliradianes), $x_2$ representa la velocidad angular del eje del motor (en radianes por segundo), y $x_3$ representa la corriente del motor (en amperios). Utilizando este modelo, determinar la ecuación característica con la realimentación de estados aplicada y completar el diseño de realimentación de estados de forma que los polos en lazo cerrado estén, situados en $-10 \pm j5$ y $-80$. El modelo de la planta es

$$\begin{bmatrix} \dot{x}_1 \\ \dot{x}_2 \\ \dot{x}_3 \end{bmatrix} = \begin{bmatrix} 0 & 5 & 0 \\ 0 & -0{,}1 & 60 \\ 0 & -1{,}4 & -50 \end{bmatrix} \begin{bmatrix} x_1 \\ x_2 \\ x_3 \end{bmatrix} + \begin{bmatrix} 0 \\ 0 \\ 10 \end{bmatrix} u \tag{11.7}$$

con

$$y(t) = [1 \quad 0 \quad 0] \begin{bmatrix} x_1 \\ x_2 \\ x_3 \end{bmatrix}. \tag{11.8}$$

**Solución.** Utilizando una matriz **K** con tres elementos, entonces

$$s\mathbf{I} - \mathbf{A} + \mathbf{BK} = \begin{bmatrix} s & -5 & 0 \\ 0 & (s + 0{,}1) & -60 \\ 10k_1 & (1{,}4 + 10k_2) & (s + 50 + 10k_3) \end{bmatrix} \tag{11.9}$$

y la ecuación característica del sistema con realimentación de estados es $\det(s\mathbf{I} - \mathbf{A} + \mathbf{BK}) = 0$ o

$$s^3 + (50{,}1 + 10k_3)s^2 + (89 + k_3 + 600k_2)s + 3.000k_1 = 0. \tag{11.10}$$

Para situar todos los polos en lazo cerrado como se requieren, el polinomio característico deseado es $(s + 10 - j5)(s + 10 + j5)(s + 80) = s^3 + 100s^2 + 1.725s + 10.000$. Una solución de tres ecuaciones con tres incógnitas muestra que la situación del polo requiere $k_1 = 3{,}33$, $k_2 = 2{,}72$ y $k_3 = 4{,}99$. Un cálculo en MATLAB del vector **K** se describe en la Sección 11.7.

Está claro que el Ejemplo 11.1 produce una ecuación característica de tercer orden con tres coeficientes que se ajustan de forma independiente. Por lo tanto, la aplicación de la realimentación de estados produce una situación en la que tres raíces (una raíz real y un par complejas conjugadas) se puedan situar como se desee. Como la situación de los polos en lazo cerrado gobierna la estabilidad y otras características del comportamiento transitorio, la total naturaleza de su colocación es una propiedad útil. El resultado obtenido con este ejemplo lineal es un resultado que se logra normalmente mediante la aplicación de realimentación de estados y un modelo de planta que ofrece la posibilidad de situar libremente todos los polos se puede describir como que presenta un *estado de controlabilidad*. Una prueba para el *estado de controlabilidad* se describe a continuación.

Aunque el potencial de situar los polos de un sistema controlable sin restricciones es un concepto poderoso, la aplicación debe estar atemperada por el conocimiento de que el análisis es dependiente de la validez del modelo lineal. Por ejemplo, si se utiliza este procedimiento para mover polos a la izquierda del plano $s$ por un factor extremadamente alto, los valores que se requieren de $k_1$, $k_2$, etc., serán muy altos y los niveles de señales transitorias excederán las cotas del modelo lineal. El uso de factores de ganancia extremadamente altos también intensificarán el nivel de ruido.

## Realimentación de estados: Un modelo gráfico

Una alternativa al desarrollo del modelo de un sistema con realimentación de estados es construir un diagrama de estados que represente la planta y después añadir la realimentación de estados que se requiera.

### EJEMPLO 11.2

Considerando el modelo de planta del Ejemplo 11.1, dibujar un diagrama de estados y añadir la realimentación de estados. Utilizar este resultado para evaluar la ecuación característica. Utilizar también el diagrama para determinar un valor de $g$ tal que $y(t)$ es igual a $r(t)$ bajo condiciones en estado estacionario, suponiendo que $r(t)$ es una entrada escalón.

**Solución.** El diagrama de estados se muestra en la Figura 11.2 y la adición de la realimentación de estados se presenta en la Figura 11.3. El diagrama revisado proporciona un modelo gráfico de la planta con realimentación de estados. Notar que este sistema es inherentemente de tipo 1. La fórmula de la ganancia de Mason se puede utilizar para obtener la función de transferencia en lazo cerrado, y

$$\frac{Y(s)}{R(s)} = \frac{3.000g}{s^3 + (50{,}1 + 10k_3)_s^2 + (89 + k_3 + 600k_2)s + 3.000k_1}. \tag{11.11}$$

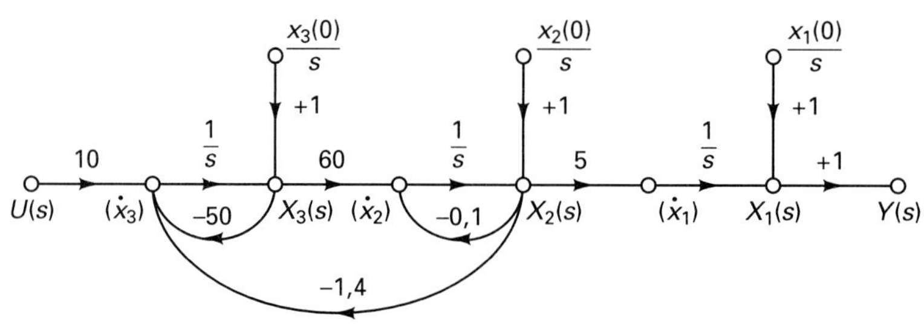


**Figura 11.2.** Diagrama de estados de la planta del Ejemplo 11.1.

Para obtener error nulo en condiciones de estado estacionario frente a una entrada escalón, el valor de $g$ en esta situación específica debe ser igual a $k_1$.

La ecuación característica es $\Delta(s) = 0$ y, por supuesto, el resultado es idéntico a la expresión de la Ecuación 11.9. Cuando se evalúe $\Delta(s)$ deberá considerar cuidadosamente todos los pares de lazos que no se tocan.

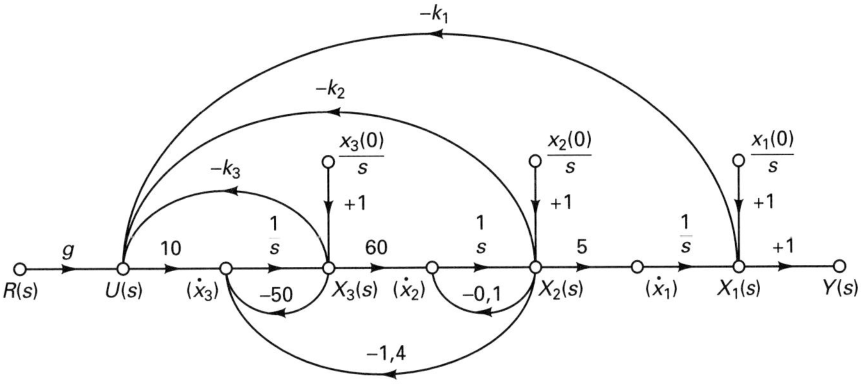


**Figura 11.3.** Diagrama de estados añadido a la planta del Ejemplo 11.1.

Con una implementación física de los sistemas de los Ejemplos 11.1 y 11.2, el proceso de detección de error puede envolver una comparación directa de $r(t)$ e $y(t)$. Para ilustrar esta variación, el modelo gráfico se modifica fácilmente, como muestra la Figura 11.4. Debe observarse que esta modificación no cambia el modelo matemático.

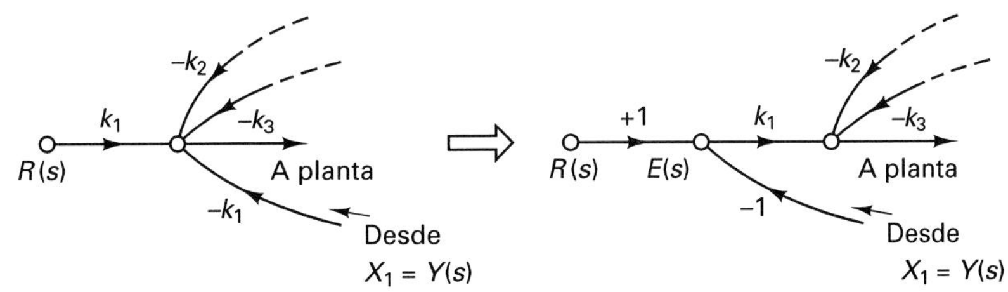


**Figura 11.4.** Una modificación para proporcionar una comparación directa de $r(t)$ e $y(t)$.

## Controlabilidad de estado

Se considera la propiedad de controlabilidad de estado con aplicaciones a los sistemas lineales e invariantes en el tiempo. Este concepto es pertinente al estudio de la realimentación de estado porque la capacidad de colocar *libremente todos* los polos del sistema en lazo cerrado es una característica de los modelos de la planta que tienen esta propiedad.

La controlabilidad de estado (denominada a partir de ahora simplemente como controlabilidad) considera la forma en que la entrada a la planta es capaz de influir sobre todas las variables de estado. Si se considera un estado inicial arbitrario $\mathbf{x}_0$ y un nuevo estado arbitrario $\mathbf{x}_f$, un sistema es controlable si existe una entrada que lleve al sistema desde $\mathbf{x}_0$ hasta $\mathbf{x}_f$ en tiempo finito.

Utilizando el modelo matricial de la planta, se puede demostrar que es controlable si y sólo si la matriz de controlabilidad,

$$\mathbf{M}_c = [\mathbf{B} \vdots \mathbf{AB} \vdots \mathbf{A}^2\mathbf{B} \vdots \cdots \vdots \mathbf{A}^{n-1}\mathbf{B}], \tag{11.12}$$

tiene rango $n$, donde $n$ es el orden del sistema. Un segundo test para la controlabilidad que se utilizará posteriormente se expresa como sigue. Un sistema es controlable si y sólo si

$$\text{rank}[\lambda_i \mathbf{I} - \mathbf{A} \vdots \mathbf{B}] = n \qquad i = 1, 2, \cdots n, \tag{11.13}$$

donde $\lambda_1$, $\lambda_2$, ..., $\lambda_n$ son valores propios de **A**. Aún más, si algún valor propio no satisface la Ecuación 11.3, entonces este valor particular es un polo fijo que no se puede mover utilizando cualquier ley de control por realimentación.

**EJEMPLO 11.3**

Determinar si el sistema de la Ecuación 11.7 es controlable.

**Solución.** Utilizando $\mathbf{M}_c$ para comprobar la controlabilidad, la matriz se formula como un array $3 \times 3$ en el que la primera columna es **B**, la segunda columna es **AB** y la tercera columna es $\mathbf{A}^2\mathbf{B}$. Después de calcular **AB**, la tercera columna se puede generar como (**A**)(**AB**) con

$$\mathbf{M}_c = \begin{bmatrix} 0 & 0 & 3.000 \\ 0 & 600 & -30.060 \\ 10 & -500 & 24.160 \end{bmatrix}. \tag{11.14}$$

El rango es igual al número de filas o columnas que son linealmente independientes y se puede evaluar como la dimensión del mayor determinante no singular (después de eliminar, cuando sea necesario, filas y columnas). Con una única entrada, el array es cuadrado y se demuestra rápidamente en este ejemplo particular que det $\mathbf{M}_c$ es no singular. Así, el rango es igual a 3 y la planta es controlable.

Si se consideran modelos de plantas que representan sistemas realizables y útiles, una falta de controlabilidad es una situación algo inusual. El concepto, sin embargo, introduce algunas consideraciones interesantes en las limitaciones de la compensación por realimentación. Un fallo en presentar controlabilidad es evidencia de que la posición de uno o más polos de la planta no responde a la aplicación de la realimentación de estado. Dependiendo de la localizaación del polo inmovilizado (o de los polos), la consecuencia de esta condición puede variar de una limitación ligeramente molesta a una incapacidad catastrófica para estabilizar la respuesta.

Un ejemplo simple que ilustra este fenómeno se obtiene considerando dos bobinas, tal como se ilustra en la Figura 11.5. Suponga que las bobinas (con $L = 1.0$ H y $R = 1{,}0\ \Omega$) se colocan tal que no existe acoplamiento magnético. Los sensores colocados en cada campo magnético miden la fuerza del campo y la salida es la suma de las dos medidas. La entrada es una fuente de tensión controlable que se transfiere a una (o ambas) bobinas y las variables de estado $x_1$ y $x_2$ representan las corrientes.

Los grafos de flujo de señal que describen las dos posibles conexiones se muestran en las Figuras 11.6a y 11.7a, respectivamente. Con el modelo de planta de la Figura 11.8a es aparente un problema. Esta es una configuración que no tiene sentido, ya que le falta una conexión —la entrada de la planta no tiene influencia sobre la variable de estado $x_2$—. Si se aplica realimentación de estados al diagrama de la Figura 11.6a (tal como se muestra en la Figura 11.6b), la ecuación característica es

$$s^2 + (3 + k_1)s + (2 + 2k_1) = (s + 1 + k_1)(s + 2) = 0, \tag{11.15}$$

y una de las raíces se fija en $s = -2$.

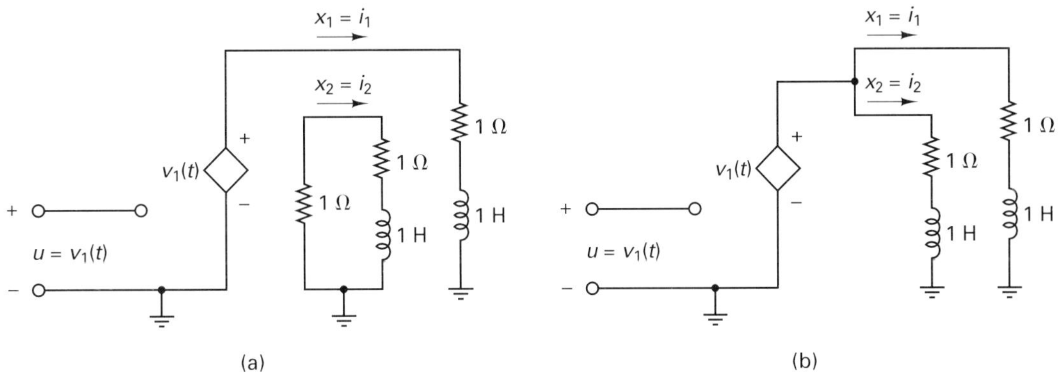


**Figura 11.5.** Dos modelos de planta que no son controlables.

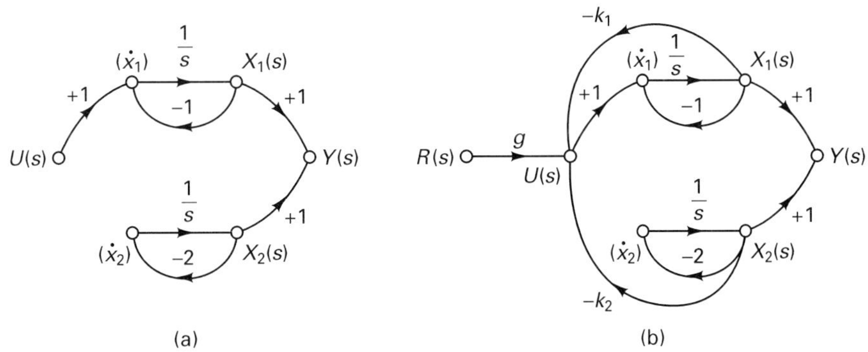


**Figura 11.6.** Realimentación de estado añadida al primer modelo de planta.

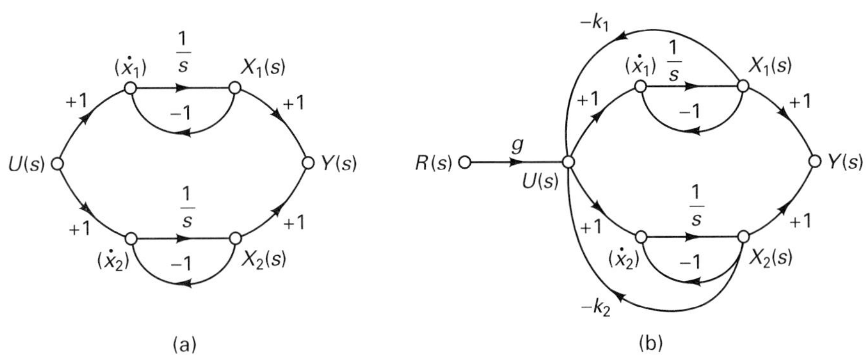


**Figura 11.7.** Realimentación de estado añadida al segundo modelo de planta.

El modelo de planta de la Figura 11.7a es poco usual porque la función de transferencia que relaciona cada una de las variables de estado con la entrada de la planta son idénticas. Si se añade realimentación de estado, tal como se muestra en la Figura 11.7b, la ecuación característica es

$$s^2 + (2 + k_1 + k_2)s + (1 + k_1 + k_2) = (s + 1 + k_1 + k_2)(s + 1) = 0, \qquad (11.16)$$

y uno de los polos se fija en $-1$. Si las definiciones de las variables de estado se cambian de forma tal que $x_1$ es igual a la suma de las corrientes de las bobinas y $x_2$ es igual a su diferencia, entonces el modelo de planta es

$$\begin{bmatrix} \dot{x}_1 \\ \dot{x}_2 \end{bmatrix} = \begin{bmatrix} -1 & 0 \\ 0 & -1 \end{bmatrix} \begin{bmatrix} x_1 \\ x_2 \end{bmatrix} = \begin{bmatrix} 2 \\ 0 \end{bmatrix} u \quad \text{e} \quad y = x_1. \tag{11.17}$$

Con la construcción de un diagrama de estado el fallo de que la entrada influya sobre ambas variables es otra vez obvio.

Aunque el ejemplo de la Figura 11.7 es un sistema inventado con ningún objetivo claramente definido, se consigue fácilmente una respuesta estable. Una variación de esta situación, sin embargo, puede producir un problema significativo. Si una planta no es controlable y también es inestable, puede existir una situación donde uno o más polos se fijen en el semiplano derecho. Esta situación se discute con la consideración de la *estabilizabilidad.*

## Estabilizabilidad

Para ilustrar un problema potencial con la estabilizabilidad, consideremos una planta inestable con sus polos localizados en $s = -1$ y $s = +3$. El modelo de la planta es

$$\begin{bmatrix} \dot{x}_1 \\ \dot{x}_2 \end{bmatrix} = \begin{bmatrix} -1 & -2 \\ 0 & 3 \end{bmatrix} \begin{bmatrix} x_1 \\ x_2 \end{bmatrix} + \begin{bmatrix} 1 \\ 0 \end{bmatrix} u, \tag{11.18}$$

y se demuestra rápidamente que la planta no es controlable. La ecuación característica con realimentación de estado es $s^2 + (k_1 - 2)s + (-3k_1 - 3) = (s + 1 + k_1)(s - 3) = 0$. Como un polo está fijo en $s = +3$, esta planta no es estabilizable.

Otra planta inestable con polos localizados en $s = -1$ y $s = +3$ viene descrita por

$$\begin{bmatrix} \dot{x}_1 \\ \dot{x}_2 \end{bmatrix} = \begin{bmatrix} 1 & 2 \\ 0 & -3 \end{bmatrix} \begin{bmatrix} x_1 \\ x_2 \end{bmatrix} + \begin{bmatrix} 1 \\ 0 \end{bmatrix} u, \tag{11.19}$$

y esta planta es también no controlable. Sin embargo, la ecuación característica con realimentación de estado es $s^2 + (2 + k_1)s + (k_1 - 3) = (s + 1)(s + k_1 - 3) = 0$, como el polo fijado es un polo del semiplano izquierdo, esta planta es estabilizable. Así, ninguna planta es controlable y ambas son inestables; pero la posición del polo inmovilizado (o de los polos) origina que una planta sea estabilizable mientras que la otra no lo es, Para precisar este concepto aún más, se introduce una planta inestable que es controlable y por tanto estabilizable.

El diseño del controlador se complica entonces al considerar una adición a la configuración que cambia la situación de forma tal que la planta es inestable y no controlable.

Consideremos el control de un péndulo invertido como el representado en la Figura 11.8. El péndulo se supone que es rígido, con una articulación en la base que le permite girar libremente. La base está montada sobre unos cojinetes lineales que permiten que se pueda mover con movimiento horizontal (derecha o izquierda). Se desea un sistema de control que devuelva el péndulo a una posición vertical como respuesta a una pequeña perturbación angular.

Se conecta un motor para controlar la posición de la base. Utilizando control por corriente, se supone que el accionamiento proporciona una fuente ideal de par controlado. La fuerza sobre la base es el par dividido por el radio de la polea. La masa efectiva $M$ de la base es una combinación del momento de inercia de las componentes que giran (dividido por el cuadrado del radio de la polea) y la masa de la base.

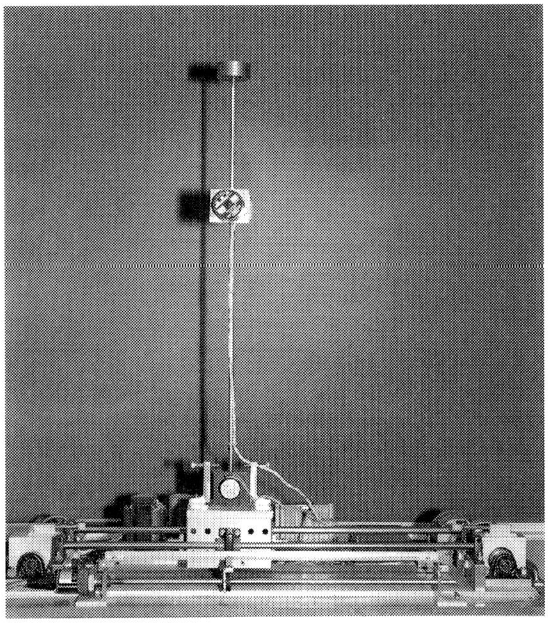

Un péndulo invertido articulado (sobre un carro móvil) es un ejemplo de un sistema que es a la vez controlable y estabilizable. Un sistema de control que equilibra satisfactoriamente al péndulo que se muestra en la foto fue desarrollado por T. Steinmetz y J. Mondojana.

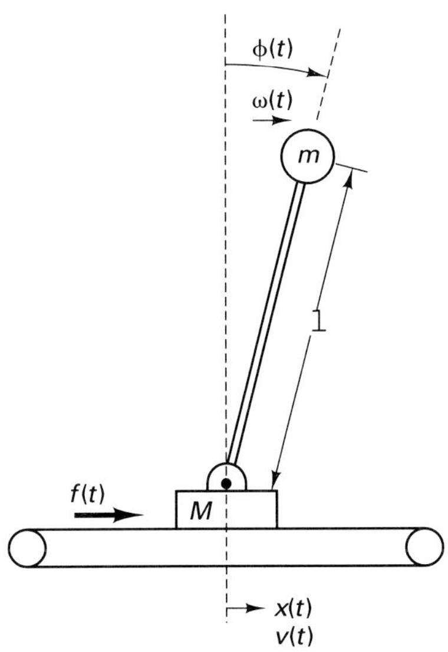


**Figura 11.8.** Un péndulo invertido.

El modelo se puede formular sumando fuerzas; sin embargo, las componentes de aceleración deben expresarse cuidadosamente con respecto al marco de referencia fijo. Utilizando un punto de referencia de posición fija que está en el centro del recorrido de la base, la componente horizontal de la posición de la bola es $x(t) + l\,\text{sen}\,\phi(t)$. Así, la componente de velocidad horizontal es $v(t) + l\omega(t)\cos\phi(t)$ y la aceleración horizontal se obtiene derivando la velocidad. La componente de la fuerza inercial horizontal aplicada por la bola a la barra (que actúa en oposición a la dirección de la velocidad supuesta positiva) es

$$m\frac{d}{dt}v(t) + ml[\cos\phi(t)]\frac{d}{dt}\omega(t) - ml\omega^2(t)\,\mathrm{sen}\,\phi(t). \tag{11.20}$$

La fuerza horizontal en la bola contribuye a la fuerza transmitida a través de la barra de conexión y una componente horizontal igual se aplica a la base. Así, la fuerza inercial de la Ecuación 11.21 se puede sumar con las fuerzas horizontales que actúan en la base. La suma de todas las fuerzas horizontales con consideración de una componente de rozamiento viscoso sobre la base produce

$$f(t) = (M + m)\frac{d}{dt}v(t) + ml\cos\phi(t)\frac{d}{dt}\omega(t) - ml\omega^2(t)\,\mathrm{sen}\,\phi(t) + Bv(t). \tag{11.21}$$

Se puede obtener otra ecuación sumando las componentes de fuerzas sobre la bola que son perpendiculares a la orientación de la barra de conexión. Esta orientación considera las fuerzas que tienden a girar el péndulo y no hay componente en esta ecuación que se transmita a la base. La componente de velocidad de la bola que es perpendicular a la orientación de la barra de conexión es $v(t)\cos\phi(t) + l\omega(t)$. La aceleración correspondiente se obtiene derivando la velocidad. La componente de la fuerza debida al peso de la bola se opone por la fuerza inercial que actúa en oposición a la velocidad supuesta positiva y la suma de fuerzas es

$$mg\,\mathrm{sen}\,\phi(t) = m\cos\phi(t)\frac{d}{dt}v(t) - mv(t)\omega(t)\,\mathrm{sen}\,\phi(t) + ml\frac{d}{dt}\omega(t). \tag{11.22}$$

El modelo se puede simplificar y linealizar con la hipótesis de que las perturbaciones de ángulo y velocidad angular son pequeñas con respecto a una posición angular vertical con velocidad angular cero. La simplificación sustituye sen $\phi$ por $\phi$ y cos $\phi$ por 1,0 y despreciando los términos que contienen productos de velocidades. La introducción de un coeficiente no nulo de rozamiento viscoso en el accionamiento de la base alterará ligeramente los valores requeridos de los parámetros de realimentación de estado, pero se puede despreciar el rozamiento sin modificar el carácter básico de la solución. Con $M = 2$ kg, $m = 0{,}5$ kg, $l = 1{,}0$ m y $B = 0$ el modelo de estado de la planta es

$$\begin{bmatrix}\dot{v}\\ \dot{\omega}\\ \dot{\phi}\\ \dot{x}\end{bmatrix} = \begin{bmatrix}0 & 0 & -2{,}45 & 0\\ 0 & 0 & 12{,}25 & 0\\ 0 & 1 & 0 & 0\\ 1 & 0 & 0 & 0\end{bmatrix}\begin{bmatrix}v\\ \omega\\ \phi\\ x\end{bmatrix} + \begin{bmatrix}0{,}5\\ -0{,}5\\ 0\\ 0\end{bmatrix}f. \tag{11.23}$$

En el modelo de estado se incluye la posición de la base de forma tal que la conducta anticipada con realimentación de estado (el estado yendo a cero) incluye el movimiento de la base al centro de la posición de referencia. En la Figura 11.9 se presenta un diagrama de estado de la planta y se muestra rápidamente que la planta es inestable. Suponiendo que el ángulo del péndulo es la salida, un cálculo de $\Phi(s)/F(s)$ produce

$$\frac{\Phi(s)}{F(s)} = \frac{-0{,}5}{s^2 - 12{,}25} = \frac{-0{,}5}{(s + 3{,}50)(s - 3{,}50)}. \tag{11.24}$$

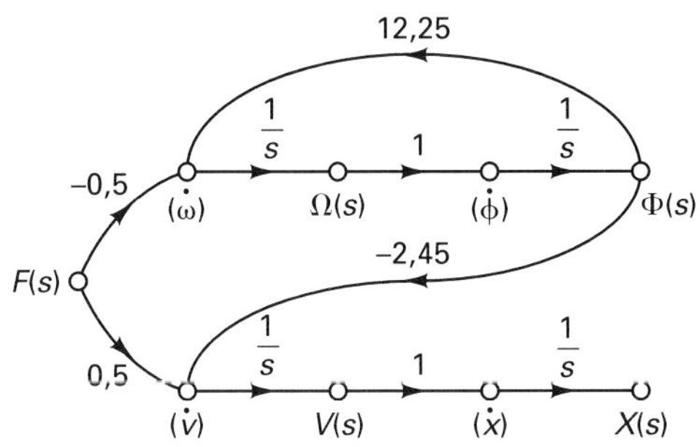


**Figura 11.9.** Una representación gráfica del modelo del péndulo invertido linealizado.

Aunque inestable, una comprobación de la controlabilidad muestra que la planta es controlable. La ecuación característica con realimentación de estado es

$$s^4 + (0{,}5k_1 - 0{,}5k_2)s^3 + (0{,}5k_4 - 0{,}5k_3 - 12{,}25)s^2 - 4{,}9k_1 s - 4{,}9k_4 = 0, \tag{11.25}$$

y una selección cuidadosa de los factores de ganancia de realimentación (incluyendo la consideración adecuada del signo requerido) producirá polos en el semiplano izquierdo en la posición deseada.

Sin embargo, si se coloca otro péndulo en la articulación que es idéntico al primero (*véase* Figura 11.10), el sistema no es controlable y no es estabilizable. La descripción de la planta con un segundo péndulo (idéntico) es

$$\begin{bmatrix} \dot{v} \\ \dot{\omega}_1 \\ \dot{\omega}_2 \\ \dot{\phi}_2 \\ \dot{\phi}_2 \\ \dot{x} \end{bmatrix} = \begin{bmatrix} 0 & 0 & 0 & -2{,}45 & -2{,}45 & 0 \\ 0 & 0 & 0 & 12{,}25 & 2{,}45 & 0 \\ 0 & 0 & 0 & 2{,}45 & 12{,}25 & 0 \\ 0 & 1 & 0 & 0 & 0 & 0 \\ 0 & 0 & 1 & 0 & 0 & 0 \\ 1 & 0 & 0 & 0 & 0 & 0 \end{bmatrix} \begin{bmatrix} v \\ \omega_1 \\ \omega_2 \\ \phi_1 \\ \phi_2 \\ x \end{bmatrix} + \begin{bmatrix} 0{,}5 \\ -0{,}5 \\ -0{,}5 \\ 0 \\ 0 \\ 0 \end{bmatrix} f, \tag{11.26}$$

y esta planta falla en el test de controlabilidad.

La ecuación característica con realimentación de estado es

$$(s^2 - 9{,}8)[s^4 + (0{,}5k_1 - 0{,}5k_2 - 0{,}5k_3)s^3 +$$
$$(0{,}5k_6 - 0{,}5k_4 - 0{,}5k_5 - 14{,}7)s^2 - 4{,}9k_6 s - 4{,}9k_1] = 0. \tag{11.27}$$

y es aparente que los polos se fijan en las posiciones $-3{,}1305$ y $+3{,}1305$. La presencia de un polo fijo en el semiplano derecho eliminará por supuesto cualquier posibilidad de obtener una respuesta estable.

Los polos fijos se determinaron utilizando una secuencia de análisis asistido por computador. En primer lugar, se determinaron los valores propios del modelo de la planta y a continuación se aplicó el segundo test de controlabilidad (Ecuación 11.13) para determinar el rango. Con $\lambda$ fijado igual a cada uno de los valores propios, se determinaron los polos inmóviles, encontrando los valores propios específicos que fallaban para producir el rango $n$.

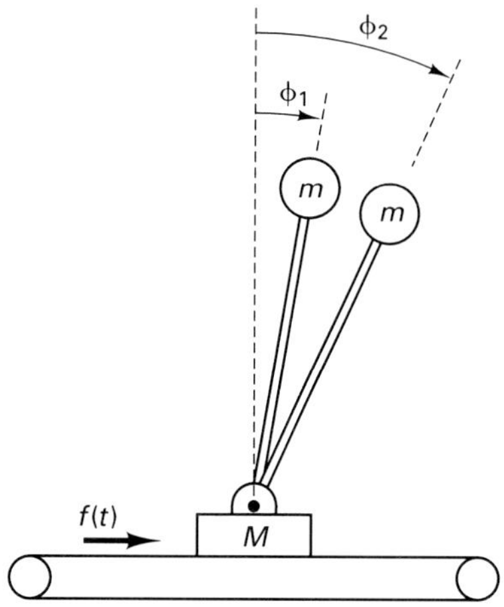


**Figura 11.10.** Un péndulo doble invertido.

## 11.3. ESTIMACIÓN DEL ESTADO

Si el estado de la planta se puede estimar, entonces la compensación por realimentación se puede implementar utilizando el estado estimado. Un observador de estado completo utiliza solamente la entrada a la planta, $u(t)$ y la salida $\mathbf{y}(t)$ (tal como se muestra en la Figura 11.11), para proporcionar una estima $\hat{\mathbf{x}}$ de todas las variables de estado. Una gran ventaja del uso de un observador es la capacidad de implementar compensación por realimentación con una reducción en el número de variables medidas. La medida de las variables de planta puede ser difícil y la disponibilidad y coste de los sensores apropiados puede ser un factor significativo en la selección de esta opción de diseño.

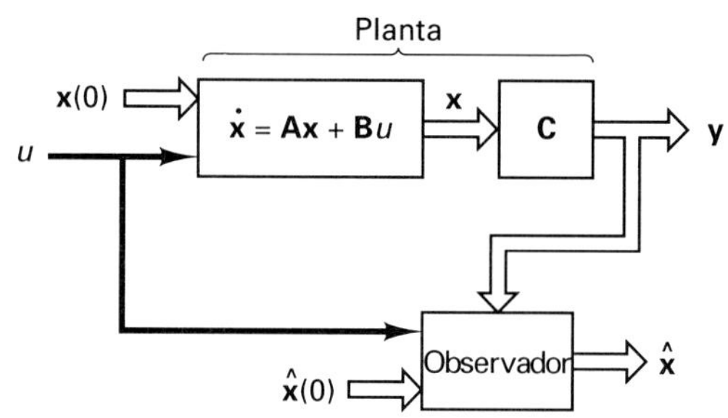


**Figura 11.11.** Una planta con un observador de estado completo.

Para proporcionar la operación deseada un observador debe constituir una simulación dinámica en tiempo real que es capaz de dar una estimación aceptablemente precisa de las variables de planta. Más aún, puede existir una diferencia en los valores iniciales de las variables de estado reales y estimadas y el observador debe tener la capacidad de producir una atenuación rápida de error inicial.

Si el estado estimado se describe como $\hat{\mathbf{x}}$, entonces la diferencia entre los estados real y estimado se puede definir como el error $\mathbf{e}$, con

$$\mathbf{e} = \mathbf{x} - \hat{\mathbf{x}}. \tag{11.28}$$

Como las entradas al observador son $u(t)$ e $\mathbf{y}(t)$ se propone un modelo de observador dinámico con $\dot{\hat{\mathbf{x}}} = \mathbf{A}_0\hat{\mathbf{x}} + \mathbf{B}_0u(t) + \mathbf{G}\mathbf{y}(t)$ donde $\mathbf{A}_0$, $\mathbf{B}_0$ y $\mathbf{G}$ deben definirse de forma tal que hay una tendencia para minimizar el error. Observe que $\mathbf{G}\mathbf{y}(t)$ se puede expresar también como $\mathbf{G}\mathbf{C}\mathbf{x}(t)$. Entonces,

$$\dot{\mathbf{e}} = \dot{\mathbf{x}} - \dot{\hat{\mathbf{x}}} = \mathbf{A}\mathbf{x} + \mathbf{B}u - \mathbf{A}_0\hat{\mathbf{x}} - \mathbf{B}_0u - \mathbf{G}\mathbf{C}\mathbf{x}. \tag{11.29}$$

Si $\mathbf{A}_0$ se fija igual a $\mathbf{A} - \mathbf{G}\mathbf{C}$ y $\mathbf{B}_0$, se fija igual a $\boldsymbol{B}$ entonces la diferencia entre el estado real y el estado estimado se controla por un modelo dinámico con

$$\dot{\mathbf{x}} - \dot{\hat{\mathbf{x}}} = (\mathbf{A} - \mathbf{G}\mathbf{C})(\mathbf{x} - \hat{\mathbf{x}}) \quad \text{o} \quad \dot{\mathbf{e}} = (\mathbf{A} - \mathbf{G}\mathbf{C})e. \tag{11.30}$$

La función de error dinámico de la Ecuación 11.30 es el modelo matemático de un sistema no forzado y si los valores propios de $\mathbf{A} - \mathbf{G}\mathbf{C}$ se colocan en el semiplano izquierdo, $\mathbf{e}(t)$ tenderá hacia cero cuando $t \to \infty$. En otras palabras, cualquier diferencia inicial entre el estado real y el estado estimado decaerá asintóticamente a cero.

Así, el modelo del observador es

$$\dot{\hat{\mathbf{x}}} = (\mathbf{A} - \mathbf{G}\mathbf{C})\hat{\mathbf{x}} + \mathbf{B}u + \mathbf{G}\mathbf{y}. \tag{11.31}$$

Como $\mathbf{G}$ no ha sido especificado, los elementos de la matriz $\mathbf{G}$ se pueden seleccionar para dar una colocación aceptable de los valores propios de $\mathbf{A} - \mathbf{G}\mathbf{C}$. La ecuación característica del observador es

$$s\mathbf{I} - \mathbf{A} + \mathbf{G}\mathbf{C} = 0, \tag{11.32}$$

y la velocidad a la cual el error inicial entre el estado real y el estado estimado decae es dependiente de la colocación de las raíces de esta ecuación.

Es una práctica deseable colocar las raíces del observador de forma tal que el decaimiento del error ocurre rápidamente con respecto al tiempo de respuesta transitoria que queda determinado por las constantes de tiempo dominantes del sistema en lazo cerrado. Sin embargo, si los polos del observador se colocan arbitrariamente lejos a la izquierda en el plano $s$, una demanda innecesariamente excesiva se coloca sobre el observador en términos del tiempo de respuesta requerido y del ancho de banda correspondiente. Esta situación puede imponer problemas prácticos que incluyen un aumento innecesario en el nivel del ruido del sensor que se introduce en el sistema. Para proporcionar un comportamiento aceptable sin imponer demandas excesivas sobre el observador, a las raíces se le asignan normalmente posiciones que se obtienen multiplicando los valores de los polos dominantes del sistema en lazo cerrado (tal como queda determinado por la posición de los polos) por un factor de 3 ó 4.

**EJEMPLO 11.4**

Considerando el modelo de planta descrito en este ejemplo, diseñar un observador de estado completo para estimar el estado de la planta y describir el modelo del observador. Coloque los valores propios del observador en $s = -15$. El modelo de la planta se describe por

$$\begin{bmatrix} \dot{x}_1 \\ \dot{x}_2 \end{bmatrix} = \begin{bmatrix} 0 & 1 \\ -2 & -3 \end{bmatrix} \begin{bmatrix} x_1 \\ x_2 \end{bmatrix} + \begin{bmatrix} 0 \\ 3 \end{bmatrix} u$$

$$y = [5 \quad 0] \begin{bmatrix} x_1 \\ x_2 \end{bmatrix}. \tag{11.33}$$

**Solución.** Para implementar el observador, el número de filas de **G** debe ser igual al orden de la planta y el número de columnas debe corresponderse con el número de variables de salida. Así, la formulación de **G** en este caso particular es una matriz columna con elementos $g_1$ y $g_2$ y

$$\mathbf{A} - \mathbf{GC} = \begin{bmatrix} 0 & 1 \\ -2 & -3 \end{bmatrix} - \begin{bmatrix} g_1 \\ g_2 \end{bmatrix} [5 \quad 0]. \qquad (11.34)$$

Los valores propios del observador (como función de $g_1$ y $g_2$) se pueden especificar entonces como consistiendo en los valores de $s$ para los cuales $\det[s\mathbf{I} - (\mathbf{A} - \mathbf{GC})] = 0$. Así, los valores propios del observador son las raíces de

$$s^2 + (3 + 5g_1)s + (2 + 15g_1 + 5g_2) = 0, \qquad (11.35)$$

y la colocación deseada requiere $g_1 = 5{,}4$ y $g_2 = 28{,}4$. El modelo del observador es entonces

$$\begin{bmatrix} \dot{\hat{x}}_1 \\ \dot{\hat{x}}_2 \end{bmatrix} = \begin{bmatrix} -27 & 1 \\ -144 & -3 \end{bmatrix} \begin{bmatrix} \hat{x}_1 \\ \hat{x}_2 \end{bmatrix} + \begin{bmatrix} 0 \\ 3 \end{bmatrix} u + \begin{bmatrix} 5{,}4 \\ 28{,}4 \end{bmatrix} y, \qquad (11.36)$$

y el estado estimado $\hat{\mathbf{x}}$ está disponible para implementar la compensación por realimentación.

## Observabilidad

En la presentación que sigue se considera la observabilidad con aplicación a los sistemas lineales e invariantes en el tiempo. Este concepto es pertinente a la colocación de un observador, porque la capacidad de situar libremente todos los polos del observador es una característica de los modelos de planta que tienen esta propiedad.

La propiedad de observabilidad considera la manera en que la salida está influenciada por las variables de estado. Una planta es observable si la observación de la salida durante un periodo de tiempo finito no nulo es suficiente para determinar el estado al comienzo del periodo de tiempo. Utilizando el modelo matricial de la planta, se puede demostrar que la planta es observable si y sólo si la matriz de observabilidad,

$$\mathbf{M}_0 = \begin{bmatrix} \mathbf{C} \\ \mathbf{CA} \\ \mathbf{CA}^2 \\ \vdots \\ \mathbf{CA}^{n-1} \end{bmatrix}, \qquad (11.37)$$

tiene rango $n$, donde $n$ es el orden de la planta.

En el ejemplo de la Figura 11.12 se ilustra una falta de observabilidad. Con este modelo, el problema es rápidamente aparente —la variable de estado $x_2$ no tiene influencia sobre la salida—. Si se implementa una compensación por realimentación utilizando un observador, la conducta dinámica de la planta se observa solamente en la salida. Así, si el modelo de la planta no cumple el test observabilidad, entonces hay una parte del sistema que no responde a la técnica de diseño del observador.

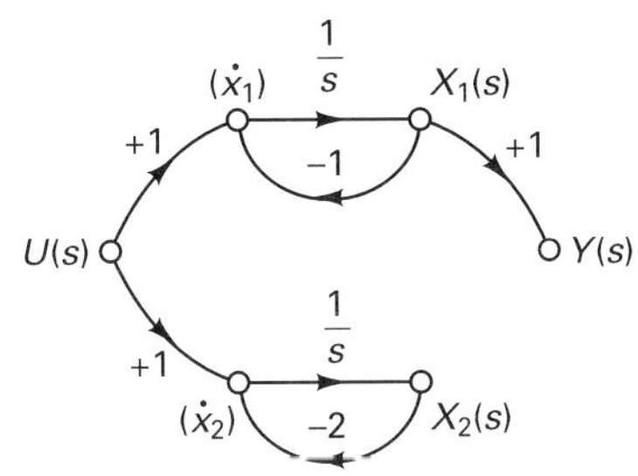


**Figura 11.12.** Una planta que no es observable.

## 11.4. REALIMENTACIÓN DE LA SALIDA

El sistema de la Figura 11.13 presenta un modelo del sistema que muestra realimentación de salida. En lugar de devolver las variables de estado medidas para implementar realimentación de estado, la realimentación se formula como una combinación lineal de variables de estado estimadas. Esta configuración se realiza con la incorporación de un observador de orden completo y la adición de este observador duplica el orden del sistema. Si el modelo del observador se combina con el modelo de la planta, entonces el modelo revisado es

$$\begin{bmatrix} \dot{\mathbf{x}} \\ \dot{\hat{\mathbf{x}}} \end{bmatrix} = \begin{bmatrix} \mathbf{A} & 0 \\ 0 & \mathbf{A} - \mathbf{GC} \end{bmatrix} \begin{bmatrix} \mathbf{x} \\ \hat{\mathbf{x}} \end{bmatrix} + \begin{bmatrix} \mathbf{B} \\ \mathbf{B} \end{bmatrix} u + \begin{bmatrix} 0 \\ \mathbf{G} \end{bmatrix} \mathbf{y}. \tag{11.38}$$

Sin embargo, $u = gr - \mathbf{K}\hat{\mathbf{x}}$ e $\mathbf{y} = \mathbf{Cx}$. Así, el modelo del sistema en lazo cerrado es

$$\begin{bmatrix} \dot{\mathbf{x}} \\ \dot{\hat{\mathbf{x}}} \end{bmatrix} = \begin{bmatrix} \mathbf{A} & -\mathbf{BK} \\ \mathbf{GC} & \mathbf{A} - \mathbf{GC} - \mathbf{BK} \end{bmatrix} \begin{bmatrix} \mathbf{x} \\ \hat{\mathbf{x}} \end{bmatrix} + \begin{bmatrix} \mathbf{B} \\ \mathbf{B} \end{bmatrix} gr. \tag{11.39}$$

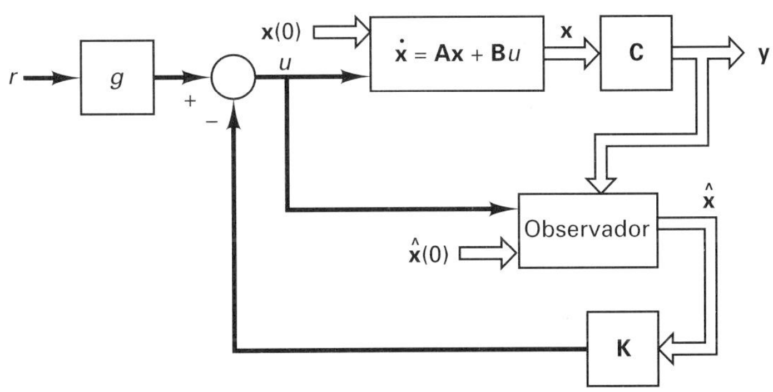


**Figura 11.13.** Realimentación de salida utilizando un observador.

Con el empleo de un observador de orden completo, se revela una característica particularmente útil —los valores propios del modelo del sistema en lazo cerrado son simplemente las raíces de $\det[s\mathbf{I} - \mathbf{A} + \mathbf{GC}] = 0$ y las raíces de $\det[s\mathbf{I} - \mathbf{A} + \mathbf{BK}] = 0$—. Esta característica se hace aparente con alguna manipulación del modelo. Si se redefinen las variables de estado para contener **x** y **e** (en lugar de **x** y $\hat{\mathbf{x}}$), entonces la transformación de variable es

$$\begin{bmatrix} \mathbf{x} \\ \mathbf{e} \end{bmatrix} = \begin{bmatrix} \mathbf{I} & 0 \\ \mathbf{I} & -\mathbf{I} \end{bmatrix} \begin{bmatrix} \mathbf{x} \\ \hat{\mathbf{x}} \end{bmatrix}, \tag{11.40}$$

y las expresiones para $\dot{\mathbf{x}}$ y $\dot{\mathbf{e}}$. se desarrollan rápidamente para obtener una formulación alternativa del modelo del sistema en lazo cerrado con

$$\begin{bmatrix} \dot{\mathbf{x}} \\ \dot{\mathbf{e}} \end{bmatrix} = \begin{bmatrix} \mathbf{A} - \mathbf{BK} & \mathbf{BK} \\ 0 & \mathbf{A} - \mathbf{GC} \end{bmatrix} \begin{bmatrix} \mathbf{x} \\ \mathbf{e} \end{bmatrix} + \begin{bmatrix} \mathbf{B} \\ 0 \end{bmatrix} gr. \tag{11.41}$$

La ecuación característica queda por supuesto inalterada; y es aparente del modelo de la Ecuación 11.41 que la ecuación característica para el sistema en lazo cerrado se puede expresar como $\det[s\mathbf{I} - \mathbf{A} + \mathbf{BK}]\det[s\mathbf{I} - \mathbf{A} + \mathbf{GC}] = 0$. Así, los polos del sistema total incluyen las raíces de $\det(s\mathbf{I} - \mathbf{A} + \mathbf{BK}) = 0$ y las raíces de $\det(s\mathbf{I} - \mathbf{A} + \mathbf{GC}) = 0$. El primer grupo comprende los polos que se obtienen utilizando realimentación de estado puro y el segundo grupo lo constituyen los polos del observador. Esto significa que se puede diseñar **K** basándose solamente en la realimentación del estado y **G** en la estimación del estado —aunque se interconectan para proporcionar realimentación de salida—. Este fenómeno se conoce como el principio de separación, que produce un proceso de diseño directo.

**EJEMPLO 11.5**

Utilizando el modelo de planta y el observador descritos en el Ejemplo 11.4, implementar realimentación de salida de forma tal que las raíces de $\det[s\mathbf{I} - \mathbf{A} + \mathbf{BK}]$ se localizan en $s = -5{,}0$. Determinar el modelo de estado del sistema en lazo cerrado y evaluar los valores propios.

**Solución.** Las raíces de $\det[s\mathbf{I} - \mathbf{A} + \mathbf{BK}]$ son las raíces de $s^2 + (3 + 3k_2)s + (2 + 3k_1) = 0$; así, la realimentación de estado requerida es $\mathbf{K} = [23/3 \quad 7/3]$. Utilizando el observador que se desarrolló en el Ejemplo 11.4, la aplicación de la Ecuación 11.39 produce

$$\begin{bmatrix} \dot{x}_1 \\ \dot{x}_2 \\ \dot{\hat{x}}_1 \\ \dot{\hat{x}}_2 \end{bmatrix} \begin{bmatrix} 0 & 1 & 0 & 0 \\ -2 & -3 & -23 & -7 \\ 27 & 0 & -27 & 1 \\ 142 & 0 & -167 & -10 \end{bmatrix} \begin{bmatrix} x_1 \\ x_2 \\ \hat{x}_1 \\ \hat{x}_2 \end{bmatrix} + \begin{bmatrix} 0 \\ 3 \\ 0 \\ 3 \end{bmatrix} gr.$$

El empleo de un programa de computador (*véase* Sección 11.7) para evaluar los valores propios produce $-5$, $-5$, $-15$ y $-15$. Tal como se ha predicho, estos valores son la suma de los valores propios que se obtiene considerando $\det[s\mathbf{I} - \mathbf{A} + \mathbf{GC})] = 0$ y $\det[s\mathbf{I} - \mathbf{A} + \mathbf{BK}] = 0$.

Si se aplica una entrada en salto unitario al sistema del Ejemplo 11.5, se puede utilizar una simulación del sistema para evaluar las variables de salida y las variables de estado en función del tiempo. Suponiendo que el sistema utiliza realimentación de estado con las variables de estado medidas, el resultado se muestra en la Figura 11.14. El estado inicial de la planta se especifica con $x_1 = -0{,}2$ y $x_2 = 0$. Cambiando a realimentación de salida con el empleo del observador, el resultado se muestra en la Figura 11.15. Este conjunto de funciones respuestas se obtienen sin cambiar el estado inicial de la planta.; sin embargo, el estado inicial del observador se especifica como $\hat{x}_1 = 0$ y $\hat{x}_2 = 0$. La convergencia del estado real y del estimado se

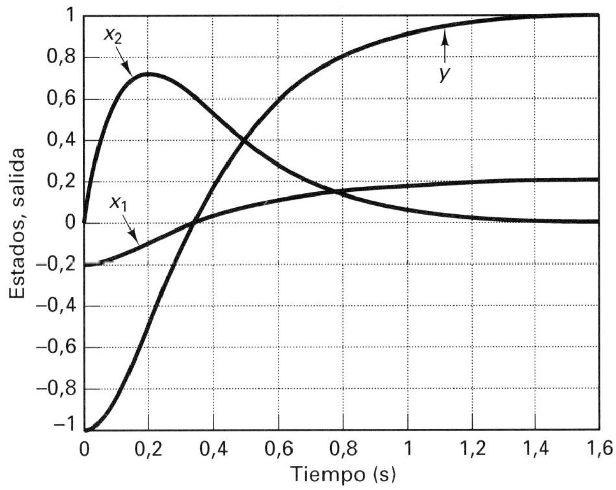


**Figura 11.14.** La respuesta con variables de estado medidas.

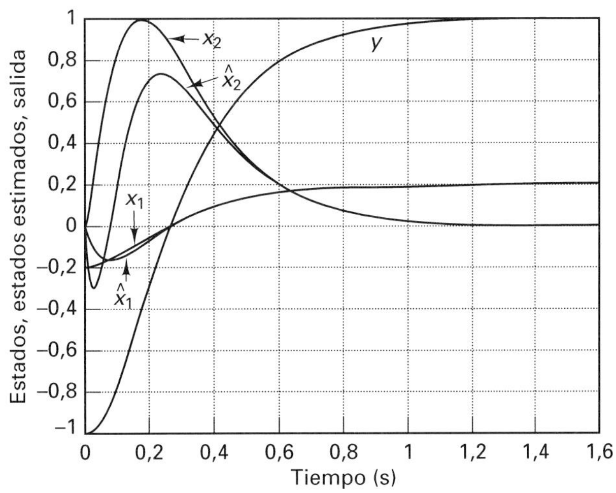


**Figura 11.15.** La respuesta con realimentación de salida y variables de estado estimadas.

muestra que ocurre relativamente de forma rápida y, a pesar del error, en el estado inicial los tiempos de asentamiento que se muestran en las Figuras 11.14 y 11.15 son casi iguales. Aunque una respuesta típica mostrará un tiempo de asentamiento ligeramente mayor con el observador en el lazo, este estado inicial particular produce una situación en la cual la configuración del observador introduce una ligera reducción en el tiempo de asentamiento.

## 11.5. ASIGNACIÓN DE POLOS BASADOS EN LA FUNCIÓN DE TRANSFERENCIA

La combinación de estados y un observador de estado es un método para colocar los polos cuando solamente se tiene disponible la salida para realimentación y este procedimiento se basa en el uso de modelos de estado. Sin embargo, se puede lograr también el mismo objetivo trabajando con funciones de transferencia. En esta sección se describe un método para la colocación arbitraria de polos utilizando controladores que se definen mediante funciones de transferencia.

**EJEMPLO 11.6**

Sea el sistema de realimentación de la Figura 11.16. La planta se describe por la Ecuación 11.33, que es una función de transferencia de segundo orden $G_p(s) = 15/(s^2 + 3s + 2)$.

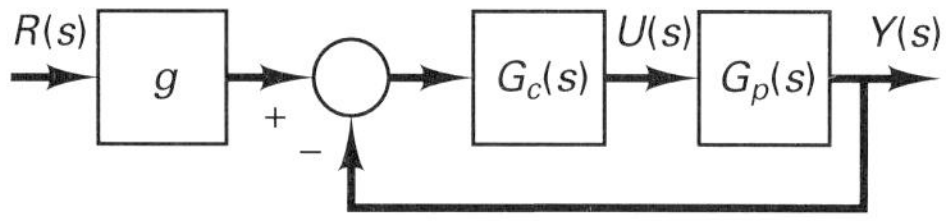


**Figura 11.16.** Colocación de polos basada en la función de transferencia.

El objetivo es diseñar un controlador $G_c(s)$, para colocar los polos del sistema en lazo cerrado en un conjunto de posiciones deseadas. Si se utiliza un controlador proporcional $[G_c(s) = K_o]$, la colocación arbitraria de polos obviamente no es posible, porque ajustar $K_o$ solamente mueve los polos en lazo cerrado a lo largo de un conjunto de curvas fijadas —el lugar de las raíces—. Sin embargo, si $G_c(s)$ se diseña como una función de transferencia de primer orden, $(d_1 s + d_0)/(s + c_0)$, se obtiene un sistema en lazo cerrado de tercer orden. Como $G_c(s)$ contiene tres parámetros, es posible colocar los tres polos arbitrariamente por una selección adecuada de estos parámetros. Verdaderamente, la ecuación característica en lazo cerrado es

$$1 + \left(\frac{d_1 s + d_0}{s + c_0}\right)\left(\frac{15}{s^2 + 3s + 2}\right) = 0, \tag{11.42}$$

o

$$s^3 + (c_0 + 3)s^2 + (3c_0 + 2 + 15d_1)s + 2c_0 + 15d_0 = 0.$$

Entonces cualquier ecuación característica en lazo cerrado

$$\hat{d}(s) = s^3 + \hat{a}_2 s^2 + \hat{a}_1 s + \hat{a}_0 = 0 \tag{11.43}$$

se puede lograr igualando los correspondientes coeficientes de los dos polinomios: $(c_0 + 3) = \hat{a}_2$, $3c_0 + 2 + 15d_1 = \hat{a}_1$ y $2c_0 + 15d_0 = \hat{a}_0$. Las tres ecuaciones con tres incógnitas tienen una solución única de $c_0 = \hat{a}_2 - 3$, $d_1 = (\hat{a}_1 - 3\hat{a}_2 + 7)/15$ y $d_0 = (a_0 - 2\hat{a}_2 + 6)/15$. La solución es válida para cualquier valor especificado de $\hat{a}_0$, $\hat{a}_1$ y $\hat{a}_2$. Esto significa que los polos del sistema en lazo cerrado se pueden colocar en cualquier posición especificada en el plano complejo. Para comparar con el Ejemplo 11.5, sean los polos en lazo cerrado $-5$, $-5$ y $-15$. Esto resulta en un polinomio característico deseado de

$$\begin{aligned}\hat{d}(s) &= (s + 5)(s + 5)(s + 15)\\ &= s^3 + 25s^2 + 175s + 375\\ &= s^3 + \hat{a}_2 s^2 + \hat{a}_1 s + \hat{a}_0 .\end{aligned} \tag{11.44}$$

Los parámetros del controlador se calculan entonces fácilmente como $c_0 = 22{,}00$; $d_1 = 107/15 = 7{,}13$ y $d_0 = 331/15 = 22{,}07$. Esto produce una función de transferencia del controlador de $(7{,}13s + 22{,}07)/(s + 22)$ o $7{,}13(s + 3{,}09)/(s + 22)$, y da una función de transferencia del sistema en lazo cerrado de $\dfrac{g107(s + 3{,}09)}{(s + 5)^2(s + 15)}$. La ganancia directa $g$ se selecciona para que sea 1,133 y establecer así una ganancia igual a uno en la función de transferencia en lazo cerrado. En la Figura 11.17 se muestra la simulación de una respuesta a un salto unitario con condiciones iniciales de la planta de $x_1(0) = -0{,}2$ y $x_2(0) = 0$. La entrada de control, $u(t)$, se escala mediante un factor de 0,1 de forma que se pueda representar sobre la misma gráfica. Comparado con el Ejemplo 11.5 ambos métodos realimentan sólo la señal de salida. El controlador basado en observador del Ejemplo 11.5 es un sistema de segundo orden, mientras que el controlador basado en la función de transferencia diseñado aquí es sólo de primer orden y es más fácil de implementar. La respuesta más rápida se debe a la presencia del cero en $s = -3{,}09$ y esto se logra a expensas de una mayor amplitud de la entrada de control.

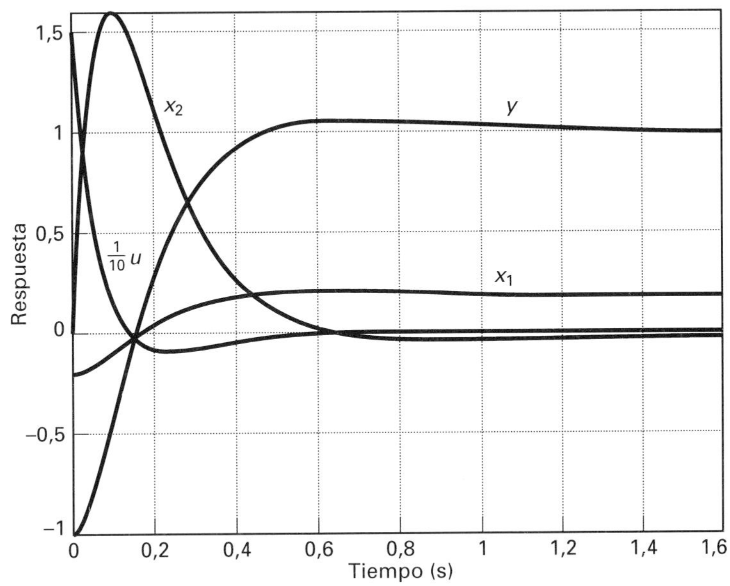


**Figura 11.17.** La respuesta con realimentación de salida basada en la función de transferencia.

Para el sistema de realimentación descrito, la función de transferencia del error es

$$\frac{E(s)}{R(s)} = 1 - \frac{Y(s)}{R(s)} = \frac{s(s^2 + 25s + 53{,}78)}{(s + 5)^2(s + 15)}, \tag{11.45}$$

que tiene un cero en el origen. Esto lo convierte en un sistema tipo 1 y puede seguir señales de referencia constante con error nulo en estado estacionario. Sin embargo, esta propiedad de tipo 1 se obtiene mediante una cuidadosa selección del factor de ganancia directa $g$ (que es el recíproco de la ganancia en continua de las restantes funciones de transferencia en lazo cerrado). En otras palabras, $g$ se selecciona para cancelar la ganancia de continua restante que produce una ganancia en lazo cerrado igual a la unidad. Un diseño que se basa en este método es apropiado solamente en aplicaciones donde el modelo de la planta (o al menos la ganancia de continua de la planta) es precisa e invariante. Si ciertos parámetros de la planta cambian durante la operación, el sistema se hará de tipo cero en lugar de tipo 1. Para asegurar un comportamiento robusto del sistema en lazo cerrado en el ejemplo siguiente se describe un método alternativo.

### EJEMPLO 11.7

Tal como se ha descrito en el Capítulo 7, se puede lograr también un sistema tipo 1 si se inserta un integrador en el camino directo de la función de transferencia. Si se considera un controlador de primer orden, debe ser de la forma $(d_1 s + d_0)/s$ (por ejemplo, un controlador PI). Como hay solamente dos parámetros, el controlador no tiene un número adecuado de grados de libertad para colocar los tres polos del sistema en lazo cerrado arbitrariamente (aunque se puede utilizar un método basado en el lugar de las raíces o en la respuesta en frecuencia para lograr un diseño que funcione). Si se desea la colocación de polos arbitrarios, debe considerarse un controlador de segundo orden. Debe ser de la forma $(d_2 s^2 + d_1 s + d_0)/(s(s + c_1))$ para contener un integrador. Esto producirá un sistema en lazo cerrado de cuarto orden. Los cuatro parámetros del controlador deberían dar un número suficiente de grados de libertad para colocar los cuatro polos del sistema en lazo cerrado arbitrariamente. Esto se puede hacer exactamente de la misma forma que en el Ejemplo 11.6, igualando los coeficientes del polinomio característico en lazo cerrado con los del polinomio característico deseado. Sean los polos en lazo cerrado $-5$, $-5$, $-15$, $-15$. Igualando los coeficientes del polinomio característico

$$s^4 + (c_1 + 3)s^3 + (3c_1 + 2 + 15d_2)s^2 + (2c_1 + 15d_1)s + 15d_0$$

con los del polinomio característico deseado

$$\hat{d}(s) = (s + 5)(s + 5)(s + 15)(s + 15) = s^4 + 40s^3 + 550s^2 + 3.000s + 5.625$$

produce los parámetros del controlador $c_1 = 37{,}00$; $d_0 = 375{,}00$; $d_1 = 195{,}07$ y $d_2 = 29{,}13$. En la Figura 11.18 se muestra la respuesta a un salto unitario suponiendo que la condición inicial de la planta es $x_1(0) = -0{,}2$ y $x_2(0) = 0$ y la condición inicial del controlador es cero.

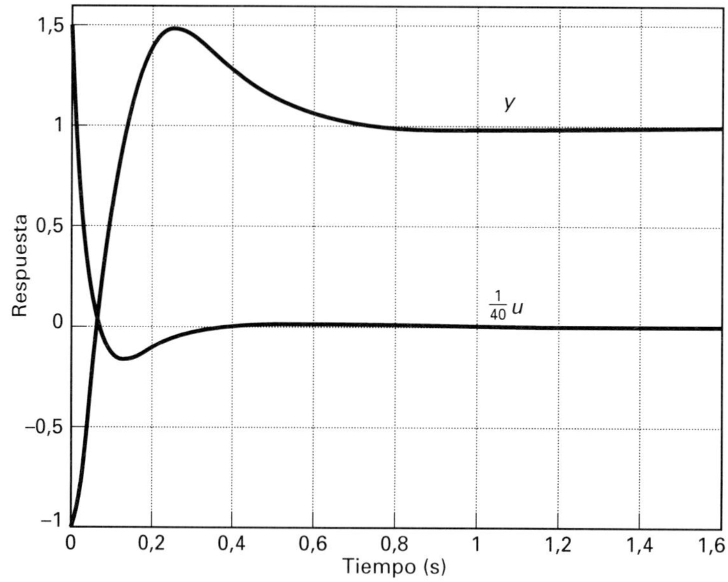


**Figura 11.18.** La respuesta con realimentación de salida y acción integral en el controlador.

El método de realimentación de polos basado en la función de transferencia descrito en estos ejemplos se puede generalizar rápidamente para su aplicación con sistemas de orden superior. La clave es elegir una función de transferencia del controlador propia que contiene al menos tantos parámetros ajustables de forma independiente como el orden del sistema en lazo cerrado resultante (que es también el número de ecuaciones que se pueden establecer para la colocación de polos). Esto se puede lograr fácilmente comenzando con una función de transferencia del controlador de bajo orden y comprobando si el número de parámetros del controlador iguala o excede al orden del sistema en lazo cerrado. Si no es así, se debe aumentar el orden de la función de transferencia del controlador hasta que sea posible la colocación de los polos.

Por supuesto, la colocación arbitraria de polos se puede conseguir también utilizando una función de transferencia de orden más elevado $G_c(s)$ con más parámetros ajustables. Entonces el número de parámetros ajustables excederá al número de ecuaciones y la solución deja de ser única. Se deben tomar precauciones adicionales para utilizar la libertad en el diseño. Desde un punto de vista de implementación, el orden del controlador debería mantenerse tan pequeño como sea posible para reducir los tiempos de cálculo (en el caso de control digital) o el número de componentes del controlador (en el caso del controlador analógico).

En general, si la planta es de orden $n$ con

$$G_p(s) = \frac{B(s)}{A(s)} = \frac{b_n s^n + b_{n-1}s^{n-1} + \cdots + b_0}{s^n + a_{n-1}s^{n-1} + \cdots + a_0} \tag{11.46}$$

y no tiene ninguna cancelación polo-cero, la colocación arbitraria de los polos se puede lograr con un controlador $G_c(s)$ de orden $(n-1)$

$$G_c(s) = \frac{D(s)}{C(s)} = \frac{d_{n-1}s^{n-1} + d_{n-2}s^{n-2} + \cdots + d_0}{s^{n-1} + c_{n-2}s^{n-2} + \cdots + c_0}, \tag{11.47}$$

que contiene $(2n-1)$ parámetros. Como la ecuación característica en lazo cerrado

$$A(s)C(s) + B(s)D(s) = 0 \tag{11.48}$$

es de orden $(2n-1)$, igualando sus coeficientes con los de la ecuación característica deseada da $(2n-1)$ ecuaciones y la solución es única. Las ecuaciones obtenidas son realmente todas lineales, y la representación matricial de las ecuaciones se conoce en la literatura como la ecuación diofantina. Los detalles se dejan como ejercicio.

Si es necesario que el controlador contenga un integrador, entonces tendrá que ser de orden $n$

$$G_c(s) = \frac{D(s)}{C(s)} = \frac{d_n s^n + d_{n-1}s^{n-1} + \cdots + d_0}{s(s^{n-1} + c_{n-2}s^{n-2} + \cdots + c_0)} \tag{11.49}$$

para proporcionar $2n$ parámetros con los que colocar los $2n$ polos del sistema en lazo cerrado resultante.

## 11.6. SEGUIMIENTO CON ANTICIPACIÓN FEEDFORWARD

El control por realimentación se basa en la idea de la compensación del error. La mayoría de los controladores de realimentación $G_c(s)$ estudiados desde el Capítulo 10 hasta este punto son *compensadores* [si $G_c(s)$ es más que simplemente una ganancia proporcional se llama un *compensador dinámico*]. Un compensador toma la señal de salida medida $y(t)$ y la compara con la referencia $r(t)$ y entonces intenta reducir el error $e(t) = r(t) - y(t)$ generando una acción de control operativa $u(t)$ utilizando $G_c(s)$. Hablando a grandes rasgos, un compensador «persigue después» del error. No utiliza ninguna información anticipada de la referencia $r(t)$. Cuando la referencia cambia rápidamente, la compensación del error parece que es menos efectiva porque la acción tiende a «ir por detrás». Esto explica por qué el seguimiento de una rampa es más difícil que el seguimiento de un salto y el seguimiento de un parábola es incluso más difícil. Aumentando el número del tipo ciertamente ayuda a reducir el error en estado estacionario. Sin embargo, intentar «perseguir después del error» se penaliza con frecuencia con una estabilidad y conducta transitoria deteriorada. Esto sugiere que cuando la señal de referencia cambia rápidamente, el seguimiento a tiempo se puede lograr si se tiene disponible y se utiliza una información anticipada de la referencia tal como su velocidad de cambio (derivada), y una velocidad de cambio de segundo orden (derivada de segundo orden o curvatura). Esta información está con frecuencia disponible en aplicaciones donde la trayectoria de referencia se preplanifica y almacena en la memoria del computador. Tales curvas de referencia son normalmente suaves (o suaves a tramos) y se pueden calcular derivadas de orden suficiente (o calcular a tramos) y también almacenarlas en la memoria en la etapa de diseño.

En la Sección 7.5 se describió el método más simple de utilizar la información previa, donde se introdujo un término derivativo de primer orden en el camino directo de forma que el número del tipo del sistema se aumentaba en uno para eliminar el error en estado estacionario en el seguimiento a una rampa. Pero el sistema resultante es todavía incapaz de seguir una variedad de otras señales, tales como una parábola o una sinusoide. El método presentado en esta sección amplía este concepto de forma tal que se puede seguir una señal arbitraria utilizando las derivadas de orden suficientemente alto de la referencia. Considere el sistema de la antena de la Figura 3.21. Para simplicidad notacional, utilice $u(t)$, $y(t)$ y $r(t)$ en lugar de la entrada original $v_a(t)$, la salida $\theta_Y(t)$ y referencia $\theta_R(t)$. Entonces el sistema se describe por la ecuación diferencial de segundo orden

$$\ddot{y}(t) + 5{,}9\dot{y}(t) = 14u(t). \tag{11.50}$$

Suponga que están disponibles las siguientes variables (o medida o calculada) para la implementación del control: $y(t)$, $\dot{y}(t)$, $r(t)$, $\dot{r}(t)$ y $\ddot{r}(t)$. El objetivo es diseñar una ley de control utilizando información de realimentación e información feedforward de forma que $y(t)$ pueda responder de forma suficientemente rápida a una referencia arbitraria $r(t)$ y a continuación seguir a la referencia con error nulo en estado estacionario. Como antes, este requisito transitorio de «suficientemente rápido» podría ser una especificación sobre el tiempo de asentamiento $t_s$ y un porcentaje de sobreelongación (% OS). Siguiendo la técnica descrita en el Capítulo 7, esta especificación se traduce en una razón de amortiguamiento deseada $\zeta$ y una frecuencia natural deseada $\omega_n$ o equivalentemente una ecuación característica en lazo cerrado deseada

$$s^2 + 2\zeta\omega_n s + \omega_n^2 = 0. \tag{11.51}$$

En otras palabras, si el error de seguimiento definido por $e(t) = r(t) - y(t)$ satisface la ecuación diferencial

$$\ddot{e}(t) + 2\zeta\omega_n\dot{e}(t) + \omega_n^2 e(t) = 0, \tag{11.52}$$

la respuesta transitoria será rápida y suficientemente estable para cumplir nuestros requisitos. Esto se consigue fácilmente con la siguiente ley de control:

$$u = \frac{1}{14}(5{,}9\dot{y} + \ddot{r} + 2\zeta\omega_n\dot{e} + \omega_n^2 e)$$

$$= \frac{1}{14}[(5{,}9\dot{y} + \ddot{r} + 2\zeta\omega_n(\dot{r} - \dot{y}) + \omega_n^2(r - y)] \qquad (11.53)$$

Cerrando el lazo aplicando la ley de control de la Ecuación 11.53 a la planta de Ecuación 11.50 fácilmente conduce a la ecuación de error deseada de la Ecuación 11.52. En la ley de control es necesario un factor de 1/14 para cancelar el factor 14 en la Ecuación 11.50; el término $5{,}9\dot{y}$ se coloca para cancelar el término correspondiente en la Ecuación 11.50 y los términos restantes obviamente se ponen para producir la Ecuación 11.52. Cuando se combina con $\ddot{y}$. Como el error $e(t)$ satisface la Ecuación 11.52, converge a cero con el tiempo de asentamiento especificado y el porcentaje de realimentación sin tomar en cuenta su valor inicial ni la forma de la referencia $r(t)$.

Para ser más específico, suponga que se desea un tiempo de asentamiento (con error del 2 %) de 1/3 s y una sobreelongación de no más de 4,32 %: Esto se traduce fácilmente en $\zeta = 0{,}707$ y $\omega_n = 16{,}97$, resultando en la ley de control

$$u = \frac{1}{14}[(5{,}9\dot{y} + \ddot{r} + 24(\dot{r} - \dot{y}) + 288(r - y)]$$

$$= 20{,}57r + 1{,}71\dot{r} + 0{,}071\ddot{r} - 20{,}57y - 1{,}29\dot{y}, \qquad (11.54)$$

que se ilustra en la Figura 11.19.

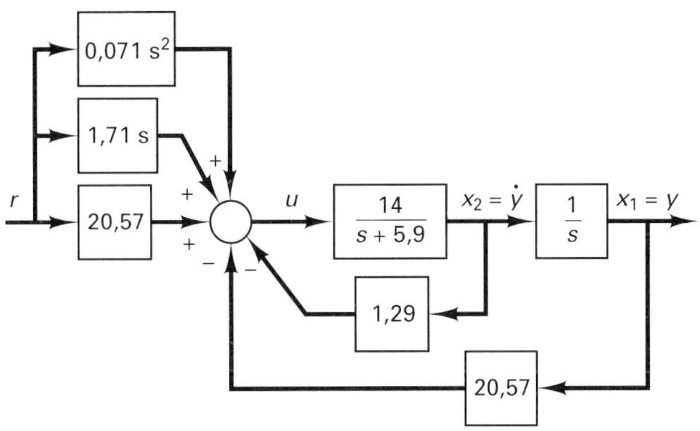


**Figura 11.19.** Seguimiento con control feedforward derivativo.

El comportamiento de este controlador se simula para dos señales de referencia diferentes y en la Figura 11.20 se muestran las respuestas, donde las líneas discontinuas representan las señales de referencia y las respuestas de salida se representan como líneas continuas. Se consigue seguimiento perfecto sin error en estado estacionario. Realmente, el sistema es capaz de seguir una señal de referencia arbitraria sin error en estado estacionario. Esto es porque el error $e(t) = r(t) - y(t)$ se garantiza por la Ecuación 11.52, que tiende a cero.

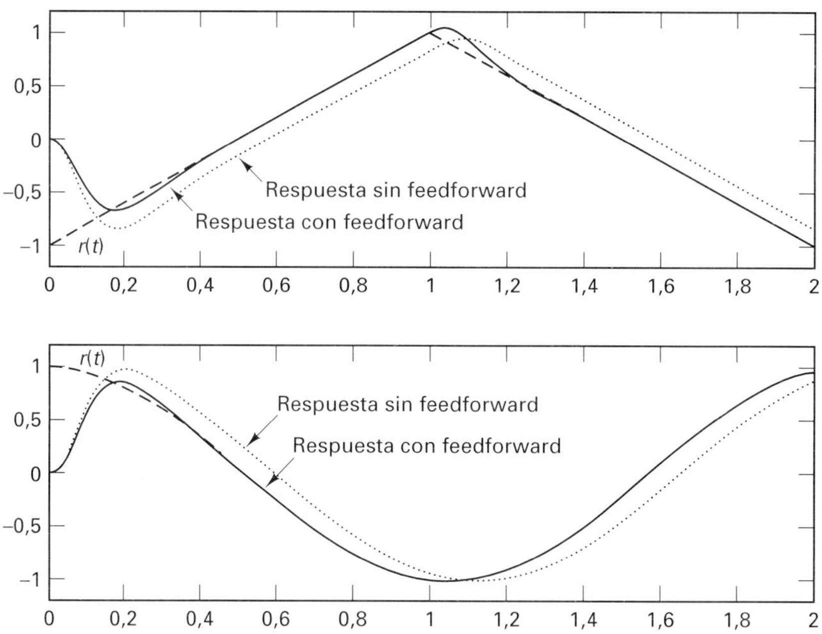


**Figura 11.20.** El efecto del control feedforward derivativo.

Si se eliminan la derivada de las partes feedforward, entonces el sistema degenera en un sistema de control por realimentación de estado regular (*véase* Sección 11.2). Como el sistema resultante es de tipo 1, solamente puede seguir una señal de referencia constante. Para las dos señales de referencia precedentes, ambas respuestas muestran algún error en estado estacionario, tal como se muestra en las líneas punteadas de la Figura 11.20.

Este método se puede generalizar fácilmente para aplicaciones a sistemas de orden superior que sólo posee polos. Sea el sistema de orden $n$ descrito por

$$y^{(n)}(t) + a_{n-1}y^{(n-1)}(t) + \cdots + a_1\dot{y}(t) + a_0 y(t) = b_0 u(t) \tag{11.55}$$

que debe seguir a una referencia arbitraria $r(t)$. Las especificaciones sobre la respuesta transitoria se pueden utilizar de una forma similar para determinar una ecuación característica deseada.

$$s^n + \hat{a}_{n-1}s^{n-1} + \cdots + \hat{a}_1 s + \hat{a}_0 = 0. \tag{11.56}$$

Esto es, el error de seguimiento se espera que satisfaga

$$e^{(n)}(t) + \hat{a}_{n-1}e^{(n-1)}(t) + \cdots + \hat{a}_1\dot{e}(t) + \hat{a}_0 e(t) = 0. \tag{11.57}$$

esto se puede conseguir utilizando la ley de control

$$u = \frac{1}{b_0}\,(a_{n-1}y^{(n-1)} + \cdots + a_1\dot{y} + a_0 y + r^{(n)} + \hat{a}_{n-1}e^{(n-1)} + \cdots + \hat{a}_1\dot{e} + \hat{a}_0 e = 0). \tag{11.58}$$

## 11.7. UTILIZACIÓN DE MATLAB

Con respecto al desarrollo de una realimentación de estado, se puede utilizar la orden **place** para determinar la matriz **K**. Con la colocación de un polo especificado, se determina **K** de forma tal que la matriz de valores propios **A** − **BK** se localiza como se desee. Con el diseño de un estimador de estado, se puede utilizar también **place** para determinar la matriz **G**. La traspuesta de la matriz **G** se puede obtener con las matrices **A** y **B** reemplazadas por las matrices traspuestas de **A** y **C**. Aunque **place** no puede colocar polos repetidos en exceso del número de entradas, este problema se evita fácilmente especificando los polos de forma que no sean exactamente idénticos.

Si se aplica al Ejemplo 11.1, el vector **K** se determina como sigue:

```
A=[0 5 0; 0 -.1 60; 0 -1.4 -50];      % Matriz A de la planta
B=[0 0 10]';                          % Matriz B de la planta
p=[-80 -10+j*5 -10-j*5];              % Asignación de polo derecho
K=place(A,B,p)                        % Calcular K (vector pila)
```

Este resultado se puede comprobar calculando **A** − **BK** y a continuación pidiendo los valores propios.

```
AA=A-B*K;                             % Evaluar la matriz A revisada
eig(AA)                               % Calcular los valores propios
```

Este cálculo devolverá, por supuesto, los polos en lazo cerrado deseados que fueron originalmente especificados como **p** (un vector fila). Como el Ejemplo 11.4 requiere un diseño de observador con polos repetidos en $s = -15$, se especifican con una ligera alteración:

```
clear,
A=[0 1; -2 -3];                       % Matriz A de la planta
C=[5 0];                              % Matriz C de la planta
p=[-15 -15.01];                       % Polos deseados del observador
G=place(A',C',p)'                     % Calcular matriz G
```

También se puede obtener una comprobación de la controlabilidad y observabilidad. Considerando la planta del Ejemplo 11.1:

```
A=[0 5 0; 0 -.1 60; 0 -1.4 -50];
B=[0 0 10]'; C=[1 0 0];
Mc=ctrb(A,B); Mo=obsv(A,C);     % Calcular matrices de controlabilidad y observabilidad
rank(Mc), rank(Mo)              % Calcular el rango
```

Como esta planta es controlable y observable, la respuesta que se devuelve en cada caso es **rank** = **3**.

Para representar las funciones de respuesta, las matrices se deben especificar cuidadosamente. Las funciones de respuesta que se muestran como Ejemplo 11.1 se obtuvieron con una descripción del sistema como la requerida con la implementación de un observador de orden completo. Para considerar la respuesta a un salto con un estado inicial distinto de cero, se empleó **lsim** como sigue:

```
A=[0 1; -2 -3]; B=[0; 3];              % El modelo de planta
C=[5 0]; D=0;
p=[-5.00 -5.01];                       % El diseño de realimentación de estado
K=place(A,B,p);
p=[-15.00 -15.01];                     % El diseño del observador
G=place(A',C',p)';
g=1/(C*inv(-A+B*K)*B);                 % La ganancia de entrada
AA=[A -B*K; G*C A-B*K-G*C];            % El modelo en lazo cerrado
BB=[B; B]*g;
CC=[C 0 0]; DD=0;
xx0=[-0.2 0 0 0];                      % El estado inicial
t=[0:.002:1.6]';                       % El vector de tiempo
r=1+0*t;                               % El vector de entrada
[y xx]=lsim(AA,BB,CC,DD,r,t,xx0);      % Cálculo de la respuesta
x_hat=xx(:,3:4);                       % La respuesta del observador
u=r*g-(K*x_hat')';                     % La entrada de planta
plot(t,[xx y 1/4*u]), grid, axis ([0 1.6 -1 1])    % La respuesta dibujada
```

Observe que la entrada de la planta se cambió de escala por 1/4, de forma que pudiese colocarse sobre el mismo diagrama que las otras funciones de respuesta. Suponiendo que se emplea realimentación de estado sin un observador, la descripción del modelo en lazo cerrado es algo más simple. Utilizando la especificación previa de **A, B, C, D, K** y **g** la simulación se obtuvo utilizando

```
x0=[-0.2 0];
t=[0:.002:1.6]'; r=1+0*t;
[y,x]=lsim(A-B*K,B*g,C,D,r,t,x0);
u=r*g-(K*x')';
plot(t, [x y 1/4*u]), grid
```

## 11.8. RESUMEN

Si una planta es controlable, se puede utilizar realimentación de estado para controlar la colocación de todas las raíces de la ecuación característica. Por tanto, las raíces se pueden colocar para obtener el grado deseado de estabilidad y obtener otras variaciones deseadas en el carácter de la respuesta natural. Con la implementación de realimentación de estado, las funciones de transferencia en lazo cerrado se pueden obtener utilizando o una ecuación de transferencia matricial (Ecuación 11.5) o la construcción de un diagrama de estado. La libertad para variar la respuesta natural no es ilimitada —las limitaciones vienen impuestas por consideraciones prácticas que incluyen limitaciones sobre la validez del modelo lineal.

La propiedad de controlabilidad considera la forma en que la entrada a la planta influye sobre todas las variables de estado. Los tests para controlabilidad contienen a las matrices **A** y **B** y una falta de controlabilidad se observa como la incapacidad de mover al menos un polo. Si un polo que no es movible se localiza en el semiplano derecho, el sistema no es estabilizable.

Una variación de la técnica de colocación de polos es utilizar un observador para estimar el estado de la planta. El estado estimado se utiliza entonces para implementar realimentación de estado. Utilizando estimación de estado de orden completo sólo se mide la salida. El observador se diseña de forma tal que cualquier diferencia en el estado entre la planta y el observador decae cuando el tiempo se hace grande y la velocidad de decaimiento es dependiente de la colocación de los polos del observador. Normalmente los polos del observador se colocan en posiciones que se obtienen multiplicando los valores de los polos dominantes en lazo cerrado por un factor de 3 ó 4. Todos los polos del observador se pueden mover libremente si la planta tiene la propiedad de observabilidad. La observabilidad considera la forma en que las variables de estado de la planta influye sobre la salida y un test para observabilidad incluye a las matrices **A** y **C**.

La realimentación de salida se obtiene utilizando un observador de orden completo para estimar las variables de estado. Con la realimentación de estado establecida de esta forma, los valores propios del sistema total contienen las raíces de $\det(s\mathbf{I} - \mathbf{A} + \mathbf{BK} = 0)$ y $\det(s\mathbf{I} - \mathbf{A} + \mathbf{GC})$. En otras palabras, el uso de un observador de orden completo añade valores propios, pero la localización de los valores propios dominantes no se cambia con respecto a la localización predicha utilizando las variables de estado reales.

La colocación de polos basada en la función de transferencia ofrece otra técnica de realimentación de salida. Al contrario que los métodos de realimentación de salida descritos en el Capítulo 10, este método tiene la capacidad de colocación de polos arbitrarios. Esto se logra seleccionando una función de transferencia del controlador de orden suficientemente alto y a continuación igualando los coeficientes de la ecuación característica en lazo cerrado resultante con aquellos de la ecuación deseada. Extendiendo el significado de *planta* para incluir elementos del controlador que se determinan *a priori* (tal como un integrador), la colocación de polos arbitrarios y la precisión en estado estacionario se pueden alcanzar de forma simultánea.

Con un modelo de planta relativamente preciso, el uso de derivadas de la señal de referencia de entrada proporciona mejoras dramáticas en el comportamiento del sistema que son imposibles de lograr utilizando sólo compensación por realimentación. Una señal de entrada suave puede seguirse con error nulo en estado estacionario a condición que los niveles de señal del sistema no exceden el rango lineal. Esto se obtiene cancelando los términos no deseables del modelo de la planta e introduciendo los términos que se desean que contienen factores de multiplicación que se aplican a la entrada y a sus derivadas. El método se continúa de forma que el error del sistema decae automáticamente a cero sin tomar en cuenta la entrada de referencia. El método tal como se ha descrito es aplicable a sistemas que contienen solamente polos. La generalización a otros sistemas no es difícil pero está fuera de los objetivos de este texto.

## Problemas

**11.1.** Dado el modelo de planta descrito por la siguiente ecuación, aplicar realimentación de estado y determinar la ecuación característica en términos de $k_1$, $k_2$ y otros parámetros del sistema

$$\begin{bmatrix} \dot{x}_1 \\ \dot{x}_2 \end{bmatrix} = \begin{bmatrix} 0 & 1 \\ -2 & -4 \end{bmatrix} \begin{bmatrix} x_1 \\ x_2 \end{bmatrix} + \begin{bmatrix} 0 \\ 2 \end{bmatrix} u, \quad y = [1 \quad 0] \begin{bmatrix} x_1 \\ x_2 \end{bmatrix}$$

**11.2.** Utilizando el modelo de planta del Problema 11.1 determinar $Y(s)/R(s)$ suponiendo una configuración del sistema tal como la que se muestra en la Figura 11.1. Utilizar una técnica de solución de álgebra matricial (tal como la expresada en la Ecuación 11.5). Su respuesta debería expresarse en término de $k_1$, $k_2$, $g$ y otros parámetros del sistema.

**11.3.** Repetir el Problema 11.2 construyendo un diagrama de estado para la planta y añadiendo a continuación la entrada y la realimentación de estado al diagrama. Compara su resultado con el Problema 11.2.

**11.4.** Considerando el sistema del Problema 11.3, determinar una expresión para la ganancia en continua.

**11.5.** Considerando el modelo de planta del Problema 11.1, determinar un modelo del sistema con realimentación de estado de forma tal que el tiempo de asentamiento al 2 % con una entrada en salto es de 1,00 s, la razón de amortiguamiento es 0,707; $y(t)$ es igual a $r(t)$ bajo condiciones de estado estacionario con una entrada en salto.

**11.6.** Dado el modelo de planta mostrado en la ecuación siguiente, implementar realimentación de estado y determinar $k_1$, $k_2$ y $k_3$ para colocar los polos del sistema en $-8{,}0$ y $-12 \pm j4$.

$$\begin{bmatrix} \dot{x}_1 \\ \dot{x}_2 \\ \dot{x}_3 \end{bmatrix} = \begin{bmatrix} 0 & 4 & 0 \\ -3 & 0 & 2 \\ 0 & 0 & -2 \end{bmatrix} \begin{bmatrix} x_1 \\ x_2 \\ x_3 \end{bmatrix} + \begin{bmatrix} 0 \\ 0 \\ 2 \end{bmatrix} u, \quad y = [1 \quad 0 \quad 0] \begin{bmatrix} x_1 \\ x_2 \\ x_3 \end{bmatrix}$$

**11.7.** Probar que la planta del Problema 11.6 es controlable. ¿Es también observable? Explicar el significado de ambas respuestas.

**11.8.** Si una función de planta tiene un modelo tal como el descrito en la siguiente ecuación:

**a.** ¿Es la planta asintóticamente estable?
**b.** ¿Es la realimentación de estado un procedimiento viable para colocar sin restricción los polos en lazo cerrado? Explicar.
**c.** Describir una función controlable ($u = ?$) que colocará todos los polos en lazo cerrado en $s = -5{,}0$. Utilizar un diagrama de estado para implementar realimentación de estado.

$$\begin{bmatrix} \dot{x}_1 \\ \dot{x}_2 \\ \dot{x}_3 \end{bmatrix} = \begin{bmatrix} 0 & 1 & 0 \\ 0 & 0 & 1 \\ 0 & 0 & 0 \end{bmatrix} \begin{bmatrix} x_1 \\ x_2 \\ x_3 \end{bmatrix} + \begin{bmatrix} 0 \\ 0 \\ 2 \end{bmatrix} u, \quad y = [1 \quad 0 \quad 0] \begin{bmatrix} x_1 \\ x_2 \\ x_3 \end{bmatrix}$$

**11.9.** Considerando la planta descrita en la siguiente ecuación:

**a.** ¿Puede implementar realimentación de estado con los polos colocados en $s = -4$? Explique su respuesta.
**b.** ¿Hay un polo que no se puede mover? ¿Cuál es la localización del polo? ¿Hay algún problema con respecto a obtener un sistema estable en lazo cerrado? Explicar.

$$\begin{bmatrix} \dot{x}_1 \\ \dot{x}_2 \end{bmatrix} = \begin{bmatrix} -1 & 0 \\ 0 & -2 \end{bmatrix} \begin{bmatrix} x_1 \\ x_2 \end{bmatrix} + \begin{bmatrix} 0 \\ 2 \end{bmatrix} u, \quad y = [1 \quad 0] \begin{bmatrix} x_1 \\ x_2 \end{bmatrix}$$

**11.10.** Volviendo al sistema del Problema 11.1:

**a.** Determinar si la planta es controlable y observable.
**b.** Diseñar un observador que proporcione realimentación de salida. Colocar los polos del observador en $-16 \pm j16$. Presente el diseño de observador en la forma de la Ecuación 11.31.

**11.11.** Considerando el modelo de planta del Problema 11.8:

**a.** ¿Es la estimación de estado un procedimiento viable (con libertad completa para colocar los polos del observador)?
**b.** Diseñar un observador que coloca todos sus polos en $s = -15$.

**11.12.** Especificar un sistema de realimentación de salida completo utilizando el diseño del observador del Problema 11.10 para colocar los polos en lazo cerrado que se determinaron en el Problema 11.5:

**a.** Presente su diseño completo en la forma de la Ecuación 11.39.
**b.** La aplicación del observador para estimar las variables de estado, ¿cambia la posición del polo determinado en el Problema 11.5? ¿Cómo es de diferente el nuevo sistema?
M **c.** Utilizar MATLAB para determinar los valores propios y compare este resultado con los valores esperados.

M **11.13.** Repetir el Problema 11.8 utilizando MATLAB para determinar la matriz **K**. Utilice la orden *place* para obtener este resultado. Repita el Problema 11.11 utilizando MATLAB y el formato revisado de **place** para encontrar los polos del observador.

M **11.14.** Utilizando el modelo de realimentación de salida determinado en el Problema 11.10 utilice MATLAB para determinar la respuesta a un salto unitario. Investigar el efecto de tener una diferencia en el estado inicial de la planta y en el estado inicial del observador.

**11.15.** Considere la planta de la Ecuación 11.46 y el controlador de la Ecuación 11.47. Suponga que $n = 2$ y que la ecuación característica deseada toma la forma general de la Ecuación 11.43. Igualando los coeficientes de la ecuación característica con aquellos de la ecuación deseada, establezca las ecuaciones que son suficientes para determinar los parámetros del controlador. Exprese su resultado como una ecuación matricial con los parámetros del controlador como el vector incógnita.

**11.16.** Considere la planta descrita por la función de transferencia

$$\frac{2(s+1)}{s(s-1)}.$$

Diseñe un controlador basado en función de transferencia para colocar los polos en lazo cerrado en $-1$, $e^{j2\pi/3}$ y $e^{-j2\pi/3}$. Determine la función de transferencia del controlador $G_c(s)$ factor de ganancia feedforward $g$.

**11.17.** Para la planta del Problema 11.16, diseñe un controlador basado en función de transferencia que cumpla las siguientes especificaciones:

**a.** El sistema debe ser de tipo 2.
**b.** La respuesta a un salto debe tener un tiempo de asentamiento de 1,0 s.

Simular la respuesta del sistema para una entrada en salto y una entrada en rampa.

M **11.18.** Considerando el modelo de planta del Problema 11.1, diseñar un controlador con realimentación de estado y feedforward derivativo de la señal de entrada para seguir a una señal arbitraria (suave).

**a.** Determinar una expresión para la ley de control y evaluar los parámetros de forma que la razón de amortiguamiento sea 0,707 y la respuesta natural tiene un tiempo de asentamiento al 2 % de 1,0 s.
**b.** Dibujar un diagrama de bloques del sistema completo para mostrar cómo se genera la entrada de control.
**c.** Simular la respuesta del sistema para las siguientes señales de referencia:

i. $r(t) = t$. ii. $r(t) = (1/2)t^2$. iii. $r(t) = \cos(3t)$.

**d.** Considerando la función de control con el feedforward derivativo eliminado, simular la respuesta del sistema para las tres señales de referencia mencionadas anteriormente y comparar los resultados con los del apartado c.

**11.19.** Considerando el modelo de planta del tercer orden del Problema 11.18, diseñar un controlador con realimentación de estado y feedforward derivativo de la señal de referencia para seguir una señal arbitraria (suave).

**a.** Determinar una expresión para la ley de control y evaluar los parámetros para colocar los tres polos cerrados en $-5{,}0$; $5{,}0e^{j2\pi/3}$ y $5{,}0e^{-j2\pi/3}$.

**b.** Dibujar un diagrama de bloques del sistema completo para mostrar cómo se genera la entrada de control.

M **c.** Simular la respuesta del sistema para las siguientes señales de referencia:

i. $r(t) = t$. ii. $r(t) = (1/2)t^2$. iii. $r(t) = \cos(3t)$.

CAPÍTULO 12

# Modelos no lineales y simulación

## 12.1. INTRODUCCIÓN

El carácter lineal (o no lineal) de un modelo de un sistema dinámico puede tener considerable impacto con respecto a la facilidad de análisis y diseño. Si un sistema se puede describir con razonable precisión utilizando un modelo lineal e invariante en el tiempo, la simulación se obtiene rápidamente utilizando cualquiera de las diversas técnicas que existen y los problemas de diseño se pueden abordar con un conjunto sustancial de herramientas matemáticas. Sin embargo, con la consideración de conducta no lineal, los modelos del sistema deben describir un conjunto mucho más grande y diverso de fenómenos. La abstracción que es inherente en la consideración de un modelo no lineal general requiere la aplicación de una técnica analítica apropiada y esta es un área de estudio en la cual el análisis asistido por computador puede jugar un papel crítico.

En la práctica, todos los sistemas están sujetos a conducta no lineal inherente en algún nivel de excitación. Por ejemplo, las restricciones se imponen sobre la magnitud máxima de las variables (tales como tensión, corriente y velocidad) por diferentes limitaciones de dispositivo. Además, un sistema puede incorporar fenómenos físicos que aclaran la conducta no lineal con señales de pequeño o medio rango. Así, la operación anticipada puede cubrir una región que se caracteriza como cuasilineal, no lineal, lineal a tramos, etc., y el modelo del sistema debe abarcar la caracterización. Si un modelo es lineal, la determinación de la estabilidad y otras características de comportamiento (sobreelongación, tiempo de asentamiento, etc.) está determinado unívocamente por el modelo. Sin embargo, si el modelo es no lineal, el carácter del comportamiento es también sensible a la magnitud de la excitación y se añade una dimensión adicional al estudio de la conducta del sistema.

El estudio de la conducta de un sistema no lineal requiere el desarrollo de conocimientos y perspectivas adicionales en un nuevo marco de estudio, pero el esfuerzo viene recompensado con la capacidad de reconocer y responder a muchos problemas de análisis y diseño realistas. Antes de proseguir se recomienda al lector que revise el material de modelos de sistemas no lineales y de simulación no lineal que se presenta en las Secciones 2.6, 4.6, 5.4 y 5.5.

## 12.2. MODELOS DE SISTEMAS LINEALES Y NO LINEALES: PROPIEDADES CARACTERÍSTICAS

Un modelo es lineal si contiene un conjunto de ecuaciones diferenciales lineales. Con un modelo lineal los parámetros del sistema se suponen que son independientes del nivel de excitación y se observa la propiedad de superposición. Si una o más de las ecuaciones no es lineal no se cumple la superposición y el modelo se caracteriza como no lineal. Cuando se considera como un modelo de estado, el modelo lineal se puede representar utilizando una ecuación matricial vectorial $\dot{\mathbf{x}} = \mathbf{Ax} + \mathbf{Bu}$, en la cual los elementos de **A** y **B** son independientes de **x** y **u**. Si el modelo no es lineal, el formato del modelo de estado se puede generalizar para abarcar funciones no lineales con

$$\begin{aligned} \dot{x}_1 &= f_1(x_1,\ x_2,\ \ldots\ x_n;\ u_1,\ \ldots\ u_m) \\ \dot{x}_2 &= f_2(x_1,\ x_2,\ \ldots\ x_n;\ u_1,\ \ldots\ u_m) \\ &\ \vdots \\ \dot{x}_n &= f_1(x_1,\ x_2,\ \ldots\ x_n;\ u_1,\ \ldots\ u_m) \end{aligned} \tag{12.1}$$

o

$$\dot{\mathbf{x}} = f(\mathbf{x}, \mathbf{u}). \tag{12.2}$$

Un modelo de función de transferencia es, por supuesto, una técnica de sistema lineal. La aplicación de la transformada de Laplace o el álgebra fasorial requiere un modelo de sistema lineal y una ecuación característica es una propiedad de un modelo lineal. Sin embargo, ciertas situaciones, tales como la consideración de un modelo de pequeña señal o un modelo lineal a tramos, permite la adaptación de una técnica lineal a un modelo de sistema que no es estrictamente lineal. La técnica de la *función descriptiva* (Capítulo 13) emplea una aplicación interesante de una técnica de función de transferencia conjuntamente con una aproximación espectral.

Ciertas propiedades interesantes de los sistemas no lineales se hacen aparentes cuando se estudian las funciones de respuesta. Con el carácter del comportamiento sensible al nivel de excitación, criterios tales como sobreelongación y tiempo de asentamiento son dependientes del nivel de excitación y un sistema no lineal puede ser estable en una región de operación e inestable en otra. Así, la estabilidad debe especificarse como se observa en la vecindad de un punto de operación particular. Para analizar este concepto, la estabilidad se evalúa típicamente en la proximidad de una condición potencialmente estática conocida como un *estado de equilibrio*. Un modelo no lineal puede tener más de un estado de equilibrio.

Como una transición de estabilidad a inestabilidad puede concurrir un cambio en el nivel de señal, puede existir una excitación en la cual las condiciones para una oscilación en estado estacionario se desdoble en un nivel de señal específico. Este es un fenómeno no lineal descrito como una oscilación de «ciclo límite» y la amplitud se determina por los parámetros del modelo del sistema. El estudio del fenómeno de ciclo límite da una visión clarificadora de la conducta oscilatoria que complementa la visión limitada que se alcanza con la hipótesis de linealidad global. Un ciclo límite aparece en el espacio de estado como una trayectoria cerrada aislada y si existe más de una de estas trayectorias cada una representa el potencial para engendrar una variación periódica. Dependiendo de la excitación, el sistema puede cambiar entre modos de conductas inestables y estables o cambios de un modo oscilatorio a otro.

A continuación se relacionan algunas propiedades características de los sistemas no lineales:

- No se observa la superposición y la respuesta en estado estacionario a una entrada sinusoidal se ve como una forma de onda no sinusoidal.

- Los diferentes criterios de comportamiento (incluyendo estabilidad) dependen del modelo del sistema *y* del nivel de excitación.
- Se puede presentar una oscilación para la que la amplitud bajo condiciones de estado estacionario está determinada por los parámetros del sistema.
- Un sistema puede tener más de un estado de equilibrio y más de un modo de oscilación.

Aunque la conducta de un sistema no lineal se presenta en múltiples variantes, ciertas formas se encuentran frecuentemente. Si se consideran condiciones de gran señal, los amplificadores electrónicos y otros circuitos electrónicos están sujetos a restricciones originadas por limitaciones operacionales de los dispositivos activos. Por tanto, los circuitos del controlador con amplificadores, conversores digitales/analógicos impondrán limitaciones sobre el nivel máximo de señal. Un fenómeno de saturación se puede observar también con el empleo de motores eléctricos, tacómetros y otros dispositivos que incorporan campos magnéticos controlados. El campo magnético se intensifica utilizando un material de núcleo magnético, pero la saturación ocurre si se aumenta la corriente hasta un nivel para el cual todos los dominios magnéticos están alineados.

Si se consideran sistemas que incorporan movimientos mecánicos, superficies con cojinetes a bolas (con movimiento de deslizamiento o de rodadura) están sujetas a los efectos de componentes de rozamiento no lineal. El rozamiento estático y de coulomb son fenómenos no lineales y un efecto observado comúnmente es una supresión de movimiento cuando la fuerza (o par) es pequeña. Los engranajes y otros acoplamientos mecánicos pueden tener huelgo (un desfase en el desplazamiento relativo) cuando ocurre un cambio en la dirección del movimiento. Dispositivos sensores —tales como transformadores diferenciales o detectores de fase electrónicos— tienen una característica de conversión que es casi lineal cuando la desviación desde una condición nula es pequeña. Una gran desviación desde el cero indica una característica no lineal significativa.

La conducta no lineal no es necesariamente una situación no deseada y un diseñador de sistemas puede introducir a propósito elementos no lineales en una estrategia de control. Un ejemplo es la utilización de un controlador que presenta sólo dos o tres niveles discretos de salida que se seleccionan al comparar el error del sistema con umbrales específicos. Aunque la característica del controlador es una relación no lineal, su diseño no es conceptualmente complicado y se implementa rápidamente.

Para completar una presentación de las propiedades características, una conducta extremadamente errática conocida como *caos* puede ocurrir en ciertos sistemas con un cambio radical de la respuesta producida por un ligero cambio en el estado inicial.

## 12.3. ESPACIO DE ESTADOS Y PLANO FÁSICO

Con dos o más variables de estado, es algunas veces útil considerar un *espacio de estados* $n$-dimensional en el que cada coordenada describe la magnitud de una variable de estado. El estado del sistema en cualquier instante de tiempo es un punto en el espacio de estados y la respuesta natural genera una trayectoria única a través del espacio de estado. Si el número de variables de estado es mayor que tres, se requieren múltiples gráficas que incorporan un número reducido de variables. Sin embargo, si se considera un modelo de segundo o tercer orden se puede visualizar una trayectoria definitiva en un sistema de coordenadas con dos o tres dimensiones.

Si un modelo de sistema es de segundo orden, el espacio de estados se convierte en *plano de estados* con la variable de estado $x_2$ representada frente a la variable $x_1$. Una versión especial del plano de estado, conocido como *plano de fase*, se crea si el modelo está descrito de forma que $x_2$ es igual a $\dot{x}_1$. El carácter de la respuesta se puede investigar a través de una región en el espacio de fases considerando distintos estados iniciales diferentes y la gráfica aumentada revela un *retrato del plano de fases.*

Se determina una trayectoria que típicamente comienza en $t = 0$ y finaliza en $t = \infty$. Aunque cada punto sobre la trayectoria corresponde a un momento de tiempo específico, la trayectoria muestra una variable dependiente respecto de otra variable dependiente; así, la variable independiente (tiempo) no es necesariamente una característica explícita. La ausencia de información temporal se resuelve algunas veces anotando el tiempo correspondiente en ciertos puntos discretos sobre la trayectoria.

Suponiendo que $x_2 = \dot{y}$ y $x_1 = y$, en la Figura 12.1 se muestran algunas trayectorias en el plano fásico para sistemas lineales con las flechas mostrando la dirección cuando $t$ crece. Cada una de las gráficas representa una respuesta no forzada con un estado inicial distinto de cero. Las funciones de respuesta lineal de la Figura 12.1 ilustran: *a*) una respuesta críticamente amortiguada, *b*) una respuesta subamortiguada, *c*) una respuesta marginalmente estable y *d*) una respuesta inestable. Observe que la estabilidad marginal produce una trayectoria cerrada con una magnitud que es modificable y directamente dependiente de la condición inicial. La condición de estabilidad marginal se obtiene teóricamente con un sistema resonante sin pérdidas

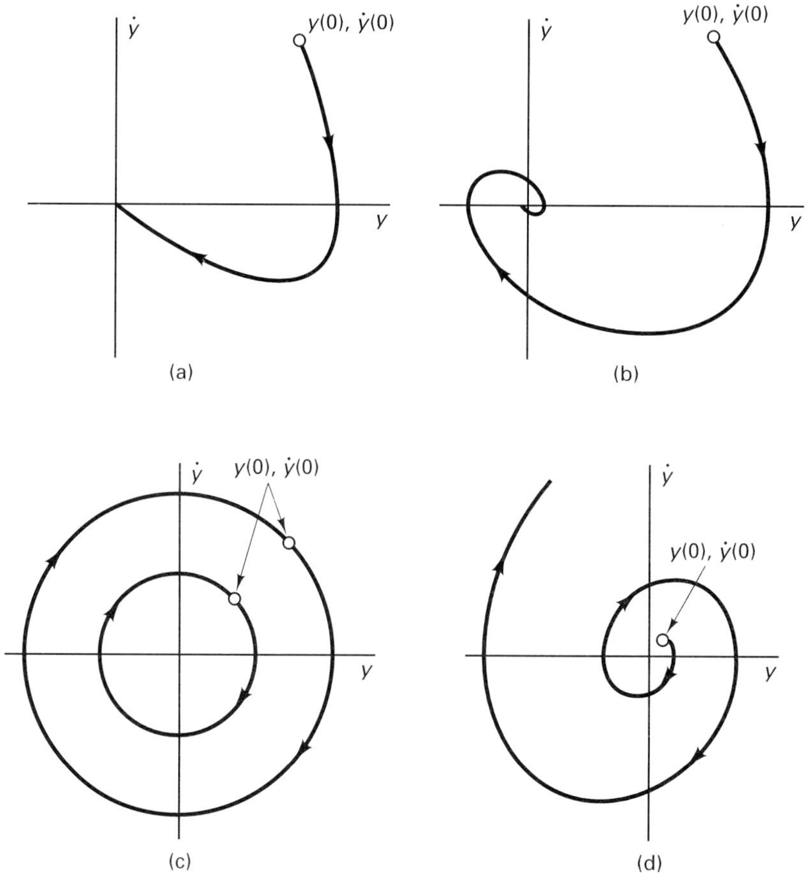


**Figura 12.1.** Trayectorias en el plano fásico que muestran características de respuesta lineal con: *a*) amortiguamiento crítico, *b*) una condición subamortiguada, *c*) estabilidad marginal y *d*) una condición inestable.

o con un sistema de realimentación lineal invariante que coloca un par de polos exactamente sobre el eje $j\omega$.

El conocimiento que se puede obtener al estudiar una trayectoria en el plano fásico es dependiente del modelo del sistema y se hace particularmente significativo cuando se utiliza para visualizar las formas de conducta dependientes de la región que pueden ocurrir con un modelo no lineal. En la Figura 12.2 se muestran algunos ejemplos de fenómenos no lineales tal como son visualizados en el plano fásico. Las trayectorias del plano fásico ilustra: *a*) un ciclo límite estable, *b*) un ciclo límite inestable, *c*) una respuesta que ocurre como resultado de un modelo lineal a tramos y *d*) una respuesta con un modelo de sistema que presenta más de un estado de equilibrio. Si se considera el ciclo límite estable, observe que las trayectorias tal como se muestran convergen al ciclo límite estable a pesar de los estados iniciales que están ambos dentro y fuera de la trayectoria. El ciclo límite es una trayectoria cerrada aislada y su gráfica es

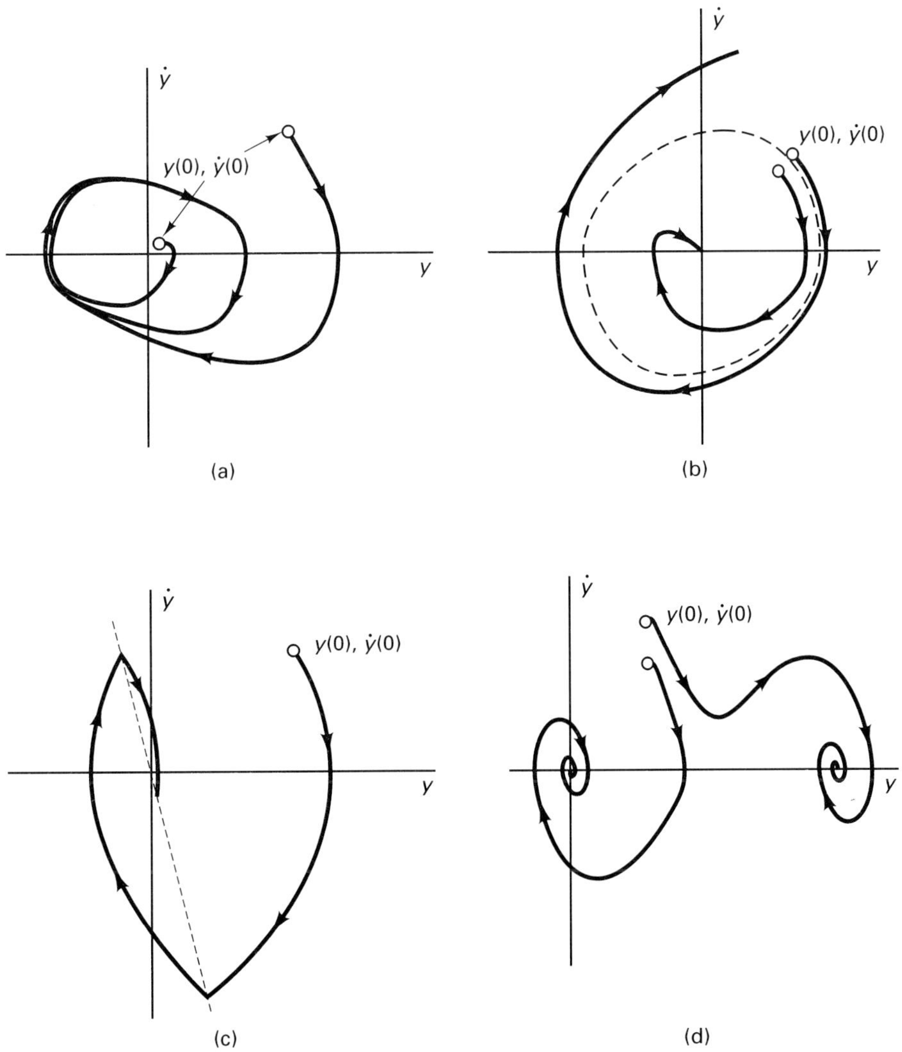


**Figura 12.2.** Algunas trayectorias del plano que muestran fenómenos no lineales con: *a*) un ciclo límite estable, *b*) un ciclo límite inestable, *c*) una respuesta lineal a tramos y *d*) un sistema con más de un estado de equilibrio.

obviamente un fenómeno diferente de la de estabilidad marginal tal como se muestra en la Figura 12.1. Con la estabilidad marginal de un sistema lineal, una sucesión de pequeños cambios en el estado inicial produce correspondientemente pequeños cambios en la trayectoria cerrada y se puede crear un continuo de trayectorias cerradas. Como no hay trayectorias cerradas aisladas, no son ciclos límite.

El ciclo límite inestable (mostrado como una línea punteada) define una oscilación sólo si el estado inicial está exactamente sobre la trayectoria y no hay una perturbación extraña. Con un ciclo límite inestable, es aparente que un estado inicial que no está exactamente sobre la trayectoria produce una que diverge del camino del ciclo límite. El retrato en el plano fásico con más de un estado de equilibrio ilustra una situación en la cual una ligera variación en el estado inicial puede originar que la trayectoria finalice en un estado de equilibrio diferente.

Hay unas ciertas características de las representaciones en el plano fásico que son propiedades inherentes del formato del plano fásico. Suponiendo que $x_1 = y$ y $x_2 = \dot{y}$ entonces $\dot{y}$ se representa como una función de $y$. Si $y$ contiene una componente de señal alterna, entonces $\dot{y}$ es una señal alterna y el efecto tal como se visualiza en el plano fásico es una trayectoria que gira en el sentido de las agujas del reloj. Además, la trayectoria muestra pendiente infinita cuando atraviesa el eje horizontal. Estas características se explican considerando la relación de las derivadas entre las variables. Si se considera cualquier punto por encima del eje horizontal, $\dot{y}$ es positivo e $y$ es creciente. Por tanto, la dirección de la trayectoria debe mostrar movimiento a la derecha. Análogamente, si $\dot{y}$ es negativa (un punto debajo del eje horizontal) $y$ está decreciendo y la dirección de la trayectoria debe mostrar movimiento a la izquierda. Muchos de los resultados de las siguientes simulaciones se muestran utilizando el formato del plano fásico.

## 12.4. SIMULACIÓN CON UNA CARACTERÍSTICA DE SATURACIÓN

Aunque las técnicas de solución analítica son algunas veces aplicables con modelos de sistemas no lineales, no hay métodos analíticos que cubran todo el espectro. El empleo de una técnica gráfica puede ser viable, pero la aplicación de una técnica gráfica a un modelo de realimentación dinámico es típicamente un proceso tedioso. La utilización de una técnica numérica, sin embargo, es un procedimiento común y con ciertos modelos no lineales una simulación numérica puede ser el único método directo de estudiar las relaciones de causa y efecto.

En la Figura 12.3 se muestra un sistema con un controlador que está sujeto a saturación. Si la señal de error es suficientemente pequeña, el controlador proporciona control proporcional, pero la saturación se observa si la magnitud de la salida del controlador alcanza una magnitud específica, $u_m$. Suponiendo que $y = x_1$ y $\dot{y} = x_2$, el modelo de función de transferencia de la planta se convierte rápidamente a un modelo de estado equivalente con

$$\begin{aligned} \dot{x}_1 &= x_2 \\ \dot{x}_2 &= -4x_2 + 2u \end{aligned} \tag{12.3}$$

y el controlador es lineal a tramos con

$$\begin{aligned} u &= +u_m && \text{si} \quad K_o(r - x_1) \geqslant u_m, \\ u &= -u_m && \text{si} \quad K_o(r - x_1) \leqslant -u_m, \\ \text{o} \quad u &= K_o(r - x_1) && \text{si} \quad K_o|r - x_1| < u_m. \end{aligned} \tag{12.4}$$

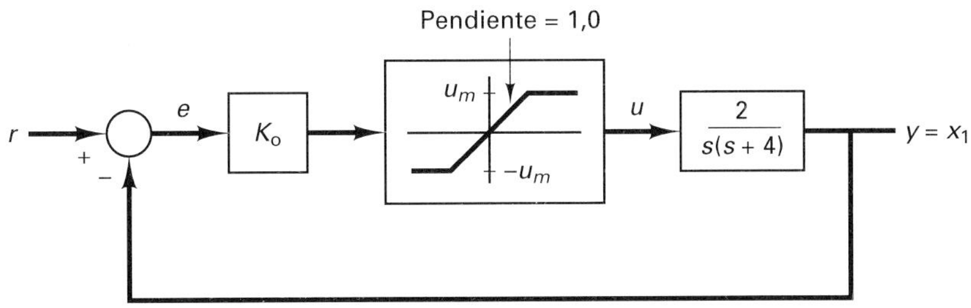


**Figura 12.3.** Un sistema con limitación en el camino directo.

Como el sistema es lineal a tramos, las Ecuaciones 12.3 y 12.4 se pueden reagrupar para formar un conjunto de tres modelos de estados lineales. Las soluciones pueden entonces continuarse utilizando un algoritmo numérico que es aplicable a una solución de sistema lineal. El programa, sin embargo, debe instituir un cambio en el modelo cada vez que la señal del controlador toma valores dentro o fuera de la saturación. Una alternativa es utilizar un algoritmo que es aplicable con un modelo no lineal, y por lo tanto desarrollar un procedimiento que es relevante con variaciones de las características del controlador que no son lineales a tramos. Si se elige la segunda aproximación, se selecciona una técnica de simulación en MATLAB como la descrita en el Capítulo 5 con la aplicación del algoritmo **ode23** (Runge-Kutta). Se crea una función en un archivo-M para describir el modelo de estado no lineal con variables $t$ y $x$ que se pasan entre el archivo-M y el programa principal. Suponiendo que la entrada es un salto con $r(t) = 8u(t)$, $K_o = 5$ y $u_m = 5$, la función del archivo-M se denomina arbitrariamente limit.m y contiene lo siguiente

```
function xdot = limit(t,x);          % Se crea un archivo .M
r=8; ko=5; um=5; e=r-x(1);
if ko*e>um, u=um;
elseif ko*e<=-um, u=-um;
else, u=ko*(r-x(1));
end
xdot(1)=x(2);
xdot(2)=-4*x(2)+2*u;
```

El programa principal se puede crear entonces como sigue:

```
clear; t0=0; tf=5;
x0=[0;0];
[t,x]=ode23('limit',t0,tf,x0);
plot(x(1,:),x(2,:)), grid                    % Una gráfica en el plano fásico
%plot(t,x), xlabel('Time (sec)'), grid       % Una gráfica opcional de x vs. tiempo
```

Cuando se llama al programa anterior, éste llama a la función limit.m. La Figura 12.4 muestra un diagrama en el plano fásico de la velocidad respecto de la posición y la Figura 12.5 representa la posición respecto del tiempo. Para comparación, la respuesta en cada figura se muestra también sin la acción de limitación. Observe que la saturación impone una limitación sobre la velocidad máxima del movimiento de la salida y se incrementa el tiempo de asentamiento.

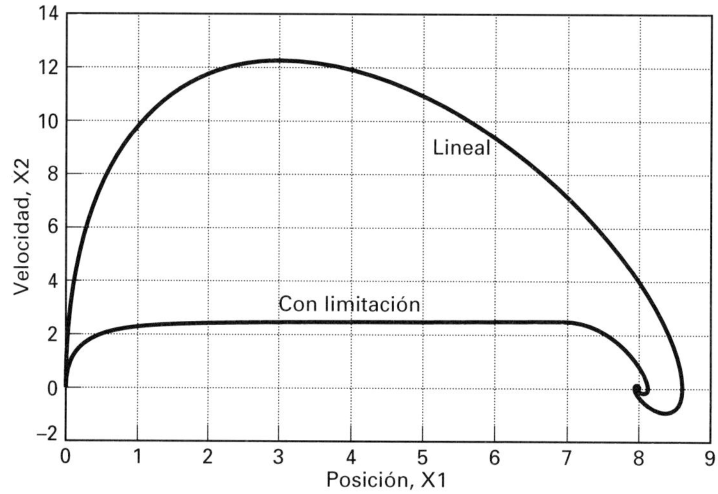


**Figura 12.4.** Un diagrama en el plano fásico que muestra el efecto de la saturación.

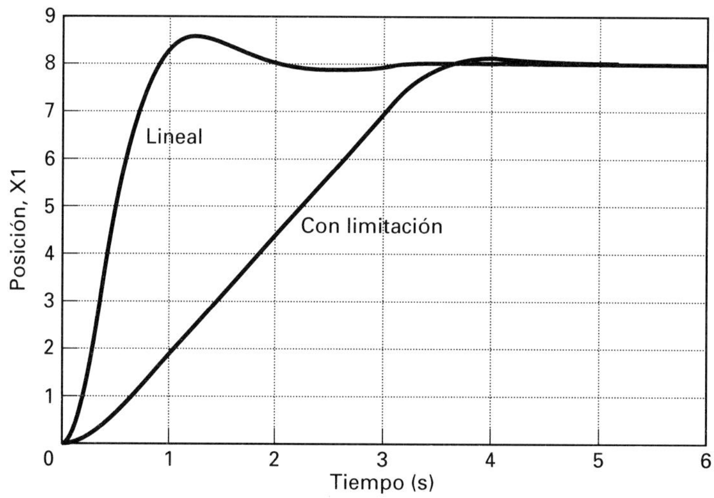


**Figura 12.5.** Respuesta a un escalón que muestra el efecto de una limitación en la derivada.

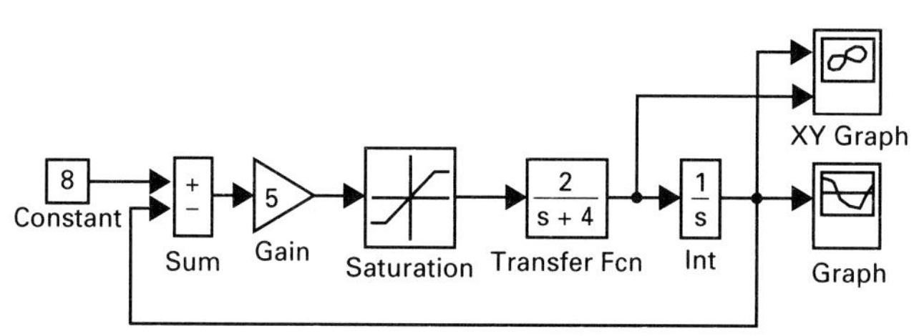


**Figura 12.6.** Un diagrama SIMULINK.

Otro método es utilizar SIMULINK para realizar la simulación. En la Figura 12.6 se muestra un diagrama de SIMULINK con un *bloque graph* añadido para obtener una respuesta temporal y un *bloque XY graph* para obtener una representación en el plano fásico. La característica de saturación se selecciona como un elemento del menú y el diagrama de bloques se dibuja para duplicar el diagrama de bloques de la Figura 12.3.

**EJEMPLO 12.1**

*En el ejemplo siguiente se revisa el procedimiento de simulación para investigar una modificación de la característica del controlador no lineal.*

Considere una modificación del sistema de la Figura 12.3 tal que la función del controlador presenta una característica de saturación descrita por

$$u = 10\left(\frac{1 - \exp(-e)}{(1 + \exp(-e)}\right), \tag{12.5}$$

donde $e$ es la señal de error y $u$ es la entrada a la planta. La saturación revisada ocurre con una transición suave de ganancia proporcional a limitación, tal como se muestra en la Figura 12.7. Obtener la respuesta utilizando MATLAB con el resultado presentado como una gráfica en el plano fásico de $\dot{y}$ respecto de $y$.

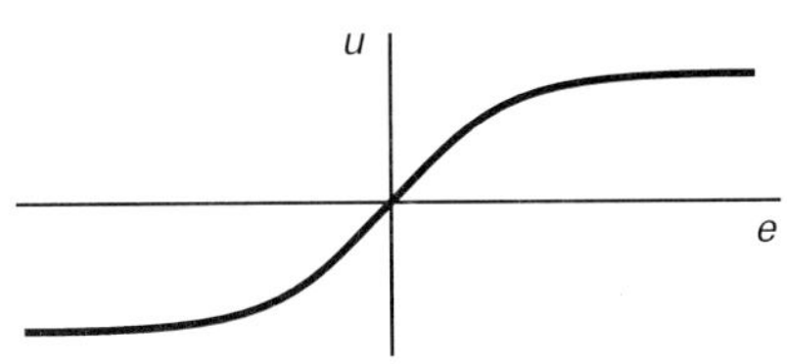


**Figura 12.7.** Una característica de saturación suave.

**Solución.** El modelo de estado no lineal revisado se puede describir utilizando un archivo-M que se denomina arbitrariamente explim.m y se formula como sigue:

```
function xdot = explim(t,x);          % Se crea un archivo .M
r=8; e=r-x(1);
u=10*(1-exp(-e))/(1+exp(-e));
xdot(1)=x(2);
xdot(2)=-4*x(2)+2*u;
```

No hay necesidad de alterar el archivo principal y el resultado de aplicar la característica de saturación modificada se muestra en la Figura 12.8.

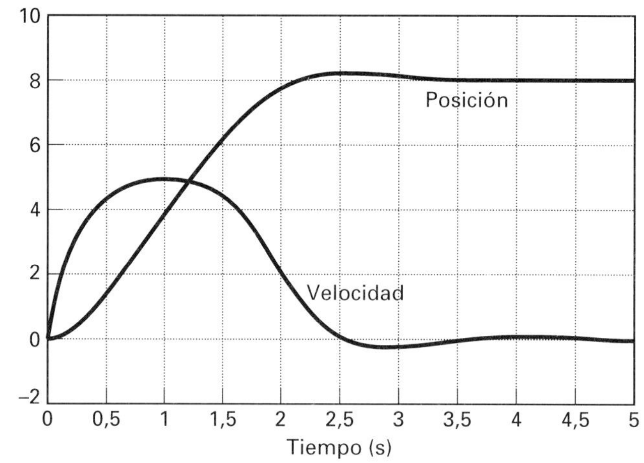


**Figura 12.8.** Una respuesta en salto que muestra el efecto de una limitación suave.

## 12.5. SIMULACIÓN CON UN CONTROLADOR DE NIVEL DISCRETO

Un controlador que produce solamente dos o tres niveles de salida es conceptualmente simple y la operación no es complicada y es altamente eficiente. Si los niveles de salida discreta se derivan de fuentes de tensión constante, una representación idealizada de un controlador con tres niveles es como la que se muestra en la Figura 12.9. Observe que un conmutador ideal presenta o tensión cero o corriente cero. Como la potencia es igual al producto de la tensión y la corriente, es teóricamente posible controlar la energía suministrada a un actuador con ninguna pérdida de potencia en el dispositivo a controlar. Si el requisito de potencia del actuador es alto, la simplicidad de un conmutador controlado contrasta con la complejidad de un amplificador de potencia que debe suministrar una señal variable continuamente. Suponiendo que puede obtenerse una estrategia de control satisfactoria, un controlador con sólo dos o tres niveles de salida discretos proporciona un método relativamente poco complicado, eficaz y fiable de controlar energía a la planta. Si las condiciones de conmutación no son complejas, la característica del control se obtiene típicamente utilizando circuitos de comparación electrónicos. El circuito de salida del controlador puede emplear o dispositivos de conmutación de estado sólido o relés.

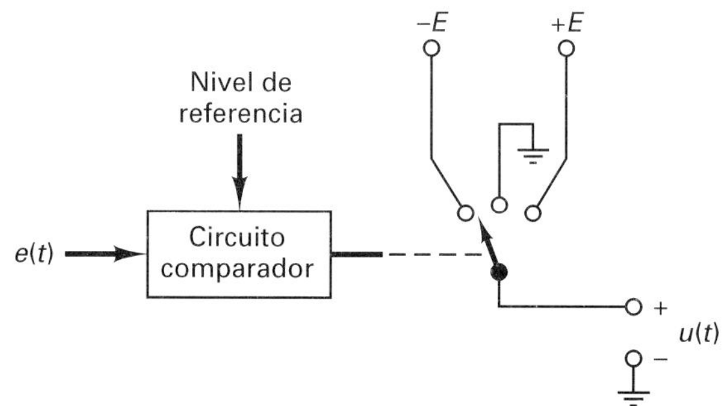


**Figura 12.9.** Un controlador de nivel discreto idealizado.

## Algunas variaciones del controlador

En la Figura 12.10 se muestra un sistema de control que incluye un controlador con una salida de nivel discreto que es o $+10$ ó $-10$. Para generar la estrategia de control que se muestra, la salida del controlador es $+10$ si la señal de error es positiva y $-10$ si la señal de error es negativa. El sistema lineal a tramos se puede considerar que contiene dos modos de operación, con cada modo sujeto a un análisis de sistemas lineales. El modelo del sistema para $t \geqslant 0$ con $r(t) = 4{,}0u(t)$ es

$$10 = \frac{d^2}{dt^2}y(t) + 2\frac{d}{dt}y(t) \quad \text{para} \quad e = 4 - y > 0,$$

$$-10 = \frac{d^2}{dt^2}y(t) + 2\frac{d}{dt}y(t) \quad \text{para} \quad e = 4 - y < 0. \tag{12.6}$$

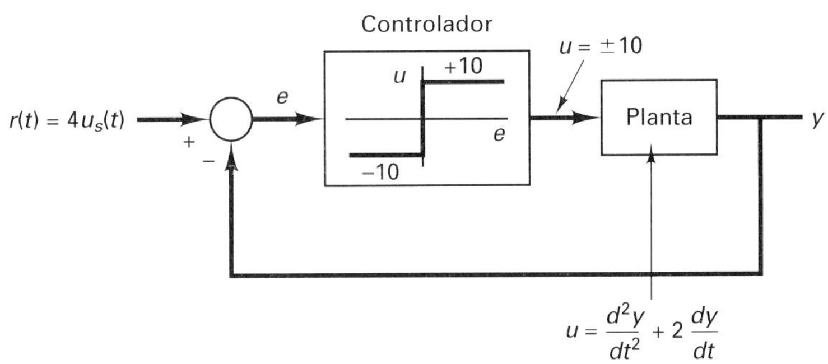


**Figura 12.10.** Un sistema con un control de dos niveles.

Cuando el error cambia de signo, el modo debe cambiar. Por tanto, la trayectoria en el plano fásico se compone de segmentos interconectados de modelos alternantes y el estado final del modo anterior se transforma en el estado inicial que se aplica al nuevo modo.

Aunque las funciones de respuesta se evalúan rápidamente y se representan en un formato del plano fásico utilizando una técnica de simulación numérica, también se puede determinar una trayectoria en el plano fásico para este sistema (de forma lineal a tramos) utilizando una solución analítica. Con $x_1 = y$ y $x_2 = \dot{y}$, una forma directa de determinar $x_2$ como función de $x_1$ consiste en eliminar la variable temporal formando la razón $dx_1/dt$ entre $dx_2/dt$. Si se considera el modelo de la Ecuación 12.6 en el modo $u = +10$ y el modelo se expresa en término de $x_1$ y $x_2$ entonces

$$\dot{x}_1 = x_2$$

$$\dot{x}_2 = -2x_2 + 10. \tag{12.7}$$

Dividiendo la primera de la ecuaciones de la Ecuación 12.7 entre la segunda se obtiene

$$\frac{dx_1}{dx_2} = \frac{x_2}{-2x_2 + 10} = \frac{x_2}{-2(x_2 - 5)}. \tag{12.8}$$

El lado derecho de la ecuación se puede expandir en términos para los que la integral se resuelve fácilmente dividiendo $x_2$ por $x_2 - 5$. La ecuación ligeramente modificada es la siguiente

$$dx_1 = -\frac{1}{2}\,dx_2 - \frac{5}{2}\left(\frac{dx_2}{x_2 - 5}\right). \qquad (12.9)$$

La integración de la Ecuación 12.9 produce

$$x_1 = -\frac{1}{2}\,x_2 - \frac{5}{2}\ln|5 - x_2| + K. \qquad (12.10)$$

Notar que el estado inicial para cada segmento (excepto para el primer segmento) dependerá del estado final de los segmentos anteriores (en el otro modo), y el valor de $K$ en la Ecuación 12.10 se puede expresar en términos de $x_{10}$ y $x_{20}$, donde $x_{10}$ y $x_{20}$ representan el estado al comienzo del segmento. Entonces

$$K = x_{10} + \frac{1}{2}\,x_{20} + \frac{5}{2}\ln|5 - x_{20}|. \qquad (12.11)$$

Si se aplica un procedimiento similar a la operación en el modo $u = -10$, una expresión que describe $x_2$ respecto de $x_1$ es

$$x_1 = -\frac{1}{2}\,x_2 + \frac{5}{2}\ln|5 + x_2| + K' \qquad (12.12)$$

o

$$K' = x_{10} + \frac{1}{2}\,x_{20} - \frac{5}{2}\ln|5 + x_{10}|. \qquad (12.13)$$

En la Figura 12.11 se muestran las trayectorias con $K$ y $K'$ fijados a los valores para los que las trayectorias pasan a través del origen. Con otros valores de $K$ o $K'$, las curvas se deben ajustar a la izquierda o a la derecha para conformar el estado inicial requerido para cada segmento de la solución.

Para obtener una expresión para el tiempo en cada segmento, se pueden integrar las relaciones de la Ecuación 12.7 con respecto al tiempo. Con este modelo sólo se requiere la segunda ecuación. Si $u = +10$, entonces

$$\frac{dx_2}{dt} = -2(x_2 - 5) \qquad (12.14)$$

y

$$\frac{dx_2}{(x_2 - 5)} = -2\,dt. \qquad (12.15)$$

Entonces la integración produce $\ln|x_2 - 5| = -2t + C$ con $C = 2t_0 + |x_{20} - 5|$. Resolviendo para $t$ se obtiene

$$t - t_0 = -\frac{1}{2}\ln\left|\frac{5 - x_2}{5 - x_{20}}\right|. \qquad (12.16)$$

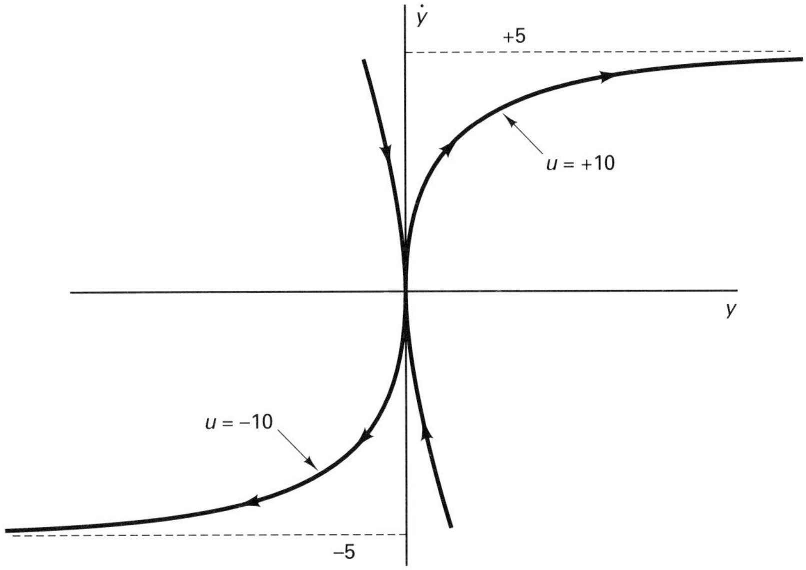


**Figura 12.11.** Trayectorias en el espacio fásico.

Esta expresión para el tiempo se puede utilizar para evaluar la duración del tiempo entre dos puntos cualesquiera de la trayectoria determinada para $u = +10$. Un análisis similar para $u = -10$ produce

$$t - t_0 = -\frac{1}{2}\ln\left|\frac{5 + x_2}{5 + x_{20}}\right|. \tag{12.17}$$

La entrada al sistema de la Figura 12.10 es $r(t) = 4{,}0$ para $t \geqslant 0$. Como la conmutación ocurre cuando el error pasa por el cero, la línea de conmutación está descrita por $4 - y = 0$. Así, la línea de conmutación en el plano fásico es un línea vertical en $y = +4$. Si $4 - y > 0$, entonces el error es positivo y $u = +10$ es la condición aplicable en el área a la izquierda de la línea de conmutación. De igual forma, si $4 - y < 0$, entonces el error es negativo y $u = -10$ es la condición aplicable en el área hacia la derecha de la línea de conmutación.

Suponiendo que el estado inicial del sistema es $\dot{y} = 0$ y $y = 0$, en la Figura 12.12 se muestra la trayectoria fásica y la posición de salida respecto del tiempo se muestra en la Figura 12.13. La respuesta a una entrada en salto es una respuesta oscilatoria que alterna con una magnitud y periodo continuamente decreciente y la trayectoria converge gradualmente hacia $\dot{y} = 0$ y $y = 4$. Un análisis de función descriptiva (*véase* Capítulo 13) predice que la respuesta continuará hacia una condición de estado estacionario en la cual la magnitud de la componente oscilatoria tiende a cero y la frecuencia a infinito. Cuando se observa experimentalmente el comportamiento predicho se lleva a cabo hasta que la respuesta está cerca de una condición de estado estacionario. Cuando la frecuencia se hace suficientemente alta, la característica no ideal de un sistema físico (tal como un tiempo de conmutación distinto de cero se hace significativa) y la respuesta entra en un ciclo límite muy pequeño de frecuencia finita. Como la respuesta muestra una progresión continua de operaciones de conmutación que culminan en un pequeño ciclo límite, la operación no es satisfactoria y se debe investigar una estrategia modificada.

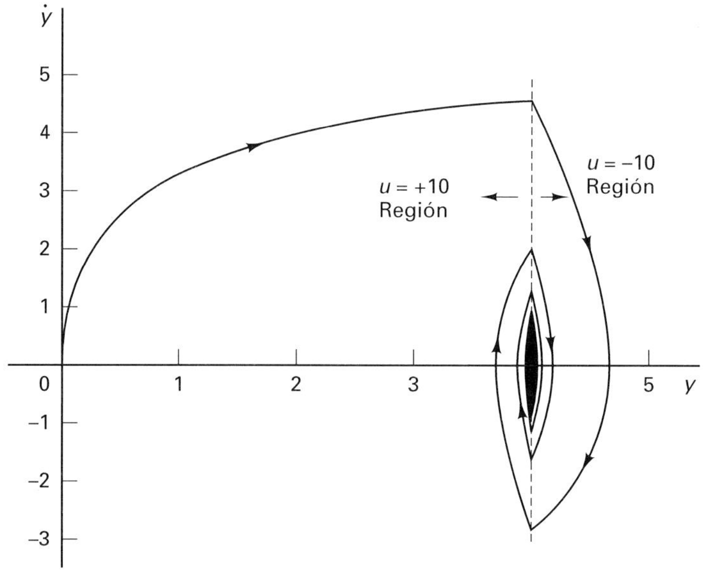


**Figura 12.12.** Velocidad respecto de posición con un controlador con dos niveles.

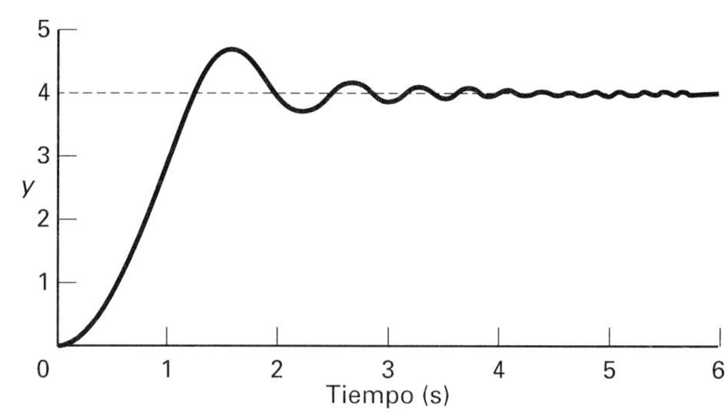


**Figura 12.13.** Posición respecto del tiempo.

Si se modifica el controlador para incluir una zona muerta, tal como se muestra en la Figura 12.14, el modelo de la Ecuación 12.6 se cambia para considerar tres modos con

$$+10 = \frac{d^2}{dt^2}\,y(t) + 2\,\frac{d}{dt}\,y(t), \qquad 4 - y \geqslant 0{,}2$$

$$-10 = \frac{d^2}{dt^2}\,y(t) + 2\,\frac{d}{dt}\,y(t), \qquad 4 - y \leqslant -0{,}2 \tag{12.18}$$

$$0 = \frac{d^2}{dt^2}\,y(t) + 2\,\frac{d}{dt}\,y(t), \qquad -0{,}2 < 4 - y < 0{,}2.$$

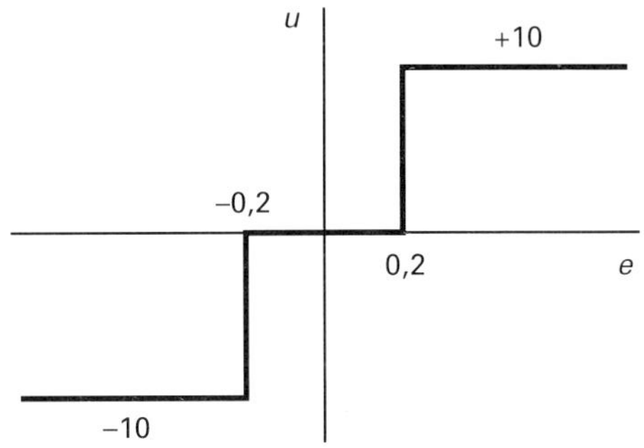


**Figura 12.14.** Un controlador de tres niveles con $u = +10, -10$, o 0.

La relación entre las trayectorias $u = +10$ y $u = -10$ no cambia, pero las regiones aplicables de operación se alteran algo para excluir la región entre $y = 3{,}8$ y $y = 4{,}2$. Si la descripción del tercer modo se convierte a un modelo de estado, entonces

$$\begin{aligned} \dot{x}_1 &= x_2, \\ \dot{x}_2 &= -2x_2. \end{aligned} \tag{12.19}$$

Dividiendo la primera ecuación por la segunda se obtiene

$$\frac{dx_1}{dx_2} = -\frac{1}{2} \tag{12.20}$$

y la integración da

$$x_1 = -\frac{1}{2}x_2 + K \quad \text{con} \quad K = x_{10} + \frac{1}{2}x_{20}. \tag{12.21}$$

La Ecuación 12.21 describe una trayectoria de zona muerta. Un ligero reagrupamiento produce $x_2 = -2x_1 + 2K$, y es aparente que la trayectoria atraviesa la zona muerta como una línea recta de pendiente $-2$. Una expresión para el tiempo en la zona muerta se puede obtener volviendo a la segunda ecuación del modelo de zona muerta con

$$\frac{dx_2}{dt} = -2x_2 \quad \text{o} \quad \frac{dx_2}{x_2} = -2\,dt \tag{12.22}$$

y la integración da $\ln x_2 = -2t + K$ con $K = 2t_0 + \ln x_{20}$. Resolviendo para $t$ se obtiene

$$t - t_0 = -\frac{1}{2}\ln\left|\frac{x_2}{x_{20}}\right|. \tag{12.23}$$

Si $x_2$ tiende a cero (recuerde que $x_2 = \dot{y}$) dentro de la zona muerta, el tiempo tiende a infinito.

En la Figura 12.15 se muestra una trayectoria en el plano fásico de este sistema con la zona muerta. La respuesta incluye un número finito de segmentos y dependiendo de la historia de la trayectoria la respuesta terminará con un error en estado estacionario que está en algún punto dentro del rango de la zona muerta.

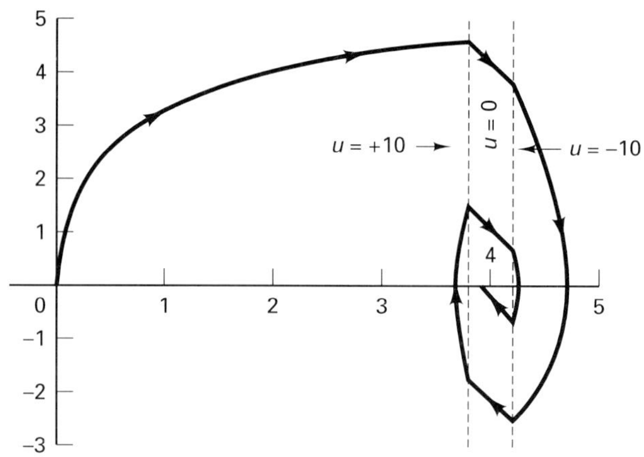


**Figura 12.15.** Velocidad respecto de posición con un controlador de tres niveles.

Aunque se obtuvieron soluciones analíticas con este modelo particular, el procedimiento es algo tedioso y se obtiene una solución numérica con relativa facilidad. Los modelos de sistema con un controlador con niveles discretos son todos similares en estructura y una técnica que responde al carácter lineal a tramos del modelo se gestiona rápidamente con un programa en MATLAB. Aunque el método descrito previamente es aplicable, se presenta una alternativa que se aplica rápidamente a esta situación particular. La función en MATLAB descrita como **c2d** (tiempo continuo a tiempo discreto) se diseña para convertir un modelo de estado en tiempo continuo de una planta lineal a un modelo de tiempo discreto. Como esta conversión se diseña para simular una planta continua en un sistema con control digital, el modelo numérico **c2d** se aplica con la hipótesis de que la conversión digital analógica entre el controlador y la planta incorpora un retenedor de orden cero. Con un retenedor de orden cero, la entrada a la planta es constante entre instantes de muestreo. Así, la simulación utiliza un técnica de solución matricial exponencial desarrollada con la hipótesis de que la entrada a la planta es una función constante a tramos. Como un controlador de nivel discreto también produce una función constante a tramos, la orden **c2d** es directamente aplicable.

Si se considera el sistema utilizando un controlador con tres niveles con zona muerta, el siguiente programa proporciona una trayectoria del plano fásico de las variables de estado:

```
clear
a=[0 1;0 -2];              % Matriz de planta A
b=[0;1];                   % Matriz de planta B
ts=.005; N=900;            % Tamaño de paso numérico y número de pasos
t=0:ts:N*ts;               % Vector de tiempo
[ad,bd]=c2d(a,b,ts); % Modelo de planta en tiempo discreto -ad y bd son
                             las matrices A y B del modelo discreto
x(:,1)=[0;0];              % Especificar estado inicial (ambas filas, primera columna)
        for k=1:N
        e(k)=4-x(1,k);                % Calcular señal de error
              if e(k)>=0.2, u(k)=10;
              elseif e(k)<=-0.2, u(k)=-10;
              else, u(k)=0;
              end
```

```
        x(:,k+1)=ad*x(:,k)+bd*u(k);          % Aplicar modelo de planta discreto
        end
    plot(x(1,:),x(2,:))          % Visualizar plano fásico de x2 versus x1
    %plot(t,x(1,:))              % Gráfica opcional de x1 versus tiempo
    %u(N+1)=u(N); plot(t,u)      % Gráfica opcional de u versus tiempo
    grid
```

La correspondiente trayectoria en el plano fásico duplica el resultado de la Figura 12.15 y las gráficas de las variables de estado respecto del tiempo (o de la salida del controlador respecto del tiempo) están disponibles rápidamente como gráficas opcionales.

Si se considera *histéresis de conmutación* de forma tal que el umbral de «off» es más bajo que el de «on» (*véase* Figura 12.16), este fenómeno produce un efecto desestabilizante. La trayectoria fásica se modifica con un desplazamiento de las líneas de conmutación y una histéresis suficientemente grande producirá un ciclo límite, tal como se muestra en la Figura 12.17.

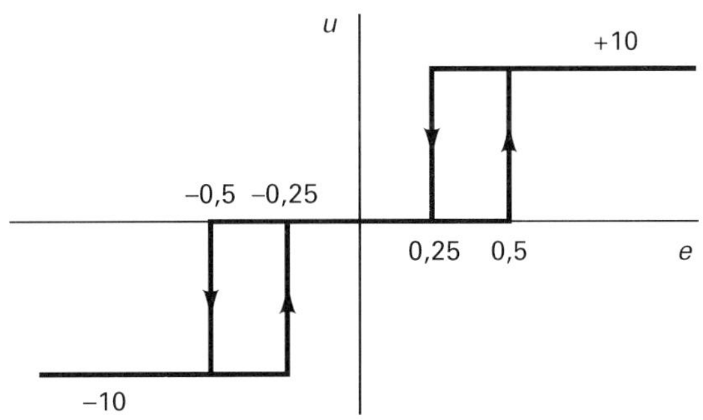


**Figura 12.16.** Un controlador de tres niveles con histéresis de conmutación.

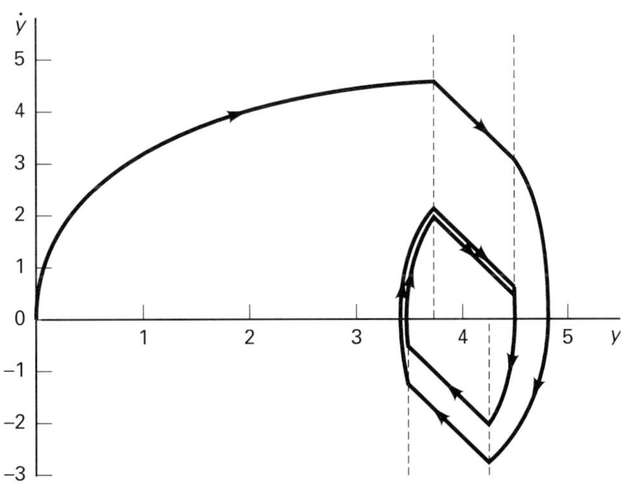


**Figura 12.17.** Velocidad respecto de posición que muestra una oscilación de ciclo límite.

Volviendo al diseño del controlador sin histéresis, una modificación en la estrategia de control que puede mejorar la estabilidad es añadir un componente a la decisión de conmutación que introduce información de la derivada. Una opción es emplear un camino directo positivo que añade una señal proporcional a la derivada del error. Otra opción es emplear un camino de realimentación negativo que añade una señal proporcional a la derivada de la salida. En la Figura 12.18 se ilustra la opción de la utilización de la realimentación de la velocidad. Con esta modificación, la conmutación ocurre cuando $m(t)$ es cero y $m(t)$ es igual a $e(t) - 0{,}05\dot{y}(t)$. Por tanto, la línea de conmutación modificada es $4 - y - 0{,}05\dot{y} = 0$ o $\dot{y} = -20y + 80$. La nueva línea de conmutación es una línea recta con una pendiente de $-20$ y en la Figura 12.19 se muestra la trayectoria en el plano fásico revisada. Observe que la realimentación de la velocidad cambia solamente la condición de conmutación —las ecuaciones de la trayectoria no se modifican—. La información de la velocidad introduce una anticipación del error futuro y la respuesta modificada muestra una mejora en la estabilidad.

El cuarto segmento en la trayectoria de la Figura 12.19 parece seguir directamente a lo largo de la línea de conmutación hasta que $\dot{y}$ es cero. La trayectoria se aproxima a este segmento con la trayectoria $u = +10$ y luego conmuta a la trayectoria $u = -10$. Sin embargo, un retorno a la línea de conmutación sin atravesar el eje horizontal produce una condición

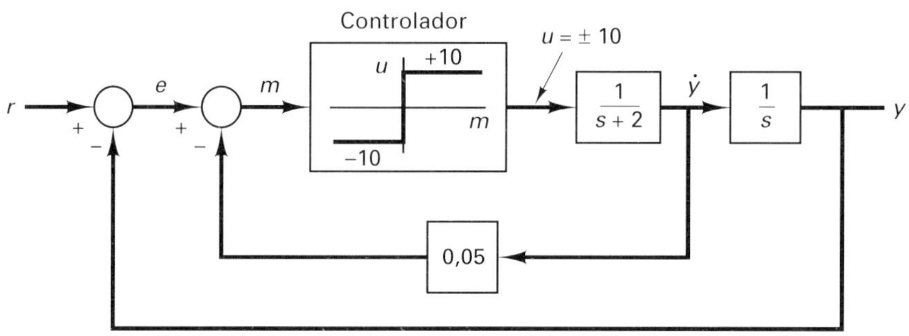


**Figura 12.18.** Un sistema con un controlador de dos niveles que utiliza realimentación de posición y velocidad.

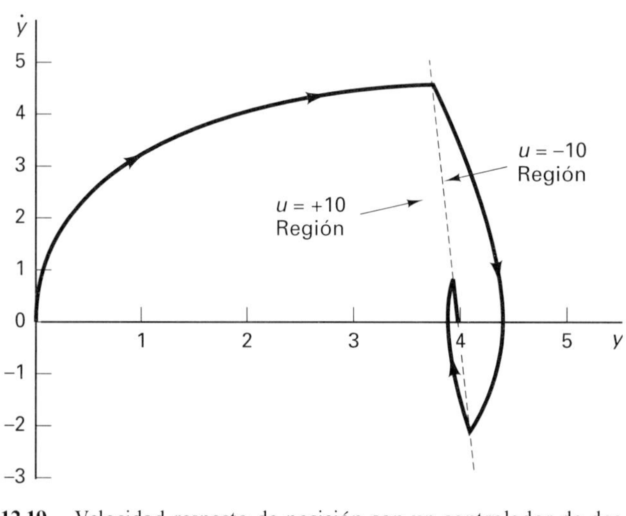


**Figura 12.19.** Velocidad respecto de posición con un controlador de dos niveles que utiliza realimentación de posición y velocidad.

para la cual ambas trayectorias definidas se orientan hacia una región en la cual no pueden existir. Como la velocidad es distinta de cero, esta situación presenta un dilema teórico. Una solución a este aparente conflicto se puede obtener insertando un tiempo distinto de cero entre el instante en que se mide la condición de conmutación y el instante en que realmente ocurre. La línea continua en la Figura 12.20 representa la línea de conmutación sin retardo y las líneas a trazos muestran las líneas de conmutación real con un ligero retardo. Así, el movimiento ocurre con pequeñas series alternativas de $u = +10$ y $u = -10$ de una forma que mantiene a la trayectoria en la proximidad de la línea de conmutación. La trayectoria compuesta parece que se desliza hacia debajo de la línea. Si se permite que el retardo tienda a cero, el periodo de cada ciclo tiende a cero y el número de ciclos a infinito.

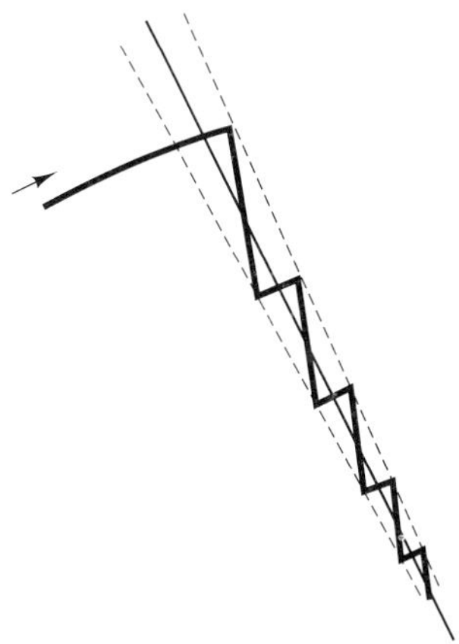

**Figura 12.20.** El efecto de un retardo de conmutación.

Si se incorpora una zona muerta en la característica del controlador, el dilema aparente que se observó puede ocurrir otra vez. En esta situación, la tendencia para seguir la pendiente de la línea de conmutación ocurre a lo largo del flanco posterior de la arista de la zona muerta. La hipótesis de un pequeño retardo de conmutación revela que la trayectoria se controla mediante ráfagas cortas de la salida del controlador (solamente una polaridad) entremezcladas con intervalos cortos de movimiento como los determinados por la trayectoria de la zona muerta.

## Control de altitud de un vehículo espacial

Se describe un sistema para controlar el ángulo de balanceo de un vehículo espacial tal como se muestra en la Figura 12.21. El momento de inercia respecto del eje de balanceo es de 100 kg-m$^2$ y se supone que el rozamiento es cero. El par de control se produce mediante motores que generan una fuerza de reacción al liberar un gas comprimido. El control on-off origina un par de $+4$, $-4$ o 0 N-m.

Suponiendo que sólo existe movimiento con respecto al eje de balanceo, se pueden definir dos variables de estado con $x_1 = \phi_Y$ y $x_2 = \dot{\phi}_Y$. Una solución analítica que expresa $x_2$ como función de $x_1$ requiere la consideración de tres modelos lineales con $T = +4$, $T = -4$ y $T = 0$. Si cada solución se expresa en términos de $x_{10}$ y $x_{20}$, entonces se puede construir una repre-

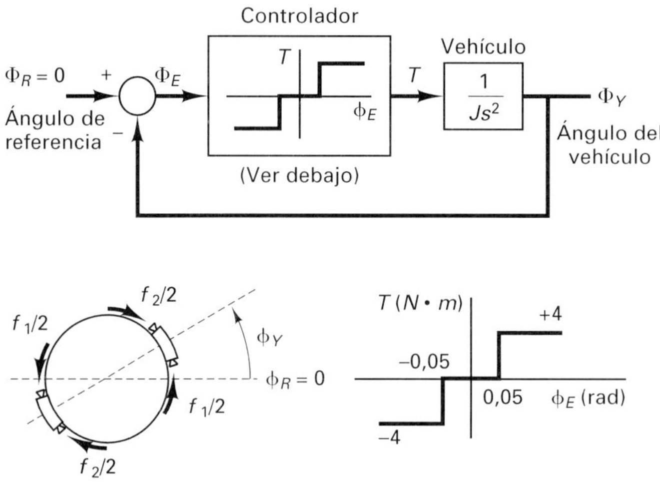


**Figura 12.21.** Control del ángulo de balanceo de un vehículo espacial.

sentación en el plano fásico para visualizar la respuesta con cambios entre los modelos cuando se precise. Si $\phi_R = 0$ y el estado inicial para el primer segmento es $\dot{\phi}_Y(0) = 0$ y $\phi_Y(0) = 0{,}5$ rad, la operación puede estudiarse con la estrategia de control tal como se muestra en la Figura 12.21.

Con rozamiento cero al par producido por los motores se le opone sólo el par inercial y genera un par $T = 100\, d^2\phi(t)/dt^2$. Suponiendo una zona muerta de $\pm 0{,}05$ rads, el modelo del sistema es

$$
\begin{aligned}
+4 &= 100 \frac{d^2}{dt^2}\phi_Y(t), \qquad \phi_R - \phi_Y \geqslant 0{,}05 \\
-4 &= 100 \frac{d^2}{dt^2}\phi_Y(t), \qquad \phi_R - \phi_Y \leqslant -0{,}05 \\
0 &= 100 \frac{d^2}{dt^2}\phi_Y(t), \qquad -0{,}5 < (\phi_R - \phi_Y) < 0{,}05.
\end{aligned}
\tag{12.24}
$$

El modelo de estado correspondiente con $x_1 = \phi_Y$ y $x_2 = \dot{\phi}_Y$ es

$$
\begin{aligned}
\dot{x}_1 &= x_2 \\
\dot{x}_2 &= +0{,}040; \quad \dot{x}_2 = -0{,}040; \quad \text{o} \quad \dot{x}_2 = 0,
\end{aligned}
\tag{12.25}
$$

con $T = +4$, $-4$, ó 0, respectivamente. Si se consideran los modos $T = +4$ y $T = -4$, dividiendo la primera ecuación por la segunda se obtiene

$$\frac{dx_1}{dx_2} = 25x_2 \quad \text{o} \quad \frac{dx_1}{dx_2} = -25x_2. \tag{12.26}$$

La integración da trayectorias parabólicas en el plano fásico con

$$x_1 = 12{,}5x_2^2 + K \quad \text{o} \quad x_1 = -12{,}5x_2^2 + K', \tag{12.27}$$

donde $K = x_{10} - 12{,}5x_{20}^2$ o $K' = x_{10} + 12{,}5x_{20}^2$. Cuando se atraviesa la zona muerta, $T = 0$ y $\dot{x}_2 = 0$. Como la aceleración angular es cero, la velocidad angular $x_2$ es igual a una constante con $x_2 = x_{20}$. Sin rozamiento, la trayectoria atraviesa la zona muerta sin cambiar la velocidad angular.

Si se emplea la característica del controlador de la Figura 12.21 con $\phi_R = 0$, el modo $T = +4$ es aplicable con $\phi_Y \leqslant -0{,}05$ y el modo $T = -4$ con $\phi_Y \geqslant 0{,}05$. Con la trayectoria comenzando en velocidad angular cero y $\phi_Y = 0{,}5$ rad, el modo $T = -4$ es activo primero y una continuación de la trayectoria a través de una sucesión de cambios de modo produce la trayectoria de la Figura 12.22. Esta trayectoria muestra las características de un sistema sin pérdida, la magnitud de la oscilación es directamente dependiente de la magnitud del estado inicial.

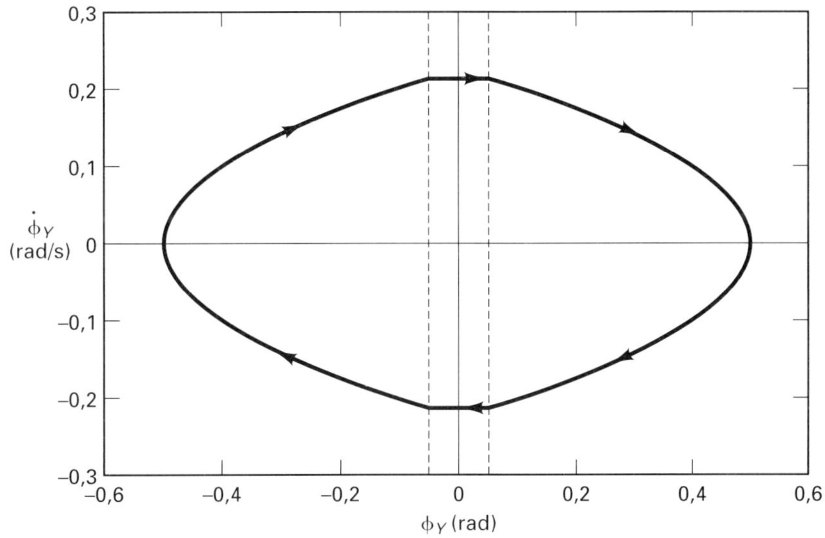


**Figura 12.22.** Control del ángulo de balanceo utilizando sólo realimentación de la posición.

Si el controlador de la Figura 12.23 se sustituye, las expresiones de la trayectoria no se modifican, pero sí lo hace la condición de conmutación. El controlador conmuta cuando $m = 0$ y $m = 0 - \phi_Y - 0{,}5\dot{\phi}_Y$. Por tanto, la línea de conmutación es una línea recta con una pendiente igual a $-2{,}0$, tal como se muestra en la Figura 12.24.

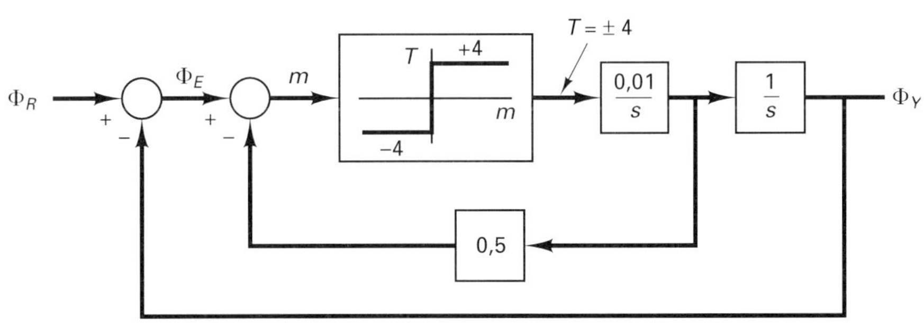


**Figura 12.23.** Un sistema con realimentación de posición y de velocidad.

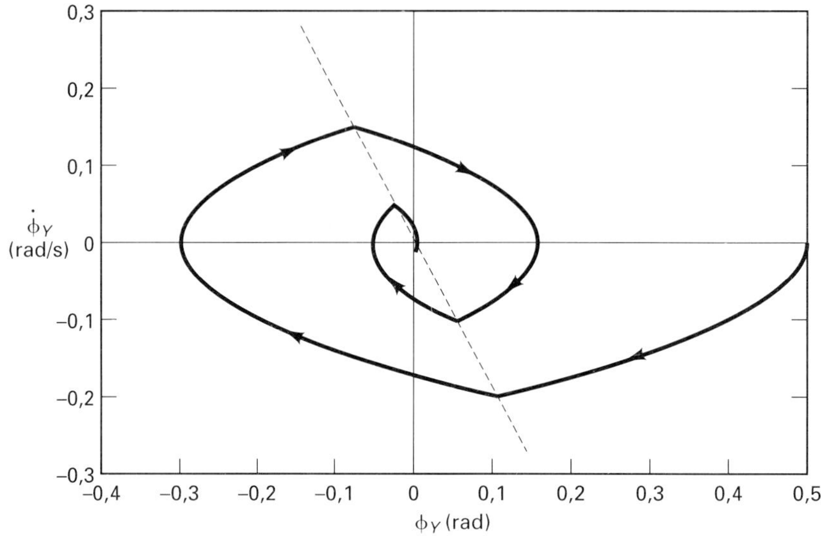


**Figura 12.24.** Control de ángulo de balanceo con realimentación de posición y velocidad.

Para simular el sistema utilizando MATLAB, la metodología no se altera con respecto a la simulación previa de un sistema con un controlador de nivel discreto. El modelo de estado para la planta es $\dot{x}_1 = x_2$ y $\dot{x}_2 = 0{,}01u$ con $u = +4, -4$, o 0 y el código se modifica fácilmente.

Las estrategias de control on-off tal como se han presentado difieren claramente del diseño del controlador que se ha descrito en capítulos previos. En lugar de variar el nivel de la señal de control basándose en la amplitud del error, la energía transmitida a la planta se controla por las conmutaciones on-off de la señal de amplitud fija. Como la información de la velocidad proporciona una anticipación del error futuro, la conmutación ocurre más pronto y se mejora la estabilidad.

Si se permite una capacidad de cálculo en línea adicional, se puede implementar una tercera estrategia de control conocida como control de tiempo mínimo. Sean aquellos puntos iniciales en el plano fásico que satisfacen $x_{10} = 12{,}5x_{20}^2$ y $x_{20} < 0$ o $x_{10} = -12{,}5x_{20}^2$ y $x_{20} > 0$. Estos puntos se localizan sobre trayectorias que van directamente al origen con $T = -4$ o $T = 4$, respectivamente. En la Figura 12.25a se muestra una curva que ilustra esta condición y esta «curva de conmutación» se utiliza para desarrollar una estrategia de control como sigue:

1. Si el estado inicial está por encima de la curva de conmutación, aplique $T = -4$ hasta que el estado alcanza la curva de conmutación y a continuación aplique $T = +4$ para llevar el estado al origen.
2. Si el estado inicial está por debajo de la curva de conmutación, aplique $T = +4$ hasta que el estado alcanza la curva de conmutación y entonces aplique $T = -4$ para llevar el estado al origen.

Esta estrategia resulta en la aplicación continua de par y el número de acciones de conmutación no excede a una. Se puede demostrar que esto es una táctica de tiempo mínimo. Se puede explorar una explicación intuitiva al considerar un estado inicial (punto A) con error de posición pero sin velocidad inicial. El par inicial produce aceleración hasta que el error es la mitad del valor inicial (punto B) y a continuación se invierte el par para producir la desaceleración que completa la segunda mitad del movimiento angular con velocidad nula, ocurriendo simplemente cuando el error alcanza cero.

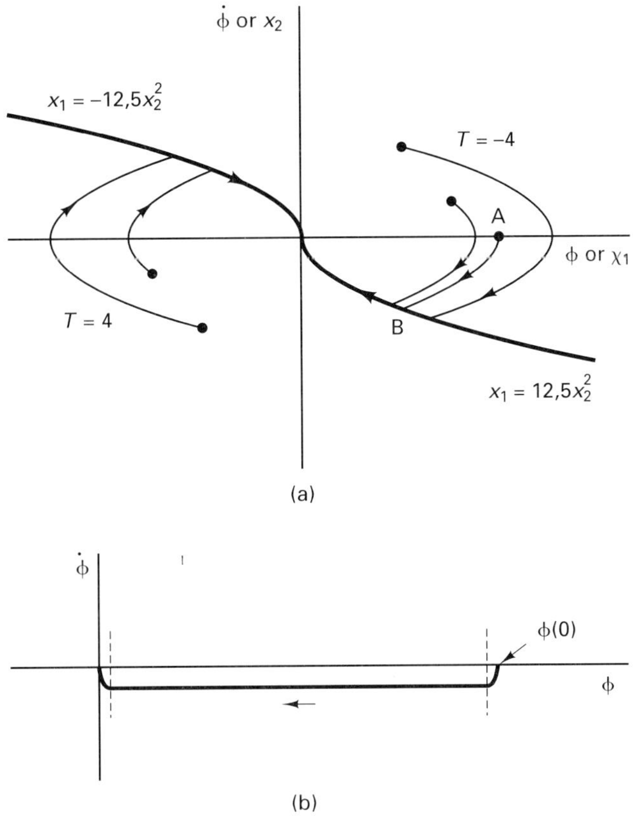


**Figura 12.25.** Gráficas en el plano fásico que muestran: *a*) la estrategia de tiempo mínimo y *b*) la estrategia de combustible mínimo.

Las dos partes de las curvas de conmutación se pueden combinar en una única ecuación con

$$m(x) = x_1 + 12{,}5x_2|x_2| = 0. \tag{12.28}$$

Cualquier estado que esté por encima de la línea de conmutación satisface $m(x) > 0$ y cualquier estado por debajo $m(x) < 0$. Así, la estrategia de tiempo mínimo se puede implementar como sigue:

$$\text{Si} \quad m(x) = x_1 + x_2|x_2| > 0, \quad T = -4.$$

$$\text{Si} \quad m(x) = x_1 + x_2|x_2| < 0, \quad T = +4. \tag{12.29}$$

Una cuarta técnica de diseño on-off que se puede implementar en esta aplicación es una estrategia de combustible mínimo (Figura 12.25b). Si se supone un estado inicial con velocidad inicial nula, una ráfaga muy corta iniciará una pequeña velocidad constante y una ráfaga igual y opuesta aplicada justamente antes del tiempo total calculado devolverá la velocidad a cero. Como el límite en el consumo de combustible tiende a cero si se permite que el tiempo requerido tienda a infinito, un límite sobre el tiempo máximo permitido fijará un límite sobre la minimización de combustible.

## 12.6. SIMULACIÓN CON UN ROZAMIENTO NO LINEAL

Si se determina un modelo aproximado para un sistema electromecánico ignorando el rozamiento no lineal, este procedimiento puede originar errores serios en la evaluación de las características de comportamiento. Las componentes de rozamiento estático y de coulomb proporcionan grandes contribuciones a la caracterización de fenómenos de fricción con rozamiento por deslizamiento o por rodadura. El empleo de un lazo de realimentación de elevada ganancia (con una relación de transferencia lineal en el camino de realimentación) disminuirá los efectos no deseados del rozamiento no lineal, pero hay trazos específicos de comportamiento que son particularmente susceptibles a la influencia de este fenómeno. Como la presencia del rozamiento estático y de coulomb se observa fundamentalmente como una tendencia para suprimir el movimiento cuando la fuerza o el par de control están en un nivel bajo, el efecto es particularmente evidente cuando la operación entraña el control preciso de la posición en estado estacionario o el seguimiento fidedigno de una señal de referencia que varía lentamente.

El modelo del rozamiento tal como se presenta es un modelo de rozamiento de coulomb más rozamiento viscoso, más rozamiento estático (CVS), y las características se presentan en el Capítulo 2 (Sección 2.6). Aunque se pueden añadir más componentes a este modelo en un intento de capturar exactamente todas las características de rozamiento observadas, el empleo del modelo básico CVS representa un gran paso en el desarrollo de una caracterización precisa.

El modelo de rozamiento se considera inicialmente con aplicación a una situación en la cual se aplica una fuerza a una masa en un sistema traslacional con un diagrama de cuerpo libre tal como el que se muestra en la Figura 12.26. Un diagrama de bloques correspondiente (Figura 12.27) muestra la suma de las fuerzas con un modelo de función de transferencia

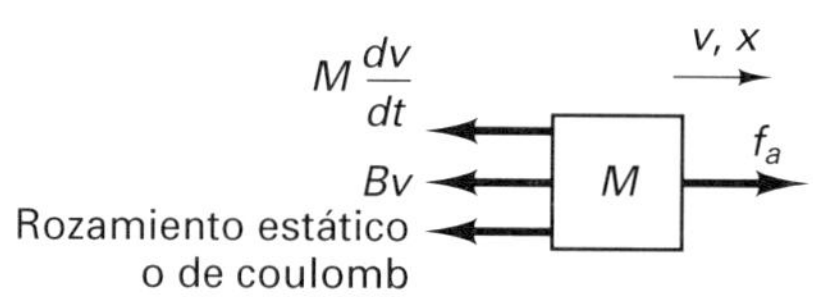


**Figura 12.26.** Una suma de fuerzas con rozamiento seco.

El rozamiento estático se observa cuando la velocidad es cero. Si se aplica una fuerza $f_a$ a la masa con la hipótesis que la velocidad inicial es cero, a la fuerza se le opone una fuerza igual y en sentido contrario. Esta situación continúa hasta que la magnitud de la fuerza aplicada excede un nivel de ruptura de $F_s$. El modelo estático (condición de velocidad nula) se describe en la siguiente discusión como modo 1. Así, el modo 1 se caracteriza por

$$v = 0 \quad \text{y} \quad |f_a| \leqslant F_s. \tag{12.30}$$

La posición queda por supuesto inalterada con respecto al valor inicial que existe cuando se entra en este modo.

Si la fuerza aplicada es positiva y excede el valor de ruptura, la simulación cambia a un modo de velocidad positiva descrito como modo 2. Con velocidad positiva distinta de cero, la fuerza estática se sustituye por la componente de rozamiento de coulomb constante $F_c$, con $F_c \leqslant F_s$. El rozamiento de coulomb es una fuerza constante dirigida en oposición a la veloci-

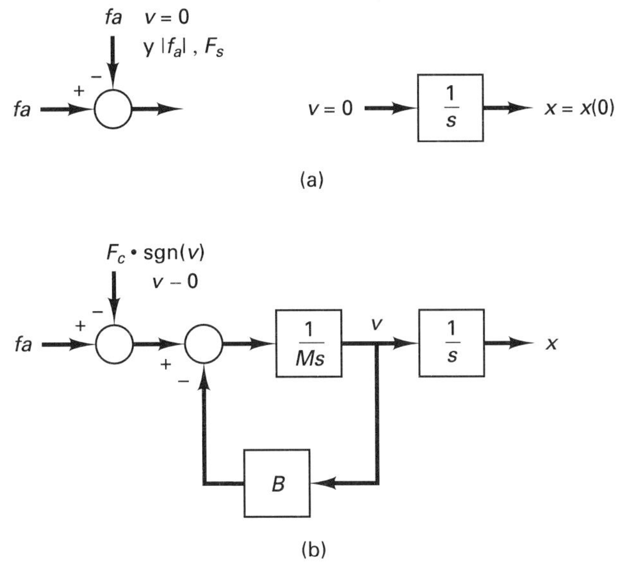


**Figura 12.27.** El modelo de rozamiento CVS con: *a*) no movimiento y *b*) movimiento.

dad positiva. La componente de rozamiento viscoso es, por supuesto, proporcional a la velocidad. El modelo para el modo 2 es

$$\left.\begin{aligned} f_a(t) &= M \frac{d}{dt} v(t) + Bv + F_c, \\ v(t) &= \frac{d}{dt} x(t), \end{aligned}\right\} \quad v > 0. \tag{12.31}$$

Una velocidad distinta de cero puede incitarse también si la fuerza alcanza un valor suficiente negativo para exceder la magnitud del valor de ruptura. En este caso, la simulación cambia a un modo de velocidad negativo descrito como modo 3. El modelo del modo 3 es

$$\left.\begin{aligned} f_a(t) &= M \frac{d}{dt} v(t) + Bv - F_c, \\ v(t) &= \frac{d}{dt} x(t), \end{aligned}\right\} \quad v < 0. \tag{12.32}$$

Si una fuerza inicialmente positiva produce movimiento, pero a continuación disminuye o cambia de signo, el modo 2 no se interrumpe hasta que la velocidad es cero. Ahora hay dos acciones posibles. Si la magnitud de $f_a(t)$ es menor que $F_s$ cuando la velocidad retorna a cero, entonces la simulación retorna al modo 1. Sin embargo, la presencia de inercia puede originar que la velocidad retarde la variación de la fuerza y si ésta presenta un valor que es menor que $-F_s$ cuando la velocidad vuelve a cero, la simulación inmediatamente cambiará al modo 3. Después de un paso por el modo 3, un retorno a velocidad cero análogamente dará una vuelta al modo 1 o un cambio inmediato al modo 2.

Con $f_a(t)$ aplicado como una variación de fuerza sinusoidal, en la Figura 12.28 se presentan algunas gráficas de velocidad respecto de fuerza. Los cambios entre modos son evidentes con los tres modos identificado como: (1) velocidad cero, (2) velocidad positiva o (3) velocidad negativa. El primer contorno se obtiene con una variación de la fuerza suficientemente lenta como para eliminar cualquier contribución dinámica. Sin embargo, el efecto de la inercia es evidentemente creciente cuando la frecuencia aumenta. Estas gráficas muestran las transiciones de modos tal como aparecen, suponiendo velocidad inicial nula y la aplicación de una fuerza sinusoidal de amplitud específica. La operación dinámica, tal como se muestran en las Figuras 12.18b a 12.28d, variarán por supuesto dependiendo de la condición inicial y de la forma de onda de la fuerza aplicada.

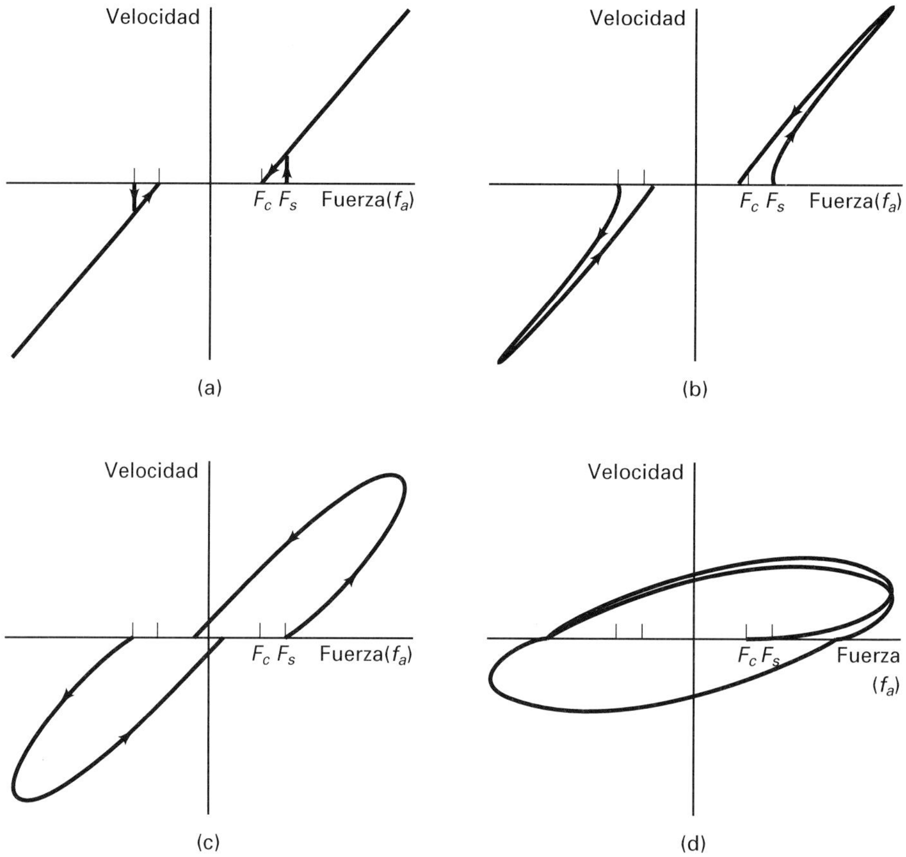


**Figura 12.28.** Velocidad respecto de fuerza mostrando: *a*) la relación estática y *b*, *c*, *d*) la relación dinámica con variaciones de fuerza sinusoidal de frecuencias sucesivamente más altas.

## Un sistema de control con rozamiento no lineal

Para incorporar el modelo de rozamiento no lineal en un sistema de control de posición, se inserta el sistema de la Figura 12.27 en un sistema con realimentación de posición y velocidad tal como se muestra en la Figura 12.29. Con la nueva configuración, los tres modos se mues-

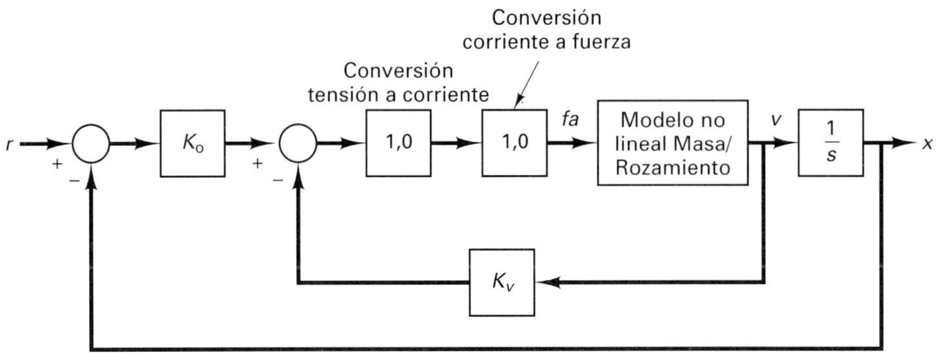


**Figura 12.29.** Un sistema de control de posición con rozamiento no lineal.

tran como necesarios al considerar el sistema de control completo. El modo 1 se caracteriza por

$$\begin{aligned} v &= 0, \\ x &= x(0), \end{aligned} \qquad K_o|(r - x)| \leqslant F_s, \tag{12.33}$$

donde $x(0)$ es el valor de $x$ cuando se introduce este modo. Los modelos del modo 2 y el modo 3 se obtienen igualando fuerzas con

$$K_o(r - x) - K_v v = M\frac{dv}{dt} + Bv \pm F_c, \tag{12.34}$$

donde el signo de la fuerza de rozamiento de coulomb es positivo en el modo 2 y negativo en el modo 3.

La técnica de solución propuesta utiliza un cálculo exponencial matricial suponiendo una entrada lineal a tramos. Esta solución se implementa rápidamente al construir una matriz **A** aumentada con la inclusión de tres variables adicionales. Como la solución requiere la entrada y la pendiente de la entrada al comienzo de cada intervalo de cálculo, es necesario incluir la señal de entrada $r_1$ y la derivada de la entrada $r_2$. Para describir la variación de signo del rozamiento de coulomb se incluye también una variable unidad, $s_n$, con signo más o menos según se requiera. El modelo para los modos 2 y 3 es

$$\begin{bmatrix} \dot{x} \\ \dot{v} \\ \dot{s}_n \\ \dot{r}_1 \\ \dot{r}_2 \end{bmatrix} = \begin{bmatrix} 0 & 1 & 0 & 0 & 0 \\ -\frac{K_o}{M} & -\frac{(B + K_v)}{M} & -\frac{F_c}{M} & \frac{K_o}{M} & 0 \\ 0 & 0 & 0 & 0 & 0 \\ 0 & 0 & 0 & 0 & 1 \\ 0 & 0 & 0 & 0 & 0 \end{bmatrix} \begin{bmatrix} x \\ v \\ s_n \\ r_1 \\ r_2 \end{bmatrix}. \tag{12.35}$$

Si la matriz **A** aumentada se designa como **F** y el vector **x** aumentado (conteniendo $x$, $v$, $s_n$, $r_1$, $r_2$) se designa como **z**, entonces la solución en tiempo discreto es

$$\mathbf{z}(k + 1) = e^{-FT}\mathbf{z}(k). \tag{12.36}$$

Los valores de $x(k)$ y $v(k)$ para cada intervalo de cálculo se obtienen del paso anterior; $s_n(k)$ es dependiente del modo y $r_1(k)$ y $r_2(k)$ se introducen utilizando datos definidos por el usuario.

La simulación del ejemplo del sistema de control con rozamiento no lineal se describe utilizando un programa en MATLAB tal como sigue

```
clear
ts=.04; tf=20;                   % Especificar intervalo de tiempo y tiempo final
Fs=0,3; Fc=0.2;                  % Especificar fuerza de rozamiento estático y de coulomb
t=0:ts:tf;                       % Generar vector de tiempo
r1=0.01*t;                       % Generar vector señal de entrada (una entrada en rampa)
r2=0.01+0*t                      % Generar vector pendiente de la entrada
M=1; B=0.1; Ko=10; Kv=4;         % Especificar parámetros del sistema
F=[0 1 0 0 0; -Ko/M (-B-Kv)/M -Fc/M Ko/M 0;
0 0 0 0 0;0 0 0 0 1; 0 0 0 0 0]; % Especificar matriz A aumentada
M=expm(F*ts);                    % Calcular matriz exponencial
x(1)=0; v(1)=0; e(1)=r(1)-x(1); % Especificar estado inicial y error inicial
mode=1;
for k=1:tf/ts
  if mode==1
  fa(k)=Ko*e(k);
    if abs (fa(k))<=Fs                % Verificar estado del modo 1
    v(k+1)=0; x(k+1)=x(k);
    elseif fa(k)>Fs
    mode=2;                           % Punto de ruptura al modo 2
    else, mode=3;                     % Punto de ruptura al modo 3
    end
  end
  if mode==2
  z(:,k)=[x(k) v(k) +1 r1(k) r2(k)]';        % Vector de estado aumentado
  x(k+1)=M(1,:)*z(:,k);
  v(k+1)=M(2,:)*z(:,k);
    if v(k+1)<v(k) & v(k+1)<.01       % Detectar retorno de v a aprox. cero
    mode=1; v(k+1)=0;                 % Fijar v a cero exactamente
    end
  end
  if mode==3
  z(:,k)=[x(k) v(k) -1 r1(k) r2(k)]';
  x(k+1)=M(1,:)*z(:,k);
  v(k+1)=M(2,:)*z(:,k);
    if v(k+1)>v(k) & v(k+1)>-.01
    mode=1; v(K+1)=0;
    end
  end
  e(k+1)=r1(k+1)-x(k+1);
end
plot(t,x,t,v,t,r1)                    % Representar posición, velocidad y entrada
%plot(t,e)                            % Gráfica opcional del error
```

Se presentan gráficas adicionales que se obtuvieron utilizando una entrada en salto o una entrada sinusoidal. Estas entradas se pueden introducir como siguen:

```
r1=A+0*t; r2=0+0*t;                  % Vectores de entrada en salto (magnitud=A)
r1=A*sin(w*t); r2=A*w*cos(w*t);      % Vectores de entrada sinusoidal (mag=A, 2πf=W)
```

Con una entrada en rampa aplicada de 0,01 m/s (tal como se especifica en el programa), la respuesta es como se muestra en la Figura 12.30. La posición de salida permanece en cero hasta que la magnitud del error es suficiente para producir una fuerza que vencerá al rozamiento estático. Si se obtiene una medida aproximada del comportamiento transitorio al ignorar temporalmente las componentes no lineales, las razón de amortiguamiento calculada con $K_o = 10$ y $K_v = 4$ es 0,65. Si $K_v$ se reduce a 1,0, el cálculo correspondiente produce una razón de amortiguamiento de 0,174. En la Figura 12.31 se muestra el resultado con $K_v = 1$ aplicado al modelo no lineal. La respuesta a una entrada en rampa demuestra un fenómeno de «parada-arranque» en el cual el movimiento ocurre con una serie de arranques y paradas.

Un método de evaluar rápidamente la presencia y severidad de un fenómeno no lineal consiste en aplicar una entrada sinusoidal al sistema. Utilizando el programa descrito y seleccionando una frecuencia que está dentro del ancho de banda del sistema en lazo cerrado, la

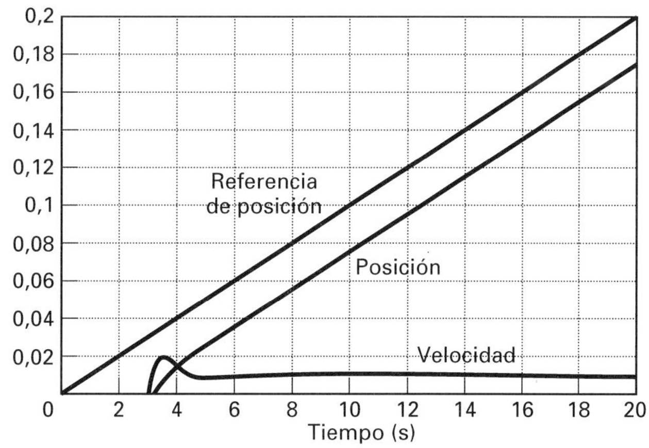


**Figura 12.30.** La respuesta a una entrada en rampa con $K_v = 4$.

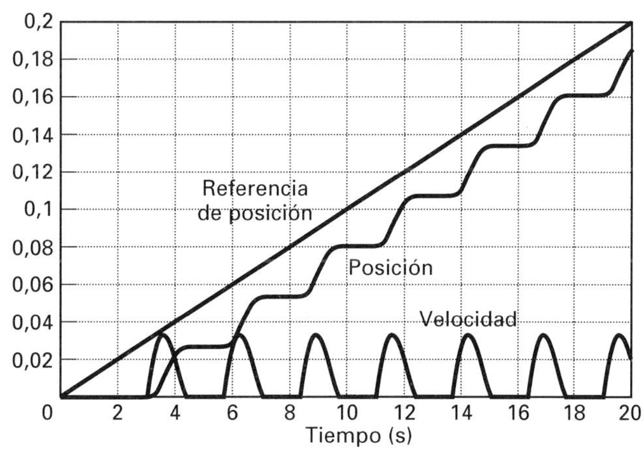


**Figura 12.31.** La respuesta a una entrada en rampa ($K_v = 1$) mostrando un fenómeno de «parada-arranque».

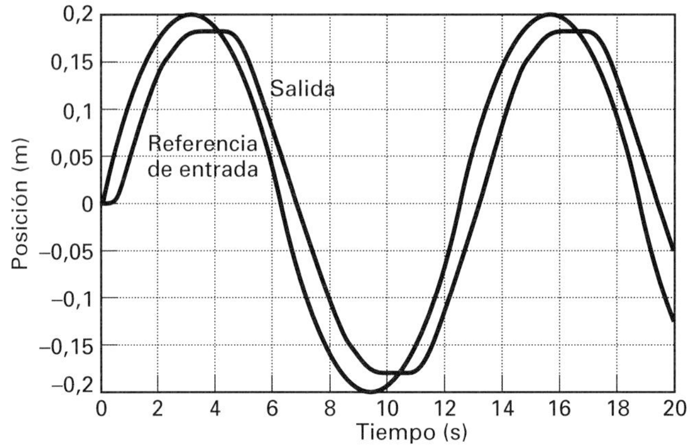


**Figura 12.32.** La respuesta a una entrada sinusoidal.

respuesta a una entrada sinusoidal es como se muestra en la Figura 12.32. La salida es obviamente una señal no sinusoidal y los periodos de tiempo de pendiente cero en la posición respecto del tiempo son periodos para los cuales la velocidad es nula.

Con una entrada en salto aplicada al sistema de control de posición, la Figura 12.33 presenta el error como una función del tiempo con algunos valores de la ganancia de realimentación de velocidad $K_v$. Como es un sistema de tipo 1 (únicamente con rozamiento viscoso), el error en estado estacionario predicho es cero. Con la adición de componente de rozamiento no lineal, el error en estado estacionario no es cero y una variación en el amortiguamiento origina que el error varíe como respuesta a la dirección de movimiento y a la energía inercial cuando se aproxima al estado final. El error de posición final es, por supuesto, no lo bastante grande para incitar ruptura y reanudar el movimiento. Por tanto, el rango de valores del error final no puede ser mayor que el valor del error requerido para producir la ruptura. Como el error se multiplica por $K_o$ en este ejemplo, el valor del error de posición necesitado para producir la ruptura es $F_s/K_o$, o 0,03 metros.

Un aumento en $K_o$ disminuirá obviamente la magnitud máxima del error en estado estacionario y se puede mantener un amortiguamiento satisfactorio si también se aumenta $K_v$. Con

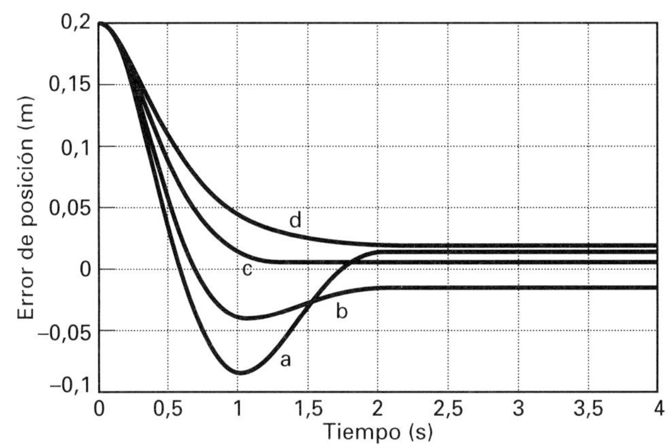


**Figura 12.33.** El error de posición en respuesta a una entrada en salto con: *a*) $K_v = 1$, *b*) $K_v = 2$, *c*) $K_v = 4$, y *d*) $K_v = 6$.

un aumento en la ganancia del lazo, la función en lazo cerrado se hace menos sensible a la función de la planta y más a la inversa de la función de realimentación. Sin embargo, existe un límite en la capacidad de aumentar la ganancia del lazo. Si el sistema tal como se ha descrito se implementa como un sistema físico, las limitaciones prácticas modificarán la representación ideal y el modelo incluirá típicamente polos adicionales colocados más a la izquierda en el plano $s$. Estos polos pueden tener un pequeño efecto aparente si la ganancia es baja, pero impondrán un límite sobre la ganancia del lazo al introducir una tendencia hacia la inestabilidad al aumentar dicha ganancia del lazo.

Otro método para la simulación de este sistema es utilizar SIMULINK, tal como se ilustra en la Figura 12.34. Una representación gráfica de los diferentes fenómenos pueden ser más fáciles de comprender y la configuración que se muestra producirá una simulación que es casi idéntica a la técnica que se desarrolló empleando sentencias en MATLAB. Observe que si la fuerza aplicada es menor que el valor de ruptura y la velocidad es cero, la fuerza aplicada se cancela mediante una fuerza igual y opuesta, manteniendo por lo tanto al sistema en el modo estático. Si se excede el nivel de ruptura, el sistema cambia a un modo dinámico (con rozamiento de coulomb y viscoso aplicado) hasta que la velocidad vuelve a cero. La fuerza de ruptura estática $F_s$, debe exceder al nivel de la fuerza de rozamiento de coulomb $F_c$.

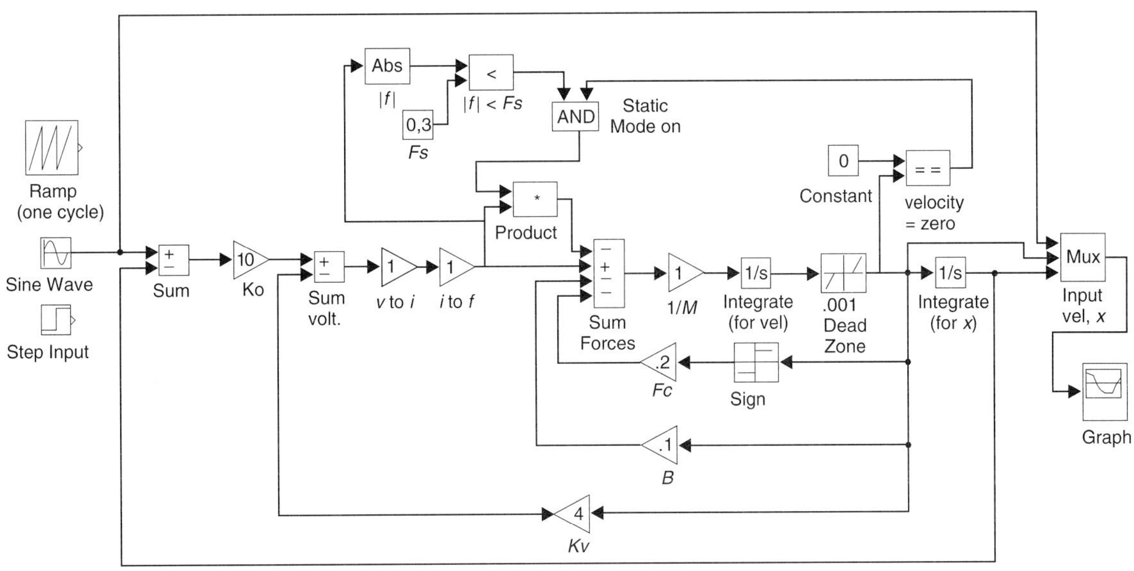


**Figura 12.34**

Un problema que ocurre con una u otra técnica de simulación es la capacidad de detectar velocidad cero cuando la variable velocidad retorna a este valor. Como la velocidad simulada se compone de muestras, es altamente improbable que pueda detectarse un cruce exacto por cero. Sin embargo, debe detectarse un cruce aproximado por cero y puede entonces ser necesario mantener la velocidad en cero. La introducción de una zona muerta muy pequeña (siguiendo a la integración) es una técnica que aborda la acción necesaria. Aunque el tamaño requerido de la zona muerta es dependiente del tamaño de paso mínimo que se especifica para el algoritmo de cálculo, se puede ajustar experimentalmente para asegurar que se detecta un retorno a cero. Si se considera el ejemplo, una zona muerta de $\pm 0{,}001$ m/s era suficientemente grande con el algoritmo de simulación ajustado para proporcionar un tamaño de paso mínimo de 0,001 s. Una gráfica suave se obtuvo entonces al limitar el tamaño de paso máximo a 0,1 s.

### Señales de vibración

Un método de contrarrestar la zona muerta producida por componentes de rozamiento no lineal es emplear una señal de vibración, que es una señal alterna (normalmente sinusoidal) que se añade electrónicamente a la señal de control en el camino directo. Se introduce para superponer una vibración sobre el par desarrollado, de forma que tenderá a incitar movimiento a pesar de tener niveles de señales muy bajos. Para evitar interferencia con la salida, la frecuencia de vibración se selecciona suficientemente alta, de forma que la acción de filtrado paso baja de la función del camino directo atenuará severamente la vibración que se ve desde la salida. Si el modelo del sistema incluye una inercia significativa, un filtrado mecánico inherente ocurre en la conversión entre fuerza y desplazamiento.

Cuando el sistema está operando en un rango lineal, el valor medio contribuido por la vibración es cero y no hay cambio en el valor medio de la respuesta a la señal aplicada. Sin embargo, si el sistema está operando en un rango no lineal, las excursiones positivas y negativas de la vibración tendrán un efecto distinto y su presencia desplaza el valor medio de la respuesta en la dirección que tiene ganancia más alta. Si el par o fuerza media es distinto de cero pero menor que el valor de ruptura los picos negativos o positivos de la vibración pueden exceder la ruptura, cambiando por tanto el movimiento cero a un movimiento distinto de cero.

La magnitud y frecuencia de la señal de vibración se selecciona normalmente de forma experimental y una selección de frecuencia típica está en el rango de 60 Hz a 1 kHz. Aunque utilizada normalmente con controladores electrohidraúlicos, la técnica puede no ser aceptable en todas las situaciones. A pesar de la acción de filtrado, una componente muy pequeña de la señal de vibración será detectable en la salida del sistema.

## 12.7. RESUMEN

Si un sistema es lineal, la evaluación de las características de comportamiento está determinada únicamente por el modelo. Sin embargo, si el modelo es no lineal, el carácter del comportamiento es también sensible a la magnitud de la excitación. Los criterios de comportamiento que miden características de la respuesta natural o en estado estacionario están sujetas a variación cuando el nivel de excitación cambia. La superposición no es aplicable y la respuesta en estado estacionario a una entrada sinusoidal es una forma de onda no sinusoidal.

Un sistema no lineal puede ser estable en una región de operación e inestable en otra. Con la estabilidad sensible al nivel de señal, las condiciones para una oscilación en estado estacionario se pueden satisfacer en un nivel de señal específico y un sistema no lineal puede tener una oscilación de ciclo límite. Un ciclo límite es una trayectoria cerrada aislada en el espacio de estado que describe una oscilación en estado estacionario potencial. La frecuencia y la amplitud están determinadas por las características del modelo del sistema.

Se construye una gráfica en el plano de estados para mostrar la variación de una variable respecto de otra. Un formato específico, conocido como el plano fásico, se obtiene al seleccionar las variables que se representan de forma tal que una de ellas es la derivada (con respecto al tiempo) de la otra. Si se evalúa la respuesta considerando algunos valores diferentes de excitación inicial, el conjunto correspondiente de trayectorias constituye un retrato del plano fásico.

Como muestra la variación en el carácter de la respuesta cuando una trayectoria se mueve a través de la región de interés, un retrato del plano fásico puede ser particularmente significativo cuando el modelo del sistema es no lineal.

El empleo de un controlador que genera una salida con dos niveles (o tres niveles) da un método de control sencillo y eficiente y el comportamiento se puede mostrar utilizando un formato de plano fásico. El sistema se puede modelar considerando algunos modos de operación, con cada uno de ellos delimitado como un modelo lineal. Con una solución analítica o numérica, la respuesta global se determina simulando y conectando los diferentes segmentos solución cuando sea necesario. Cuando se detectan las condiciones para un cambio de modo, el estado final para el modo anterior se convierte en el estado inicial para el nuevo modo.

Si se consideran varios sistemas que muestran fenómenos no lineales, las técnicas analíticas son aplicables sólo en unos cuantos casos especiales y el desarrollo de un método numérico puede ser el único método práctico que proporciona un estudio preciso de las características de comportamiento. Un ejemplo específico es la simulación de un sistema con un modelo que incluye los efectos de rozamientos estático y de coulomb.

## 12.8. CONEXIONES PARA PROSEGUIR EL ESTUDIO

La investigación de sistemas que presentan modelos no lineales se continúa en el Capítulo 13 con la consideración de los métodos analíticos. Se presenta una técnica común que utiliza un procedimiento conocido como linealización. Se desarrolla un modelo lineal de pequeña señal que permite la aplicación de las metodologías de sistemas lineales en la proximidad de un estado específico. Otro método utiliza la «función descriptiva» para considerar el efecto de una característica de transferencia no lineal en un lazo de realimentación que es lineal en los otros elementos. El método permite la consideración de algunos de los fenómenos no lineales que han sido estudiados utilizando técnicas de simulación. Por ejemplo, la inestabilidad con el empleo de un controlador con niveles discretos se predice rápidamente y se comparan con los resultados que fueron obtenidos al formular las trayectorias en el plano fásico.

## REFERENCIAS


1. J. E. Gibson: *Nonlinear Automatic Control*, McGraw-Hill, Nueva York, 1963.
2. J. M. T. Thompson y H. B. Stewart: *Nonlinear Dynamics and Chaos*, John Wiley & Sons, Nueva York, 1986.
3. J. E. Slotine y W. Li: *Applied Nonlinear Control*, Englewood Cliffs, N. J.: Prentice Hall, 1991.
4. M. Vidyasagar: *Nonlinear System Analysis*, Englewood Cliffs, N. J.: Prentice Hall, 1991.
5. C. L. Phillips y R. D. Harbor: *Feedback Control Systems*, Englewood Cliffs, N. J.: Prentice Hall, 1991.
6. S. M. Shinners: *Modern Control System Theory and Design*, John Wiley & Sons, Nueva York, 1992.
7. P. H. Lewis y P. Angeli: «A Simultation Technique for Control Systems with Multiple Interrelated Nonlinear Phenomena and Energy Storage Elements», Proc. of IEEE Ind. Elect. Conf., noviembre, 1989, págs. 401-408.
8. B. Armstrong-Helouvry: «Stick Slip and Control in Low-Speed Motion», *IEEE Trans. on Automatic Cont.*, 38(10), 1993.
9. C. Canudas de Wit, H. Olsson, K. J. Astrom y P. Lischinsky: «A New Model for Control of Systems with Friction», *IEEE Trans. on Automatic Cont.*, 40(3), 1995.

## Problemas

**12.1.** Describir cuatro propiedades características de un sistema no lineal.

**12.2.** ¿Cuál de los fenómenos siguientes requieren un modelo no lineal?

**a.** Rozamiento estático.
**b.** Rozamiento viscoso.
**c.** Rozamiento de coulomb.
**d.** Momento de inercia.
**e.** Un controlador tipo relé.
**f.** Huelgo.

**12.3.** Considere el sistema de control con relé de la Figura P12.3. Si la entrada es $2{,}5u(t)$, representar la línea de conmutación tal como aparecerá en un diagrama en el plano fásico de $\dot{y}$ respecto de $y$ (suponer $t > 0$). Identificar las regiones en el plano fásico para las cuales los modos $u = +2$ y $u = -2$ son aplicables.

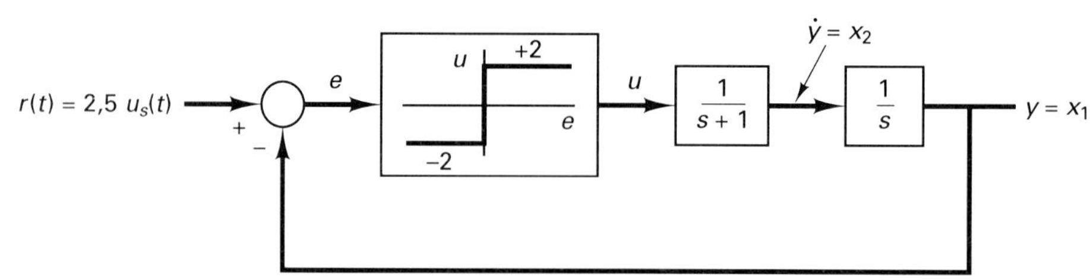


**Figura P12.3**

**12.4.** Volviendo al sistema de la Figura P12.3, determinar expresiones analíticas para las trayectorias en el plano fásico considerando ambos modos ($u = +2$ y $u = -2$). Sea $x_2 = \dot{y}$ y $x_1 = y$. Representar la trayectoria compuesta en el plano fásico mostrando los primeros dos o tres segmentos. Suponer que el estado inicial para el primer segmento es $x_{10} = x_{20} = 0$.

[M] **12.5.** Si se considera el sistema de la Figura P12.3, determinar una trayectoria en el plano fásico de $x_2$ respecto de $x_1$ utilizando un programa en MATLAB que es similar al primer programa que se presentó en la Sección 12.4 del texto. Utilizar un tamaño de paso numérico de 0,01 con 1.000 pasos. Suponer que el estado inicial es $x_{10} = x_{20} = 0$.

[M] **12.6.** Repetir el Problema 12.5, pero obtener diagramas generados en MATLAB de $x_1$ respecto del tiempo y de $u$ respecto del tiempo. Describir la conducta de $x_1$ y $u$ en términos de la variación de amplitud y frecuencia cuando el tiempo se hace grande.

**12.7.** Considerar el sistema de la Figura P12.3 con la función del controlador modificada como se muestra en la Figura P12.7. Si el controlador presenta una zona muerta como la que se muestra, representar las nuevas líneas de conmutación tal como aparecerán en un plano fásico de $x_2$ respecto de $x_1$. Identificar y etiquetar las regiones para las cuales son aplicables los modos $u = -2$, $u = +2$ y $u = 0$.

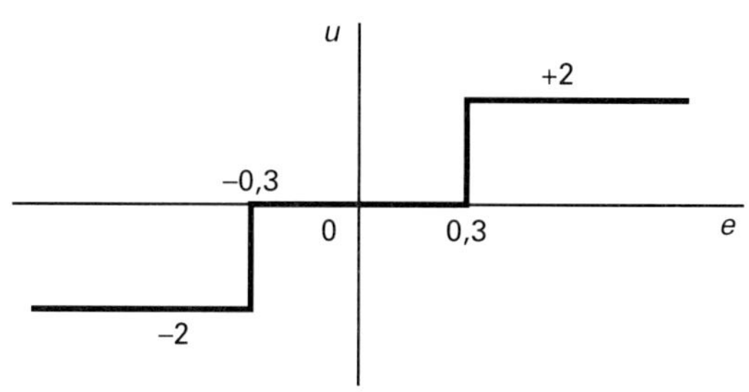


**Figura P12.7**

M **12.8.** Utilizar MATLAB para obtener gráficas de $x_2$ respecto de $x_1$, $x_1$ respecto del tiempo y $u$ respecto del tiempo con el controlador modificado de la Figura P12.7 aplicado al sistema de la Figura P12.3. Describir el cambio en conducta con la adición de la zona muerta.

**12.9.** Si se considera el sistema de la Figura P12.9 representar la línea de conmutación tal como aparecerá en el plano fásico de $x_2$ frente a $x_1$. Identificar las regiones para las que son aplicables los modos $u = +2$ y $u = -2$.

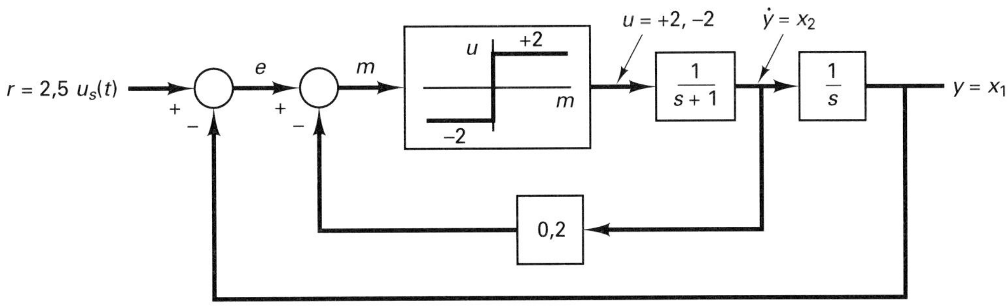


**Figura P12.9**

**12.10.** Utilizar MATLAB para obtener las gráficas de $x_2$ frente a $x_1$, $x_1$ frente al tiempo y $u$ frente al tiempo considerando el sistema de la Figura P12.9. Explicar detalladamente qué sucede en el segmento para el que la trayectoria parece seguir la línea de conmutación.

# CAPÍTULO 13

# Sistemas no lineales: técnicas analíticas

## 13.1. INTRODUCCIÓN

Dependiendo de los objetivos de un estudio de sistema no lineal y del carácter del modelo, el análisis puede ser responsable de la obtención de un modelo lineal aproximado que es aplicable en la vecindad de un estado específicamente seleccionado. Utilizando un procedimiento conocido como *linealización*, se puede desarrollar un modelo que es utilizable con pequeñas variaciones del nivel de señal respecto de un *estado de equilibrio.* Las técnicas de análisis y diseño lineal (incluyendo la evaluación de la estabilidad) son aplicables entonces cuando se operan con pequeñas desviaciones del equilibrio.

Otra técnica que proporciona una evaluación de la estabilidad es el método de la *función descriptiva.* Esta técnica es aplicable a un sistema que se modela como un lazo de realimentación con una característica de transferencia no lineal insertada en un modelo lineal. Si la característica no lineal satisface ciertos criterios, la técnica es globalmente válida y se detecta la presencia de ciclos límites estables o inestables. Con la identificación de cada ciclo límite, el método de la función descriptiva da una medida aproximada de la magnitud y de la frecuencia.

## 13.2. ESTADOS DE EQUILIBRIO Y PUNTOS DE CONSIGNAS NOMINALES

Los estados de equilibrio son puntos en el espacio de estado en los que puede existir una condición estática. Dada una representación de un modelo de estado de un sistema no lineal con $\dot{\mathbf{x}} = f(\mathbf{x}, \mathbf{u})$, los estados de equilibrio se determinan evaluando $\mathbf{x}$ con $\dot{\mathbf{x}} = 0$ y $\mathbf{u} = \mathbf{u}_0$. Si se considera el equilibrio con un sistema no forzado, entonces los estados de equilibrio se determinan con $\mathbf{u} = 0$. Un estado de equilibrio se puede establecer también con el vector de entrada $\mathbf{u}$ fijado a algún valor nominal $\mathbf{u}_0$ constante (distinto de cero). Esta condición se describe algunas veces como un estado nominal o un punto de consigna nominal. Si se evalúa un modelo lineal de pequeña señal en la vecindad de un estado de equilibrio determinado con $\mathbf{u} = 0$, la entrada al modelo lineal se introduce como una perturbación respecto de cero. Si se determina un modelo lineal de pequeña señal en la vecindad de $\mathbf{u} = \mathbf{u}_0$, la entrada al modelo lineal se introduce considerando una perturbación respecto de la entrada nominal $\mathbf{u}_0$.

**EJEMPLO 13.1**

*Con un modelo no lineal formulado como un conjunto de ecuaciones diferenciales de primer orden, los estados de equilibrio se calculan rápidamente fijando* $\dot{\mathbf{x}} = 0$.

Sea un modelo con

$$\dot{x}_1 = -2x_1 + (x_2)^2 - u^2$$
$$\dot{x}_2 = x_1 \qquad (13.1)$$

determinar el estado de equilibrio (o estados) con $u = 0$. A continuación determinar el estado de equilibrio (o los estados) si la entrada es $u = 2{,}00$.

**Solución.** Con $\dot{\mathbf{x}} = 0$ y $u = 0$,

$$0 = -2x_1 + (x_2)^2 - 0$$
$$0 = x_1 \qquad (13.2)$$

se descubre un estado de equilibrio en $x_1 = 0$, $x_2 = 0$. Si se modifica la Ecuación 13.2 para considerar $u = 2{,}00$, entonces se tienen dos estados de equilibrio, uno localizado en $x_1 = 0$, $x_2 = -2{,}00$ y el otro en $x_1 = 0$, $x_2 = +2{,}00$.

## 13.3. LINEALIZACIÓN

La linealización es un proceso mediante el cual se obtiene un modelo lineal aproximado de pequeña señal de un modelo no lineal. El modelo se deduce con la hipótesis que la excitación perturbará al sistema en la proximidad de un punto de consigna nominal. Por tanto, la validez del análisis es dependiente de limitar la operación a variaciones de pequeña señal respecto del estado nominal.

Por ejemplo, sea el modelo de un vehículo en el que a la fuerza que lo mueve se le opone la fuerza de inercia y una fuerza creada por la resistencia del aire. El modelo de la planta en lazo abierto de este ejemplo se supone que es

$$F(t) = 100 \frac{d}{dt} v(t) + 2{,}00v^2(t), \qquad (13.3)$$

o

$$\dot{v} = -0{,}02v^2 + 0{,}01F. \qquad (13.4)$$

Esto es un modelo de estado no lineal de primer orden que se puede expresar de forma general como

$$\dot{v} = f(v, F). \qquad (13.5)$$

Si la velocidad nominal es $v_0$ y $F_0$ es la fuerza requerida para producir $v_0$ bajo condiciones de equilibrio, la relación entre $v_0$ y $F_0$ se establece por el modelo del sistema (Ecuación 13.5) con $0 = f(v_0, F_0)$. Si una pequeña perturbación de fuerza $\delta F$ se añade a $F_0$ hay una perturbación correspondiente de la velocidad añadida a $v_0$ que se especifica como $\delta v$. Con $v = v_0 + \delta v$ y $F = F_0 + \delta F$, la Ecuación 13.5 se puede representar como una serie de Taylor con

$$\dot{v}_0 + \delta\dot{v} = f(v_0, F_0) + \left.\frac{\partial f(v, F)}{\partial v}\right|_{v_0, F_0} \delta v + \left.\frac{\partial f(v, F)}{\partial F}\right|_{v_0, F_0} \delta F + \cdots. \qquad (13.6)$$

Si se desprecian los términos que contienen derivadas de orden superior al primero, la serie truncada genera un modelo lineal aproximado. Observe que $\dot{v} = f(v_0, F_0) = 0$. El modelo aproximado es

$$\delta\dot{v} \approx \left.\frac{\partial f(v, F)}{\partial v}\right|_{v_0, F_0} \delta v + \left.\frac{\partial f(v, F)}{\partial F}\right|_{v_0, F_0} \delta F, \tag{13.7}$$

donde $\delta v$ y $\delta F$ describen variaciones de pequeña señal respecto del punto de operación tal como queda especificado por $v = v_0$ y $F = F_0$.

Volviendo a la relación específica de las Ecuaciones 13.4 y 13.5 es aparente que $f(v, F) = -0{,}02v^2 + 0{,}01F$ y si se evalúan las derivadas parciales y se sustituyen en la Ecuación 13.7 el resultado es

$$\delta\dot{v} = (-0{,}04v_0)\,\delta v + (0{,}01)\,\delta F. \tag{13.8}$$

Para establecer un punto de consigna específico, suponer que se desea el modelo linealizado para pequeñas variaciones de velocidad respecto de un valor nominal de 10 m/s. Retornando a la Ecuación 13.4 con $v_0 = 10$ y $\dot{v} = 0$, la fuerza nominal correspondiente $F_0$ debe ser 200 N. Entonces el modelo linealizado de pequeña señal es

$$\delta\dot{v} = (-0{,}40)\,\delta v + (0{,}01)\,\delta F, \tag{13.9}$$

donde la entrada es una pequeña variación respecto de 200 N. Como la expresión de la Ecuación 13.9 es lineal, se puede transformar y una función de transferencia que relaciona pequeñas variaciones en velocidad con pequeñas variaciones de fuerza en la proximidad del estado nominal es

$$\frac{\Delta V(s)}{\Delta F(s)} = \frac{0{,}01}{s + 0{,}40}. \tag{13.10}$$

Una percepción cuantitativa de la precisión del modelo se puede obtener observando una gráfica de la fuerza de la resistencia del aire respecto de la velocidad, tal como se muestra en la Figura 13.1. El coeficiente de la resistencia del aire requerida para el modelo lineal de pequeña señal es la pendiente de la característica evaluada con una velocidad nominal de $v_0 = 10{,}0$ m/s. La característica lineal se muestra como una línea punteada y la precisión del modelo linealizado es obviamente dependiente de la magnitud de la desviación con respecto al punto de operación nominal.

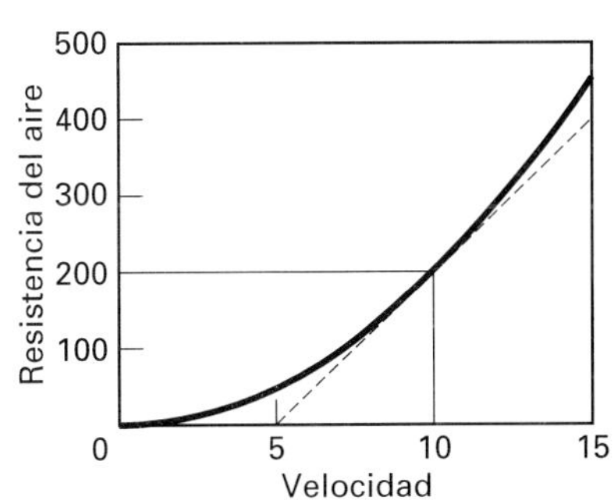


**Figura 13.1.** Resistencia del aire respecto de la velocidad.

Si se aplica el procedimiento precedente a un modelo de orden $n$, entonces el modelo no lineal es

$$\begin{aligned} \dot{x}_1 &= f_1(x_1, x_2, ..., x_n; u_1, ..., u_m) \\ \dot{x}_2 &= f_2(x_1, x_2, ..., x_n; u_1, ..., u_m) \\ &\vdots \\ \dot{x}_n &= f_n(x_1, x_2, ..., x_n; u_1, ..., u_m) \end{aligned} \tag{13.11}$$

y el correspondiente modelo linealizado es

$$\begin{bmatrix} \delta\dot{x}_1 \\ \delta\dot{x}_2 \\ \vdots \\ \delta\dot{x}_n \end{bmatrix} = \begin{bmatrix} \frac{\partial f_1}{\partial x_1} & \frac{\partial f_1}{\partial x_2} & \cdots & \frac{\partial f_1}{\partial x_n} \\ \frac{\partial f_2}{\partial x_2} & \frac{\partial f_2}{\partial x_2} & \cdots & \frac{\partial f_2}{\partial x_n} \\ \vdots & & & \\ \frac{\partial f_n}{\partial x_1} & \frac{\partial f_n}{\partial x_2} & \cdots & \frac{\partial f_n}{\partial x_n} \end{bmatrix} \begin{bmatrix} \delta x_1 \\ \delta x_2 \\ \vdots \\ \delta x_n \end{bmatrix} + \begin{bmatrix} \frac{\partial f_1}{\partial u_1} & \cdots & \frac{\partial f_1}{\partial u_m} \\ \frac{\partial f_2}{\partial u_1} & \cdots & \frac{\partial f_2}{\partial u_m} \\ \vdots & & \\ \frac{\partial f_n}{\partial u_1} & \cdots & \frac{\partial f_n}{\partial u_m} \end{bmatrix} \begin{bmatrix} \delta u_1 \\ \vdots \\ \delta u_m \end{bmatrix} \tag{13.12}$$

o

$$\boldsymbol{\delta\dot{x}} = \mathbf{A}\,\boldsymbol{\delta}\mathbf{x} + \mathbf{B}\,\boldsymbol{\delta}\mathbf{u}. \tag{13.13}$$

Los coeficientes de las matrices **A** y **B** deben evaluarse en el punto de consigna nominal $\mathbf{x}_0$, $\mathbf{u}_0$.

**EJEMPLO 13.2**

*Un ejemplo del procedimiento de linealización se obtiene buscando estados de equilibrio y desarrollando modelos lineales con aplicación a un péndulo rígido.*

Sea el péndulo rígido que se muestra en la Figura 13.2, determinar un modelo linealizado de pequeña señal en la vecindad del estado de equilibrio (o estados) con $T_0 = 0$ y determinar si el modelo lineal es estable. Suponer que la bola tiene una masa $M$ y que la masa de la barra es despreciable. Utilizar un ángulo de referencia vertical (con el péndulo orientado hacia abajo) y suponer que la entrada es un par $T(t)$ aplicado en dirección contraria a las agujas de un reloj.

**Solución.** Como el modelo dinámico presenta una interacción de energía potencial y energía cinética del péndulo se precisan dos variables de estado. Una posible elección de variables es la velocidad angular $\omega$ y el desplazamiento angular $\theta$. Considerando solamente fuerzas que actúan sobre la bola en la dirección del movimiento, a la fuerza aplicada se le opone una componente de fuerza debida al peso de la bola y la fuerza inercial (que actúa en oposición a la velocidad supuesta positiva). Por tanto,

$$\frac{T(t)}{\ell} = Mg \operatorname{sen} \theta(t) + M \frac{d}{dt} v(t). \tag{13.14}$$

Si se observa que $v(t) = \ell\omega(t)$, el modelo es

$$\begin{aligned} \frac{d}{dt}\omega(t) &= -\frac{g}{\ell} \operatorname{sen} \theta(t) + \frac{1}{M\ell^2} T(t), \\ \frac{d}{dt}\theta(t) &= \omega(t). \end{aligned} \tag{13.15}$$

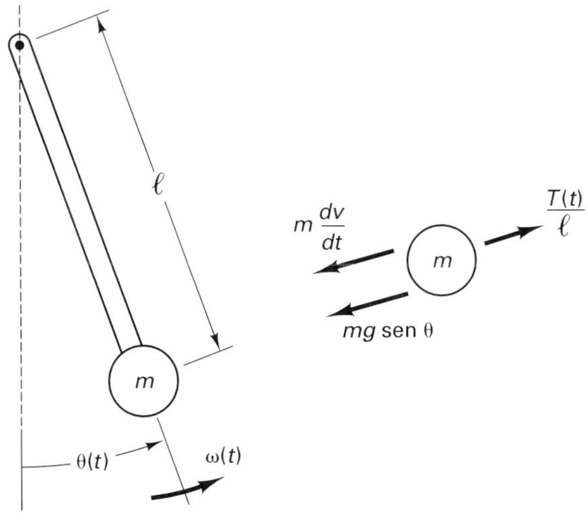


**Figura 13.2.** Un péndulo rígido.

Los estados de equilibrio se determinan examinando el modelo no lineal y evaluando el estado con

$$0 = -\frac{g}{\ell}\,\mathrm{sen}\,\theta_0 + \frac{1}{M\ell^2}\,T_0,$$

$$0 = \omega_0. \tag{13.16}$$

Sustituyendo $T_0 = 0$, la solución describe un número infinito de puntos de equilibrio que existen en $\omega_0 = 0$ y $\theta_0 = 0 \pm k\pi$, con $k = 1, 2, 3$, etc. Considerando solamente $\theta_0 = 0$ y valores pares de $k$, el estado de equilibrio es la posición vertical hacia abajo. Si se consideran valores impares de $k$, el correspondiente estado de equilibrio es la posición vertical hacia arriba. En uno y otro caso, el modelo de pequeña señal es

$$\begin{bmatrix} \delta\dot{\omega} \\ \delta\dot{\theta} \end{bmatrix} = \begin{bmatrix} \dfrac{\partial f_1}{\partial \omega} & \dfrac{\partial f_1}{\partial \theta} \\ \dfrac{\partial f_2}{\partial \omega} & \dfrac{\partial f_2}{\partial \theta} \end{bmatrix} \begin{bmatrix} \delta\omega \\ \delta\theta \end{bmatrix} + \begin{bmatrix} \dfrac{\partial f_1}{\partial T} \\ \dfrac{\partial f_2}{\partial T} \end{bmatrix} \partial T, \tag{13.17}$$

y volviendo al modelo de la Ecuación 13.15, las derivadas parciales se determinan con

$$\begin{bmatrix} \delta\dot{\omega} \\ \delta\dot{\theta} \end{bmatrix} = \begin{bmatrix} 0 & -\dfrac{g}{\ell}\cos\theta \\ 1 & 0 \end{bmatrix} \begin{bmatrix} \delta\omega \\ \delta\theta \end{bmatrix} + \begin{bmatrix} \dfrac{1}{M\ell^2} \\ 0 \end{bmatrix} \delta T. \tag{13.18}$$

El modelo linealizado de pequeña señal para la posición vertical hacia arriba con $\theta = 0$, $\pm 2\pi$, $\pm 4\pi$, etc., es

$$\begin{bmatrix} \delta\dot{\omega} \\ \delta\dot{\theta} \end{bmatrix} = \begin{bmatrix} 0 & -\dfrac{g}{\ell} \\ 1 & 0 \end{bmatrix} \begin{bmatrix} \delta\omega \\ \delta\theta \end{bmatrix} + \begin{bmatrix} \dfrac{1}{M\ell^2} \\ 0 \end{bmatrix} \delta T. \tag{13.19}$$

La ecuación característica es $s^2 + (g/\ell) = 0$. Como se despreció el rozamiento en el modelo, el sistema no tiene pérdidas y el modelo linealizado en la proximidad de la posición vertical hacia arriba es marginalmente estable. Con una ligera perturbación, la respuesta natural predicha es una sinusoide con $\omega = (g/\ell)^{1/2}$.

Sea la posición vertical hacia arriba con $\theta = \pm\pi, \pm 3\pi$, etc., el modelo linealizado de pequeña señal es

$$\begin{bmatrix} \delta\dot{\omega} \\ \dot{\delta\theta} \end{bmatrix} = \begin{bmatrix} 0 & -\dfrac{g}{\ell} \\ 1 & 0 \end{bmatrix} \begin{bmatrix} \delta\omega \\ \delta\theta \end{bmatrix} + \begin{bmatrix} \dfrac{1}{M\ell^2} \\ 0 \end{bmatrix} \delta T, \tag{13.20}$$

y la ecuación característica es $s^2 - (g/\ell) = 0$. El modelo lineal es un sistema inestable con un polo en el semiplano derecho; en consecuencia, el modelo linealizado en la proximidad de este punto de equilibrio predice una respuesta natural que incluye un término exponencialmente creciente. La posición vertical hacia arriba es un estado de equilibrio, pero la más ligera perturbación provocará una rápida salida de este estado.

Se aplica un procedimiento de linealización a todos los ejemplos de diseño que se presentan en el Capítulo 15. El primer ejemplo trata del diseño de un sistema de control de dirección de un automóvil. Como la validez del modelo es dependiente de la operación en la proximidad de una supuesta velocidad nominal, se requiere un estudio cuidadoso del comportamiento con consideraciones de variaciones en el modelo que ocurrirán con la operación sobre un rango extendido de velocidad.

## 13.4. FUNCIÓN DESCRIPTIVA

La técnica de la función descriptiva aplica una interesante integración de metodologías no lineal y lineal para la evaluación de la estabilidad. La técnica es aplicable a sistemas de realimentación que se suponen que son lineales, con la excepción de una única característica de transferencia no lineal. Las características no lineales pueden presentar diferentes relaciones de entrada-salida (en la Figura 13.3 se muestran unos pocos ejemplos), pero la característica debe ser repetible e insensible a la velocidad de cambio de la señal[1]. Considerando el sistema que se ilustra en la Figura 13.4, se localiza una componente no lineal en el camino directo y los otros bloques en el lazo se describen utilizando modelos lineales.

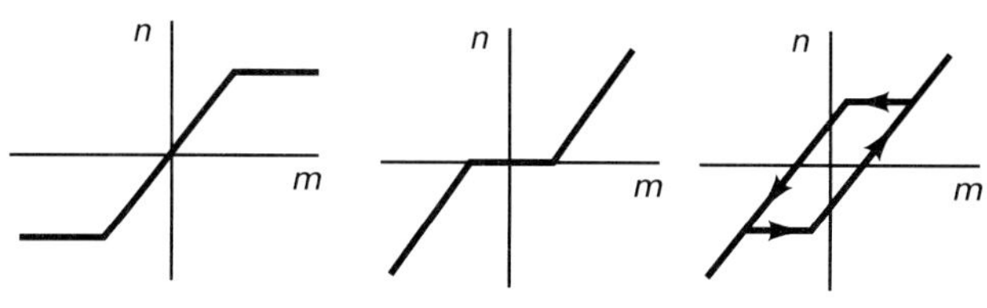


**Figura 13.3.** Características de transferencia no lineal.

[1] La forma de la característica de transferencia no-lineal debe ser insensible a las variaciones de almacenamiento de energía —el estado y las características dinámicas deben ser idénticas.

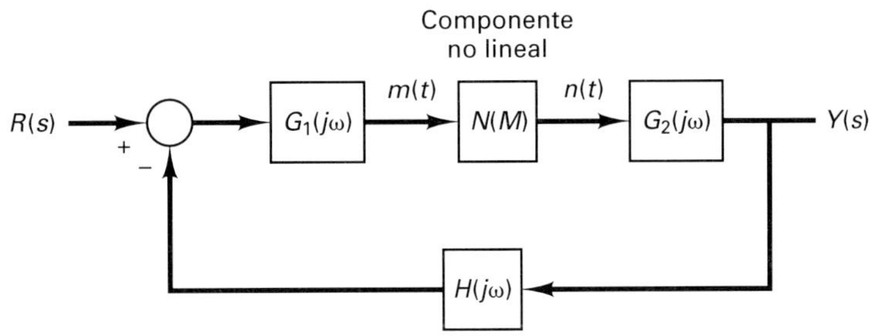


**Figura 13.4.** Un sistema con una característica de transferencia no lineal.

La función descriptiva se desarrolla para el dispositivo no lineal suponiendo que la entrada al componente no lineal es una señal sinusoidal. Entonces

$$m(t) = M \operatorname{sen} \omega t, \tag{13.21}$$

y la salida de la característica no lineal, $n(t)$ es una función periódica que puede describirse bajo condiciones de estado estacionario utilizando una serie de Fourier. Con la hipótesis que la característica no lineal es simétrica con respecto a las variaciones respecto de cero, la forma trigonométrica de la serie de Fourier produce

$$n(t) = N_1 \operatorname{sen}(\omega t + \phi_1) + N_2 \mathrm{din}(2\omega t + \phi_2) + \cdots. \tag{13.22}$$

Si se utiliza solamente la componente fundamental de $n(t)$, la función descriptiva se define como una relación de fasores. La función descriptiva es la representación fasorial de la componente fundamental de $n(t)$ dividido por la representación fasorial de $m(t)$. Si se emplea sen$(\omega t)$ como la referencia de los fasores

$$N(M) = \frac{N_1 \angle \phi_1}{M \angle 0}. \tag{13.23}$$

La justificación para suponer que $m(t)$ es sinusoidal y por tanto no considerar los armónicos de orden superior de $n(t)$ se basa en las condiciones anticipadas que ocurrirán cuando se observa una oscilación en estado estacionario. La composición de $G_1(j\omega)G_2(j\omega)H(j\omega)$ se puede esperar que sea una función estrictamente propia (el número de polos excede al número de ceros finitos) y la función de respuesta en frecuencia en lazo abierto muestra el carácter de un filtro paso baja. Para producir inestabilidad, la función en lazo abierto (incluyendo la función descriptiva) debe presentar un desfase de $-180°$ y la frecuencia de la oscilación es la frecuencia para la cual el desfase es $-180°$. Sin embargo, una función en lazo abierto que tenga un retardo de fase suficiente para oscilación también introducirá una alta velocidad de disminución de la ganancia respecto de la frecuencia que ocurre en el mismo rango de frecuencia. Por tanto, la frecuencia de oscilación se puede esperar que ocurra en una región de transición (cerca de la arista de la banda de paso) y los armónicos de $n(t)$ serán atenuados significativamente cuando la señal recorra el lazo. Después de recorrer el lazo y volver a la entrada de la componente no lineal, la señal típicamente asumirá la apariencia de una sinusoide casi pura.

Volviendo a la descripción de $n(t)$, la componente fundamental es

$$N_1 \operatorname{sen}(\omega t + \phi_1) = A_1 \cos \omega t + B_1 \operatorname{sen} \omega t, \tag{13.24}$$

en la cual

$$A_1 = \frac{2}{T}\int_0^T n(t)(\cos \omega t)\,dt \text{ y} \tag{13.25}$$

$$B_1 = \frac{2}{T}\int_0^T n(t)(\operatorname{sen} \omega t)\,dt.$$

Entonces

$$N_1 = \sqrt{(B_1^2 + A_1^2)} \quad \text{y} \quad \phi_1 = \text{ángulo de } (B_1 + jA_1). \tag{13.26}$$

**EJEMPLO 13.3**

*La función descriptiva que describe a un controlador de nivel discreto se puede obtener rápidamente aplicando $m(t) = M \operatorname{sen} \omega t$ y analizando a continuación $n(t)$ para determinar la componente fundamental.*

Determinar la función descriptiva para el controlador bipolar ideal con una salida discreta con dos niveles tal como se describe en la Figura 13.5. La salida $n(t)$ es $+10{,}0$ si $m(t)$ es positiva y $-10{,}0$ si $m(t)$ es negativa. Sea $m(t) = M \operatorname{sen} \omega t$ y utilice $\operatorname{sen}(\omega t)$ como la referencia de los fasores.

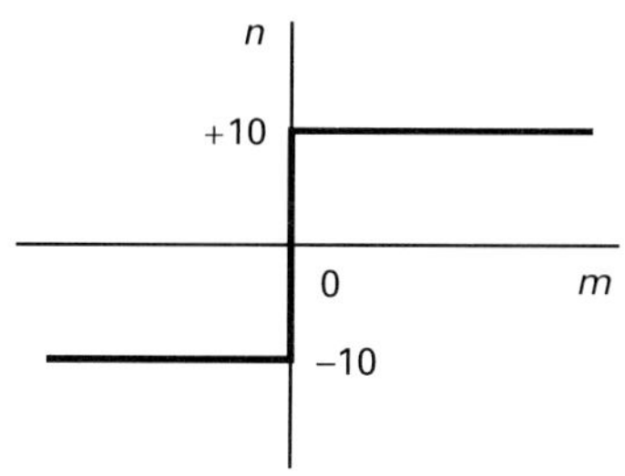


**Figura 13.5.** Una característica de control con dos niveles.

**Solución.** Con el controlador bipolar ideal tal como se ha descrito, la salida del controlador debe ser o $+10$ ó $-10$ dependiendo de la polaridad de la entrada. Así, la salida $n(t)$ es una onda cuadrada tal como se muestra en la Figura 13.6 y la componente fundamental de la salida debe evaluarse. Como la función de salida es una función impar que muestra simetría de media onda, $A_1 = 0$ y

$$\begin{aligned} B_1 &= \frac{4}{T}\int_0^{\frac{T}{2}} n(t)(\operatorname{sen} \omega t)\,dt \\ &= \frac{2\omega}{\pi}\int_0^{\frac{\pi}{\omega}} 10(\operatorname{sen} \omega t)\,dt = \frac{40}{\pi}. \end{aligned} \tag{13.27}$$

Entonces

$$n(t) = \frac{40}{\pi} \operatorname{sen} \omega t + \text{armónicas de orden superior,} \tag{13.28}$$

y la función descriptiva es

$$N(M) = \frac{\frac{40}{\pi} \angle 0^\circ}{M \angle 0^\circ} = \frac{40}{\pi M}. \tag{13.29}$$

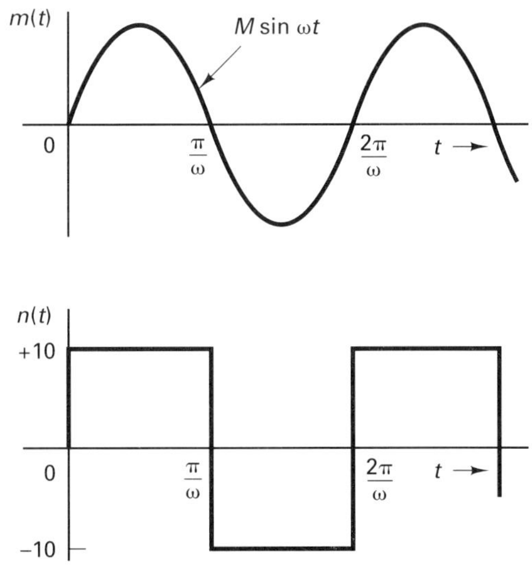


**Figura 13.6.** La señal $m(t)$ supuesta y la correspondiente $n(t)$.

Como una función descriptiva describe la magnitud relativa y las relaciones de fase de dos señales sinusoidales, la función de transferencia muestra la característica esencial de un análisis de sistema lineal utilizando una técnica de respuesta en frecuencia. Sin embargo, la presencia de $M$ (información del nivel de la señal) muestra que la función descriptiva contiene información que no se espera con un análisis lineal. Por tanto, la aproximación espectral que se realiza utilizando solamente la componente fundamental de $m(t)$ inserta una variable adicional, $M$ en el modelo de función de transferencia.

Refiriéndose al diagrama de bloques de la Figura 13.4, un enfoque de sistema lineal produce una ecuación característica con

$$1 + N(M)G(j\omega)H(j\omega) = 0, \tag{13.30}$$

o

$$G(j\omega)H(j\omega) = -\frac{1}{N(M)}. \tag{13.31}$$

Con un valor específico de $M$, el criterio de estabilidad de Nyquist se adapta fácilmente a esta situación al considerar los rodeos al punto $-1/N(M)$ en el plano $GH$. Sin embargo, cuando se consideran todas las amplitudes de oscilación $(0 < M < \infty)$, la representación de $-1/N(M)$ genera un camino en el plano $GH$ y el criterio de estabilidad de Nyquist debe adaptarse para considerar las posibles vueltas del camino o de alguna parte del camino.

Si el contorno $G(j\omega)H(j\omega)$ en el plano $GH$ intersecta el camino $-1/N(M)$, la intersección satisface la condición para una oscilación sostenida que ni aumenta ni disminuye. Como la intersección define valores para la amplitud y la frecuencia, la intersección representa un ciclo límite de oscilación potencial.

Para verificar la hipótesis de que la operación puede asentarse en una oscilación en estado estacionario que queda definida por $M$ y $\omega$ en la intersección, es necesario considerar una pequeña variación de $M$ con respecto al valor en la intersección. Variaciones ligeramente positivas y negativas en $M$ producen movimientos pequeños a lo largo de la característica de $-1/N(M)$ a uno y otro lado del punto de intersección y los puntos en cada lado pueden evaluarse en términos de las vueltas por el contorno de $G(j\omega)H(j\omega)$. Si la nueva situación es una para la cual la teoría de sistemas lineales predice la presencia de un par de raíces en el semiplano derecho, entonces la oscilación supuesta será creciente en magnitud (aumento de $M$). Si la nueva situación es tal que la teoría de sistemas lineales no predice raíces en el semiplano derecho, entonces la oscilación supuesta disminuirá en magnitud (disminución de $M$). Entonces es simplemente una cuestión de determinar si el aumento o disminución predicho en $M$ describe un retorno a la intersección. Si la operación retorna a la intersección, esto es, un equilibrio estable con respecto a la amplitud de la oscilación y un ciclo límite estable ha sido detectado. Los valores de $M$ y $\omega$ predicen la magnitud y la frecuencia de la oscilación del ciclo límite. Si una pequeña desviación de la intersección produce cambios en $M$ que describe una divergencia de la intersección, entonces la intersección indica un ciclo límite inestable. Un ciclo límite inestable es una condición teórica para la oscilación, pero la iniciación requiere un estado inicial exactamente correcto y la más ligera perturbación originará que la operación diverja a algún otro modo de operación.

**EJEMPLO 13.4**

*Utilizando la función descriptiva que se obtuvo para el controlador de nivel discreto bipolar, se puede evaluar la estabilidad cuando el controlador se coloca en un sistema de realimentación.*

Suponga que la técnica de la función descriptiva se aplica al sistema de la Figura 13.7 con el controlador del relé ideal, tal como se calculó en el Ejemplo 13.3. Determinar si el sistema es estable con

$$G(j\omega) = \frac{4}{\left(\dfrac{j\omega}{2} + 1\right)^3}$$

y entonces repetir con

$$G(j\omega) = \frac{4}{\left(\dfrac{j\omega}{2} + 1\right)^2}$$

Si hay una condición potencial para oscilación, compruebe para asegurarse que es un ciclo límite estable. Si se predice una oscilación de ciclo límite estable, entonces describa las señales (magnitud, frecuencia y forma de onda) en la entrada y en la salida del controlador.

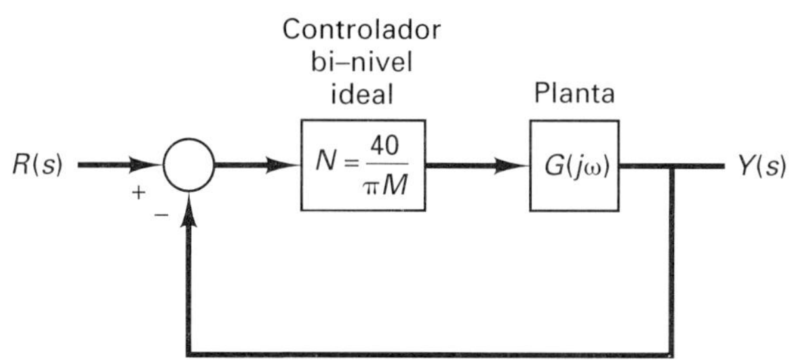


**Figura 13.7.** Un sistema con un controlador con dos niveles.

**Solución.** En la Figura 13.8 se muestra una gráfica de $G(j\omega)H(j\omega)$ y $-1/N(M)$ que considera cada una de las funciones de la planta. Como el controlador es un relé bipolar ideal con una salida de $\pm 10$, la función descriptiva es $40/\pi M$ y $-1/N(M)$ es igual a $\pi M/40$. Así, el contorno que describe a $-1/N(M)$ en el plano $GH$ es un camino que se extiende desde el origen hasta infinito sobre el eje real negativo cuando $M$ se varía de cero a infinito.

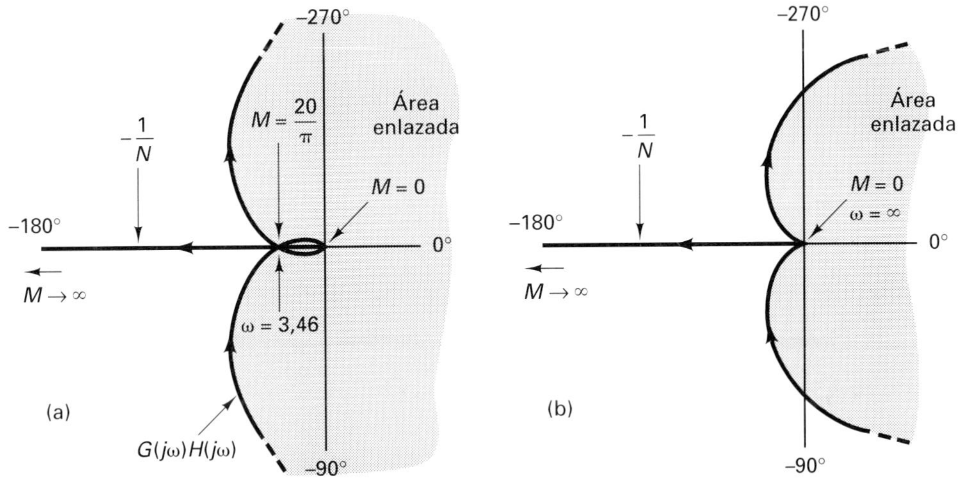


**Figura 13.8.** Los contornos $-1/N$ en el plano $GH$ con un controlador de dos niveles y *a*) una planta de tercer orden o *b*) una planta de segundo orden.

Si se considera la primera función de planta, $G(j\omega)$ es igual a $0{,}50 \angle -180°$ con $\omega = 3{,}46$; por tanto, hay una intersección con el contorno $-1/N(M)$ en $-0{,}50 + j0$. La evaluación de $M$ en la intersección produce $M = 20/\pi$. Si $M$ se considera en un valor ligeramente más alto que $20/\pi$ no hay vueltas y el valor de $M$ debe ser decreciente. Si se considera un valor ligeramente menor que $20/\pi$, hay dos vueltas y $M$ debe ser creciente. Así, una variación en una u otra dirección predice un retorno a la intersección. Si se utilizan los datos en la intersección, se predice una oscilación de ciclo límite estable con $m(t) = (20/\pi)\,\mathrm{sen}\,3{,}46t$. La frecuencia de $m(t)$ se observa a través del lazo y la forma de onda de $n(t)$ es una onda cuadrada con un valor pico de $\pm 10$.

Si se considera la segunda función de planta, el único punto común entre los dos contornos ocurre en el origen con $\omega = \infty$ y $M = 0$. Esta es una situación frontera que requiere un estudio adicional.

El resultado con el segundo modelo de planta del Ejemplo 13.4 no puede ser reproducido exactamente con un sistema físico. El modelo del controlador es una representación idealizada en algunos aspectos. Un aspecto idealizado es la hipótesis de conmutación instantánea. Un tiempo de conmutación distinto de cero añade un pequeño pero significativo desfase que es proporcional a la frecuencia. Si el retardo de tiempo se considera como parte de la característica $G(j\omega)H(j\omega)$, la característica modificada forma una espiral hacia el origen, causando por tanto una intersección que está justamente un poco a la izquierda del origen. Además, elementos parásitos (tales como capacidades extrañas) aumentarán el orden del sistema con la adición de polos de alta frecuencia que no son normalmente significativos. Aunque el desfase adicional se puede observar sólo en un rango de muy altas frecuencias, el efecto es otra vez producir una intersección que está ligeramente a la izquierda del origen. Por tanto, el intento de una reproducción física será ligeramente defectuosa, de forma que se obtiene un ciclo límite de amplitud muy pequeña y frecuencia muy alta. Considerado desde un punto de vista pragmático, ambos modelos de planta producirán una oscilación de ciclo límite.

Para buscar un sistema que sea operativo se incluye una zona muerta en la característica de conmutación, como se muestra en la Figura 13.9. La función descriptiva revisada se puede evaluar al considerar la acción del controlador tal y como se describe en la Figura 13.10. Si $M$ es menor que $a$ no hay acción de conmutación. Si $M$ es mayor que $a$ la conmutación ocurre cuando $M \operatorname{sen} \omega t = \pm a$. Si se considera la primera mitad del ciclo, el controlador conmuta al nivel superior cuando $\omega t = \alpha = \operatorname{sen}^{-1}(a/M)$ y al nivel inferior cuando $\omega t = \beta = \pi - \alpha$. La componente fundamental de la serie de Fourier se obtiene con

$$A_1 = 0$$

$$B_1 = \frac{4}{T}\int_{\frac{\alpha}{\omega}}^{\frac{\beta}{\omega}} E(\operatorname{sen} \omega t)\, dt = -\frac{2E}{\pi}(\cos\beta - \cos\alpha). \tag{13.32}$$

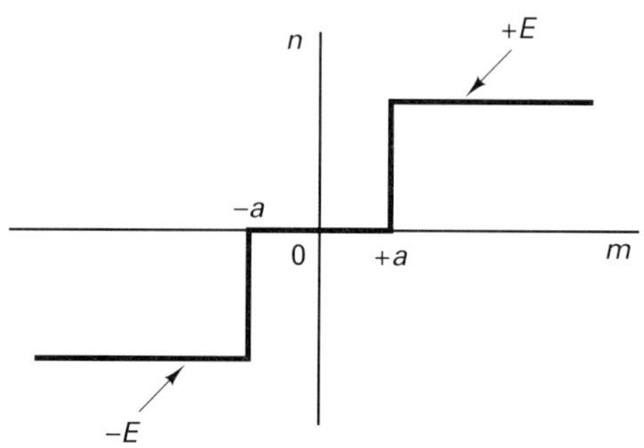


**Figura 13.9.** Una característica de control con una zona muerta.

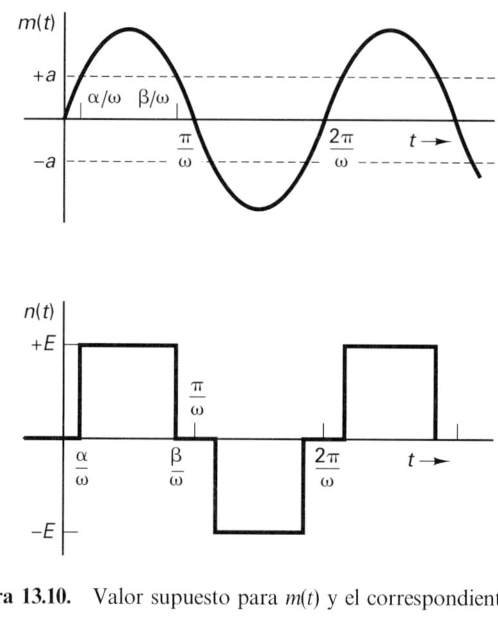


**Figura 13.10.** Valor supuesto para $m(t)$ y el correspondiente $n(t)$.

Sin embargo, la construcción de triángulos rectángulos con ángulos $\alpha$ y $\beta$ proporciona

$$\cos\alpha = \sqrt{1 - \left(\frac{a}{M}\right)^2} = -\cos\beta, \tag{13.33}$$

y si el fasor que describe la componente fundamental de la salida se divide por la representación fasorial de $M\,\mathrm{sen}\,(\omega t)$ la función descriptiva es

$$N(M) = 0, \qquad M < a$$

$$\text{y} \quad N(M) = \frac{4E}{\pi M}\sqrt{1 - \left(\frac{a}{M}\right)^2}, \qquad M > a. \tag{13.34}$$

En la Figura 13.11 se muestra una gráfica de $N(M)$ respecto de $M$. Observe que hay dos valores de $M$ que proporcionará cada valor de $N(M)$.

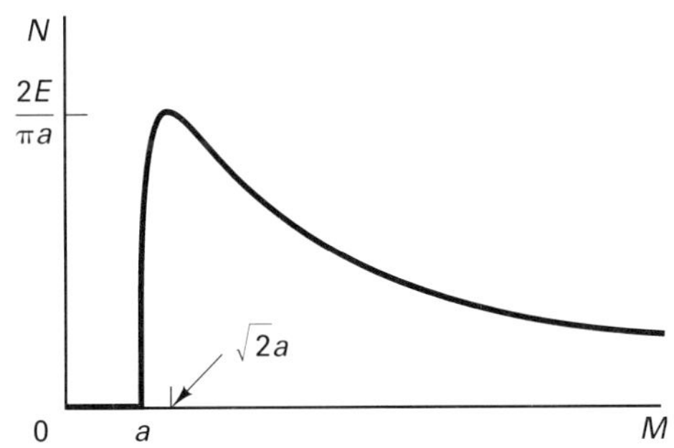


**Figura 13.11.** $N$ respecto de $M$ con un controlador con tres niveles.

---

**EJEMPLO 13.5**

*El efecto de una zona muerta en la característica de conmutación se puede determinar investigando las intersecciones en el plano GH con una función descriptiva modificada.*

Repita el análisis del Ejemplo 13.4 con el controlador de dos niveles ideal reemplazado por un controlador de tres niveles con una zona muerta. Utilice un controlador tal como el descrito en la Figura 13.10 con $E = 10{,}0$ y $a = 0{,}40$. En este caso la salida del controlador es cero si la magnitud de la señal de error es menor que 0,40.

**Solución.** Si se considera la operación con la función de planta que se ha descrito en el Ejemplo 13.4, los contornos en el plano $GH$ se muestran en la Figura 13.12. El contorno $-1/N$ está otra vez localizado sobre el eje real negativo, pero comienza en infinito, con $M$ menor que 0,400 y se mueve a un valor de $-0{,}0628$ con $M$ igual a 0,566. El contorno entonces vuelve a infinito a lo largo del eje real negativo cuando $M$ se varía desde 0,566 a infinito. Aunque localizado sobre el eje, el camino se muestra ligeramente por encima y por debajo del eje real para evitar confusión.

Con la función de planta de tercer orden, el contorno $G(j\omega)$ atraviesa el eje real en $-0{,}50$ y esto produce una doble intersección con el contorno $-1/N$. Hay dos valores de $M$ para los cuales $-1/N$ es igual a $-0{,}50$ y una solución para $M$ en este punto produce $M = 0{,}401$ y $M = 5{,}08$. Sin embargo, sólo la condición para la cual $M = 5{,}08$ es un ciclo límite estable. Si $M$ es menor que 0,401 no existen vueltas y $M$ debe ser decreciente. Si $M$ es mayor que 0,401 pero menor que 5,08 hay dos vueltas y $M$

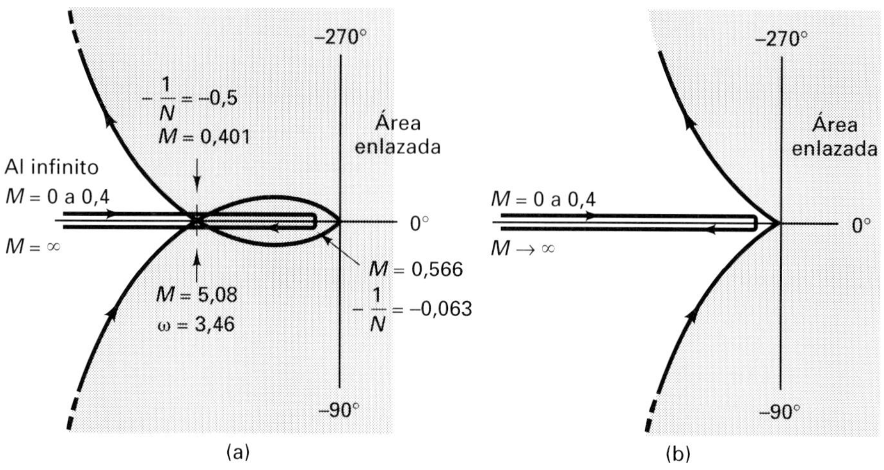


**Figura 13.12.** Los contornos $-1/N$ en el plano $GH$ con un controlador de tres niveles.

debe ser creciente en magnitud. Si $M$ es mayor que 5,08 no hay vueltas y $M$ debe ser decreciente en amplitud. Así, si el sistema está suficientemente excitado ocurrirá una oscilación de ciclo límite estable con $M = 5{,}08$ y $\omega = 3{,}46$ rad/s.

Si se considera la función de planta de segundo orden no hay vueltas de los dos contornos y el sistema es inherentemente estable.

En la Figura 13.13 se muestra una característica de transferencia no lineal que podría representar a un amplificador con una acción de limitación simétrica. La función descriptiva es

$$N(M) = K_1, \qquad M < a$$

$$N(M) = \frac{2K_1}{\pi}\left(\alpha + \frac{a}{M}\cos\alpha\right), \qquad M \geqslant a \tag{13.35}$$

$$\alpha\,(\text{radianes}) = \text{sen}^{-1}\frac{a}{M}.$$

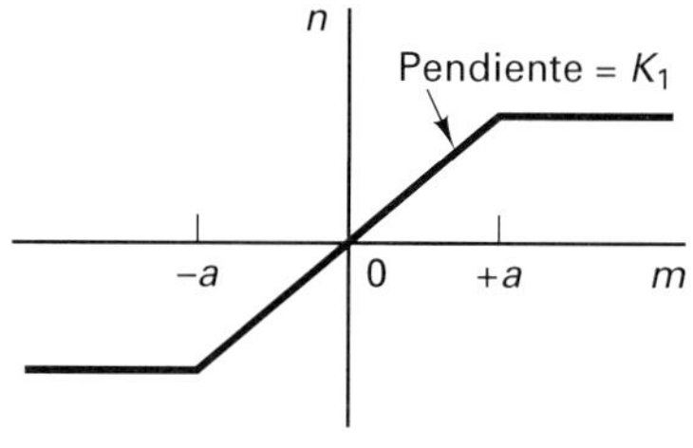


**Figura 13.13.** Una característica no lineal con limitaciones.

En la Figura 13.14 se muestra una característica para un dispositivo amplificador con una zona muerta. La función descriptiva para esta característica es

$$N(M) = 0, \qquad M < a$$

$$N(M) = \frac{2K_1}{\pi}\left(\frac{\pi}{2} - \frac{a}{M}\cos\alpha - \alpha\right), \qquad M \geqslant a \tag{13.36}$$

$$\alpha\,(\text{radianes}) = \text{sen}^{-1}\frac{a}{M}.$$

La función descriptiva, tal como se ha presentado, es aplicable a muchas de las situaciones consideradas comúnmente. Una compilación extendida de funciones descriptivas se ofrece por Gibson [1] y otros autores [4, 5].

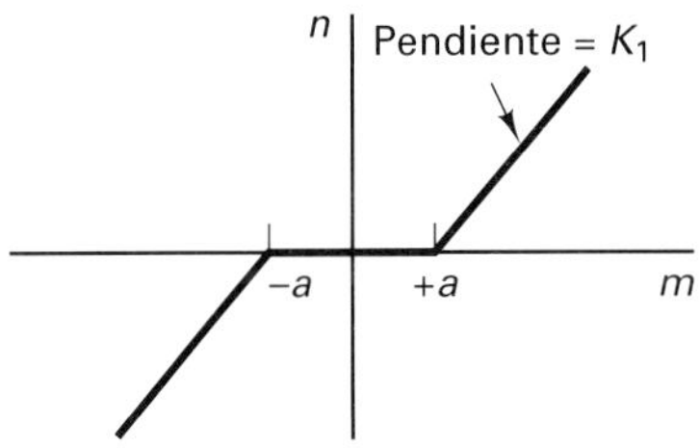


**Figura 13.14.** Una característica no lineal con una zona muerta.

## 13.5. RESUMEN

Un estado de equilibrio describe un punto en el espacio de estado en el cual puede existir un sistema en una condición estática. Suponiendo que el vector de entrada es cero (o compuesto de constantes distintas de cero), los estados de equilibrio se calculan con la velocidad de cambio de todas las variables de estado fijadas a cero. Si el vector de entrada se compone de constantes distintas de cero, un estado de equilibrio se describe algunas veces como un estado nominal o un punto de consigna nominal.

La linealización es un procedimiento que se puede utilizar para determinar un modelo lineal aproximado que es válido en la vecindad de un estado específico. Con un modelo de estado no lineal, los coeficientes se obtienen calculando las derivadas parciales con respecto a cada variable de estado y cada variable de entrada. Si los coeficientes se evalúan en un estado de equilibrio, el modelo linealizado es válido con variaciones respecto del estado nominal.

La estabilidad de un sistema con un control de relé (y otros ciertos sistemas que exhiben una única característica de transferencia no lineal) se pueden investigar utilizando la técnica de la función descriptiva. Suponiendo que la entrada al elemento no lineal es sinusoidal, se determina una relación de fasores al considerar solamente la componente fundamental de la señal que aparece en la salida de la característica de transferencia no lineal. La relación de fasores entonces representa una función descriptiva para el elemento no lineal y la utilización de este concepto permite la adaptación del criterio de estabilidad de Nyquist a un sistema no lineal. La aplicación de la técnica de la función descriptiva detecta la presencia de un ciclo límite estable o inestable y el análisis también produce una predicción de la amplitud y de la frecuencia.

## REFERENCIAS


1. J. E. Gibson: *Nonlinear Automatic Control*, McGraw-Hill, Nueva York, 1963.
2. J. E. Slotine y W. Li: *Applied Nonlinear Control*, Englewood Cliffs, N. J.: Prentice Hall, 1991.
3. M. Vidyasagar: *Nonlinear System Analysis*, Englewood Cliffs, N. J.: Prentice Hall, 1991.
4. C. L. Phillips y R. D. Harbor, *Feedback Control Systems*, Englewood Cliffs, N. J.: Prentice Hall, 1991.
5. S. M. Shinners: *Modern Control System Theory and Deisgn*, John Wiley y Sons, Nueva York, 1992.
6. H. K. Khalil: *Nonlinear Systems*, Englewood Cliffs, N. J.: Prentice Hall, 1996.


## Problemas

**13.1.** Si se considera el sistema de la Figura P13.1,

**a.** Determinar un modelo de estado no lineal para el sistema con $x_1 = y$ y $x_2 = \dot{y}$.
**b.** Evaluar el equilibrio con $r = 0$ y determinar un modelo linealizado que es válido en la vecindad del estado de equilibrio.
**c.** Presentar el modelo lineal (de pequeña señal) en forma matricial vectorial y determinar si es estable.
**d.** Representar la función del controlador y determinar la pendiente en la proximidad del equilibrio. Utilizar este resultado para mostrar un diagrama de bloques para el modelo linealizado.

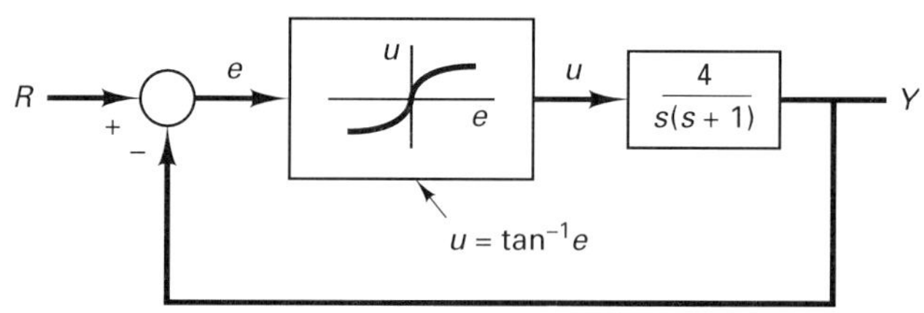


**Figura P13.1**

**13.2.** Si se considera el modelo de estado que se describe en las ecuaciones siguientes, determinar los estados de equilibrio con $u = 8$ y determinar un modelo de pequeña señal. Expresar el resultado en forma matricial vectorial.

$$\dot{x}_1 = x_2$$
$$\dot{x}_2 = -0{,}1x_1x_2 + x_3$$
$$\dot{x}_3 = -x_1^3 - 2x_2 - 3x_3 + u$$

**13.3.** Teniendo en cuenta la respuesta al Problema 13.2 $x_1(0) = 1{,}5$, $x_2(0) = 0{,}5$ y $x_3(0) = -0{,}5$, ¿cuál es el estado inicial correspondiente en términos de $\delta x_1$, $\delta x_2$ y $\delta x_3$?

**13.4.** Dado el modelo de estado que se describe en las ecuaciones siguientes, determinar si hay estados de equilibrio (con $r = 0$) para el cual el sistema es estable en la proximidad del equilibrio. Identificar los estados de equilibrio estable.

$$\dot{x}_1 = x_2$$
$$\dot{x}_2 = -2x_2 + x_3$$
$$\dot{x}_3 = -2x_3 + 8\,\mathrm{sen}\,(r - x_1)$$

**13.5.** Teniendo en cuenta que una función descriptiva es una relación de dos fasores, describir (con palabras) lo que representa cada fasor.

**13.6.** Teniendo en cuenta un análisis de función descriptiva, si la entrada al elemento no lineal es $M\,\text{sen}\,(\omega t)$ y la salida es $8{,}00\,\text{sen}\,\omega t + 2{,}67\,\text{sen}\,3\omega t + 1{,}60\,\text{sen}\,5\omega t$, determinar la función descriptiva $N$.

**13.7.** Sea el sistema que se muestra en la Figura P13.7, utilice un análisis de función descriptiva para determinar si hay un ciclo límite estable. Si existe, representar $m(t)$ y $n(t)$ respecto del tiempo mostrando las escalas sobre ambos ejes.

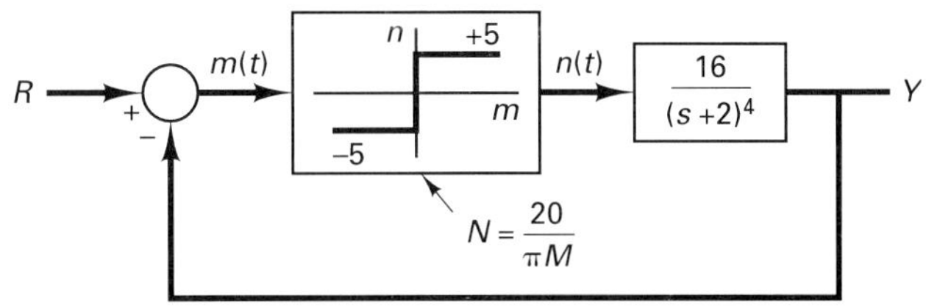


**Figura P13.7**

**13.8.** Determinar si el sistema de la Figura P13.8 presenta un ciclo límite estable. Explique la respuesta.

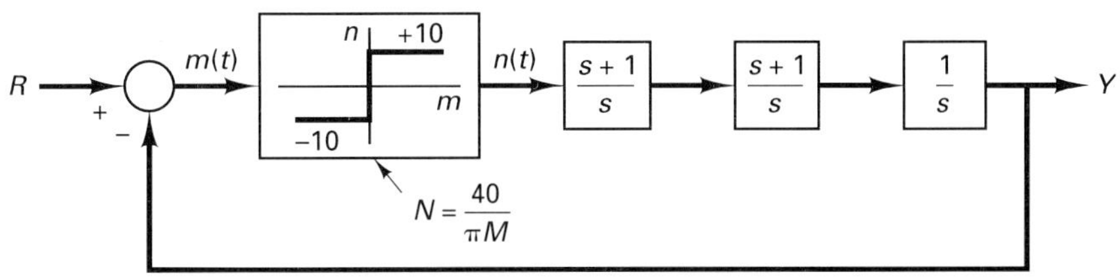


**Figura P13.8**

**13.9.** Determinar si el sistema de la Figura P13.9 presenta un ciclo límite estable. Explique su respuesta y describa la amplitud y la frecuencia de oscilación. Nota: $G(j\omega)H(j\omega)$ presenta un desfase de $-180°$ con $\omega = 1{,}02$ y $\omega = 98$.

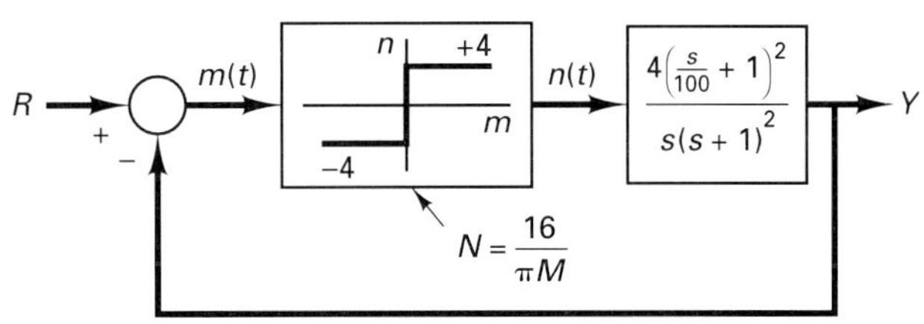


**Figura P13.9**

**13.10.** Sea el sistema lineal de la Figura P13.10:

**a.** Suponer que $K = 4{,}00$. Sea $r(t) = Au(t)$ y determinar la señal de error $m(t)$. ¿Cuál es la frecuencia de oscilación? ¿Qué determina la magnitud de la oscilación bajo condiciones en estado estacionario?

**b.** Suponer que $K = 8{,}00$. Aplicar una entrada en escalón unitario y determinar $m(t)$. ¿Alcanza $m(t)$ una condición de equilibrio? ¿Cuál es la frecuencia y el nivel final de la oscilación?

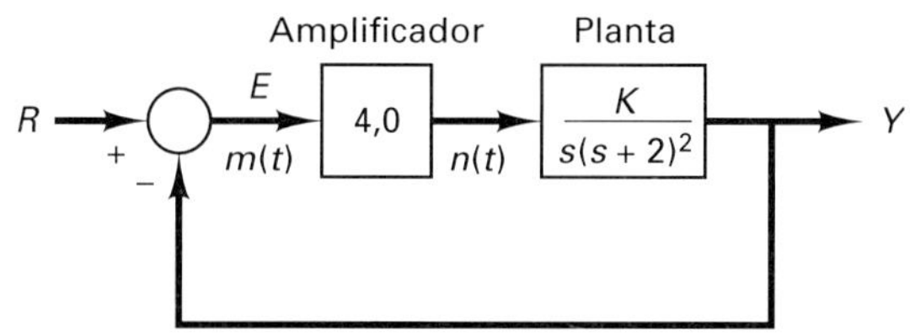


**Figura P13.10**

**13.11.** Sustituir el modelo de amplificador lineal en el sistema de la Figura P13.10 por el modelo que se describe en la Figura P13.10. La ganancia del amplificador es 4,00 si el valor absoluto de la señal de error es menor que 1,00. Si la magnitud del error excede la unidad, el amplificador presenta un límite como el mostrado. Utilizar un análisis de función descriptiva para determinar si ocurre una oscilación de ciclo límite estable. Considera $K = 2{,}00$ y $K = 8{,}00$. Si ocurre un ciclo límite estable, describir la magnitud y frecuencia de la oscilación. Comparar este resultado (suponiendo $K = 8$) con el resultado del Problema 13.10b. ¿Qué resultado representa una situación práctica? ¿Por qué?

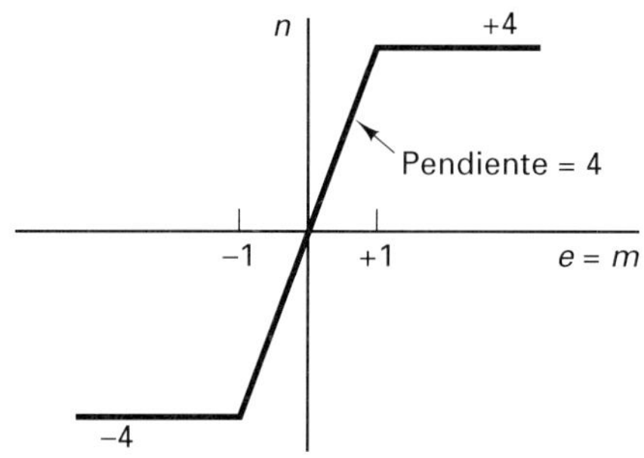


**Figura P13.11**

◆

CAPÍTULO 14

# Aplicación de las técnicas de control de eventos discretos

## 14.1. INTRODUCCIÓN

El control de sistemas dinámicos con métodos que entrañan la observación y generación de eventos discretos es un área de estudio importante e interesante. Las técnicas son aplicables a un amplio rango de situaciones, incluyendo la automatización de fábricas complejas y grandes. Las aplicaciones industriales típicas incluyen sistemas que proporcionan manejo de piezas, operaciones de ensamblado, fabricación y diversas formas de control de proceso. Estas operaciones pueden necesitar el control de robots, máquinas transfer, células de fabricación flexibles y otras formas de automatización dedicada o flexible. El control de acción discreta se utiliza también en otros entornos con diferentes grados de complejidad. Ejemplos familiares incluyen tareas usuales tales como el control de la climatización y el control de ascensores.

Las señales de control se desarrollan con la aplicación de la lógica combinacional y secuencial a un conjunto de condiciones observadas que se obtienen de las entradas y los sensores. Considerando terminología equivalente, este área de estudio se describe algunas veces como *control lógico programable o control secuencial.* Como las plantas son típicamente dinámicas, los sistemas se conocen también como *sistemas dinámicos de eventos discretos.*

Si se considera la parte de acción discreta de estos sistemas, las órdenes de entrada y de realimentación se reciben generalmente en el controlador como señales binarias. La acción de control que se devuelve a la planta son también señales binarias y la operación se caracteriza por una secuencia de cambios en las acciones de la planta que se inician como una función programada de condiciones de órdenes y condiciones medidas (*véase* Figura 14.1). Aunque las variables de planta pueden supervisarse continuamente, las señales de realimentación se transmiten normalmente sólo cuando ocurren eventos discretos. Un evento discreto puede ocurrir como resultado de detectar que una señal continua es mayor que (o menor que) un nivel de referencia seleccionado. Como la temporización y secuencia de sucesos están sujetas a las variaciones del sistema y a peticiones de tareas o condiciones de fallo que no son predecibles, la operación no se observa necesariamente como una secuencia cíclica y una secuencia repetitiva es típicamente aperiódica.

Las estrategias de control de nivel discreto que se han descrito en los Capítulos 12 y 13 son dependientes de la consideración cuidadosa de modelos de sistema dinámicos. Sin embargo, los tópicos de este capítulo tratan del control de sistemas para los que la operación de una tarea continua se considera sólo con respecto a las condiciones de iniciación y terminación. Las partes controladas del sistema son capaces de completar satisfactoriamente una tarea mientras

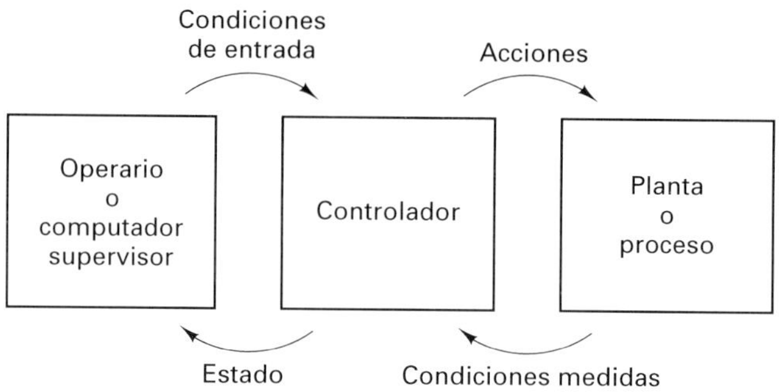


**Figura 14.1.** Control de eventos discretos —un diagrama básico.

operan como sistemas en lazo abierto o se proporciona control por realimentación mediante subsistemas que operan independientemente a lo largo de la duración de una tarea específica.

Un grupo de máquinas controladas por un computador de supervisión puede incluir algunos computadores locales que controlan operaciones tales como movimiento de robots u operación de una máquina de herramientas. Si la iniciación y finalización de una tarea son partes de un conjunto de operaciones interactivas, esta interacción se observa como una secuencia de eventos discretos. Así, la aplicación de una técnica de control de eventos discretos proporciona un enfoque metódico para el desarrollo de una estrategia de control jerárquica.

## 14.2. TÉCNICAS DE TRANSICIÓN DE ESTADOS

Las técnicas de transición de estados tal como se describen representan una adaptación de técnicas que están bien establecidas como herramientas importantes con respecto al desarrollo eficiente de funciones del computador de naturaleza secuencial [1-3]. Las técnicas de transición de estados engendran una estrategia de control eficiente con una estructura secuencial comprensible. Esta estructura conduce al desarrollo de jerarquías de control. Así, la programación se desarrolla y depura fácilmente. Además, los diagnósticos de fallo se incorporan rápidamente y las operaciones concurrentes se coordinan fácilmente.

Se pueden utilizar diversas formulaciones de la metodología de transición de estados. Las presentaciones pueden ser gráficas, utilizando una *red de Petri* o un *diagrama de transición de estados*. Otra opción es expresar las relaciones de una forma tabular que relaciona todos los modos de operación y las posibles transiciones y destinos. Como las filas de la tabla pueden interpretarse rápidamente como una sucesión de sentencias de programación, la versión tabulada se conoce como tabla de *lenguaje de estados*. Debido a que la metodología es sistemática, se asimila de forma fácil y la aplicación es comprensible sin que haya que tener una amplia experiencia de diseño. No obstante, el *estado* de un sistema asume un significado diferente de la definición que se aplica a los sistemas de control continuos y muestreados. Con el control de eventos discretos, el *estado* es un modo de operación tal como «moverse a la izquierda» o «moverse a la derecha».

### Metodología de transición de estados

Un enfoque para el empleo de técnicas de transición de estados es facilitar una estrategia de diseño con un análisis de «lápiz y papel» utilizando un diagrama o una tabla. La programación real se puede llevar a cabo entonces utilizando un lenguaje que es familiar al usuario (tal como una versión de C) que se adapta al control en tiempo real. La conversión de programación es generalmente fácil, con una traducción directa de sentencias, tal como se expresan en la tabla de lenguaje de estado al formato deseado. Están disponibles módulos industriales de E/S (entrada/salida) estándar que o miden o conmutan señales en diferentes niveles de tensión (AC o DC). Los módulos también proporcionan aislamiento óptico entre los circuitos de cálculo y el entorno industrial.

Una alternativa es implementar el software y el hardware de forma tal que se pueda aplicar directamente una formulación de transición de estados como un lenguaje de programación. Esta combinación de software y hardware proporciona una interfaz eficiente hombre-máquina y la operación y estructura del controlador digital engendra una implementación efectiva de una *máquina de estado* [15]. Los controladores diseñados específicamente para proporcionar control de acción discreta se conocen normalmente como *controladores lógicos programables* y la interfaz con los módulos industriales de entrada y salida se integran típicamente en el sistema.

No todos los controladores lógicos programables, sin embargo, utilizan programación basada en las técnicas de transición de estados. Aunque los conceptos de transición de estado se incorporan en muchos sistema nuevos[1], una técnica de programación tradicional aplicada a muchos sistemas industriales es una *lógica en escalera de relés*. Esta es una técnica que utiliza una representación gráfica de símbolos de dispositivos y de diagramas de circuitos de relé que son los descendientes del diseño de controladores utilizando relés electromecánicos. Desgraciadamente la implementación e interpretación de programas que tienen grandes interacciones secuenciales no son procedimientos metódicos y la comprensión de la estructura secuencial se facilita considerablemente con la sustitución por una técnica de transición de estados.

La metodología de transición de estados es directa con una relación percibida simplemente entre la programación y la función secuencial correspondiente. Cuando un sistema está en operación, el modo de operación actual de un sistema se conoce como *estado* actual del sistema. Un diagrama o tabla de transición de estados describe los posibles estados y las *condiciones* para dejar cada uno de ellos. Cuando un conjunto de condiciones son válidas para dejar el estado actual, la operación se dirige al correspondiente estado destino. Las *acciones* se realizan tal como se describen en la transición a un nuevo estado. Así, la operación secuencial es explícita y un examen continuo de las condiciones (de las fuentes de órdenes y de los sensores) incluye solamente aquellas que son pertinentes para dejar el estado actual. Con condiciones múltiples para dejar un estado activo actualmente, las condiciones para abandonarlo se examinan de forma rápida y en secuencia. La detección de un conjunto válido de condiciones para dejar un estado origina una transición inmediata a un nuevo estado.

En las Secciones 14.4 y 14.5 se estudian las aplicaciones de técnicas de transición de estados a los sistemas concurrentes y jerárquicos.

## Un ejemplo introductorio

Un ejemplo introductorio sencillo que ilustra algunos conceptos básicos es el «problema del conmutador anclado en una posición». Este problema se puede introducir en vista de las consideraciones de seguridad con el control de una máquina potencialmente peligrosa, tal como una sierra de cortar en una máquina de acabado de madera o una prensa en una planta de conformación de metales. Se utilizan dos conmutadores de mano que sólo mantienen el contacto si están en la posición hacia abajo. Con dos conmutadores de este tipo colocados de forma tal que ambas manos están libres de la acción de la máquina, la operación ocurre solamente si se

[1] Variaciones de las técnicas de transición de estado, a veces se conocen como *lógica de estado*, *GRAFCET* (un estándar de origen europeo) o *cartas de función secuencial*.

presionan ambos. Sin embargo, puede sucederle al operador que uno de los conmutadores está fijo en la posición hacia abajo, de manera que una mano está libre. Así pues se requiere una acción de control on/off que evite operaciones sucesivas cuando un conmutador está fijo en la posición hacia abajo.

El primer paso en la aplicación de la técnica de transición de estado es listar todos los posibles modos operacionales o estados. Después se deben determinar las acciones que pueden ocurrir cuando se entra a cada estado, y se determina una lista de condiciones considerando las circunstancias que contribuyen a una decisión de dejar cada estado. Es importante diferenciar cuidadosamente entre estados, acciones y condiciones.

Probablemente el primer pensamiento con un control on/off es que únicamente requiere dos modos de operación (on y off). Sin embargo, se formula una estrategia de control simple que previene operaciones sucesivas cuando un conmutador está fijo en una posición considerando un modo adicional. Los tres estados de operación se describen entonces como el estado mantenido, el estado preparado y el estado en operación. El estado mantenido se introduce para evitar una posible condición de anclaje entre operaciones. Si el sistema está en el estado en operación, al liberar uno u otro botón (o ambos) quita la energía al sistema y provoca una transición desde operar a mantenido. Una vez se introduce en el estado mantenido, no puede salirse a menos que ambas condiciones de entrada sean falsas (cero), indicando que ambos botones están en la posición hacia arriba. En la Tabla 14.1 se presentan una lista de estados, condiciones y acciones. En las Figuras 14.2 y 14.3 se muestra un diagrama de transición de estado y la red de Petri correspondiente.

**TABLA 14.1.** CONMUTADOR DE CONTROL: LISTA DE ESTADOS, CONDICIONES Y ACCIONES

| |
|---|
| *Estados* |
| S1—Mantenido |
| S2—Preparado |
| S3—Operado |
| *Condiciones* |
| C1—Detecta que el botón 1 está pulsado |
| C2—Detecta que el botón 2 está pulsado |
| *Acciones* |
| A1—Dar energía al sistema |

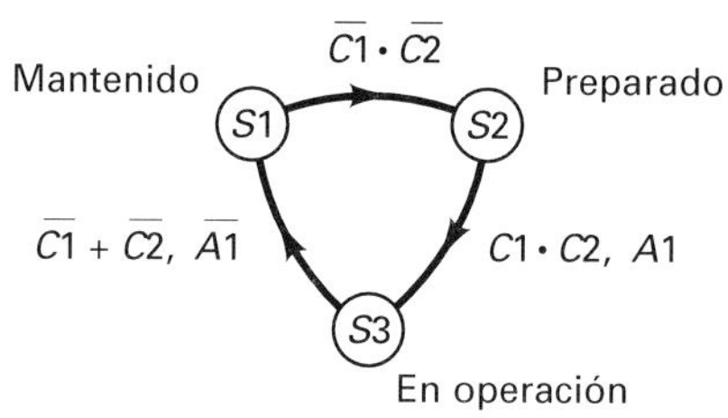


**Figura 14.2.** Un diagrama de transición de estado que muestra la operación del conmutador.

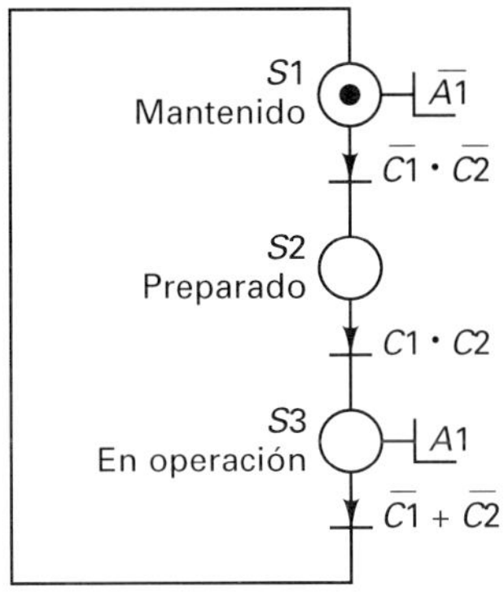


**Figura 14.3.** Una red de Petri que muestra la operación del conmutador.

El diagrama de transición de estados (Figura 14.2) muestra los estados como círculos numerados. Las ramas de conexión describen las condiciones para la transición de estado a estado con la acción correspondiente y la flecha muestra la dirección del cambio. La operación no puede cambiar desde el estado mantenido, S1 al estado preparado, S2 a menos que ambos conmutadores se encuentran en la posición hacia arriba —ni C1 ni C2 es positivo—. La lógica combinacional (no C1 y no C2) se expresa utilizando álgebra booleana[2]. Si el estado preparado es el estado activo, entonces si ambos conmutadores se encuentran en la posición hacia abajo (C1 y C2) origina una transición al estado en operación y se activa la acción A1. Si uno u otro de los botones está liberado (no C1 o no C2), la operación retorna al estado mantenido con la acción A1 desactivada.

La red de Petri (Figura 14.3) utiliza un esquema de paso de testigo con la presencia de un testigo que muestra el estado actualmente activo. El testigo no se puede pasar a otro estado a menos que las condiciones de la puerta (en la dirección de la flecha) son positivas y la acción apropiada se muestra con el nuevo estado. Considerando este ejemplo simple, el diagrama de transición de estado y la red de Petri son conceptualmente similares, con una estructura gráfica análoga para representar la lógica secuencial. Las acciones pueden estar asociadas con una transición (tal como se muestra en el diagrama de transición de estados) o pueden estar asociadas con la entrada a un nuevo estado (tal como se ilustra en la red de Petri y en la tabla de transición de estados).

En la Tabla 14.2 se presenta la tabla del lenguaje de estado equivalente. Se lista cada estado con las acciones que ocurren cuando se entra en él, las condiciones para dejarlo y el estado destino. Aunque se pueden diseñar computadores de propósito especial para aceptar una estructura gráfica como formato de programación, una lista de sentencias es por supuesto un formato común para la programación. La acción NOT en la tabla del lenguaje de estados se muestra entre paréntesis, porque describir la desactivación de acciones asociadas con los estados anteriores puede no ser necesario. Una alternativa es implementar el programa de forma que la entrada a un nuevo estado ocurre con la hipótesis de que todas las acciones anteriores están desactivadas, a menos que se listen como acciones positivas en el nuevo estado.

[2] Los símbolos utilizados para representar AND, OR y NOT como operadores lógicos son un punto, un signo más y una línea encima del símbolo, respectivamente.

**TABLA 14.2.** LENGUAJE DE ESTADO PARA CONMUTADOR DE CONTROL

| Estado | Acciones cuando se entra | Condiciones al salir | Estado destino |
|---|---|---|---|
| S1—Mantenido | $(\overline{A1})$ | $\overline{C1} \cdot \overline{C2}$ | S2 |
| S2—Preparado | | $C1 \cdot C2$ | S3 |
| S3—En operación | A1 | $\overline{C1} + \overline{C2}$ | S1 |

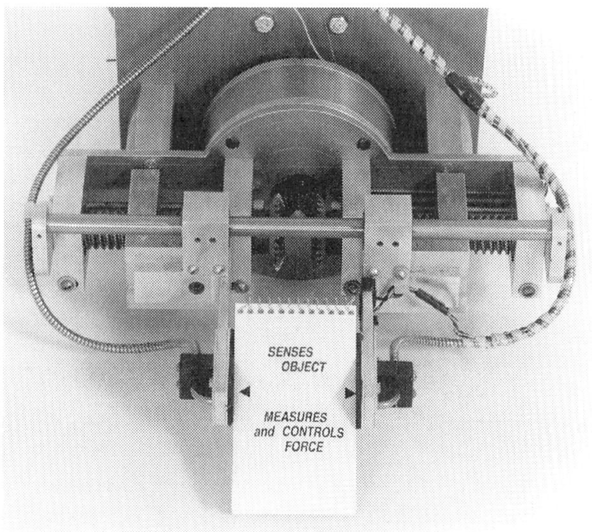


Se muestra una pinza de robot (descrita en la Sección 14.2) que utiliza una combinación de acciones de control continuas y de eventos discretos para adaptarse a una diversidad de tareas.

### Un ejemplo que integra operación discreta y continua

El diseño de un sistema de control para una pinza de un robot proporciona un ejemplo que integra conceptos de sistemas continuos y de eventos discretos. El robot opera en una célula de fabricación flexible y la tarea realizada por la pinza es coger y mantener objetos mecanizados de diferentes masas y tamaños sin producir daños en la superficie. Los sensores de la pinza incluyen galgas extensiométricas en una de las pinzas para medir la fuerza de agarre, un potenciómetro para medir la posición de la pinza y un sistema óptico para medir la presencia o ausencia de un objeto entre las pinzas.

El control por computador proporciona órdenes de dos niveles para abrir o cerrar las pinzas, y además proporciona señales continuas (con una conversión digital-analógica) para colocar los niveles deseados de velocidad de cierre y fuerza de agarre para cada objeto. La velocidad de cierre se reduce para objetos frágiles porque la inercia de las pinzas y el sistema de accionamiento produce una fuerza transitoria sobre el impacto que causa la fuerza de agarre que excede durante un corto periodo el nivel estático deseado. La fuerza de agarre se mantiene en el nivel deseado utilizando un lazo de realimentación analógico que actúa continuamente minimizando la diferencia entre la fuerza de agarre medida y el nivel deseado.

El motor CC que mueve las pinzas está equipado con un amplificador operacional de alta potencia con circuitos de realimentación que se pueden conmutar para posibilitar tanto un modo de control por tensión o por corriente. Usando el control por tensión, la velocidad es casi proporcional al voltaje. El control por corriente es deseable en el modo de agarre y modo mantenido cuando el par desarrollado es, por supuesto, proporcional a la corriente en el inducido. La señal de velocidad analógica sitúa un nivel de referencia a la entrada del amplificador, y la fuerza de referencia se aplica como un voltaje de referencia en un lazo de realimentación negativa. Este lazo incluye el amplificador y el motor cuando se conmuta al modo de control por corriente.

Los modos de operación para el motor son «esperar una posición de referencia», «cerrar el movimiento de la pinza», «objeto agarrado y mantenido», «abrir el movimiento de la pinza», y «esperar». El estado de espera extra se añade porque el computador puede ordenar una parada (posiblemente una parada de emergencia) cuando las pinzas no están en la posición de referencia. En la Tabla 14.3 se presentan el conjunto completo de los estados, condiciones y acciones, y la formulación de una estrategia de control de eventos discretos se presentan en la Tabla 14.4. Cuando se cierran las pinzas, el movimiento ocurre con una velocidad de referencia fija. La referencia es un voltaje analógico que se fija por una señal generada por computador justo antes de que sea posible el movimiento. Análogamente, cuando las pinzas tocan un objeto, se controla la magnitud de la fuerza de agarre para mantener un valor fijo que se establece mediante una fuerza de referencia analógica generada por computador.

**TABLA 14.3.** PINZAS: LISTA DE ESTADOS, CONDICIONES Y ACCIONES

| | |
|---|---|
| *Estados* | |
| S1 | Esperar en posición de referencia |
| S2 | Cerrar el movimiento de la pinza |
| S3 | Objeto agarrado y mantenido |
| S4 | Abrir el movimiento de la pinza |
| S5 | Esperar |
| *Condiciones* | |
| C1 | Activar señal positiva |
| C2 | Cerrar orden positiva |
| C3 | Abrir orden positiva |
| C4 | Sensar los objetos entre las pinzas |
| C5 | Sensar los objetos agarrados |
| C6 | Sensar la pinza en posición de referencia |
| *Acciones* | |
| A1 | Dar energía para cerrar el movimiento con control de tensión |
| A2 | Dar energía para abrir el movimiento con control de tensión |
| A3 | Dar energía para mantener el par control de corriente |
| A4 | Transmitir señal a la pieza agarrada |
| A5 | Transmitir a la pieza la señal de posición de referencia |

**TABLA 14.4.** LENGUAJE DE ESTADO PARA EL SISTEMA DE PINZAS

| Estado | Acciones cuando se entra | Condiciones al salir | Estado destino |
|---|---|---|---|
| S1—Espera en referencia | $(\overline{A2})$ A5 | $C1 \cdot C2 \cdot C4$ | S2 |
| S2—Cerrar movimiento | $(\overline{A5})$ A1 | $\overline{C1} + \overline{C2} + \overline{C4}$ | S5 |
| | | C5 | S3 |
| S3—Agarrar y mantener | $(\overline{A1})$ A3, A4 | $C1 \cdot C3$ | S4 |
| S4—Abrir movimiento | $(\overline{A3}, \overline{A4})$ A2 | C6 | S1 |
| | | $\overline{C1} + \overline{C3}$ | S5 |
| S5—Esperar | $(\overline{A1}, \overline{A2})$ | $C1 \cdot C2 \cdot C4 \cdot \overline{C5}$ | S2 |
| | | $C1 \cdot C3 \cdot \overline{C6}$ | S4 |

## Un ejemplo con diagnósticos de fallos integrado

Una función a menudo deseada que se incorpora fácilmente en la programación de transición de estados es la inclusión del diagnóstico de fallos. Utilizando la metodología de transición de estados, se pueden incluir condiciones de fallo como estados de fallo. Si se considera un ejemplo simplificado para describir la operación de una máquina de taladrar, los estados de fallo se incluyen para detectar un sobrecalentamiento o un tiempo excesivo. En la Tabla 14.5 se muestra una lista de estados, condiciones y acciones, y en la Figura 14.4 se muestra una red de Petri que describe las operaciones. El movimiento de taladrar comienza sólo cuando se recibe una señal de capacitación que indica que una pieza está en su posición. Con una operación normal, el taladro se mueve hacia adelante, espera brevemente en la posición límite y luego se retrasa. Sin embargo, si se mide el sobrecalentamiento del accionamiento del motor (C6) antes de que se complete el avance o retraso, entonces ocurre una transición al estado de fallo de sobrecalentamiento S5. Cuando se alcanza el estado de fallo de sobrecalentamiento se activan una alarma y una luz. Análogamente, si el tiempo para completar el tiempo de avance excede un valor prefijado se completa el movimiento de avance, entonces ocurre una transición al estado de fallo por exceso de tiempo, S6. Cuando se llega a un estado de fallo, se quita la potencia y se activa la alarma. Cuando se activa cualquier estado de fallo, se requiere una inicialización manual para volver a una operación normal.

Hay muchas variaciones y adiciones que se podrían incorporar. Se podría añadir un modo de impulso de avance para permitir el movimiento al tiempo que se presiona manualmente un botón (asumiendo que no se exceden los límites). Las operaciones adicionales que involucran tiempo, contadores, comparadores de magnitudes de números, etc., se implementan fácilmente mediante un controlador digital.

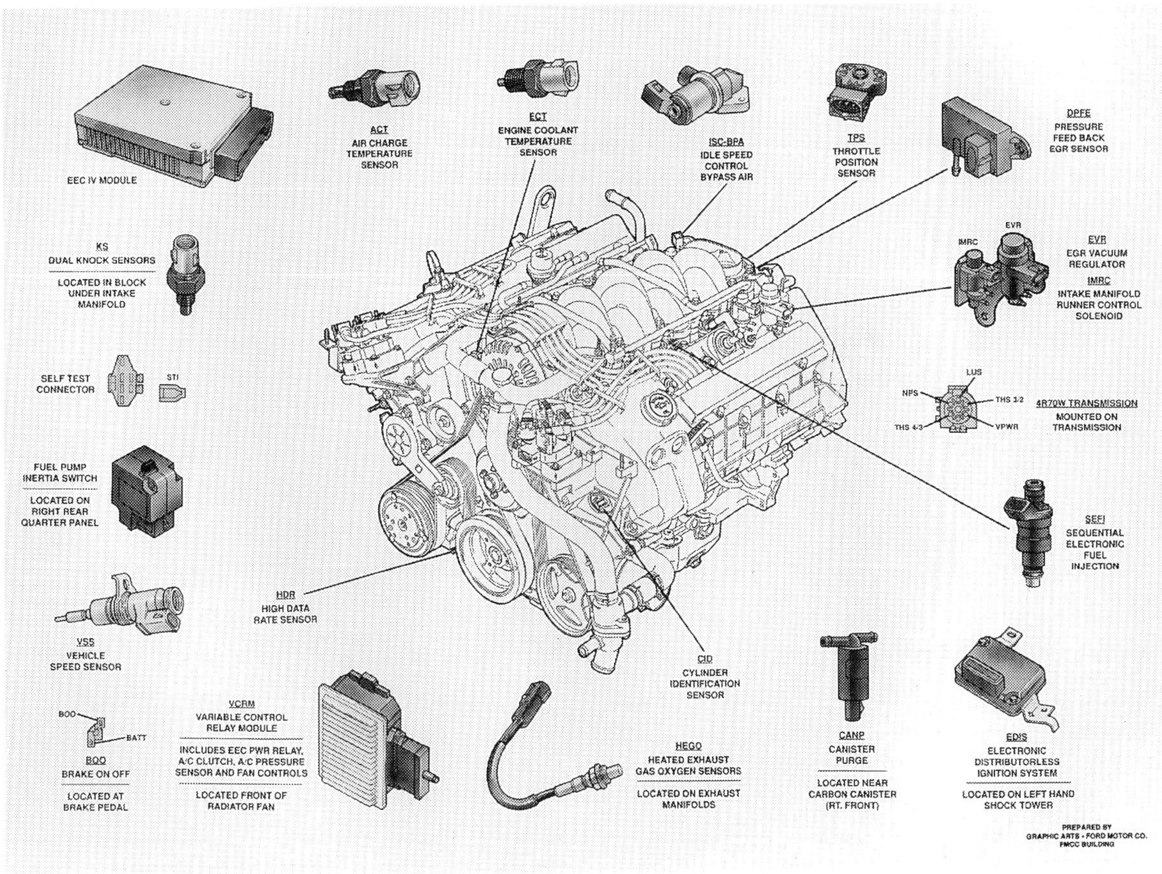


El control de una máquina de automóvil para satisfacer simultáneamente múltiples características de comportamiento bajo variadas condiciones que requieren los distintos sistemas de control con una colección de sensores y actuadores. Por cortesía de la Compañía de Motor Ford.

## 14.3. TÉCNICAS DE CONTROL TRADICIONAL

Para entender las variaciones en metodología que se aplican a los sistemas de control de eventos discretos es útil considerar la evolución del control mediante relés y del control digital. Los primeros sistemas de automatización en fábricas se implementaban utilizando la interconexión de relés en circuitos que proporcionan funciones de circuitos digitales. Las funciones deseadas incluyen tanto lógica combinacional como secuencial. Los primeros sistemas se establecieron con la necesidad de utilizar únicamente relés electromecánicos y a menudo estos sistemas se hacían enormes con un número grande de relés. La programación se implementaba en lógica cableada y los cambios en la programación requerían cambios en el cableado. Cuando se construían diagramas de circuitos para describir los circuitos lógicos con relés, la estructura del diagrama parecía una escalera, con cada «peldaño» definiendo las condiciones para controlar un relé específico.

Aunque actualmente se utilizan los relés en algunas situaciones, los sistemas que requerían grandes bancos de relés fueron sustituidos finalmente por sistemas mucho más pequeños que utilizaban tecnología electrónica de estado sólido. Con el uso de un microcomputador y la

**TABLA 14.5.** OPERACIÓN DE TALADRADO: LISTA DE ESTADOS, CONDICIONES Y ACCIONES

*Estados*

S1 Preparado
S2 Mover el taladro hacia adelante
S3 Esperar en el límite
S4 Sacar el taladro
S5 Fallo de sobrecalentamiento (no movimiento)
S6 Fallo de exceso de tiempo (no movimiento)

*Condiciones*

C1 Activar señal
C2 Medir movimiento completo hacia adelante
C3 Medir el movimiento completo hacia atrás
C4 Temporizador CT1 a cero
C5 Temporizador CT2 a cero
C6 Medir sobrecalentamiento
C7 Señal de reset manual

*Acciones*

A1 Activar el movimiento de rotación
A2 Activar el movimiento hacia adelante
A3 Activar el movimiento hacia atrás
A4 Inicializar el contador CT1
A5 Inicializar el contador CT2
A6 Activar alarma y piloto de fallo
A7 Activar alarma y piloto de exceso de tiempo

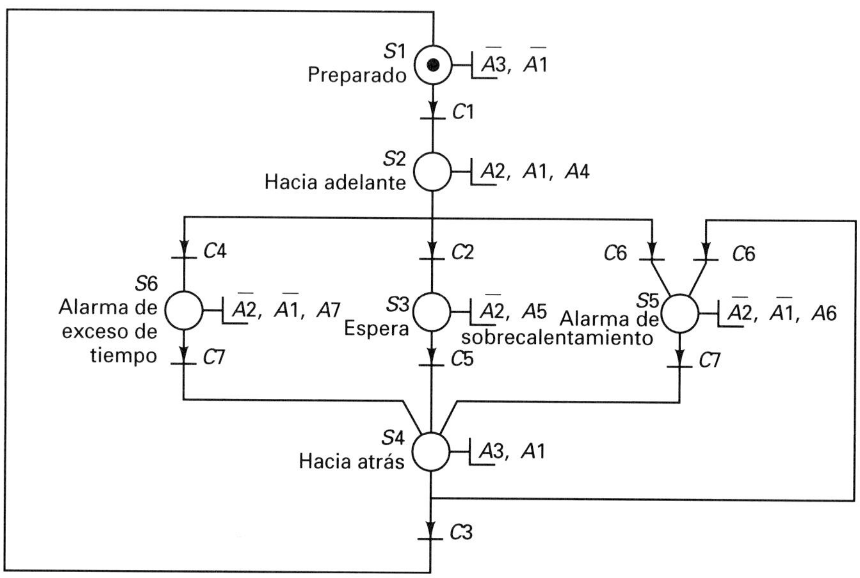


**Figura 14.4.** Una red de Petri que muestra una operación de taladrar con estados de fallos.

**TABLA 14.8.** (Continuación)

*Acciones*

| | |
|---|---|
| A1 | Iniciar la subrutina de movimiento de ida de Wilbur |
| A2 | Iniciar la subrutina de recuperación del circuito X de Wilbur |
| A3 | Iniciar la subrutina de movimiento de retorno de Wilbur |
| A4 | Iniciar la subrutina de colocación del circuito X de Wilbur |
| A5 | Iniciar la subrutina 1 de la estación de trabajo |
| A6 | Iniciar la subrutina 2 de la estación de trabajo |
| A7 | Iniciar la subrutina de recuperación del circuito X de Orville |
| A8 | Iniciar la subrutina de movimiento de ida de Orville |
| A9 | Iniciar la subrutina de colocación del circuito X de Orville |
| A10 | Iniciar la subrutina de movimiento de retorno de Orville |

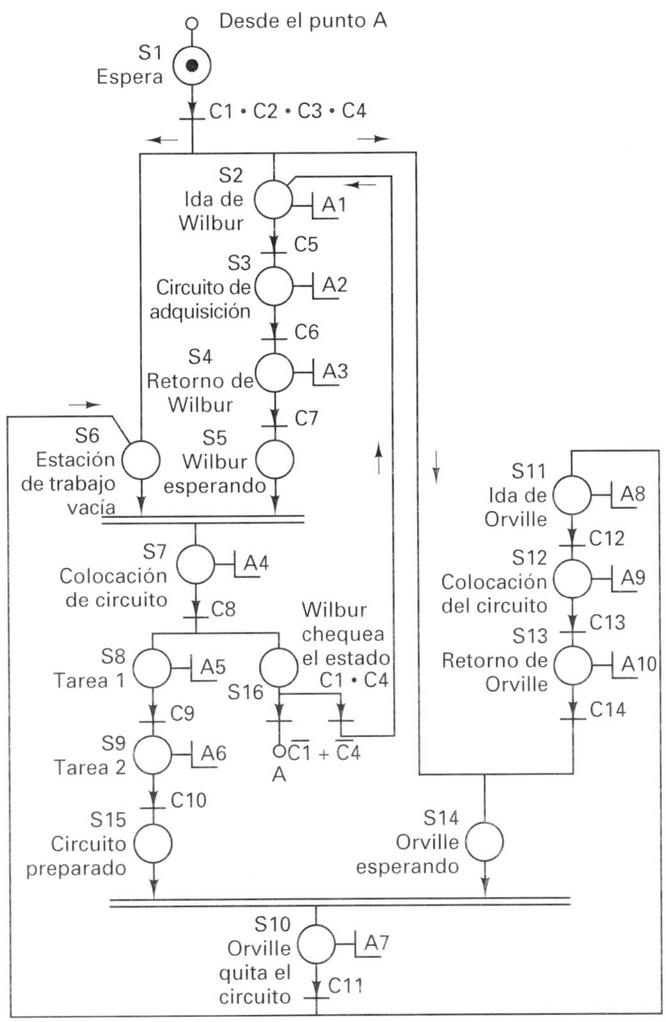


**Figura 14.11.** Una red de Petri para un sistema de robot móvil.

La red de Petri de la Figura 14.11 y la Tabla de lenguaje de estados (Tabla 14.9) describe una estrategia de control que utiliza a Wilbur para recuperar nuevas tarjetas de circuitos y situarlas en la estación de trabajo donde se llevan a cabo dos tareas de ensamblaje. Entonces Orville quita la tarjeta y la lleva a otra localización. Wilbur, Orville y la estación de trabajo pueden operar concurrentemente cuando pasa el tiempo.

Si se considera una red de Petri, se muestra una única señal en el estado de espera. Si se cumplen todas las condiciones necesarias para dejar este estado, la señal se divide en tres señales, de forma que los estados 2, 6 y 14 pasan a ser activos. Sin embargo, si se consideran los estados 6 y 14, una señal puede no pasar la doble línea a menos que todos los estados que entren en la doble línea estén activos. Así, las cuestiones que se llevan a cabo no pueden comenzar hasta que Wilbur llega y sitúa una tarjeta de circuito en la estación de trabajo. Orville

**TABLA 14.9.** LENGUAJE DE ESTADO PARA EL SISTEMA DEL ROBOT MÓVIL

| Estado | Acciones cuando entra | Condiciones para salir | Estado destino |
|---|---|---|---|
| S1—Espera | | $C1 \cdot C2 \cdot C \cdot 3 \cdot C4$ | S2, S6, S14 |
| S2—Ida de Wilbur | A1 | C5 | S3 |
| S3—Wilbur adquiere circuito X | A2 | C6 | S4 |
| S4—Retorno de Wilbur | A3 | C7 | S5 |
| S5—Espera de Wilbur | | S6 Activo | S7 |
| S6—Estación de trabajo vacía | | S5 Activo | S7 |
| S7—Wilbur coloca el circuito X | A4 | C8 | S8, S16 |
| S8—Tarea 1 | A5 | C9 | S9 |
| S9—Tarea 2 | A6 | C10 | S15 |
| S10—Orville quita el circuito X | A7 | C11 | S6, S11 |
| S11—Ida de Orville | A8 | C12 | S12 |
| S12—Colocación del circuito X | A9 | C13 | S13 |
| S13—Retorno de Orville | A10 | C14 | S14 |
| S14—Orville espera | | S15 Activo | S10 |
| S15—Estación de trabajo espera | | S14 Activo | S10 |
| S16—Wilbur comprueba estado | | $C1 \cdot C4$ | S2 |
| | | $\overline{C1} + \overline{C4}$ | S1 |

no se puede mover hasta que las tareas se completen de forma que pueda quitar la tarjeta y llevarla al destino programado. Así, aunque existirán operaciones concurrentes durante varios periodos, las líneas dobles fuerzan la sincronización temporal. Este diagrama ilustra la coordinación de dos niveles de una jerarquía. Las tareas de la estación de trabajo, los movimientos del robot y las acciones de localización se controlan por subrutinas en distintos controladores locales, y sólo las señales de comienzo y finalización se generan o miden por el computador que produce la estrategia de control supervisor tal como se describió.

Comparando la red de Petri y la tabla de estado, no hay diferencia en la información que contienen y cualquiera (o ambas) se pueden utilizar dependiendo de la preferencia del usuario y el formato que se requiere para su implementación.

## 14.6. RESUMEN

Las técnicas de transición de estados se utilizan de manera efectiva para diseñar controladores de eventos discretos. La operación se describe en términos de estados, condiciones y acciones. Una lista de estados describe todos los modos de operación y una lista de condiciones describe todas las señales de entrada o medidas que pueden influir en la decisión de abandonar un estado. Las acciones son cambios en las órdenes de salida que acompañan el cambio al nuevo estado. La operación se puede describir utilizando un diagrama de estado, una red de Petri o una tabla de lenguaje de estado.

Un método es la preparación de un diseño con lápiz y papel con el contenido de una tabla de lenguaje de estado convertida a un lenguaje que se utiliza en un sistema diseñado a medida. Otra posibilidad consiste en utilizar un controlador lógico programable que se diseña para utilizar un formato de lógica de estados. Una técnica tradicional es utilizar programación basada en la lógica de escaleras de relés, pero las técnicas de transición de estados ofrecen muchas ventajas. La programación es metódica, la operación es eficiente, los diagnósticos de fallos se incorporan fácilmente y la operación jerárquica se implementa de forma sencilla.

## REFERENCIAS


1. G. H. Mealy: «A Method for Synthesizing Sequential Circuits», *Bell Systems Technical Journal*, 34(5), 1955.
2. E. F. Moore: «Gedankin Experiments on Sequential Machines», *Automata Studies*, C. E. Shannon y J. McCarthy, eds. Princeton, N. J.: Princeton University Press, 1956.
3. J. Hartmanis y R. E. Stearns: *Algebraic Structure Theory of Sequential Machines*, Englewood Cliffs, N. J.: Prentice Hall, 1966.
4. J. V. Landau: «State Description Techniques Applied to Industrial Machine Control», *Computer*, 12(2), 1979.
5. J. G. Gander y H. U. Liechti: «State Language for Real-Time Process Control», *Microprocessors and Microsystems*, 5(1), 1981.
6. H. A. Sutherland, B. K. Bose y C. B. Somuah: «A State Language for the Sequencing in a Hybrid Electric Vehicle», *Proceedings of IECON'82 (IEEE)*, Palo Alto, California, 1982.
7. A. L. Hopkins, Jr.: «Software Issues in Redundant Sequential Control», *IEEE Transactions on Industrial Electronics*, IE-29(4), 1982.
8. Le Groupe de Travail Systemes Logiques de l'AFCET, «Pour une Representation Normalisee du Cahier des Charges d'un Automtisme Logique», *Automatique et Informatique Industrielles*, 61, 1977.
9. Dubois and K. Stecke: «Using Petri Nets to Represent Production Processes», *Proceedings of 22nd IEEE Conf. Dec. & Cont.*, San Antonio, Texas, 1983.

10. T. Murata, N. Komoda y K. Matsumoto: «A Petri-Net Based Controller for Flxible and Maintainable Control and Its Application to Flexible Automation», *IEEE Trans. Ind. Elect.*, IE-33, 1986.
11. M. Kamath and N. Viswanadham, «Application of Petri Net Based Models in the Modeling and Analysis of Flexible Manufacturing Systems», *Proceedings of the IEEE Int. Conf. Robotics & Automation*, San Francisco, California, 1986.
12. J. L. Peterson: *Petri Net Theory and the Modeling of Systems*, Englewood Cliffs, N. J.: Prentice Hall, 1986.
13. P. Esteban, R. Valette y M. Couvoisier: «Simplified Algorithms for Petri Net Analysis», *Proceedings of IECON'86 (IEEE)*, Milwaukee, Wisconsin, 1986.
14. R. M. Laurie y P. H. Lewis: «Sequential Control Synthesis Using State Tables», *Proceedings of IECON'87 (IEEE)*, Cambridge, Massachusetts, 1987.
15. R. M. Laurie y P. H. Lewis: «A State Machine Architecture Optimized for Sequential Control», *Proceedings of IECON'87 (IEEE)*, Cambridge, Massachusetts, noviembre, 1987.
16. E. Kasturia, F. D. Cesare y A. Desrochers: «Real-Time Control of Multilevel Manufacturing Systems Using Colored Petri Nets», *Proceedings of IEEE Int Conf. Robotics & Automation*, Philadelphia, Pennsylvania, abril, 1988.
17. Y. C. Ho: ed. Special Issue on Discrete-Event Dynamic Systems, *Proceedings of the IEEE*, enero, 1989.
18. T. Murata: «Petri Nets: Properties, Analysis, and Applications», *Proceedings of the IEEE*, abril, 1989.
19. R. Al-Jaar y A. Desrochers: «Performance Evaluation of Automated Manufacturing Systems Using Generalized Stochastic Petri Nets», *IEEE Trans. Robotics and Automation*, 6(6), 1990.


## Problemas

**14.1.** Considerando el sistema de control de las pinzas del robot que se describió en la tabla de lenguaje de estados en la Tabla 14.4, dibujar una red de Petri que proporcione una función de control idéntica.

**14.2.** Considerando el sistema de control de la operación de perforación que se describió por la red de Petri de la Figura 14.4, desarrollar una tabla de lenguaje de estados que proporcione una función de control idéntica.

**14.3.** Suponer que se diseña el control de un motor con tres estados de operación descritos como preparado, en ejecución y empujar. El control se proporciona mediante tres pulsadores de contacto momentáneo normalmente abiertos descritos como PB1, PB2 y PB3. La operación en ejecución deseada consiste en proporcionar energía al motor presionando momentáneamente PB1 y después parar el motor presionando momentáneamente PB2. La operación de empujar deseada consiste en proporcionar energía al motor sólo durante el tiempo que PB3 está presionado y mantenido. Si se inicia el modo en ejecución o el de empujar, el otro modo debería permanecer no operativo hasta que la operación vuelve al estado preparado. Listar los estados, las condiciones y acciones para el sistema de control del motor.

**14.4.** Considerando el sistema descrito en el Problema 14.3, diseñar la estrategia de control para proporcionar la operación deseada utilizando una tabla de lenguaje de estados.

**14.5.** Considerando el sistema descrito en el Problema 14.3, diseñar la estrategia de control para proporcionar la operación deseada utilizando una red de Petri.

**14.6.** Considerando el sistema descrito en el Problema 14.3, crear un diagrama de lógica en escalera para proporcionar la operación deseada. Asegúrese que la inicialización de los modos en ejecución o empujar «cancela» los otros modos.

**14.7.** Un tanque (Figura P14.7) se llena operando una o dos bombas. Se utiliza un sensor para determinar si el nivel del líquido es mayor que el 80 %, menor que el 60 % o menor que el 40 %. Si el nivel cae más del 60 %, funciona una bomba y opera hasta que el nivel excede el 80 %. Si en cualquier momento después de que una bomba actúe se detecta que el nivel es inferior al 40 %, ambas bombas se ponen a funcionar hasta que el nivel excede el 80 %. Suponiendo que el nivel cae por debajo del 60 % mucho más a menudo que lo hace por debajo del 40 %, diseñar una estrategia de control que proporcione un tiempo de operación aproximadamente igual para cada bomba.

Una operación alternativa a las dos bombas se puede llevar a cabo utilizando un contador para registrar los estados de operación. El contador requiere sólo un cambio incremental antes de reinicializar el sistema. Cuando liste las acciones necesitará acciones adicionales tales como «puesta del contador a cero» y «sumar uno al contador». Se requiere una condición adicional tal como «detectar que el contador está a cero» o «detectar que el contador está a uno».

Preparar una lista de estados, condiciones y acciones y diseñar una red de Petri para describir la operación.

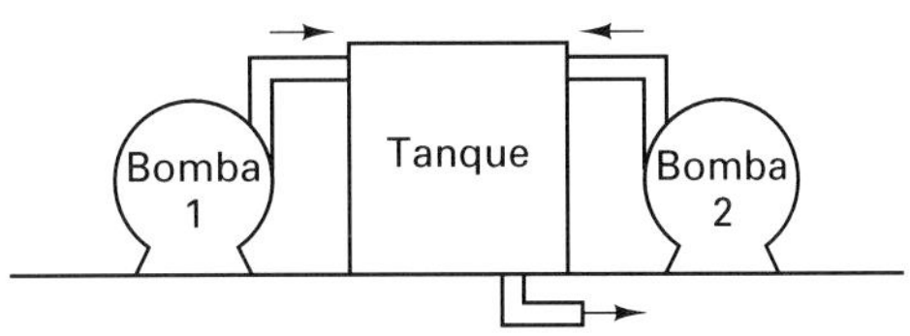


**Figura P14.7**

**14.8.** Revisar el sistema del Problema 14.7 de forma que no se requiera el contador. Considerar la posibilidad de alternar entre dos estados preparados. Listar los estados, condiciones y acciones y revisar la red de Petri requerida.

**14.9.** Suponer que el problema del conmutador anclado en una posición se va a resolver con un sistema que no permitirá operaciones sucesivas o una única operación con el uso de un pulsador entre operaciones. El sistema se va a diseñar de forma que los botones se aprieten durante un periodo que no exceda de 0,800 s. Si el sistema está en el estado preparado (luz amarilla) y los botones se pulsan durante un periodo de 0,800 s, el sistema pasa al estado en operación (luz verde). Si cualquiera de los botones se presiona pero el otro no se detecta dentro del periodo requerido, el sistema debería ir a un estado de fallo de comienzo (luz roja), donde permanece durante 5,00 s antes de que pase al estado mantenido. Si el sistema está operando y se suelta cualquier pulsador, la operación se mantiene. El sistema se debería diseñar para volver de mantenido a preparado si ambos conmutadores están en la posición hacia arriba.

Podrían ser necesarios estados que no están descritos en este problema. Diseñar una tabla de lenguaje de estados o una red de Petri para proporcionar la operación deseada.

**14.10.** Se diseña una pequeña unidad que contiene varios sensores para recorrer el ancho de una hoja de papel moviéndose en una fábrica de papel. La unidad accionada por motor se mueve a una velocidad fija y las señales de los sensores se visualizan y se registran cuando la unidad se mueve a través de su recorrido. Se proporciona control externo utilizando tres pulsadores de contacto momentáneo normalmente abiertos. Si PB1 se oprime momentáneamente, la unidad se moverá hacia la derecha hasta que contacta al conmutador de límite de la derecha. Permanecerá durante 2 s en el extremo derecho y a continuación se mueve hacia la izquierda hasta que contacta al conmutador de límite de la izquierda. Permanecerá durante 10 s en el extremo izquierdo y a continuación la operación se repite otra vez. Si la unidad se está moviendo y el operador oprime momentáneamente el pulsador PB2, la unidad parará en su posición actual. Si se oprime momentáneamente el pulsador PB3, la unidad se moverá a la izquierda del límite de la izquierda y se parará.

Se utilizan dos temporizadores designados por CT1 y CT2 para proporcionar los retardos prefijados. Preparar una lista de estados, condiciones y acciones.

**14.11.** Diseñar una tabla de lenguaje de estados que proporcione la operación de control descrita en el Problema 14.10.

**14.12.** Diseñar una red de Petri para proporcionar la operación descrita en el Problema 14.10.

**14.13.** Diseñar un diagrama de lógica en escalera de relés para proporcionar la operación descrita en el Problema 14.10.

**14.14.** Se construye un sistema de manejo de material tal como se muestra en la Figura P14.14 para trasladar contenedores entre cintas transportadoras a diferentes niveles. Cuando se activa la carreta horizontal se moverá hacia la izquierda hasta que contacte con el sensor izquierdo (C2), y la carreta vertical se moverá hacia abajo hasta que contacte con el sensor más bajo (C6). La carreta horizontal descargará su contenedor dando energía a la cinta transportadora de la carreta hasta que se desactiva el sensor C4. La carreta vertical se carga dando energía a la carreta de la cinta transportadora y a la cinta transportadora inferior hasta que el sensor C7 se activa. La carreta horizontal se desplazará entonces hacia la derecha hasta que contacte con el sensor de la derecha (C3), y la carreta vertical se moverá hacia arriba hasta que contacta el sensor superior (C5). Cuando ambas carretas están en posición, los contenedores se transfieren dando energía a ambas carretas de las cintas transportadoras hasta que se desactiva el sensor C7. Si la señal de capacitación es positiva, el ciclo se repetirá. Puesto que la carreta vertical a veces se atasca cuando se mueve hacia arriba, se incluye un modo de detección de fallos que hace sonar una alarma si el movimiento vertical hacia arriba no se completa en un tiempo razonable. La operación se reanuda cuando el operador presiona un conmutador. Utilizando la siguiente lista de estados, condiciones y acciones, diseñar una tabla de lenguaje de estados para describir la operación deseada.

S1 Preparado.
S2 Movimiento de la carreta hacia la izquierda.
S3 Descarga de la carreta horizontal.
S4 Movimiento de la carreta hacia la derecha.
S5 Espera de la carreta vertical.
S6 Movimiento hacia la derecha de la carreta vertical.
S7 Carga de la carreta vertical.
S8 Movimiento hacia la izquierda de la carreta vertical.
S9 Espera de la carreta horizontal.
S10 Alarma.
S11 Transferencia de contenedores.

C1 Señal de capacitación positiva.
C2 Carreta horizontal en la posición izquierda.
C3 Carreta horizontal en la posición derecha.
C4 Contenedor cargado en la carreta horizontal.
C5 Carreta vertical en la posición superior.
C6 Carreta vertical en la posición inferior.
C7 Contenedor cargado en la carreta vertical.
C8 Reanudación de la operación cuando se oprime el conmutador.
C9 Poner el temporizador a cero.

A1 Dar energía a la carreta horizontal en el movimiento hacia la izquierda.
A2 Dar energía a la carreta horizontal en el movimiento hacia la derecha.
A3 Dar energía a la carreta horizontal de la cinta transportadora.
A4 Dar energía a la carreta vertical en el movimiento hacia arriba.
A5 Dar energía a la carreta vertical en el movimiento hacia abajo.
A6 Dar energía a la carreta vertical de la cinta transportadora.
A7 Dar energía a la cinta transportadora inferior.
A8 Suena la alarma.

**14.15.** Diseñar una red de Petri para proporcionar la operación tal como se describió en el Problema 14.14.

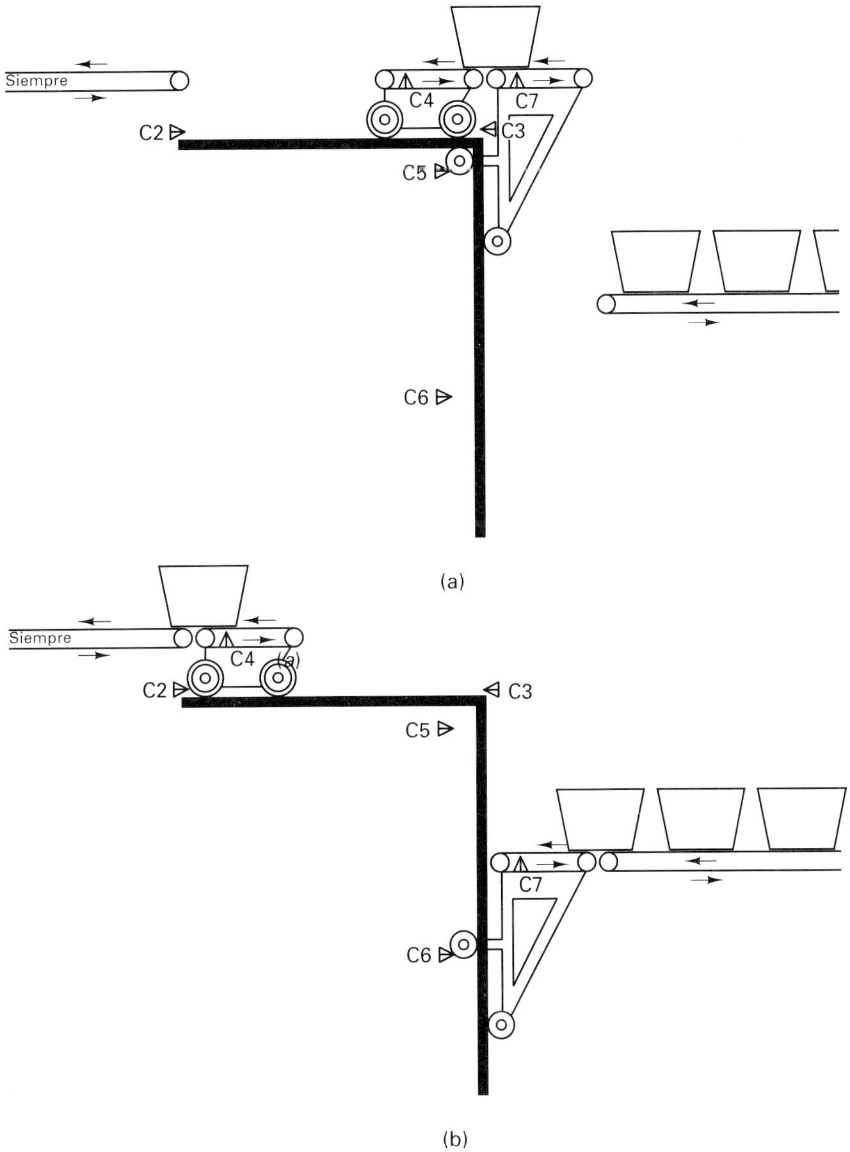


**Figura P14.14.**

CAPÍTULO 15

# Ejemplos de diseño

## 15.1. INTRODUCCIÓN

En este capítulo se describen tres ejemplos de diseño: un sistema de control de crucero, un sistema de control de velocidad de un motor de fase sincronizada y un sistema para controlar la órbita de un satélite. Estos ejemplos son comprensibles en el sentido de que cada uno utiliza un número de técnicas descritas en los capítulos previos. Todos son sistemas no lineales, y la linealización es una parte indispensable de los diseños. El ejemplo de control de crucero se centra en métodos de diseño clásicos basados en la función de transferencia, el ejemplo de control de velocidad de un motor de fase sincronizada emplea función de transferencia y modelos de estado, mientras que el ejemplo de control del satélite, técnicas de modelado y realimentación de estados.

## 15.2. CONTROL DE VELOCIDAD EN UN AUTOMÓVIL

El ejemplo trata del diseño de un sistema de control para la velocidad de crucero de un automóvil. El propósito del sistema de control de crucero es regular la velocidad del vehículo de forma que siga las órdenes del conductor y mantenga la velocidad en el nivel ordenado. Basándose en la señal de orden, $v_R$, del conductor y en la señal de realimentación del sensor de velocidad, el controlador de crucero regula la velocidad del vehículo $v$ ajustando el ángulo $u$ del obturador de la gasolina para aumentar o disminuir la fuerza del accionamiento del motor $F_d$. La dinámica longitudinal del vehículo gobernada por la ley de Newton (o el principio de d'Alembert) es

$$F_d = M \frac{d}{dt} v + F_a + F_g, \tag{15.1}$$

donde $M(dv/dt)$ es la fuerza de inercia, $F_a$ es la resistencia aerodinámica y $F_g$ es la resistencia de ascensión o fuerza descendente. Las fuerzas $F_d$, $F_a$ y $F_g$ se producen como se muestra en el modelo de la Figura 15.1, donde $v_w$ es la velocidad de las ráfagas de viento, $M$ es la masa del vehículo y pasajero(s), $\theta$ es el grado de la carretera y $C_a$ es el coeficiente de resistencia aerodinámica. El actuador del obturador y el sistema de propulsión del vehículo se modelan como un retardo temporal en cascada con un retardo de primer orden y una característica de fuerza de

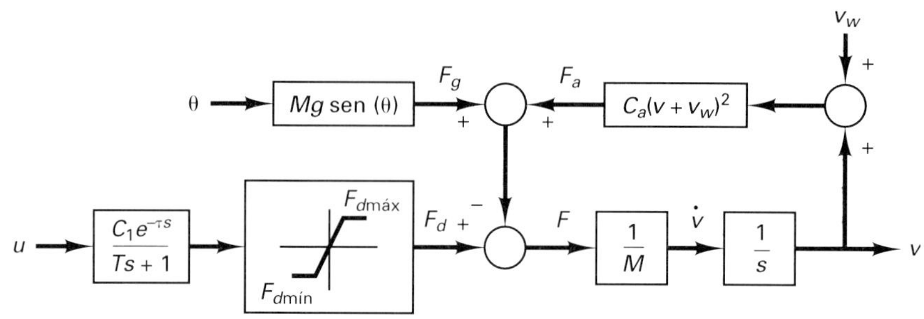


**Figura 15.1.** Modelo dinámico longitudinal del vehículo.

saturación. Se adoptan los siguientes valores de los parámetros de [2]: $C_1 = 743$, $T = 1s$, $\tau = 0{,}3s$; $M = 1.000$ kg, $C_a = 1{,}19$ N/(m/s)$^2$, $F_{d\text{máx}} = 3.000$ N, $F_{d\text{mín}} = -3.000$ N y la constante de gravedad $g = 9{,}8$ m/s$^2$.

El diseño del controlador para este sistema comienza por simplificar el modelo. Considerar una situación nominal en la que el vehículo se conduce a 25 m/s (por ejemplo, 56 mph), no hay viento, y el grado es 0. Con un controlador diseñado adecuadamente, la fuerza motriz, $F_d$, está operativa sin entrar en saturación la mayor parte del tiempo. El modelo de estado de la planta en esta situación nominal se describe como

$$\dot{v} = \frac{1}{M}(F_d - C_a v^2) \tag{15.2}$$

$$F_d = \frac{1}{T}[-F_d + C_1 u(t - \tau)]$$

Si se considera el estado de equilibrio correspondiente a la velocidad nominal de operación $v_R = v_0 = 25$ m/s, mantener esta velocidad en estado estacionario requiere una fuerza motriz nominal de $F_{d0} = C_a v_0^2 = 743{,}8$ N y una posición nominal del obturador de $u_0 = F_{d0}/C_1 = 1{,}0$. La linealización del modelo alrededor de este punto produce

$$\delta\dot{v} = -\frac{2C_a v_0}{M}\,\delta v + \frac{1}{M}\,\delta F_d \tag{15.3}$$

$$\delta\dot{F}_d = -\frac{1}{T}\,\delta F_d + \frac{C_1}{T}\,\delta u(t - \tau)$$

El modelo linealizado produce la función de transferencia

$$\frac{\Delta V(s)}{\Delta U(s)} = \frac{Ce^{-\tau s}}{(s - p_1)(s - p_2)}, \tag{15.4}$$

con $p_1 = -(2C_a v_0)/M = -0{,}0595 \approx -0{,}06$, $p_2 = -1/T = -1$ y $C = C_1/MT = 0{,}743$.

Como el efecto del retardo puro con $\tau = 0{,}3s$ es mucho menor que el retardo debido a $p_1$ y $p_2$ (con constantes de tiempo de 16,7 s y 1,0 s; respectivamente), la formulación se puede simplificar con el término de retardo puro aproximado por

$$e^{-\tau s} = \frac{1}{e^{\tau s}} \approx \frac{1}{1 + \tau s} = \frac{3{,}33}{s + 3{,}33}. \tag{15.5}$$

La función de transferencia de la planta se aproxima entonces por

$$G_p(s) = \frac{\Delta V(s)}{\Delta U(s)} = \frac{b_0}{(s - p_1)(s - p_2)(s - p_3)}, \tag{15.6}$$

con $b_0 = 3{,}33C = 2{,}47$ y $p_3 = -3{,}33$.

La mayoría de los sistemas de control de crucero utilizan controladores PI. Puesto que la planta es de tipo 0, la acción integral del controlador incrementa el número del tipo a 1 para eliminar el error en estado estacionario con una orden de velocidad constante. También actúa para eliminar las perturbaciones tales como rachas de viento y variaciones en la pendiente de la carretera. En la Figura 15.2 se muestra el diagrama de bloques del sistema realimentado linealizado. Observe que el objetivo del control para el sistema linealizado es llevar $\delta v$ a cero, donde $\delta_v = v - v_R$. Así la referencia es 0 y la señal de error es $e = -\delta v = v_R - v$.

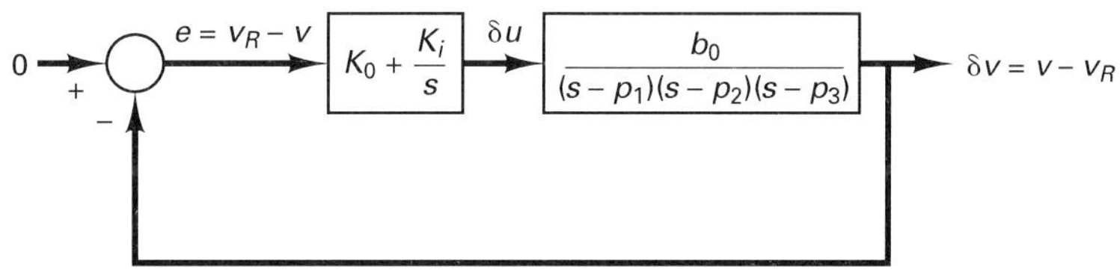


**Figura 15.2.** Control PI aplicado a un modelo de vehículo linealizado.

El diseño de este controlador PI se describe en el Capítulo 8 utilizando técnicas del lugar de las raíces. Queda ahora por evaluar el diseño utilizando simulaciones mediante computador. En este punto, el diseño del controlador se ha basado en el uso de un modelo linealizado. Aunque se puede realizar una simple simulación a mano del sistema realimentado de la Figura 15.2 para comprobar rápidamente el diseño, se debería hacer una simulación más exacta aplicando el controlador al modelo no lineal original, tal como se muestra en la Figura 15.3.

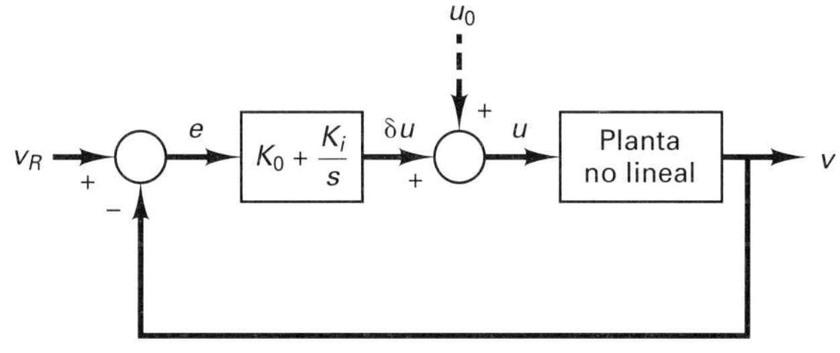


**Figura 15.3.** Control PI aplicado a la planta no lineal.

Primero, note que el controlador está descrito por

$$\Delta U(s) = \left(K_o + \frac{K_i}{s}\right)E(s) \quad \text{o} \quad \delta u(t) = K_o e(t) + K_i \int e(t)\,dt, \tag{15.7}$$

que está diseñado para un modelo de pequeña señal linealizado. Cuando se usa para controlar la planta original, la entrada nominal, $u_0$, se debe reinsertar (mostrado con una línea punteada) para introducir el ángulo y la velocidad nominal del obturador. Con el controlador descrito, la inyección de $u_0$ se puede llevar a cabo fijando $u_0$ como la condición inicial del integrador cuando se inicializa el control de crucero. En la práctica, los valores nominales requeridos se determinan por el estado del vehículo en el momento en que se activa el control de crucero.

En segundo lugar, el controlador se diseña para una situación nominal idealizada. Sin embargo, en la etapa de simulación, se debería evaluar la posibilidad del sistema de control para seguir una señal variable en el tiempo y para atenuar cualquier posible perturbación. La Figura 15.4 muestra la simulación del comportamiento del sistema en un escenario real. El vehículo se mantiene inicialmente a una velocidad constante de 20 m/s. Después sigue la señal de acelerar a una velocidad de 30 m/s en un periodo de 20 segundos. En $t = 60$ s aparece una ráfaga de viento de 10 m/s en dirección opuesta (causando una ligera caída en la velocidad), pero el efecto se recupera rápidamente por la acción del controlador PI. Entonces ocurre una pendiente de $-10°$ cerca de $t = 100$ s (causando un incremento en la velocidad), pero el cambio es de nuevo compensado por el controlador en unos 10 s. Esta prueba muestra la posibilidad de que el sistema responda a perturbaciones y que opera satisfactoriamente a variaciones desde la vecindad inmediata al punto de consigna en el que el controlador se diseñó.

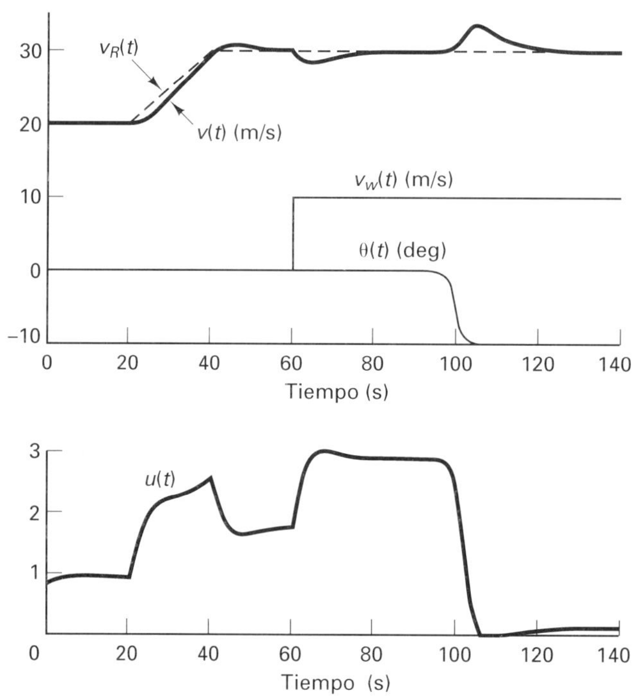


**Figura 15.4.** Comportamiento simulado del sistema de control de crucero.

En tercer lugar, el diseño del controlador se ha basado en la operación con un conjunto de parámetros nominales, y se podrían esperar algunas desviaciones. Aunque los márgenes de estabilidad se introducen normalmente en la etapa de diseño, la evaluación de la robustez del controlador frente a las incertidumbres de modelado y perturbaciones de los parámetros se deberían estudiar cuidadosamente con simulaciones de computador. Suponga que la masa del vehículo $M$ aumenta el 20 % (hasta 1.200 kg) debido a la adición de pasajero(s) o de equipaje. Además se admite que el retardo de tiempo modelado de forma imprecisa $\tau$ varía en un rango del $\pm 20$ %, y la constante de tiempo del retardo aumenta gradualmente el 20 % (a $T = 1{,}2$ s) cuando el vehículo acelera. El resultado de la simulación de la Figura 15.5 muestra la robustez del controlador —no hay deterioro significativo del comportamiento del sistema—. Observe que las curvas de variación en el tiempo de $\tau$ y $T$ están escaladas por un factor de 5 y 2, respectivamente, para poderlas dibujar en un gráfico de múltiples curvas.

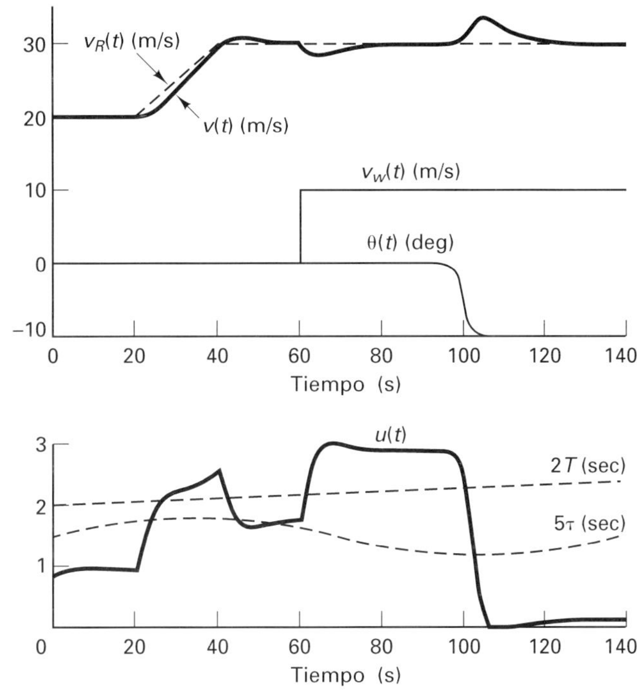


**Figura 15.5.** Comportamiento simulado con variaciones en los parámetros.

## 15.3. CONTROL DE VELOCIDAD DE UN MOTOR UTILIZANDO UN LAZO DE FASE SINCRONIZADA

Un *lazo de fase sincronizada* es una estructura de realimentación particular que se ha aplicado en diversas cuestiones. Algunas aplicaciones comunes envuelven operaciones de procesado de señales tales como demodulación y síntesis de frecuencia. Los lazos de fase sincronizada también son incorporados en diseños de receptores de seguimiento de pequeña banda para la recepción de señales de satélites y pruebas espaciales. Aunque muchas de las aplicaciones ocurren dentro de los sistemas de comunicaciones, los elementos de un diseño satisfactorio ya se han descrito utilizando conceptos de la teoría de control. Una aplicación que se describe cuidadosamente en la siguiente discusión es el uso de un lazo de fase sincronizada para ganar precisión en el control de velocidad de un pequeño motor CC.

La configuración del diseño envuelve la comparación de la fase del ángulo de una señal alterna de realimentación con la fase del ángulo de una señal de referencia generada electrónicamente. El propósito de esta comparación es generar una señal de error para un lazo de realimentación que utilice una consistencia forzada en la fase del ángulo para establecer una razón fija entre la velocidad angular del motor y la frecuencia de la señal de referencia.

Debido a la variación cíclica que ocurre con una variación de $2\pi$ en la diferencia de fase, los aparatos que están diseñados para medir la diferencia en la fase presentan características de detección no lineal, y la naturaleza cíclica de la detección de fase provoca un lazo de fase sincronizada que presenta un número infinito de estados de equilibrio. Sin embargo, con un diseño cuidadoso, la operación deseada se puede obtener en la vecindad de un estado de equilibrio estable. Si el error en estado estacionario es suficientemente pequeño y el estado del sistema se guia suficientemente cerca de la condición de equilibrio estable, la acción de realimentación negativa toma el control y automáticamente mantiene el estado de operación cerca del equilibrio. Si se excluye una gran ruptura, la operación permanecerá en la vecindad del equilibrio con realimentación negativa continua y un modelo casi lineal. Cuando opera en este modo, la operación se denomina condición sincronizada.

En la Figura 15.6 se muestra un diagrama de bloques de un sistema de control de velocidad del motor de fase sincronizada. El sensor de realimentación es un codificador que genera una señal alterna eléctrica con una frecuencia que es proporcional a la velocidad de rotación del eje del motor. La ganancia del sensor N es un entero que describe el número de ciclos eléctricos generados para cada ciclo mecánico. La fase de la señal del codificador se compara con la fase de la señal de referencia (obtenida de la frecuencia electrónica de referencia), y una señal eléctrica proporcional a la diferencia de fase se transmite al controlador. Si la operación de realimentación es capaz de mantener un error de fase constante, la velocidad del motor se mantiene en una razón exacta con respecto a la frecuencia de la entrada de referencia.

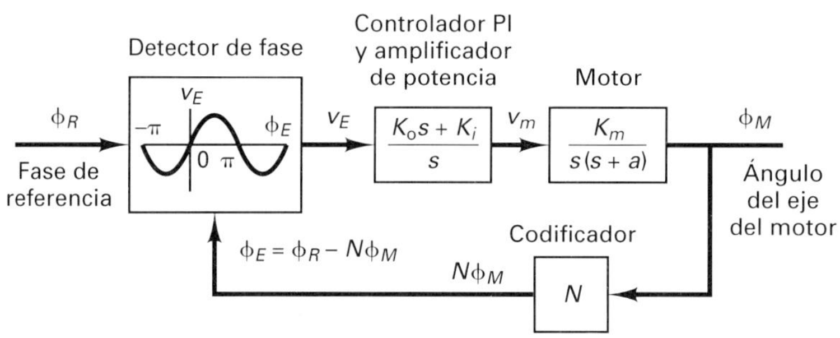


**Figura 15.6.** Sistema de control de velocidad del motor de fase.

Se muestra una característica de detección de fase típica, y el detector de fase obviamente introduce una característica no lineal. El detector mostrado produce una señal de error en la fase, $v_E$, con $v_E = K_D \operatorname{sen}(\phi_E)$ donde $\phi_E = \phi_R - N\phi_M$ y $K_D$ es un factor de ganancia. El detector es capaz de generar una señal que es proporcional a las variaciones del error de la fase sólo si la diferencia de fase está próxima a 0, $\pm\pi$, $\pm 2\pi$, etc.

Como las señales de referencia y realimentación no se observan siempre a la misma frecuencia, es necesario considerar una definición general de la fase, $\phi(t)$, que incluye el argumento completo de la señal sinusoidal. Considerando $v(t) = A\cos\phi(t)$, el ángulo de fase es $\phi(t)$, y la frecuencia $\omega(t)$ es igual a $d\phi(t)/dt$. Por lo tanto, $v(t) = A\cos(\omega_1 t + \theta)$ es un caso especial en el que la frecuencia es constante ($\omega = \omega_1$) y el ángulo de fase es una función rampa con una velocidad de cambio constante igual a $\omega_1$.

Se puede obtener una mejor comprensión al considerar los ángulos de fase de la entrada de referencia y las señales de realimentación como los ángulos de dos fasores giratorios (o vectores) que inicialmente pueden no estar moviéndose con la misma velocidad angular. La velocidad angular de cada fasor es la frecuencia. El seno (o coseno) de los fasores giratorios puede entonces verse como la proyección horizontal (o vertical) de los fasores que están en movimiento. Si una acción de realimentación es capaz de capturar los dos fasores y mantener una diferencia en ángulo constante, entonces las velocidades de rotación deben ser idénticas. En otras palabras, si el lazo de fase sincronizada puede mantener una diferencia de fase constante, las frecuencias de las dos señales deben ser idénticas.

Volviendo al sistema de control de velocidad de la Figura 15.6, ocurre una condición de estado estacionario con una entrada de referencia de fase en rampa (frecuencia constante) y una salida de ángulo en rampa (velocidad constante). Como esto no es una condición de equilibrio en el sentido usual, las variables de estado se seleccionan para describir el error de fase en lugar del ángulo de salida. Utilizando $\omega_M$, $v_i$ y $\phi_E$ como variables de estado, entonces el modelo no lineal es

$$\begin{aligned} \dot{\omega}_M &= -\alpha\omega_M + K_m v_i + K_m K_o K_D \operatorname{sen} \phi_E \\ \dot{v}_i &= K_i K_D \operatorname{sen} \phi_E \\ \dot{\phi}_E &= \omega_R - N\omega_M. \end{aligned} \tag{15.8}$$

El equilibrio ocurre con

$$\begin{aligned} \phi_{E0} &= 0 \pm k\pi, \quad k = 1, 2, 3, \text{etc.} \\ \omega_{M0} &= \left(\frac{1}{N}\right)\omega_R \quad \text{(el resultado deseado)} \\ v_{i0} &= \left(\frac{a}{K_m}\right)\omega_R. \end{aligned} \tag{15.9}$$

Si se determinan modelos linealizados en los estados de equilibrio, es obvio que solamente $\phi_E = 0, \pm 2\pi, \pm 4\pi$, etc., son estados de equilibrio estable y $\phi_E = \pm\pi, \pm 3\pi$, etc., son estados de equilibrio inestable. La aplicación de derivadas parciales (tal como se precisa para determinar un modelo lineal) produce una situación en la cual la característica del detector de fase se sustituye por una ganancia lineal de $K_D \cos \phi_{E0}$. Esto produce un modelo linealizado que se muestra como un diagrama de bloques en la Figura 15.7 suponiendo la operación en la proximidad de $\phi_E = 0$.

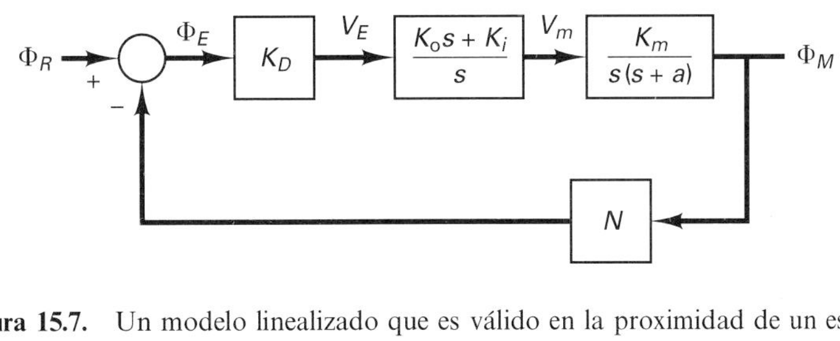


**Figura 15.7.** Un modelo linealizado que es válido en la proximidad de un estado de equilibrio estable.

Observe que un sistema tipo 2 tal como el descrito produce error de fase nulo en estado estacionario con una entrada de fase en rampa y este resultado es consistente con el equilibrio calculado. Una opción de diseño que produce un comportamiento similar (con una entrada de fase en rampa) es sustituir el controlador PI con un compensador de retardo de fase. En este caso existirá un error de fase constante no nulo bajo condiciones de estado estacionario. Sin embargo, si el error de fase se mantiene constante, la velocidad del motor y la frecuencia de entrada mantendrá la relación exacta. En esta situación, el estado de equilibrio no estará centrado en la parte lineal de la característica del detector de fase y el error de fase en estado estacionario debe ser suficientemente pequeño para mantener la sincronización. Si un cálculo (utilizando el modelo linealizado) predice un error en estado estacionario que excede a 1 rad, la señal que se debe suministrar al controlador es mayor que el valor máximo que puede dar el detector de fase no lineal que se ha descrito. Por tanto, el controlador debe diseñarse cuidadosamente para producir un error en estado estacionario suficientemente pequeño.

Si perturbaciones pequeñas en la carga producen errores de fase transitorios que no exceden a 1 rad, se mantiene la condición de fase sincronizada. Sin embargo, con una perturbación mayor, la fase relativa puede deslizar un número entero de ciclos y sincronizarse en otro estado de equilibrio. Mientras está ocurriendo el deslizamiento hay una falta temporal de coherencia entre la frecuencia de entrada y la velocidad de salida.

El proceso de adquisición inicial debe llevar $N\omega_M$ suficientemente cerca de $\omega_R$ de forma tal que el error de frecuencia inicial es casi cero. Una técnica posible es comenzar con operación en lazo abierto (*véase* Figura 15.9) y ajustar la condición inicial en el controlador integral para obtener casi un «cero» (frecuencia próxima a cero) en la salida del detector de fase. El estado debería estar entonces muy próximo a un equilibrio estable cuando el lazo se cierra. En el diagrama del plano fásico de la Figura 15.8 se muestra el proceso de adquisición con algunos valores de errores de frecuencia diferentes. Observe que aunque el error de frecuencia inicial es importante, el error de fase inicial no es significativo —el error de fase está siempre dentro de $\pi$ rad de un nulo estable—. Aunque un error de frecuencia inicial aparece solamente para aumentar el número de ciclos desplazados durante la adquisición, un detector de fase práctico introducirá componentes extraños que limitan el rango de adquisición.

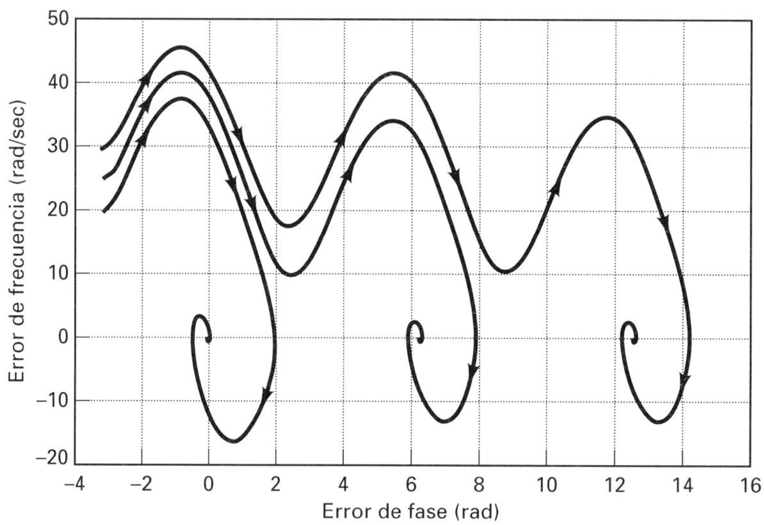


**Figura 15.8.** El transitorio de adquisición con $\phi_E(0) = -\pi$ y $\omega_E(0) = 20$, 25 y 30 radianes por segundo.

En la Figura 15.9 se muestra una descripción de un sistema de control de velocidad con un diagrama esquemático del controlador. El detector de fases se puede implementar utilizando un circuito multiplicador. Si $v_R(t) = V_R \cos \phi_R(t)$ y $v_C(t) = V_C \cos \phi_C(t)$, entonces

$$v_R \cdot v_C = \frac{V_R V_C}{2} [\cos(\phi_R(t) - \phi_C(t)) + \cos(\phi_R(t) + \phi_C(t))]. \qquad (15.10)$$

Si $\omega_C \approx \omega_R$, entonces el primero de los dos términos de salida proporciona la detección de fase deseada y la frecuencia del segundo término será suficientemente alta de forma tal que esta componente se atenuará significativamente por la función del lazo. La relación del coseno indica que ocurrirá una sincronización cuando la diferencia de fase es 90° en lugar de 0°, pero esto no es un problema operacional. Si el error de fase es constante, el error de frecuencia es cero.

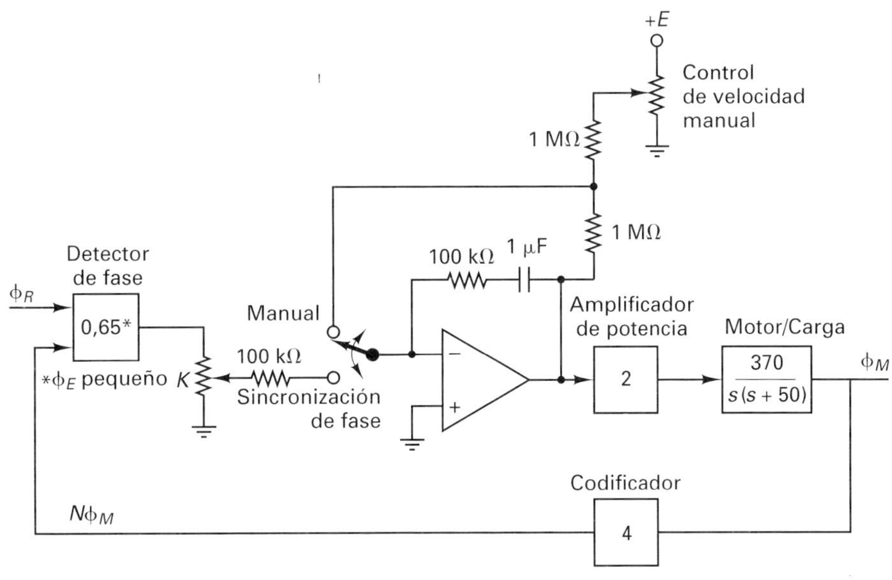


**Figura 15.9.** Un sistema de control de velocidad de fase sincronizada que muestra un diagrama esquemático del controlador.

La función de transferencia del motor se muestra con valores típicos para un motor CC que es capaz de manejar 200 W. El codificador proporciona 4 ciclos eléctricos para cada ciclo de rotación mecánica. Por lo tanto, la condición de sincronizado en estado estacionario ocurre con la velocidad angular del motor (en radianes por segundo) igual a un cuarto de la frecuencia de la señal de referencia electrónica (en radianes por segundo). La función de transferencia en lazo cerrado para el modelo de pequeña señal lineal con $K = 0{,}4$ es

$$\frac{\Phi_M(s)}{\Phi_R(s)} = \frac{192{,}4(s + 10)}{s^3 + 50s^2 + 769{,}6s + 7.696} \qquad (15.11)$$

y las raíces de la ecuación característica se localizan en $-34{,}0$ y $-7{,}99 \pm j12{,}7$. Las posiciones de las raíces se seleccionaron considerando el lugar de las raíces con K variable, suponiendo algunas relaciones fijas entre la ganancia integral y la ganancia proporcional. El par complejo de raíces se colocó para proporcionar una razón de amortiguamiento razonable y un posicionamiento que no fuera significativamente diferente de la localización del cero. Suponiendo que la función de fase de entrada es $\phi_R(t) = 250t$ (la frecuencia de entrada correspondiente es $\omega_R = 250$), se muestra rápidamente que el error de fase en estado estacionario es cero. Por lo tanto, la velocidad angular en estado estacionario del motor es 62,5 rad/s.

La conducta transitoria (no lineal) para señales grandes con un error de velocidad inicial elevado se estudia directamente aplicando una simulación en MATLAB al modelo de estado de la Ecuación 15.8. Con este sistema particular, se pueden combinar el amplificador de potencia y el motor para dar $K_m = 740$ y $a = 50$. Si el factor de ganancia ajustable $K$ se combina con la función del controlador (suponiendo $K = 0{,}4$), entonces $K_o = 0{,}4$ y $K_i = 4{,}0$. Los parámetros que quedan son entonces $K_D = 0{,}6$ y $N = 4$. En lugar de emplear sentencias de MATLAB, otra posibilidad es efectuar la simulación utilizando un modelo SIMULINK, tal como se muestra en la Figura 15.10. Este modelo particular se construyó utilizando integradores, sumadores, factores de ganancia y un bloque no lineal. Las variables de salida de los tres integradores (de derecha a izquierda) son las tres variables de estado $\omega_M$, $v_i$ y $\phi_E$. Así, las entradas a los tres integradores constituyen las derivadas de las variables de estado y el diagrama de bloques se construyó para satisfacer el sumatorio de términos tal como se describe en el modelo de la Ecuación 15.8.

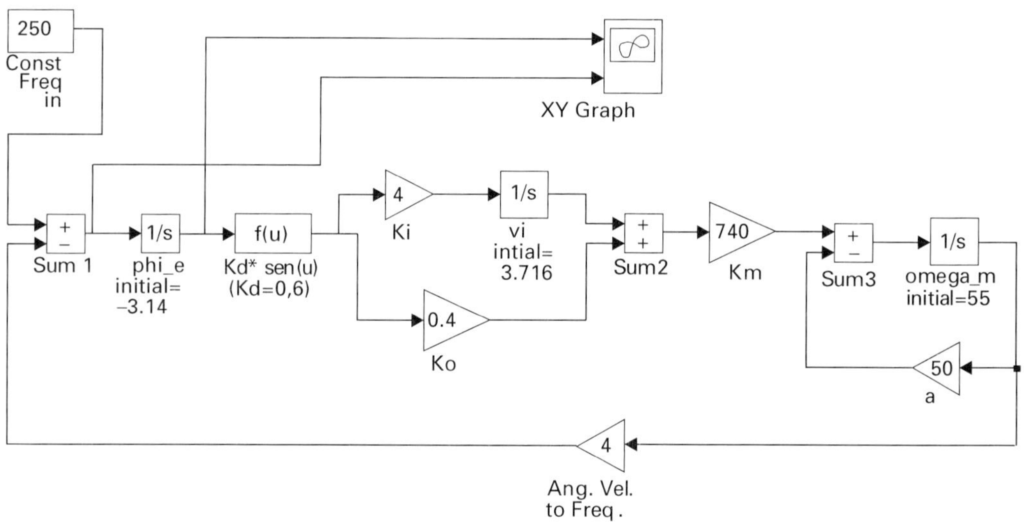


**Figura 15.10.** Un modelo SIMULINK del sistema de control de velocidad del motor de fase sincronizada con condiciones iniciales tal como se requiere para $\phi_E(0) = -\pi$ y $\omega_E(0) = 30$ rad/s.

Para reproducir uno de los transitorios observados en la Figura 15.8, el estado inicial del modelo SIMULINK se ajusta para un error de fase inicial de $-\pi$ rad y un error de frecuencia inicial de 30 rad/s. El error de velocidad inicial es entonces $30/N$ o 7,5 rad/s y la velocidad de salida inicial se fija a 62,5 − 7,5 o 55,0 rad/s. Suponiendo que la velocidad inicial es un valor en estado estacionario que se obtiene al ajustar $v_i$ antes de cerrar el lazo, el valor inicial de $v_i$ debe ser igual a $\omega_M/(K_m/a)$ o $\omega_M/14{,}8$. El resultado es un transitorio tal como se muestra en la Figura 15.8, que presenta tres ciclos desplazados con un error de frecuencia final de cero.

## 15.4. CONTROL DE UN SATÉLITE EN ÓRBITA

Considere el movimiento en el plano de un satélite girando en el campo gravitacional de inverso al cuadrado del radio de la tierra. Por simplicidad, el satélite se aproxima como una partícula de masa $M$. La fuerza gravitacional ejercida sobre el satélite es $F_g = (gR^2M)/r^2$, donde $g$ es la constante gravitacional de la superficie de la tierra, $R$ es el radio de la tierra y $r(t)$ es la distancia del satélite al centro de la tierra (Figura 15.11). Suponga que el satélite se controla con dos impulsores: $\mathbf{F}_1$ en la dirección radial y $\mathbf{F}_2$ en la dirección tangencial. Este ejemplo considera el estudio del modelo, la linealización del modelo y el diseño del controlador para mantener el satélite en una órbita circular.

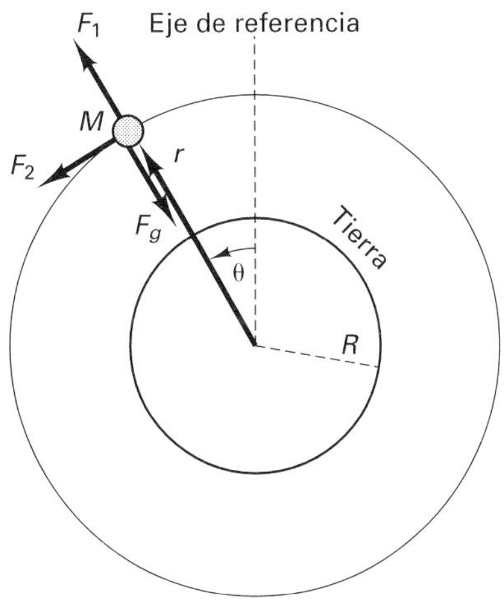


**Figura 15.111.** Un satélite en el campo de gravedad de la tierra.

### Modelado

Como este sistema trata del movimiento circular alrededor de un centro fijo y los impulsores se definen con respecto a las direcciones tangencial y radial, el movimiento del satélite se escribe de forma más conveniente con coordenadas polares. También se observa que como las direcciones de impulsión están girando de manera continua, las leyes de Newton o el principio de D'Alambert debe aplicarse con cuidado especial. El marco de referencia definido por estas direcciones no es un marco inercial. En esta situación, es a menudo más conveniente representar todas las variables en forma vectorial con números complejos. Específicamente, el vector de posición del vehículo es $\mathbf{r} = re^{j\theta}$; el vector de la fuerza radial es $\mathbf{F}_1 = F_1e^{j\theta}$; el vector de la fuerza tangencial es $\mathbf{F}_2 = F_2e^{j(\theta+90^\circ)} = jF_2e^{j\theta}$; el vector de la fuerza de gravedad es $\mathbf{F}_g = -(gR^2M/r^2)e^{j\theta}$, y el vector de la fuerza inercial es $M(d^2\mathbf{r}/dt^2)$. Entonces se puede aplicar la ley de Newton a los vectores de fuerza compleja con

$$\mathbf{F}_1 + \mathbf{F}_2 + \mathbf{F}_g = M\frac{d^2}{dt^2}\mathbf{r} = M\frac{d^2}{dt^2}[r(t)e^{j\theta(t)}] \qquad (15.12)$$

o

$$F_1e^{j\theta} + jF_2e^{j\theta} - \frac{gR^2M}{r^2}e^{j\theta} = M(\ddot{r}e^{j\theta} + 2j\dot{r}\dot{\theta}e^{j\theta} + jr\ddot{\theta}e^{j\theta} - r\dot{\theta}^2e^{j\theta}). \qquad (15.13)$$

Cancelando el factor común $e^{j\theta}$ e igualando la parte real y la parte imaginaria respectivamente, produce dos ecuaciones diferenciales de segundo orden

$$F_1 = M\ddot{r} - Mr\dot{\theta}^2 + \frac{gR^2M}{r^2},$$

$$F_2 = 2M\dot{r}\dot{\theta} + Mr\ddot{\theta}. \tag{15.14}$$

Para facilitar los problemas numéricos[1] se normalizan las variables tiempo, distancia y fuerza en cantidades adimensionales: $\tau = t/(R/g)^{1/2}$, $\rho = r/R$, $u_1 = F_1/(Mg)$, $u_2 = F_2/(Mg)$. Las ecuaciones de movimiento se transforman en

$$u_1 = \rho'' - \rho\theta'^2 + \frac{1}{\rho^2},$$

$$u_2 = 2\rho'\theta' + \rho\theta'', \tag{15.15}$$

donde el apóstrofo representa $d/d\tau$. Definiendo $x_1 = \rho$, $x_2 = \theta$, $x_3 = \rho'$ y $x_4 = \theta'$ se obtiene un modelo de estado no lineal como sigue:

$$x_1' = x_3$$

$$x_2' = x_4$$

$$x_3' = x_1x_4^2 - \frac{1}{x_1^2} + u_1$$

$$x_4' = -\frac{2x_3x_4}{x_1} + \frac{1}{x_1}u_2. \tag{15.16}$$

## Órbita geosíncrona y linealización

Suponga que el satélite se tiene que mantener en una órbita circular geosíncrona de la tierra. Suponga que el estado estacionario se mantiene sólo por la fuerza gravitacional, de forma que las componentes en estado estacionario de las dos fuerzas impulsionales son cero. Para minimizar el consumo de energía, se aplican fuerzas impulsionales sólo para efectuar una acción correctiva transitoria que elimina el error. Por lo tanto, en el estado estacionario, $u_{10} = 0$, $u_{20} = 0$, $x_{30} = 0$ y $x_{40}$ es una contante; entonces $x_{40}$ y la variable restante se puede determinar como sigue.

El requisito de que sea geosíncrono proporciona una velocidad angular de $\omega_0 = 15°/\text{h} = \pi/43.200$ rad/s. Esto corresponde a una velocidad angular normalizada de $x_{40} = (R/g)^{1/2}\omega_0 = 0{,}05873$, con $R = 6.378$ km (el radio de la tierra). Entonces la tercera relación de la Ecuación 15.16 produce

$$x_{10}x_{40}^2 - \frac{1}{x_{10}^2} = 0, \tag{15.17}$$

[1] Observe que $r(m)$ y sus derivadas son cantidades muy grandes mientras que $\theta$ (radianes) y sus derivadas son cantidades muy pequeñas. La presencia de valores que tienen magnitudes extremadamente diferentes hacen que el modelo esté únicamente mal condicionado. Se pueden obtener resultados numéricos erróneos a menos que las variables se cambien de escala o se normalicen de forma que tengan magnitudes comparables.

por lo tanto se predice una distancia radial normalizada de $\rho_0 = x_{10} = (x_{40})^{-2/3} = 6{,}619$. Esto significa que el radio de una órbita geosíncrona es 6,619 veces el de la tierra con una distancia actual de $r_0 = \rho_0 R = 42.214.000$ m $= 42.214$ km. Finalmente, la segunda relación de la Ecuación 15.16 implica $x_{20} = x_{40}\ \tau = 0{,}05873\tau$, que corresponde a un ángulo actual de $\theta_0 = \omega_0 t = (\pi/43.200)t$ rad.

Con el estado nominal $\mathbf{x}_0 = [\rho_0 \quad 0 \quad x_{40}\tau \quad x_{40}]^T$ y la entrada nominal $\mathbf{u}_0 = [0 \quad 0]^T$ se obtiene el siguiente modelo linealizado

$$\begin{bmatrix} \delta x'_1 \\ \delta x'_2 \\ \delta x'_3 \\ \delta x'_4 \end{bmatrix} = \begin{bmatrix} 0 & 0 & 1 & 0 \\ 0 & 0 & 0 & 1 \\ x_{40}^2 + \dfrac{2}{x_{10}^3} & 0 & 0 & 2x_{10}x_{40} \\ 0 & 0 & -\dfrac{2x_{40}}{x_{10}} & 0 \end{bmatrix} \begin{bmatrix} \delta x_1 \\ \delta x_2 \\ \delta x_3 \\ \delta x_4 \end{bmatrix} + \begin{bmatrix} 0 & 0 \\ 0 & 0 \\ 1 & 0 \\ 0 & \dfrac{1}{x_{10}} \end{bmatrix} \begin{bmatrix} u_1 \\ u_2 \end{bmatrix}, \tag{15.18}$$

o

$$\begin{bmatrix} \delta x'_1 \\ \delta x'_2 \\ \delta x'_3 \\ \delta x'_4 \end{bmatrix} = \begin{bmatrix} 0 & 0 & 1 & 0 \\ 0 & 0 & 0 & 1 \\ 0{,}01035 & 0 & 0 & 0{,}7774 \\ 0 & 0 & -0{,}01775 & 0 \end{bmatrix} \begin{bmatrix} \delta x_1 \\ \delta x_2 \\ \delta x_3 \\ \delta x_4 \end{bmatrix} + \begin{bmatrix} 0 & 0 \\ 0 & 0 \\ 1 & 0 \\ 0 & 0{,}1511 \end{bmatrix} \begin{bmatrix} u_1 \\ u_2 \end{bmatrix}. \tag{15.19}$$

Observe que $\delta u_1 = u_1$ y $\delta u_2 = u_2$. El modelo no lineal de la Ecuación 15.16 y el modelo linealizado de la Ecuación 15.18 ó 15.19 son ambos de cuarto orden y se aplican a situaciones en las que no solamente la velocidad angular $x_4(t)$ [o $\omega(t)$] necesita regularse, sino que debe también controlarse de manera precisa la posición angular $\theta(t)$. Cuando sólo se controla la velocidad angular $x_4(t)$ [o $\omega(t)$] y es tolerable un error en $\theta(t)$ en estado estacionario distinto de cero, $x_2$ y $\delta x_2$ deben eliminarse del modelo y el sistema se transforma en uno de tercer orden. Entonces el sistema no lineal se describe mediante las relaciones primera, tercera y cuarta de la Ecuación 15.16; y el modelo lineal de pequeña señal se describe por

$$\begin{bmatrix} \delta x'_1 \\ \delta x'_3 \\ \delta x'_4 \end{bmatrix} = \begin{bmatrix} 0 & 1 & 0 \\ 0{,}01035 & 0 & 0{,}7774 \\ 0 & -0{,}01775 & 0 \end{bmatrix} \begin{bmatrix} \delta x_1 \\ \delta x_3 \\ \delta x_4 \end{bmatrix} + \begin{bmatrix} 0 & 0 \\ 1 & 0 \\ 0 & 0{,}1511 \end{bmatrix} \begin{bmatrix} u_1 \\ u_2 \end{bmatrix}. \tag{15.20}$$

## Controlabilidad

Para el sistema de la Ecuación 15.19, la matriz $\mathbf{A}$ tiene cuatro valores propios en $\lambda_{1,2} = 0$, $\lambda_{3,4} = \pm 0{,}05873j$, todos sobre el eje imaginario y el sistema presenta una condición de estabilidad marginal. La matriz de controlabilidad es $\mathbf{M}_c = [\mathbf{B} \quad \mathbf{AB} \quad \mathbf{A}^2\mathbf{B} \quad \mathbf{A}^3\mathbf{B}]$, o

$$\begin{bmatrix} 0 & 0 & 1 & 0 & 0 & 0{,}1175 & -0{,}0034 & 0 \\ 0 & 0 & 0 & 0{,}1511 & -0{,}0177 & 0 & 0 & -0{,}0021 \\ 1 & 0 & 0 & 0{,}1175 & -0{,}0034 & 0 & 0 & -0{,}0004 \\ 0 & 0{,}1511 & -0{,}0177 & 0 & 0 & -0{,}0021 & 0{,}00006 & 0 \end{bmatrix}. \tag{15.21}$$

Como $\mathbf{M}_c = 4$, el sistema es controlable.

Cuando sólo se utiliza una única fuerza impulsional, entonces la matriz de entrada se hace $\mathbf{b}_1 = [0 \quad 0 \quad 1 \quad 0]^T$. Utilizando el segundo criterio de controlabilidad de la Ecuación 11.13, como

$$\text{rango}[\lambda_1\mathbf{I} - \mathbf{A}\mathbf{b}_1] = \text{rango}\begin{bmatrix} 0 & 0 & -1 & 0 & 0 \\ 0 & 0 & 0 & -1 & 0 \\ -0{,}01035 & 0 & 0 & -0{,}7774 & -1 \\ 0 & 0 & 0{,}01775 & 0 & 0 \end{bmatrix} = 3, \tag{15.22}$$

el sistema no es controlable. Más aún, uno de los valores propios en el origen no se puede mover. Así que es imposible estabilizar el sistema con solamente la fuerza impulsional en la dirección radial.

Sin embargo, si se utiliza sólo la fuerza impulsional en la dirección tangencial, $u_2$, se puede demostrar fácilmente que el sistema es controlable.

Si se considera el sistema de tercer orden de la Ecuación 15.20 se llega a una conclusión similar: El sistema se puede controlar con una única fuerza impulsional $u_2$ en la dirección tangencial, pero no en la dirección radial $u_1$. Por supuesto, es controlable cuando se utilizan ambas entradas.

## Diseño del controlador

Se consideran aquí dos situaciones y objetivos de control diferentes para mantener el satélite en órbita. En ambos casos, se requiere tener un tiempo de asentamiento al 2 % de 12 h (que corresponde a la mitad de la órbita nominal); y la sobreelongación no debe exceder el 20 %. Las magnitudes de las fuerzas impulsionales de $u_1$ y $u_2$ están limitadas por el consumo de energía que está permitido, que es del orden de 0,001. El tiempo de asentamiento de $t_s = 12$ h $= 43.200s$ corresponde a un tiempo de asentamiento con el cambio de escala de $\tau_s = 53{,}49$.

**Control de posición con realimentación de estado de las dos fuerzas impulsionales.** En la primera situación suponga que la posición radial y angular se va a controlar de forma precia para seguir a la referencia $\theta_0 = (\pi/43.200)t = 0{,}05873\tau$ y que las cuatro variables de estado están disponibles para realimentación.

Aunque el control por realimentación utilizando múltiples entradas está fuera del alcance de este texto, la estructura particular de esta sistema hace posible desacoplar el problema en dos sistemas de realimentación con entrada simple. Observe que la tercera fila de la matriz $\mathbf{A}$ puede cambiarse arbitrariamente con la realimentación de estado aplicada a $u_1$. Específicamente, cancelando los términos no nulos de la tercera fila utilizando

$$u_1 = u_{1a} + u_{1b}, \quad \text{con} \quad u_{1a} = -0{,}01035\delta x_1 - 0{,}7774\delta x_4 \tag{15.23}$$

produce un sistema de segundo orden con una única entrada de

$$\begin{aligned} \delta x_1' &= \delta x_3, \\ \delta x_3' &= u_{1b}. \end{aligned} \tag{15.24}$$

Así, el modelo que describe el control de las variables radiales está separado del modelo que describe el control de las variables angulares. En otras palabras, el control está desacoplado. La respuesta del sistema integrador doble de la Ecuación 15.24 se puede controlar fácilmente con

$$u_{1b} = -\omega_n^2 \delta x_1 - 2\zeta\omega_n \delta x_3 \tag{15.25}$$

para proporcionar una ecuación característica deseada de $s^2 + 2\zeta\omega_n s + \omega_n^2 = 0$. Seleccionando $\zeta = 0{,}707$ para cumplir el requisito de sobreelongación, la especificación del tiempo de asentamiento se traduce entonces fácilmente en $\omega_n = 0{,}1058$. Por tanto, la ley de realimentación de estado total para el impulso radial es

$$\begin{aligned} u_1 &= (-0{,}01035\delta x_1 - 0{,}7774\delta x_4) + (-0{,}01118\delta x_1 - 0{,}1495\delta x_3) \\ &= -0{,}02153\delta x_1 - 0{,}1495\delta x_3 - 0{,}7774\delta x_4. \end{aligned} \tag{15.26}$$

Exactamente de la misma manera la dinámica angular descrita por la segunda y la cuarta fila de la matriz **A** puede desacoplarse con realimentación de estado aplicado al impulso tangencial. Entonces el sistema se puede controlar para dar el mismo comportamiento con

$$\begin{aligned} u_2 &= \frac{1}{0{,}1511}(u_{1a} + u_{1b}) \\ &= \frac{1}{0{,}1511}[0{,}01775\delta x_3 + (-0{,}01118\delta x_2 - 0{,}1495\delta x_4)] \\ &= -0{,}07403\delta x_2 + 0{,}1175\delta x_3 - 0{,}9898\delta x_4. \end{aligned} \tag{15.27}$$

Entonces el control por realimentación de estados con dos estradas toma la forma

$$\mathbf{u} = -\begin{bmatrix} 0{,}02153 & 0 & 0{,}1495 & 0{,}7774 \\ 0 & 0{,}07403 & -0{,}1175 & 0{,}9898 \end{bmatrix} \delta\mathbf{x}. \tag{15.28}$$

Otra vez se debería efectuar una simulación más fidedigna al aplicar el controlador al modelo no lineal original. Suponga que el satélite se ha desplazado inicialmente a una órbita que está un 1 % más alta (del orden de 422 km más elevada) que la nominal [por ejemplo, $r(0) = 1{,}01r_0$]. Entonces debido a la Ecuación 15.17, la velocidad angular de equilibrio en esta órbita es $\omega(0) = (1{,}01)^{-3/2}\ \omega_0 = 0{,}9852\omega_0$, que es del orden de 1,48 % inferior que la $\omega_0$ geosíncrona. Si no se toma ninguna acción correctora, el satélite se desplazará al lado opuesto de la tierra en unos 34 días. Suponiendo $\theta(0) = 0°$, el controlador se activa en $t = 0$ para realizar dicha acción correctora. La Figura 15.12 es la trayectoria espacial simulada. Como un 1 % de diferencia en la distancia radial entre $r$ y $r_0$ es difícil de visualizar, se dibuja la trayectoria con una escala no lineal magnificando 10 veces el error en la distancia radial. El pequeño segmento indica la posición del satélite en relación con la posición de referencia cuando el tiempo aumenta. En la Figura 15.13 se presentan los diagramas de respuesta temporal que muestran error normalizado en una distancia radial, posición angular e impulsos normalizados. Los resultados muestran que la corrección se completa en unas 12 horas.

Las curvas de respuesta confirman la observación física de que la fuerza impulsional radial negativa inicial actúa para llevar $r$ hacia $r_0$ y la fuerza impulsional positiva tangencial inicial sirve para llevar $\omega$ hacia $\omega_0$.

El control de posición descrito podría también haberse logrado únicamente mediante el uso de la fuerza impulsional tangencial, porque el correspondiente sistema de una entrada es también controlable. Por supuesto se requeriría una magnitud de la fuerza impulsional más elevada.

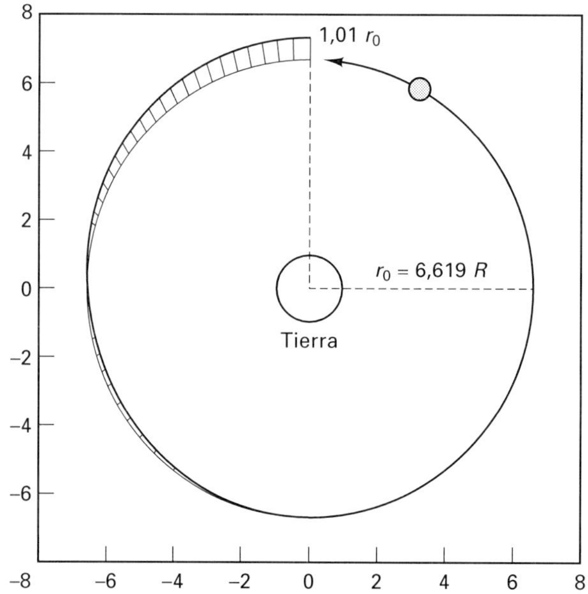


**Figura 15.12.** Simulación del sistema de control de un satélite con dos fuerzas impulsionales que muestran la trayectoria espacial.

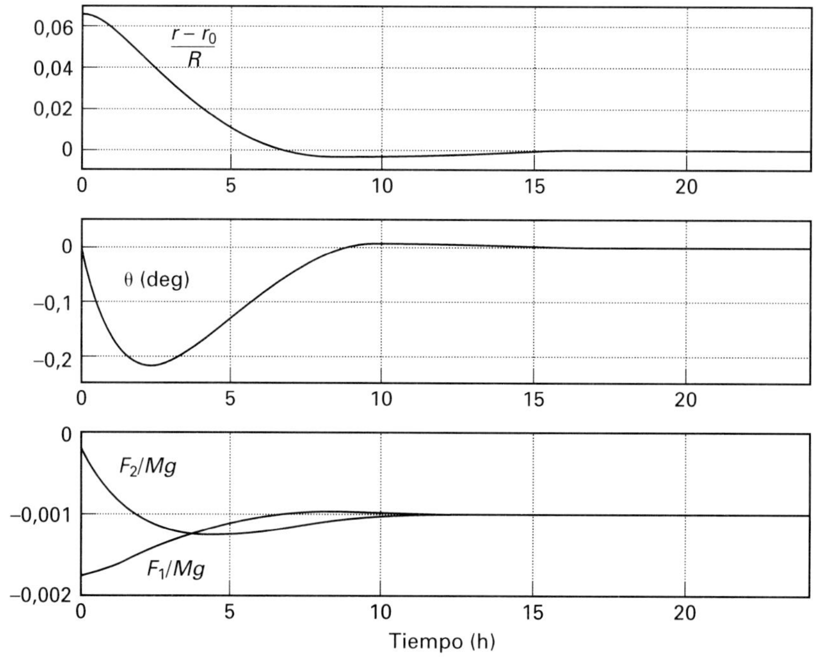


**Figura 15.13.** Simulación del sistema de control de un satélite con dos fuerzas impulsionales que muestra las funciones de respuesta temporal.

**Control por realimentación de estado de la velocidad angular con la fuerza impulsional tangencial.** En lugar del control de posición completo, otra situación es el control de la velocidad angular $\omega(t)$ y de la posición radial $r(t)$. Como el control de la velocidad angular normalmente no asegura el alineamiento exacto de la posición angular, debe tolerarse un error constante en la posición angular. Suponga que están disponibles para realimentación las tres variables de estado. Más aún, se supone que los impulsores radiales han fallado y solamente están operativos los tangenciales. Entonces el modelo se describe mediante la Ecuación 15.20 con $u_1$ eliminado lo que da una matriz de entrada de $[0 \;\; 0 \;\; 0{,}1511]^T$.

Como la asignación de polos para un sistema de una sola entrada proporciona una solución única que se puede generar con la orden ***place*** de MATLAB, solamente queda determinar las posiciones deseadas de los polos en lazo cerrado. El rendimiento energético es normalmente un factor importante en los sistemas aeroespaciales. El concepto de polo dominante descrito en los capítulos anteriores facilita el análisis y el diseño, pero requiere mover los polos restantes al menos cinco veces a la izquierda comparado con el dominante. Esto normalmente requiere el empleo de grandes entradas de control. El requisito de energía de entrada puede reducirse a menudo si todos los polos en lazo cerrado se colocan a la misma distancia aproximadamente del origen. Un esquema utilizado normalmente es la configuración de polos de Butterworth[2]. Una configuración Butterworth de tres polos se forma con $s_1 = \omega_n e^{j120^\circ}$, $s_2 = \omega_n e^{-j120^\circ}$ y $s_3 = \omega_n e^{j180^\circ} = -\omega_n$. Para tales sistemas de tres polos, el tercer polo en $s_3 = -\omega_n$ normalmente tiene un efecto de reducir la sobreelongación y el tiempo de asentamiento. Así pues se puede obtener una estima conservadora del comportamiento transitorio si se ignora $s_3$ y se considera sólo el efecto de $s_1$ y $s_2$. Esto da una razón de amortiguamiento de $\zeta = \cos(60^\circ) = 0{,}5$ que corresponde a una sobreelongación del 17 % (*véase* Figura 7.6). Entonces el requisito del tiempo de asentamiento proporciona $\omega_n = 4/(\zeta\tau_s) = 0{,}1495$. Con las localizaciones de los polos determinadas se efectúa la asignación de polos utilizando MATLAB para producir una ganancia de realimentación de estados de

$$\mathbf{G} = [0{,}05483 \quad 0{,}3515 \quad 1{,}980] \tag{15.29}$$

El mismo escenario se considera en la simulación y la respuesta se muestra en la Figura 15.14. Ambas $r(t)$ y $\omega(t)$ se fijan en los valores nominales en unas 12 h, y se observa en la posición angular un error de retraso en estado estacionario de unos 0,7°. Observe que la fuerza impulsional tangencial se comporta de una forma algo opuesta comparada con el caso del control con dos fuerzas impulsionales mencionado anteriormente. La fuerza impulsional negativa inicial actúa para reducir la velocidad angular y así disminuir la fuerza centrífuga. Esto permite que la gravedad empuje al satélite hacia $r_0$. Los impulsores entonces invierten la dirección para proporcionar una fuerza positiva tal que la velocidad angular tienda hacia $\omega_0$ cuando $r(t)$ se aproxima a $r_0$. Entonces ocurre la sobreelongación, y lo opuesto del proceso visto anteriormente tiene lugar con una desviación más pequeña. Este ciclo se repite a continuación hasta que el satélite converge a la órbita deseada.

[2] En una configuración de Butterworth, todos los polos en lazo cerrado de un sistema de orden $n$ se colocan a la misma distancia del origen sobre los radios de una rueda, con ángulos de $(2k + n + 1)\, 180^\circ/2n$, $k = 0, 1, 2, \ldots$ que están en el semiplano izquierdo.

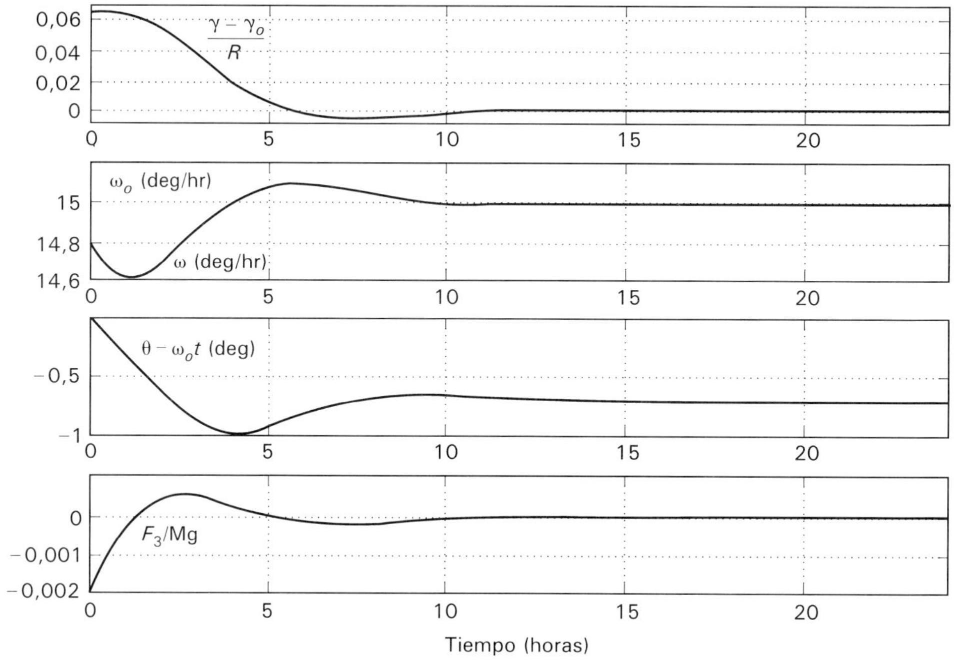


**Figura 15.14.** Simulación del sistema de control de un satélite con una única fuerza impulsional que muestra las funciones de respuesta temporal.

## 15.5. CÓDIGO EN MATLAB

En esta sección se proporciona el código en MATLAB para el sistema de control de posición con dos impulsores del satélite en órbita. Incluye modelado, análisis, diseño del controlador y simulación:

```
  clear; clg;
  g = 9.78;                           % Constante gravitacional
  R = 6378e+3;                        % Radio de la tierra (metros)
% Normalizing factors
  fctr_t = sqrt(R/g);                 % Factor de normalización para el tiempo
  fctr_r = R;                         % Factor de normalización para la distancia
  fctr_v = sqrt(R*g);                 % Factor de normalización para velocidad lineal
  fctr_w = 1/fctr_t;                  % Factor de normalización para velocidad angular
% Nominal orbit
  wo = 2*pi/(24*60*60);               % Velocidad angular nominal (rad/sec)
  x4o = wo/fctr_w;                    % Velocidad angular normalizada
  x1o = x4o^(-2/3), ro = x1o*R;       % Radio nominal y su valor normalizado
  x3o = 0;                            % Velocidad radial nominal
% Performance specification
  ts = 12*60*60;                      % Tiempo de asentamiento (segundos)
  tau_s = ts/fctr_t;                  % Tiempo de asentamiento normalizado
```

```
% Modelo de planta linealizado
  A = [0 0 1 0;0 0 0 1; (x4o^2+2/x1o^3) 0 0 2*x1o*x4o; 0 0 -2*x4o/x1o 0];
  b1 = [0 0 1 0]';    b2 = [0 0 0 1/x1o]';
  B = [b1 b2];
% Análisis de estabilidad y controlabilidad
  eig(A),
  Q = ctrb(A, B), Q1 = ctrb(A,b1), Q2 = ctrb(A,b2),
  rank(Q1), rank(Q2),
% Diseño del controlador
  zeta = 0.707;
  wn = 4/(zeta*tau_s);
  g1 = A(3,:) + [wn^2 0 2*zeta*wn 0],
  g2 = 1/B(4,2)*(A(4,:) + [0 wn^2 0 2*zeta*wn]),
  G = [g1; g2],
% Simulación con controlador aplicado al sistema no lineal
  Tf = 24*60*60/fctr_t;              % Fijar tiempo de simulación a 24 horas
  N = 1000; h = Tf/N;                % Fijar tamaño del paso y número de puntos en tiempo
  x(:,1) = [x1o*1.01 0 x3o (x1o*1.01)^(-3/2)]';         % Fijar condición inicial
  for k=1:(N+1)
  xo(:,k) = [x1o x4o*((k-1)*h) x3o x4o]';          % Calcular la trayectoria nominal
  dx(:,k) = x(:,k)-xo(:,k);                        % Determinar error
  u(:,k) = -G*dx(:,k);                             % Calcular entrada de control
% Calcular el lado derecho del modelo de estado (derivadas)
  f(:,k) = [x(3,k)
         x(4,k)
         x(1,k)*x(4,k)^2 - 1/x(1,k)^2 + u(1,k)
         -2*x(3,k)*x(4,k)/x(1,k) + 1/x(1,k)*u(1,k)*u(2,k) ];
  x(:,k+1) = x(:,k)+h*f(:,k);          % Integrar con algoritmo de Euler
  end;
  x = x(:,1:N);              % Hacer dimensión consistente con otras variables
% Gráfica de la respuesta temporal
  tau = 0:h:Tf;                          % Instantes de tiempo normalizado
  t = tau*fctr_t/3600;                   % Instantes de tiempo en horas
  subplot(311); plot(t,dx(1,:));         % Gráfica del error no
  subplot(312); plot(t,dx(2,:)*180/pi);        % Gráfica del error en posición angular
  subplot(313); plot(t',u');             % Gráfica de entradas de control normalizadas
  xlabel('Time (hours)');
```

## REFERENCIAS


1. William B. Ribbens: *Understanding Automotive Electronics*, SAMS, 1992.
2. A. A. Frank, S. J. Liu, y S. C. Liang: «Longitudinal Control Concepts for Automated Automobiles and Trucks Operating on a Cooperative Highway», Vehicle-Highway Automation: Technology and Policy Issues, SAE Special Publication 791, págs. 61-68.
3. Robert E. Skelton: *Dynamic Systems Control—Linear Systems Analysis and Synthesis*, John Wiley & Sons, Nueva York, 1988.
4. A. J. Viterbi: «Phase-Lock-Loop Systems», Capítulo 8, *Space Communications*, A. V. Balikrishnan, ed. McGraw-Hill, Nueva York, 1963.
5. P. H. Lewis y W. E. Weingarten: «A Comparison of Second, Third. and Fourth-Order Phase-Locked Loops», *IEEE Trans. on Aero. and Elect. Syst.*, julio, 1967.

# APÉNDICE A

# Ángulos e intersecciones de las asíntotas del lugar de las raíces

Lo que sigue es un desarrollo formal del ángulo e intersecciones de las asíntotas del lugar de las raíces cuando tienden a infinito.

Utilizando la notación del Capítulo 8, si $A(s)/B(s)$ se eleva a la potencia $1/(n-m)$, entonces

$$\left(\frac{s_n + a_{n-1}s^{n-1} + \cdots}{s^m + b_{m-1}s^{m-1} + \cdots}\right)^{\frac{1}{n-m}} = (-K)^{\frac{1}{n-m}},$$

y reagrupando término se obtiene

$$\left[\frac{s^n\left(1 + a_{n-1}\dfrac{1}{s} + a_{n-2}\dfrac{1}{s^2} + \cdots a_0\dfrac{1}{s^n}\right)}{s^m\left(1 + b_{m-1}\dfrac{1}{s} + b_{m-2}\dfrac{1}{s^2}\cdots b_0\dfrac{1}{s_m}\right)}\right]^{\frac{1}{n-m}} = (-K)^{\frac{1}{n-m}}.$$

Si $1/s$ se sustituye temporalmente por $w$, entonces

$$\frac{1}{w}\left(\frac{1 + a_{n-1}w + a_{n-2}w^2 + \cdots a_0 w^n}{1 + b_{m-1}w + b_{m-2}w^2 \cdots b_0 w^m}\right)^{\frac{1}{n-m}} = (-K)^{\frac{1}{n-m}},$$

y si la razón de polinomios elevado a la potencia $1/(n-m)$ se desarrolla utilizando una serie de Taylor,

$$\frac{1}{w}[1 + c_1 w + c_2 w^2 + \cdots] = (-K)^{\frac{1}{n-m}}.$$

La evaluación de $c_1$ requiere la determinación de la primera derivada con respecto a $w$ evaluada con $w = 0$. Por lo tanto $c_1$ es igual a $(a_{n-1} - b_{n-1})/(n-m)$. Así pues,

$$s + \frac{a_{n-1} - b_{m-1}}{n-m} + c_2\frac{1}{s} + c_3\frac{1}{s^2} + \cdots = (-K)^{\frac{1}{n-m}},$$

y si $s$ se permite que tienda a infinito, entonces

$$s + \frac{a_{n-1} - b_{m-1}}{n - m} \approx (-K)^{\frac{1}{n-m}}.$$

Sin embargo, como $a_{n-1}$ y $b_{m-1}$ son los coeficientes de la segunda potencia más grande de los polinomios $A(s)$ y $B(s)$ (con coeficiente unidad en la potencia más grande), entonces estos coeficientes son iguales a la suma de las raíces de los polinomios respectivos cambiado de signo. Por lo tanto,

$$s - \frac{(p_1 + p_2 + \cdots + p_n) - (z_1 + z_2 + \cdots + z_m)}{n - m} = K^{\frac{1}{n-m}} \angle \frac{\pi + k2\pi}{n - m},$$

o

$$s = \sigma_1 + K^{\frac{1}{n-m}} \angle \frac{\pi + k2\pi}{n - m},$$

donde $\sigma_1$ es la intersección.

# APÉNDICE B

# MATLAB: introducción

La información que sigue es una breve presentación que proporcionará al usuario principiante con algunas características de MATLAB y del toolbox de sistemas de control.

## CARACTERÍSTICAS DE MATLAB

El programa MATLAB con el toolbox de sistemas de control es un recurso computacional eficiente que puede mejorar, de forma significativa, el estudio y aplicación de la ingeniería de control. Como la programación en MATLAB es sucinta y comprensible, diversas tareas que requieren una complejidad computacional sustancial se pueden realizar de una forma directa.

Las herramientas de programación abarcan operaciones matemáticas básicas y también un gran conjunto de procedimientos computacionales que se diseñan para tareas específicas. Así, el usuario tiene la opción de desarrollar un programa a medida o de llamar a cualquiera de las funciones de propósito especial que residen en los ficheros de MATLAB. Las funciones de MATLAB típicamente contienen programas diseñados cuidadosamente que son accesibles al usuario con la ejecución de una única orden. Con la adición del toolbox de sistemas de control se añade un grupo de funciones que están adaptadas específicamente para tareas computacionales complejas que se encuentran en el análisis, simulación o diseño de sistemas de control. Los procedimientos computacionales se conciben básicamente para combinar álgebra matricial y técnicas de análisis numérico, de una forma que proporciona soluciones eficientes. Además, un potente procesador gráfico permite visualizaciones de alta calidad de las variables en diversos formatos.

## VARIABLES Y EXPRESIONES

Con la programación en MATLAB, cada variable se supone que es una matriz y no existe ningún requisito para el dimensionamiento y declaración de variables. Las dimensiones de la matriz se definen mediante una lista explícita de elementos o por reglas que se aplican a las operaciones matemáticas. Esta característica contribuye a la programación concisa, pero las expresiones que contienen variables matriciales deben componerse cuidadosamente.

La forma en la que se describe un modelo de un sistema dependerá del carácter del modelo. Por ejemplo, si un sistema lineal se describe utilizando un modelo de función de transferencia, los polinomios del numerados y del denominador se introducen colocando los coeficientes en un formato matricial (*véase* la sección siguiente).

Las sentencias de MATLAB están típicamente en el formato general de variable = expresión (o simplemente expresión), y se devuelve una variable como respuesta a una interpretación de MATLAB de la evaluación de la expresión. Un ejemplo simple es

```
y=10*sin(pi/6),
```

y el resultado devuelto es un escalar (matriz de 1 por 1) con un valor de 5,0. Si se coloca un símbolo variable en el lado izquierdo de la sentencia se guarda el resultado y permite al usuario insertar la variable de salida y en cualquier sentencia que siga.

Antes de proseguir, es útil considerar una expresión que se puede utilizar para generar un vector que describa el tiempo (una variable independiente). Con un cálculo numérico, el tiempo debe expresarse en pasos discretos; por lo tanto, se considera un vector fila con valores numéricos del tiempo que aumentan desde 0 a 4 con un tamaño de paso fijo de 0,02. El procedimiento más simple que generará este vector es una sentencia que expresa

```
t=(0: 0.02: 4)
```

El resultado es una variable matricial **t** con una fila y 201 columnas. Si el tamaño del paso se omite el valor por defecto es la unidad. No se requieren los paréntesis para generar un vector fila; sin embargo, si los paréntesis derechos van seguidos por un apóstrofe la matriz se transpone y el vector de tiempos se transforma en un vector columna.

## UTILIZACIÓN DE UNA FUNCIÓN EN MATLAB: UN BREVE EJEMPLO

El uso de una función de MATLAB a menudo requerirá algunas sentencias previas para definir los datos de entrada y/o un modelo del sistema, y algunas sentencias posteriores se añaden típicamente para solicitar la impresión de los datos o una gráfica con un etiquetado específico. Se muestra un breve ejemplo que ilustra la sintaxis requerida con una lista típica de sentencias. Suponga que se describe un sistema utilizando un modelo de función de transferencia con

$$\frac{Y(s)}{R(s)} = \frac{4}{s^2 + 2s + 4}$$

y la entrada es $r(t) = 0{,}5t$. Con un modelo lineal y una entrada definida por el usuario, una función de simulación en MATLAB aplicable es **lsim**. Una solución numérica para $y(t)$ requiere la aplicación de un algoritmo de simulación lineal (un tema del Capítulo 5). La selección de **lsin** proporciona un procedimiento computacional apropiado que está preprogramado y que se llama utilizando una simple orden. Con respecto a la notación simbólica, suponga que el polinomio del numerador se designa como *num*, el polinimio del denominador se designa como *den*, la entrada como *r* y un vector de tiempos definido por el usuario se denota como t. Con esta notación, el formato de la orden **lsim** es $[y, x]$ = lsim(*num,den,r,t*). El usuario puede seleccionar la notación simbólica que desee para los datos de entrada, pero debe introducirla en la orden en la secuencia que se muestra. Observe que los datos de entrada se introducen en los argumentos de la función en el lado de la derecha y una lista de variables de salida se especifica en el lado izquierdo de la sentencia de la función. El modelo del sistema, la función de entrada y el vector de tiempos deben de definirse antes de llamar a la orden lsim. Cuando se desarrolla una lista de sentencias, es importante observar que las expresiones que especifican o generan variables produciran una salida impresa de todos los elementos de los datos (en la pantalla). Para suprimir los datos impresos, es necesario colocar un punto y coma al final de la sentencia. Cualquier conjunto de caracteres en una línea que estén precedidos por el símbolo % se tratan como comentarios y se ignoran. Así, un código válido para este ejemplo es

```
t=(0:0.05:6)';          % Se define un vector de tiempos y se transpone
r=0.5*t;                % Se define un vector de entrada
num=[0 0 4];            % Se describen los coeficientes del numerador en un formato vectorial
den=[1 2 4];            % Se describen los coeficientes del denominador
[y,x]=lsim(num,den,r,t);    % Se llama a lsim y se calcula la respuesta
plot(t,y,t,r)           % Una gráfica muestra y versus t y r versus t
```

La primera sentencia genera un vector columna con 121 filas. La segunda sentencia requiere la multiplicación de un vector columna por un escalar y el resultado es otro vector columna con 121 filas. Con **r** y **t** compuestos por un número igual de filas, los datos de entrada se presentan en un formato aceptable. La ejecución de la orden **lsim** produce entonces la salida **y**, con un valor calculado para cada valor de tiempo. La salida se genera como otro vector columna con 121 filas. La otra variable de salida **x** está compuesta de dos variables de estado (un tema del Capítulo 4).

Si las sentencias se introducen individualmente, se inicia una respuesta para cada sentencia, tan pronto como se han introducido. Sin embargo, con la excepción de procedimientos muy simples, el usuario puede preferir componer una lista de sentencias utilizando un editor de texto. El fichero que se crea puede llamarse entonces para su interpretación y evaluación utilizando MATLAB. Los cambios del programa se efectúan fácilmente en un editor de texto y el programa se puede llamar tantas veces como se desee. Los archivos que contienen las sentencias de MATLAB se conocen como archivos-M y se identifican y almacenan con la extensión «.m» en el nombre del archivo. Un archivo −M es simplemente un conjunto de sentencias que pueden ser traídas al entorno de MATLAB en cualquier momento escribiendo el nombre del archivo (sin la extensión .m). Cuando se utiliza un editor de texto para obtener un archivo −M, los diferentes sistemas de computadores operan de forma diferente, pero el usuario debería determinar un método que le proporcione la capacidad de moverse libremente (en ambas direcciones) entre el editor de texto y el entorno de MATLAB.

## IMPRESIÓN Y REPRESENTACIÓN DE DATOS

La impresión de datos en la pantalla se puede obtener simplemente omitiendo un punto y coma que se utiliza para suprimir la impresión. Sin embargo, es útil a menudo revisar el formato anterior de impresión. Por ejemplo, los datos que se obtuvieron en el ejemplo de la sección anterior se pueden visualizar en tres columnas con los correspondientes elementos de tiempo, entrada y salida en cada fila. Esto se lleva a cabo combinando las tres matrices columnas en una única matriz de tres columnas y 121 filas. Los datos se imprimen tal como se desea, añadiendo la siguiente sentencia (sin ningún punto y coma):

```
[t r y]
```

Suponiendo que no hay necesidad de identificar esta matriz para un uso posterior, se omite el lado izquierdo de la sentencia.

La gráfica pedida que se especificó en el ejemplo es una gráfica *x-y* lineal. Observe que los argumentos de la gráfica se especifican con la variable del eje *x* seguida por una coma y la variable del eje *y*. Si se continuase con otra coma y otro par de variables, se representarían dos curvas sobre la misma gráfica. Se puede obtener una copia de la gráfica mediante la orden *print*.

Posibles adiciones a la orden plot incluyen un título, una etiqueta en el eje *x*, una etiqueta en el eje *y*, una rejilla y un método de identificar cada curva. Las correspondientes adiciones (comenzando con la sentencia plot) se pueden introducir como siguen

```
plot(t,y,t,r,'--')          % y(t) es una línea continua, r(t) es una línea a tramos
grid                        % Añadir líneas de rejilla
xlabel('Tiempo (sec)'),ylabel('r(t) and y(t)')  % Etiqueta de los ejes
title('Ramp Response')                          % Añadir un título
legend('output','input')                        % Identificar las curvas
```

En la Figura B.1 se muestra la gráfica resultante. Otros tipos de líneas incluyen una línea de puntos (':') y una línea de tramo-punto ('-.'). Una opción en la gráfica es mostrar cada uno de los puntos de datos discretos con cada valor indicado por un punto ('.'), signo más ('+'), asterisco ('*'), círculo ('o') o x ('x'). Se puede añadir texto a la gráfica utilizando *text(x,y,'mensaje')*, donde *x* e *y* especifican la posición en las coordenadas de la gráfica.

Otros tipos de gráficas incluyen *loglog*, *semilogx*, *semilogy*, *polar*, *mesh* (tridimensional), etc., y el espacio de la gráfica se puede dividir en subgráficas. Ejemplos descriptivos utilizando muchas de estas variaciones se encuentran en diferentes capítulos del texto.

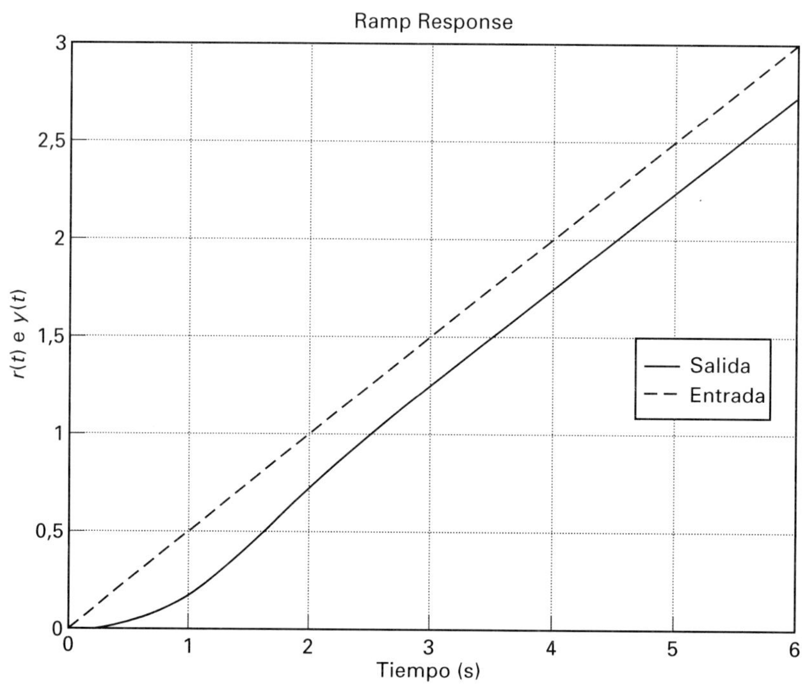


**Figura B.1**

## OPERACIONES MATRICIALES Y SOBRE ARRAYS

Matrices con filas múltiples se pueden especificar colocando un punto y coma, que indica el comienzo de una nueva fila o comenzando la nueva fila en la línea siguiente. Una sentencia tal como

```
a=[12 40 8 4; 10 2 16 36; 2 7 5 4]
```

producirá una matriz con tres filas y cuatro columnas. Los elementos de la matriz se identifican mediante el número de fila y columna; así, una sentencia que especifica

```
a(1,2)=30
```

cambiará 40 por 30. Si sólo se requiere la primera fila, una sentencia que especifica

```
g=a(1,:)
```

produce una matriz **g** que es igual a la primera fila (y todas las columnas) de la matriz **a**. Una sentencia que especifica

```
g=a(:,1:3)
```

produce **g** con todas las filas y las primeras tres columnas de **a**.

Las expresiones que contienen matrices deben, por supuesto, seguir las reglas del álgebra matricial. Si se obtiene un mensaje de error debido a matrices con dimensiones no acordes, el usuario puede comprobar rápidamente las dimensiones de una variable (tal como **a**) escribiendo *size*(*a*). La respuesta se presenta con el número de filas seguido por el número de columnas. Si un programa se revisa o expresa de una forma que reducirá una dimensión de la matriz **a**, todos los elementos de la variable antigua se pueden borrar utilizando la orden *clear a*, o se pueden borrar todas las variables escribiendo simplemente *clear*.

Las operaciones matriciales incluyen el símbolo del apóstrofe para trasponer y los símbolos +, −, * y ^ para la suma, resta, multiplicación y elevar a una potencia. La expresión *inv*(A) producirá la inversa de la matriz **A**. Si dos matrices tienen las mismas dimensiones, puede ser útil una operación de arrays. La operación de array designada ocurre solamente entre elementos con números de filas y columnas idénticas, creando así una nueva matriz de igual dimensión. Un símbolo de operación de array se designa colocando un punto justamente antes del símbolo que se aplica a la operación matricial. Por ejemplo, si la señal de entrada al ejemplo anterior (*véase* la sección titulada '«Utilización de una función en MATLAB: Un breve ejemplo» se cambia a $4te^{-2t}$, las primeras dos sentencias se podrían revisar como sigue

```
t=(0:0.05:6)';
r=(4*t).*(exp(-2*t));
```

Como los factores 4*$t$ y *exp*(2*$t$) se generan ambos como matrices columnas (121 por 1), la generación de **r** con un única sentencia requiere la aplicación de una multiplicación de arrays. El cálculo tal como se describe crea otra matriz columna (121 por 1) con los valores deseados para los elementos.

## AYUDA EN LÍNEA

Se puede obtener una lista de tópicos en línea escribiendo *help*, y la información sobre un tema o función específica se puede obtener escribiendo *help*, seguido por el nombre de la función o del tema. Las instrucciones para aplicar ciertos procedimientos, tales como la construcción de lazos *for*, lazos *while* y condiciones *if*, *else* se pueden encontrar escribiendo *help* seguido de *for*, *while* o *if*, respectivamente.

# Índice

Estimación del estado, 332-334

N



O



P



R



S

Simulación analógica, 118-120


## T